海洋地球物理丛书

吴时国　张　健　郝天珧　主编

海洋地球物理
探测技术与仪器设备

吴时国　徐辉龙　万奎元 等/著

科学出版社

北　京

内 容 简 介

本书首次基于探测平台的不同将海洋地球物理划分船载地球物理、水中智能巡航和海底原位探测等三种类型，系统介绍海洋地球物理探测技术及其装备，包括多波束测深、地震探测技术、重磁电测量技术、放射性测量技术、海洋地热流探测技术以及地球物理测井技术；结合AUV、HOV和ROV等智能探测平台的发展，介绍搭乘智能平台的自主探测技术原理、现状和发展趋势；指出海底OBS、OBN、OBC探测的问题和难点，以及进一步发展的方向。本书可为我国海洋地球物理学科发展、深水油气探测等提供指导。

本书可供海洋地球物理科研工作者及海洋科学方向的学生阅读，也适合从事地球科学研究工作的科研人员参考。

图书在版编目（CIP）数据

海洋地球物理. 探测技术与仪器设备/吴时国等著. —北京：科学出版社，2023.10

（海洋地球物理丛书/吴时国，张健，郝天珧主编）

ISBN 978-7-03-072095-5

Ⅰ.①海… Ⅱ.①吴… Ⅲ.①海洋地球物理学-地球物理勘探-地质勘探仪器-研究 Ⅳ.①P738

中国版本图书馆CIP数据核字（2022）第063578号

责任编辑：周 杰/责任校对：樊雅琼
责任印制：徐晓晨/封面设计：无极书装

科学出版社出版
北京东黄城根北街16号
邮政编码：100717
http://www.sciencep.com
北京中科印刷有限公司 印刷
科学出版社发行 各地新华书店经销
*
2023年10月第 一 版 开本：787×1092 1/16
2023年10月第一次印刷 印张：25 1/2 插页：2
字数：607 000

定价：300.00元

（如有印装质量问题，我社负责调换）

《海洋地球物理丛书》编委会

丛 书 序

板块构造学说的提出是20世纪海底科学取得的最辉煌的成就，它引发了整个地球科学的革命。海洋地球物理探测在板块构造学说的建立和发展过程中，发挥了关键性的作用。海洋地球物理探测技术在大陆边缘地质演化、海洋国土划界、地球内部动力学、海洋资源探测、海洋地质灾害监测、海洋国防安全等方面占有举足轻重的地位。

我国是海洋大国。要建设海洋强国，就要“关心海洋、认识海洋、经略海洋”，就要做好战略部署，因势利导，走向海洋，开发海洋。在此过程中，海洋地球物理技术创新和发展是海洋探索的先行官，任重而道远。

我国的海洋地球物理学是在艰难的条件下起步、发展的。早在1958年，刘光鼎先生等老一辈科学家就组建了中国第一个海洋物探队，开展渤海、南黄海等海域的海洋地球物理探测实验。1974年，上海海洋地质调查局在东海开展区域地球物理调查发现了东海海底的“三隆两盆”构造格局，在西湖拗陷古近系地层中发现了工业油气流，实现了东海油气资源的突破。1978年，中国科学院海洋研究所在金翔龙、秦蕴珊先生领导下，建立了“科学一号”船载地质地球物理实验室，引进当时先进的海洋地球物理探测仪器设备，使用地震、重力、地磁等手段，开始了科学意义上的海洋地球物理调查。20世纪90年代以来，我国开展了大规模海洋地球物理调查，针对中国海海底地形地貌、重磁异常和地壳结构等，进行了系统探测和研究，形成了中国海全海区的海洋地球物理基础图件，出版了《中国海区及邻域地质地球物理图集》。2000年以来，我国海洋地球物理调查进入了崭新的阶段——海底地球物理探测时代，我国成功研制了海底地震仪并在南海和西南印度洋海区首先实施了探测，逐步组建了有国际竞争力的科技团队。目前正朝着研发海底电磁仪、海底重力仪、海底智能遥测物探仪等新装备的方向发展。进入2020年之后，我国迎来了以全海深载人潜器、ROV、AUV、海底原位科学实验站为代表的深海进入技术的大发展，构建了ROV、AUV和HOV系统等组成的一系列水下智能探测体系，为高精度的海底地球物理探测提供了有效平台。大规模的海洋地球物理探测在两轮973计划项目——“中国边缘海的形成演化及重大资源的关键问题”（2000～2005年）、“南海大陆边缘动力学及油气资源潜力”（2007～

2011年）中的成功应用，提高了人们对中国海地球物理场和海底构造演化规律的认识，为中国海洋地球物理学科的发展奠定了扎实的基础。观测对象的广泛性和解决问题的多样性，使海洋地球物理探测在研究海底各圈层相互作用和影响方面发挥了不可或缺的作用。中国海洋地球物理学者经过逾60年的努力，已在大陆边缘、大洋中脊、深海盆地、洋底岩石圈及其动力学演化等多方面都取得了许多创新性的成果，培养和锻炼出了大批专业人才。

《海洋地球物理丛书》是一套十分难得的著作，不仅凝聚了中国海洋地球物理科学的主要研究成果，而且反映了国内外海洋地球物理的最新研究进展。近年来，中国科学院、自然资源部和教育部涉海院校与研究机构，取得了一系列地球物理探测重大科研成果，为我国培养了许多优秀的海洋地球物理学人才，对推动我国海洋强国建设不断取得新成就做出了重大贡献。这套系列丛书从教学实际需求出发，全面综合海洋地球物理的发展历史与科技前沿，从海洋地球物理基础理论、技术发展到应用示范，从传统的成熟技术到突破性的新方法探索，既是对我国半个多世纪以来海洋地球物理发展历程的回顾，也是对我国未来海洋地球物理发展前景的展望，更是对优秀海洋科技人才培养的企盼。我很乐意为这套丛书作序，也希望有更多的年轻学者投身海洋地球物理探测事业，实现中华民族的海洋强国梦！

中国工程院院士

2020年6月

总 前 言

《海洋地球物理丛书》编写的初衷是专门为中国科学院大学海洋地球物理教研室海洋地质、海洋地球物理、大气海洋等相关专业研究生编写的通用教材。本丛书由中国科学院各相关研究所长期从事海洋地球物理理论与探测研究的核心团队集体撰写，反映了海洋地球物理学研究领域的最新进展，主要服务于中国科学院大学相关专业研究生的教学，也可作为高等学校海洋地质、海洋地球物理、大气海洋等专业高年级本科生和研究生教材，是相关高校和科研院所的科技工作者从事海底资源开发、海洋空间利用和科学探索的重要工具书。

在实现我国海洋强国的道路上，海洋地球物理学科任重道远，中国科学院各海洋单位在海洋地球物理探测方面，进展迅速，硕果累累。为了培养更多的海洋地球物理学科的人才，满足中国科学院大学相应学科的教学要求，吴时国、张健、郝天珧发起并出版了本丛书。《海洋地球物理丛书》共分5册，具体如下：第1册《海洋地球物理：理论与方法》、第2册《海洋地球物理：探测技术与仪器设备》、第3册《海洋地球物理：油气综合地球物理探测与实践》、第4册《海洋地球物理：海洋地质灾害》、第5册《海洋地球物理：海斗深渊的前世今生》。

呈现在读者面前的这套《海洋地球物理丛书》，是中国科学院大学研究生培养工作的客观需求，凝聚了中国科学院海洋地球物理学科老师和学生的研究结晶。本丛书反映了他们在海洋地球物理研究领域带领各自科研团队攻坚的国际前沿发展方向，在海洋地球物理基本理论、方法、前沿技术的探索，在油气资源、水合物、地质灾害探测的实践。希望本丛书的出版和推广能够服务于更多的海洋学科研究生培养，为我国海洋地球物理学科发展和社会经济建设谱写新的篇章。

吴时国　张　健　郝天珧

2019年12月

前言

前　　言

目前，海洋地球物理技术已是海洋强国最重要的一环，成为引领海洋创新发展的源泉。海洋地球物理技术是研究海洋过程、寻找海洋资源、探查海洋环境、维护国防安全的重要手段和实现途径，不仅在揭示东亚大陆边缘海形成演化与岛弧—洋中脊系统海洋多圈层相互作用过程和机理等方面发挥着引领作用，而且在海洋工程、灾害防治和考古救护等领域中不断发展和突破。近年来，海洋地球物理的探测技术的发展日新月异。本书根据搭载平台，将重、磁、电、震等探测技术方法划分为船载地球物理探测、近海底地球物理探测、井中地球物理探测等三个方面，构建海洋地球物理的立体空间探测网络。同时，充分考虑近年来国内外智能地球物理探测技术和海洋大数据科学的最新前沿进展，提炼总结后汇集成本书。

《海洋地球物理：探测技术与仪器设备》是中国科学院大学海洋地质、海洋地球物理、大气海洋等相关学科硕士研究生的通用学习材料，它是由中国科学院深海科学与工程研究所吴时国研究员和中国科学院南海海洋研究所徐辉龙研究员组织中国科学院相关单位海底构造与地球物理学科组共同执笔完成。关于海洋地球物理理论，已在前期出版的《海底构造学导论》《海底构造与地球物理学》《海洋地球物理探测》等书中进行了详细的论述，本书侧重地球物理方法技术及其应用，并结合最新海洋地质研究进展、海洋地球物理探测实例，内容翔实。

本书的撰写以中国科学院大学海洋学院核心课“海洋地球物理探测”课程教学大纲为基础，根据近年来的教学实践和教学经验，系统阐述海洋地球物理探测资料采集、数据处理、综合解释等方面的基本知识，以及海洋地球物理探测方法解决具体的海洋地质学问题。同时，结合海底地质构造与结构特点、海洋矿产资源与能源类型，介绍国内外海洋地球物理探测典型案例和最新进展，以使读者深入了解学科前沿与发展方向，培养其分析、解决实际问题的能力。

本书着重于海洋地球物理探测实践，按照少而精的原则精简和调整。本书共 7 章，第 1 章为绪论，第 2 章为海洋地球物理探测技术方法简介，第 3～6 章分别是船载地球物理探测技术、近海底地球物理探测技术与设备、海底地球物理探测技术和海洋地球物理测井，第 7 章为海洋地球物理探测展望。根据近年来的发展趋势充实了新的研究成果，使这本书更具时代性。本书由中国科学院涉海研究所地球物理学科组若干同志共同执笔完成。第 1 章由徐辉龙、吴时国、万奎元撰写；第 2 章，由董冬冬、付永涛、王大伟、夏少红、陈德华、杨小秋、万奎元、吴时国执笔；第 3 章，3.1 节由王大伟撰写，3.2 节、3.3 节由李伟撰写，3.4 节由董冬冬撰写，3.5 节、3.6 节由付永涛撰写；第 4 章由张汉羽、万奎元、孙中宇撰写；第 5 章由万奎元、曹敬贺、范朝焰、杨小秋、施小斌等撰写；第 6 章由陈德华、朱林奇执笔；第 7 章由吴时国、徐辉龙执笔。全书由吴时国、徐辉龙、夏少红、万奎元统稿、校稿。

在本书稿完成之际，特别感谢中国科学院涉海研究所及中国科学院大学的领导与同事的支持和关心，感谢上述各位同志的努力工作。为完成本书，编写组多次开会商讨编写大纲，汇集意见。特别是在编写过程中，李家彪院士提出了宝贵的意见和建议，科学出版社周杰编辑给出了诸多具体意见，温庚庚、高伟健、曾凡长、林江南、鲁向阳等为书稿文字校正、图片改绘付出了辛勤的汗水，在此一并感谢。

本书出版得到了中国科学院战略先导专项（XDA1103010102、XDB06030400）、海南省院士创新平台专项研究基金（YSPTZX202204）、国家自然科学基金项目（92058213、U22A20581、41476046、42276062、41574074、41906055、41174085、42076071、U1701641、U606401、91228208）、中国科学院创新团队项目（KZZD-EW-TZ-19）、海南省重点研发科技合作项目（DYF2016215）和海南省海底资源与探测技术重点实验室的资助。

作　者

2022 年 10 月

目　录

第1章 绪　论

1.1 海洋地球物理探测技术的概念与目标

地球物理学是一门研究地球的结构构造、物质组成和成因演化的科学，且与人类生存与生活密切相关。它涉及空间、大气、海洋和固体地球的探测研究，充分运用现代科学技术，基于岩石物性基础和物理学原理对相关目标进行探测、解析，以揭示相互之间及内部的奥秘。地球物理学的研究成果有助于增进人类对栖息的地球与行星空间环境的科学认识，支持着众多国民经济建设中的产业发展和核心科技。地球物理学的研究内容总体上可以分为应用和理论两大类。应用地球物理的研究范围十分广泛，包括能源勘探、金属与非金属勘探、环境空间、国防安全与工程建设探测等，可利用地球物理方法进行有效的找油找矿、环境工程监测和灾害预测监测。这些方法手段包括地震勘探、电法勘探、重力勘探、磁法勘探、地球物理测井和放射性勘探等。理论地球物理研究是对地球本体认识的理论与方法，如地球起源、内部圈层结构、地球年龄、地球自转与形状等，具体包括地震学、地磁学、地电学、地热学和重力学等分支学科。

海洋地球物理探测简称“海洋物探”，是通过地球物理原理和方法研究海洋地质过程与资源特性的科学。广义的海洋地球物理探测常用于海洋地质、海洋物理、海洋生物和海洋化学等学科研究中。海洋地球物理探测技术聚焦海洋覆盖地球圈层的结构构造、物质组成和形成演化的技术系列，广泛用于资源探测、科学研究、防灾减灾、国防安全和海上救护等领域。海洋地球物理探测的工作原理和陆地地球物理探测原理基本相同，但因作业场地在海上，增加了海水这一层介质，故对仪器装备和工作方法都有特殊的要求，逐渐形成了一套特殊的技术方法系列。根据搭乘平台的差异，可将海洋地球物理探测技术分为船载地球物理探测技术、海底 / 近海底地球物理探测技术和井中地球物理探测技术。

当前陆地资源日趋枯竭，生态环境日益恶化，自然灾害事故频发，这些直接威胁着人类的生存与进步，海洋空间开发和资源利用被提上日程，海洋探测成为我国强国战略的重要组成部分。海洋地球物理学家必须投身研究和解决一系列严峻的挑战性问题，为人类社会的可持续发展做出贡献。这需要我们发展海洋地球物理探测技术，解决海洋地球物理学面临的困境和问题，实现伟大的海洋强国梦。

1.2 海洋地球物理探测技术的定位

1.2.1 海洋资源开发

全球海洋油气储备丰富，能源战略意义深远。海洋油气储量约占全球油气资源总量的1/3。其中，海洋油气资源约60%分布于大陆架，深水（水深大于500m）与超深水（水深大于1500m）占比约30%。过去十几年间的新增石油储量中，海洋储量占比超过60%，且多集中于深水区域。据Wood Mackenzie数据统计，2020年海域石油产量12.1亿t，占全球原油产量的27.7%，其中浅水占比70.7%、深水占比14.5%、超深水占比14.8%；2020年海域天然气产量11 997.5亿m^3，占全球天然气产量的30.9%，其中浅水占比86.4%、深水占比10.3%、超深水占比3.3%。石油产量居前的国家包括沙特阿拉伯、巴西、美国、墨西哥、挪威、尼日利亚等，占全球海洋原油总产量的近一半。

经济发展需要大量的能源资源，我国目前正处于经济发展转型的关键时期，能源缺口量较大，所以稳定的能源供应十分必要。石油和天然气作为重要的能源资源，在我国的经济发展中有重要的作用，并且在我国的能源结构体系中占据重要的地位，需要稳定油气资源的开采，以满足我国的能源供应需求。根据第三次石油资源评价结果，我国海洋石油资源量为246亿t，占全国石油资源总量的23%。我国海洋石油探明程度为12%，海洋天然气探明程度为11%，远低于世界平均水平，处于勘探开发早中期阶段，未来增产潜力大。我国海洋油气资源丰富，大力开发海洋油气资源可以有效地提升油气资源产量，但是现阶段的海洋油气资源开发在核心技术、高端装备等方面还有一定欠缺，海洋油气资源开发，特别是深海油气资源开发尚有很大空间。

海洋地球物理有关油气方面的探测对我国能源安全有重要的战略意义，主要体现在以下几个方面：第一，我国的陆上油气田虽然油气储量较为丰富，但是经过多年的开采后，石油资源储量明显减少，加之部分油气田资源的环境复杂，开采难度大，而目前的技术还无法应对具体开采，所以陆上采油增量十分有限。换言之，陆上油气田的开采面临枯竭威胁，所以在未来的石油开采中，海洋油气资源必然会成为主力。第二，目前的国际市场上，石油的获取存在较多不确定因素。中东是目前全球石油储量最丰富的区域，也是全球石油产量最大的区域之一，但是这里常年存在争端，不稳定性十分突出。同时，国际关系的变动以及美元地位等的变化使得国际石油的供应存在着更多的不确定性。加强国内海洋石油资源的开发，满足国内石油的供应需要，将进一步降低国际石油变化对我国的影响。第三，海洋石油资源的开发是我国石油安全保障的重要途径。

海洋产业已成为推动经济发展的重要动力之一，在提高海洋工程科技对海洋经济增长的贡献率的同时，也需要建立全覆盖、立体化、高精度的海洋综合管控体系，完善海域管理的体制机制，加大海洋执法监察力度，整顿和规范海洋开发利用秩序，但这些都需要强大的海洋装备支撑拓展深海矿产资源（朱心科等，2013；吴时国等，2020）。

矿产资源的勘探与开发都需要高分辨率地球物理技术，现今海洋地球物理方法对大陆架地区的砂石料、热液矿床、磷矿，以及含石英、锡、金、铂、钛和锆矿物的砂矿等的勘探调查已经非常成熟（吴时国等，2020）。近几十年，海洋地球物理方法在深海矿产资源探测的应用上取得了一定的成果，但对于深海固体矿产资源的定量评价研究尚处于探索阶段，还缺少完善的定量评价方法。因此，海洋矿产资源的开采还依赖海洋地球物理探测技术进一步改进。

1.2.2 海洋科学研究

海洋科学是一门基于观测与发现推动发展的科学，海洋地球物理技术的发展是推动海洋科学发展的原动力。海洋地质研究需要海洋地球物理的验证，因此海洋地质学的进步离不开海洋地球物理技术的发展。海洋地球物理技术的发展促进了当今海洋地质学研究朝着“领域更广、程度更深”的方向发展。20 世纪 50 年代，我们对地球的演化史和组成认知主要还是来自对大陆的研究。早在 20 世纪初，海洋地质学家认为海洋是很年轻的。在第二次世界大战之后海洋地质学蓬勃发展。全球的规模调查，使得海底平顶山、洋中脊和大洋裂谷等被发现。大规模的海洋地球物理调查提供了大量资料。研究者发现，洋底沉积层极薄，大洋地壳的结构和大陆截然不同，特别是环绕全球大洋的洋中脊体系与条带状磁异常的发现具有深远意义。1963 年，马修斯和瓦因用海底扩张学说解释了海底条带磁异常的成因。20 世纪 60 年代末的“莫霍面钻探计划”直接揭示了洋底的年龄，为“海底扩张”提供了证据。1967～1968 年，美国普林斯顿大学的摩根、法国的勒皮顺和英国剑桥大学的麦肯齐等提出了板块构造理论，这是海洋地质研究的一大进步，被称为地质学的一场“革命”。

美国国家科学基金会（National Science Foundation，NSF）自 1966 年开始实施长达 15 年的“深海钻探计划”（Deep-Sea Drilling Project，DSDP）。“格罗玛 · 挑战者”号深海钻探船首次驶进墨西哥湾，后进军四大洋，获取了多达百万卷的海底钻探数据，现已成为地球科学的宝库。DSDP 成果证实了海底扩张假说，创立了“板块构造学说”，成为 20 世纪最伟大的科学发现，为地球科学带来了一场震撼世界的“地学革命”，同时创立了一门研究中生代以来古环境变化的新兴学科“古海洋学”。在 DSDP 和 ODP 两大国际合作计划中，美国也以其先进的技术处于领导地位。

目前，国际上推动的海洋钻探计划有 1985～2003 年的“大洋钻探计划”（Ocean Drilling Program，ODP）、2003～2013 年的“综合大洋钻探计划”（Integrated Ocean Drilling Program，IODP）以及 2013～2023 年的“国际大洋发现计划”（International Ocean Discovery Program，IODP）。这一系列大洋钻探的开展，对研究洋底岩石学结构构造、海洋起源和演化发展等均有极其重要的意义。在技术方法方面，除了深海钻探和取样技术外，潜艇观测、海底地球物理仪器探测、深海仪器拖运装置的发展也促进了海洋地质学的研究，为其提供了很好的数据证据。

ODP 1968 年始于美国，该计划集中了当时世界各国深海探测的顶尖技术，在几千米的深海底下通过打钻取芯和观测试验，探索国际最前沿的科学问题。它是地球科学中规模最大、历时最久的大型国际合作计划，其成果改变了整个地球科学的发展轨迹。ODP 由美国

NSF 主导，全球众多研究机构和科学家参与的关于地球结构与深部过程和气候变化的国际科学研究计划。该计划主要通过研究海底岩石和沉淀物所包含的大量地质与环境信息，获得地球的演化过程和变化趋势。中国于 1998 年以参与成员国身份加入了该计划。

IODP（综合大洋钻探计划）利用大洋钻探船或平台获取的海底沉积物、岩石样品和数据，在地球系统科学思想指导下，探索地球的气候演化、深部生物圈和地球动力学过程等科学问题，同时为深海新资源勘探开发、海底环境监测和防灾减灾等提供服务。IODP 主要成果包括重建地质历史时期气候演化、证实洋壳结构、发现深部生物圈等，这些科学成就不仅让我们更加全面地认识地球的过去与现在，也为预测未来全球变化提供了重要参考。

国际大洋发现计划（IODP 2013～2023）通过大洋钻探增进对地球系统科学的了解，推进多学科的国际合作，旨在从长期全球视野的角度促进解决当今最紧迫的环境问题，重点包括四个方面的研究：①气候和海洋的过去、现在与未来演变。海底沉积物岩芯提供了过去气候变化的记录，有助于在时空尺度上更好地了解地球系统过程。海洋沉积物能够确定千年尺度气候变化的空间分布，并且能对陆地、湖体和冰核进行基础观测。通过对海洋钻探数据的整理和同化运用模型，可以预测未来的气候变化。②深部生物圈与生命过程、生物多样性及生态环境问题。生物有机体通过生态系统中竞争捕食，使个体和生态系统不断地随环境的变换而变化。众多生物由于自然选择而被淘汰，但其躯体却有可能保存在深海沉积物中，而深海钻探技术使研究生物多样性、生物圈及其进化成为可能。另外，生物圈在全球循环中也发挥着关键作用。③地球连接，即建立地球深部过程与表层环境之间的关联。地球表面的环境和生命由固体地球、海洋与大气的地球化学反应相互作用调节而形成。各个场所的物质和能量流动均随着地球结构、组成的变化与快速的火山活动而变化。洋壳、俯冲带、构造成因的沉积和火山地层则蕴含了深部地球动力过程的记录，这一过程控制了地球表面的形态和环境。④运动的地球。地球的动态过程，如地震、山崩、飓风和碳循环，造成海洋中热量、溶质和微生物的快速交换。这种活动过程对于地球生态环境至关重要。从 2014 年起，中国正式成为“新十年国际大洋发现计划”的“全额成员国”，并在该计划科学咨询机构所有工作组享有代表权，在每个航次拥有两个航行科学家的名额。这显著地提高了中国在大洋钻探领域的参与度，对中国深海资源勘探、深海科技能力建设及海洋强国战略的实现具有重大意义。

1.2.3 海洋灾害预防

我国是海洋大国，也是世界上严重遭受海洋灾害影响的国家之一，各类海洋灾害给我国带来的经济损失和人员伤亡不容忽视。我国海洋灾害以台风、内波、风暴潮、海浪、海冰和海岸侵蚀等灾害为主，赤潮、绿潮、海平面变化、海水入侵与土壤盐渍化、咸潮入侵等灾害也有不同程度发生，海洋灾害对我国沿海经济社会发展和海洋生态环境造成了许多不利影响。

海洋地球物理探测在海洋灾害风险防控体系里能发挥重要作用。统筹考虑海洋灾害风险，全面推动沿海海洋灾害风险评估和区划及海洋灾害重点防御区划定工作。海洋地球物理探测可以提升海洋灾害风险预警能力，加强海洋灾害风险评估、隐患排查治理能力，优化海洋生态安全屏障体系，完善生态系统减灾服务功能，提升海岸带地区综合减灾能力。更加注重发挥生态空间在海洋灾害防御和生态安全中的基础作用。海洋地球物理探测有助于构建全球海洋立体观测网，全面提升海洋综合减灾能力。如今大数据、云计算、人工智能等新技术在海洋地球物理探测中的应用，可以有效提高预警服务的时效性、准确性和精细化水平。

1.2.4 国家海洋安全

海洋地球物理在国家海洋安全方面的应用主要分为两方面：一方面是在国防海防上的应用，称为海洋军事地球物理；另一方面是在国家海洋地质灾害预警方面的应用。主要包括两部分的研究内容：一是针对海洋的地球物理环境监控，二是以海洋为媒介的地球物理武器的监测。海洋地球物理技术的发展，有助于对海洋环境的监控，保障海洋安全。同时，对海洋安全的监测反过来也促进了海洋地球物理技术的进步。

早在第二次世界大战期间，西方国家就已经进行了军事性质的海洋研究，其间海洋地球物理技术也得到了突飞猛进的发展。在恶劣的海洋环境中，海洋地球物理致力于探测潜艇和水下目标的研究。“冷战”期间，海洋地球物理技术在军事活动上的应用更为突出，主要体现在为研究提供高额经费支持和调查船。目前科技发展迅速，海洋地球物理武器已发展到一定的高度。

无论科技发展如何迅速，海洋环境对海上军事活动影响巨大。海洋地球物理场是海洋环境的重要组成部分。海洋地球物理技术的发展可以很好地预测海洋地球物理场。海洋地球物理监测根据检测器的分布，可以分为海底深部、海底、水层、海岸带及空间，每个层次的传感器不同，处理解释的方式也不同，主要是通过监测这些区域的地球物理环境来获得海防和地质灾害预警等国家安全领域需要的信息体系（刘光鼎和陈洁，2011）。

在当今和平年代，海洋安全工作仍是必不可少的。为了保卫国土以及海洋的安全，必须建设海洋强国。当今以美国为首的发达国家，利用海洋地球物理技术优势，对我国进行封锁和挑衅。因此，从国家安全角度出发，我国也要最大限度地发展海洋地球物理技术，全面建成海洋强国。

1.3 海洋地球物理探测技术的现状

近几十年来，海洋地球物理探测技术得益于科技的迅猛发展，探测精度不断提高，技术逐渐成熟，设备更加先进智能。同时，海洋地球物理探测也正在从单一观测走向综合观测及构建观测网络等方向发展，探测范围也逐渐从浅海走向深海。为了满足目前深海海洋地球物理探测的需要，海洋科考装备平台、海洋地球物理探测技术与装备都得到了良好的发展。

1.3.1 海洋探测平台

1.3.1.1 海洋探测船

海洋探测船是海底构造和地球物理研究的重要平台。以往海洋调查船吨位小、续航力短且抗风浪能力差，当今深海勘探一般采用动力定位调查船，续航力长且抗风浪能力强，有较大的甲板作业面积，可装备各种设备，包括遥控潜水器、自治式潜水器设备和工程地质钻探设备。世界上主要海洋调查船建造国家包括美国、中国、俄罗斯、日本、挪威、德国、英国、西班牙和荷兰等（陈剑斌等，2014）。据统计，世界上已有 49 个国家拥有自己的海洋科考船，总数超过 500 艘。目前国际上大型的海洋科考船有美国的“Sikuliaq”号、“ATLANTIS”号和“挑战者”号，英国的“RRS Sir David Attenborough”号，德国的“Atair II”号和“SONNE”号，日本的“Kairei”号和“地球”号，瑞典的“Svea”号，俄罗斯的“AKADEMIKMSTISLAV KELDYSH”号，中国的“探索一号”和“科学”号等先进科考船（图 1-1 和图 1-2）。

图 1-1 “地球”号深海钻探船

日本的“地球”号是目前世界上最先进的深海钻探船。“地球”号（5.7 万吨级）能向海面下伸长 10 000m 钻探，在 2.5～3km 水深海域也能钻探到海底地壳下约 7km 处的地幔。船上配备先进的设备，如 Deep Tow 深海曳航照相/声呐系统，可进行海底地形、地质、热液、资源等走航探测；液压活塞取样系统从海底钻取的岩芯可以现场分析岩芯的内部结构。“地

图 1-2 “科学”号综合地质调查船

球”号除了帮助人们探究地球形成和大地震发生的机理，通过分析地幔的物质成分来预测地震外，还担负着研究地下生物圈以探索生命起源，以及追踪过去气候变化的痕迹的任务。

进入 21 世纪，我国的海上探测平台有了很大进展。随着世界各国进入深海，我国也不甘落后，开始了“深海进入、深海探测、深海开发”的深海战略。2003～2016 年，我国已经打造 6 艘可在深海区域工作的先进海上物探船，其中包括“海洋石油 720”（图 1-3）在内的亚洲最新一代三维地震物探船。它是中国自主建造的第一艘大型深水物探船，是中国设计的第一艘满足 PSPC（performance standard of protective coatings）的海洋工程船，是一艘由电推进系统驱动、可航行于全球动 I 类无限航区的 12 缆双震源大型物探船，是物探船主流技术的代表。此外，还有“海洋石油 708”深水地质勘查船、“海洋石油 981”深水半潜式钻井平台、“海洋石油 201”深水铺管起重船、两艘深水大马力三用工作船，组成了我国深海油气开发的“联合舰队”。尤其“海洋石油 981”是 2010 年由中国自行建造的第六代深水半潜式钻井平台，该船最大作业水深可达 3000m，钻井深度达 10 000m，标志着我国海洋石油开发向深海发展迈出一大步（吴时国和张健，2014）。2017 年，海洋科考船“三兄弟”亮相，分别为“海洋地质八号”、“海洋地质九号”与“海洋地质十号”，标志着我国深海探测立体技术体系形成。“海洋地质十号”（图 1-4）由我国自主设计、建造，是集海洋地质、地球物理、水文环境等多功能于一体的综合地质调查船。船身总长 75.8m，宽 15.4m，排水量约 3400t，续航力 8000n mile，可以实现在全球无限航区开展海洋地质调查工作。“海洋地质九号”调查船可开展多参量海流测量、地质取样、高精度中深层地层结构探测、高精度地球物理场测量等多种海洋地质调查工作。“海洋地质八号”是六缆高精度短道距地震电缆三维物探船，主要用于开展大面积区域调查工作，可以满足全海域水合物调查、区域地质调查和重点海域油气资源调查等任务的需要。

图 1-3 “海洋石油 720”深水物探船

图 1-4 “海洋地质十号”科考船

“实验 6”新型地球物理综合科学考察船（图 1-5）是国家发展和改革委员会立项的“十三五”科教基础设施建设项目。船舶 3999t，船长 90.6m，型宽 17.0m，满载吃水 5.5m，最大航速超过 17kn，在航速为 13kn 时，续航力为 12 000n mile，自持力 60 天，是当前国内 3000 吨级科考船的代表船型。“实验 6”具备全球航行和全天候观测能力，以地球物理调查为主、兼顾多学科科学考察，既突出地球物理专业调查能力，又能实施多学科综合考察需求；既能开展近海浅水区、南海岛礁区的科学考察，又具有极端环境下的探测和取样能力。

图 1-5 “实验 6”新型地球物理综合科学考察船

1.3.1.2 深海潜水器

为了深入探索海洋的奥秘，近年来国内外海洋深潜器技术也取得了很大进步。深潜器分为载人潜水器（human occupied vehicle，HOV）和无人潜水器（remote-operated vehicle，ROV）。载人潜水器可应用于科学研究、深海探险、观光旅游和军事等。海洋科学研究中，载人潜水器按照不同作业水深，可分为浅水作业型载人潜水器（1000m 以内作业）、深水作业型载人潜水器（1000m 以下作业）及全海深作业型载人潜水器（工作深度超过万米）。无人潜水器主要包括遥控潜水器（ROV）、自治无人潜水器（automatic under vehicle，AUV）、水下滑翔机（autonomous underwater glider，AUG）及遥控/自治复合型潜水器（autonomous remotely vehicle，ARV）等（赵羿羽等，2019）。

深海载人潜水器的研制从 20 世纪 60 年代开始，发展至今，美国、法国、俄罗斯、日本、中国都已具备深海载人潜水器自主研发的能力。目前，国内外有 20 余艘深潜器，包括美国 6500 米级“阿尔文”号、法国 6000 米级“鹦鹉螺”号（Nautile）、俄罗斯 6000 米级“和平Ⅰ”号和“和平Ⅱ”号、日本“深海 6500”号（Shinkai 6500）和我国 7000 米级“蛟龙”号及 4500 米级“深海勇士”号。万米级载人潜水器是深海载人潜水器的一大热点，目前已研制成功的万米载人潜水器包括美国 DOER 公司的“Deepsearch”号、美国 Triton Imaging 公司的 Triton 36000/3、日本的“深海 12000”号、中国船舶科学研究中心（又称中国船舶重工集团公司第七〇二研究所）的全海深载人潜水器“奋斗者”号及上海海洋大学深渊科学与技术研究中心的“彩虹鱼”号。“奋斗者”号 2020 年 11 月 10 日在马里亚纳海沟成功坐底，坐底深度 10 909m，刷新了中国载人深潜的新纪录。目前全世界无人遥控潜水器已有 1000 多艘，但作业深度大于 5000m 的不超过 10 艘。其中，“海马”号（图 1-16）是我国目前下潜深度最大的 ROV，下潜深度可达 4500m。AUV 比 ROV 的活动范围更大，智能程度更高。AUV 依靠自身决策和控制能力可高效完成以探测为主的许多任务，是当前无人潜水器的发展重点。国际上现有设计工作深度 6000m 的 AUV 为数不多，如美国的 AUSS、法国的 PLA 2、俄罗斯的 MT-88 以及中国的 GRO 1、GRO 2 和“潜龙一号”。此外，多台协同控制也是智能无人潜水器的重要发展方向。新型的无人潜水器，如水下滑翔机、遥控/自治复合型潜水器发展迅速，美国、瑞典、韩国、中国等都在开展遥控/自治复合型潜水器的研制，美国“海神”号遥控/自治复合型潜水器目前较为先进（赵羿羽等，2019）。俄罗斯的载人深潜器一直处于比较领先的地位。苏联就已拥有深海运载器“和平Ⅰ”号（MIR-Ⅰ)、“和平Ⅱ”号（MIR-Ⅱ)、Pisces 和 MT-88 自治水下机器人。近二十年来，MIR-Ⅰ和 MIR-Ⅱ在太平洋、印度洋、大西洋和北极海区共进行了 20 余次科学考察，包括对失事核潜艇“共青团员”号核辐射的定期监测、“泰坦尼克”号沉船的海底调查和洋中脊水温场地热流的测量。MT-88 探测器曾多次下潜到太平洋 5.2km 大洋盆地对多金属结核矿区进行勘查。“和平Ⅰ”号潜水器最深达水下 6.17km，可持续作业 14h，“和平Ⅱ”号潜水器可深潜 6.12km。俄罗斯的两台潜水器可以放在同一条科考船上进行必须由两台潜水器操作的科考活动，这是其他国家无法实现的。2007 年 8 月，俄罗斯北极科考队使用深潜器在北极点下潜至超过 4km 深的海底，安插了一面金属制作的俄罗斯国旗，充分显示了俄罗斯在深海潜水技术上的优势。俄罗斯还打算在 6km 深海载人潜水器的基础上，进一步研发万米的探测器。

近年来，我国深海潜水器发展迅速，其中以“蛟龙”号、“深海勇士”号、“奋斗者”号等深海载人潜水器为突出代表。

“蛟龙”号（图 1-6）载人潜水器是一艘由中国自行设计、自主集成研制的载人潜水器，也是国家高技术研究发展计划（简称 863 计划）中的一个重大研究专项。它具备深海探矿、海底高精度地形测量、深海生物考察等功能，曾在马里亚纳海沟创造了下潜 7062m 的中国载人深潜纪录，这也是当时世界同类作业型潜水器最大下潜深度纪录。“蛟龙”号是中国载人深潜发展历程中的一个重要里程碑。

图 1-6　载人潜水器“蛟龙”号和无人潜水器“海马”号

“蛟龙”号具备深海探矿、海底高精度地形测量、可疑物探测与捕获、深海生物考察等功能，可以开展如下研究：①对多金属结核资源进行勘查，可对小区地形地貌进行精细测量，可定点获取结核样品、水样、沉积物样、生物样，可通过摄像、照相对多金属结核覆盖率、丰度等进行评价等；②对多金属硫化物热液喷口进行温度测量，采集热液喷口周围的水样，并能保真储存热液水样等；③对富钴结壳资源的勘查，利用潜钻进行钻芯取样作业，测量富钴结壳矿床的覆盖率和厚度等；④可执行水下设备定点布放、海底电缆（ocean bottom cable，OBC）和管道的检测，完成其他深海探寻及打捞等各种复杂作业。

“深海勇士”号是国产化率最高的潜水器，目前使用频率和成本进入世界先进行列，曾创造了一天两潜和夜潜的世界纪录（图 1-7）。其最大工作深度 4500m；尺寸长 9.3m，宽 3m，高 4m；重量 20t；有效载荷 220kg；航速巡航 1.0kn，最大 2.5kn；使用海况布放最大 4 级，回收最大 5 级；载人舱内径 2.1m；载员 3 人；最大水下逗留时间 10h；生命支持 3 人×10h（正常），3 人×72h（应急）。

图 1-7　载人潜水器“深海勇士”号

“奋斗者”号由中国船舶重工集团公司第七〇二研究所设计制造，用户单位为中国科学院深海科学与工程研究所，该潜水器已完成了海试和验收，列入了正常的科考系列。该潜水器是典型的大国重器，可实现万米海底作业目标，“奋斗者”号的研制建造及海试突破了一系列关键核心技术（图 1-8）。中国科学院金属研究所、中国科学院理化技术研究所、中国科学院声学研究所、中国科学院沈阳自动化研究所、中国科学院力学研究所等单位，与中国船舶重工集团公司第七〇二研究所等单位合作，顺利完成了钛合金载人舱、固体浮力材料、高速数字水声通信系统、自动控制系统、机械手等关键技术攻关工作。中国科学院深海科学与工程研究所、中国科学院西安光学精密机械研究所、中国科学院长春光学精密机械与物理研究所、中国科学技术大学、中国科学院上海硅酸盐研究所等单位联合中央广播电视总台等单位，突破了全海深微光超高清相机、超高清视频实时低损耗压缩算法、透明保护罩和陶瓷耐压罐材料等关键技术，自主研制了“沧海”号着陆器和全海深视频直播系统，为万米载人深潜的电视直播提供了技术支撑。

图 1-8 全海深载人潜水器“奋斗者”号

1.3.2 海洋地球物理设备

海洋地球物理探测的进步离不开仪器的改进。近年来一些海洋地球物理设备有了很大的发展。地球科学 20 世纪的成就和 21 世纪的未来前景源自海洋地球物理技术的飞速发展。海洋地球物理中海底探测设备的更新促进了许多重大科学事件的出现，推动了科学的进步。

海洋地球物理探测设备涉及面很广，包括导航定位设备、海底声学探测设备、海洋重磁测量设备、海底光学（包括激光）探测设备、海底热流测量设备、海底大地电磁测量设备、海底放射性测量设备，以及海底原位（长期）观测–分析设备和海底钻井地球物理观测设备，等等。海底探测设备的发展不仅具有显著的科学进步意义，而且在海底资源勘查和水下军事活动中都有重要的作用（金翔龙，2007）。

1.3.2.1 激光探测设备

深海探测激光技术的主要设备是深海拉曼光谱仪（图 1-9），拉曼光谱仪是根据印度科学家拉曼发现的拉曼效应及其原理发明的光谱仪器，广泛应用于很多领域，如石油、食品、农牧、化学、高分子、制药、医学、刑侦、珠宝、古玩鉴定和地质行业等。美国和中国都研制了自己的深海拉曼光谱仪，分别是深海拉曼原位光谱仪（DORISS）和深海集成化自容式拉曼光谱仪（DOCARS）。深海拉曼原位光谱仪可在原位监测海底化学物质的变化，主要用在热液硫化物出口等化学物质聚集区，即时探测化学成分的改变，为人们研究海底资源提供数据支持。

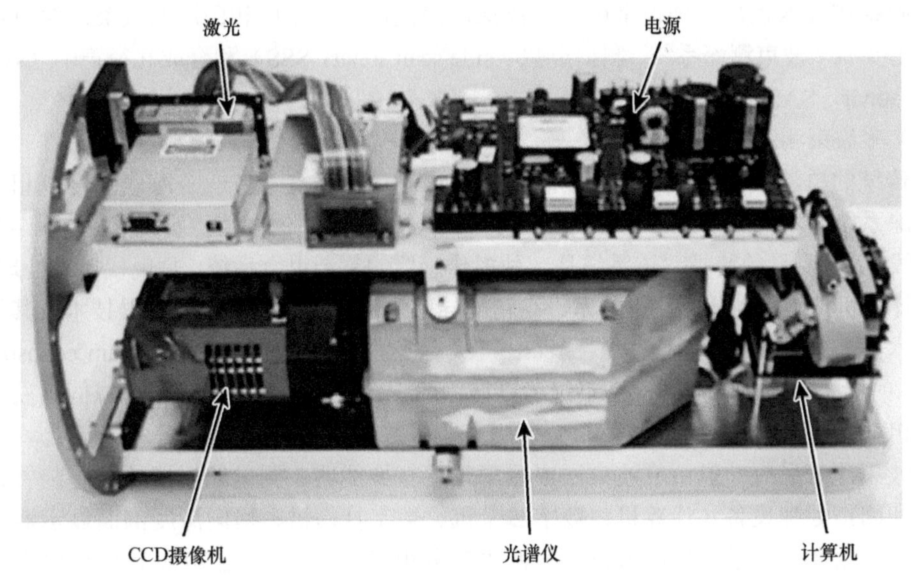

图 1-9　DORISS II

图片来自高端装备发展中心

1928 年拉曼效应被发现以后，其应用受到了广泛的追捧，逐渐形成了一项新的技术——拉曼光谱分析技术。拉曼散射光经过物质的调制，携带了物质的结构信息，所以可以利用物质的拉曼光谱来研究物质结构。

20 世纪 70 年代以后，随着显微拉曼光谱分析技术的发展，拉曼光谱分析技术已可以对微米量级的样品进行分析。20 世纪 80 年代以后，纤维光学探针被引入拉曼光谱技术，使得拉曼光谱远程测量成为可能。这个时期拉曼光谱分析技术被广泛应用于工业生产中的远程控制及检测。20 世纪 90 年代以后，出现了傅里叶变换拉曼光谱技术。傅里叶变换拉曼光谱仪可以显著降低甚至消除样品的荧光背景，提高光谱信噪比。随着电荷耦合器件（charge-coupled device，CCD）探测器技术不断成熟，CCD 探测器的引入使得拉曼光谱的测量时间大大缩短，拉曼光谱仪的实时性显著提高。21 世纪以来，随着光学技术及工艺的不断进步，光学元器件的质量不断提高，光谱仪器的性能也不断提升。

1.3.2.2　声呐探测设备

声呐探测最早可以追溯到 15 世纪。1490 年意大利人达 · 芬奇就记录了利用两端开口的长管插入水中听测远处航船的方法。现代声呐探测技术的发展始于 20 世纪，尤其是第一次世界大战后，声呐技术不断发展。1916 年，法国物理学家利用电容发射器和碳粒微音器进行了回声声呐技术实验。1918 年，他们采用研制成的电子管放大器改进仪器，使水声与电子技术相结合，现代主动声呐诞生。1925 年左右，德国“信号”公司开始生产以回声方法测深的船用测深仪。1935 年出现了舰艇声呐，第二次世界大战中又出现了航空声呐和海岸声呐。从 20 世纪 50 年代中期起，由于核动力潜艇的发展和水中武器性能的提高，电子技术、水声工程和水声物理学方面出现了新的研究成果，声呐的发展进入现代化阶段。

声呐探测技术也是一种很常用的海洋探测手段，分为军用和民用两大类。深海探测声呐设备主要有多波束测深系统、侧扫声呐（side scan sonar，SSS）和合成孔径声呐（synthetic aperture sonar，SAS）。

（1）多波束测深系统

与传统的单波束测深系统每次测量只能获得测量船垂直下方一个海底深度值相比，多波束测深系统能获得一个条带覆盖区域内多个测量点的海底深度值，实现了从“点–线”测量到“线–面”测量的跨越。该系统是一种多传感器的复杂组合系统，是现代信号处理技术、高性能计算机技术、高分辨显示技术、高精度导航定位技术、数字化传感器技术及其他相关高新技术等多种技术的高度集成。测深时，载有多波束测深系统（multibeam echosounder，MBES）的船每发射一个声脉冲，不仅可以获得船下方的垂直深度，而且可以同时获得与船的航迹相垂直的面内的多个水深值，一次测量即可覆盖一个宽扇面。

多波束测深系统一般由窄波束回声测深设备（换能器、测量船摇摆的传感装置、收发机等）和回声处理设备（计算机、数字磁带机、数字打印机、横向深度剖面显示器、实时等深线数字绘图仪、系统控制键盘等）两大部分组成。自 20 世纪 70 年代问世以来，多波束测深系统就一直以系统庞大、结构复杂和技术含量高著称，世界上主要有美国、加拿大、德国、挪威等国家在生产。

（2）侧扫声呐

侧扫声呐（图 1-10），是水下搜索、水下考察时的一项重要且有力的工具。两边旁扫通过向水底发射声波，反射后被拖鱼接收形成声呐影像来发现水下物体，接收到的信号通过

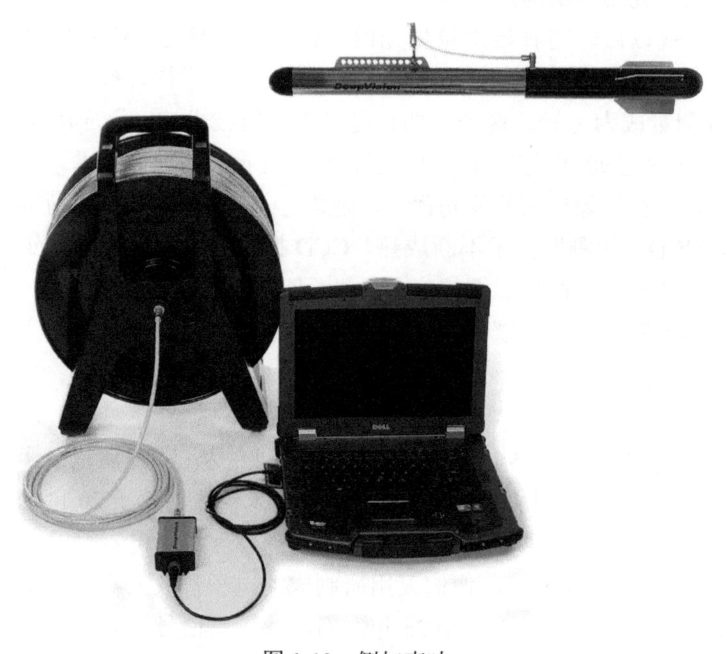

图 1-10　侧扫声呐

拖缆传到甲板上的显示单元。该系统非常适合寻找水下小型的或者怕碰的目标，可以用于寻找古董、残骸、航海日志、溺水人员等目标，还可以用来寻找大型的目标沉船，也应用在深海测量领域。

显示单元显示的是高分辨率的海底或湖底或河底或位于底部其他物体的声呐影像。声呐的声波是通过安装在两边的拖鱼发射并接收的。换能器的分辨率取决于发射声波的频率。旁扫是以较低的频率来得到较大的扫描范围，故精度较低。高频系统可以得到较高的精度，但是扫描范围较小。双频旁扫同时拥有高频和低频换能器，这样可以得到较大范围且分辨率较高的图像。

（3）合成孔径声呐

合成孔径声呐的灵感来自合成孔径雷达（synthetic aperture radar，SAR），合成孔径成像在雷达领域取得的成功，推动了合成孔径声呐技术的发展。由于合成孔径成像的相似性，声呐可借鉴雷达中的技术成果，雷达中的成像算法可用在声呐中。

受雷达成功的鼓舞，一些国家自20世纪80年代起进行了较多的水声环境和合成孔径声呐成像试验，并开始研制原理样机。90年代以来，大洋洲、欧洲、北美国家先后研制出合成孔径声呐实验样机，并且性能在不断提高。一些声呐系统的作用距离从原来的几十米、几百米到十几千米，甚至更远；分辨率也从米、分米到厘米量级。美国在该领域处于领先地位。

中国科学院声学研究所在科学技术部863计划课题、中国科学院重要方向性项目等的支持下，于1997年启动对合成孔径声呐的研究，经过十多年的发展，在理论和技术上取得了很大进展，先后研制了高频系统、低频系统样机（图1-11）。2013年，在海洋公益性行业

图1-11　合成孔径声呐

科研专项支持下，进行双频合成孔径声呐研制，在高频和低频合成孔径成像技术集成的过程中，解决了重量、体积、功耗、双频同步工作、可靠性和稳定性等一系列关键问题，完成了双侧双频系统，并进行了多次湖上和海上试验，取得了清晰的水底成像结果（杨敏等，2016）。

1.3.2.3 地震探测设备

海洋地震探测目前以海底地震仪（ocean bottom seismograph，OBS）（图 1-12）为主，海底地震仪是在海底观测天然地震和人工地震的仪器（图 1-12）。地震勘探指利用地下介质弹性和密度的差异，通过观测和分析大地对人工激发地震波的响应，推断地下岩层的性质和形态的地球物理勘探方法。在地表以人工方法激发地震波，在向地下传播时，遇有介质性质不同的岩层分界面，地震波将发生反射与折射。在地表或井中用检波器接收这种地震波，收到的地震波信号与震源特性、检波点的位置、地震波经过的地下岩层的性质和结构有关。通过对地震波记录进行处理和解释，可以推断地下岩层的性质和形态。地震勘探在分层的详细程度和勘查的精度上都优于其他地球物理勘探方法。地震勘探的深度一般从数十米到数十千米。爆炸震源是地震勘探中广泛采用的非人工震源。现已发展了一系列地面震源，如重锤、连续震动源、气动震源等，但陆地地震勘探经常采用的重要震源仍为炸药。海上地震勘探除采用炸药震源之外，还广泛采用空气枪、蒸气枪及电火花引爆气体等方法。

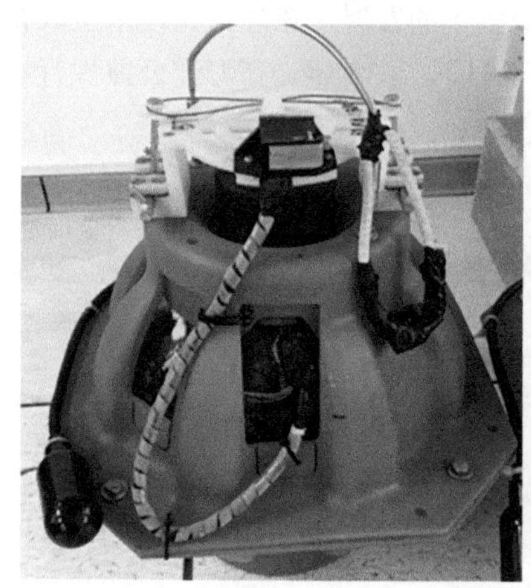

图 1-12 海底地震仪

海底地震仪的主要特点：①可采集四分量的地震信号，分辨率高，一致性好；②采用宽频带地震计，可适应海底较大的倾斜角，自动调整水平；③低功耗运行，连续长期海下工作；④最大万米级工作水深；⑤高精度全球定位系统（global positioning system，GPS）授时，水面自定位；⑥人机友好交互，方便查看仪器状态。从工作性能上分为甚宽频带（120s ～50Hz）、标准宽频带（60s ～100Hz）、宽频带（30s ～100Hz）；从海底地震仪结构特点上分为单球、多球、组合式等不同类型的海底地震仪。

目前美国、日本、英国、德国等发达国家海底地震仪的研制已经比较成熟，而且已借助于海底地震仪对天然气水合物底部的似海底反射面开展了广角反射和层析成像研究工作，取得了很好的结果。我国海底地震仪的研究起步较晚，20 世纪 90 年代主要通过国际合作展开应用。

1.3.2.4　磁力勘测设备

（1）海底电磁仪

海底大地电磁探测是研究地球深部物性结构的一种重要的地球物理方法，探测海底电磁场源，再将测量数据进行成像处理，就可以推知海底深部的电磁特征和地质构造。海底电磁设备以海底电磁仪为主，它是一种在海洋中采集海底大地电磁场数据的仪器。海水层导电导致电磁波衰减，海洋大地电磁场信号比陆地信号要弱得多。因此，海底电磁测量要求海底大地电磁仪器要比陆地具有更高的灵敏度。

海底大地电磁探测起始于 20 世纪 70 年代，当时的西方学者力图将陆地电磁探测移植到海洋，并在理论上进行了可行性研讨。随着研究的深入，至 80 年代，海洋电磁探测仪器已发展到相当规模。1985 年，Webb 等首次系统地介绍了该类仪器的工作原理、技术指标以及测试情况，并获得了美国专利授权。1989～1992 年，法国和美国学者使用海洋电磁探测仪器进行了野外地质调查，但比陆上同类仪器的故障概率高得多，未能得到真实的地电信号。90 年代后，海底大地电磁从方法到仪器逐渐发展并趋于成熟，主要应用在两大方面：一是地学基础研究；二是海底资源调查。例如，在墨西哥湾双子座（Gemini）海区，海洋电磁数据与地震勘探结果联合反演，最终推断出盐丘的底面深度以及储油的构造形态。现今，海底电磁探测和海洋可控源电磁（controlled source electro magnetic，CSEM）探测一起被认为是海洋地球物理领域性价比靠前的方法，发展前景极为可观。

国内在海底电磁领域的研究尽管起步较晚，但近年来进步明显。海底电磁探测技术研究已列入我国的重要计划，中国科学院地质与地球物理研究所和中国地质大学（北京）已成功研制出五分量海底大地电磁仪。该套仪器在我国东海、黄海、南海已进行了多次实验（邓明等，2004），实验结果验证了仪器的有效性和实用性，完全可以满足海底资源勘探的需求。2019 年，中国科学院边缘海与大洋地质重点实验室使用我国自主研发的海底大地电磁探测设备，在南海完成了国内最长最深海底大地电磁探测，该项成果入选“2019 年度中国十大海洋科技进展”，代表着我国海底电磁探测设备取得突破性进展。

（2）海洋磁力仪

地球上的相关磁力场都是有规律地存在与分布着的。某一区域的磁力场如果受到外界铁质物体的入侵，则这个磁力场将会受到铁质物体在磁力场中产生的相对于该磁力场的外力作用，从而对该磁力场造成干扰。这些外力干扰基本上都存在于这个入侵的铁质物体的周围。磁力在磁场中的相关应用可以帮助工作人员测量出地球某个区域的磁场强度，如果磁场受到外来入侵，导致场强变化，放置在其中的磁力仪也会相应地改变磁力数值。由于能够改变磁力场的物质都是由铁磁物质构成的，磁力仪能够勘测出任何会使磁力场发生改变的物体（图 1-13）。

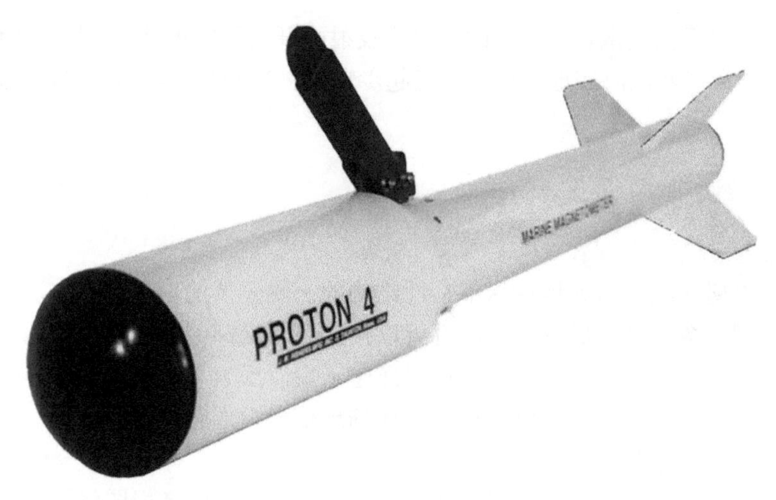

图 1-13　PROTON 4 海洋磁力仪

磁力仪通常被船只用拖曳的形式运行，由于金属会改变地磁的特性，磁力仪在有色金属探测方面有很大用途。

海洋磁力仪是一款精度很高的测量地球磁力场强度的测量设备。目前国外较为先进的海洋磁力仪以基于光泵式和质子旋进式原理两种为主。具代表性的有美国 Geometrics 公司的 G880 磁力仪，其采用光泵式原理，传感器方位可调，灵敏度＜0.001nT（1s 的采样率下），绝对精度 ±2nT，可用于深海磁测、近海测量等项目；加拿大 Marine Magnetics 公司的 SeaSPY 磁力仪，采用质子旋进式原理，灵敏度 0.015nT，分辨率高达 0.001nT，绝对精度 ±0.25nT，该设备适合各种调查船只。我国的海洋磁力测量工作相对起步较晚。目前国内一些科研机构也在加大力度研制海洋磁力仪，如北京大学研制的三垂向分量海洋磁力仪，船载测量取得了很好的效果。

海洋磁力测量的发展历史（Nabighian et al.，2005）也可以分为以下三个阶段。

第一阶段，主要是对磁偏角的测量。继哥伦布（Columbus）发现磁偏角之后，人们在公元 1500～1700 年就进行了海洋磁力测量，但早期的海洋磁场调查关注的是磁偏角。17 世纪晚期埃德蒙·哈利（Edmond Halley）在大西洋进行了大量的海洋磁测工作，并编制了一张保证航海安全的磁偏角图。1757 年，Monton 和 Doddloose 利用在考察船和商船上得到的大量观测结果，编制了大西洋和印度洋按纬度与经度每隔 5° 等距点上的磁偏角一览表。18 世纪和整个 19 世纪，磁偏角占据了海洋地磁场研究的前沿，同时也开始对磁倾角和水平分量进行观测，只是当时的观测精度不是很高。

第二阶段，磁通门仪器的发展。海洋上的大规模系统磁测工作开始于 1905 年，是由美国的卡纳奇研究所用专门装备的船只完成的，并且编制了世界地磁图。1940 年末，Lamont 地质观测站从美国地质调查局借了平衡架安装磁通门磁力仪，用它跨越了大西洋，并且提出了海底扩张的 Vine-Matthews-Morley 模型。1952 年，Scripps 海洋研究所也开始拖曳了一个类似的仪器，于 1955 年对加利福尼亚州南部海岸进行了一次二维的海洋磁力测量，并发现了海洋磁条带。

第三阶段，拖曳式磁力仪的出现。直到 20 世纪 50 年代，才出现了拖曳式磁力仪，改变了无磁性测量船的海洋磁测工作。海洋磁测具有如下的特点：①要在不断改变着自己空间位置（船本身在航行，洋流在流动等）的船上进行观测；②船本身的固有磁场也在随船空间位置的改变而变化。因此，在制订观测方法时应同时考虑这两方面的特点。目前，用于海洋磁力测量的仪器主要是质子旋进式磁力仪，该仪器是测量地磁场总强度的仪器，是一种高精度磁力测量仪，最早由美国加利福尼亚州瓦里安协会研制成功。

我国的磁力测量工作是 20 世纪 30 年代在云南省开始的。我国的海洋磁力测量工作起步较晚，自从 20 世纪 70 年代核子磁力仪的应用，我国才普遍开展海上磁力测量，主要的应用领域是海洋区域构造调查。目前国内一些科研机构、大专院校也都在积极地加紧研制海洋磁力仪设备。北京地质仪器厂制成了 CHHK-1 海洋航空核子旋进式磁力仪，其精度可以达到国际同类仪器水平，目前为我国各作业部门广泛应用（王功祥等，2004）。

1.3.2.5 海洋重力仪

海洋重力仪要安放在运动的船体上，受到垂直加速度和水平加速度以及基座倾斜的影响很大。过去的海洋重力仪均采用补偿法进行零点读数，误差较大且影响测量精度。而现在的海洋重力仪则使用高灵敏度的电容测量仪器直接读取平衡体的位移大小来获得相对重力值，大大提高了仪器的测量精度，如德国的 KSS-32（M）海洋重力仪和美国的 L&R S 型海洋重力仪。海洋重力测量较陆地重力测量发展较晚，因为海洋重力测量是在运动状态下测量重力加速度的，理论和技术上都有较大的难度。海洋重力测量会受到各种干扰，概括起来有以下 6 个方面：径向加速度影响、航行加速度影响、周期性水平加速度影响、周期性垂直加速度影响、旋转影响、厄特弗斯效应，这些影响可以归结为水平加速度和垂直加速度的影响，对重力测量造成相当大的影响，一般陆地重力仪是不可能完成测量任务的，因此可用于海洋测量的重力仪逐渐发展起来。

海洋重力测量起始于 20 世纪 20 年代，经历了四个发展阶段。

第一阶段，20 世纪 20～50 年代，主要是使用摆式重力仪（简称摆仪）进行测量。1923 年，荷兰科学家费宁·梅内斯首次成功地在潜水艇上使用摆仪对海域重力进行了测量。1937 年，布朗对其进行改进，消除了二阶水平加速度和垂直加速度的影响，测量精度提高了 ±5～15mGal①。但是摆仪存在操作复杂、测量效率低、费用高等弊病，走航式海洋重力仪逐渐发展起来。

第二阶段，20 世纪 50 年代末，开始用船载海洋重力仪进行测量。在摆仪发展的同时，也在发展由海底重力仪进行的定点静态海底重力测量，主要是为了适应浅海区海洋重力测量的需要。为了能够在浅海地区得到较高精度的相对重力测量的结果，人们曾经采取了许多措施，如利用地面重力仪进行下海工作。最初将地面重力仪放在三脚架上进行观测，但是地面重力仪工作水深仅限于几米的范围，容易受到风浪的影响，且地面重力仪的设备比较笨重，安全性比较差。后来采用潜水钟的方式将地面重力仪从海水上方移到水下进行海

①1Gal=1cm/s^2。

洋重力观测，但是这种方法也只能在浅海中进行。同样地，地面重力仪的设备比较笨重，安全性比较差。直到1940年左右才出现了海底重力仪的遥控观测设备，这种设备可以将地面重力仪及其平衡装置安放在一个密封的外壳内，然后把这个外壳沉放到海底，通过电缆在海上启动重力仪，将测量的数据再送回到船上。这种海底重力仪比使用潜水钟方便而且比较迅速，在水深不超过50m时，只要0.5～1h就可以完成一次观测，而且观测精度比较高。

第三阶段，20世纪50年代中期到60年代中期，摆杆型海洋重力仪的发展。摆杆型海洋重力仪是一历史性演变的仪器，主要是完成由水下到水面、由离散点测量到连续线测量。该类仪器中最具有代表性的要数德国Graf Askania公司生产的GSS-2型（后改型为KSS-5）海洋重力仪和美国LaCoste & Romberg公司生产的L&R型海洋重力仪。我国研制的ZYZY型（后改型为DZY-2型）海洋重力仪也是属于此类型的海洋重力仪。

摆杆型海洋重力仪的发展也经历了由初步到完善两个过程：20世纪50年代中期到60年代中期是初步定型过程。1957年，德国和美国的两家公司分别用增加仪器阻尼的办法改进了地面重力仪，并将这种重力仪安装在普通船的稳定平台上，形成了早期的走航式海洋重力仪。这种仪器受到船只引起的加速度影响较大，因此只能在近海海况较好的条件下工作。到了60年代中期，摆杆型海洋重力仪进入完善阶段。德国的Graf Askania公司与美国的LaCoste & Romberg公司相继对摆杆型海洋重力仪的弹性系统在结构上进行了刚性强化，进一步增加阻尼，建立了反馈回路和滤波系统，从而完善了走航式摆杆型海洋重力仪。这两种型号的海洋重力仪都是安装在陀螺平台上进行工作，大大增加了海洋重力仪的抗干扰能力，可以在中级海况下工作，测量精度也提高到了±1mGal，平静的海况下测量精度可达到±0.7mGal。当时，我国的不少单位都进口了这种类型的海洋重力仪，并完成了我国近海和部分太平洋海域的海洋重力测量任务。

第四阶段，轴对称型海洋重力仪的发展。轴对称型海洋重力仪不受水平加速度的影响，从理论上讲，可以消除交叉耦合误差，在比较恶劣的海况下也可以较好地应用，这是海洋重力仪的又一大进步，此类仪器被认为是第三代海洋重力仪。轴对称海洋重力仪因为高精度、高分辨率和可靠性等优势，已经取代摆杆型海洋重力仪，成为进一步探索海洋重力场的重要工具。代表性的轴对称型重力仪是德国生产的KSS-30型海洋重力仪和美国生产的BGM-3型海洋重力仪。例如，从1981年KSS-30型海洋重力仪投入使用以来，在垂直加速度小于15Gal的平静海况下，KSS-30型海洋重力仪的工作精度可以达到±0.2～0.5mGal；在垂直加速度介于15～80Gal的恶劣海况下，工作精度为±0.4～1.0mGal；在垂直加速度介于80～200Gal的非常恶劣海况下，工作精度为±0.8～2.0mGal。轴对称型海洋重力仪的另一个特点是配置的计算机可以直接进行厄特弗斯改正及正常重力、空间异常和布格异常的计算，而且还带有转弯补偿电路，使得测量船转向时重力仪仍可连续工作，这一点是摆杆型重力仪无法做到的。又如，BGM-3型海洋重力仪也是在1981年开始投入使用的，其传感器静态分辨率可达±10μGal，平静海况下工作精度可达±0.38mGal，在远海测量中工作精度为±0.7mGal，可以分辨出1～2km波长的重力异常信息。这种重力仪也可自动地进行厄特弗斯改正及正常重力、空间异常和布格异常的计算，有实时处理功能，处理后的数据可以打印输出，也可由磁带机进行输出。实时处理后的重力资料仍然需要使用精确的导航资料和实际的零点漂移速率作进一步的后处理。该型重力仪在船只转向时也可以做到连续观测，对于船只近 180° 的转向，重力仪仅用 4min 就可以完全稳定。20 世纪 80 年代中期，中国科学院测量与地球物理研究所研制的 CHZ 型海洋重力仪也是轴对称型，能在垂直加速度达 500Gal 及水平加速度 200Gal 的恶劣海况下工作。它采用的是零长弹簧、硅油阻尼、力平衡反馈、数字滤波等技术，与 KSS-30 型仪器对比的不符值均方差为 ±1.4mGal。

除了以上所描述的摆杆型和轴对称型海洋重力仪外，还有一种是通过测量弦的谐振频率而得到重力变化的海洋重力仪，称为振弦型海洋重力仪。振弦型海洋重力仪的历史可以追溯到 1949 年，Gilbert 研制出了第一台在潜艇上使用的振弦型重力仪。自那以后，美国、日本和苏联都积极开始研制，这类仪器中最具代表性的是日本东京大学研制的东京海面船载海洋重力仪（TSSG）、美国麻省理工学院研制的振弦海洋重力仪和苏联研制的 Magistr 系统。1975 年，北京地质仪器厂也生产了 ZY-1 型振弦式海洋重力仪，但是该类型仪器在我国的应用很少。

总之，近几十年来，随着海洋开发事业的蓬勃发展，世界上各个国家都普遍加强了海洋重力测量工作，在发展仪器的同时，也完成了大量海区的测量工作。虽然我国在海洋上开展重力测量仅有 60 余年的历史，且多数情况是研究近海海区的地质构造和含油气情况。20 世纪 70 年代末，由于需要配合空间技术的研究，对海洋重力测量提出了新的要求。小比例尺测量多用于大范围重力场的调查任务，以剖面测量为主；中比例尺测量多用于浅海大陆架地区，主要用于以石油为主的矿产资源的调查，以面积测量为主。地球形状研究和空间科学等任务对海洋重力测量的要求，也多以面积测量为主，并要求在测区内测量点要大致均匀分布。21 世纪以来，我国的海洋重力观测也得到了很大的发展，不再局限于浅海大陆架等地区，已经向深海领域进军。

1.3.3 海洋探测技术

海洋地球物理调查技术方法主要利用地球物理调查方法获取数据资料来查明海底地形地貌、岩石层结构、地质构造及地质资源分布。海洋地球物理调查技术方法包括导航定位、水深测量（单波束测深、多波束测深）、侧扫声呐测量、浅地层剖面测量、地震测量（单道地震、多道地震与小多道地震）、重力测量（船载重力、卫星重力和航空重力）、磁力测量（船载磁力、卫星磁力和航空磁力）和海底地热流测量等。随着智能技术的发展，ROV 水下机器人技术、水下电视和摄影、海底原位观测、雷达测量技术以及钻探平台技术等非常规技术也逐步应用于海洋地球物理调查中。

海洋地球物理学的发展根本在于技术的创新。当今应用于海洋探测的地球物理方法众多，各有优势。例如，基于多波束测深技术的海底浅层声探测技术在海底浅层探测中得到了广泛的应用；水面船只导航定位和水下定位系统为代表的导航定位技术的研究，为海底高精度探测打下了坚实的基础；海底放射性测量技术、海洋地热流探测技术以及海洋地球物理测井技术等在海洋探测中都得到了应用，取得了很好的探测成果。在海洋油气勘探方面，海洋地震探测技术一直是取得成效最好的地球物理技术。近年来，一种新型的海底探测技术——海洋可控源电磁法得到了较快的发展，并在海洋油气检测中取得了巨大成功，成为三维地震勘探应用以来又一个具有商业价值的新技术。在海底矿产资源探测中，重磁勘探技术运用广泛。重力资料在圈定沉积盆地范围、推断含油气远景区及寻找局部构造方面具有独到的用处。以上表明，近年来，海洋观测从单一地球物理技术探测向综合地球物理探测发展，逐步形成了海洋地球物理观测系统。

近年来发展较为成熟的海底地球物理监测技术有海底地震仪探测技术、海底高分辨率多道地震探测技术、海底观测网络等。海底地震仪探测技术是指利用布设在海底的地震仪，接收并记录人工震源所产生的地震波信号，从而获得海底下精细地质结构探测方法。随着海底地震仪探测技术的发展和海洋地球科学的发展需求，海底地震仪探测广泛应用于大陆边缘、洋中脊、海底高原与海山、俯冲带等构造单元的结构探测中，同时也可应用于海洋地震监测、海洋资源勘探以及天然地震的地震层析成像等。海底多道地震探测技术是基于共深度点道集（CDP）多次覆盖技术而发展起来的，该方法在海域物探中应用前景很广。海底观测网络一般是由基站、互联网络、光纤光缆、各种传感器和各种功能观测设备等组成。海底观测网络能够长期、实时、连续地获取所观测海区的海洋环境信息，已经成为探测海洋的重要平台，为人类认识海洋变化规律，提高对海洋环境和气候变化的预测能力提供了技术支撑，在海洋减灾防灾、海洋生态系统保护、资源/能源可持续开发利用、海洋权益维护和国防安全等方面具有重大战略意义。21 世纪初，随着各海洋强国纷纷制定或调整海洋发展战略计划和科技政策，以确保在新一轮海洋竞争中占据先机，相应的海洋监测网络逐步实施，如日本的 ARENA、DONET，美国和加拿大的 NEPTUNE、MARS、ONC、H2O、LEO-1，以及中国东海小衢山海底观测系统、中国东海摘箬山海底观测系统、中国南海陵水基地南海海底观测网实验系统及中国台湾地区的 MACHO 等（陈建冬等，2019）。

1.4　海洋地球物理探测技术历史回顾

海洋地球物理探测简称“海洋物探”，是通过地球物理勘探方法研究海洋和寻找海底资源最为重要的技术之一。目前，此种方法广泛用于石油和天然气构造、天然气水合物和海底沉积矿床勘探。海洋物探包括水声测量、海洋重力、海洋磁测、海洋电法、海洋地震和测井等方法（吴时国和张健，2017）。海洋物探的工作原理和地面物探方法相同，但因工作场地是在海上，对仪器装备和工作方法都有特殊的要求，需使用装有特制的船载重力仪、海洋核子旋进式磁力仪、海洋地震检波器等仪器的勘探船进行工作，海洋勘探船还装有各种无线电导航、卫星导航定位等设备。

19 世纪 20 年代起，科技的发展和海洋资源的不断发现，推动着人类探索占地球表面积 70.8% 的海洋。为了解决人类未来生存发展和资源危机，海洋地球物理技术的发展备受关注。近年来对海底探测的研究推动着海洋地球科学技术的发展，海洋地球物理探测在前沿科学中一直保持着重要的地位。目前，海洋地球物理探测范围从近海逐步扩展到深海，高精度的导航定位技术、海洋重力测量系统、海洋地磁测量技术和海底地震仪探测等探测技术在当今海底资源勘查、海洋科学研究、海洋工程以及海洋战场环境等方面发挥着不可替代的作用（金翔龙，2004）。世界各国特别是发达国家对海洋资源（石油、天然气、多金属结核、热液硫化物和深海稀土等）的争夺进一步促进了海洋地球物理探测设备和技术的发展。

海洋地球物理探测发展至今已有一个半世纪之久，早在20世纪50年代初期，尤因（Ewing）等利用刚出现的精密回声探深仪对连续水深进行探测，并绘制了海底地形地貌图。Heezen和Tharp（1977）在广泛搜集详细的连续回声测深资料和图件的基础上，编绘出世界海底地形图。海底地形图描绘了海底的各种地貌形态，如大陆架、大陆斜坡、深海平原、海沟、洋中脊、洋中脊裂谷和转换断裂等。全球系统的洋中脊和海沟是地球上最为壮观的地貌单元，成为当代海洋地球科学研究重要的科学目标（Lin and Parmentier，1989）。

20世纪，海洋地球物理有着辉煌的成就，海洋地球物理调查技术进步推动了板块构造理论的发展，引发了地球科学的革命（吴时国和喻普之，2006；牛耀龄，2013）。20世纪初，魏格纳根据大西洋岸线的地形地貌，提出了大陆漂移假说，挑战传统的洋陆格局固定论（Wegener，1924）。然而20世纪50年代中期质子旋进式磁力仪的出现，不仅使海洋磁力测量成为可能，还提供了广泛进行连续测量的精密仪器。Mason（1958）在东北太平洋的磁测中发现了明显的条带状磁异常分布图案。随后，Vacquier（1963）、Mason和Raff（1961）分别证实了条带状磁异常在大洋地区广泛存在，对海底扩张假说给予了强有力的支持。60年代广泛的国际合作使海洋地球物理调查与深海钻探相结合，对海底扩张假说进行了大量的验证。研究人员在世界各大洋地区普遍进行了海洋磁测，如地震面波、地震震源分布和震源机制、海洋重力以及海底热流的观测和研究，从而使魏格纳的大陆漂移假说得到认同，进而推动了整个地球科学的革命。显然，这是海洋地球物理理论和应用发展的结果（Jones，2009）。第二次世界大战期间进行的军事性质的海洋研究，也大大促进了海洋地球物理的发展，其间由于水中作战的需要，探测潜艇和其他水下目标的技术取得迅速发展。一些科学家根据声波探测和地磁场的变化，制造了一系列的海底地球物理作战仪器，如高精度的地磁仪、水下窃听器等。第二次世界大战之后，很多致力于这些仪器研究的科学家纷纷进入了大学、研究所和勘探公司工作，在开放的环境中大力促进了海洋地球物理的发展。

随着第二次世界大战之后工业的迅速发展，人类对石油和其他矿产资源的需求大大增加。为了满足矿产的需求，各国从陆地开采走向了海洋。20世纪40年代初期，美国一些勘探公司就已经在墨西哥湾和加利福尼亚湾的浅水区域寻找油气资源（Sheriff and Geldart，1995）。1953年已经有100多个地震勘探队在近海岸进行勘探工作（Jones，2009）。为了推动海上勘探的发展，勘查队很快由浅水区扩展到了深水区，进而发展了在科考船上获取地震剖面的方法（吴时国和喻普之，2006）。海上勘探技术也由原来的二维地震勘探发展到三维地震勘探再到现在的重磁电震综合。目前海洋地球物理勘探技术已经相当成熟。

海洋地球物理探测发展分为四个阶段，即初级阶段、发展阶段、成熟阶段及智能阶段（表1-1）。

表 1-1 海洋地球物理探测发展历程

初级阶段	16 世纪若奥·得卡斯特（Joao de Castro）在海上系统地调查了磁偏角。 1700 年埃德蒙·哈利（Edmond Halley）编制了最早的大西洋磁偏角图。 1819 年汉斯廷（Hansteen）编写了第一张地磁水平分量和世界地磁总强度分布图；由于钢铁船有磁性，又制造了木制船“加利莱”号（Calilee）（1905～1908 年）和“卡内基”号（Carnegie）（1909～1929 年），在全世界海洋中进行了地磁观测工作。 1929 年，荷兰地球物理学家费宁·梅内斯（Vening Meinesz）用他所改进的用于不稳定地面的摆式仪器（迈尼兹摆）装在潜艇上进行海上重力测量。 1949 年，布拉德（Bullard）研究出在海上测量热流的设备和方法。 1952 年，首次在大西洋进行了海洋地热流测量。 20 世纪 50 年代初，美国哥伦比亚大学拉蒙特–多尔蒂地球观测研究所尤因教授在研究墨西哥湾地质构造时，首先在海上开展人工震源海上地震调查工作
发展阶段	1956 年，苏联的“曙光”号（Zarya）继续在海洋中开展磁测工作；1960 年开始了地磁计划，作为世界地磁测量的一部分，在全世界进行了地磁三要素的测量工作。 1962 年，Magyne 首次在墨西哥湾用单船采集了共深度点地震反射资料，并进行了多次叠加处理，得到了信噪比高的地震反射剖面。 20 世纪 60 年代，出现了 Graf Askania 弹簧式重力仪，整个测量部分装在以垂直陀螺仪为标准并能自动跟踪它的水平稳定台上。另一使用普遍的重力仪是拉科斯特重力仪，测量重力的元件是零长弹簧。 20 世纪 60 年代，美国海军开发了利用船底及两侧的声呐传感器测量水深。 20 世纪 70 年代，美国哥伦比亚大学拉蒙特–多尔蒂地球观测研究所科学家 Stoffa 和 Peter（1979）设计了双船地震方法，用两条地震船工作，将排列长度扩展到 8km，从而使勘探深度超过 30km
成熟阶段	1985 年，随着计算机技术的进步，多波束测深系统有了很大改进。海上工作时，设计多波束测深系统的航线间的间隔满足扫描宽度之间有重叠，可得到海底的详细水深和地貌图。 20 世纪 90 年代，美国 David T Sandwell 和 Walter H F Smith 两位教授在进行海洋磁力测量时将磁力探头装在电缆尾部，与调查船的距离大于船长的三倍，船舶磁场的影响可以忽略不计，以便海洋中连续测量。 21 世纪初，海洋地球物理探测技术已经发展非常成熟，海底多道地震探测技术、海底网络观测、海洋重磁技术、海洋电磁技术等都已走向成熟。载人潜水器、海底地震仪、海底重磁仪、海底光纤地震探测等海洋地球物理仪器也层出不穷。海上科考船和钻探平台也相继成熟
智能阶段	近十年来，大数据与人工智能算法的引入使地球科学领域实现了跨越式发展，人工智能等新兴科技已经成为新一轮科技革命与产业变革的引擎，在海洋地球物理领域的潜在应用十分广泛，如在断层识别、去噪、速度分析、地震反演、成像、岩石物理、综合决策等方面都取得了显著进展。 未来，AUV/ROV/HOV 等智能平台广泛运用，开展智能地球物理探测、海底地球物理探测多方法多学科联合将成为主要发展趋势，以此实现技术新突破，提高解决复杂问题的能力

1.5 我国海洋地球物理探测技术的发展阶段

我国海洋地球物理装备的发展形势喜人。海洋设备展（OI）原来是清一色的代理商，如今具有核心技术的国内海洋设备公司如雨后春笋般蓬勃发展。海洋技术发展经历了从无到有，从探索引进吸收到独立研发等三个阶段。

1.5.1 探索引进吸收阶段

经过几十年的摸索，综合地球物理从概查发展到普查，将地球物理资料与周边地质资料以及海域钻井资料结合起来进行分析研究，先后发现渤海、南黄海、北部湾、珠江口、东海陆架和琼东南六大沉积盆地，对后续油气资源勘探具有重要的指导意义。

1.5.2 模仿研制阶段

近年来，我国在海洋动力环境、海洋生态环境、海底环境调查与资源探测等的传感器技术研发方面呈现较大进展，取得了一批具有世界先进水平的高技术成果，初步具备了关键海洋观测传感器技术装备的研发与生产能力。海洋观测平台技术近年发展速度加快，已初步建立了包括卫星遥感、航空遥感、海洋观测站、雷达、浮（潜）标、海床基观测平台、海洋环境移动观测平台的海洋观测平台技术体系，基本实现了与国际同步，为海洋观测装备产业发展奠定了良好的技术基础。近年来，我国在海底地震仪仪器研制方面有了很大的进展。2009 年中国科学院地质与地球物理研究所团队成功研发了 3 通道高频海底地震仪，随后两年又在此基础上成功研制了宽频带 7 通道海底地震仪（郝天珧和游庆瑜，2011）。2015 年 1 月 19 日，在西太平洋雅浦海山海域执行科考任务的“科学”号科考船在既定区域投放了 7 个海底地震仪。这是中国首次在该海域投放海底地震仪，所有海底地震仪回馈显示状态正常。经过 20 多年的艰辛自主研发，中国科学院地质与地球物理研究所研制的万米级海底地震仪，于 2017 年 3 月在世界最深处马里亚纳海沟挑战者深渊成功应用，完成了两条万米级人工地震剖面，并获得极为珍贵的一手数据资料。这标志着我国成为继日本之后世界上第二个具有自主研发万米级海底地震仪能力的国家，并在世界首次成功获取万米级海洋人工地震剖面。

在海洋观测装备产业领域，发达沿海国家已经建立了高端完善的创新链和产业链，海洋观测、监测和探测技术装备产品线非常丰富，且随着技术创新能力的提升不断拓展。基于技术装备创新和产业发展，发达沿海国家主导的海洋观测系统建设日趋完善，美国建设的综合海洋观测系统、加拿大建设的海王星海底观测网分别代表了海洋观测和海底观测的国际最高水平。目前，国际海洋观测技术装备正沿着高度信息化与智能化、高度专业化与模块化、谱系化与强功能、高稳定性与可靠性的趋势稳步发展。

1.5.3 独立研发阶段

“十三五”以来，围绕强化海洋认知，我国相继提出实施了“智慧海洋”、“透明海洋”、“全球海洋观测系统”（Global Ocean Observing System，GOOS）及“海洋空间站”等重大工程，将海洋观测技术装备作为海洋新的发展重点。为推动海洋观测预报领域重大工程建设的顺利实施，有必要加大海洋观测技术装备创新力度，加快发展海洋观测装备产业。

2020 年 10 月 27 日“奋斗者”号下潜首次突破万米，并于 11 月 10 日创造了 10 909m

的中国载人深潜新纪录，标志着我国在大深度载人深潜领域达到世界领先水平。从攻克“蛟龙”号三大国际领先技术中的高速水声通信技术（声学系统）和自动航行与悬停定位技术（控制系统）两项，到实现“深海勇士”号常态化运维，再到“奋斗者”号研制与海试成功，中国科学院打造了一支深海领域的战略科技力量，汇聚了以“奋斗者”号、“深海勇士”号载人潜水器和“海翼”“海斗”“天涯”“海角”等无人潜水器为代表的深海装备集群，为开展深海深渊科学探索提供了有力支撑。

参考文献

陈剑斌, 施建臣, 陈菲莉. 2014. 等浅析国外海洋综合调查船发展趋势. 绿色科技, 5: 300-304.
陈建冬, 张达, 王潇, 等. 2019. 海底观测网发展现状及趋势研究. 海洋技术学报, 38(6): 95-103.
邓明, 侯胜利, 王广福, 等. 2004. 中国海底地球物理探测仪器的新进展. 勘探地球物理进展, (4): 241-245.
郝天珧, 游庆瑜. 2011. 国产海底地震仪研制现状及其在海底结构探测中的应用. 地球物理学报, 54(12): 3352-3361.
金翔龙. 2004. 海洋地球物理技术的发展. 东华理工学报, 27(1): 6-13.
金翔龙. 2007. 海洋地球物理研究与海底探测声学技术的发展. 地球物理学进展, (4): 1243-1249.
刘光鼎, 陈洁. 2011. 再论中国油气的“三海战略”. 地球物理学进展, (1): 7-26.
刘丽华, 吕川川, 郝天珧, 等. 2012. 海底地震仪数据处理方法及其在海洋油气资源探测中的发展趋势. 地球物理学进展, 27(6): 2673-2684.
牛耀龄. 2013. 全球构造与地球动力学——岩石学与地球化学方法应用实例. 北京: 科学出版社.
阮爱国, 李家彪, 冯占英, 等. 2004. 海底地震仪及其国内外发展现状. 东海海洋, (2): 19-27.
王功祥, 赵强, 廖开训. 2004. 浅谈当今海洋重磁调查设备的现状. 南海地质研究, (1): 75-81.
吴时国, 喻普之. 2006. 海底构造学导论. 北京: 科学出版社.
吴时国, 张汉羽, 矫东风, 等. 2020. 南海海底矿物资源开发前景. 科学技术与工程, 20(31): 12673-12682.
吴时国, 张健. 2014. 海底构造与地球物理学. 北京: 科学出版社.
吴时国, 张健. 2017. 海洋地球物理探测. 北京: 科学出版社.
杨敏, 宋士林, 徐栋, 等. 2016. 合成孔径声呐技术以及在海底探测中的应用研究. 海洋技术学报, 35(2): 51-55.
赵羿羽, 曾晓光, 金伟晨. 2019. 海洋科考装备体系构建及发展方向研究. 舰船科学技术, 41(19): 1-6.
朱心科, 金翔龙, 陶春辉, 等. 2013. 海洋探测技术与装备发展探讨. 机器人, 35(3): 376-384.
Heezen B C, Tharp M. 1977. World Ocean Floor (a map). U. S. Navy Office of Naval Research, Washington, DC.
Jones E J W. 2009. Marine Geophysics. Chichester: Wiley.
Lin J, Parmentier E M. 1989. Mechanisms of lithospheric extension at mid-ocean ridges. Geophysical Journal, 96(1): 1-22.
Mason R G. 1958. A magnetic survey off the west coast of the United States. Geophysical Journal of the Royal Astronomical Society, (1): 320-329.
Mason R G, Raff A D. 1961. A magnetic survey off the west coast of North America, 32°N to 42°N. Bulletin of the Geological Society of America, 72: 1250-1265.
Nabighian M, Ander M, Grauch V J S, et al. 2005. Historical development of the gravity method in exploration.

Geophysics, 70(6): 63.

Sheriff R E, Geldart L P. 1995. Exploration Seismology Ⅱ Data Processing. Exploration Seismology, (9): 275-348.

Stoffa P, Peter B. 1979. Two-Ship Multichannel Seismic Experiments for deep crustal studies: Expanded spread and constant offset profiles. Journal of Geophysical Research, 84: 7645-7660.

Vacquier V. 1963. A machine method for computing the magnitude and direction of magnetization of a uniformly magnetized body from its shape and a magnetic survey. Proceedings of the Benedum Earth Magnetism Symposium 1962. Pittsburgh: University of Pittsburgh Press.

Vine F J, Matthews D H. 1963. Magnetic Anomalies over Oceanic Ridges. Nature, 199: 947-949.

Wegener A. 1924. The Origin of Continents and Oceans. New York: Dover Publications.

第 2 章 海洋地球物理探测方法

海洋地球物理探测通过声、光、电、热、放射性等方法进行海洋圈层的测量，形成了六大技术体系，即海洋水深测量方法（侧扫声呐技术、多波束）、海洋地震探测方法（反射、折射）、海洋重磁测量方法、海洋电磁测量方法、海洋地热测量方法、地球物理测井方法（声波测井、放射性测井、电阻率测井、成像测井）等（Jones，2009；吴时国和张健，2017）。按照平台的不同，又可分为船载地球物理探测、近海底智能平台（HOV、ROV、AUV）、海底原位地球物理测量［海底摄像、海底大地电磁仪（OBEM）、海洋多道γ射线能谱仪和海底地震仪］、井中地球物理测量四类海底探测仪器。下面，我们简单介绍以下六种常规的海洋地球物理探测方法。

2.1 水声探测方法

海水深度和海底地形地貌是海洋研究中最基础的数据，水声测量也是最重要的方法。目前，主要用海底声学探测技术来获取海洋水深数据。海底声学探测有多波束测深、侧扫声呐和浅层剖面探测等。它们的工作原理是根据探测目标设置不同的声波频率和强度。高频能提高分辨率，而低频则能提高声波的作用距离和穿透深度，因此在中、浅海水深或侧扫海底形态的探测中采用高频，而在探测深海水深或浅层剖面结构时采用低频。目前有很多系统采用双频域多频探头结构，以提高全海域的探测能力（金翔龙，2007）。

多波束测深系统是一种由多个传感器组成的复杂系统，与单波束测深系统不同的是，在作业过程中，它能够获得断面内形成的十几个至上百个测点的条幅式测深数据，因而能获得较宽的海底扫幅和较高的测点密度，精确快速地测出沿航线一定宽度水下目标的大小、形状和高低变化，从而描绘出海底地形地貌的精细特征。多波束测深系统具有全覆盖、高精度、高密度和高效率的特点，在海底探测的实践中发挥着越来越重要的作用。

侧扫声呐技术利用海底对入射声波反向散射的原理来探测海底形态。通过仪器发射声波信号，并接收海底反射的回波信号来反映海底形态，包括目标物的位置、现状、高度等信息。侧扫声呐技术能直观地提供海底形态的声成像，因此得到广泛应用，如绘制海底地形地貌、水下考古、目标物探测和海洋生物数据调查等。多波束测深声呐和测深侧扫声呐可用于海底三维成像。前者适宜于安装在船上进行大面积走航式测量，而后者则适宜于安装在各类水下载体上，包括拖体、水下机器人、遥控潜水器和载人潜水器等（金翔龙，2007）。

海底浅地层剖面探测技术的工作原理与多波束测深和侧扫声呐相类似，区别在于前者发射的频率较低，产生声波的电脉冲能量较大，具有较强的穿透力，从而能够穿透海底数十米的沉积物（Dybedal and Boe，1994）。海底地层剖面测量技术是探测海底浅层结构、海底沉积特征和海底表层矿产分布的重要手段，与单道地震探测相比，其分辨率更高，甚至可以达到十余厘米。

2.2 地震探测方法

海洋地震探测是利用海底地下介质弹性和密度的差异，通过观测和分析海底介质对天然或人工激发地震波的响应来研究地下岩石层性质、形态及海洋水团结构。由于海上作业的特殊环境，海上地震探测与陆地地震探测有所区别，主要表现在定位导航系统、震源激发和接收仪器方面。在海上地震探测中，高精度的导航定位则是实现海底高精度探测的基础。一般主要是采用卫星导航定位（如 GPS 导航系统、北斗导航系统）、激光定位和水下声呐定位等。目前在海上地震勘探的导航定位系统已经发展为一整套的完善技术，它是控制海洋地震勘探的核心枢纽及控制中心，可以实现对船体及震源位置进行精确定位，定时或定点输出震源控制信号以及记录有效震源的时空信息等。

海上地震勘探的特点是在水中激发、水中接收。由于海上环境的特殊性，震源多采用非炸药震源，包括气枪震源、蒸气枪震源、电火花震源等，其中气枪震源占 95% 以上。气枪震源的原理是把高压气体瞬间释放到海水中，产生类似于小当量炸药的地震波。早期的气枪震源都是使用单支气枪，能量输出较小，后来逐渐发展成由多支气枪组合而成的枪阵震源，大大提高了气枪主脉冲的能量输出，并有效地压制了气泡振荡。在海洋多道探测过程中，一般采用一艘作业船拖着等浮电缆在海上航行，接收地震波的传感器按一定排列方式分布在拖缆中。在海底地震探测中，一般利用沿测线布设在海底的地震仪来接收地震波信号。

目前，海洋多道探测及海底地震探测发展已较为成熟，且发展方向逐渐由二维探测发展到三维探测。海上地震探测与陆上地震探测相比，还具有勘探效率高、勘探成本低和地震数据信噪比高等优点。

海洋地震探测是获取海底岩石层和构造的主要手段。根据单道地震剖面可绘制水深图、表层沉积物等厚度图和基底顶面等深线图。海底地震仪探测能够获得深至地幔岩石圈的地壳速度结构，是解决深部结构科学问题的有效手段之一（丘学林等，2012；夏少红等，2016）。此外，海洋地震探测在海洋油气资源勘探、海洋工程地质勘查和地质灾害预测等方面也得到了广泛应用。

2.3 重力测量方法

海洋重磁测量在资源勘查和科学研究等方面起到了极大的作用，是海洋地球物理调查的常规地球物理手段之一。海洋重力测量是将重力仪安放在科考船上或经过密封后放置于海底进行观测，以确定海底地层中各种岩石密度分布的不均匀性。海底地层层位具有不同密度的分界，这种界面的起伏都会导致海面重力的变化。重力异常是地下密度变化的综合反映，通过对各种重力异常的处理与解释，可以获得地球形状、地壳结构以及沉积岩层中某些界面的信息，进而解决区域构造地质、岩矿体分布特征方面的任务，为寻找有用矿产提供依据。

2.4 地磁测量方法

海洋磁法探测是利用地磁现象进行测量的，磁针或任何磁性体都是偶极子场，地球好像一个大磁球，在其周围空间形成了磁场。根据各地磁要素在地理分布上的基本特征，可以认为地球基本磁场的模式与一个位于地球中心并与其旋转轴斜交 11.5° 的地球中心偶极子场很类似。两者各地磁要素分布基本特征大致吻合，但在相当广大的区域内两者之间存在着明显的差异。在某点一个单位的正磁荷受力的大小称为该点的地磁场强度，单位 nT。由于地磁场的重要性，最早的海洋磁场调查关注的是磁偏角。第二次世界大战期间，发明了用于海底磁测的磁通门磁力仪，可以测量磁场的各个分量。由于受漂移和温度影响，仍然需要绝对磁力仪进行标定。磁法勘探中的观测值需要减去正常磁力值和日变值。

海洋磁力测量是利用拖曳于调查船尾的质子旋进式磁力仪或磁力梯度仪，对海洋地区的磁场强度作数据采集，从而进行海洋磁力观测与研究。通过将观测磁场值减去正常磁场值并作地磁日变校正，即可获得磁异常。海底岩矿石的磁性差异所产生的磁异常，可以反映基底构造、沉积的厚度、大断裂的展布和岩浆岩的分布等，对于直接寻找海底磁性矿产和研究海洋基底构造与海底扩张等科学问题具有不可替代的作用（管志宁等，2002）。

2.5 海底热流探测方法

海洋地热测量是利用海底不同深度上沉积物的温度差测量海底的地温梯度值，并测量不同深度沉积物的热传导率，从而求得海底的地热流值的一种方法。直接获取海洋地热流资料的方法包括海底沉积物的原位地温梯度和热导率测量、钻井的温度测量和岩芯热导率测量两种，其中前者应用最广泛（陈爱华等，2016）。海洋地热流测量在大洋岩石圈结构研究、海上油气能源勘探中发挥着积极作用，与其他海洋地球物理手段相比，具有耗资少、方法简单、见效快、数据直观等优点。因此，海洋地热流测量以及相关的研究工作越来越被人们所关注。现今的海底热流探测技术可分为尤因（Ewing）型和李斯特（Lister）型两大类。

Ewing 型地热探针是把一组小型高精度温度计挂在取样管或钢矛外壁的不同位置进行海底原位温度和地温梯度测量，沉积物热导率则需通过在室内测量相关站位采集的沉积物样品来获得。由于测量环境与海底原位环境差别较大，样品的原有结构和含水量会产生变化，所测热导率出现偏差，因此实验室所测得的沉积物热导率必须经过温压校正。

Lister 型热流探针采用热脉冲技术，同时可测量原位热导率，其优点是准确度高、测量时间短。这类海底热流探针可通过观测摩擦生热和热脉冲加热两阶段的温度变化来求取地温梯度与原位热导率。

2.6 电磁探测方法

海洋电磁探测是利用海底岩石介质的电磁感应信息，对海底的矿产资源分布进行电性推断的一种技术。海洋电磁测量法是研究海洋特别是海底的重要手段之一，适用于地震方法不易分辨的区域，如岩丘、火山岩盖、碳酸盐礁脉等散射体。此外，海洋电磁测量方法适应性广、探测深度大，可以用于探测洋中脊的构造，以及石油、天然气与各种矿产等。从物理机制上说，海底的岩石介质要产生电磁感应，必须要有激励场源。激励场源分为两种，一种是天然的激励场源，另一种是人工场源。利用天然场源进行探测的方法称为海底大地电磁法，利用人工场源的方法则称为海洋可控源电磁法（盛堰等，2012）。

海底大地电磁法是一种利用布设在海底的大地电磁仪接收天然的电磁信号的探测方法。天然源的电磁场起源于高空电离层和磁性层电流系统，由于海水对高频有衰减，到达海底的是穿透能力大的低频信号，因此可以用来研究海底数十公里以下地球深部的构造。

海洋可控源电磁法包含频域电磁法和时域电磁法。海洋可控源电磁探测系统包括可控源电磁发射机和接收机，电磁发射机的作用是形成人工激发电磁场源。探测过程中，在研究区海底范围内布设海洋电磁接收机后，调查船利用拖缆拖曳着可控源电磁发射机向前移动，两个电源偶极子不断向海底发射不同频率的方波电流，激发且形成强大的电磁波，最终电磁信号被接收机接收（杨蜀冀等，2018）。海洋可控源电磁探测能够获得地壳构造和油气资源关系，可区分海底岩石下的高阻体，为油气资源勘探提供重要信息。

2.7 海洋地球物理测井

海洋地球物理测井是利用岩层的电化学特性、导电特性、声学特性、放射性等物理特性，采用相应的特殊仪器，沿着钻井井筒（或地质剖面）测量岩石物性等各种地球物理参数的特征，从而研究海底地层的性质，寻找油气及其他矿产资源。由于海上测井作业环境特殊而复杂，不仅投资大，风险度也较高，因此海洋地球物理测井具有技术高度密集和高难度的特点。海上测井平台大多分为丛式井或多分支井，表现为大斜度、大位移或水平井。裸眼测井方法可以为解释油气、水层、储层孔隙度、渗透率和含油饱和度，以及完井和射孔提供资料，同时针对不同储层和地质要求，可提供不同测井技术。比较常用的测井方法有电阻率测井、声波测井、核磁测井等。

电阻率测井是利用岩石的导电性（电阻率或电导率）来研究地层的一类测井方法。作业过程中，通过在钻孔中不同部位布置供电电极和测量电极来测定地层中岩矿石的电阻率。目前的新技术有电阻率成像、高分辨率阵列感应及三分量感应，主要代表仪器有 HRAI-XXRMI 和 3DEX 等（张向林等，2008）。

声波测井是一种以介质声学特性为基础，从而研究钻井的地质剖面，评价固井质量等问题的测井方法。声波测井可以用来推导原始和次生孔隙度、渗透率、岩性、孔隙压力、各向异性、流体类型、应力与裂缝的方位等，从而更好地评价薄储层、裂缝、气层、井周围的地质构造等有效信息，主要代表仪器有 Sonic Scanner、DSI、Wave Sonic 及 MAC 等。

核磁测井是利用地层流体中氢核在外加磁场中所表现出来的特性来研究地层岩石及孔隙流体特性的一种测井方法。现代核磁测井仪则主要采用自旋回波法。核磁测井是研究孔隙流体含量和赋存状态的有效手段，可提供孔隙度、孔隙半径及渗透率，可确定孔隙流体成分、估算流体饱和度等重要参数，主要代表仪器有 MRIL、MREX、CMR、MR-Scanner 等。

2.8 光纤传感方法

分布式声波传感（distributed acoustic sensing，DAS）技术是一种近年兴起的长距离、大剖面、动态测量的地震监测技术，其空间采样间距（道间距）动态可调，传感距离可达数十公里，传感器为普通光纤，其结构简单，开发维护成本低，兼具实时数据传输功能，可有效降低观测成本的同时提供较高分辨率，是一种极有潜力在深海实现时移地震、天然地震及海底环境感知的全新观测手段。但这一方法要求：①分布式光纤须具有长距离传感及高准确性、高信噪比、宽频带的信号特征；②能实现 1～2cm 直径细小光缆在海底布设及耦合；③采集系统具备百兆赫兹采样速率及万道数据同步采集的处理能力。因此，如何在光信息长距离传输条件下实现地震信号的高准确性提取及系统准静态相位漂移的补偿与反馈，如何在海底布设数十公里数万节点（地震道）的海底光缆并实现海底耦合，如何突破大容量光纤数据同步采集及高速存储是当前面临的重大科学工程技术难题。

参考文献

陈爱华, 徐行, 罗贤虎, 等. 2016. 海底流体渗漏区的热流探测技术与方法. 地球科学, (10): 1794-1802.

管志宁, 郝天珧, 姚长利. 2002. 21 世纪重力与磁法勘探的展望. 地球物理学进展, 17(2): 237-244.

金翔龙. 2007. 海洋地球物理研究与海底探测声学技术的发展. 地球物理学进展, 22(4): 1243-1249.

丘学林, 赵明辉, 徐辉龙, 等. 2012. 南海深地震探测的重要科学进程: 回顾和展望. 热带海洋学报, 31(3): 1-9.

盛堰, 邓明, 魏文博, 等. 2012. 海洋电磁探测技术发展现状及探测天然气水合物的可行性. 工程地球物理学报, 9(12): 127-133.

吴时国, 张健. 2017. 海洋地球物理探测. 北京: 科学出版社.

夏少红, 曹敬贺, 万奎元, 等. 2016. OBS 广角地震探测在海洋沉积盆地研究中的作用. 地球科学进展, 31(11): 1111-1124.

杨蜀冀, 胡杨承钰, 宋红喜, 等. 2018. 海洋可控源电磁探测系统概述. 电气时代, 4: 118-120.

张向林, 刘新茹, 张瑞. 2008. 海洋测井技术的发展方向. 国外测井技术, 23(4): 7-12.

Dybedal J, Boe R. 1994. Ultra high resolution sub-bottom profiling for detection of thin layers and objects. Proceedings of the OCEANS'94. Brest, France, 13-16, September 1994, 1: 634-638.

Jones E J W. 2009. Marine Geophysics. New York: Wiley.

第3章 船载地球物理探测技术与设备

3.1 多波束测深技术

多波束测深是基于回声测深原理，采用声学波束形成技术，能同时获得多个波束水深，实现条带深度测量的海底地形探测技术。由于该技术采取广角定向发射和多通道信息接收获得水下高密度的条幅式海底地形数据，从而彻底改变了传统测深技术的基本概念，使测深原理、勘探方法、外围设备和数据处理技术诸方面都发生了巨大变化，大大提高了海底地形勘测的精度、分辨率和工作效率。

多波束测深技术的发展，最初可追溯到20世纪五六十年代美国伍兹霍尔海洋研究所（Woods Hole Oceanographic Institution，WHOI）构想的项目。第一套多波束系统——窄波束回声测深仪是1964年由美国通用仪器公司的哈里斯反潜战部门设计和制造的。实验证明，这套系统在分辨率和精度方面明显高于常规回声测深仪。随着数字化计算机处理及控制硬件技术应用到窄波束回声测深仪中，1976年诞生了第一台现代意义的多波束扫描测深系统，简称SeaBeam系统。70年代中后期，美国通用仪器公司又设计研制了工作深度为240m的适用于近海的博森（BOSUN）浅水多波束回声测深系统。80年代中期至90年代初，许多公司开始进入多波束测深这一领域，研制出了多种不同型号的浅水和深水多波束测深系统，如Krupp Atlas公司的Hydrosweep系统，Holming公司的Ehcos XD系统，Simrad公司的浅水EM 100、浅水EM 1000、浅水EM 3000、深水EM 12型系统，Honeywell Elac公司的Bottom Chart系统，Reson公司高频系列的SeaBat系统、Atlas公司的Fansweep20系统、ODOM公司的Echoscan Multbeam系统等。国内也研制了相应的多波束系统，并用在“实验1”号、“实验3”号等科考船上。

多波束技术的问世及日渐成熟和完善，提高了人们对于海底地形探测的便捷性和准确性，相对于传统的单波束，多波束测深有以下几个优点：①可对海底进行全覆盖无遗漏测量；②多波束工作效率明显提高；③由于结构加密，其数据采集点更加密集；④一般兼有测深和侧扫声呐两种功能。基于以上优点，多波束逐步取代传统的单波束回声测深仪，成为更为先进的海底测深工具。

3.1.1 多波束勘探原理

3.1.1.1 声学原理

声波是在弹性介质（水、空气和固体）中传播的弹性波。声波在水中的传播速度约为1500m/s，在空气中约为340m/s。声波是能够在海洋中远距离传播的物理场。电磁波与强激光穿透海水不超过 1km，而声波在浅海中可传播数十千米，在大洋中可传播上万千米。因此，声学测深在海底地形测量中占有重要地位。

声波在海水中的传播速度与海水温度、压力有关。浅部受温度控制，深部受压力控制。海洋不同深度的温度、压力发生变化，声速在垂直方向上表现出一定的变化规律，大致可划分出 4 个声速变化层（图 3-1）。

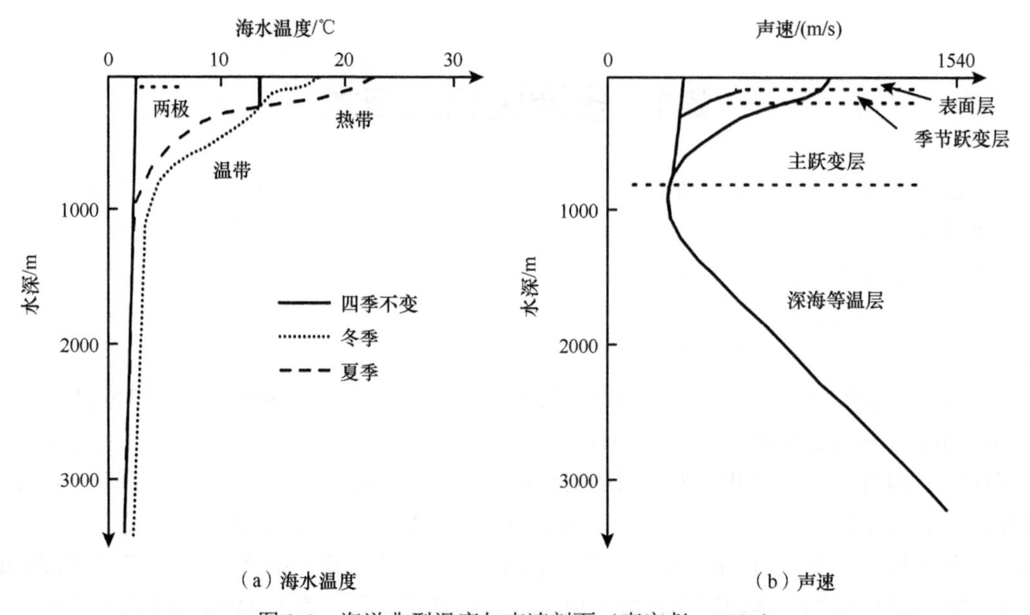

图 3-1　海洋典型温度与声速剖面（李家彪，1999）

层 1 为表面层，一般水体厚度不大，表现为等温的混合层，声速基本保持不变。

层 2 为季节跃变层（又称温跃层），该层厚度较层 1 大，温度随深度急剧变化，表现为负的温度梯度和声速梯度，此梯度随季节而异。

层 3 为主跃变层（又称渐变层），该层厚度进一步加大，声速梯度仍为负值，但变化较小，它受季节变化的影响很微弱。

层 4 为深海等温层（又称均匀层），该层一直延伸至海底，声速梯度在该层变为正值，温度几乎不变，声速主要受压力影响，随深度增加，声速也逐渐增大。

在多波束测深中，从船上发出的信号或者脉冲穿过海水到达海底，由海底反射又传播回来，到达发射船。对精确测量信号来回所花的时间进行必要的修正，考虑水中声速的变化，可以计算出深度。换句话说，水深等于传播时间的一半（因为整个传播时间实际上是来回的）与水中声速的乘积。

3.1.1.2　工作原理

海水声速是多波束测深系统进行水深测量的基本参数。单波束测深仪一般采用较宽的发射波束垂直向船底发射，声波传播路径不会发生弯曲，来回路径最短，能量衰减很小，通过对回声信号的幅度检测确定信号往返传播的时间，再根据声波在水介质中的平均传播速度计算测量水深（图 3-2）。

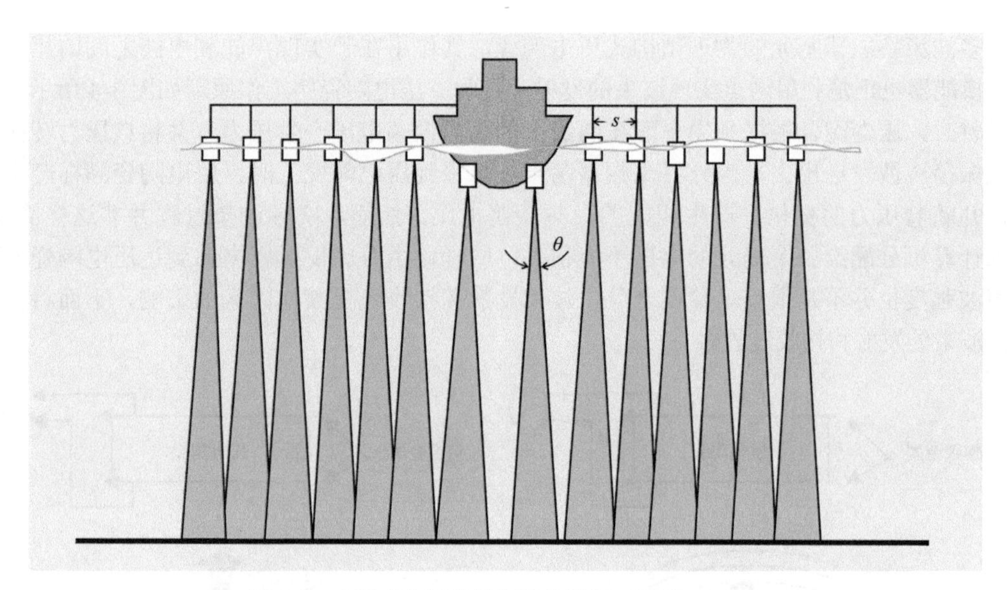

图 3-2　多波束全覆盖测深的构思图（陆俊，2006）

在多波束系统中，换能器配置有一个或者多个换能器单元的阵列，通过控制不同单元的相位，形成多个具有不同指向角的波束。通常，只发射一个波束，而在接收时形成多个波束（图 3-3）。

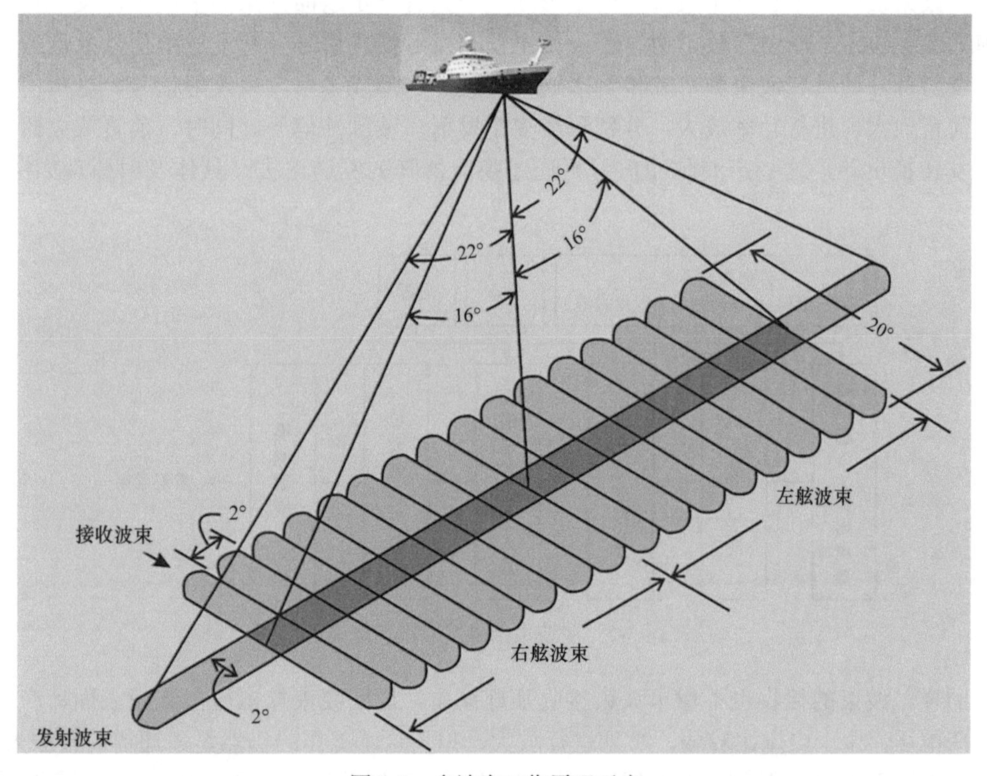

图 3-3　多波束工作原理示意

多波束换能器基元的物理结构式压电陶瓷，其作用在于实现声能和电能之间的相互转化。换能器也正是利用这点实现波束的发射和接收。压电陶瓷的工作原理如图 3-4 所示。波束发射时，压电陶瓷根据预先分配在两级上的高频振荡电压产生压力，并将该压力转换为高频振荡声波发送出去。当外界高频振荡声波打击到压电陶瓷上时，压电陶瓷同样产生压力，并随着压力的变化，产生相应的高频振荡电压。然而，实际测量过程并非这样简单，因为计算机分配给各个基元的电压不能很高，同样，由海底反射回来的到达压电陶瓷表面的声波强度也并不是很高。除此之外，波束发射和接收还受其他因素的影响，下面将详细讨论波束的发射和接收过程。

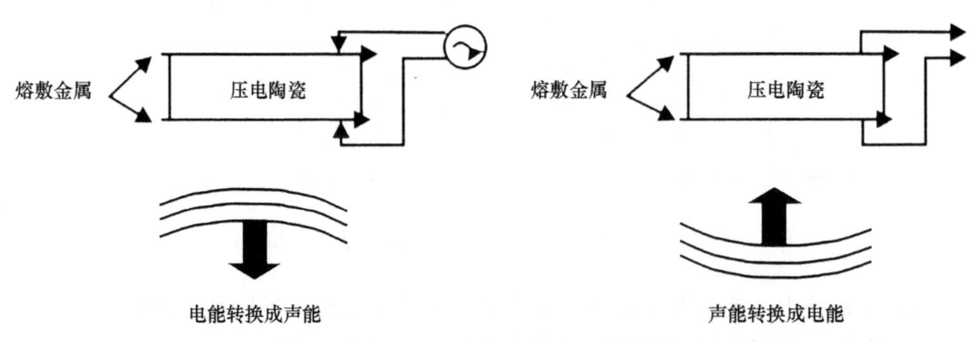

图 3-4　压电陶瓷的声电转换原理（丁继胜等，1999）

多波束发射的不止一个波束，而是形成一个具有一定扇面开角的多波束，发射角由发射模式参数决定。船姿参数可通过船姿传感器和发射模式信号一起发送给信号处理器并计算出发射脉冲信号和波束数，并传到多通道变换器，形成多个波束发射信号。这些信号再经过前置放大器进行功率放大，分别形成多个发射声波脉冲信号。同时，前置放大器控制着收发转换电路，这些声波脉冲信号再通过换能器阵列发送出去。具体发射原理如图 3-5 所示。

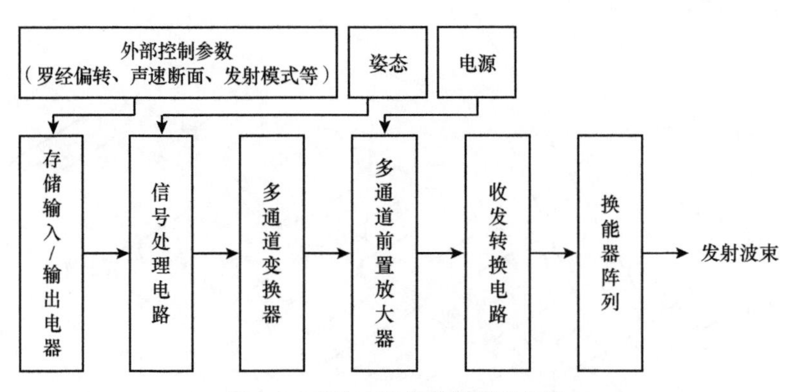

图 3-5　多波束信号发射原理框架

同样，波束的接收也不像单波束接收那样简单。返回波束打击压电陶瓷表面，产生高频振荡电压，由于电压比较弱，必须进行放大，担负这一工作的仍然是多通道前置放大器，该过程受控于 TVG（时间增益补偿）。放大后的模拟信号送到数据采集电路，为了保证采集信号的可靠性，需要采集数据两次，两次得到的相位相同或正交，该过程同波束形成及控制电路结合，完成最终的波束形成。声波在水中的传播路径不仅取决于入射角，还受控于波束在水中传播的速度，因而必须利用多通道信号处理电路进行声线校正，以获得波束在海底的投射点（波束脚印中心）船体坐标系中的位置，具体原理如图 3-6 所示。

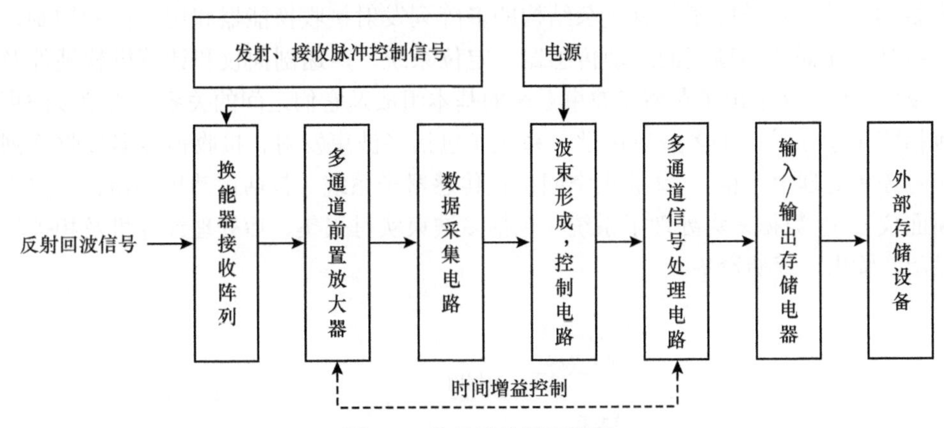

图 3-6 信号接收原理框架

实际测量时，换能器的发射和接收是按照一定的模式进行的。通常，发射波束的宽度横向大于纵向，接收波束的宽度纵向大于横向。因此，多波束系统以一定的频率发射沿航迹方向窄而垂直航迹方向宽的波束。多个接收波束横跨与船龙骨垂直的发射扇区，接收波束垂直航迹方向窄，而沿航迹方向的波束宽度取决于使用的纵摇稳定方法。例如，对于波束为 16，波束宽度为 2°×2° 的多波束而言，其发射波束在横向为 44°，纵向为 2°；而对于每个接收波束，横向为 2°，纵向为 20°。将发射波束在海底的投影区同接收波束在海底的投影区相重叠，对于每个接收波束，在海底实际有效接收区为 2° 的矩形投影区，即波束脚印。多波束的几何构成如图 3-7 所示。

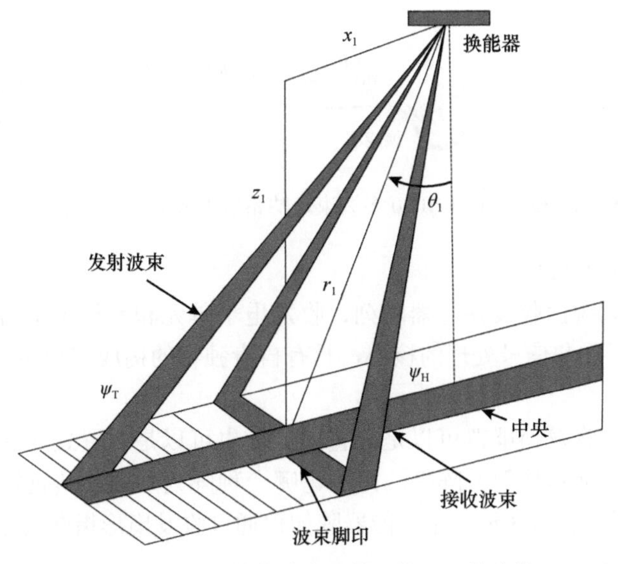

图 3-7 多波束发射、接收波束几何形状（丁继胜等，1999）

3.1.2 多波束测量技术

3.1.2.1 仪器设备

完整的多波束系统除了具有复杂结构的多阵列发射接收换能器和用于信号控制、处理的电子柜外，还需要高精度的运动传感器、定位系统、声速剖面仪和计算机软硬件及其显示输出设备。图 3-8 给出了典型多波束系统的基本组成及它们之间的关系。典型多波束系统应该包括三个子系统：①多波束声学子系统（包括多波束发射、接收换能器接收阵列和多波束信号控制处理电子柜）；②波束空间位置传感器子系统（包括运动传感器、定位系统和声速断面仪）；③数据采集处理子系统（包括多波束实时采集、后处理计算机及相关软件和数据显示、输出、存储设备）。

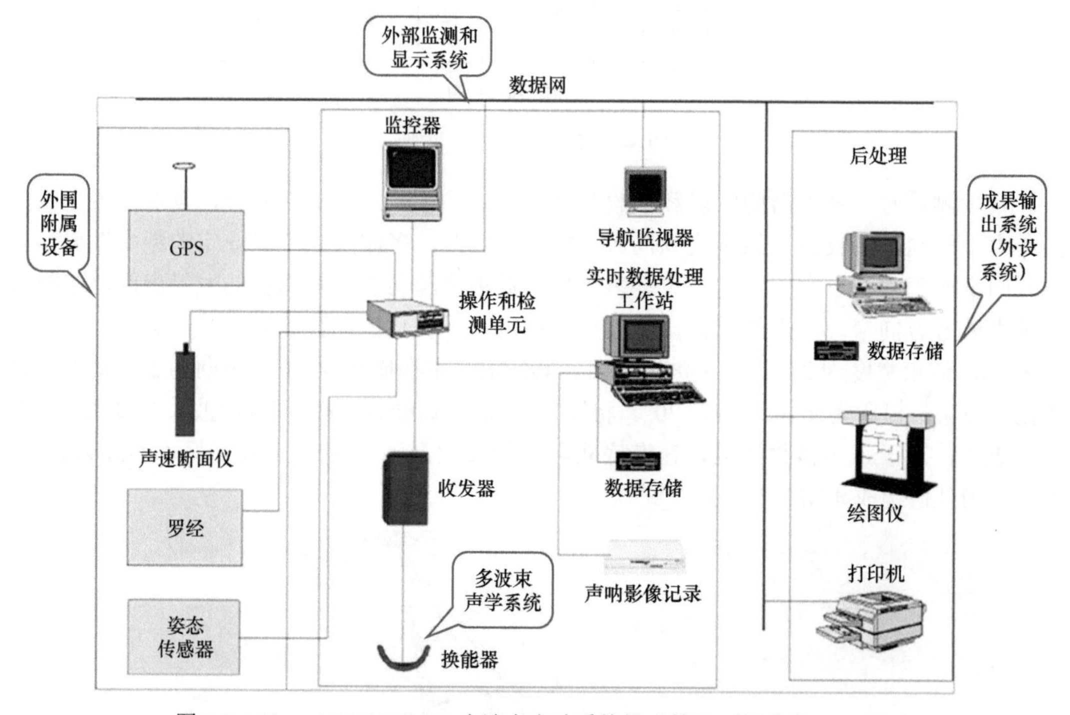

图 3-8　Simrad EM950/1000 多波束声呐系统组成单元（赵建虎，2007）

（1）多波束声学子系统

多波束声学子系统由收发换能器阵列、收发电子单元和系统控制器三部分组成，它们是多波束系统波束形成和信号处理的核心，具有自身独特的构成和功能。

A. 换能器

多波束测深仪的收发换能器可以是分置式的，也可以是合置式的。在阵列形式上有矩形平面阵和曲面（包括圆柱面）阵等。但不论哪一种阵列形式，其收发换能器形成的扇形指向性是互成正交的。图 3-3 说明了换能器阵如何通过收发扇形指向的正交性形成多个窄波束，图中显示了测深系统的合成方向形成的波束角大小是收发方向性的乘积，它在海底面上的投影（即波束脚印）为图中阴影部分。合成波束照射的范围窄，单位面积的能量较大，因此分辨率更高。

SeaBeam 2112 系统的代表是收发分置式的线列阵换能器，其发射换能器沿船的纵轴方向（船的龙骨方向）布置，而接收换能器沿船的横向布置，两者形成的波束正交。

大多数中、浅水多波束系统采用收发合置换能器阵。其中，平板式换能器一般一个阵安装在左舷，另一个阵安装在右舷，每个阵与水平面成一定角度（V 形结构）。收发合置的曲面换能器阵一般曲面中心轴与龙骨平行安装。

B. 收发电子单元

发射和接收电子单元是波束形成的核心处理模块，它由四大部分组成。

发射功率放大器：多波束的功率放大器往往分成许多级，每个功率放大级又包含若干个发射模块。例如，ELAC Bottom Chart 系统功率放大单元包含 4 台功率放大机，每台功率放大机又包含 8 个发射模块，总共 32 个独立的发射模块，每个模块分别连接到两个换能器阵的不同换能器模块。

功率放大机各模块何时发射，每个发射模块发射功率多大（一般功率级可选，从满功率调节到满功率的 1%）由系统控制器根据船姿补偿要求，采用“波束码”来决定瞬间发射方向，并计算出发射时刻和相应的发射功率大小。

为了压制旁瓣，改善通道之间的区分度，每个发射换能器模块不是用同一功率驱动的。发射一般采用“余弦平方”等加权束控原理，并按加权要求分配各级发射功率，从而使旁瓣压制提高到 25dB。

脉冲长度的选择也由系统控制器完成，发射脉冲长度一般分数档可选。

发射接收去耦单元：功率放大机和接收机与换能器的连接必须经过去耦单元。去耦单元的作用是发射时，可防止接收电路被损坏，接收时，为保护接收电路，它自动去掉换能器与功率放大级之间的耦合。这种电路只在换能器收发合置时才有。

前置放大器、前置滤波器、主放大器、TVG、后置滤波器。换能器输出的信号是很微弱的，首先需要经过前置放大、带通滤波。主放大器是具有一定步长的可调固定增益放大器，它既可以人工设置也可以自动设置。TVG（时间增益补偿）的目的是补偿声波在水中传播的损失。这些独立控制单元可进行 100dB 放大甚至达 115dB。

放大和带通滤波后的信号，经相位校正和混频后达到一个较低的频段。最后这些接收到的信号用一个能匹配相位差和接收灵敏度差异的高阶带通滤波器进行滤波（即后置滤波器），其滤波器带宽取决于所选脉宽。

接收波束形成器：接收波束的形成是采用混合相移和延时相结合的方法来完成的。首先将来自后置滤波器预处理过的回波信号经数模转换（analog-to-digital conversion，A/D）变成至少 12 位的数字信号，然后将其分成实部和虚部，为提高指向性，乘上加权因子（或称加权函数），于是直角坐标被转换成用振幅和相位信息表示的极坐标，并在此基础上进行混合相移处理。

为形成接收波束，需对信号作适当延时，当延时距离小于一个波长时，采用乘上一个相关的相移因子的方法；当延时距离大于一个波长时，采用其他的延时信号处理方法。这种处理方法可防止在纯相移波束形成过程中出现接收信号的短暂模糊问题。

海底检测单元：海底检测单元用于确定每一个波束的海底量程。该单元根据扇形测深系统波束空间分布特点和声信号传播中振幅、相位变化特性，通过对不同波束的不同反向散射特性和相位信息的处理进行海底检测。在海底检测单元中还同时接收各波束到海底的数字回波振幅和相位信息所对应的发射、接收时间，并将检测结果送到系统控制单元。一般多波束海底检测单元对于中央波束而言，因检测相位差很小，分辨率不高，多采用振幅检测；对于边缘波束，因距离远，平均声压、振幅低，振幅检测精度差，所以多采用相位检测；其他波束二者均可采纳。

C. 系统控制器

系统控制器是硬件功能控制的中心处理单元，其控制任务如下：带宽控制；发射脉宽控制；发射功率控制；TVG 控制，部分多波束系统还有自动增益控制（automatic gain control，AGC）；产生发射用的代码；产生发射触发信号及循环控制；船只姿态检测；发射机/接收机温度监视；电源监视；主电源关闭控制；主电源温度控制；系统状态数据传输；数据转换到工作站及模拟波束接口。

（2）波束空间位置传感器子系统

波束空间位置传感器子系统由运动传感器（垂直参考单元、罗经）、高精度的定位系统和声速断面仪构成，它们是多波束系统必不可少的基本组成部分。

A. 运动传感器

垂直参考单元用于精确测量船的横摇（roll）、纵摇（pitch）和上下起伏（heave），电罗经用于精确测量船的航向（heading）。测量值通过系统控制器接口读出，再将运动传感器 roll、pitch 和 heave 及 heading 值分别进行实时处理，其作用如下：roll 值用于连续稳定波束及用于实时波束形成器的补偿；pitch 信号用于实时采集系统计算沿着航迹的测深位置；heave 值用于实时采集系统计算换能器表面至海底的垂直距离时作为换能器深度的校正值；heading 值用于实时采集系统进行测深位置的大地坐标转换。

B. 定位系统

定位测量是一项很精细的量度工作，为了保证成果质量，无论是在精密度还是准确度方面都有较高的要求。然而在实际定位测量中总是不可避免地包含着测量误差。由于不同的测量目的有着不同的精度要求，在实际工作中就需要根据目标要求和作业特点选择合适的定位系统与定位技术，而并非简单地使测量误差越小越好。对于多波束系统来说，就是要选择一种定位设备和定位技术，它能够实时连续传输定位信息，具有全海域、全天候特征和特定信号输出格式，同时又能将定位测量误差有效控制在多波束系统海上测量任务和目的相适应的范围内，从而实现以最短的时间、最少的人力、最省的经费获取符合质量标准的成果的目标。

多波束系统的定位主要是海洋定位。由于海域辽阔，海洋定位根据离岸距离的远近、作业区域和定位精度的不同要求，可以采用不同的定位方法。目前多波束系统主要采用卫星定位、无线电定位、水下声学定位和组合定位等方法。

NAVSTAR GPS 是美国继海军导航卫星系统（Navy Navigation Satellite System，NNSS）以后研制的第二代卫星导航定位系统。苏联投入运行的卫星定位系统被称为全球导航卫星系统（global navigation satellite system，GLONASS）（后被俄罗斯继承）；欧盟 1999 年发布了全球卫星导航系统（GALILEO）；中国自行研制了全球卫星导航系统——北斗卫星导航系统（BDS）；印度空间研究组织（ISRO）正在研究自己的自由区域型卫星导航系统——印度区域导航卫星系统（IRNSS）。美国和德国的一些组织则主要着眼于民用的导航卫星定位系统，如 Geostar、GRANASIC 等。此外，日本政府开发了一个基于卫星的增强系统——准天顶卫星系统（QZSS），也被称为 Michibiki。它是一个含 4 颗卫星的区域时间传输系统，主要为了加强美国运营的全球定位系统（GPS）在亚洲-大洋洲地区的功能。

a. GPS

GPS 在离地面高度约 20 230km 上空的 6 个轨道面上拥有 24 颗导航卫星，卫星运行周期为 11h 56.9min，同步周期为 16 圈，双频（L1，L2），测地坐标系统采用 1984 世界大地测量系统（world geodetic system 1984，WGS-84），GPS 系统时与世界时的改正采用协调世界时（coordinated universal time，UTC）（USNO）。GPS 可分为精密定位业务（precise positioning service，PPS 或 P 码）和标准定位业务（standard positioning service，SPS 或 C/A 码）。

C/A 码信号可供一般用户使用，系统平面位置的定位精度为 20～40m。由于美国实施了选择可用性（selective availability，SA）技术，把 C/A 码的定位精度限制在 100m（2d rms）范围。使用 P 码技术可消除 SA 的影响，但美国计划在必要时实施反电子欺骗（anti-spoofing，AS）政策，将 P 码加密编译成 Y 码。使用 P 码平面位置精度约为 18m。

为了获得更高的定位精度，可采取相应措施，如采用 GPS/GLONASS 组合机；C/A 码采用差分 GPS（differential GPS，DGPS）技术；测地型 GPS 采用无码技术等。GPS 在多波束系统中的运用，主要是采用 DGPS 技术。DGPS 技术可确保绝大部分点位的定位精度在 10m 内。

b. GLONASS

GLONASS 在离地面高度约 19 100km 上空的 3 个轨道上拥有 24 颗导航卫星，倾角 64.8°。卫星发射导航信号频率为 1602.5625MHz，各星载波频率间隔为 0.5625MHz，以载波频率的差别识别卫星。卫星绕地球周期为 11h 15.73min，同步周期为 17 圈，双频（L1，L2），测地坐标系统采用 SGS-90（也称 PE-90）系统，GLONASS 系统时与世界时的改正采用 UTC（SU）。GLONASS 可分为高精度链（channel of high accuracy，CHA）和标准链（channel of standard accuracy，CSA）两类。CSA 平面位置导航精度约 60m（99.7%）、垂直位置精度约 75m（99.7%），系统于 1978 年开始研制，1996 年 1 月正式运行并提供民用，无偿使用 15 年。GLONASS 与 GPS 相比的主要优势是它没有对民间用户采取降低精度限制政策。目前 GLONASS 的使用在国际上主要以 GPS/GLONASS 集成定位系统形式存在，以提高 GPS 的精度、可靠性、完整性、可用性。

C. 声速断面仪

根据探头结构和使用方法的不同，多波束声速断面测量设备可分为两种：一种是投弃式，另一种是非投弃式。投弃式探头根据设计下沉速度和时间来计算深度并同时测量声速，代表性产品为投弃式温深仪（expendable bathythermograph，XBT）；非投弃式探头内装有深度传感器，并同时测量海水温度、盐度及与深度相对应的压力。非投弃式设备有两种形式，一种是有缆型，另一种是无缆型，即自容式。有缆型声速断面仪利用导线或电缆，将测得的声速和深度信息传送到水面上的主机；自容式声速仪器则利用固态存储器记录数据，经过数据处理后，输出声速随深度变化的曲线，代表性产品有声速剖面仪和温盐深仪（conductivity-temperature-depth system，CTD）。不同类型的仪器因用途和结构不同，其特点也有差异。一般来说，目前深水测量中因投放时间长，多使用投弃式的 XBT，这样可以提高效率，节省时间；浅水测量中因投放时间短和站位数量较多，常使用自容式的声速剖面仪或 CTD，以便降低测量成本。

（3）技术指标

多波束测深系统按工作频率可分高频、中频、低频三类，高于 180kHz 为高频，36～180kHz 为中频，低于 36kHz 为低频。按测深量程可分为浅水、中水和深水三类，一般工作频率在 95kHz 以上的均归为浅水多波束，频率为 36～60kHz 的归为中水多波束，频率为 12～13kHz 的归为深水多波束。

A. 总体技术指标

典型的声源级：中频 230dB/μPa；高频 220dB/μPa。

典型的波束宽度：1.5°×1.5°；2°×2°；3.3°×3.3°。

测深精度：水深＜30m 时，误差≤0.3m；水深＞30m 时，误差≤水深×1%。

最大测深量程：浅水系统（600～1000m）95～180kHz；中水系统（3000～4000m）36～60kHz；深水系统（8000～11 000m）12～13kHz。

150° 扇区开角的最大测深量程：浅水系统 100～150m；中水系统 350～450m；深水系统 1500m。

90° 扇区开角的最大测深量程：浅水系统 400m；中水系统 2000m；深水系统 11 000m。

旁瓣压制（发射×接收）：36dB。

B. 发射与接收

工作频率：浅水系统 450kHz、300kHz、180kHz、100kHz、95kHz；中水系统 50kHz、36kHz；深水系统 13kHz、12kHz。

a. 发射

声源级：中频 230dB/μPa；高频 220dB/μPa。

发射率：浅水系统 4～16Hz；深水系统 1s 或更长，视深度而定。

脉冲长度：浅水系统 0.15ms/0.3ms/1ms/3ms；中水系统 0.3ms/1ms/3ms/10ms；深水系统：3ms/7ms/10ms/20ms。

b. 接收

接收灵敏度：−190dB/V。

总增益：115dB。

波束角：1.5°、2°、3.3°。

波束间角：1.25°。

输出波束数：100～150。

接收宽带：5kHz。

TVG：60dB。

可调固定增益：0～30dB/6dB 一档。

3.1.2.2 外业设计与实施

不论何种类型的多波束测量系统，在进行海上勘测技术设计时，首先必须确定调查任务的目的。一般海洋调查目的可分为以下几大类。

航道测量：包括导航，需要非常精确的测深及目标识别。

海洋工程：包括海底管道、电缆路由、疏浚、确定平台位置等，需要测量水深、沉积物类型及海底坡度。

地质编图：包括矿物探查、研究，需要测量海底地形、地貌。

军事应用：包括扫雷，需要目标识别、沉积物类型及测深。

其他调查任务：包括环境编图，需要海底地貌类型、测深。

各种调查目的都有其不同的要求，从而影响海上勘测的技术设计。因此，在进行正常的技术设计之前，必须了解真正的调查要求。在没有特定指定调查类型的情况下，就多波束系统而言，一般需要获得 100% 海底覆盖，同时必须符合国际航道测量组织（International Hydrographic Organization，IHO）深度标准。

IHO 深度测量误差标准：水深≤30m 时，误差小于 0.3m，置信度为 95%；水深＞30m 时，误差小于水深值的 1%，置信度为 95%。

在确定调查任务的目的和要求之后，根据调查区的范围、形状及水深分布状况，为了选择合适的多波束系统或合适的工作频率，必须先分析各种多波束系统（不同工作频率）的测深能力和不同水深区段的工作效率。由于不同工作频率的多波束系统具有不同的测深能力，在浅水区测量时应选择高频的多波束系统，而在深水区测量则需选择低频的多波束系统。在主测量水深和工作频率选定之后，为获得条幅测量 100% 覆盖，检查一下各多波束系统的扫幅宽度十分必要（表 3-1）。

表 3-1　10～100m 深度范围内的主要浅水多波束系统的扫幅宽度

多波束系统	扇区开角/（°）	覆盖宽度	纵向波束宽/（°）
ELAC Bottom Chart 1180MK Ⅱ	150	7.4×水深	1.5
Simrad EM 950	150	7.4×水深	3.3
ATLAS Fansweep 20（100kHz）	161	8×水深	1.7
ATLAS Fansweep 20（200kHz）	128	4×水深	1.7
Reason SeaBat 8101	150	7.4×水深	1.5（3）

需要着重指出的是，这些指标只在 10～100m 的深度范围内有效。一旦多波束系统作业水深加大，由于折射作用影响，多波束系统的扇区开角就会受到限制，其扫描宽度也会相应减小。由此可见，多波束系统的扫描宽度是一项测量水深的函数，并且在同一水深区间内不同的系统具有不同的扫描宽度。因此，根据调查区内水深分布状况选择合理的多波束

系统，有利于在测量过程中加大横向扫描宽度，增加测幅，加宽全覆盖测线间距，从而提高测量效率。在多波束全覆盖测量过程中，除应考虑相邻条幅之间的重叠、覆盖外，还需考虑两相邻波束横断面间前后波束的重叠、覆盖。表征前后波束重叠、覆盖程度的指标称为测深密度（sounding density）。

多波束系统的测深密度是下列因素的复杂函数：①船速；②发射更新率；③纵向波束宽度；④横向波束宽度；⑤声呐工作模式（等角的或等距的）。在指定的深度和更新率的条件下，由于纵向波束宽度、横向波束宽度及声呐工作模式是系统给定的，多波束系统的中央波束前后的重叠就只受船速的影响。由此可以计算出在一定深度范围内满足中央波束前后脚印 100% 覆盖的最大航速，也可以计算出在某个航速下中央波束前后脚印获得 100% 覆盖的最小深度（表 3-2）。

表 3-2　10kn 船速下主要浅水多波束系统全覆盖的最小深度　　（单位：m）

多波束系统	100% 覆盖的最小深度
ELAC Bottom Chart 1180	23
Simrad EM 950	23
ATLAS Fansweep 20	25
Reason SeaBat 8101	15.7

上述分析只涉及中央波束，考虑到中央波束一般水深最小，其脚印也最小，既然中央波束前后脚印能保证全覆盖，则其他波束也能保证全覆盖。因此，应根据特定目标和要求选择合适的多波束系统以满足测量需要，并根据多波束系统的技术指标确定所需的调查速度和测线间距，以便在指定调查区内获得 100% 海底覆盖。

多波束系统的勘测调查应满足 IHO 深度标准。由于多波束系统中央波束和边缘波束精度不同，中央波束精度高，边缘波束精度低，在进行勘测技术设计时，也必须考虑特定多波束系统在不同工作模式（扇区开角）下满足深度标准的能力。换言之，必须检查或进行多波束系统在不同扇区开角下的误差分析。除多波束系统自身误差外，在技术设计时还应考虑调查区水团结构的特征，即声速结构的时空变化特征。在声速结构时空变化剧烈的区域，如洋流交换区域、河口区域等，需进一步缩小多波束系统的扇区开角，以降低声速误差对边缘波束的影响。对指定的多波束系统而言，通过不同扇区开角的测深误差评估，可确定最佳扇区开角进行多波束勘测，以满足测深所需的精度要求。精度控制的另一个重要方面是要确定船只参考坐标系并进行各项参数校正和改正，它包括：①船只参考坐标系的确定；② GPS 天线、换能器、运动传感器的相对位置（X、Y、Z）；③系统参数校正，包括换能器纵摇、横摇、定位系统、垂直参考单元和电罗经偏差校正；④港区静态吃水校正，调查前及调查后进行测量；⑤声速剖面校正，调查中进行声速剖面测量。

（1）测线布设

在完成了技术设计各项指标的分析后，实际多波束勘测前还需要根据调查任务的目的和要求进行测线布设，设计参数见表 3-3。测线布设的原则是根据多波束系统的技术指标和调查区的水深、水团分布状况，以最经济的方案完成调查区的全覆盖测量，以便较为完善地显示海底地形地貌和有效地发现水下障碍物。测深线可分为主测线、加密测线和检查线（联络测线）三种。

表 3-3　设计参数

参数	浅水亚区（A）	深水亚区（B）
平均深度/m	17.5	62.5
平均扫描宽度/m	105	375
平均船速/kn	8	10
测线数/条	191	107
检查线/条	10	6
纯工作小时数/h	272	129

多波束系统进行海底地形测量的测线布设要根据任务要求和测区条件来确定。测线布设的技术要求有以下几点：①在满足精度要求的前提下，根据多波束系统在不同水深段的覆盖率，把调查区按水深划分成若干区域，每个区域的水深变化均在多波束系统相同覆盖率的范围内。②测线布设要尽可能地平行等深线，这样就可以最大限度地增加海底覆盖率，保持扫描宽度不变。如果可能的话，也要尽量使纵摇降至最小，以避免换能器充气。③测线布设原则是主测线沿海底地形的总体走向平行布设，检查线垂直于主测线。④测线间距以保证相邻测幅有 10% 的相互重叠为准，并根据实际水深情况及相互重叠程度进行合理调整，避免探测盲区。在每次测量实施过程中，至少布设 1 条跨越整个测区并与主测线方向垂直的检查线。⑤在测线设计时要尽量避免使设计测线穿越主要水团，并根据海水垂直结构的时空变化规律采集海水声速剖面。如果水团完全混合，就在每天调查的开始、中间和结束时采集；如果水团不完全混合，至少在每个新水团的开始和结束时采集；如果难以确定，就在每条测线的开始和结束时采集。

下面应用 Simrad EM 950 多波束系统进行勘测技术设计，规范要求是 100% 覆盖，所有测深数据满足 IHO 深度标准。技术设计书的内容如下：①根据分析，调查船速在水深 25～100m 可达 10kn，在水深 10～25m 减速至 8kn。②根据误差分析，在一般调查区所处的条件下，勘测所能获得的 IHO 标准深度值大约是水深的 7.4 倍。如果保守一些，可以采用 6 倍于水深的值。③每 15～20 条测线设计一条垂直主测线的检查线。④安排适当站位进行声速剖面测量，以控制测区声速结构变化特征。⑤在转向后，需要让姿态传感器保持稳定，一般每条测线需 5～10min。⑥尽量使测线长度保持在 2h 以内，便于管理数据文件大小。⑦将调查区设计成浅水亚区 *A* 和深水亚区 *B*（图 3-9）。

（2）参数校正

参数校正是多波束系统为消除系统内部的固有误差而引入的误差改正的基本方法。多波束系统存在系统内部误差的原因来自换能器和电罗经的安装误差以及 GPS 的导航延迟。在多波束系统安装过程中，除非引入大量精确测量，否则要想把电罗经航向的安装误差校正为 0 是十分困难的。同时，换能器的安装精度又受到船体开洞、角度测量和焊接变形等

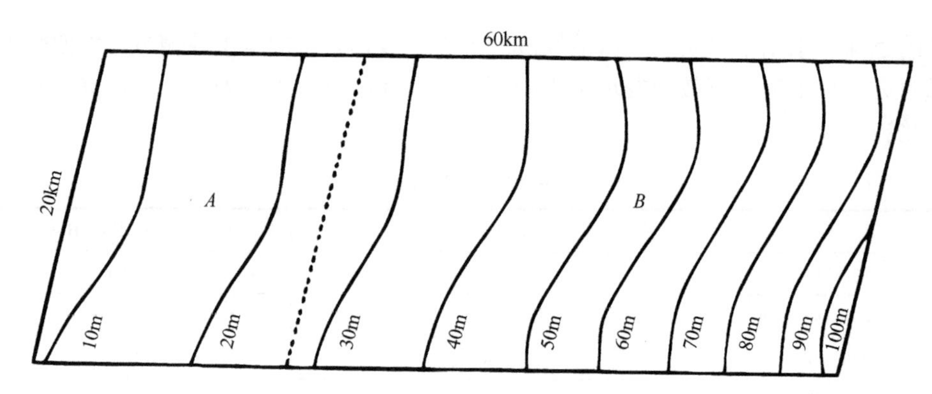

图 3-9　调查区水深特征及分区

误差的影响，一般很难按设计要求一步到位。即便安装良好，也会在日后使用过程中因船体的微弱变形而引起换能器空间位置的变化。鉴于此，多波束系统普遍引入了一种在特定条件下通过测量水下特定目标物以求取系统内部误差的方法，即多波束系统的参数校正方法，并通过系统的参数设定，达到消除内部误差的目的。

多波束测量系统的参数校正包括横摇偏差校正（roll offset calibration）、导航延迟校正（navigation delay calibration）、纵摇偏差校正（pitch offset calibration）和电罗经偏差校正（gyro offset calibration）。

A. 横摇偏差校正

横摇偏差校正是针对多波束系统的换能器在安装过程中可能存在的横向角度误差而引入的一种校正方法。

当换能器横向安装角度与理论设计角度存在偏差时，海底地形将受到严重弯曲。一般考虑一个平面双探头中系统（图 3-10），由于两换能器横向安装角偏差对海底地形的弯曲的原理是相同的，图 3-10 中只显示一侧换能器的情况。当该系统在已知平坦海床进行测量时，

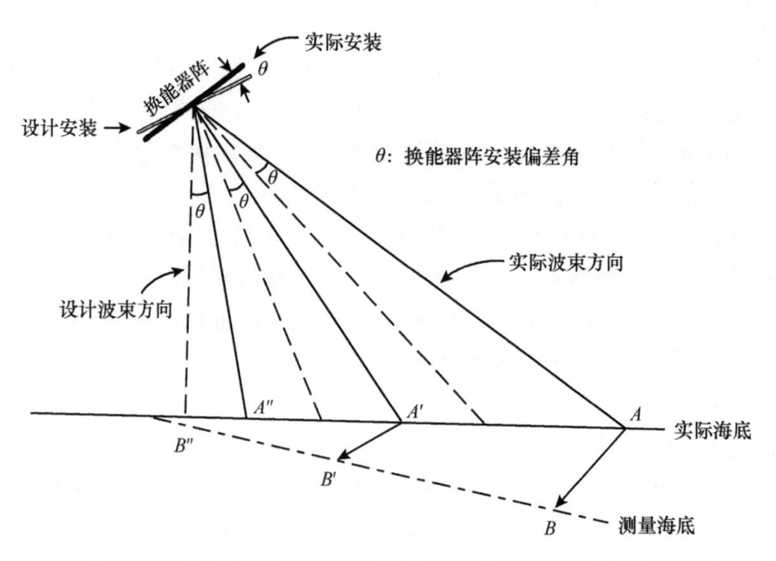

图 3-10　换能器阵横向安装角偏差对海底地形测量的影响

因各波束实际测量的方向与理论设计的方向存在一个偏差角 θ，因此在多波束系统实时海底归位计算中会误将 A、A'、A'' 测点归位到 B、B'、B'' 点，从而造成所测量海底倾斜。横摇偏差校正是提供一种测量换能器横摇偏差角的方法，使多波束系统在实时海底归位的处理中加上换能器横向安装角度偏差引起的波束入射角偏差，将各波束的测量计算点 B、B'、B'' 再恢复到测点 A、A'、A'' 上，从而使海底地形变平。

虽然各多波束系统横摇偏差校正的具体计算方法有所不同，但其处理原理是一致的。假定在一个绝对平坦的海底进行一条测线的数据采集，分别对左、右舷换能器同发射方向波束的测深数据进行统计，可以获得一条由各种发射方向波束的平均深度值组成的连续的测量海底。横摇偏差校正的计算方法是使连续测量海底的坡度缩小为 θ。几何上可以证明波束平均深度构成的海底地形平均坡度正好等于换能器安装偏差角 θ。因此，通过计算各波束平均深度构建平均坡度，就可求得换能器安装偏差角。实际校正中，由于存在其他干扰因素，校正计算一般不能一次完成，计算过程需不断重复，直到海底地形坡度小于垂直参考单元横摇精度的 1/2，一般到 0.025° 为止。

B. 其他参数校正

导航延迟、纵摇偏差和电罗经偏差与横摇偏差不同，这些偏差在平坦海底区测量时不会产生假的水深值，但会将测量深度值安置到不正确的位置，即使测点位置发生位移。由于导航延迟和换能器纵向安装角度偏差将造成测点位置沿航迹方向位移，而电罗经偏差会引起波束测点位置以中央波束为原点旋转，因此这些偏差对测量的影响往往是综合的、彼此相关的。这意味着必须选择特殊的边界条件来区分这些效应，并按一定顺序来完成校正。为了区分上述偏差所造成的测点位置的位移，测区内应具有孤立的、可识别的目标。通过对这些目标的往返测量以确定位移量并在一定条件下尽可能区分各种偏差所带来的效应。为了保证精度，用于校正目的的目标大小应不低于一定的尺度，它们不仅应被沿航迹的几个扇区扫描（Ping）所覆盖，同样要被多个相邻波束的脚印所覆盖。如果不能做到这一点，就必须对所穿越目标进行几次测量，并对数据进行叠加处理，以提高目标的分辨率。在目标的选择上，港口区可以利用防波堤头、突堤、锚石、电缆水道、管道、系缆桩、疏浚航道等，较深水区可以利用沉船、岩石、暗礁、海穴、痘痕、沉没的集装箱、海底边缘等。

校正的基本方法是：对孤立的目标来回进行测量，通过对测量目标分离量的读取，在统计的基础上确定由偏差引起的有效位移，然后计算所需的补偿值。

a. 电罗经偏差校正

电罗经偏差的存在将会造成测点位置以中央波束为原点的旋转位移，即这种位移具有在中心波束处位移为零，但在边缘波束处增至最大的特点。根据这一特点，在测区选择一个线性目标进行往返测线测量，如果多波束系统确实存在电罗经偏差（即航向偏差），则电罗经偏差角将使线性目标以中央波束为原点旋转一个相同的角度。往返测线航向相反，从而造成线性目标在两测线数据叠加后成为交叉的两条线而不是单独的一条线。电罗经偏差就等于这两条线之间的夹角的 1/2。

根据电罗经偏差的特点，在校正目标选择上应以线性目标（如管道线或线性陡坎等）为宜。如果测区没有线性目标，也可选择两个孤立的突出目标，如位于港口出口处的防波堤头，并用它们之间的假想连线作为线性校正目标。在测量时应来回几次穿过线性目标或两个孤立目标之间的假想线进行数据采集。尽量降低船速，并以 10°～45° 的角度穿越这种类型的目标，以获得较高的位置分辨率，同时将导航延迟效应减至最小。对于两个孤立目标的情况而言，应尽可能减小扇区开角，以增加测深数据更新率。在完成测量后，应对所有测线进行叠加处理，确定线性目标是否是一条单一线或者两个孤立目标是否仍以单点出现。如果是，则电罗经偏差为 0，否则应读取两个交叉的线性目标之间的夹角，或连接两个孤立目标的交叉假想线之间的角度，该角度的 1/2 即电罗经偏差。如果电罗经偏差校正值正确，则两交叉线性目标应变成一条单一的线性目标。

电罗经偏差校正对导航延迟和纵摇偏差的影响最小，应首先进行处理。

b. 导航延迟校正

导航延迟与船只航行速度有关，它引起测点位置沿航迹方向的前后位移。因此，进行导航延迟校正的合适目标是突起岩石、疏浚海穴、管道线、尖角等。为了使校正达到高精度，测量时测区水深应较浅，以减小电罗经和纵摇偏差效应，并且应以中心波束穿越目标，以减小电罗经偏差效应。以相同的测线来回穿过目标几次，选择可能的最高船速（要求船速不变），以减小电罗经和纵摇偏差效应。测量中扇区开角应较小，以增加发射更新率（数据密度）。测量完成后，叠加两个方向的所有测线，标出两个不同方向测线测得的目标。如果多波束系统存在导航延迟，则两个方向测线测得的同一目标是分离的。量取两个方向测线目标之间的距离（l），则导航延迟（N_d）为

$$N_d = \frac{l}{2v} \tag{3-1}$$

式中，v 为船速。

如果目标在船的前进方向上发生移位，则导航延迟符号为负，否则符号为正。在完成了成功校正并输入该参数之后，来回的航迹线应将原先分开的两个假目标显示成一个真实的目标。

c. 纵摇偏差校正

换能器纵向安装角度存在偏差也会引起测点位置沿航迹前后发生位移（图 3-11）。纵摇偏差校正应选择一个孤立目标进行，测量方法仍是以相同的测线来回（方向 1、方向 2）多次穿过目标。测量中船速应保持不变并尽可能低，以减小导航延迟效应及增加位置分辨率。测区水深应尽可能大，以减小导航延迟效应和增加角度分辨率。测线布设应以中心波束穿越目标顶部，以减小电罗经偏差效应。选择 60° 扇区开角以增加发射更新率。测量后叠加两个方向的所有测线，标出两个不同方向测线测出的目标。如果存在纵摇偏差，则孤立目标在显示来回测线的多波束数据叠加图上出现的将是两个分离的目标。量取两目标之间的距离（l），则纵摇角偏差（p）为

$$p = \tan^{-1}\frac{l}{2d} \tag{3-2}$$

式中，d 为目标物的水深。

如果分离目标出现在实际位置的后面，则换能器纵向安装角度前倾，纵摇偏差符号为

正，否则后倾符号为负。在完成了成功校正并输入参数之后，来回的测线将会把原先分开的两个目标合并为一个目标。

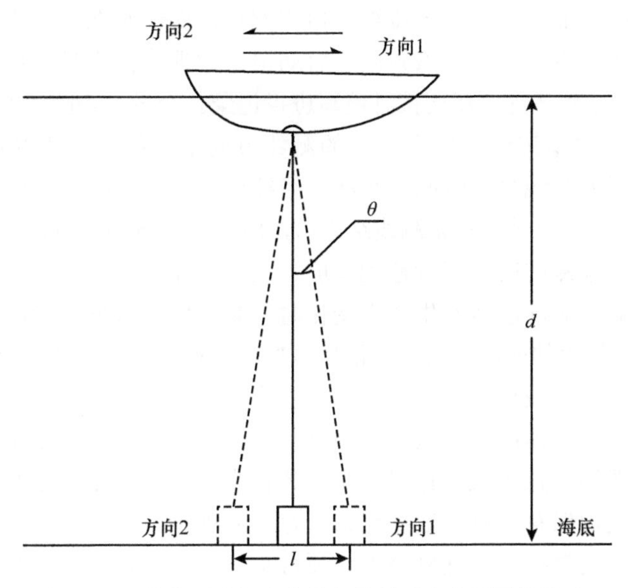

图 3-11　换能器阵纵向安装角偏差对海底测量的影响

（3）实施

多波束系统海上勘测实施的过程包括测前试验、测前准备、数据采集三个部分。

在海上测量前要对多波束测深仪及各种外围设备进行检查、测试和校准。测量前对多波束测量系统进行如下试验：①稳定性试验。选择水深大于 20m 的平坦海区，对水深进行重复测量，要求水深比对限差小于 1%，观察主机及其他外围设备是否工作正常。②根据测区的地形地貌特征和不同设计航速，进行不同深度和不同航速条件下的航行试验，试验时要选择有代表性的海底地形起伏变化的海区，测定系统在不同深度和不同航速下的工作状态，要求每个发射脉冲接收到的波束数大于总波束数的 80%。③在每个航次正式测量前，选择适宜海区设计多条往返重复测线进行横摇、纵摇、导航延迟、电罗经偏差等系统参数校正。此外，在试验过程中还要检查、测试 GPS、声速剖面仪、垂直参考单元和电罗经是否工作正常。

完成测前试验后，要进行多波束系统测前准备。检查系统各电缆线连接是否良好正确，用万用表或示波器检查供电电源、主电源 UPS 及主电源变压器的输入、输出端电压是否正常。系统启动时，先打开外围设备，如 GPS、垂直参考单元和电罗经，电罗经必须预先稳定 4h。启动主机和实时采集计算机，检查导航系统和系统各项校正参数如横摇、纵摇、导航延迟和电罗经偏差校正值，一般不进行改动，只有在获得新的校正值后才需改变。装入声呐参数，包括频率、纵摇和横摇范围、输出功率、脉冲宽度、Ping 增益和船的吃水等。装入声速剖面文件，并根据实际情况进行修改。根据工作计划输入导航测线，并根据已有资料估算测量起始点的水深值，启动多波束系统处于发射状态。每次启航前及返航后，要测量换能器吃水深度，作为吃水改正的依据。

在系统正式数据采集前，应再次快速浏览各系统参数取值，如有不符，则需重新设置，以保证参数设置正确。进行现场声速剖面测量，并输入系统中。启动 Ping 方式，声呐开始发射，为正式测量做好准备。调整各监视窗口比例尺，保证水深剖面连续，并全部显示在阈值内。打开数据记录设备，装入磁介质，启动记录数据。在实时采集过程中，除应密切注意各监视窗口的数据质量外，还要按时填写班报记录。经过一个阶段产生输出硬拷贝。

测量项目负责人要指挥测量船在预定的测线方向上保持匀速直线航行。进入测线时要进行班报记录，记入测线号、时间、水深、经纬度、航向、航速等要素，在测量时每隔15～30min 进行一次班报记录。每条测线结束后，应维持原航向、航速几分钟后再转向。当由一条测线转到另一条测线时，或者遇到渔船、渔网、浮标、测量船发生故障及其他不可预测事件而使测量船的航向航速发生较大变化时，必须停止数据记录，在班报表的备注栏内进行必要的记录。待船的航向、航速正常后再打开记录器进行数据记录。

值班人员必须按照多波束系统的说明书和操作步骤认真操作，注意观察和监视多波束系统及导航定位系统各仪器的运转状态，随时掌握外界环境因素的变化情况，测量中应及时记录各种数据，现场班报记录应详尽清楚，各栏内容必须按要求填写。每 24h 通过后处理工作站读取主机硬盘保存的测量数据记录，存入后处理工作站，及时进行数据编辑处理工作，拷贝备份并记录数据后处理班报表。项目负责人及技术主管要对每个测量周期的班报记录进行检查，发现问题及时解决，并随时填入记事簿内；还要对已编辑文件进行 100% 检查，以确保数据文件和调查成果的质量。必要时应进行补测。

外业测量的各种原始记录、多波束海底地形勘测班报表、多波束海底地形勘测测线文件一览表、多波束海底地形勘测数据后处理班报表和各类图件要妥善保存，以供内业资料整理时使用，并上交主管部门存档。

3.1.2.3 数据处理

（1）数据编辑

多波束实时采集数据编辑的总原则是“去伪存真”，也就是说，剔除虚假信息，保留真实信息。实时数据是参考的根本，在编辑时要尽量减少人为主观因素。在海况很好时，多波束采集的数据一般是可信的，因此在编辑时，应尽量保留采集的信息，以少编辑为好，编辑也只是剔除那些不可能的跃点、孤立点。而在海况差时，多波束采集的数据中一般包含一定的噪声，因此应依据一定的编辑原则，将噪声部分剔除掉。

具体来说，多波束数据编辑应遵循如下几大原则：①水深变化区间原则；②地形连续变化原则；③相邻测幅对比原则；④中央波束标准原则；⑤研判地形变化趋势原则；⑥实测编辑相结合原则。

A. 水深变化区间原则

编辑的第一步工作是对每个数据文件分别进行编辑，最后把若干个文件或全部文件放在一起进行统编。单个文件记录时间不长（一般为 1h），反映短距离内海底地形的变化，其变化幅度应在一定的区间范围之内。在编辑时，可以把超出这一区间范围的数据剔除掉。若要对几个文件或整个测区文件进行编辑，则需首先收集该区的历史资料或前人绘制的地形图件，在明确测区水深变化区间后，再进行编辑，剔除区间外的水深数据点。

B. 地形连续变化原则

真实的海底地形是连续变化的，不会有孤立的跃变地形单元出现，即使出现海山或者海底峡谷，也是由平坦海底逐渐过渡而来的。多波束测量是一种全覆盖测量，所获得的数据量非常大，这种全覆盖资料基本能反映海底地形的全貌，甚至海底微地形、微地貌。如果确有海山、峡谷，测量的结果应是一片连续变化的水深数据，而不是少数几个数据，或者几个跃点。根据这一特点，在编辑时应保留连续变化的水深数据，剔除孤立点、跃点。

C. 相邻测幅对比原则

有时对单条测线进行编辑时，很难确定被编辑的数据哪些是噪声，哪些是真实地形数据。但若把相邻测线放在一起进行编辑，操作者就可以通过了解地形全貌、分析地形变化趋势，很容易区分噪声和真实地形数据。如果就单条测线进行编辑，真实地形数据（如水下突起）很可能被确定为噪声数据，而通过对比相邻测线，容易发现完整的水下突起，应予保留。

D. 中央波束标准原则

多波束系统由换能器以一定的扇区开角向海底发射、接收声波，采集的数据一般中央区域质量比较好，边缘区域质量较差。在海底地形变化比较大的海区，这种质量差异因被水深变化压制而表现得不太明显，而在平坦的海区，由于水深变化极小，这种质量差异就会表现得非常明显，甚至会出现沿测线方向的条带状假地形。在这种情况下进行编辑，可以考虑尽量多地剔除相邻测幅重叠的边缘数据点，提高数据质量，同时注意在进行实测时引入足够的声速剖面以提高边缘数据点的质量。

E. 研判地形变化趋势原则

研判地形变化趋势是多波束数据编辑中一个非常重要的原则。在地形平坦海区，真实信息和噪声很容易区分，而在地形变化比较复杂的海区，有时很难区分真实信息和噪声成分。此时除了对比相邻测线的数据外，还要研判该海区的地形变化趋势，用以判定哪些信息是真实信息，哪些信息是噪声。研判地形变化趋势，首先需要确定基本海底线，再判别哪些数据是噪声成分，从而决定哪些数据需要剔除。研判地形变化趋势对数据编辑及后处理成图都很有必要，正确地运用这一原则，可以压制噪声成分，加强真实信号，在地形变化复杂的区域，有利于后处理软件跟踪准确的地形变化单元。

F. 实测编辑相结合原则

在编辑过程中，要尽量与实际数据采集相结合，并在实时采集过程中通过对地形连续变化的观察，判断真实信息和噪声信息。要在实时采集的过程中，及时分析地形变化特征，多对比相邻测线，避免把有用数据剔除掉。例如，实际的测量表明海区有一片水深异常点，可能是一座海山的部分，这就需观察相邻测线同位置区是否有同样的反映。若有，则该片水深点就不是噪声数据，否则需剔除该片数据。要想准确地进行编辑，不但要求操作人员有很丰富的编辑经验，还要有实际的实时采集经验，同条测线的采集、编辑工作最好由同一操作人员来完成。

（2）数据格式的转换与统一

目前各种原始多波束数据的格式极不统一，各多波束系统捆绑的后处理软件也自成体系，给多波束数据的统一管理和综合处理带来极大不便。因此，建立一种能接纳各种多波束原始数据的通用数据格式，并在此基础上开发规范的多波束数据后处理软件，已经成为多波束技术产业发展的必然。设计一种有生命力的通用数据格式，应该注意下面几个特性。

A. 兼容性

数据文件的 8 位字节流结构是最基本的要求，而字节流的组织方式则很有讲究。目前，作为业界标准和 Sun 网络文件系统（network file system，NFS）基石的 Sun Microsystem 外部数据格式（external data representation，XDR）在 UNIX 操作系统上非常流行，而且内核是完全公开的，在结构简单和功能完善上达到了很好的统一，这在设计多波束数据结构时是必须考虑的。使用 XDR 的一些基本特性：字节秩序和对齐方式及整数、字符串和字节阵列的表示方式，完全胜任多波束数据的存储，这样只需编写简单的 I/O 库程序而无需 XDR 库程序驱动来存取多波束数据。为了使多波束数据文件容量紧凑，应该启用 8 位和 16 位整数，而不像 XDR 仅有 32 位和 64 位整数。这种字节流文件组织方式，既方便在不同机器不同操作系统上的共享，如 UNIX、Linux 和 Windows 16/32/64 位操作系统等，也方便在各种不同的读写介质上存储，如硬盘、磁带和光盘等。

B. 可扩充性

为了适应多波束技术的发展，接纳可能出现的新的未知多波束数据格式，一种开放性的数据结构是最佳选择。为此可将多波束数据分割成各个逻辑单元或数据组织，每个单元或记录含有一个标况，除了各种参数外，至少写有数据记录的大小和关于记录中数据类型的标识符。这种数据组织方式可在各种计算机网络上传输，如以太网协议。以太网协议对数据记录的种类没有什么限制，未知数据类型的标识符能够使已有的应用程序转到能判读的数据记录上。这要求在所有用户中就有关类型标识符和数据组织内容之间关系达成一致，需要建立一种机制定义和记录新的数据类型。在这种情况下，必须能建立“私有的”或用户自定义的数据类型，并能与“众所周知”的公共数据类型相混合，无须考虑它们会使文件崩溃，即用户不知道如何判读文件。如果私有的数据类型对许多用户是有用的，通过数据类型登记和标准化处理，它们也会变成公共的。这一特性使数据格式成为可扩充的，保证可以接纳新的多波束系统产生的数据格式。针对多波束数据的这种组织方法，也正是目前地球物理数据结构发展的方向，而有可能使各种海洋勘探数据在综合地球物理处理系统中获得统一管理。

C. 其他特性

数据记录类型的可扩充，应建立在最简单的基本数据类型上，为了增强存储效率，除了一些必要的字符串文本外，全部的数值采用二进制编码，而且这种数值全部转换成标准的 1 个、2 个或 4 个字节的整数，来降低存储空间。在输入、转换和管理各种复杂的原始多波束数据时，不能损失有用的信息，通过公开底层的 I/O 库函数程序，让用户可靠地包装和展开这种数据组织，从而在理论上和应用上可以检验、改进它的技术可靠性，以获得多波束厂商、用户和多波束数据管理部门及应用部门的广泛支持，也使多波束数据逐步成为全社会可使用的信息资源。

（3）网格化处理和分析

如果直接利用原始多波束数据进行海底地形分析和成图，不仅在占用计算机资源和时间方面非常苛刻，而且在实现方式上由于舍简求繁而带来一系列的困难。事实上，这种成图方式只在数据实时采集时使用，用来监视数据的采集质量，而在大片数据合成的后处理中，这样做并不能提高成图精度，反而造成资源和时间的浪费。如果原始多波束数据进行网格化处理，大大压缩数据量，依据成图比例尺设定网格大小，不仅可加快成图过程，而且便于成图结果的操作和整饰，在不影响成图精度的前提下，反而可以提高成图的质量。例如，美国大陆架及专属经济区的多波束勘测数据是按区块提供给用户使用的，每个图幅为一个经度宽和半个纬度长，包含的原始测深数据点不少于 5×10^6～10×10^6。它按两种规格和网格制成数字地形模型，一是 250m 间距的通用横轴墨卡托投影（universal transverse Mercator projection，UTM）网格，适合编制 1∶10 万比例尺的图件；二是 15″ 间距的地理网格（241×121），适合编制 1∶25 万比例尺的图件。

显然，多波束数据的网格化处理目的不同于一般数据的网格化插值。通常人们所说的网格化插值，都是希望通过插值加密数据点，使粗糙稀疏的原始数据成为分辨率更高的网格数据。而多波束数据的网格化处理包含了一种数据压缩的思想，因此在调用网格化方法的策略上有它的特点。尽管如此，两者的网格化方法是一致的。

A. 数据的读入

一般单波束水深数据是单个的文本列表数据文件，可以由一般的成图软件（如 Golden mapper）或 GIS 软件（如 MapGIS）采取一次性读入然后网格化处理。由于一次性读入可以统计出数据的分布范围、密度和数据量等辅助信息，容易给出网格数据的网格大小、原始数据的搜索规则进行缺省设置，能让用户只需打开原始数据文件就可以生成网格数据文件，操作相对简单得多。而多波束数据的结构复杂、种类繁多、数据量大且以成批的数据文件保存，采用一次性读入再进行网格化的策略几乎是不可能的，因为这样可能使计算机内存消耗巨大而运算速度非常慢。它要求预先设定数据的种类和分布范围，采用边读入边网格化的策略。

首先应将进行网格化处理的成批多波束数据或单波束数据文件放在同一目录中，并以不同的后缀名来区别不同种类不同格式的数据文件，使得数据进入缓冲区给每个网格点分配权重之前得以准确辨认。然后选择从多波束数据 Ping 记录中可抽取的字段类型，因为侧扫数据同深度一样也可进行网格化，同时深度值考虑到与陆地地形高程的统一或区别，可指定它取正值或负值。如果考虑到与陆地高程数据的衔接，应使深度值取负值。最后决定数据重复叠置区的数据取舍规则，避免多波束条幅重叠区网格值计算的重复浪费，这由时间阈值来确定。当时间阈值取正值时，保留每个网格内的每一个读入数据的时间，此时可不计落入同一网格内与第一个读入数据的时间差大于时间阈值的点；当时间阈值取负值时，表明留在网格内最先读入的数据被落入同一网格内与它的时间差大于时间阈值的点所代替，此时原先时间差小于时间阈值的点将全部清空。

B. 网格参数设置与搜索规则

与单个文本列表数据文件先读入后设置网格参数不同，成批多波束数据文件因为需要边读入边网格化插值，所以应首先进行网格参数设置。在选择多波束数据网格化插值算法之前，需要确定所处理的成批多波束数据读入范围和输出网格大小。数据的读入范围不能不受限制，不然有可能读入大量不参加网格化插值的数据而影响运算速度，一般让数据的读入范围比网格数据的边界范围扩展一个网格就足够了。网格边界的设置应充分考虑到读入数据的分布范围，使其尽量落在读入数据的分布范围内。网格边界（最小值、最大值）、网格线数和网格间距相互之间应能协调，可进行自动调整。

每个网格点的搜索范围由上、下、左、右的网格倍数扩展来确定，通常其最小值取 1，意味着每个网格点至少由其周围的四个网格内的原始数据来计算，除非忽略网格边界外数据使得边界网格点只由网格内侧的原始数据来计算。为了确保网格插值的速度和精度，应对搜索数据的分布和数量进行具体限制。例如，规定空象限数上限，则表明每个网格点插值计算中空象限数不能超过此值，否则网格点插值无效，成为空白点。通常只要有一个象限不空，网格点插值即为有效。规定象限数据上限，可以限制搜索时间，提高运算速度。每个象限内搜索到的数据量一旦达到象限数据上限，即停止该象限的搜索，而转到下一个象限。如果规定了数据总量下限，则每个网格点插值所需搜索到的数据量不能小于此下限，一旦在搜索范围内达不到这一要求，此网格点插值判为无效值。通常只要搜索范围内有数据，网格点插值即为有效。

C. 网格插值算法

自 20 世纪 50 年代末 DTM（数字地形模型）方法提出以后，地球科学家对内插问题进行了多年研究，相继提出了多种插值算法。1983 年 Lam 分类法依据内插结果的特性将插值法分成确切法和近似法两类：确切法是指内插后的结果会保存原来已知点的数值，如权重平均法、克里金（Kriging）法和样条法等属于确切方式；而近似法则不会保存既有的已知值，如傅里叶分析法。1992 年 Waston 根据内插过程的原理将插值法分为两大类：第一类是方程式内插法，利用数学函数来构造一个网格曲面，如样条法和趋势面内插法等；第二类是试探性插值法，由局部地区的资料去求取其周围未知点的数值，如权重平均法。

除了距离加权内插法、克里金内插法和样条内插法外，针对多波束数据的还有 4 种简单的网格化方法，即高斯加权平均内插法、中值内插法、极小值内插法和极大值内插法。这后面 4 种方法，加上距离加权内插法，适合成批多波束数据采取边读入边网格化，可保证每个读入的数据分配到每个网格点上，避免内存消耗随着读数的增多而加大。

对于已编辑的多波束数据，高斯分布加权平均法或距离幂次反比加权法得出的网络精度更高，运行速度也更快。中值滤波内插法、极小值滤波内插法和极大值滤波内插法则分别将网格点周围一个网格间距内的中值、极小值、极大值作为所计算的网格值。其中，中值滤波法搜索范围内有足够的数据时将对误差数据不敏感，因此适用于未编辑的多波束数据。其缺点是计算每一个点都要求读入搜索范围内的全部数据，占用内存大，而且运行时间长。

依据搜索规则和网格化方法形成的网格数据往往含有空白无效网格点，对离有效网格点近的空白点可继续采用插值方法来补救，这里的插值方法已不是对原始数据的网格化插值，而是仅在网格数据基础上的插值。为此，应该指定插值的扩展范围，只有与有效网格点的最近距离小于给定的扩展范围，输出网格的空白点才能被插值，剩下的空白点仍判为无效值。这样一些局部空白区或大空白区的边缘可以赋为有效值。插值的扩展范围通常取 1～2 个网格间距即可，有时不采纳插值扩展。插值方法往往采用样条插值，样条张力因子可在 0～1 取值，0 表示自由边界的最小曲率内插，而离 1 越近，越有助于压制奇异的起伏现象，使得扩展边界数据趋于平滑。

（4）坐标系统与地图投影

多波束成果数据的表示离不开平面二维坐标［平面直角坐标（x，y）或大地坐标（B，L）］。特别是成图时，都需要直接或间接地包含与使用平面直角坐标（z，y）的信息。平面直角坐标（x，y）又由参考椭球体和所采用的地图投影要素综合计算得到，二者缺一不可。

A. 常用坐标系统

a. 参考椭球体

地球的自然表面是一个不规则的封闭曲面，形状十分复杂。世界上许多国家根据自身的位置特征，依据天文大地测量和重力测量资料以及利用卫星观测资料，确定符合本国特点的地球椭球参数（如赤道半径、极轴半径、扁率等），并为该椭球定向和定位。一个形状、大小、定向和定位都已确定的地球椭球体被称为参考椭球体。

我国目前在海洋大地测量中常用的参考椭球体有海福德（欧洲坐标系采用）椭球、克拉索夫斯基（1954 北京坐标系采用）椭球、1975 年国际大地测量协会（International Association of Geodesy，IAG）推荐椭球（IAG75，也有人称之为 IUGG1975，1980 国家大地坐标系采用）、1980 年国际大地测量协会推荐椭球（GRS80，GPS 采用）等。1935～1952 年我国测绘工作者曾采用海福德椭球，目前的 1963 香港坐标系也采用海福德椭球。1953 年起改用克拉索夫斯基椭球。为了使参考椭球面与我国的大地水准面更加适应而建立的 1980 国家大地坐标系则采用 IAG75 椭球。这些常用的椭球体的重要参数见表 3-4。

表 3-4　常用参考椭球参数

椭球	长轴半径 a/m	短轴半径 b/m	扁率 α	第一偏心率 e_1	第二心率 e_2
海福德	6 378 388.0	6 356 911.946	1/297.0	0.081 991 889 979	0.082 268 889 607
克拉索夫斯基	6 378 245.0	6 356 863.019	1/298.3	0.081 813 334 017	0.082 088 521 820
IAG75	6 378 140.0	6 356 755.288	1/298.257	0.081 819 221 456	0.082 094 468 873
GRS80	6 378 137.0	6 356 752.348	1/298.257 7	0.081 819 125 955	0.082 094 372 408

b. 大地坐标系和空间直角坐标系

大地坐标系的空间点用大地经度 L、大地纬度 B 以及大地高 H 表示，而空间直角坐标系则以椭球中心 O 为坐标原点，OZ 轴与椭球旋转轴重合，OX 在起始经圈和赤道面的交线上，Y 轴在赤道面与 X 轴的正交方位上，O-XYZ 构成右手坐标系。采用不同的椭球体中心位置为参心坐标系和地心坐标系。

参心坐标系所使用的参考椭球中心一般不与地心重合，而以使某一国家或地区满足大地水准面差距之和为最小的原则确立，因此不同的参考椭球构成不同的参心坐标系。即使是相同的参考椭球，由于定位和定向的差异也能构成不同的参心坐标系。世界各国差不多都有自己的坐标系，我国使用的 1954 北京坐标系、1980 国家大地坐标系和 1963 香港坐标系都属于参心坐标系。

地心坐标系的参考椭球中心即为地球的质心，它以国际协议原点（conventional international origin，CIO）为参照极，X 轴在格林尼治天文台平均经圈上，并与 Y 轴、Z 轴构成右手坐标系。WGS-72、WGS-84 都采用地心坐标系。

B. 常用地图投影

a. 高斯–克吕格投影

高斯–克吕格投影（Gauss-Krüger projection）是一个将地球视为椭球体的横切等角圆柱投影。投影后的中央经线等长且与赤道投影为互相垂直直线，为投影的对称轴。

高斯–克吕格投影是我国陆地和沿海基本比例尺地形测量中最常用的投影，它拥有系统周密、布局合理的国家等级平面控制网和地区平面控制网，拥有几乎全覆盖的各类比例尺地形图。许多城市的城市坐标系，也是采用高斯–克吕格投影的方法建立的。目前相当数量的沿岸水域工程测量成果也采用高斯–克吕格投影。

b. UTM 投影

UTM 是一种横轴等角椭圆柱投影，是目前国际上最通用的地图投影之一。UTM 的正反算公式和高斯–克吕格投影的计算公式一致，不同的是中央经线长度比是 0.9996。因此，只需把高斯–克吕格投影正算公式的 x、y 的值均乘以 0.9996 即可得 UTM 投影 x、y 值；反算时则先将 x、y 值分别除以 0.9996 后代入高斯–克吕格投影的反算公式，即可得到 UTM 投影的经纬度值 L 和 B。

c. 墨卡托投影

海洋测绘中最常见的地图投影就是等角正圆柱投影。由于该投影为 16 世纪的荷兰人墨卡托所创造，故又称墨卡托投影。

由于墨卡托投影的等角航线在图上表示为直线，船舶借此直线的方向航行便可以顺利地抵达目的地，加之经纬线在图上表示为平行线，更有利于绘算和判读，因此墨卡托投影自产生以来备受海洋测绘界的青睐。IHO 将其列入国际海图制图规范中。墨卡托投影的特点有：①经线为等间距的相互平行直线，且与纬线成正交；②纬线是随纬度的增长，其相同纬差间距向两极呈逐渐增长的平行线，故又称渐长纬线；③等角航线为直线，而大地线（椭球面两点间最短距离）或大圆航线（视椭球为球体时）表现为凸向极地的曲线；④投影的长度变形与方向无关，而仅与该点所处位置有关；⑤投影方位角与真方位角的差值随点距的增大而迅速增大。

（5）网格数据的成图方法

原始多波束数据经过格式转换统一、精细后处理和网格化压缩之后，在选定的参考坐标系下，经过地图投影变换，以一定的比例尺大小可以输出各种基础图件，如平面等值线图、立体等值线图、二维晕渲图和三维真实感图形等。

A. 平面等值线图

海底地形的平面等值线图一向是最重要的基础图件。生成地形等值线主要步骤主要包括：等值线的搜索、等值线的光滑、等值线的标注和等值线之间的填充等。等值线的绘制可以通过 Global map 和 Suffer 等软件直接生成，具体原理不再一一赘述。

B. 立体等值线图

在三维空间中，将网格数字地形模型上的全部等值线投影到计算机屏幕上，经消隐处理后输出的图形，称作立体等值线图。除了通常的由观察者位置决定的坐标变换、投影变换外，需要判别被遮挡的等值线，并进行消隐处理。

C. 二维晕渲图和三维真实感图形

网格数字地形模型依据观察者和假想光源的位置，采用彩色算法和辉度算法，计算曲面不同凹凸部分的色值和灰度，在二维平面上显示即为二维晕渲图。如果在三维空间中对地形模型轮廓做出投影和消隐以增强透视效果，可使图形接近摄影图片的逼真水平。

3.1.3 应用实例

3.1.3.1 冲绳海槽中部热液区地形地貌

2014 年 4 月，“科学”号考察船对冲绳海槽进行了热液区海洋科学综合调查。调查采用 SeaBeam 3012 全海深多波束测深系统，工作主频 12kHz；工作水深范围 50～11 000m，在深度＞100m 的海域获得的水深数据质量优于 IHO 的要求。调查过程中使用高精度星站差分 GPS 进行精准定位导航。同时，通过下潜“发现”号 ROV 进行直接影像观察。“发现”号 ROV 具有自主动力推进器、功能液压机械手，搭载多种传感器等，其系统配置全面，工作水深可达 7000m 的超短基线（ultra short base line，USBL），保证了其定位的准确度。获取的水深数据通过后处理软件 CARIS HIP 进行预处理、数据处理后形成最终成图水深数据，根据精度分析达到要求后进行网格化处理，再进行图件绘制获得冲绳海槽中部热液活动区地形地貌图。

冲绳海槽中部热液活动区交错出现大量海山、海丘、裂谷、洼地等，起伏变化较大。最大水深为 1773m，最小水深为 637m，海丘分布集中处，最深与最浅处相差近 1200m。热液活动区总体上呈 NE—SW 向延伸的裂谷地势，水深范围 1500～1800m。裂谷轴部位于热液活动区偏南部，北部整体地势较高，地形上呈 W—NW 向 E—SE 倾斜，水深 1200～1400m，坡度 0.2%～6.2%。已探明的三处主要热液活动区是伊平屋北、伊平屋脊和夏岛-84。其中伊平屋北位于西北角，处于最大的海山群内，山体顶部地形呈高地错落的小山包袱，平均水深 1100m，与海底相对高差约 500m；伊平屋脊位于深海洼地中央脊东北侧坡上，水深 1200～1300m，地形起伏小，倾斜平坦，热液活动区域面积大。

SeaBeam 3012 全海深多波束测深系统具有高精度全覆盖的优势，通过测量获得了冲绳海槽中部热液活动研究区精确的水深数据。同时加密多波束测量的测线，可以获得更高精度的水深数据。可见，采用高精度星站差分 GPS 进行精准定位导航的多波束测深系统对海底热液活动区地形地貌调查效果显著，可通过多波束测量海底热液活动区地形地貌来研究相关热液活动区的分布、划分、大小与地貌特征。同时结合 ROV 进行直接的影像观察，可进一步观察探讨热液活动的成因与活动方式，为热液活动区的下一步相关研究奠定基础。

3.1.3.2 西北太平洋琉球岛弧 Miyako-Sone 台地暗礁地形地貌

2012 年 6 月到 7 月，“Kishinmaru 3”号科考船搭载 ROV 对 Miyako-Sone 台地进行海底水深测量。测深系统采用的是 EM 3002S 浅水多波束回声探测仪，每 Ping 发射波束最大为 254 个，发射频率为 300kHz。下潜“LBV150”ROV 进行了直接影像观察，ROV 工作水深可达 150m。

Miyako-Sone 台地东南部发现一处高地，向北南方向延伸超过 1000m，向东西方向延伸至少 500m，向北西方向平缓倾斜，由一个高于 2m、顶部水深为 56m 的同轴边缘脊与一个底部水深 58～59m 的洼地组成。洼地散布着大量高度不一的海丘。边缘脊高约 100m，其外侧边缘散布着大量深 2m、宽几米到几十米的沟槽。这些沟槽长度可达约 140m，在水深约 66m 处消失。在平行于主边缘嵴的边缘脊斜坡处分布着一个顶部水深为 58m 的小边缘脊（图 3-12）。

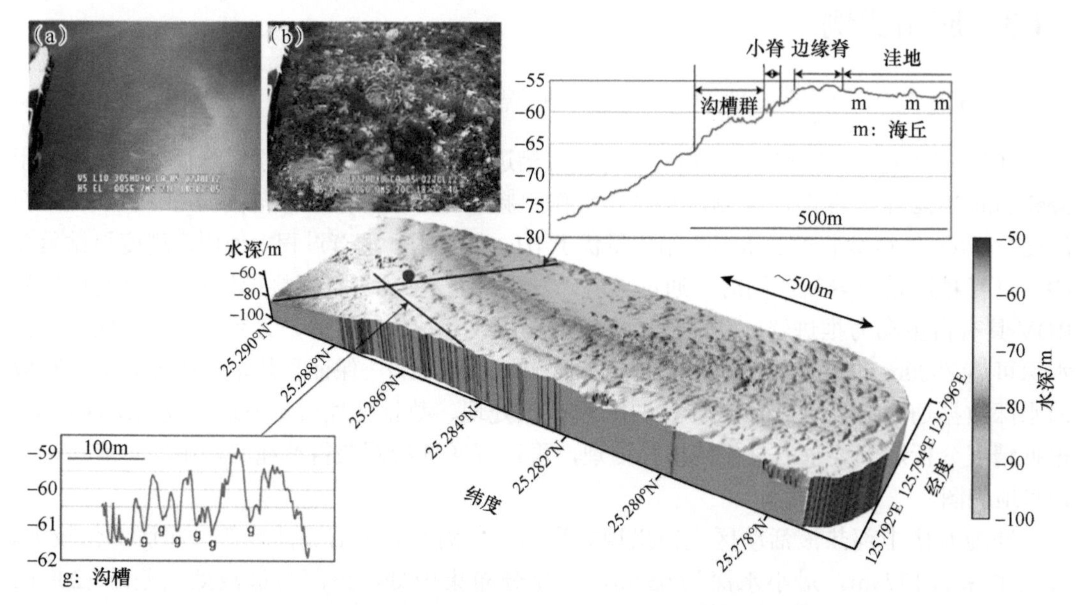

图 3-12 西北太平洋琉球岛弧 Miyako-Sone 台地暗礁三维视图

（a）、（b）为 ROV 在绿点圆圈处所拍摄照片，红线与绿线交叉并显示剖面海底深度变化（Arai et al.，2016）

Miyako-Sone 台地暗礁地形地貌可通过 EM 3002S 浅水多波束回声测深仪测量并很好地显示在图件上。通过对台地暗礁地形地貌特征观察计算，可获得台地暗礁的基本分布、大小、高度及周围地形环境状况，同时结合 ROV 对 Miyako-Sone 台地暗礁地形地貌进行细节观察，可精确获得台地暗礁的地貌特征。利用台地暗礁地形地貌特征结合研究区域背景可分析台地暗礁的形成时期、古环境和成因，以更好地进行下一步台地暗礁样品的精确分析调查。

3.1.3.3 墨西哥 Ipala 海底峡谷地形地貌

2008 年 3 月，墨西哥国立自治大学科考船 B.O.El Puma 搭载 Kongsberg EM 300 多波束测深系统与 Kongsberg TOPAS 浅地层剖面仪对墨西哥 Ipala 海底峡谷进行了调查，调查船使用 GPS 导航系统，数据采集时航速约为 7kn，在陡峭沟槽内部边坡处航速有所降低以便更好地获取底部数据。多波束水深数据与海底散射数据由墨西哥国立自治大学地球物理学院海洋地球物理实验室人员使用 CARAIBES 软件处理并最终制图。TOPAS 系统线性调频脉冲为 1.5～5.5kHz，扫描间隔为 15ms，记录采样率为 33μs，TOPAS 数据用 Kongsberg TOPAS 处理软件进行处理。TOPAS 系统与 EM 300 系统外触发器同步以避免两者之间的相互干扰。

Ipala 峡谷经大陆架、大陆坡至海沟区域，在大陆架、大陆坡由于峡谷分布和小规模侵蚀特性变得很复杂，海沟西北部因海山俯冲使上部板块抬升而加大了这一复杂性。Ipala 峡谷大陆架区域十分狭窄，宽 10～12km，大陆架内部海底平均倾斜坡度约 1°。大陆坡由陡峭的上陆坡、狭窄且平缓向海倾斜的中部陆坡和陡峭的下陆坡组成。水深为 500～1500m 的海底陆坡在峡谷北部相对南部较陡，然而在 1500m 等深线处没有明显区别，这有点像隐伏断层地貌。Ipala 海底峡谷区域上陆坡的各个方向倾斜度都有明显区别，在峡谷南部水深为 500～1000m 和 1000～1500m 上部边坡的倾斜度分别为 2.4° 和 6°，而峡谷北部水深为 500～1000m 和 1000～1500m 上部边坡的倾斜度分别为 7° 和 2.8°（图 3-13），这一趋势在峡谷两侧是相反的。

Kongsberg EM 300 多波束测深系统与 Kongsberg TOPAS 浅地层剖面仪结合 GPS 对 Ipala 海底峡谷的调查展现了高精度的地形地貌特征。多波束测深系统可对海底峡谷进行高精度和高分辨率水深测深，浅地层剖面仪可探测海底峡谷的浅层沉积物分布，同时利用高精度定位系统进行定位，可获得整个海底峡谷区域的地形地貌精细特征、峡谷两侧坡度及峡谷时空变化等。通过调查获得资料对海底峡谷进行解释，可分析海底峡谷的成因、迁移、海洋环境和控制因素等。

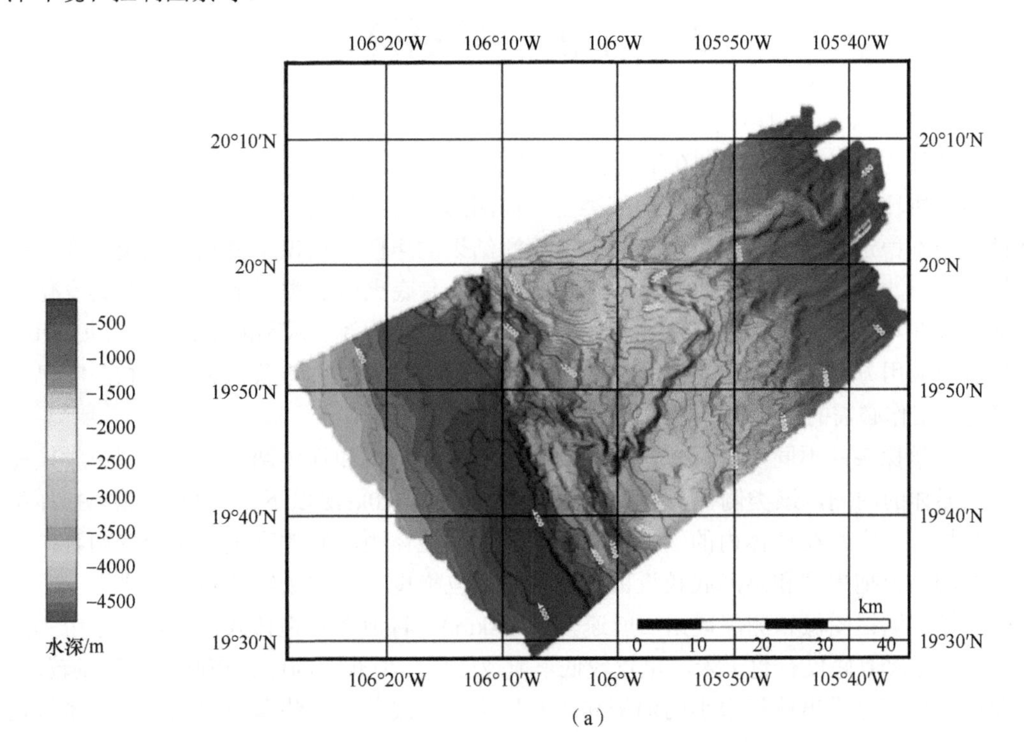

（a）

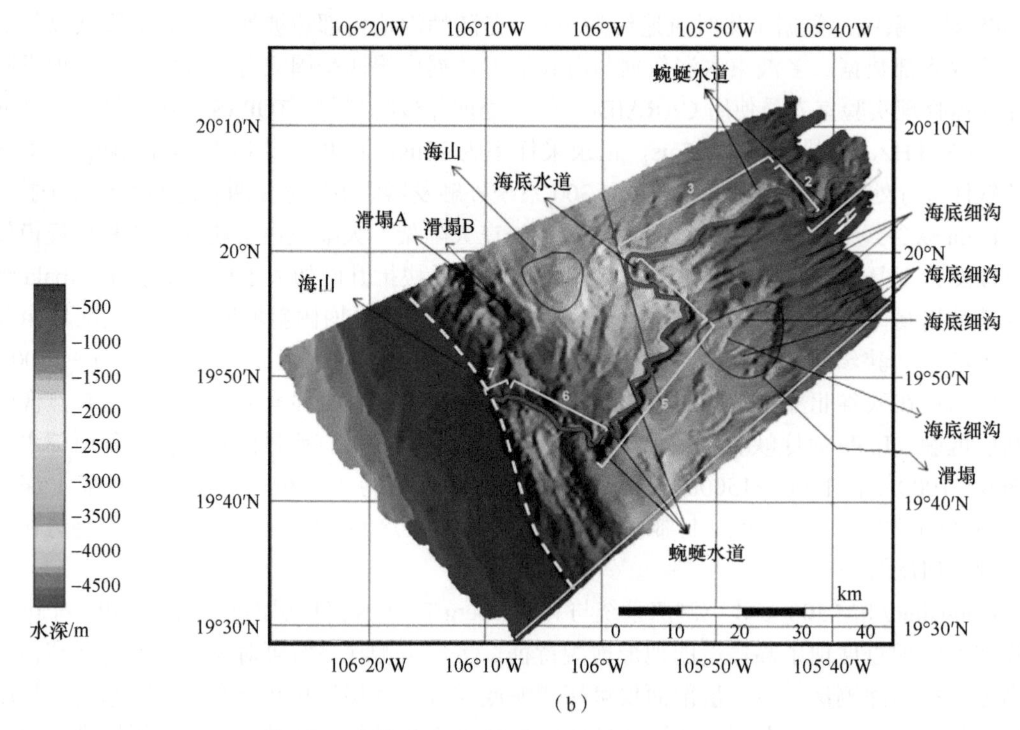

图 3-13　海底地形地貌描绘（Espinosa et al.，2016）

（a）墨西哥 Ipala 峡谷等深海底地貌；（b）Ipala 峡谷海底地貌特征解释

3.2　侧扫声呐系统

侧扫声呐亦称“旁侧声呐”或“海底地貌仪”，是一种利用回声测深原理探测海底地貌和水下物体的设备。20 世纪 60 年代初期侧扫声呐首先应用于海洋地质调查，对海底进行详细的地质环境测绘，确定海底地貌类型，探测海底沉积物的移动路径，以及探测其移动路径上的不稳定底床形态的带状分布。从探测结果的声图上认识了海底形态及其变化趋势，如沙波、沙带、海沟、海岭、海峡、海底塌方、海底火山等类型地貌形态及其变化趋势，随之侧扫声呐在海道测量、疏浚港口、港湾工程、锚地探测、水利勘察、生态环境调查、海洋调查等应用方面得到广泛应用，且都取得了明显的效果。70 年代以来，侧扫声呐已成为从事海洋工作必需的仪器装备（李勇航等，2015）。

依据声学探头的不同安装位置，侧扫声呐可以分为船载和拖体两类。船载型声学换能器安装在船体的两侧，该类侧扫声呐工作频率一般较低（10kHz 以下），扫幅较宽。拖体型侧扫声呐指探头安装在拖体内的侧扫声呐系统。根据拖体距海底的高度还可分为两种：离海面较近的高位拖曳型和离海底较近的深拖型。高位拖曳型侧扫系统的拖体在水下左右拖曳，能够提供侧扫图像和测深数据，航速较快（8km）。目前多数拖体式侧扫声呐系统为深拖型，拖体距离海底仅有数十米，位置较低，航速较慢，但获取的侧扫声呐图像质量较高，侧扫图像甚至可分辨出体积很小的油桶和十几厘米的管线等。有些深拖型侧扫声呐系统也具备高航速的作业能力，在 10km 航速下依然能够确保海底侧扫图像的高清晰度。

纵观各类型侧扫声呐的性能发展，其特点是：以 PC 技术为基础；数字化代替了模拟化图像处理；计算机工作站使终端具有显示器和记录器的图像显示，提高了成像质量，而且与 GPS 连接可实施导航定位，功能更为齐全；软件逐渐丰富；换能器线性调频脉冲技术的应用减小旁瓣效应和通道间互相干扰，光盘存储容量大，便于回放资料分析和处理。

3.2.1 侧扫声呐系统的成像原理

侧扫声呐成像技术是一种重要的声成像技术，其工作原理如图 3-14 所示。声呐设备的左右线性换能器阵列具有扇形方向性，开角 α 位于垂直面，垂直平面内的波束角宽比较宽，一般为 40°～60°。开角 β 位于水平面，在水平面内波束角宽比较窄，一般 1°～2°。海底反向散射信号依时间的先后被声呐阵列接收。有目标时信号较强，目标后面声波难以到达，产生影区。声呐阵列随水下载体不断前进，在前进过程中声呐不断发射、不断接收，记录逐行排列，构成声像，这就是目前在海底探测中广泛使用的侧扫声呐的声成像，称为二维声成像。这种声像只能由目标影子长度等参数估计目标的高度，精度不高。在水下载体每侧布设两个以上的平行线阵，估计平行线阵间的相位差以获得海底的高度，称为三维声成像，能够获取高精度海底地形地貌数据。

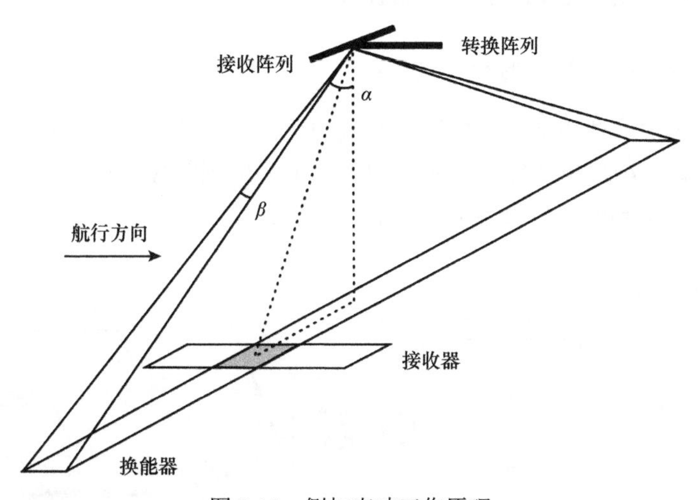

图 3-14 侧扫声呐工作原理

海洋侧扫声呐系统中含有的两个换能器都具有明显的扇形指向性，在换能器将声脉冲发射出来后，就可以在换能器的左右方向照射出一窄梯形的海底，具体如图 3-15 所示。

在声脉冲完成发射后，声波就能够通过球面波的形式向远方进行传递，在与海底触碰后，就会形成散射波或反射波，而后按照原先的路线直接返回到换能器中，距离越近，回波到达换能器的速度也就越快。一般情况下，硬的、粗糙的、突出的海底回波强，软的、平坦的、下凹的海底回波弱，被突起海底目标物遮挡部分的海底没有回波，这一部分称为声影区。由此生成了脉冲串中幅度大小不同的回波，回波幅度的高低就包含了海底起伏软

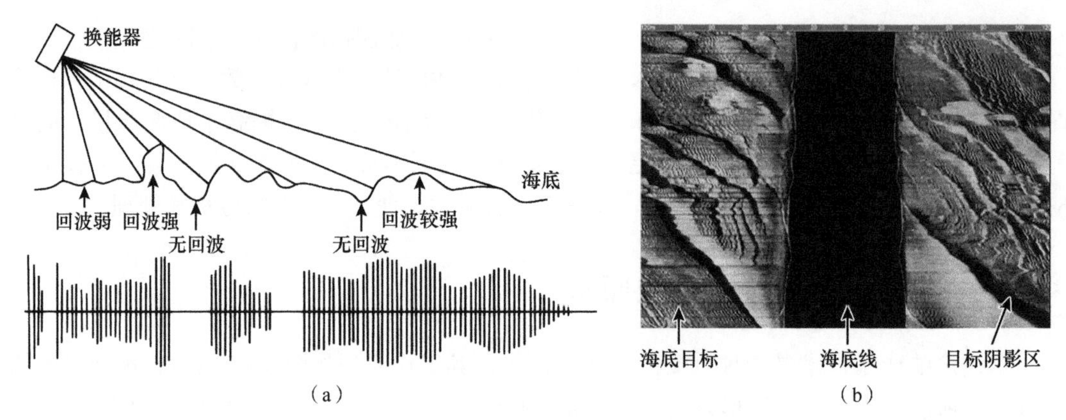

图 3-15　海洋侧扫声呐的成像原理（a）及成像图（b）

硬等信息。发射一次声波可获得换能器两侧两窄条带内的海底信息，接收后侧扫声呐终端显示成一条线。工作船向前航行，设备根据已经设定好的时间完成接收、发射等操作，并将每次接收的数据直接显示出来，能够获取二维海底地形地貌的图像，最后再利用计算机技术对数据进行处理，就可以准确地判断与识别海洋的地形、地貌信息（许枫和魏建江，2006）。

3.2.2　侧扫声呐系统的结构与组成

3.2.2.1　侧扫声呐系统的核心结构

侧扫声呐属于主动型声呐，主要通过海底的反向散射信息获取海底基本情况。将这些信息作为主要依据，构建更加完整、完善的海底地形地貌图像信息，也是进行海底成像的前提条件。具体的海洋侧扫声呐结构图如图 3-16 所示。

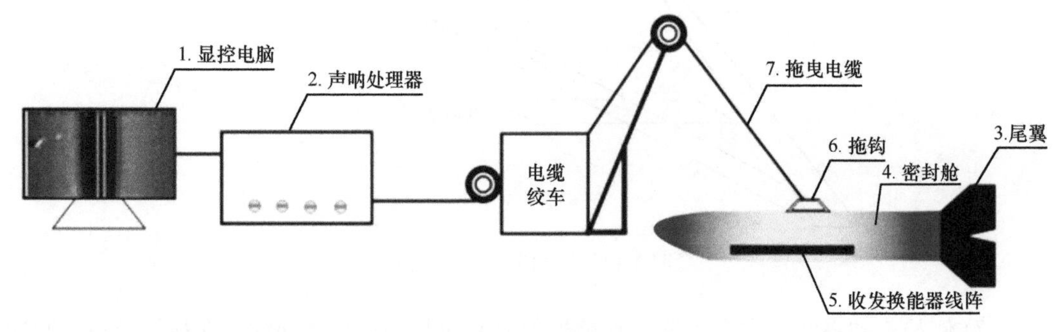

图 3-16　侧扫声呐系统结构图

在整个侧扫声呐系统中，主要由发射机、接收阵、发射阵、接收机及信号处理器 5 个子系统构成。在侧扫声呐系统的运行过程中，利用信号处理器，将脉冲驱动信号发送出来，利用其使驱动发射机可以产生比较大功率的发射脉冲信号。在信号接收期间，利用接收阵的天线装置接收回波信号，再利用接收机进行预处理，增强回声信号，输入计算处理单元，最后得到完整的图像信息（杨玉春，2014）。

3.2.2.2　实际作业中侧扫声呐系统的组成

侧扫声呐系统在实际作业中包括两个子系统：甲板系统和拖鱼系统，如图 3-17 所示。

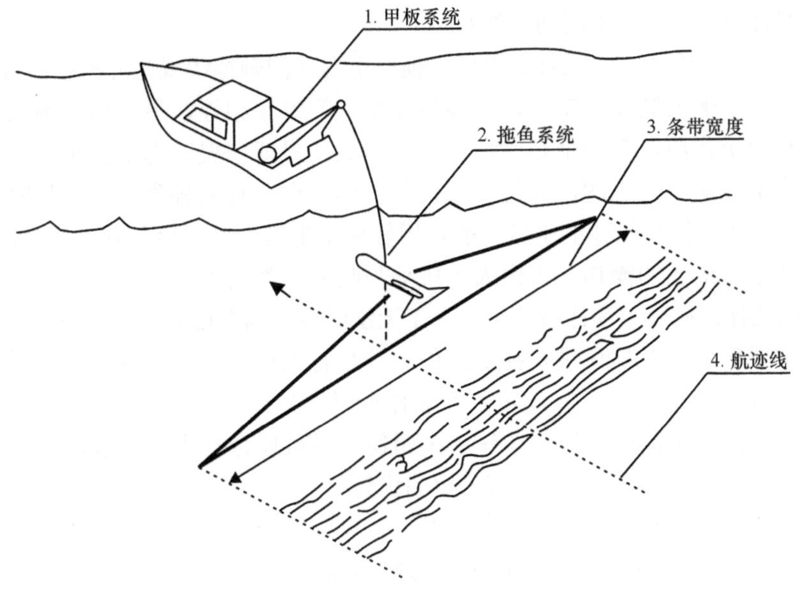

图 3-17　侧扫声呐系统的组成

甲板系统包括声呐处理器（声呐工作站）、声呐接收机、记录器。

声呐处理器包括硬件和软件两部分，其中硬件主要由计算机、数据采集控制器、扩展输入和输出接口板、采集控制卡、智能通信接口卡、显示器、轨道球、键盘、光盘驱动器、软件仓等组成。软件由系统软件和应用软件组成，负责侧扫声呐数据的采集、显示和后处理。声呐处理器是侧扫声呐的核心，能够执行数据采集、处理、显示、存储以及图像后处理等工作（图 3-18）。

图 3-18　侧扫声呐系统的声呐处理器

声呐接收机包括 GPS 接收机、四通道侧扫接收机、测高接收机等。

GPS 接收机是侧扫声呐的外部辅助设备，主要为侧扫声呐数据提供实时定位数据，侧扫声呐系统留有标准接口，实现与 NMEA 0183 等标准接口的定位设备实时连接。用户可以根据需要，配置不同型号和不同功能的 GPS。

拖鱼系统包括电缆绞车、吊杆、滑轮、拖曳电缆（同轴拖缆或光纤拖缆）、拖鱼。

拖曳电缆：一般安装在绞车上，一端与绞车上的滑环相连，另一端与侧扫声呐的拖鱼相接。拖缆有两个作用，第一个是对拖鱼进行拖曳，保证拖曳状态下拖鱼的安全，第二个则是通过电缆给拖鱼提供电源，并进行电信号传输。拖缆有两种类型，即强度增强的轻便型电缆和铠装电缆。沿岸较浅的水域一般使用轻便型电缆，其长度从几十米到两百米左右。轻便型电缆便于甲板上的操作，可由人工搬动与收放。铠装电缆用于较深的水域，长度可根据实际情况选择。铠装电缆比较笨重，人工无法收放，需要配合电动或液压绞车使用。

绞车的主要作用是对拖鱼进行拖曳操作。绞车有电动、手动和液压几种型号，可以根据实际的使用环境来选择。一般在浅水小船作业时可以选择手动绞车，体积小、重量轻，搬运比较方便，而且不需要电源。在深水大船使用时可以选择电动或液压绞车，液压绞车收放比较方便，电动绞车在性价比上有一定的优势。

拖鱼包括：四路侧扫发射机、测高发射机、双频换能器线阵（左、右各一个换能器线阵）、测高换能器（在拖鱼底部测量拖鱼至海底的高度）。拖曳式侧扫声呐系统的拖鱼是一种流线型稳定的拖体，包括拖鱼头部和尾部。拖鱼的头部包括鱼头、换能器和其他拖曳部件（拖曳杆或拖曳钩）。通常，在拖鱼的两侧都有一个伸长的传感器阵列。阵列的辐射面采用聚氨酯硫化橡胶密封，保证了水密性和传声性能。拖鱼的尾部由一个电子仓库和一个尾翼单元组成。当拖鱼在水中时，尾翼是用来保持平衡的。拖缆在收发器处理单元和拖鱼之间建立了机械与电连接，根据拖鱼的速度和长度，拖鱼被放置在最佳作业深度（图 3-19）。

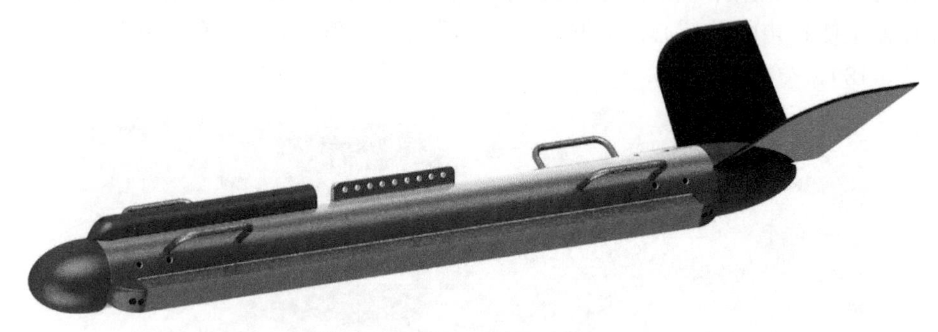

图 3-19　侧扫声呐拖鱼换能器

3.2.2.3　侧扫声呐典型设备

声呐设备性能的提高、频率范围的扩展和类型的增多等对水声计量提出了许多新的要求，为保证海洋测量数据准确度，定期检验其探测性能具有实际的研究与应用价值。工作频率、波束宽度（扇区开角）、距离分辨力、鉴别阈等是表征侧扫声呐性能的主要指标。表 3-5 为国内外部分侧扫声呐产品标称的计量性能参数。

表 3-5　几种常见侧扫声呐的主要性能参数

仪器型号	工作频率	距离分辨力		波束宽度	
Klein 3000	100kHz/500kHz	垂直航迹方向	2.5cm	垂直航迹方向波束宽度	40°
		沿航迹方向	—	沿航迹方向波束宽度	100kHz：0.7° 500kHz：0.2°
Klein 5000	455kHz	垂直航迹方向	38m 量程时：10cm	沿航迹方向波束宽度	100kHz：0.7° 500kHz：0.2°
		沿航迹方向	7.5～30cm		
C3D-LPM	200kHz	垂直航迹方向	4.5cm	垂直航迹方向波束宽度	100°
				沿航迹方向波束宽度	1°
GeoSide 1400	100kHz/400kHz	垂直航迹方向	100kHz：4cm 400kHz：1cm	垂直航迹方向波束宽度	50°
		沿航迹方向	100kHz：2%×量程 400kHz：0.4%×量程	沿航迹方向波束宽度	100kHz：1.0° 400kHz：0.25°
EdgeTech 4200FS	120kHz/410kHz	垂直航迹方向	120kHz：8cm 410kHz：2cm	垂直航迹方向波束宽度	50°
		沿航迹方向	120kHz：200m；量程为 2.5m 410kHz：100m；量程为 0.5m	沿航迹方向波束宽度	120kHz：1.26° 410kHz：0.4°
Shark-S450D	450kHz/900kHz	垂直航迹方向	1.25cm	垂直航迹方向波束宽度	45°
		沿航迹方向	0.3% 水深	沿航迹方向波束宽度	0.2°
iSide 4900L	400kHz/900kHz	垂直航迹方向	1.25cm	垂直航迹方向波束宽度	45°
				沿航迹方向波束宽度	0.3°

（1）Klein 3000/5000

Klein 系列侧扫声呐是德国 L-3 Klein 公司生产的全数字化侧扫声呐设备，该设备性能先进，国际用户广泛，探测效果明显。

Klein 3000 双频同时作业的实现基础是：新型换能器设计，以及专门为 Klein 多波束聚焦声呐开发的全新高分辨电路，该系统包含左舷和右舷两个换能器阵，每个换能器阵又包括 100kHz 和 500kHz 两个收发器，每个收发器包括 1 个发射基元和 2 个接收基元。PC 操作系统工作的 Klein 声呐专用软件 SONAR PRO，体积小，重量轻，设计简捷，易于操作及维护，设备容易安装在 ROV 及用户的拖体上拖曳施测。拖曳速度高达 10kn 时，满足 IHO 及美国国家海洋和大气管理局（National Oceanic and Atmospheric Administration，NOAA）测量标准。

Klein 5000 多波束侧扫声呐由拖体、拖缆与水面单元组成，是 5 波束侧扫声呐，可通过拖曳方式对海床目标物进行搜索、识别与定位。对比单波束侧扫声呐，Klein 5000 有着沿航迹分辨率高和可在高航速下使用的特点，是专门为军事水文及商业应用设计的，被广泛应用于扫雷、海道测量、能源勘探和管道检测，能够满足对海底及海底障碍物高分辨成像的要求，同时最大拖曳速度高达 10kn，全测绘带宽达 300m。因为作业费用与完成特定任务的海上作业时间相关，新型号的 5000 系列多波束侧扫声呐的测量速度是普通侧扫声呐的两倍以上，因而可以大大降低作业费用。

图 3-20 和图 3-21 分别为 Klein 3000 与 Klein 5000 拖鱼及其实测图像，表 3-6 为两者主要性能参数。

（a）　　　　　　　　　　　　（b）

图 3-20　Klein 3000 拖鱼（a）及海底管道探测图像（b）

（a）　　　　　　　　　　　　（b）

图 3-21　Klein 5000 拖鱼（a）及海底沉船探测图像（b）

表 3-6　Klein 3000/Klein 5000 性能参数

参数	Klein 3000	Klein 5000
工作频率	100kHz±1%，500kHz±1%	455kHz±1%
波数数目	左右舷各 1 束	左右舷各 5 束
脉冲类型	CW* 单频	全频谱 Chirp 调频脉冲
脉冲长度	25～400μs	50～200μs

续表

参数	Klein 3000	Klein 5000
垂直分辨率	2.5cm	10cm
最大工作距离	100kHz：600m；500kHz：150m	150m
工作航速	5kn	150m 工作距离时：2～10kn
最大工作水深	1500m	500m
标配传感器	横摇、纵摇、航向	横摇、纵摇、航向、压力/高度

*continue wave，连续波

（2）C3D-LPM

针对多波束测深和其他侧扫声呐设备无法分辨散射造成的虚假信号这一问题，Benthos 公司经过多年的潜心研究，推出采用 CAATI（computed angle of arrival transient imaging）技术的条带测深/侧扫声呐系统 C3D-LPM。C3D-LPM 不同于传统意义上的侧扫声呐和多波束测深仪，它在设计上做了重大改进，将高分辨率的侧扫图像和高质量的测深数据完美地结合起来，生成高质量的三维图像，在当今侧扫声呐领域内可谓独树一帜，成为该项技术的领跑者。Benthos 公司是第一家将 Chirp 技术应用于声呐领域的制造商，因此在应用 Chirp 技术的成熟性和稳定性上位居前列。Benthos 开发的 C3D-LPM 体现了最新的声呐专利技术，它采用了多阵列换能器，并将 CAATI 专利算法应用于侧扫声呐领域，能够有效地分辨和消除散射造成的虚假信号，有效解决了虚假信号和多入射角问题。高分辨率条带测深/三维侧扫声呐 C3D-LPM 采用 CAATI 计算到达角瞬态成像技术，即高分辨方位、幅度联合估计技术，体现了声呐技术以及多阵列传感器和多角度回波解算并生成三维图像的专利技术（李平等，2010）。经过数十年的技术发展，合成孔径声呐已经从原理验证阶段走向了工程化、产品化阶段，国内外多家声呐设备厂商已经能够提供系列化的合成孔径声呐设备，包括挪威 Kongsberg 公司的 HISAS 1030、美国 XBlue 公司 IXSEA 旗下的 SHADOWS 及中国科学院自研产品等。合成孔径声呐的技术特点是在距离向上具有较高的分辨率，在方位向上的成像分辨率与作用距离无关，能够获得恒定的成像分辨率，但对目标深度估计精度不足，因此适用于水下的精细化目标图像探测、沉船打捞和失事飞机搜寻（耿家营，2022）。

传统的侧扫声呐系统由发射换能器和接收换能器组成。当侧扫声呐系统工作时，随船行进的拖鱼产生两束与船前进方向垂直的扇形声束，声波按球面波形式向外传播，碰到海底或者水中物体时发生散射，反向散射波沿原传播路线返回被换能器接收，反映在记录纸或者显示器上，形成声呐图像。

C3D-LPM 系统包含左舷和右舷两个换能器阵，每个换能器阵包括 1 个 2 单元发射阵和 1 个 6 单元接收阵（图 3-22）。它使用 Chirp 子波，单频（传统侧扫声呐更多使用 FM 波，采用双频），采用 CAATI 专利技术，海底目标的回波被多单元水听器阵列接收后，按照扩展的 Prony 方法拟合，进行变换求解出回波信号的方位和振幅，并进一步计算出每次距离增加时的多入射角。由于可计算多入射角，只要多单元水听器阵列中的相邻单元对足够多，就能够解决多同步反向散射入射角问题，从而能辨识同距离的不同物体（张济博等，2013）。

C3D-LPM 可以使用拖鱼方式或舷侧安装，也能装置在 AUV 上。C3D-LPM 系统主要由水下发射单元、收发机、计算机控制系统以及电缆、作业支架等部分构成。系统的控制非常简单，并不需要高技能的人员来操作，而且仪器可以由一台小型发电机来供电（工作时使用一台 Yamaha EF2600 型发电机，就可为包括 C3D-LPM、侧扫声呐、测深仪和导航定位在内的所有仪器供电）。图 3-22 为 C3D-LPM 拖鱼与海底实测图像，表 3-7 为其性能参数。

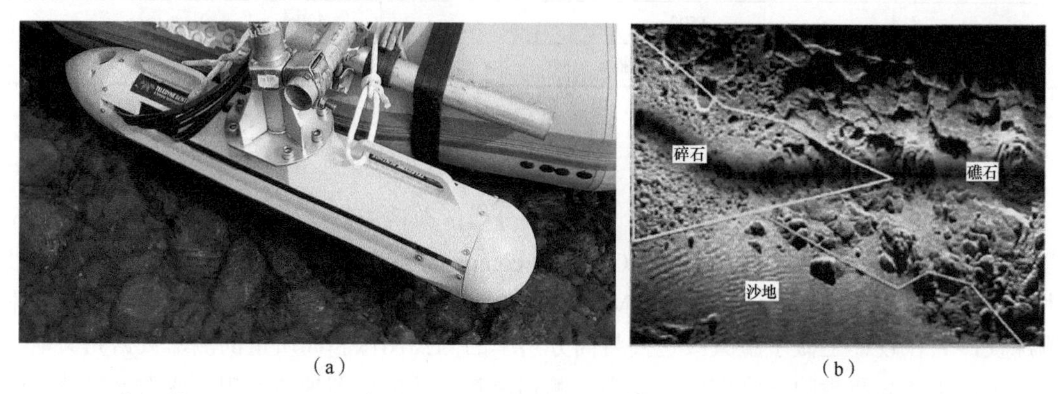

（a）　（b）

图 3-22　C3D-LPM 拖鱼（a）及海底地形探测图像（b）（沈蔚等，2013）

表 3-7　C3D-LPM 性能参数

参数	C3D-LPM
脉冲类型	全频谱 Chirp 调频脉冲
工作频率	200kHz
脉冲长度	125～3000μs
声源强度	224dB
垂直分辨率	4.5cm
最大工作距离	单侧扫宽 300m
工作航速	1～10kn
最大工作水深	200m
空气中重量	9.5kg

（3）EdgeTech 4200FS

EdgeTech 4200FS 双频多模式侧扫声呐系统是一款世界先进的工业级侧扫声呐系统。该系统采用了 EdgeTech 公司 Chirp 全频谱线性调频技术和 Multi-Pulses 多脉冲技术。该技术使得 EdgeTech 4200FS 双频系统拥有三种工作模式，即多脉冲模式（MP）、高分辨率模式和姿态稳定模式（MT），基于此技术，设备在获得更高分辨率图像的同时还能增大 50% 扫测面积（在同等频率下相较非线性调频侧扫声呐）。EdgeTech 4200FS 双频多模式侧扫声呐系统广泛应用于海洋地质调查、目标物体搜寻、航道测量、管线调查以及航海保障等领域，由于该声呐单侧最大量程可达到 500m，所以在大范围声呐扫测作业时，可以在最短时间内完成更大的作业面积。与此同时，在高速模式下，最大船速可达到 12kn，从而大大减少作业时间和施工成本。甲板单元的选择有三种，既有工业级别的机柜式处理器，又有便携式的甲板单元（含采集笔记本电脑），对于想在固定船内整体集成的用户，701-DL 处理器可帮助用户快速完成集成。EdgeTech 4200FS 双频多模式侧扫声呐的拖鱼为 2000m 的耐压级别，可以为深海作业的用户提供硬件技术上的支持。内置横摇、纵摇和方位姿态传感器使得拖鱼在拖曳作业时的姿态进行实时校正，从而保证数据的准确性。另外，对于磁力仪的用户 EdgeTech 4200FS 系统拖鱼可拓展磁力仪接口以便完成侧扫声呐与磁力仪共同作业的目的。图 3-23 为 EdgeTech 4200FS 拖鱼与海底实测图像，表 3-8 为其性能参数。

(a)

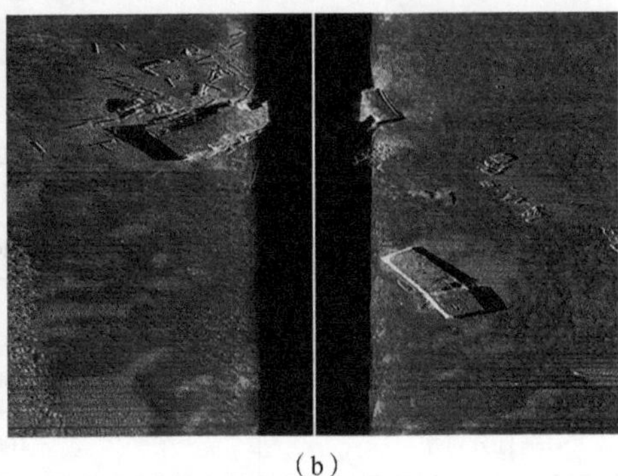

(b)

图 3-23　EdgeTech 4200FS 拖鱼（a）及海底沉船碎片探测图像（b）

表 3-8　EdgeTech 4200FS 性能参数

参数	EdgeTech 4200FS
脉冲类型	全频谱 Chirp 调频脉冲
工作频率	120kHz/410kHz
脉冲长度	20ms/10ms
声源强度	4J/2J
垂直分辨率	120kHz：8cm；410kHz：2cm
最大工作距离	120kHz：单侧扫宽 500m；410kHz：单侧扫宽 150m
工作航速	1～12kn
最大工作水深	2000m
空气中重量	48kg

（4）GeoSide 1400

GeoSide 1400 侧扫声呐是一种高分辨率图像声呐，主要用于海底地形地貌和海底目标的探测（如探测沉入水底的船、飞机、武器等）、海洋测绘、海洋地质、海洋工程、港口建设及航道疏浚等领域。其采用双频工作方式，较好地解决了侧扫声呐作用距离和分辨率的矛盾。宽带信号设计方案提高了侧扫声呐的作用距离和分辨率，独立的测高功能，能够准确地跟踪拖鱼离海底的高度，保证拖鱼的安全，内置的姿态仪可实时输出 roll、pitch、yaw 信息。图 3-24 为 GeoSide 1400 拖鱼与海底实测图像，表 3-9 为其性能参数。

（a）　　　　　　　　（b）

图 3-24　GeoSide 1400 拖鱼（a）及海底地貌探测图像（b）

表 3-9　GeoSide 1400 性能参数

参数	GeoSide 1400
工作频率	100kHz/400kHz
垂直分辨率	100kHz：4cm；400kHz：1cm
工作方式	拖曳、舷侧或船底固定
最大工作距离	100kHz：单侧扫宽 500m；400kHz：单侧扫宽 150m
最大工作航速	12kn
最大工作水深	2000m
空气中重量	30kg

（5）Shark-S450D

Shark-S450D 是一款超高分辨率的多用途声呐，具备 450kHz 和 900kHz 双频同步发射接收以及 Chirp 调频信号处理技术，沿航迹方向 0.2° 的超窄波束开角，既保证足够的覆盖宽度，也保证超高分辨率的成像，更精细实现小目标的探测。该系统包含强耐压不锈钢拖鱼、高强度凯夫拉电缆、防水甲板单元和自主 OTech 声呐软件。系统超低功耗设计，既可以采用交流供电，也可用蓄电池逆变供电。拖鱼结构可单人简单操作收放和施测，具有拖曳、船底安装及舷侧固定等使用方式。水下拖曳过载保护销设计，可有效起到撞击保护作用，保障拖鱼水下安全。拖鱼流体力学设计，拖曳姿态更加稳定。自主 OTech 软件具有声呐图像显示、测线规划和导航、轨迹跟踪和覆盖显示、数据记录和回放、目标管理及导出、传感器信息多窗口显示等功能。声图像自适用均衡处理技术，实现远近处图像一致性显示。软件设置参数少，操作简单，UI 人工交互界面友好。可输出标准 XTF 格式数据，支持第三方后处理软件处理，并且可以根据具体需求定制。目前广泛用于港口水下目标扫测、航道障碍物扫测、海洋地质及地球物理勘察分类分析、考古调查、水下古城及沉船搜寻，可搭载 ROV/AUV 等水下无人平台。图 3-25 为 Shark-S450D 拖鱼与海底实测图像，表 3-10 为其性能参数。

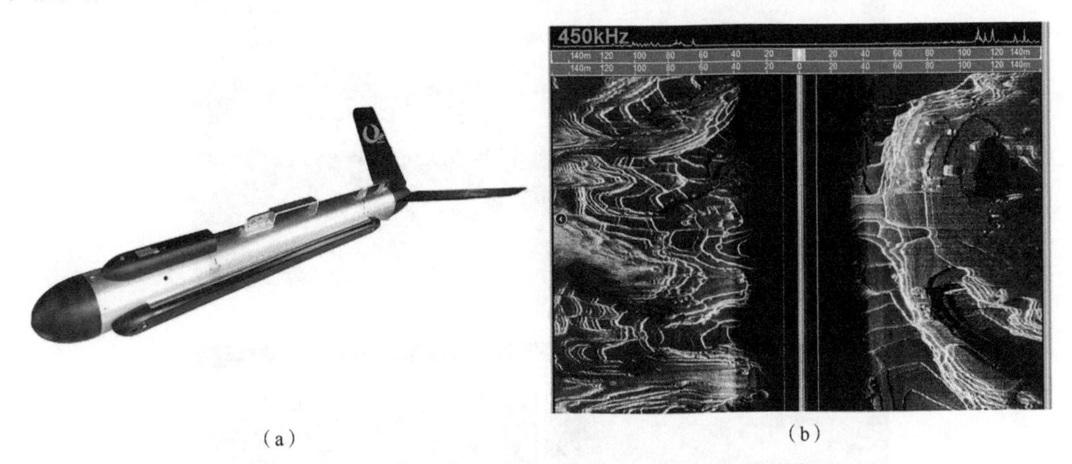

（a）（b）

图 3-25　Shark-S450D 拖鱼（a）及海底古城梯田探测图像（b）

表 3-10　Shark-S450D 性能参数

参数	Shark-S450D
脉冲类型	LFM（线性调频）/CW
工作频率	450kHz/900kHz 双频同步工作
垂直分辨率	1.25cm
最大工作距离	450kHz：单侧扫宽 150m；900kHz：单侧扫宽 75m
标配传感器	测深仪，姿态仪（纵摇、横摇、方位），压力传感器
最大工作水深	2000m
空气中重量	25kg

（6）iSide 4900L

iSide 4900L 可双频同时工作，发射多种 CW 及 Chirp 信号，综合先进的数字电路处理技术和中海达专利算法，能探测大量程高分辨率水底图像。工作主频频段包括：中频 400kHz，高频 900kHz，中频主要应用于大范围扫测，单侧最大覆盖宽度可达 600m，高频则主要应用于小范围高分辨率扫测。Chirp 和 CW 工作模式可在线切换；采用收发基元分置技术和 L1-3 复合材料工艺技术；声图像采用自适应背景均衡技术。图 3-26 为 iSide 4900L 拖鱼及其海底实测图像，表 3-11 为其性能参数。

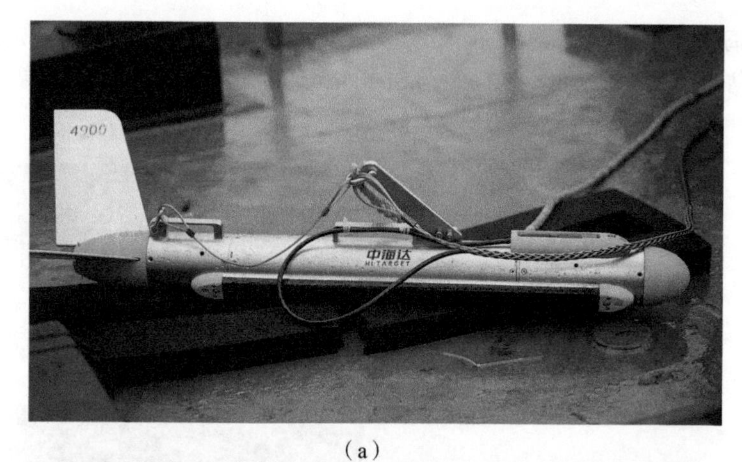

（a）

（b）

图 3-26　iSide 4900L 拖鱼（a）及海底沙波探测图像（b）

表 3-11　iSide 4900L 性能参数

参数	iSide 4900L
脉冲类型	LFM（线性调频）/CW
参数	iSide 4900L
脉冲宽度	20～1000μs（CW），1～4ms（LFM）
工作频率	400kHz/900kHz
垂直分辨率	1.25cm
最大工作距离	400kHz：单侧扫宽 200m；900kHz：单侧扫宽 75m
最大工作航速	6kn
最大工作水深	450m
空气中重量	18kg

3.2.3　侧扫声呐系统的工作流程

3.2.3.1　侧扫声呐系统工作流程

侧扫声呐的换能器阵装在船壳内或拖曳体中，走航时向侧下方发射扇形波束的声脉冲。

波束平面垂直于航行方向，沿航线方向束宽很窄，开角一般小于 2°，以保持较高分辨率；垂直于航线方向束宽较宽，开角为 20°～60°，以保证一定的扫描宽度。工作时发射出的声波投射在海底的区域呈长条形，自照射区各点的反向散射信号被换能器阵接收，经放大、处理和记录，在记录纸上显示出海底的图像。回波信号较强的目标图像较黑，声波照射不到的影区图像色调很淡，根据影区的长度估算目标的高度。侧扫声呐的工作频率通常为数十千赫到数百千赫，声脉冲持续时间小于 1ms，仪器的作用距离一般为 300～600m，拖曳体的工作航速为 3～6kn，最高可达 16kn，其具体工作流程如下。

侧扫声呐系统以选择的频率和侧扫距离使计算机发出一个同步信号，通知各分机开始工作；同步信号同时传到发射机、接收机和采集控制卡，发射机、接收机和采集控制卡同时开始工作。发射机驱动两路侧扫换能器和一路测高换能器发射声脉冲，在脉冲间歇时间内声波以球面波形式扩散传播，触及海底后反射声波沿原路线返回到换能器，换能器把接收到的声信号转换成电信号，通过前置放大器的放大以及驱动以后，接收声信号，放大驱动后经拖缆、甲缆传至接收机。处理后的信号转至采控卡进行 A/O 转换，按设定侧扫距离采集数据。同时，连续接收 GPS 信号存储在存储器中。采控卡结束采集通知计算机取数，获取一线数据后提取航向、航速和经纬度，发出同步信号进入下一周期。计算机处理前一线侧扫数据，并显示侧扫数据和参数。如连接记录器并工作，计算机传输侧扫数据生成声图硬拷贝（阳凡林，2003）。

按以上系统工作流程进行周期循环工作，并在显示器上和记录器上形成声图反映各种目标图像。计算机每取完一定数量的侧扫声呐数据，就把侧扫数据存入存储设备，以便保存及回放。

3.2.3.2 侧扫声呐测线布设与参数设置

侧扫声呐海底扫测通常有两种方法：粗扫测和精扫测。对于大海域的扫测，应先进行粗扫测，发现潜在目标后再进行精扫测。精扫测确认可疑目标的存在，并能通过声呐图像区分目标的类型、位置和高度。海底扫测必须对勘测区进行全覆盖。测量设计应相互平行，相邻测量线的有效工作距离应有重叠条带，从而避免相邻线之间的遗漏区域。当探测到海底微地形地貌时，相邻测线行间距可选用有效距离的两倍，此时无需设计重叠条带。海底的精扫测应基于初步扫测图像中的相同目标，需要先获取到对应声呐图像中的目标位置和高度。在执行特定扫描之前，设置好拖鱼的扫测频率、传输脉冲宽度、扫描范围、拖曳速度和深度。精扫测时，精扫测航向应尽可能平行于目标方向，有效距离应满足目标图像反映在声呐图像单侧的中间位置。

侧扫声呐野外调查中，应依据测区环境和扫测要求确定扫测方法、重叠带宽度、分辨率、船速、拖鱼高度和拖缆长度等，进而设计测线布设的方向和间距。野外工作中，侧扫声呐的有效拖曳速度是一关键参数，其与探测量程、图像分辨率有关，理论上可以按照式（3-3）进行航速设计（许枫和魏建江，2006）

$$V = L \times \frac{C}{2} \times \frac{1.94}{R \times H} \tag{3-3}$$

式中，V为最大航行速度（kn）；L为目标尺度；C为声速（一般取1500m/s）；R为选择的左右舷扫测量程（m）；H为期望在目标物上的测量点数，即散射声波数。由式（3-3）可以看出，目标尺度L一定时，最大拖曳速度与量程成反比，量程选择得越大，要求的拖曳速度越低。另外，当需要获得高分辨率的图像时，要求更密集的目标物声学信号覆盖度和更低的拖曳速度。因此，野外探测时，工作船速需要综合考虑探测效果与工作效率之间的关系。一般在目标探测时，船速相对较慢，在保障拖鱼安全的情况下，拖鱼尽可能贴近海底面。

3.2.4 侧扫声呐系统数据与成像

3.2.4.1 侧扫声呐数据

侧扫声呐数据的处理是获得海底信息的重要步骤，格式转换是数据处理的基础。现有的声呐数据主要有Q-Mips和XTF两种文件格式，二者均为二进制格式存储。XTF格式数据文件是Triton Imaging公司使用的数据文件格式，是目前通用的地球物理声学探测数据格式。

XTF格式是一种可扩展的数据格式，它的伸缩性和可扩展性很强，可保存声呐、航行、遥测、测深等多种类型的信息。它可以很容易地扩展成将来所遇到的不同数据类型。每个文件都包括不同的数据包，根据数据包的标识信息识别数据包的类型。这样可以仅读取所需要的可认识数据包，而跳过其他不需要或不认识的数据包。数据包又称为Ping。侧扫声呐的每张声呐图像都由多个Ping结构组成，每个Ping都包括头文件数据、侧扫声呐数据、测深声呐数据。声呐头文件数据主要有声呐姿态、经纬度、声呐传感器距海底和海面的高度、海水温度、声呐传播速度等信息。侧扫声呐数据分为左右舷通道数据。测深数据分为左右舷斜距和入射角，通过斜距和角度即可求得测深声呐距离海底各位置的深度信息。侧扫声呐数据的具体数值与回波强度有关，回波强度又与海底地形地貌有关，如果海底粗糙有凸起回波强度就大，如果海底松软有凹陷回波强度就小，遇到被障碍物遮挡的海底就不会有回波，也就无法采集到这部分的地形地貌。由于声脉冲在传播过程中有损耗，离侧扫声呐越远的海底，回波强度自然就会越小（陈浩，2020）。采集了海底地形地貌数据后，显示的原始侧扫声呐图像如图3-27所示。

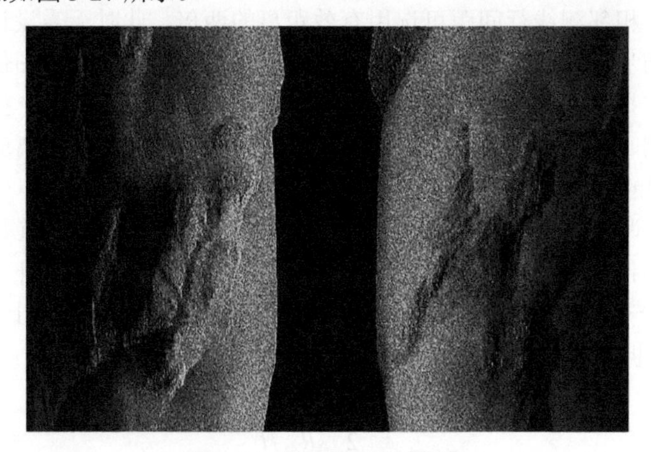

图3-27 原始侧扫声呐图像

XTF 格式文件开始是 XTF FILEHEADER 结构，长度最少为 1024 字节，它包括声呐通道信息和测深通道信息等。后面是不同的数据包，目前主要有声呐、测深、姿态和注释 4 种类型。每个数据包都有一个头结构。数据包的位置可以任意，读取时依据头结构的头类型信息来确定数据包的类型。对于通道，每个通道有通道头结构，后面是通道测量数据。

所有 XTF 格式文件都是由文件头开始，文件头由一个头部说明和 CHANINFO 结构组成。形成一个完整的 XTF FILEHEADER 结构，最小长度为 1024 字节。当 XTF FILEHEADER 结构中的通道数大于 6 时，则 XTF FILEHEADER 的长度应该增加 1024 字节。

解编 XTF 格式数据文件首先应正确读出文件头信息（XTF FILEHEADER）和文件头中的通道结构信息（CHANINFO）。软件实现时先从文件头读取 1024 字节，读取成功以后判断该文件是否为 XTF 格式。判断依据是第一个字节必须等于 0X7B，转换为 10 进制为 123，否则该文件不是 XTF 格式。读取了文件头信息，便可取出文件头信息（XTF FILEHEADER）结构中的声呐通道数，当通道数大于 6 时，需要再次读取 1024 字节。

每个通道都有一个通道结构信息（CHANINFO），通道结构信息中最重要的两项是通道类型（type of channel）和采样精度（bytes per sample）。当 type of channel 值为 0 表示浅剖，值为 1 表示左舷，值为 2 表示右舷，值为 3 表示测深。采样精度（bytes per sample）值为 1 表示 8 位，值为 2 表示 16 位（苏程，2012）。

1）头文件数据存储在 XTF FILEHEADER 结构体中，该结构体中包含六条信道空间，信道数据存储在 CHANINFO 结构体中。XTF FILEHEADER 结构体包含了该款侧扫声呐的一些基本信息，包括侧扫声呐名称、类型，记录软件的名称、版本，声呐的通道数，当前坐标等。

2）XTFPINGCHANHEADER 结构体显示了通道信息，包括当前通道是左舷还是右舷，斜距，每一 Ping 的持续时间等（图 3-28）。

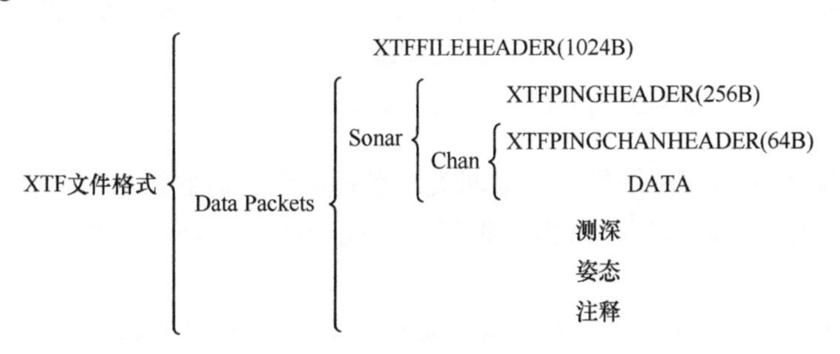

图 3-28　XTF 文件格式示意

3.2.4.2　声图判断

侧扫声呐获取的声图由四条线组合构成，在声图中央，纵向直线称为拖鱼航迹线，即拖鱼轨迹线，这条轨迹线是量测声图两侧目标距离、目标位置、目标高度、拖鱼高度的基准线。在拖鱼轨迹线左右两侧，有纵向连接延伸的曲线，一般靠近拖鱼轨迹线的纵向连接曲线称为水面线。目前的侧扫声呐换能器副瓣小，不易出现水面线。在水面线外侧的纵向连续曲线称为海底线。海底线起伏变化反映海底起伏形态，海底线与拖鱼轨迹线之间的间距变化显示拖鱼高度变化。在两侧海底线外侧，有横向连续排列直线，称为扫描线，扫描线由像素点组成，像素点随声回波信号的强弱变化而产生灰度强弱的变化，而扫描线的像素点灰度强弱可以反映目标和地貌图像。

声图依据扫描线像素的灰度变化显示目标轮廓和结构以及地貌起伏形态。目标成像灰度有两种基本变化特征：①隆起形态的灰度特征。海底隆起形态在扫描线上的灰度特征是前黑后白，即黑色反映目标实体形态，白色为阴影。②凹陷形态的灰度特征。海底凹陷形态在扫描线上的灰度特征是前白后黑，即白色是凹洼前壁无反射回声波信号，黑色是凹洼后壁迎声波面反射回波声信号加强。海底表面起伏形态和目标起伏形态，在声图上反映灰度变化，就是以上两种基本特征的组合排列变化（图 3-29）。

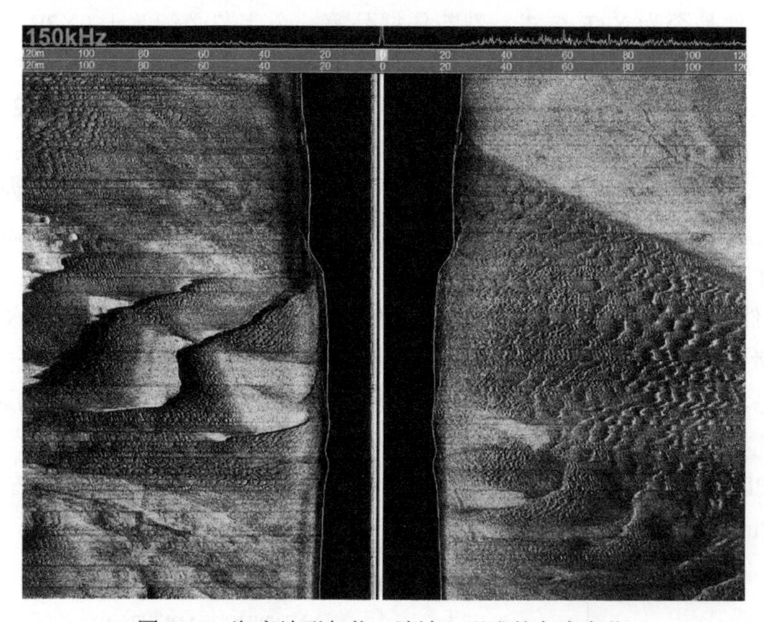

图 3-29　海底地形起伏（沙波）形成的灰度变化

1）侧扫声呐系统的声图图像可分成四类：目标图像、海底地貌图像、水体图像和干扰图像。其中目标图像包括沉船、沉雷、礁石、海底管线、鱼群，以及水中各种碍航物和构筑物的图像。

海底地貌图像包括海底起伏形态图像、海底底质类型分布图像。

水体图像包括水体散射、温跃层、尾流、水面反射等图像。

干扰图像包括拖鱼横向、纵向和艏向摇摆的干扰图像、海底和水体的混响干扰图像，各种电气仪器及交流电产生的干扰图像。

2）声图分为两类：黑白声图和假彩声图。

声图图像与其相应显示的形状、大小、色调、阴影、纹形、布局和位置等特征有着密切关系。因此，声图可以根据图像的判读特征来判读图像属于哪一类图像。声图图像判读需要训练过程，具备一定的基础知识及基本经验才能对声图有判读能力。

3.2.4.3 侧扫声呐成像

（1）海底管线检测

侧扫声呐主要检测海底面以上管道的裸露和悬跨高度以及海底冲刷等状态。侧扫声呐检测裸露于海底面上的管道时，可获取如图 3-30 所示的声呐影像图。声呐传播至裸露于海底的管道时会形成较强的反射和散射，即声呐记录影像中会形成黑色条状管道目标物，而裸露于海底面的管道对声波的屏蔽作用，其在声呐记录影像上会形成白色声影区。

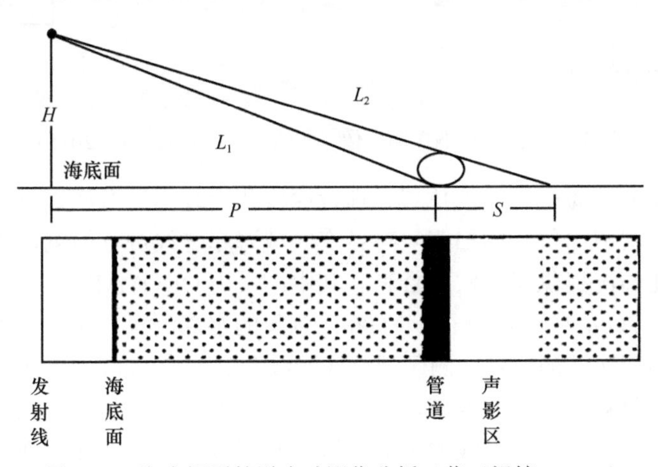

图 3-30 海底裸露管道声呐影像分析（董玉娟等，2015）

L_1、L_2 为斜距；H 为侧扫声呐拖鱼距海底高度；P 为侧扫声呐拖鱼距管道的距离；S 为侧扫声呐扫测区域宽度

舟山某海域二期输水管道因生产需要，需对该管道海域段进行全面检测，确认输水管道在海底是否存在裸露、掩埋、悬跨等状态，管道铺设海域是否有强烈冲刷、淤积、断层等变化。该期管道分南、北双线，海域段长度 30 余千米，输水管道采用螺旋埋弧双面焊接钢管，管道直径 1.2m。管道铺设采用挖沟铺设管道自然回淤方式填埋。管道路由海域水深大多在 8～12m，最深达 20m。使用美国 EdgeTech 公司生产的 4200 FS 型双频侧扫声呐系统和 3100P 型浅地层剖面仪探测，采用 Trimble DGPS 进行平面定位。

根据管道探测特征，首先采用侧扫声呐沿管道布设测线进行初步探测管道填埋情况，再根据初探结果采用浅地层剖面仪垂直于管道布设测线进行精确探测管道信息状态。

探测海域水深在 10m 左右，在平行于管道两侧各 20m 布设两条测线进行检测，侧扫低频量程选用 100m，高频选用 75m 量程，实现铺设管道海域全覆盖扫测，经内业图像处理，输出管道铺设海域成果图。图 3-31 为某段管道声呐探测影像。

如图 3-31 所示，管道铺设海域回淤较少，管道还裸露在管沟中，且管道和管沟图像清晰可见，回淤较快的海域管道已完全覆盖，影像中无明显管道和管沟图像，个别海域管道铺设海域出现冲刷现象，管道裸露最大高度达 2.2m（董玉娟等，2015）。

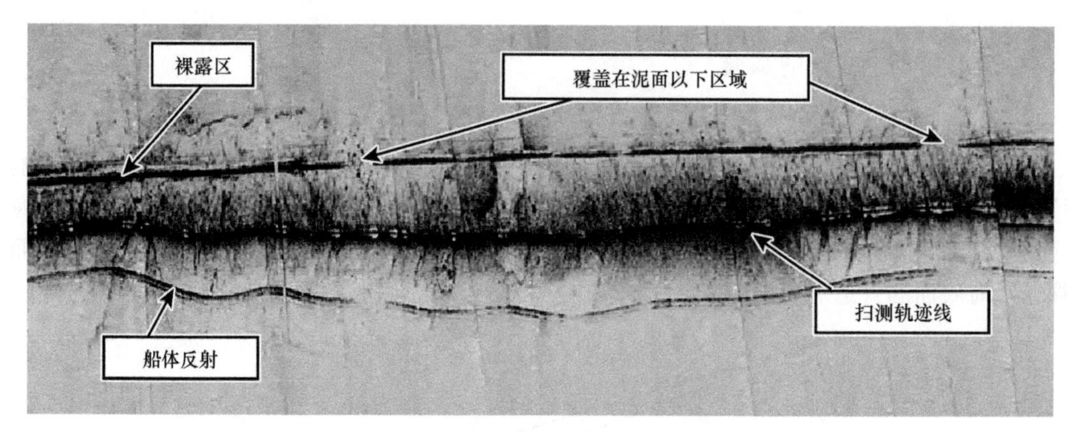

图 3-31　侧扫声呐探测影像（实例一）（董玉娟等，2015）

为了解舟山某海域海底管线的位置、埋设深度和管线附近海底地形的变化情况，采用双频测深仪、浅地层剖面仪和侧扫声呐对悬空区域海底管线进行检测，为业主掌握悬空区域海底管线的变化情况提供了翔实的资料。其中，采用 ODOMMKIII 水深测量，对检测区域海底管线左右各 200m 的区域进行 1∶500 比例尺的水深测量，调查路由区的海底地形起伏变化情况；侧扫声呐探测，对检测区域海底管线左右两侧 60m 范围进行全覆盖检测，确定海底管线的平面位置及管线裸露值，为管线位置及裸露值的确认提供辅助分析；浅地层剖面测量，确定检测区域海底管线的平面位置以及管线相对于泥面的裸露或埋深值，本次探测成果与上次（4 个月前）检查成果进行比对分析，掌握该段管线运营状况。

本次测量采用的侧扫声呐型号为 Benthos-1624，其测量系统由拖鱼、电缆、收发机及控制电脑四部分组成，控制软件为 ISIS。测线按平行于管线路由布设，布设间距 20m，两侧各 3 条均匀覆盖整个管线检测区域，侧扫声呐设备安装采用船侧固定拖曳方式进行施放。实测过程中，船速控制在 3～4kn，单侧扫测宽度为 75m。现场作业时调整仪器参数使整个侧扫声呐扫测图像达到最佳效果，并能充分反映出管线悬空或裸露的真实情况。侧扫声呐采用 ISIS 软件获得管线区域的位置及图像，测量结束后通过 HYPACK 对侧扫图像及数据进行处理，形成整个测量区域侧扫覆盖影像图（图 3-32）。从侧扫图上可以很清楚地看到海底管线的整体走势和裸露情况，图 3-32 中深黑色间断线为裸露管线影像，间断处显示管线被

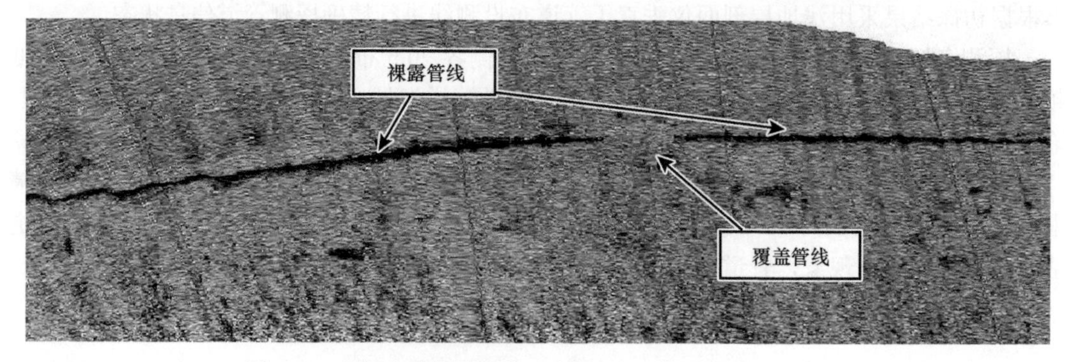

图 3-32　侧扫声呐探测影像（实例二）（董玉娟等，2015）

掩埋在泥面下，黑色程度越深代表其裸露程度越大，管线悬空最大处，主要是由于管线附近海域有冲刷现象，管线下方淘空，从侧扫声呐图像上可以很好地分辨出来。根据侧扫声呐图像，在 K3+510 至 K3+531 淘空区域裸露高度最大约为 2.3m，其他地方管顶高出泥面最大 1.3m（董玉娟等，2015）。

（2）水下障碍物探测

某港区锚地水下障碍物探测。为了获取障碍物准确位置及水深情况，同时兼顾经济效益，决定使用侧扫声呐系统与多波束测深系统共同进行扫测。具体的扫测方案是先使用侧扫声呐系统对测区进行全覆盖扫测，获取海底地貌声像图，通过人工判读声图判断是否存在可疑目标并确定其形状、大小和性质，再使用多波束测深系统对所有可疑目标及邻近水域进行重点扫测，以获取可疑目标的准确坐标及精确水深。

使用 EdgeTech 4200MP 型双频侧扫声呐对整个测区进行测量。测量时采用 RBN/DGPS（无线电指向标/差分全球定位系统）方法实施平面定位，定位设备使用 SPS351 型 RBN/DGPS 接收机，使用 HY1200 声速剖面仪测定测区声速剖面。

测区水深大致位于 20～35m，在进行扫测时设置侧扫声呐高低频量程均为 120m（即每趟覆盖拖鱼正下方垂直前进方向左右两侧各 120m）。由于侧扫声呐存在声弱区（拖鱼正下方约 1.68 倍水深范围内为声呐副波瓣发射信号覆盖区，位于该区域内的地形和物体的声呐成像会产生较大的变形，因此称该区域为声弱区），为了获取更准确、更清晰的声像图，在测量时需要考虑使用相邻测线声呐主波瓣扫测数据将每条测线正下方的声弱区和边缘波束进行二次覆盖（别伟平等，2019）。

为了保证数据质量，外业测量选择在天气状况良好、风浪较小的时候进行，船速基本控制在 5.5kn 以内。测量时使用 HYPACK 测量软件进行实时导航定位，指挥船沿既定测线方向行进，使用 EdgeTech Discover 采用高低频同时采集数据。扫测期间声像图基本清晰，信号回波也很均匀，对于扫测过程中所发现的可疑目标，及时记录其位置及测线名。扫测结束后，使用 EdgeTech Discover 对扫测到声像图资料进行两人以上的独立仔细判读，发现两处可疑目标（图 3-33）。

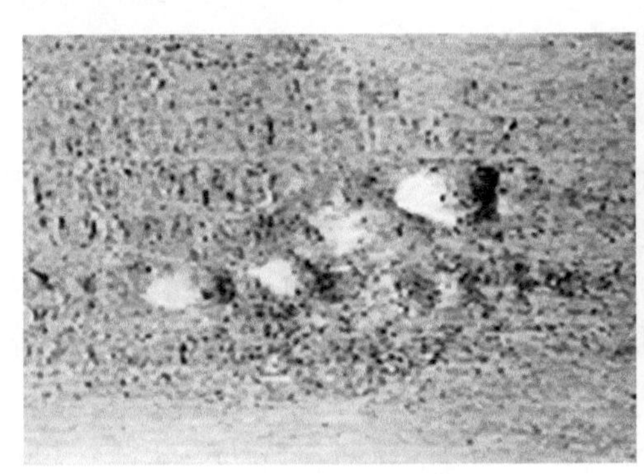

（a）疑似石堆

（b）疑似沉船

图 3-33　水下可疑目标图像（别伟平等，2019）

（3）海底沙波识别

在海洋油气勘探开发过程中，各种类型的工程物探调查始终伴随着油气开发的进程，目的是为各种海上油气勘探开发、平台安装选址、钻井平台安全就位作业、海底设施安全检测等提供工程物探基础资料和技术分析。常规工程物探调查一般可包括单波束和多波束测深、中浅地层剖面、侧扫声呐等技术手段。

在深水区进行调查时，需要保证一定的调查精度和数据分辨率，使用高频侧扫声呐设备可以实现海底全覆盖调查。调查时可使用水下拖体搭载或铠装缆拖曳的作业方式进行，使侧扫声呐探头与海底基本保持在较小的稳定距离，大大降低了高频声呐信号在水层中的衰减，同时保证数据成像的稳定性，完全能够保证工程项目对于调查精度和数据分辨率的要求。

近年，在南海东部 80～1500m 水深区进行了许多场址的工程物探调查项目。区域内地貌资料色度变化明显，主要的地貌特征为海底沙波，主要的沙波脊线大致呈 NE-SW 方向延伸，波高 1～2m，波长 60～80m，最大可达 100m，其迎水坡向东南，背水坡向西北（图 3-34）。

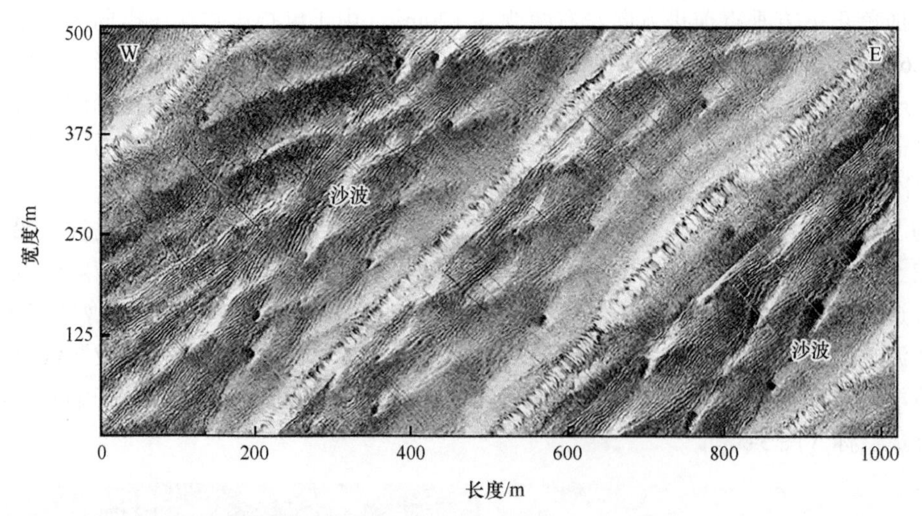

图 3-34 叠合沙波（水深 144～149m）（吴海京和年永吉，2017）

图 3-34 中明显可见大致为 WSW—ENE 向斑棱状地形特征，声学反射强度变化大，但呈现规律性递变。产生这种地形地貌的原因是区内有两组不同时期发育的沙波交叉叠合，在沙波的波峰与波谷之间，还发育有大量微小的沙纹。相关研究发现，LF 区沙波的发育和现代海底地形密切相关，总体上海底沙波脊线伸展的方向基本和等深线的延展方向一致（栾锡武等，2010）。

在该区域附近，2003 年实测底层流速最大为 0.1～0.4m，主流向为 WNW—ESE，2003 年夏季到 2005 年冬季，海底沙波发生了明显的变化，除有明显的沙波迁移外，并有新的沙波生成。在沙波迁移区，底流不断侵蚀改造海底地形的过程，就是对海底管道、锚系、平台桩腿等工程设施不断冲刷、掏蚀的过程，很容易造成管道裸露或悬空、锚固力降低或走锚、桩腿入泥深度变浅等危害，类似区域必须加强监测、缩短监测周期，保证各种海底设施在位状态的安全。

图 3-35 为 LH 区 200m×100m 范围内的地貌图像，区域水深 180～183m。区域内海底主要为沙土覆盖，沙波有规律地呈条带状分布，宽度 20～30m，NNE—SSW 走向，沙波带长度超过 1000m，沙波波长 2～6m、波高 0.2～0.4m。在该区域附近，2011 年实测底层流速最大为 0.3km，主流向为 NW—SE，对海底具有冲刷作用，在相关海底工程作业施工时要避开。

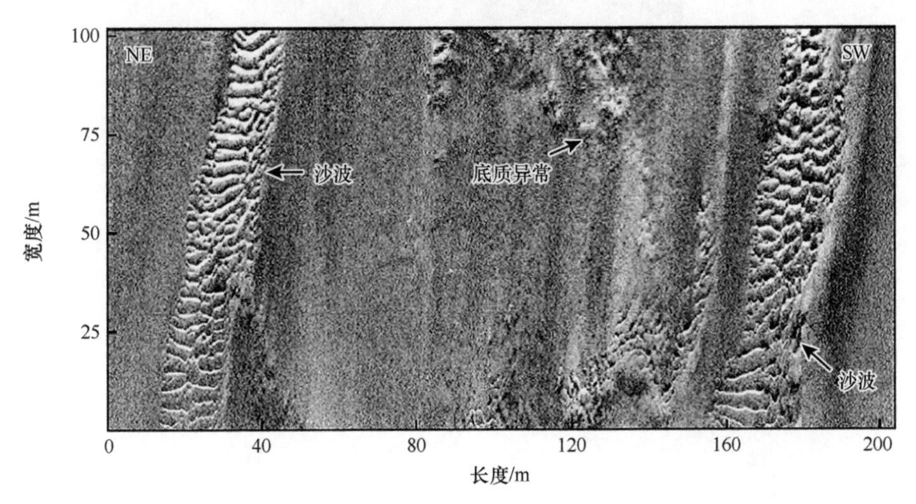

图 3-35　条带沙波（水深/180～183m）（吴海京和年永吉，2017）

目前，在解释地貌特征的分布特征、细部变化、提取其相关参数等方面，侧扫声呐资料具有明显优势且不能够被其他技术完全替代。在实际技术应用和解释评价过程中，应注重结合多波束水深、浅地层剖面、海底表层土质、海洋环境及区域地质背景资料综合分析，以提高识别各类有意义的地貌特征的准确性和可靠性（吴海京和年永吉，2017）。

（4）台风过境后港口受损程度评估

台风袭扰对 Lajes das Flores 港口设施及建筑造成了巨大且广泛的破坏，这一事件的影响甚至波及滨海区域，重塑了滨海海底地貌形态。葡萄牙武装部队与运输和公共工程部秘书处同亚速尔群岛港口合作，就 Lajes das Flores 港口的无障碍状况进行探测与评估，已取得了初步成果。项目通过葡萄牙水文旅前期进行的水文调查中所收集的数据——利用侧扫声呐（Klein 5000 V2，图 3-36）和单波束测深系统，收集亚速尔群岛港口海底地形地貌信息，进而评估港口的破坏程度与可到达性。Lages das Flores Fuzileiros 团队使用无人机对港口进行了摄影测量。在大气条件改善后，继续进行 Porto das Lajes 港口区域的内部水文测量和港口的侦察与摄影测量。结合航空遥感影像和侧扫声呐侧扫测深图像，精细刻画了港口建筑碎屑物和巨型砾石在海底分布情况（图 3-37），为航海安全评估方法提供了新的思路。

（5）AUV 深拖应用

近年来，自主水下机器人在近海、近岸搜救任务中发挥着十分重要的作用。AUV 通过搭载声、光、电、磁等载荷设备可完成水下搜寻、近海调查、环境保护与监测、反水雷、港口安全、未爆炸弹处理、快速环境评估、监视和侦察等多种任务。交通运输部天津水运

图 3-36 Klein 5000 V2 拖鱼

（a） （b）

图 3-37 无人机航空摄影图像（a）与侧扫声呐（b）联测技术

工程科学研究所开发的“天科探海一号”AUV，主要应用场合是300m以浅水域的水下应急搜救，是一套低成本、小尺寸自主式水下航行器，其在结构、硬件、软件上的模块化设计为灵活搭载各种水下探测设备提供了便利。

“天科探海一号”AUV主体直径200mm，长度2250mm，重量65.58kg（含探测声呐），工作航速3kn，续航力8h。考虑到低速远程的特点，外形设计采用低阻流线型回转体结构，推进系统采用桨后舵操纵面设计、磁耦合免维护推进器，能源系统采用锂离子电池独立成组供电。壳体采用防锈铝合金铸造，整体密封，分为艏部舱段、探测舱段、主控舱段和推进舱段（图 3-38）。各舱段间采用直插式楔形连接方式，保证良好的整体外形，并方便模块互换和功能舱段扩展。每个舱段均采用零浮力衡重参数配置，降低系统衡重调整的复杂性。

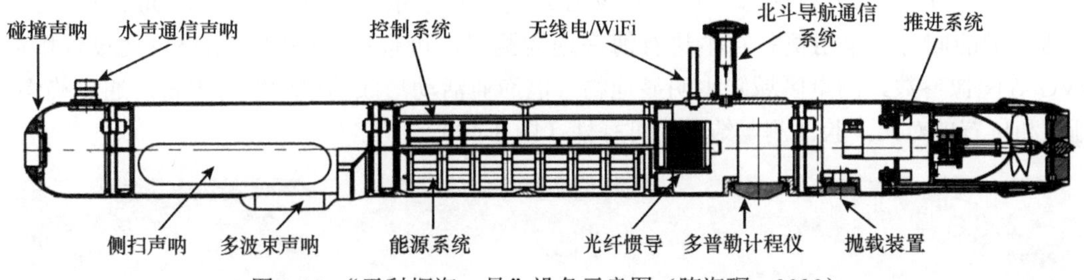

图 3-38 “天科探海一号”设备示意图（隋海琛，2020）

图 3-38 为“天科探海一号”AUV 的主要设备组成。推进舱段采用单桨推进方式，配合艉部水平、垂直桨后舵，可以灵活实现水下定深、定向、定高、轨迹跟踪。艏部舱段采用球形壳体，安装避碰声呐和水声通信声呐，实现对 AUV 前方障碍物的探测、水下实时位置汇报和接收陆地控制系统的指令。主控舱段安装了智能驾驶仪、NavQuest 600 Micro 型多普勒计程仪（DVL）、GIF6536A 型光纤惯导系统（SINS）、全球导航卫星系统（GNSS）、压力计、无线电、漏水报警等控制及导航通信设备，自主导航精度优于 0.5%×自主导航距离（CEP），满足水下探测定位精度要求。探测舱段包括多波束声呐和侧扫声呐这两款探测声呐以及 Valport miniCTD 型温盐深仪。

探测舱段采取了外形一体化共形阵安装技术（图 3-39）。共形阵指安装在潜器艏部的声学阵，其外形完全按照潜器的外壳形状进行复制。将侧扫声呐和多波束声呐的换能器按照 AUV 的外形进行制作，不会降低 AUV 的流体性能，有效减小了航行阻力、提高推进效率，并保证了声呐信噪比。其中多波束声呐采用 T 形布阵的结构，侧扫声呐采用双排对称结构。多波束声呐与侧扫声呐之间采用高精度、低温漂的恒温晶体振荡器进行时钟同步。

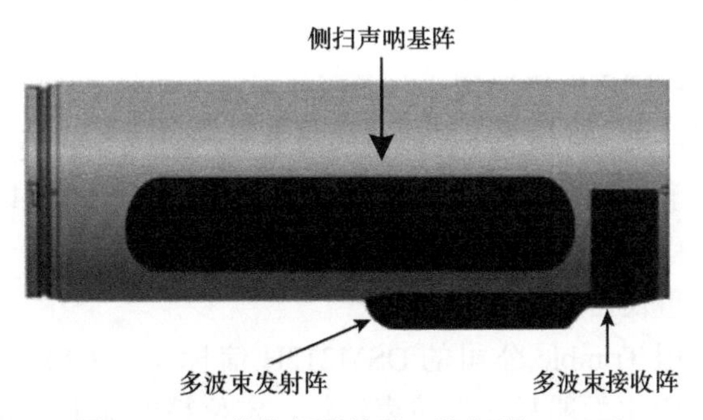

图 3-39 一体化探测舱段（隋海琛，2020）

侧扫声呐换能器为双排均匀线阵结构，每条水平阵的长度为 400mm，如图 3-39 所示。工作频率为 600kHz，探测量程 150m，垂直开角不小于 45°。通过采用自适应孔径成像技术，可获得恒定线分辨率为 5cm×2cm，像素精度达 2cm×2cm。多波束声呐和侧扫声呐的电子系统及控制系统安装在一体化探测舱段内。声呐电子系统负责驱动声呐基阵发射声波、接收声信号并将声信号进行模拟和数字处理，最终输出海底地形和图像。声呐控制系统负责与 AUV 主控计算机进行通信及时间同步，采集声呐数据与导航数据，并将数据存储在一块

2TB 容量的硬盘内（隋海琛，2020）。

2019 年 7 月，“天科探海一号”AUV 在近海进行了水下测试，水深约 30m。在多波束声呐测量的同时，采用侧扫声呐进行海底地貌测量，可根据海底跟踪结果自动设置增益、TVG 等图像参数。测量区域缺少明显地物，但渔业活动形成的锚沟发育丰富。通过锚沟清晰度和位置的对比，验证测量结果的可行性（图 3-40）。

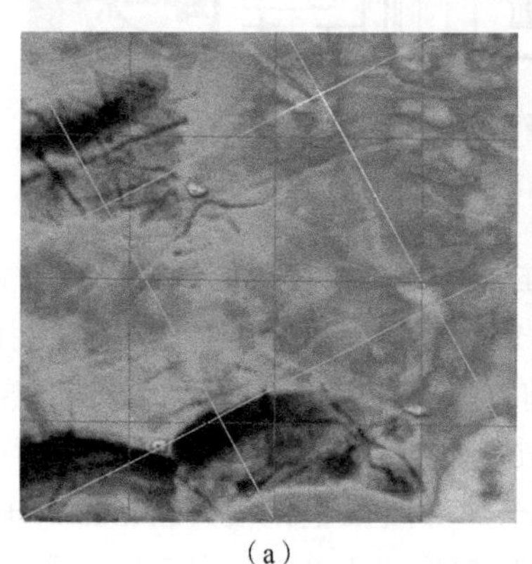

（a）

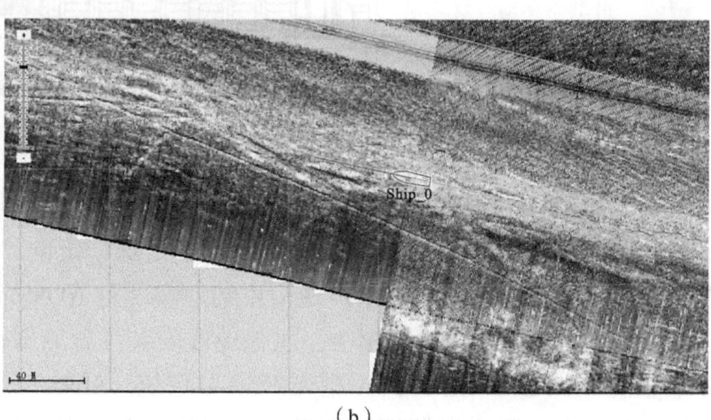

（b）

图 3-40　多波束声呐（a）和侧扫声呐（b）测量数据（隋海琛，2020）

从图 3-40 中可以看出，海底地貌效果清晰，不同测线得到的锚沟位置完全吻合，实现了侧扫声呐无形变、无错位的自动图像拼接，解决了传统的拖曳式侧扫声呐由于位置、姿态误差的限制而造成的声呐图像变形、目标位置偏差较大的问题。

（6）千岛湖古城探测

侧扫声呐技术非常广泛地应用于水下考古、抢险救灾、军事、渔业、海岸港口、海洋工程等领域，提高侧扫声呐数据的解释分析和海底灾害识别水平，对于相关领域的工程技术人员具有重要意义。

2002 年 7 月 9～15 日国家海洋局第一海洋研究所对位于千岛湖西南湖区的水下古城——“狮城”进行了全面的探测，取得了令人振奋的成果，经过探测和最后分析，古城的面貌在沉寂了近半个世纪后，再一次呈现在世人面前，本次探测活动也为以后的古城探测提供了宝贵的经验，为海洋工程提出了新的课题（吴永亭等，2002）。

古城探测使用的测量仪器设备有：

1）定位系统：采用 Trimble 公司的 DSM212H 信标差分 GPS 定位系统和 OmniSTAR 广域差分定位系统，用于水面船只和多波束定位，定位精度优于±2m；采用 Simrad 公司的 HPR4I0P 水下超短基线定位系统，用于侧扫声呐的拖鱼定位，定位精度优于±2.5m。

2）多波束测量系统：采用 Simrad 公司的浅水 EM 3000 型多波束测量系统，系统测量分辨率为 1cm，测量采用单探头方式。

3）侧扫声呐：采用 Klein 公司的 Klein 2000 型数字侧扫声呐系统，该系统的低、高工作频率分别为 140kHz 和 420kHz（标称值为 100kHz 和 500kHz）；垂直角为 40°；水平角分别为 1° 和 0.2°，整个探测过程使用高频 500kHz 扫海。

4）其他设备：SV Plus 高精度声速剖面仪和 Simrad 公司的 Seapath 200 三合一系统。SV Plus 可提供准确的声速剖面，Seapath 200 可提供高精度的船舶姿态数据。

线设计：采用交叉设计。

侧扫宽度和工作频率：侧扫声呐用于探测古城内的建筑物，选择高频率以提高分辨率，单侧扫宽度选择 50m 或 75m。声速采用声速剖面仪测得的平均值。

拖鱼定位：使用水下超短基线定位系统进行定位，准确反映侧扫声呐数据的空间位置。

侧扫声呐数据拼接后形成地貌声呐镶嵌图，解译人员结合影像显示和历史资料，标定主要建筑物的位置。对于其他地理要素，选择质量较好的声呐图像进行数字化，并由超短基线定位系统提供位置数据，绘制古城的平面位置图，标定主要建筑物并统一标定其他民宅为普通居民地。

3.3 浅地层剖面系统

浅地层剖面仪又称沉积物回声探测仪（sediment-penetrating echosounder）或浅地层地震剖面仪，是一种探测水下浅部地层结构和构造的地球物理技术手段。其基于水声学原理，采用连续走航的方式进行数据采集（张金城等，1995；张兆富，2001；李一保等，2007），和多波束测深、侧扫声呐工作原理基本相似，只是由于探测目标不同而有所区别，一般高频用于探测中、浅海水深或侧扫海底形态，低频用于探测深海水深或浅层剖面结构。该仪器是以超宽频海底剖面仪为基础进一步研发制作的利用声学剖面图形的仪器设备，目的是探明浅部地层的剖面结构和构造，优点是可以经济高效地获得高分辨率的海底浅地层剖面结构和构造图件（李平和杜军，2011）（图 3-41），能较好地了解基岩埋深，查明断裂构造

图 3-41　SyQwest StrataBox 浅地层剖面探测系统

的分布、海底障碍物的分布情况，识别天然气水合物层或浅层气渗漏或扩散引起的沉积物声学异常特征（如声浑浊、空白带、增强反射、亮点、速度下拉、泥底辟、气烟囱等）、海底微地貌异常特征（如麻坑、泥火山、冷泉等）以及渗漏天然气进入水体形成的气泡羽状流或气体“火焰”等异常特征（林兆彬，2018），在海洋地质研究和海洋工程应用中发挥着重要作用，是海洋地质调查必备的基本设备。

3.3.1 浅地层剖面系统的工作原理

浅地层剖面探测技术起源于20世纪60年代初期，共经历了以下几个技术阶段：连续波技术、线性调频技术（Chirp）和非线性调频技术（参量阵差频技术）（王艳，2011）。分辨率与穿透深度在探测设备性能指标中是互相矛盾的，浅地层剖面仪使用连续波技术，如果想获得高分辨率剖面必须采用窄发射脉冲，以减少发射所需的能量，同时将导致探测深度的降低。而如果想获得大的探测深度，就必须增大发射脉冲宽度以增加发射能量，这样又降低了分辨能力。随着各种近岸水上工程建设项目的不断增加和近海油气资源的大规模开发，以及各种沿海地质灾害预测监测，浅地层剖面仪在海洋探测中的重要性越来越得到人们的认可（魏恒源，1996；赵铁虎等，2002）。同时，浅地层剖面探测设备也得到迅速发展，仪器型号和功能呈现多元化的发展趋势，最新的三维浅地层剖面探测技术能够更精细、更直观地展示出探测区域的三维特征（图3-42）。

图3-42　海底三维浅地层剖面探测仪示意

3.3.1.1 工作原理

浅地层剖面仪的工作原理是基于声波反射原理来进行地层探测，通过换能器将控制信号转换为不同频率（100Hz ~10kHz）的声波脉冲向海底发射，遇到声阻抗界面时（界面两侧的介质性质存在差异），该声波经反射返回换能器，其后转换为模拟或数字信号后记录下来，并输出为能够反映地层声学特征的浅地层声学记录剖面。声波在海底传播，在界面两边介质的波阻抗不相等而产生反射波，进而发生反射。波阻抗差（反射系数 R_{pp}）是决定声波反射条件的关键因素。波阻抗是声波在介质中传播的速度 v 和介质密度 ρ 的乘积。在浅地层剖面资料采集中，近似认为声波是垂直入射的，振幅大小表示反射波能量强弱，界面的反射系数决定反射声波的振幅，以两层水平介质为例，此时

$$A_r = R \times A_i \tag{3-4}$$

$$R_{pp}=\frac{(\rho_2 v_2 - \rho_1 v_1)}{(\rho_2 v_2 + \rho_1 v_1)} \tag{3-5}$$

式中，A_r 为反射波振幅；A_i 为入射波振幅；R 为反射系数；ρ_1、ρ_2、v_1、v_2 分别为上层介质和下层介质的平均密度和声波传播速度。由公式可知，强反射信号必须要有大的密度差和大的声速差，如相邻两层有一定的密度和声速差，其两层的相邻界面就会有较强的声强，在剖面仪终端显示器上会反映灰度较强的剖面界面线。当声波传播到界面上时，每一个界面上都会发生一部分声信号通过，另一部分声信号则会反射回来的现象。将该原理应用到地质学中，即声波波阻抗反射界面代表着不同地层的密度和声学差异而形成的地层反射界面。简单地说，海底相邻两地层间存在一定的声阻率量差，从而在剖面仪显示器上反映两相邻的界面线，并能根据图像特性差异来分辨出两层沉积物的性质的差异。由此原理，浅地层剖面系统应运而生（图 3-43）。

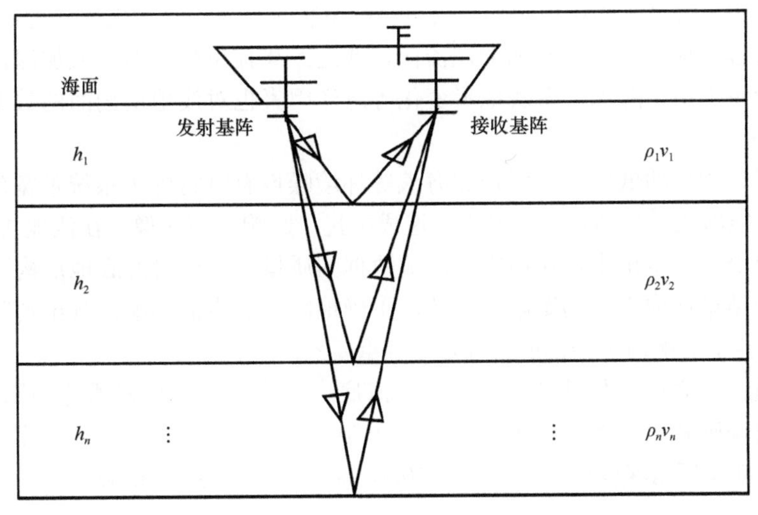

图 3-43　浅地层剖面工作原理（李平和杜军，2011）

由于沉积物层具有不同密度和声学性质，在声学反射剖面上这种差异呈现为波阻抗界面，沉积物的差异越大，振幅越强，波阻抗界面就越明显。即使是相同地质年代的岩层由于是由不同物质组成的，也存在着岩性密度和声学速度的差异，因此会形成多个反射界面。不同年代的岩层，当其物质组成相同、密度差异不大，即会导致不明显的声学反射界面。因此，声学地层反射界面与地质界面或地层层面不完全对应。在一般情况下，声学反射剖面划分的反射界面与地层界面是一致的，因为不同年代的岩层一般具有不同的物理特征，也存在明显差异的声学反射特征。一般代表不同地层、不同沉积物质和环境的反射界面能够反映真实的地层界面。由上可知，在浅地层剖面依据地震反射界面解译实际地层的过程中，除了研究区内对浅剖资料介绍之外，应首先对地质钻探资料进行层位识别，并结合邻区资料和周边地质环境条件，提取记录中层位的标高、堆积和侵蚀、层理结构、相位变化、沉积结构、整合界面以及不整合接触等特征，来综合分析剖面中的声学特征与地层沉积特征以及其他地质信息的结合关系。由此，可以得到较为准确的地质结果（王化仁等，2007）。

3.3.1.2 影响因素

多种因素影响浅地层剖面探测的结果，如仪器本身的探测参数等，海底的沉积物底质，数据采集中的噪声，以及其他各种影响数据采集的因素。此外，还有解译人员的主观原因及技术限制等。以上多数干扰因素可以有效地避免或者减少，因此在实际的数据采集过程中，应根据实际情况，及时调整仪器参数，从而获得最佳的数据结果。

船只摆动：船只在行进过程中由于多种因素会发生摆动，船只摇摆由船速和航向的不稳定造成，进而使拖鱼不能保持平稳状态，这可能会影响浅地层剖面探测数据的采集，因此一般要求调查船只保持匀速慢速稳定行驶。海上的其他影响因素包括海气界面、涌浪等，船只摇摆，致使拖鱼不稳定；发射声波在海气界面几乎全部反射，不能有效穿透海水到达目的层位。船的尾流对在船尾拖曳换能器也会产生影响，尾流会对地层反射信号产生干扰，因此在测量过程中应该尽量避开船的尾流区，或远距离拖曳换能器，或加深换能器入水深度。此外，潮汐作用、海深及海底地形变化等海洋因素也对浅地层剖面的数据采集有直接影响。

噪声：船只发出的低频机械噪声和海浪等环境噪声有时将处于系统带宽范围之内，这些外界声源可能串入采集的声音信号中，造成干扰，影响剖面成像。在浅地层剖面记录上，噪声会或多或少地显示出来，从而影响勘测数据的质量，甚至对海底地形构造造成误判以及之后的解译结果造成重大的影响。因此，正确地降低噪声的影响，甚至消除噪声，以及有效地识别噪声的影响对于浅剖的解释是十分重要的。

海底底质：海底地质构造状况，尤其是海底底质类型决定仪器所能勘测的深度范围。砂、岩石、珊瑚礁和贝壳等硬质海底底质严重制约声波穿透深度，限制仪器勘探的深度。例如，浅地层剖面探测深度砂质海底小于 30m，泥质海底可达 100m 以上，两者存在巨大的差异。

3.3.2 浅地层剖面系统的结构与组成

3.3.2.1 浅地层剖面系统的结构

浅地层剖面仪主要由震源系统和接收系统两大部分组成。震源系统包括发射机和发射换能器阵。接收系统由接收机、接收换能器和用于记录及处理的计算机组成，还可细分出记录与控制系统和辅助系统（图 3-44）。此外，部分研究者依据应用空间的不同，将其划分为水下单元和甲板单元。

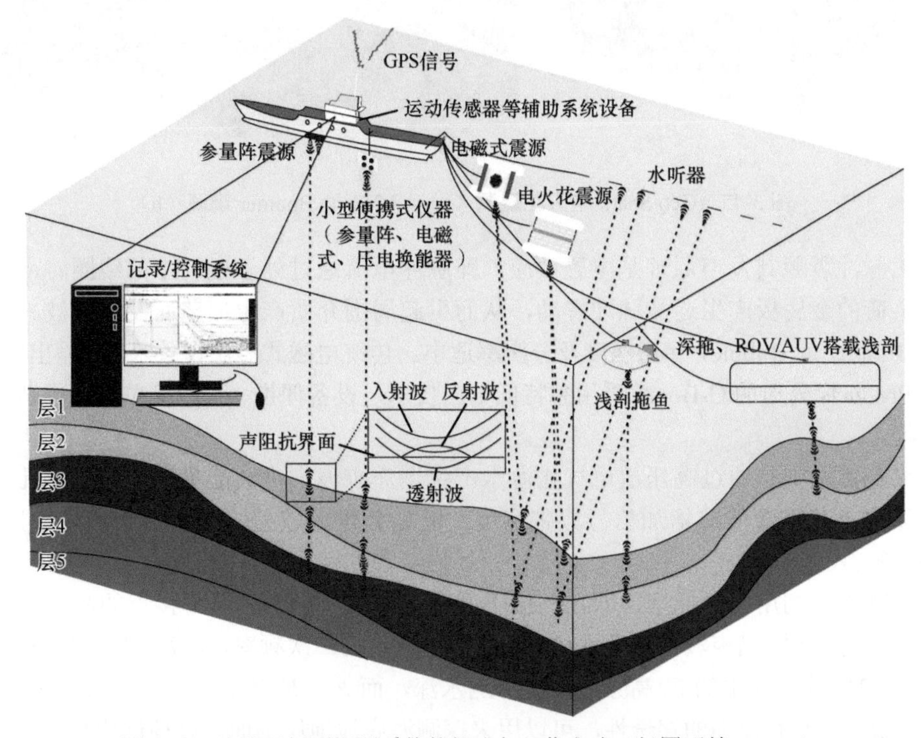

图 3-44　浅地层剖面探测系统的组成与工作方式（杨国明等，2021）

震源系统即声波的产生装置，根据产生声波的方式不同可以将其分为参量阵震源、压电换能器震源、电磁式震源、电火花震源等。气枪、炸药等震源多用于地震勘探。电火花震源也常用于单道地震探测之中，单道地震探测与浅地层剖面探测之间并没有明确的界线，二者相比，单道地震探测穿透深度可达几千米，分辨率一般为米级，浅地层剖面探测穿透深度一般为几十米到几百米，分辨率可达几厘米到几十厘米。不同类型、不同规模的震源存在形态、结构、工作方式等方面的差异（图 3-45）。

不同类型震源产生的声波性质差异较大，压电换能器震源利用某些矿物晶体（锆钛酸铅、陶瓷、石英等）具有压电效应研制而成，能将电能转换为机械振动，具有声波稳定、可操控性强等特点，声波通过相位叠加形成良好的指向性，主要分为固定频率和线性调频声脉冲（Chirp）两种。其具有较高的分辨率，但是穿透能力较弱。一般压电换能器浅剖适用于中浅水海域探测，通过深拖或搭载ROV/AUV等工作平台也能应用于深海探测。

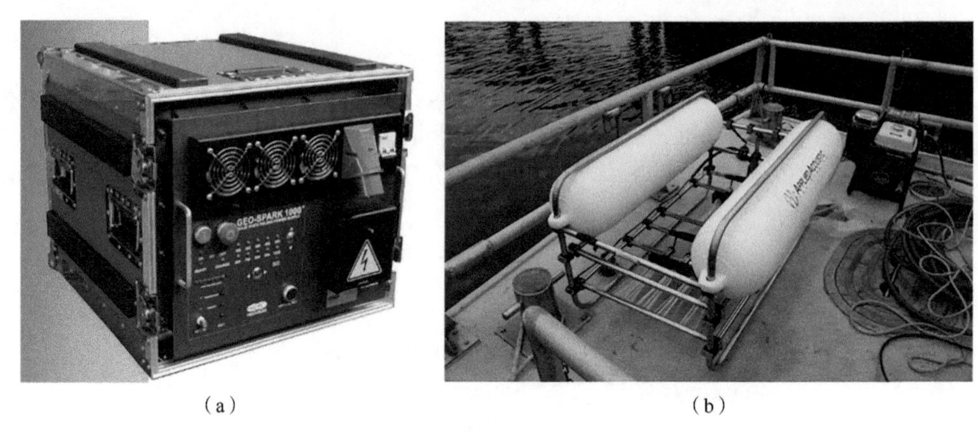

（a）（b）

图 3-45　Geo Spark 电火花震源（a）AA251 型 Boomer 震源（b）

电磁脉冲震源其发声原理是电磁效应，即脉冲电流通过处于磁场中的线圈时，将使作为线圈负荷的金属板产生连续脉冲震动，从而引起周围介质产生振荡而发出声波。通常多为各种Boomer或Bubble，穿透深度及分辨率适中。传统电磁式震源设备笨重、输出电压高，英国C-Products公司的C-Boom采用独特低电压技术，设备便携、操作简单，非常适合浅水区域探测。

电火花震源则是通过高压放电气化海水产生爆炸声波，声波能量高，可穿透几百米地层，立体电火花震源能够增加信号频带宽度，但是分辨率较差，如英国AAE公司生产的CSP系列等。

参量阵震源利用差频原理，即在高压下同时向水底发射两个频率接近的高频声波信号（F_1，F_2）作为主频，当声波作用于水体时，会产生一系列二次频率，如F_1、F_2、(F_1+F_2)、(F_1-F_2)、$2F_1$、$2F_2$等。其中的F_1高频可用于探测水深，而F_1、F_2的频率非常接近，因此（F_1-F_2）频率很低，具有很强的穿透性，可以用来探测海底浅地层剖面。该种仪器具有换能器体积小、重量轻、波束角小、指向性好、分辨率高等特点，适合于浮泥、淤泥、沉积层等浅部地层的详细分层及目标探测，安装于船底的参量阵震源浅地层剖面系统适用于全海深探测，使用方便、工作效率高、探测数据质量好，是国内外远洋科考船的必备声学探测设备之一，在一定程度上缓解了穿透深度与分辨率之间的矛盾，但其穿透能力相对弱于电火花震源（王方旗，2010）。浅地层剖面探测与不同震源的单道及多道地震的关系如图3-46所示（吴自银等，2017）。

其他声源主要有气枪、蒸汽枪、水枪、组合枪、炸药等。

接收系统是将声波信号转换为电信号的系统，又称为水听器。接收系统有拖缆与固定接收模块两种，通常采用多水听器组合的单道拖缆，该单道拖缆一般由12个、24个甚至48

个水听器组合而成，水听器组合间隔一般控制在 0.5m 以内，为达到一定的沉放深度，拖缆内充灌与海水密度相当的硅油介质，拖缆的头部设有前置放大器，对接收的模拟信号做固定倍数放大，根据震源不同，单道接收缆中组合水听器的频率响应有所差别，对于 Boomer 与 Sparker 电火花震源，单道拖缆的频率响应范围控制在 145～7000Hz。多水听器组合可以有效压制随机噪声，提高反射数据的信噪比，但组合的同时会降低信号的分辨率。因此，信噪比和分辨率两者之间需要综合衡量，并合理选择组合水听器数目（图 3-46）。

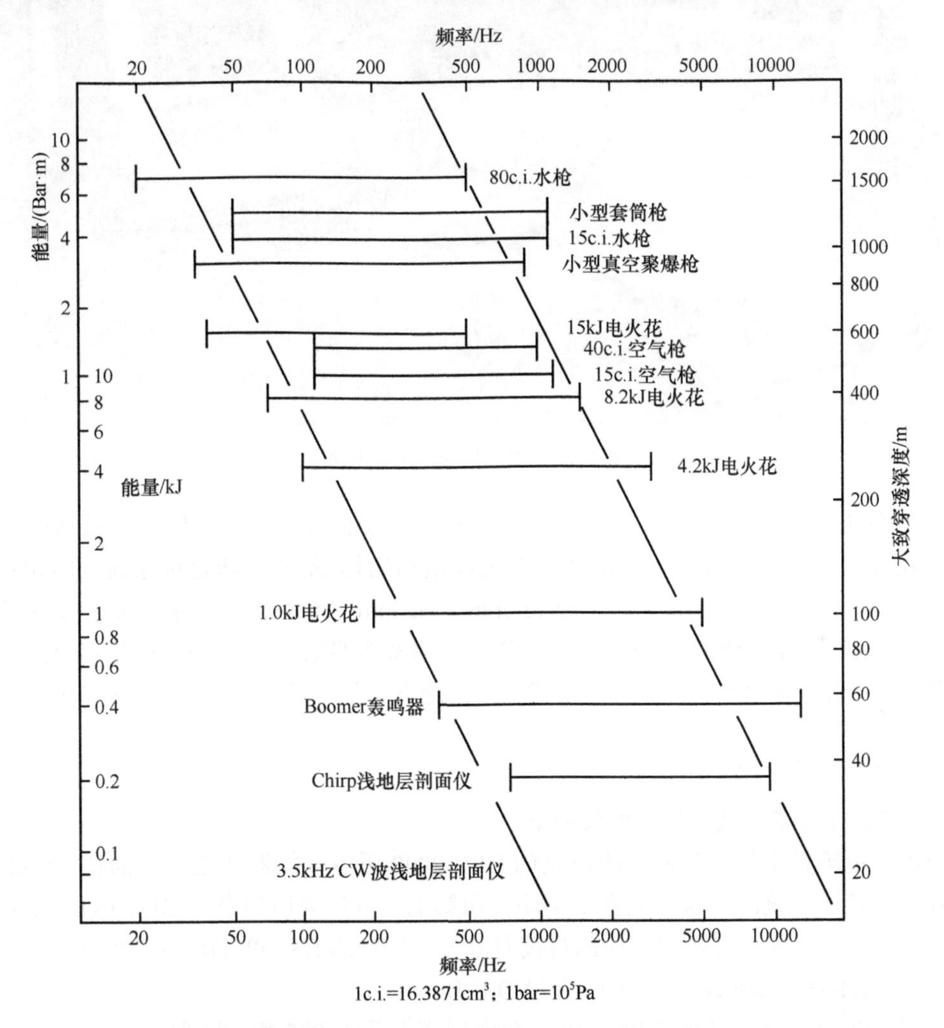

图 3-46　不同震源设备的频率、能量及穿透深度的综合对比（吴自银等，2017；Trabant，1984）

记录与控制系统一般是安装了相应软件的普通计算机或特殊处理器（图 3-47），将震源系统、接收系统与辅助系统连接为一体，记录震源系统产生的声波与返回的有效信号，同时能够实时显示探测剖面结果。

图 3-47　SB-424 拖鱼与接收缆

辅助系统是进行导航定位、船体姿态记录、声速剖面测量等工作的一系列配套设备和相关软件。目前常见的导航定位系统有无线电指向标-差分全球定位系统（DGPS）、连续运行参考站（continuously operating reference station，CORS）、全球星站差分系统等，HYPACK 是最常用的导航定位软件之一。姿态传感器能够记录波浪等引起的船体姿态变化，为后期数据精细处理研究提供依据，准确的声速测量有利于进行有效的剖面时深转换。

3.3.2.2　典型浅地层剖面仪

目前国际上主流的浅地层剖面仪如下。

中国：中国科学院声学研究所研制的 GPY 2000 压电换能器浅地层剖面仪、D&Z-1 声参量阵多频声学系统；中国船舶重工集团公司第七一五研究所研发的 DDT 0116/0216 拖曳式宽频浅地层剖面仪；杭州瑞声检测科技有限公司生产的 RS-QP0116 超宽频海底浅地层剖面仪；中国香港 C-Products 公司生产的 LVB C-Boom。

德国：ATLAS 公司生产的 Parasound 全海深声参量阵 P35 和 P70 型；Innomar 公司生产的 SES-96、SES-2000 声参量阵系列；General Acoustics 公司生产的 SUBPRO 1210 压电换能器浅地层剖面仪。

美国：美国 ODOM Benthos 公司生产的 CAP 6600 Chirp Ⅲ1，DPS Technology 公司生产的 3.5kHz 型 SBP、Mono-Pulser Ⅴ2 型 Boomer 和 Sparker；EdgeTech 公司生产的 3100P 和

3200-XS；SyQwest 公司生产的 StrataBox 和 Bathy 系列。

加拿大：IKBTechnologies Ltd 生产的 SEISTEC TM profiler 和 SPA-3 Signal Processor；Knudsen 公司生产的 320 系列和 Chirp3200 系列。

英国：AAE 公司生产的 CSP 系列能源供应设备、AA301 Boomer 震源和 Squid 2000 电火花震源等；GeoAcoustics 公司生产的 GeoPulse，GeoChirp 浅剖系列；C-Products 公司生产的 C-BOOM 低电压 Boomer 浅地层剖面仪。

荷兰：Geo-Resources 公司生产的 GEO-Source、Geo-Sparker 和 GEO-Boomer 系列。

法国：S.I.G. 公司生产的 Boomer/Sparker 系列能源设备等。

挪威：Kongsberg 公司生产的 TOPAS PS 18/40/120 系列和 SBP120/300 声参量阵系统（王方旗，2010）。

浅地层剖面仪型号众多，分类方式不统一，可按震源类型、工作水深、工作方式等分类。按照仪器工作水深分类，可以分为浅地层剖面仪、中地层剖面仪与中深地层剖面仪。按照工作方式分类，可以分为船载型、拖曳型，其中船载型又可以分为船体安装、船侧悬挂两种类型，拖曳型又能分出尾拖与侧拖，拖体可以是拖鱼、震源、ROV/AUV 等。按震源类型把常见浅地层剖面仪分为压电换能器（Chirp）、电磁式（Boomer）、电火花（Sparker）和参量阵四种类型，在一定程度上不同震源类型的工作环境、工作方式与探测效果相对固定，其特点一般为压电换能器的分辨率最高，但穿透最弱，电火花的穿透最强，但分辨率会有降低，而电磁式介于两者之间。表 3-12 列出了国际主要浅地层剖面设备及相关技术规格，下面对几个代表性的仪器展开详细介绍。

（1）EdgeTech 3300-HM

3300-HM 是 EdgeTech 公司开发的船底安装深水浅地层剖面探测系统，它采用 2～16kHz 的宽频带，最大工作水深为 5000m，穿透深度在粗砂和黏土底质下分别为 6m 和 80m，垂直分辨率为 6～10m。它由多种换能器阵列形式，如 2×2、3×3、4×4、5×5 等，分别对应不同的波束开角和最大作业水深，可以满足不同的船体设计和具体应用需求。图 3-48 给出了 EdgeTech 3300-HM 的系统组成。

系统主要特点是采用了宽带全频谱 Chirp 技术，使得信噪比提高了 20～30dB，可以获取高质量的浅地层成像（图 3-49）（张同伟等，2018）。

（2）SES-2000 deep-15

SES-2000 deep-15 是 Innomar 公司开发的参量阵浅地层剖面探测系统。两个原频信号（10～20kHz，声源级 243dB@1μPare1m）通过非线性差频生成 0.5～7kHz 的低频信号，可以穿透 200m 的黏土底质，获得 15cm 的垂直分辨率。同时它也具备多 Ping 能力，发射速率可达 30Hz。SES-2000 deep-15 支持多种信号波形，如 Ricker、CW、Chirp 和 Sbarker。其发射波束能够自动对横摇、纵摇和升沉进行补偿。图 3-50 给出了 Innomar SES-2000 deep-15 仪器图和海底浅地层探测剖面。

表 3-12　国际主流浅地层剖面系统与参数对比

震源类型	生产商	型号/系列	发射频率/kHz	垂直分辨率/cm	穿透能力/m	工作水深/m	备注
压电换能器	中国科学院声学研究所	DTA-6000	2～7	20	80	6 000	我国第一套声学深拖、集合浅地层剖面与侧扫声呐
		GPY 2000	3.5CW	10～30	100	200	适用于测水探测
	中国杭州瑞声公司	RS-QP0116	1～16FM	7.5	50	300	超宽频浅地层剖面仪
	中国船舶重工集团公司第七一五研究所	DDT 0116/0216	1～16	8～16	50	6 000	拖曳式工作，含浅水型与深水型
	美国 EdgeTech	2000 SERIES TVD	1～10 Chirp	9～25	20/200	3 000	拥有多型号拖鱼，适应中浅水工作
		3300-HM	1～10Chirp	15～25	15～150	1 500～5 000	拥有多型号拖鱼，适应中浅水工作
			2～16Chirp	6～10	6～80	300～5 000	
	美国 SyQwest	StrataBox 3510	3.5/10	6～15	100	800	便携、易操作、高分辨率
		Bathy 2010/P/DW	3.5/12/18/33	6	300	12 000	高分辨率，高穿透
	美国 ODOM Benthos	SIS-3000	2～7Chirp	10	50	4 000	深拖系统
	挪威 Kongsberg	GeoPulse	2～12	6～25	30/80	1 000	拖曳式工作，分辨率高，穿透能力较强
	英国 STR	STR digital	2～14	—	60	—	输出功率大，可调频率范围广
	德国 ATLAS	Chirp Ⅲ	2～7/10～20Chirp/CW	7.5	80	600	对国内停售
	德国 General Acoustics	DSLP SBP	12	1	10	100	强大的穿沙能力与高分辨率
电火花	荷兰 Geo-Resources	GEO-Source 800	1～2.5	30	600	2 500	高穿透能力，根据目标选择 GEO-Source 200/400/800/1600
	法国 S.I.G.	SIG Pulse S1/M2/L5	0.5～1.5	35	900	11 000	S1/M2/L5 应用于不同水深，高穿透，分辨率略低
	英国 AAE	Dura/Delta-Sparker	—	—	—	1 000	可搭配不同规格 CSP 能量箱
		DTS-500 Deep Tow	—	15～25	—	2 000	深拖式电火花震源

续表

震源类型	生产商	型号/系列	发射频率/kHz	垂直分辨率/cm	穿透能力/m	工作水深/m	备注
电磁式	荷兰 GEO-Resources	GEO-Boomer	—	10	150	300	较高分辨率、高穿透能力
	英国 AAE	AA251/301	—	—	—	120	可搭配不同规格 CSP 能量箱
		S-Boomer	—	25	200	—	整合型 Boomer 震源系统
	英国 C-Products	C-Boom	1.76	20	80	100	低电压、高穿透、体积小、易操作，适合浅水区探测
参量阵	德国 Innomar	SES-2000 standard	4～15 和 100 差频	5	50	500	适用于 500m 内水深的离岸工程调查，用途广泛
	挪威 Kongsberg	TOPAS PS 18/40/120	0.5～6/1～10/2～300	20/10/5	150/75/40	6 000/1 000/400	国内多艘科考船安装，仪器性能良好
		SBP 120/300	2.5～6.5	25	200	11 000	EM 122/124 的扩展
	法国 Ixblue	ECHOES 3500 T7	1.7～5.5	20	300	11 000	拖曳式/ROV/AUV 多种搭载方式
	德国 Teledyne	ParaSound P70/P35	0.5～6	15	200	11 000	国内多艘科考船安装，仪器性能良好

资料来源：王方旗（2010）；杨国明等（2021）

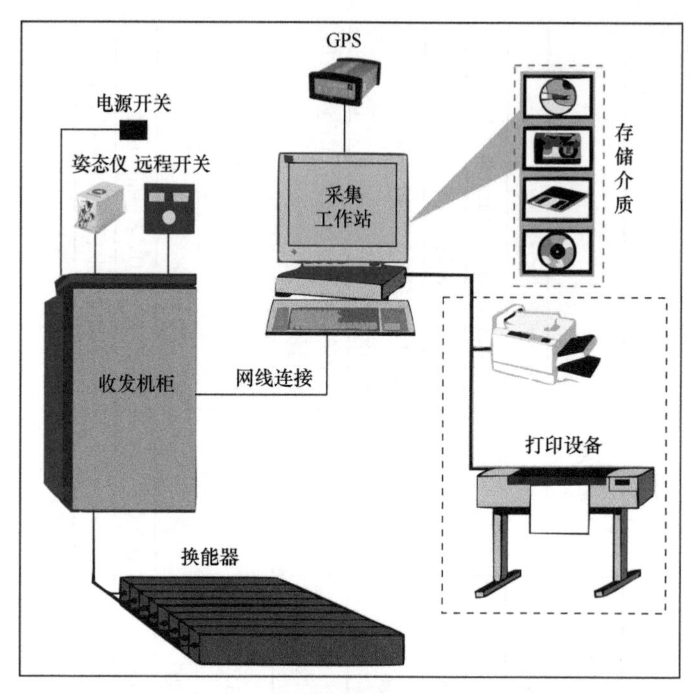

图 3-48　TOPAS PS18 浅地层剖面仪接收处理系统（陶泽丹等，2021）

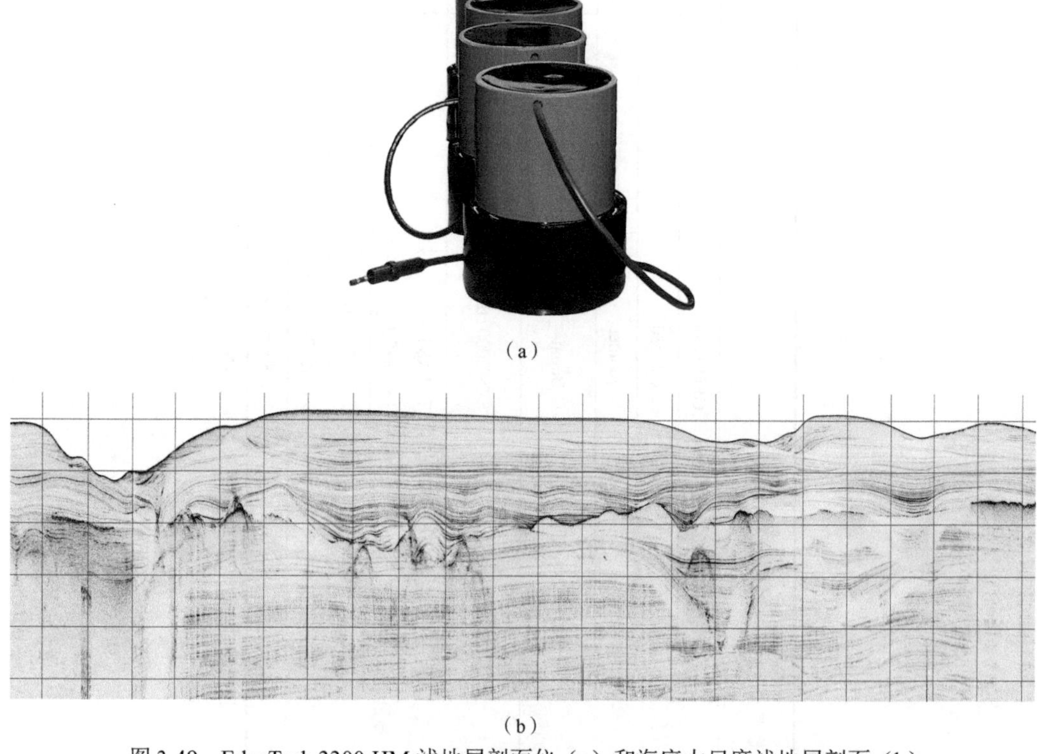

（a）

（b）

图 3-49　EdgeTech 3300-HM 浅地层剖面仪（a）和海底大尺度浅地层剖面（b）

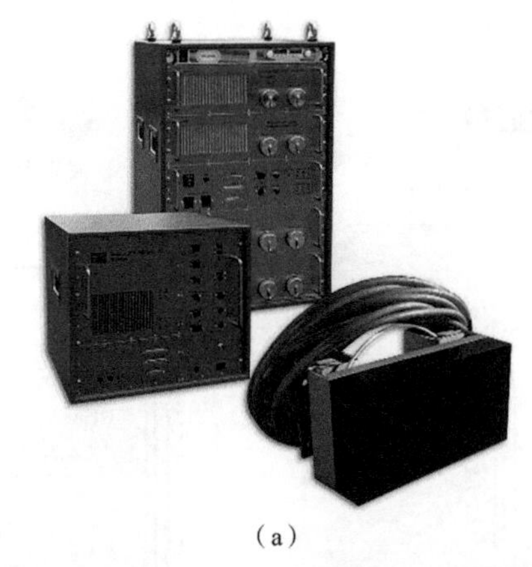

（a）

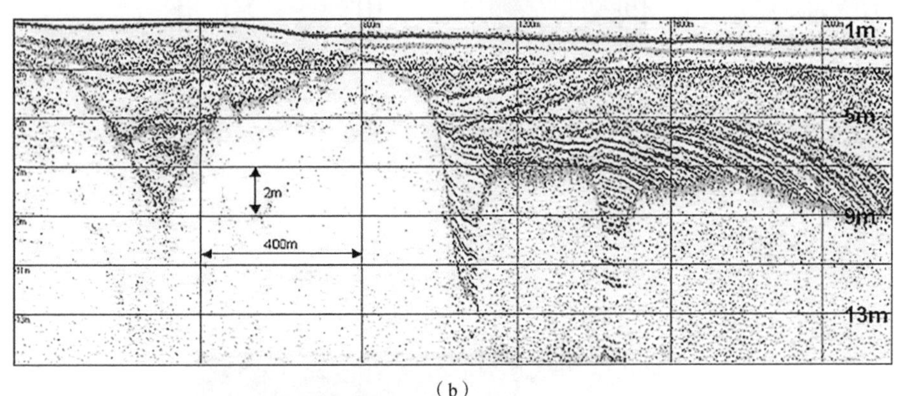

（b）

图 3-50　Innomar 公司的 SES-2000 deep-15 浅地层剖面仪（a）和浅层探测剖面（b）

（3）SBP 120

Kongsberg 公司 SBP 120 浅地层剖面探测系统是 EM 122 多波束测深系统的可选扩展。EM 122 的接收换能器阵是宽频的，通过增加一个独立的低频发射换能器，一个附属电子舱和一个操作站，EM 122 就可以扩展到具有浅地层剖面测量功能，即 SBP 120。图 3-51 给出了 Kongsberg SBP 120 与 EM 122 的系统框图和海底浅地层探测剖面。

与传统的浅地层剖面探测系统相比，SBP 120 具有更窄的波束宽度，从而获得更深的穿透深度和更高的角度分辨率。其正常的发射波形是 2.7～7kHz 的线性调频信号，声源级达 220dB，可以穿透 25m 的粗砂和 100m 的黏土底质，获得 30cm 的垂直分辨率。同时它也具备多 Ping 能力，发射速率可达 4Hz。此外，系统还支持 CW 脉冲，双曲 Chirp 和 Ricker 脉冲等波形。SBP 120 具有波束稳定性，可以自动补偿船舶的横摇和纵摇。它也可以根据斜坡海底调整波束指向，或者产生几个横向波束。

SBP 120 系统主要特点：与 EM 122 多波束测深系统共用接收换能器阵，可以获得非常窄的接收波束，提高底层穿透性和分辨率，可以与 EM 122 进行同步协同探测。

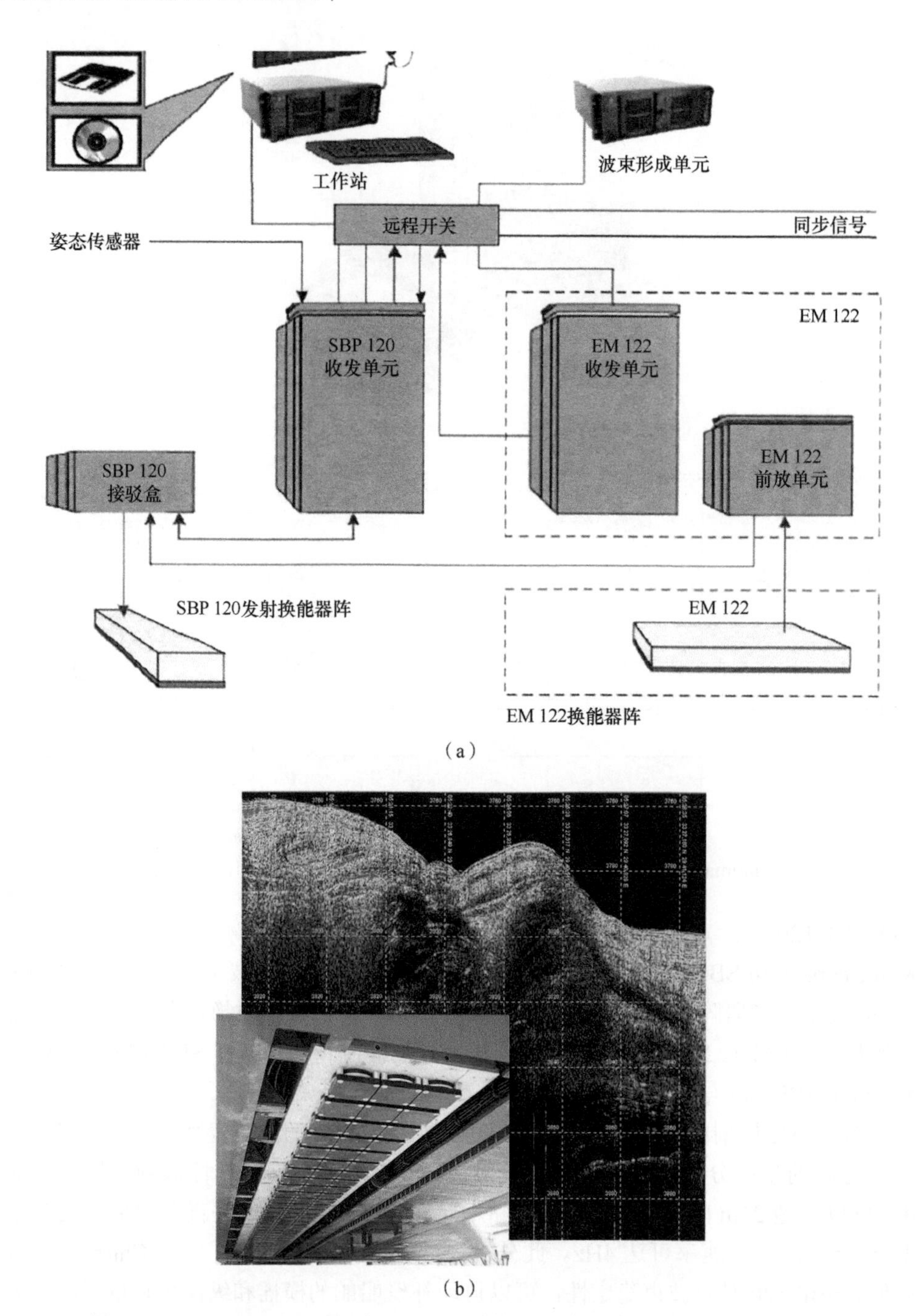

（a）

（b）

图 3-51　Kongsberg SBP 120 与 EM 122 系统（a）与海底浅地层探测剖面（b）

（4）ParaSound P35/P70

ParaSound P35/P70 是 Teledyne（原 AT-LAS）公司推出的船底安装参量阵浅地层剖面探测系统，它利用声学非线性特性通过发射两个高频初级信号来产生一个低频二级信号。其中 ParaSound P35 的初级信号频带为 37～42kHz，初级发射声源级为 242dB，产生的参量阵低频信号频带为 0.5～6kHz，声源级为 200dB，对黏土底质的穿透深度为 150m；ParaSound P70 的初级信号频带为 18～24kHz，初级发射声源级为 245dB，产生的参量阵低频信号频带为 0.5～7kHz，声源级为 206dB，对黏土底质的穿透深度为 200m。ParaSound P35/P70 的最大作用深度达 11 000m，垂直分辨率为 15cm。图 3-52 给出了 Teledyne 公司 ParaSound P35/P70 的参量阵换能器。ParaSound P35/P70 的专业操控软件（Para-Store）可以在 MS Windows TM 平台上运行，其直观图形用户界面将数据采集与在线可视化很好地结合在一起，提供高分辨浅地层和水柱信息。

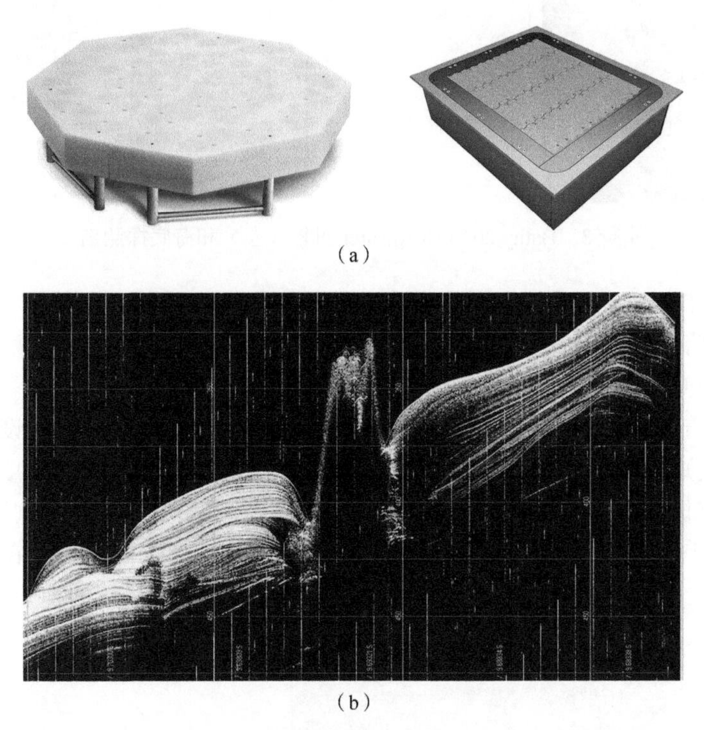

图 3-52　ParaSound P35/P70 的参量阵换能器（a）与海底探测剖面（b）
（吕国涛等，2013；张同伟等，2018）

ParaSound P35/P70 系统主要特点：采用了参量阵技术，可以用较小的换能器生成高分辨、无旁瓣的低频声信号；采用了水柱影像技术，可以实现从最底层的水柱剖面到天然气水合物的探测（图 3-52）。

（5）Bathy 2010 Deepwater

Bathy 2010 Deepwater 是 SyQwest 公司专门针对全海深探测需求开发的浅地层剖面探测系统，它基于 Chirp 技术实现全海深浅地层剖面高分辨率测量。其工作频率为 3.5kHz，换能器阵由 36 个阵元组成，可获得 9.5° 的波束宽度，发射功率可达 20kW，最大作用深度达 12 000m。低频和高辐射功率使得 Bathy 2010 Deepwater 可以穿透 300m 的黏土底质，获得 6cm 的地层分辨率。同时它也具备多 Ping 能力，发射速率可达 4Hz。此外，Bathy 2010

Deepwater 可根据不同用户的需求，选择不同的设备配置，换能器基阵可以安装在船舷、船底或者拖曳体上。图 3-53 展示了 SyQwest Bathy 2010 Deepwater 的机柜。

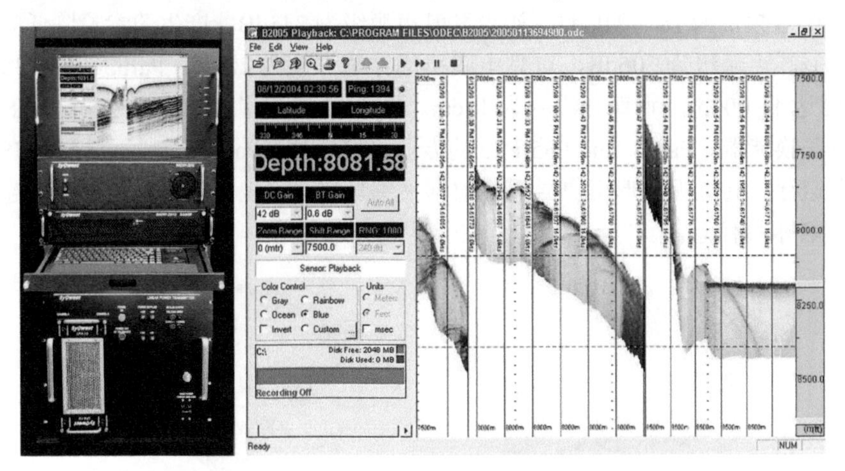

图 3-53　Bathy 2010 Deepwater 机柜（左）和海底探测剖面

Bathy 2010 Deepwater 系统主要特点：全海深探测；地层穿透能力强（图 3-53）；可根据客户需求，灵活配置设备；低成本。

（6）DTA-6000

DTA-6000 声学深拖系统（图 3-54）是由中国科学院声学研究所自主设计、自主集成，是我国具有自主知识产权的第一套声学深海拖曳观测系统，其最大工作深度 6000m。目前，该系统已成为我国“大洋一号”和“海洋六号”科学考察船上的常规探测设备。该系统可在水下连续长期工作，适用于多金属结核、富钴结壳、热液硫化物等海底矿产资源调查，也可用于海底光缆、深海油井等海洋工程调查，能够实现特定目标的搜索，并可辅助大型潜水器设备作业等（曹金亮等，2016）。

图 3-54　DTA-6000 声学深拖系统与深拖探测剖面（曹金亮等，2016）

3.3.3 浅地层剖面系统的工作流程及数据处理

3.3.3.1 工作流程

在此，我们将浅地层剖面探测工作分为准备工作、现场勘测、室内分析和成果输出四部分（图 3-55）。准备工作最重要的是要根据探测目标、区域地质背景等资料，设计合理的工作方案，保证能够达到探测目标的基础上，提高分辨率。现场勘测时浅地层剖面探测系统可以通过计算机实时显示初步的探测结果，提高海上作业的效率。

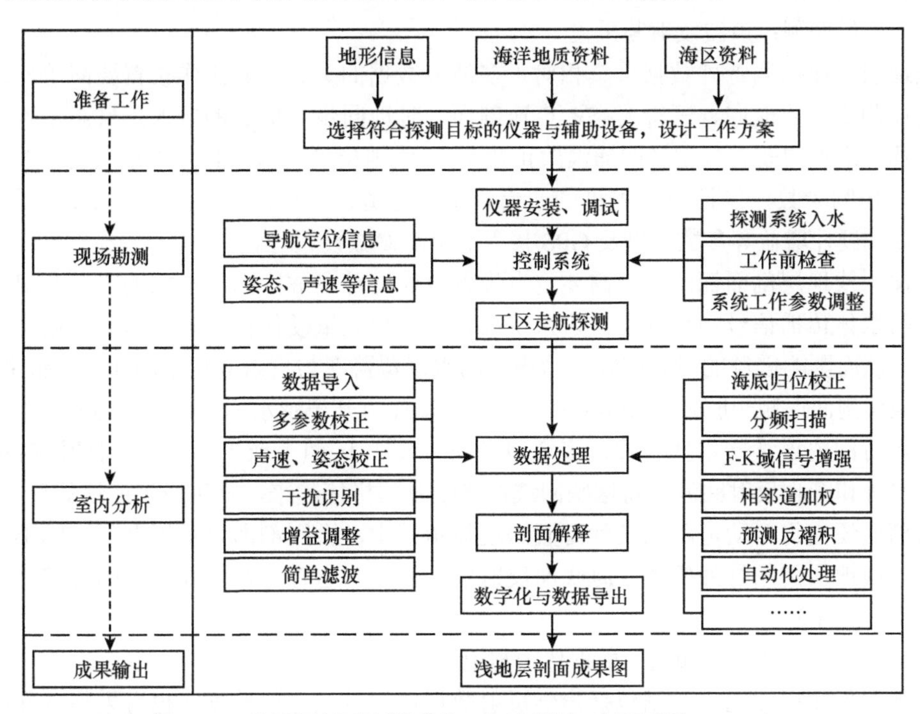

图 3-55　浅地层剖面探测系统工作流程图（杨国明等，2021）

（1）准备工作：海上设备安装与调试

浅地层剖面探测野外工作需要利用 GPS 导航定位，并联合单波束或多波束测深设备一起联合探测，GPS 导航定位为浅地层剖面数据提供实时动态位置并存储于记录数据体中，测深设备为浅水探测监测水深提供安全保障，而深水探测为浅地层剖面数据的实时海底追踪提供参考。因此野外工作时，浅地层剖面设备需要与导航定位及测深设备保持连接并处于实时通信状态。

浅地层剖面探测设备连接系统主要包括两大部分，由船载系统与水下拖曳系统组成，船载系统包括 GPS、数据采集站、电火花供电能源箱等，水下拖曳系统包括震源激发系统（如 Boomer、电火花电极刷）、组合水听器漂浮电缆接收系统。野外探测时，先通过导航软件预设好勘探测线，勘探船沿设计测线航行，DGPS 实时给出勘探船所在的经纬度位置，并记录存储于导航软件中，导航软件实时同步输出位置信息到数据采集站采集系统中，采集系统根据用户设置的震源激发间隔、记录长度以及采样率等概率参数，自动采集反射回波，并将记录回波与同时刻的位置信息一同存储于硬盘中，同时还在屏幕上动态显示已采集的连续剖面，工作人员通过判读动态连续剖面，可以实时掌握采集数据质量，及时修改滤波参数等设置，并了解反射地层的构造形态等信息。浅地层剖面采集有主动与被动工作两种方式，由采集系统统一控制激发、采集、记录与回放等功能为主动工作方式，而经导航软件控制能源箱与采集系统，由采集系统控制回波信号采集记录与回放等功能为被动工作方式。主动方式一般用于等时间间隔触发模式，而被动方式一般用于等距离采集模式，野外操作时需要按工作要求合理选择。

（2）现场勘测：声波发射与采集

浅地层剖面探测野外数据采集相对于多波束数据的采集，其工作设置要简单，因浅地层剖面探测不需要航向、三维姿态、声速剖面、时钟同步等信息的接入，只需接入导航定位信息及一维垂向姿态数据（即涌浪改正数据）。浅地层剖面探测野外采集主要设置现场采集软件的控制参数，包括系统主机的通信、工作通道、发射波形、发射频率、发射间隔、发射能量、硬件增益等参数，以及 GPS 接入的串口参数设置等。

在深水浅地层剖面探测中，需要重点设置海底追踪参数，因深水探测需避开记录海底面以上的水体传播信号，否则要耗费系统很长时间和大量硬件资源来处理大数据量的接收与存储，从而影响震源的发射间隔，给声波的水平覆盖率与反射同相轴的连续性带来影响。深水浅地层剖面探测一般采用 Multi Ping 技术，即在避开记录水体传播信号的前提下，声学换能器短时间内连续向水体中发射多个声学信号（如 1s 两个或更多），发射的同时换能器一直在监听和接收反射回波，将这些回波按接收时间拼接起来，就生成了连续的反射剖面，该反射剖面还需将自动追踪的实际海底深度显示其中，否则剖面显示深度与实际不符。因此，深水浅地层剖面野外探测，海底面反射信号的准确追踪非常重要，否则会带来错误的剖面信号与深度值。

（3）室内分析和成果输出：数据传输与记录

浅地层剖面探测记录数据包括声学反射数据体、导航定位数据（也有采集软件取当前采集的计算机时间）、涌浪改正数据以及采集过程中相关的输出数据（如海底面实时追踪数据、位置信息数据等），图 3-56 列出了浅地层剖面探测可能接入和输出的相关数据信息。声学反射数据体通过专门的信号缆连接到采集主机进行传输，其他数据一般采用 RS232 串口进行传输。所有这些数据都是实时传输至设定的记录位置，并以通用格式记录于硬盘中，

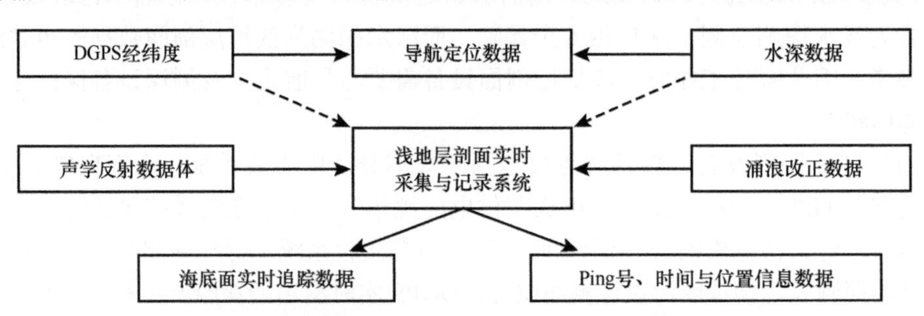

图 3-56　浅地层剖面接入和输出数据示意图（吴自银等，2017）

目前通用的记录格式都采用美国地球物理学会（American Geophysical Union，AGU）定义的 SEG-Y 格式，该格式用于浅地层剖面数据体的存储，但一些关键的参数位置并不固定，实际使用中还需要进行部分内容的专门修改定义，如通道号定义、定位标号定义等。

3.3.3.2 数据处理

浅地层剖面探测的采集、处理软件较多，如 SonarWiz、GeoSurvey、SESWIN 等，三维浅地层剖面数据常用 PROMAXTM 等地震软件进行处理，利用 ArcGIS 的 3D 分析功能模块可以对浅剖数据进行三维模型构建。不同仪器采集的数据存储、编码有多种格式，如 SEG-Y、XTF、JSF、COD、SES、RAW、ODC、KEB 等，其中 SEG-Y 为标准格式。海上采集数据通常会受到波浪、不同类型的噪声等多种因素的制约，导致探测结果分辨率与信噪比降低，同相轴连续性差。数据精细化处理与解释具有非常重要的意义，关键是去噪和提高信噪比与分辨率。因为信噪比和分辨率是衡量野外采集数据好坏的两个重要指标，其中，信噪比又是分辨率的基础。高质量的浅地层剖面数据首先对采集环境有着严格的要求，常规的浅地层剖面数据处理通常包括环境因素与坐标位置校正、信号处理、地层解释与数字化等内容，其中信号处理一般进行声速校正、增益控制、简单的滤波处理等，在实际应用中这种简单处理往往无法达到最好的成像效果，需要做进一步精细化处理。数据的精细化处理通常包括多种参数校正、噪声去除、信号增强、多次波压制、预测反褶积等操作，可以有效地提高数据信噪比以及分辨率。

1）Threshold 和 clipping：Threshold 和 clipping 主要应用在数据显示方面，根据采集到的电信号的幅度，设置合适的 Threshold 值和 clipping 值。前者表示信号幅度小于该值的信号都对应最小的可显示的颜色值，这样可以用来减弱背景噪声对有效信号识别的影响。但是，如果设置不合适，可能会影响真正的反射信号。而后者正相反，表示信号幅度大于该值的信号都对应可显示的最大的颜色值，根据沉积环境如果选择合适的 clipping 参数，可以突出显示信号中的弱反射。

2）带通滤波：带通滤波是数据处理中的一种常用方法，通常是根据采集到的信号频带和其中有效信号的频带设置适当的高通、低通截止频率对数据进行滤波，可以起到降低噪声的效果。

3）相关：在常规数据处理中，相关去噪主要是利用随机噪声之间或者噪声与有规律的周期信号之间是互不相关的特点来有效地去除噪声（王立忠和屈梁生，2001；高少武等，2011）。对于浅地层剖面资料的处理，相关去噪有着更加特殊的应用，特别是针对脉冲调制型浅剖仪采集到的数据，相关是必不可少的信号处理方法，因为 Chirp 子波本身就是一种似噪声波形，其采集到的信号与输入的 Chirp 子波有最好的相似性，而线性噪声干扰与子波相似性很差，因此，相关处理后不仅可以很好地对反射信号进行脉冲压缩，而且可以压制噪声干扰，达到提高资料的分辨率和信噪比的目的。

4）底部时变增益：时变增益常常用在地质雷达等资料的处理中（张长春等，2012），因为其发射信号频率比较高，信号能量随穿透深度衰减比较迅速，所以来自深部地层的有效反射信号相对于浅部地层反射信号弱很多，而浅地层剖面仪也具有相似特点，因此，在此引入底部时变增益技术来放大浅地层剖面资料中相对较深地层比较弱的反射信号［图 3-57（b）所示区域］，有利于深部反射界面的显示以及后续的资料解释。

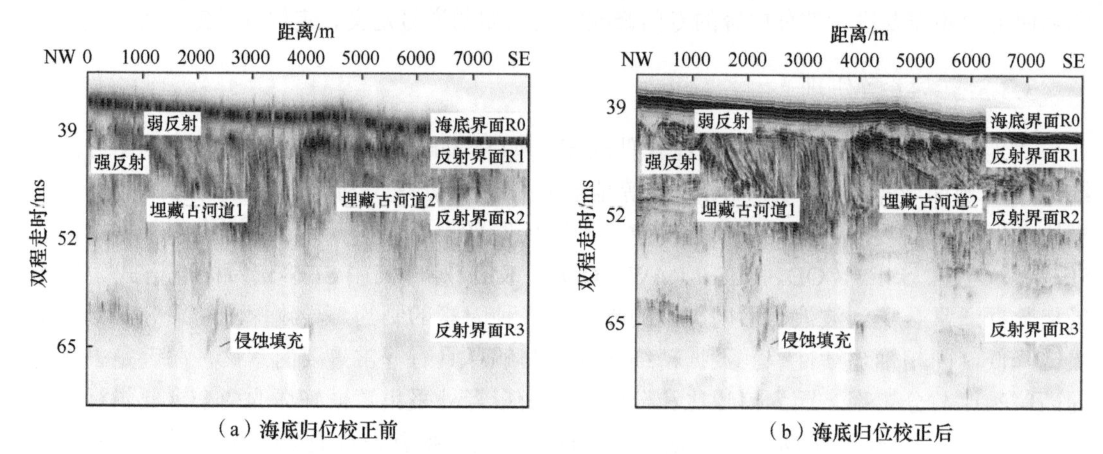

（a）海底归位校正前　　（b）海底归位校正后

图 3-57　使用水深数据进行海底归位校正处理对比（杨国明等，2021）

5）反褶积：反褶积是地震数据处理中的常用方法之一，其原理是通过压缩地震子波，再现地下地层的反射系数，从而获得更高时间分辨率的剖面（牟永光，1981）。浅地层剖面数据与反射地震数据相似，因此也可以使用反褶积来提高剖面分辨率。通常，把地震记录表示为一个褶积模型，即地层脉冲响应与地震子波的褶积。这个子波有许多成分，包括震源信号、记录滤波器、地表反射及检波器响应。地层脉冲响应是当子波正好是一个脉冲时所记录到的地震记录（阎贫等，2011）。

人工对浅地层剖面数据精细化处理与地层划分效率较低，近年来数据自动精细处理方法研究越来越多，能够大大提高资料处理效率。通过反演方法，使用 Schock-Stoll 模型、Gardner 经验公式等可以反演海底浅表层速度、密度、孔隙度等物理性质参数。

浅地层剖面探测的分辨率为厘米级，对海底地形的变化非常敏感，而浅地层剖面探测设备对海底地形的探测能力较弱，误差较大，在海底坡度较大时会出现无法找到海底的情况，导致成像时会因地形误差引起图像模糊［图 3-57（a）］，甚至出现海底错断、数据不连续现象。将浅地层剖面探测与测深两种调查方法相结合，利用多波束测深获得的地形数据对浅地层剖面进行海底归为校正，将校正后的数据按同样的方法处理成像［图 3-57（b）］，结果显示该方法对成像效果影响显著，极大提高了地层可辨识度。

3.3.4　应用实例

3.3.4.1　海底泥火山探测

海底泥火山是深部高塑性的泥质沉积物在沉积压实、构造挤压等作用下向上入侵，突破上覆地层，喷出海底形成的一种地质构造。泥火山的喷出物主要由泥质沉积物、水和气体组成。在里海、黑海、地中海、墨西哥湾等发现天然气水合物的区域，普遍有泥火山和泥底辟发育，Reed 等（1990）认为，海底泥火山和天然水合物发育关系密切，沉积负荷和甲烷等气体的产生相互结合，促进泥火山的发育，甲烷聚集浓度不断增加，又有利于水合物形成。

工区位于台西南盆地内的陆坡位置，地形复杂，起伏明显。南海东北部冷泉区航测中浅地层剖面数据的采集仪器为 Parasound P70 全海域参量浅层剖面仪，由浅剖主机、浅剖换能器组成，工作频率初次高频选择 18kHz，二次低频为 4kHz，浅剖数据的采集采用了等距发射模式。

图 3-58 给出研究区内通过泥火山 A 的地震剖面、浅剖剖面及依据准三维地震数据得到的海底地形，图 3-58（a）地震剖面和图 3-58（b）浅地层剖面位置仅隔几十米。泥火山 A 是位于研究区西北部的一座泥火山，直径约为 300m，高度约为 50m，地震剖面和海底地形中均未观察到其存在明显喷口。

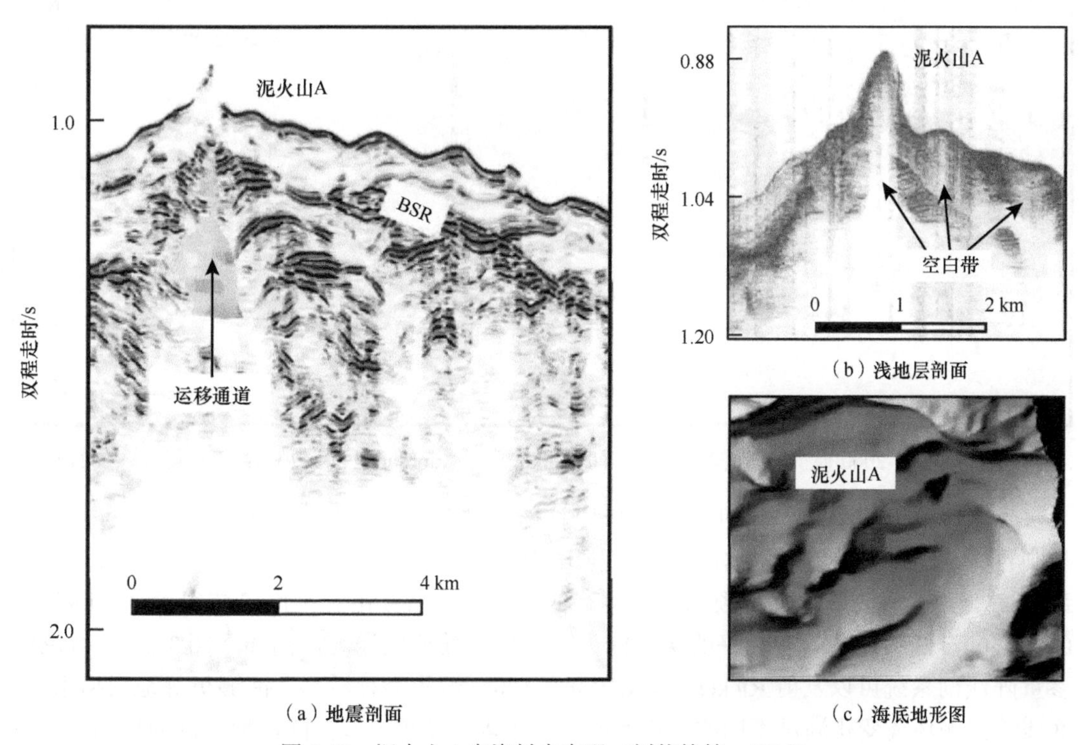

（a）地震剖面

（b）浅地层剖面

（c）海底地形图

图 3-58　泥火山 A 在资料中表现（刘伯然等，2015）

图 3-58（a）地震剖面中可见泥火山的物质运移通道，随着靠近海底面通道宽度逐渐变窄，同时运移通道对似海底反射（BSR）连续性造成了破坏。浅剖剖面中可观察到泥火山 A 之下存在典型的窄声学空白带，与泥火山物质运移通道对应，可见物质运移的影响可在浅剖剖面中形成窄声学空白带。在 3-58（c）海底地形图中可见，泥火山 A 周围既存在突起地形，也存在形状不规则的凹陷地形，显示了该区域复杂的地质环境。

3.3.4.2　海底浅层气探测

浅层气泛指赋存于海底浅部的气体，分布范围广，声波难以穿透，对天然气水合物的探测具有重要意义，在浅地层剖面探测结果中通常表现为浊反射、帘式反射、毯式反射、增强反射等（刘伯然等，2015）。2014 年，Jordan 等利用 SES-2000 浅地层剖面仪，频率为 2.5kHz，采集了爱尔兰西南海岸处的浅剖数据，综合分析该地区浅层气、麻坑等现象及成因（图 3-59）（Jordan et al.，2019）。浅层气存在的区域地层松散，容易发生局部塌陷，形成麻坑等地貌，可以通过浅部海底含气带特征，推测深部天然气水合物分布、分解、泄漏等情况。该地区的声空白带位于海底面以下 4～10m，上部出现强反射界面，VC 24 与 VC 25 分别为两根长约 6m 的柱状样，其中 VC 24 穿过了声空白带（图 3-59），Jordan 等对所取样本进行了甲烷浓度测试，发现 VC 24 甲烷浓度由上到下增加，在强反射界面附近达到最大值，VC 25 甲烷浓度变化较小且柱状样下部甲烷浓度显著低于 VC 24。

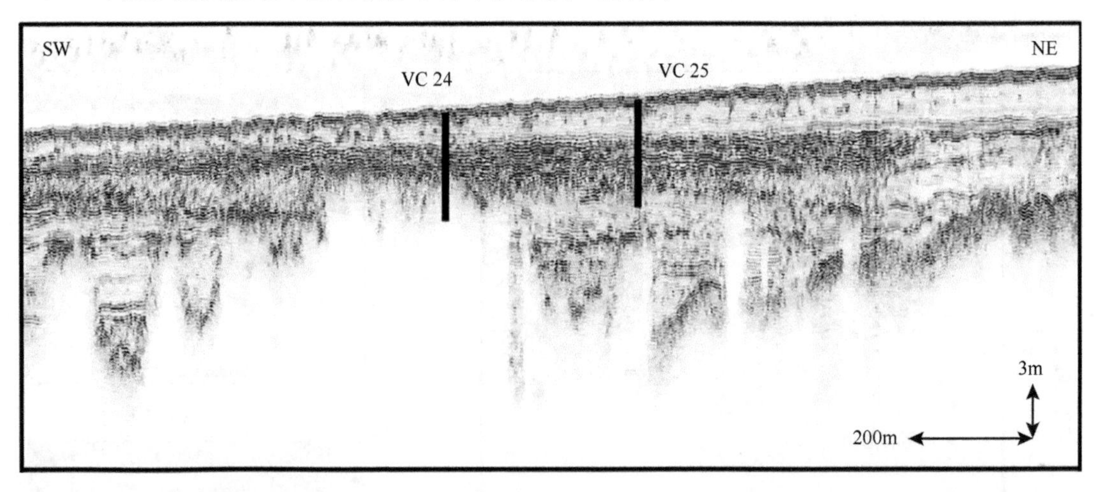

图 3-59　SES-2000 便携参量阵浅地层剖面识别的浅层气（Jordan et al.，2019；杨国明等，2021）

参量阵震源实质上是通过将多个压电换能器按照一定规律进行组合，再通过相应的控制系统控制每个换能器发出的声波，利用差频原理，使两个频率接近的高频声波产生一系列二次频率声波，既有高频部分，又有低频部分，高频声波可用以获得更多水体信息（图 3-60），低频声波具有较好的穿透能力，可以有效获取浅地层剖面（图 3-60）。TOPAS 参量阵浅剖系统可以发射 Ricker 波、CW 波、Chirp 波等多种波形，能够更好地根据水深、底质等探测环境变化满足不同的分辨率与穿透需求。便携式参量阵浅地层剖面探测设备分辨率高，但是受到设备规模限制，换能器数量少，能量低，导致地层穿透能力差，适合用于浮泥、淤泥、松软沉积物等探测。船载型参量阵浅地层剖面探测设备具有波束角小、分辨率高、穿透能力强、声波种类多等特点，在海底探测中广泛应用，可以与船载多波束结合使用，直接利用多波束探测的海底地形进行海底归位校正。

单晨晨等（2020）利用 ATLAS P70 参量阵深水型浅地层剖面系统在印度洋北部的马克兰增生楔发现了典型的羽状流，是沉积层赋存天然气水合物的重要证据之一。船载参量阵深水型浅地层剖面系统设备高频与低频声波在海底气体泄漏状况探测中能够得到充分的利用，通过 20kHz 的高频部分可以显示出羽状流在水体中的形态特征（图 3-60），4kHz 的低频部分穿透能力更强，获得了羽状流逸出位置清晰的浅部地层特征，揭示该区域发育大量流体渗漏的管状通道。船载参量阵深水型浅地层剖面系统可以直接获取流体逸出的位置、形态、规模等特征，同时获得流体逸出位置的浅部地层剖面特征。

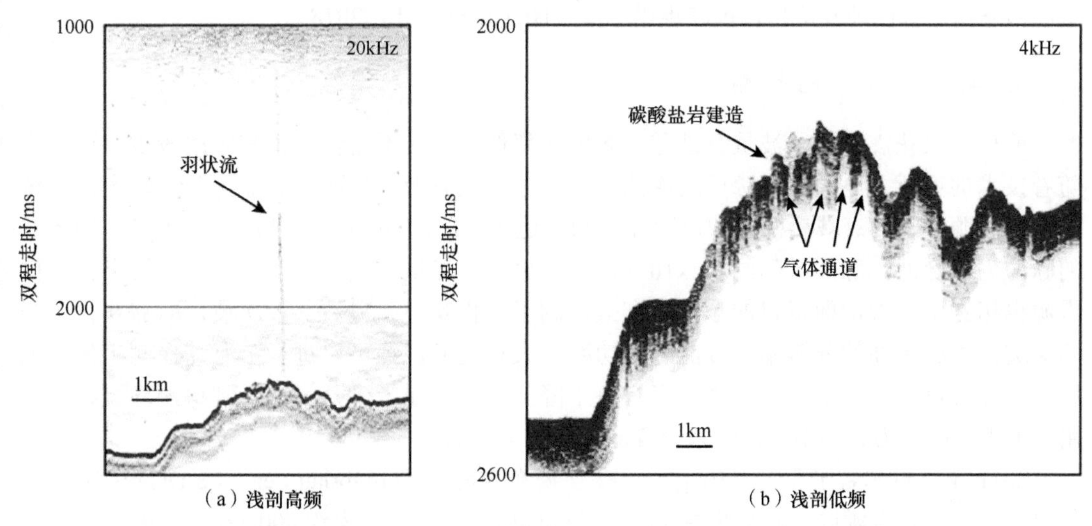

图 3-60　ATLAS P70 船载参量阵浅地层剖面系统识别的海底羽状流（单晨晨等，2020）

3.3.4.3　海底埋藏通道（古河道）探测

TOPAS PS18 参量阵浅地层剖面系统穿透深度可达 100m，分辨率约 30cm。由图 3-61 中显示的埋藏通道位于多格滩的东北部，侵蚀特征明显，宽 3000m，深 12m，是北海湖泄洪的突破点，可以分为上下两部分，沿着这条路径，在突破点下游约 300km 处，沉积了厚

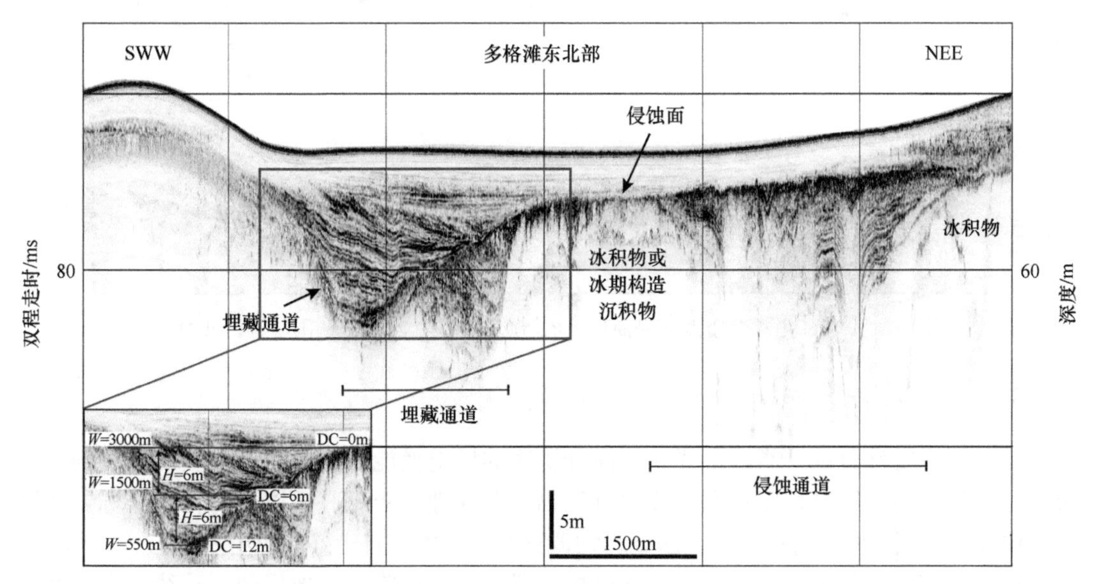

图 3-61　TOPAS PS 18 船载参量阵浅地层剖面系统识别的埋藏通道与侵蚀界面（Hjelstuen et al.，2018；杨国明等，2021）

W，宽度；*H*，高度；DC，深度

达 10m 的堆积物，具有递进–堆积的沉积模式，这是冰堰湖溃决沉积的典型特征。通过模拟计算流速、流量变化，得出北海湖的泄洪时间与湖泊容量等信息。侵蚀面上发育沙波、沙丘，下部为冰积物或侵蚀残留物，声波难以穿透（Hjelstuen et al.，2018）。

3.3.4.4 海底峡谷探测

前期电火花震源的子波重复性差、充电效率低、性能不稳定导致其应用较少，近年来随着技术的革新，电火花震源日渐成熟，不同电火花震源系统的探测能力差异较大，传统电火花震源激发的衰减震荡脉冲，脉冲时间长达 1×10^{-3}s，分辨率较低；等离子体震源激发的脉冲为单脉冲，脉冲时间约 0.2×10^{-3}s，带宽更大，能量传输效率高，分辨率较高。立体震源也拓宽了地层剖面资料的频带，有效压制了随机噪声、鬼波、多次波，能够获得更强的穿透能力和更高的分辨率。目前的大功率电火花震源已经可以进行全海深探测工作，地层穿透深度可达几百米，其分辨率会有所下降，从几十厘米到几米，受到探测环境、所选用的电火花的能力、频率与接收系统等多方面因素影响。

2011 年“贝尔吉卡”号（Belgica）在坎塔布连海［Can-tabrian Sea（Le Danois Bank）］使用 SIG 电火花震源进行海底峡谷探测（Liu et al.，2019），频率约 800Hz，2.5s/Ping，穿透深度可达 500ms，约 350m，分辨率约为 1.5m。电火花震源探测剖面（图 3-62）清晰地展示了峡谷内的沉积物分布形态和泥沙运移情况，能够清晰识别由泥沙运移形成的结构、底部的不整合界面与块体搬运沉积体系。

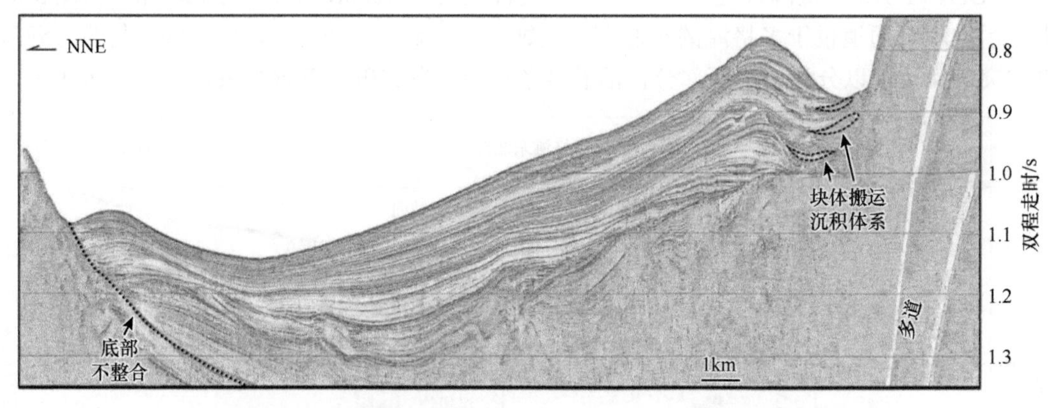

图 3-62　SIG 电火花震源探测海底峡谷（Liu et al.，2019；杨国明等，2021）

3.3.4.5 海底管线与沉船等特殊目标探测

针对海底特殊目标调查，主要应用高分辨率的压电换能器型与参量阵型浅地层剖面系统，这两种类型能够有效穿透海底浅层沉积物，发现埋藏于海底面以下的特殊目标，在海底气体泄漏探测、海底管线探测、水下文物调查等领域中具有良好的应用效果。

在管线探测工作中，高分辨率的压电换能器型和参量阵型浅地层剖面系统具有良好的应用效果，无论管线是否有掩埋、悬空等现象，都能清晰地探测出管线的平面位置和埋藏深度。在管线探测中增大生比波束角、增强绕射弧，利用管线产生的绕射弧来确定管线位置、埋深或悬跨。2008 年，Tian 用频率为 3.5kHz，脉冲时间 4×10^{-4}s，波束角为 50° 的浅地层剖面仪（Klein Model 532S-101）与侧扫声呐结合的拖鱼进行管线调查，结果显示管线外径 0.2m，浅埋于海底面以下 0.5m［图 3-63（a)］。

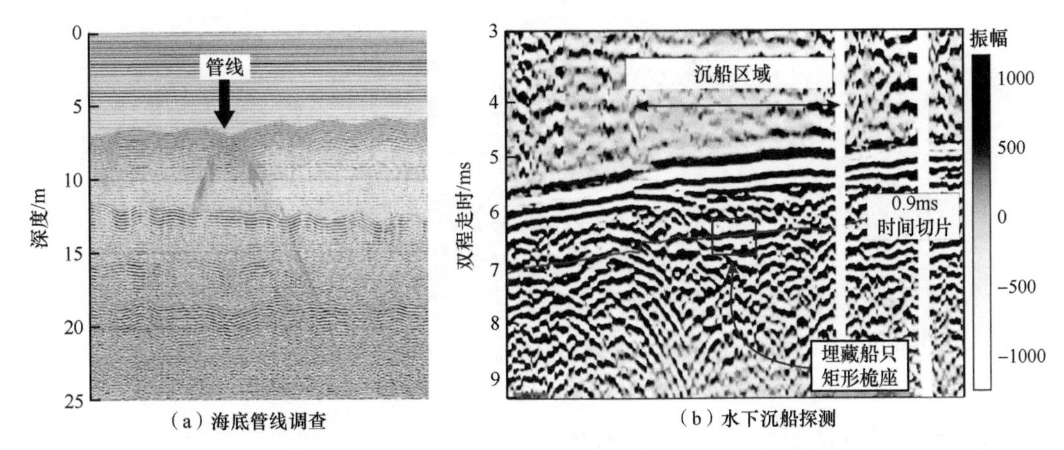

图 3-63 浅地层剖面中展示的海底浅埋物体特征（Tian，2008；Plets et al.，2009）

浅地层剖面探测技术也可进行大范围水下文物调查与研究，与传统的水下文物探测方法（水下拖网和潜水法）相比，浅地层剖面探测法具有探测深度大、作业效率高、对文物无损害等优势。高分辨率的压电换能器型浅地层剖面仪能够更精细地展示水下文物的位置、形态等特征。2009 年，Plets 等在汉布尔（Hamble）河使用 3D-Chirp 浅地层剖面仪［图 3-63（b)］进行三维高分辨率浅地层剖面探测，图 3-63（b）为探测结果的截面图，分辨率高达 7cm，图 3-63 中的矩形反射特征展示出船舶的桅座。近年来浅地层剖面仪在国内水下文物探测工作中也得以应用，取得了丰富的成果。

3.3.4.6 海底移动潮流沙脊探测

潮流沙脊是在砂质底质上发育的一种垄状地貌，宽度可达几十米至几千米，长度可达几千米至几十千米，甚至几百千米，高度可从几米至二三十米。潮流沙脊一般发育在有丰富的砂质来源和潮流流速在 2～4kn 的潮流场中（张永明等，2015）。

通过对潮流沙脊的研究可获取有关气候和海平面变化、沉积动力和物源等方面的信息。自 20 世纪 70 年代以来，我国已基本查明近海陆架潮流沙脊的分布、形态和沉积物特征，并针对潮流沙脊物源、沉积动力机制及沙脊成因、迁移和演化模式进行了多学科调查研究，取得了一系列研究成果。

利用山东半岛成山角以北海驴岛附近海域的侧扫声呐和浅地层剖面资料分析该海区潮流沙脊发育情况。调查设备包括：①定位设备使用 Trimble 公司 DSM212L 型 DGPS 接收机，定位精度为亚米级。②浅地层剖面仪为挪威 Kongsberg 公司 Topas PS 40 参量阵浅地层剖面仪，船底固定安装，配有 MRU-5 运动传感器，可实时校正测量船姿态。发射脉冲为 Chirp 波，频率 2.0～5.0kHz，采样频率 100kHz。③侧扫声呐为 Klein 3000 侧扫声呐，发射频率低频为 100kHz，高频为 500kHz，单侧量程 200m，高低频同时记录，调查方式为拖曳式。调查时浅地层剖面和侧扫声呐同步记录。通过对侧扫声呐和浅地层剖面调查资料处理分析，绘制该测线综合解译图（图 3-64）。

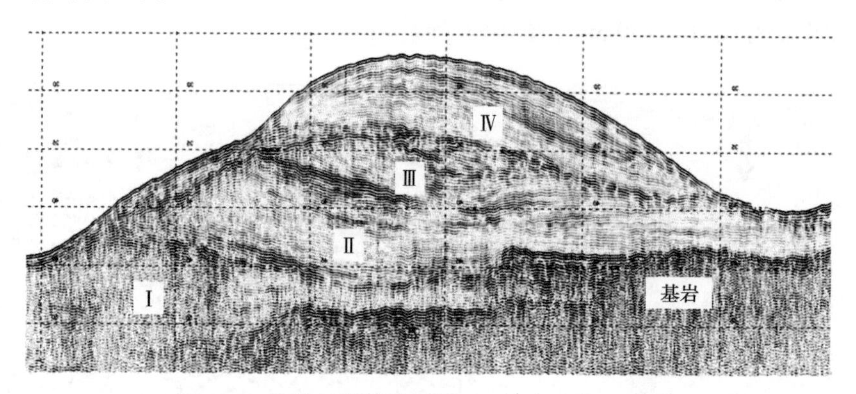

图 3-64　潮流沙脊浅地层剖面（张永明等，2015）

3.3.4.7　浅地层剖面三维探测系统

三维浅地层剖面探测能够更精细、更直观地展示出探测区域的三维特征，从 20 世纪末国外研究者就已经将三维浅地层剖面探测技术应用于冰川沉积物、浅埋沉船等研究，经过长时间的发展，国外三维浅地层剖面探测技术较为成熟，研制出 3D-Chirp、Seanap 3D、VHR 3D 等众多三维浅地层剖面设备，并应用于实际探测工作中。国内的三维浅地层剖面探测技术发展滞后，与国外差距大。目前获取三维浅地层剖面的主要方法包括利用水听器阵采集三维探测数据和把二维数据通过计算处理得到三维数据两种，主要差异为网格大小与形成方式，前者可以生成分米甚至厘米级网格，得到较为精细的三维图像，后者受测线密度限制网格较大。通过水听器阵采集三维探测数据分辨率和探测精度更高，但是相应探测成本也更高，探测目标区域更小，加大测线密度，通过算法得到三维数据体的方法分辨率与探测精度下降，网格大小与测线间距相关，能够进行较大范围三维探测。

三维浅地层剖面探测系统分辨率和探测精度与震源类型也关系密切，从压电换能器到电磁式再到电火花震源，声波频率、分辨率和探测精度逐渐降低，目标区域则能有所增加。与其他三维反射地震探测系统相比，3D-Chirp 浅地层剖面仪震源与水听器阵固定（图 3-65），解决了震源与水听器相对位置不确定带来的问题。

2016 年，Kim 等在韩国东部郁陵海盆进行浅地层剖面探测，目标区域大小为 1km×1km，水深约 2165m，利用船载 SyQwest Bathy 2010 震源，测线间距约为 20m，船速约 5kn，每次脉冲间隔 8s，工作频率为 4kHz（2750～6750Hz），由 60 个水听器组成的 4 个接收阵采集数据，所得结果垂向分辨率可达 10cm，通过移动平均法设置不同的网格进行计算，最终获得区域三维数据体（图 3-66），清晰展示出断层在三维空间中的形态特征。与二维探测相比，三维浅地层剖面探测能够更直观地展示探测区域的空间展布特征，在浅部精细结构探测、水下文物调查、海洋工程等领域具有广阔的应用前景，但受到探测效率低、数据处理困难等制约。

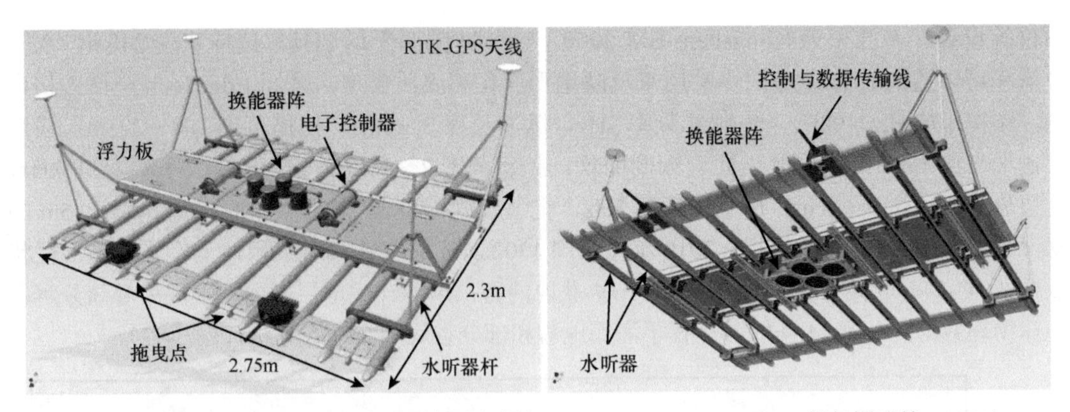

图 3-65 3D-Chirp 高分辨率浅地层剖面仪框架（Gutowski et al.，2008；据杨国明等，2021）

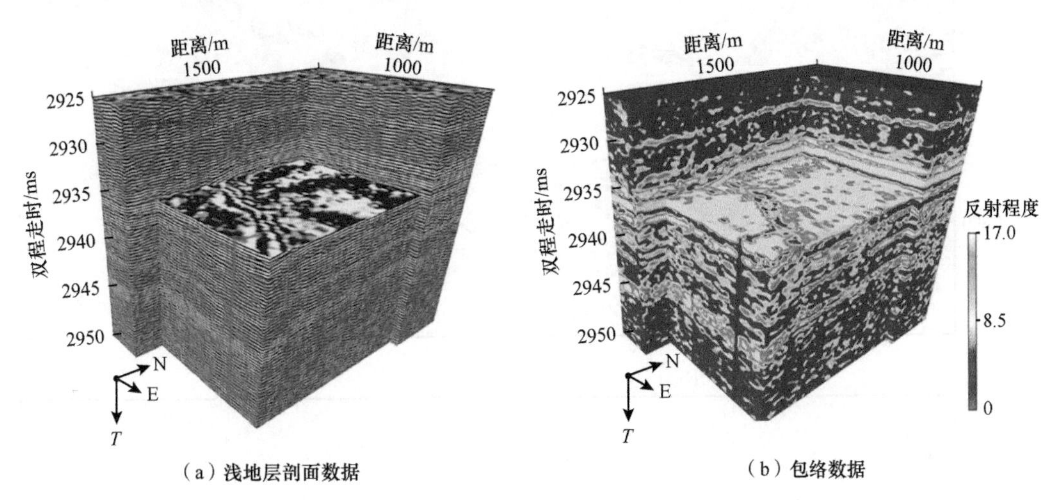

（a）浅地层剖面数据　　（b）包络数据

图 3-66 三维浅地层剖面数据体（Kim et al.，2016；杨国明等，2021）

3.3.4.8 AUV 搭载的高分辨率浅地层剖面探测系统

以往对深水区地层结构的探测主要依赖二维、三维反射地震资料和浅地层剖面。前者探测深度几千米，分辨率较低，在数米至数十米之间；后者探测深度较浅，几十米到几百米，容易受到能量吸收和复杂作业环境干扰，设备分辨率较高，但实际获取的数据质量较差。即便是能量和探测精度更高的电火花震源，其分辨率也只有约 2m。这对于研究深水区海底沉积层的精细结构是不够的。AUV 探测是加载各种探测设备的自主水下航行器，保持与海底几十米的距离并按照设定的路由线路进行数据采集，具有很好的横向和纵向的分辨率，如中海油田服务股份有限公司 3000m 级 AUV 携带的 EdgeTech 2200-M 浅剖仪的垂向分辨率可达 6～10cm（刘铮等，2021）。

通常可采用三维地震数据和 AUV 资料进行对比分析。三维地震数据的时间采样间隔 2～4ms，空间采样间隔 6.25m×12.5m，上部 1500m 地层主频约 40Hz。三维地震数据中的海底反射时间经时深转换生成水深图（海水声速取值 1500m/s）。AUV 资料使用 Echo Surveyor Ⅲ（Kongsberg Hugin 1000 AUV）采集，主要加载了多波束、旁扫声呐和浅地层剖面仪等设备。多波束为 Kongsberg EM 2000，声脉冲频率平均 2Hz，扫描宽度 240m，水平分辨率可以达到 0.6m；旁扫声呐用来反映地形变化和底质类型，采用 EdgeTech 全谱旁扫声呐，频率 105kHz/410kHz，声脉冲频率 3Hz，脉冲长度 2～9ms，扫描范围 100～221m；浅地层剖面仪为 EdgeTech 全谱线性调频剖面仪，频率范围 2～16kHz，实际工作频率 2～10kHz，地层分辨率可达 3～4cm，声脉冲频率 3Hz，记录长度 143ms。作业时 AUV 在距海底 35m 的水深处以 3～4kn 的速度航行。2010 年在水深 1302.21m 的块体搬运沉积体上实施了重力柱状取样（GC-3），取样长度 3.6m。基于 AUV 获取的旁扫声呐、浅地层剖面和多波束等高分辨率地球物理数据，对第 14 条峡谷进行了海底地貌和部分谷底的浅地层分析（图 3-67）。

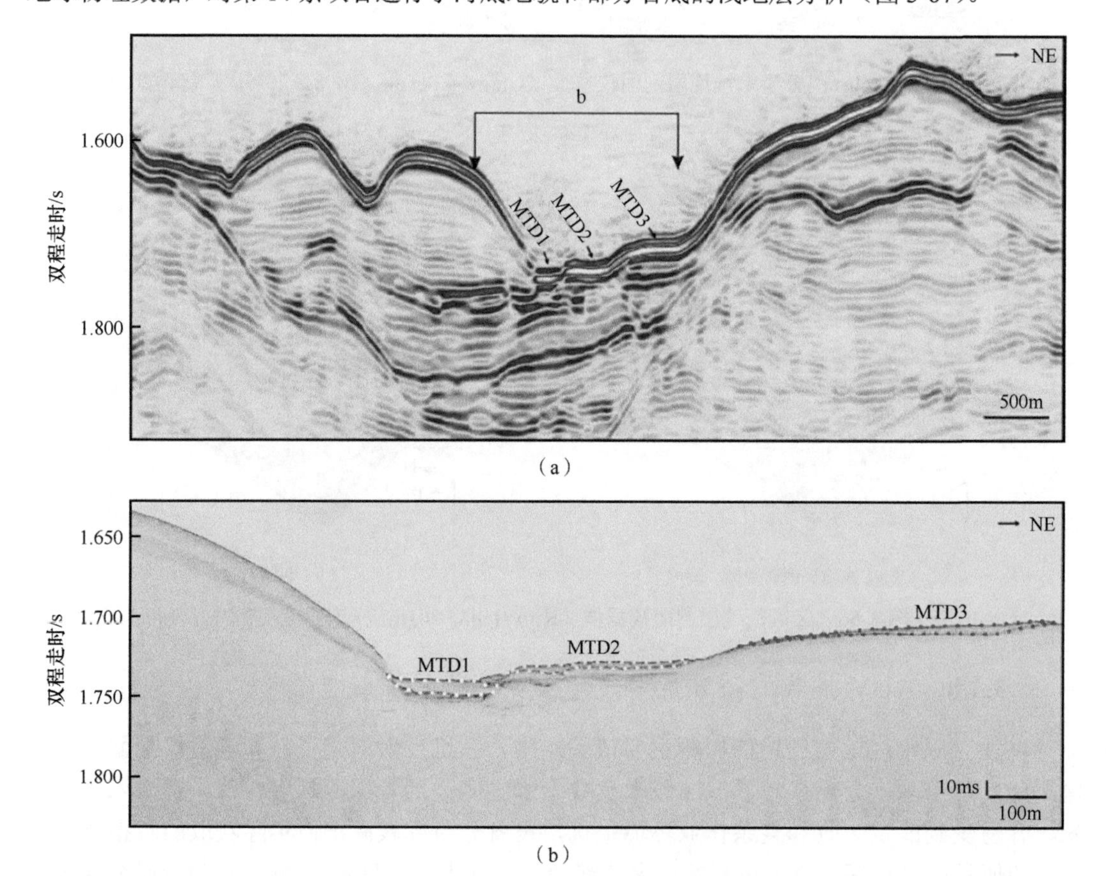

图 3-67　过同一峡谷位置的三维反射地震剖面（a）和 AUV 浅地层剖面（b）（刘铮等，2021）

MTD，块体搬运沉积

神狐峡谷群水深 200～2000m，由 19 条近似平行的峡谷组成。峡谷起源于陆坡的上部，向深水逐渐加宽，最下端汇聚到珠江大峡谷。峡谷长 3.6～36km，宽 1～5km，深 100～400m。峡谷脊部地形崎岖不平，沟壑陡崖普遍发育，峡谷谷底较为平坦。3 个 MTD 分别位于不同台阶上，MTD 的厚度都在 8.4m 及以下，这在常规 2D/3D 地震资料上是难以分辨的（图 3-67）。

3.4 多道反射地震系统

3.4.1 基本原理

利用人工震源激发地震波，利用地震检波器记录反射和折射地震波信号，以探测地下结构的方法称为地震勘探方法。利用单个检波器记录信号的方法称为单道地震勘探，在不同位置布放多个检波器（道）以记录单个震源点激发的地震波方法称为多道地震勘探。

1920 年以来，反射和折射地震方法就被应用于地下结构的成像（Karcher，1987；Keppner，1991），至今仍然是勘探地球物理领域最有效的方法。虽然经过了几十年的技术发展，但是基本原理仍然没有变。利用人工可控震源激发产生弹性波，弹性波在岩层中传播时，遇到具有弹性差异的岩层分界面产生反射波或折射波，在它们返回地面或海面时用高度灵敏的仪器记录下来，根据地震波的传播路程和旅行时间，确定发生反射波或折射波的岩层界面的埋深和形状，从而认识地下的地质构造和地层特征。根据作业环境的不同，人工可控震源可以选择炸药、空气枪以及电火花等，记录地震波的仪器在陆地上被称为地震检波器，在海水里被称为水听器。目前在海洋地震勘探中最主要的方法是利用反射波信息的多道地震勘探，称为多道反射地震勘探（图 3-68）。地震勘探一般应包括地震资料的采集、处理和解释三个环节。

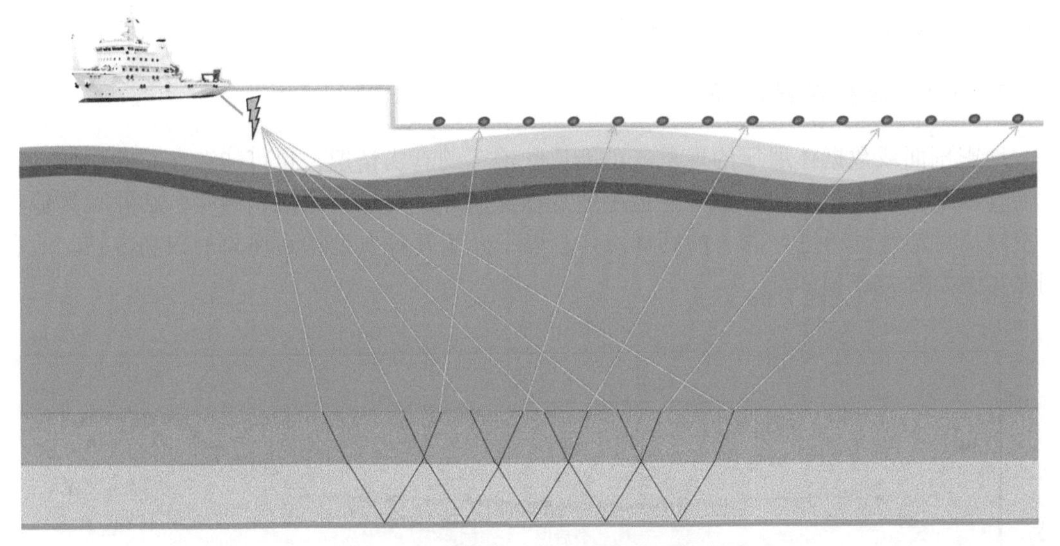

图 3-68 海上多道反射地震勘探示意

3.4.1.1 地震资料采集

多道地震主要用于区域地质调查，如海洋油气资源调查。海洋地震勘探主要通过地震船尾部拖曳内置水听器的电缆、空气枪震源及其他水下设备来实现地震资料的采集。海上震源通常采用空气枪震源，地震船沿着设定航线在走航过程中连续地进行地震波的激发与接收。勘探过程中，多道地震组合接收电缆拖曳于水中最佳接收深度，并处于悬浮状态，组合空气枪或其他类型震源一般从船尾一侧或两侧沉放于水中最佳激发深度上。观测船以5kn左右的速度沿测线航行，每航行一定距离或时间时激发一次震源，产生的地震波穿透海底地层并通过反射的方式将不同深度的地层信息返回，相关信号被多道电缆的接收装置获取后，再通过数字地震仪进行放大、采样、增益控制、模拟转换并记录在磁带或者磁盘上，从而完成对海底反射层界面的一次覆盖观测。这种常用的多道地震观测方法称为多道连续剖面法，该方法要求地震震源等时或等间距连续激发，从而实现对海底目标地层的多次覆盖观测。

3.4.1.2 地震资料处理

地震数据在野外采集完成后，需要利用大型计算机根据地震勘探基本原理等进行数据处理工作，以获得地震剖面图及地震波速度等成果数据。地震资料处理非常复杂，方法多样，但总结起来主要有三个基本阶段，通常按照应用的顺序分为反褶积、叠加和偏移。反褶积是从记录的地震道中消除被地层和记录系统等因素所改造的震源时间函数，从而提高时间分辨率。叠加是通过对每一个共中心点道集作正常时差校正，然后将它们沿偏移距方向叠加，得到叠加剖面。偏移是一个使绕射波收敛，并将叠加剖面上的倾斜同相轴归位到地下真实位置上的过程，本质上讲是一个空间反褶积过程，可以改善空间分辨率。除此以外的其他处理技术均可以看作是用于改进上述基本处理效果的。选择适合研究工区特点的最佳处理流程和参数是做好地震数据处理的关键。

3.4.1.3 地震资料解释

地震剖面或数据体展示的现象既可能反映地下的真实情况，也可能存在某些假象。这就需要以地质理论和规律为指导，运用地震勘探原理，并综合地质、测井、钻井和其他物探资料，对地震资料进行深入的解释工作。以下介绍几种典型构造现象的识别方法，地震剖面实例如图3-69所示。

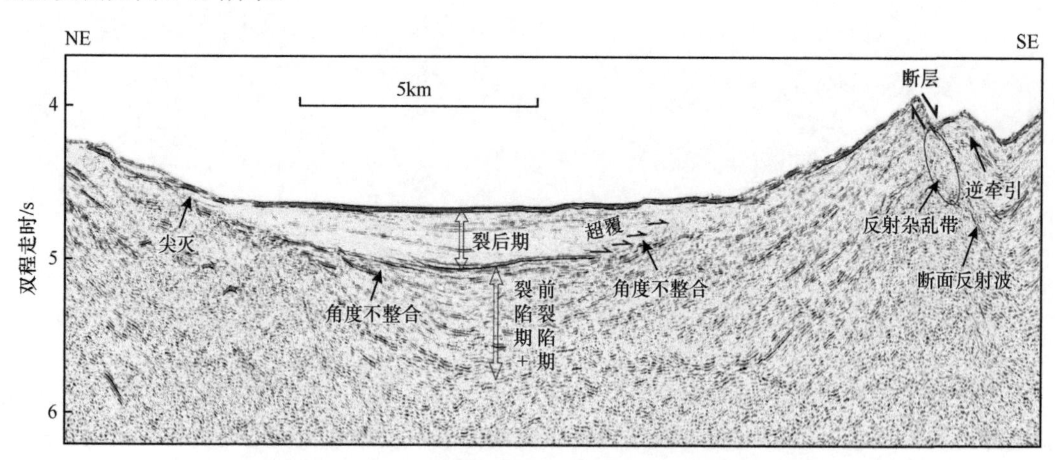

图3-69 地震剖面解释的典型构造现象（栾振东和董冬冬，2019）

（1）断层面识别

断层是一种普遍存在的地质现象，对区域构造演化及油气藏的运聚都具有重要的指示意义，因此正确解释断层是地震资料解释中的一个重要环节。断层的主要识别标志在于反射同相轴的错断、数量变化、形状突变等，如果断距较大，断层面两侧具有不同岩性的地层直接接触时，断层面成为一个较明显的波阻抗界面，会产生断面反射波，而在断层的下盘会引起屏蔽作用，使得断层面下方往往出现杂乱反射带甚至空白带。

（2）逆牵引背斜

伸展正断层广泛伴生有逆牵引背斜，在含油气盆地内，油气常富集在这类构造圈闭中。这类构造在地震剖面上的典型特征为：出现在同生正断层下降盘，靠近断层处断距较大，远离断层断距减小；深浅层构造高点不吻合，向深部逐渐偏移，偏移轨迹与断层大体平行。

（3）不整合面

不整合面是地壳升降运动引起沉积间断、剥蚀，之后又发生沉积的作用面，分为平行不整合和角度不整合两种。平行不整合上下地层产状一致，不易识别，但因不整合面上下波阻抗差较大，反射振幅较强，可以以此作为识别标志。角度不整合上下地层产状不一致，呈一定角度相交，反射波波形和振幅不稳定。如图 3-69 所示的角度不整合面将下部的裂陷期与上部的裂后期地层相分隔，下部地层发生明显的构造变形。

（4）超覆、退覆和尖灭

超覆是新地层依次超越下伏老地层，沉积范围扩大所形成；退覆则相反，为新地层的沉积范围依次缩小而形成；尖灭是指地层的厚度逐渐变薄以至消失，时间剖面上总体表现为同相轴的合并靠拢。

3.4.2 海上高精度地震勘探采集装备

我国从“十五”开始，相继研制成功了“海亮”拖缆采集记录系统、“海燕”拖缆控制与定位系统、“海途”综合导航系统和“海源”气枪震源控制系统这 4 套具有自主知识产权的海上高精度地震勘探系统成套装备（物探船 4 套核心设备），并进行了先导性示范应用（阮福明等，2017；杜向东，2018）。

3.4.2.1 “海亮”拖缆采集记录系统

传统的海洋地震拖缆多采用充油电缆，其生产成本相对较低，但是也具有不环保且噪声大等缺点。固体电缆即使现场使用过程中受到破坏也不会对海洋环境造成危害，不会因破皮进水进气而影响信号接收质量，信号保真度高、故障率低。“海亮”固体电缆利用固体发泡层代替传统液体填充物为整条电缆提供浮力，环保可靠，在电缆内部相应位置布局水听器、通信线圈、采集传输模块等器件实现采集、解析、传输和电缆水下姿态的控制。“海亮”突破进口设备 22m 作业水深的沉放深度限制，可不限水深实施深拖，有效降低干扰波的影响，还形成了 3.125m、6.25m、12.5m 等多种道间距系列产品。

3.4.2.2 “海燕”拖缆控制与定位系统

“海燕”拖缆控制与定位系统是具有完全自主知识产权的国内首套拖缆定位与控制系统，包括上位机控制系统和水下控制设备。通过控制罗经鸟翼板垂直方向移动实现拖缆深度控制，通过控制鸟翼板水平方向移动实现拖缆间距控制，通过声学鸟测距为综合导航系统提供定位数据。“海燕”系统兼容进口及国产水鸟，兼容进口及国产综合导航系统，突破了深度控制限制，打破了国外技术垄断，工作水深可达100m，提供可调节的水平控制、声学测距控制算法，稳定性好、可靠性高、定位精度准。

3.4.2.3 “海途”综合导航系统

“海途”综合导航系统攻克了坐标解算算法及缆形解算算法、炮点预测算法等，实现了物探船的定位与控制。“海途”综合导航系统是海上地震勘探作业中的控制和指挥中心，为勘探船提供实时定位，控制船载其他系统协同工作，实时解算震源位置和检波点位置以及分析反射面元覆盖情况，对地震勘探作业质量进行有效控制，其精度直接关系后期的地震数据处理以及钻井定位。应用表明，“海途”综合导航系统兼容性好，可跨平台，支持常见勘探系统及设备，支持随机震源响炮作业，支持常见操作系统，导航定位精度高。

3.4.2.4 “海源”气枪震源控制系统

气枪震源控制系统是海上地震勘探设备不可或缺的重要组成部分，可完成对气枪震源的激发控制，实时采集气枪同步信号、近场子波信号、压力和深度数据，监控气枪震源的激发质量。“海源”气枪震源控制系统把水下采集的所有数据在气枪附近进行数字化，大大减小炮缆的直径和长度，允许更小的偏移距，实现了高精度的气枪震源同步控制，为高质量的3D、4D地震勘探提供高度重复的、宽频的震源信号。同时，该系统还实现了多种延迟气枪震源控制方式，为随机震源和立体震源提供了更简易的方式，从而能够为多船、宽频等采集新方法提供有效震源保障。

目前，具有自主知识产权的海上高精度拖缆地震采集系统经过大量地震采集作业的实际海试证明，水下大数据量的采集传输可靠，室内操作控制和记录存储系统运行稳定，各项指标与国外同类产品基本持平（表3-13），打破了国外公司在海上地震勘探装备方面长期的技术限制与垄断，填补了我国在该领域的技术空白。

表 3-13　自研地震拖缆采集系统主要技术指标与国际先进水平对比

项目	指标名称	技术指标	国际领先指标	整体对比
记录系统	系统最大支持缆数	16 缆	20 缆	略有不足，但满足需求
	最大记录道数	64 000	80 000	
水下拖缆	每段电缆长度	100m	100m	持平或超出
	道间距	3.125m	6.250m	
	采样率	0.25ms，0.50ms，1.00ms，2.00ms	0.50ms	

续表

项目	指标名称	技术指标	国际领先指标	整体对比
水下拖缆	动态范围	＞115dB	＞115dB	持平或超出
	谐波畸变	＜-106dB	＜-106dB	
	工作深度	0～100m	0～50m	
控制与定位系统	深度控制精度	0.1m	0.1m	持平
	水平控制精度	≤11%	≤11%	

3.4.3 多道反射地震勘探实例

中国科学院海洋研究所于2015～2017年利用“科学”号考察船多次对西菲律宾海盆及雅浦俯冲带开展了综合地球物理调查，在近4000km的地球物理断面上开展重力、磁力、多波束、多道地震等的同步采集，以查明西菲律宾海盆及雅浦俯冲带的地貌、浅部沉积层及深部地壳结构特征。

3.4.3.1 地震资料采集

所用地震电缆为美国Hydroscience公司生产的120道数字地震电缆，有效工作段长度为1500m。震源为法国Sercel公司4支G.Gun气枪组成的枪阵，容量分别为520c.i.、380c.i.、250c.i.和150c.i.，总容量为1300c.i.（图3-70）。最大和最小炮检距分别为1722m和234.5m，其他记录参数见表3-14，海上地震采集场景如图3-71所示。用于区域构造单元划分的水深数据采用2009年美国国家地球物理数据中心发布的ETOPO1数据（Amante and Eakins，2009）。

	G. GUN Ⅱ 150	G. GUN Ⅱ 250	G. GUN Ⅱ 380	G. GUN Ⅱ 520
可变体积/c.i.	45×50×60×70×80×90×100×110×120×130×140×150	180×200×210×220×250	320×340×350×360×380	520
长度	L=597mm	L=597mm	L=640mm	L=640mm
宽度	W=292mm	W=292mm	W=292mm	W=292mm
重量	55kg	65kg	85kg	90kg

图3-70 人工可控震源–空气枪

表3-14 多道地震数据采集参数

气枪总容积/c.i.	震源工作压力/psi	道间距/m	接收电缆道数	放炮间距/m	记录长度/s
1300	2000	12.5	120	50	12

注：1psi=6.895kPa

图 3-71　海上地震资料采集过程

3.4.3.2　地震资料处理

地震数据处理采用二维叠前时间偏移（2DPSTM，2D Pre-Stack Time Migration）处理流程。利用专业地震处理软件，针对深水资料特点，部分应用自编软件模块，重点从振幅补偿、叠前保幅综合去噪、组合反褶积、多次波衰减、精细偏移速度场建立、二维叠前时间偏移成像等方面，优选处理模块和参数建立了一套适用于西菲律宾海和雅浦海区的地震处理流程，图 3-72 展示了某炮集记录和速度分析图。最终完成地震资料精细处理，得到清晰准确的二维地震剖面，图 3-73 展示了叠加剖面和偏移剖面的对比。

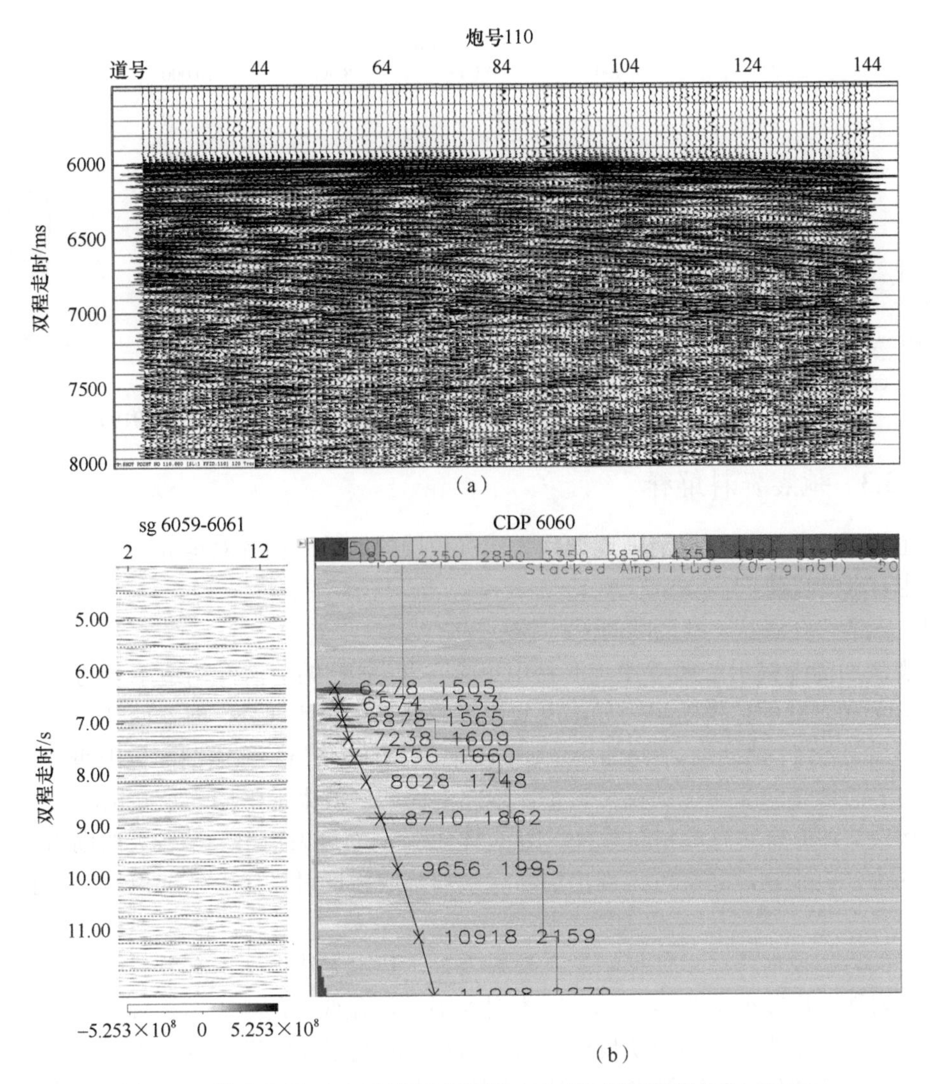

图 3-72 炮集记录（a）和速度分析图（b）（栾振东和董冬冬，2019）

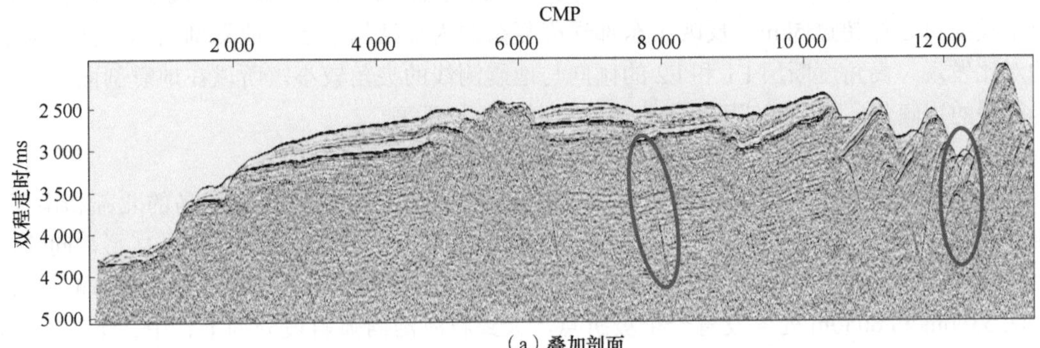

（a）叠加剖面

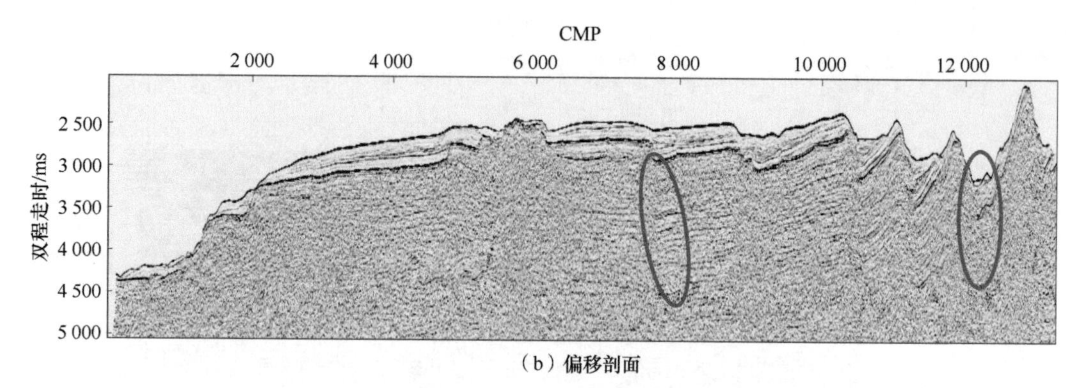

（b）偏移剖面

图 3-73　地震数据处理的叠加和偏移剖面对比（栾振东和董冬冬，2019）

3.4.3.3　地震资料解释

多道地震反射剖面可以清晰地识别大洋沉积层的地震结构并对地壳内部结构特别是浅部结构也有较好反映。

（1）西菲律宾海盆二维地震剖面

地震剖面清晰揭示了西菲律宾海盆中央裂谷和九州–帕劳海脊构造单元的洋壳反射特征。以 129°30′E 处的转换断层为界，海盆可大致分为东西两部分。海盆两部分的洋壳结构呈现较明显的差异，指示了不同的构造演化过程。图 3-74（a）地震剖面位于西部中央裂谷的北侧，具有西部海盆典型的反射特征。地震剖面和多波束地形图均反映出海底呈现明显的扩张构造，即海脊和海槽相间发育。图 3-74（a）剖面可识别出三个较大的坳陷，浅部发育稳定的远洋沉积物，之下可识别出清晰连续的基底强反射，代表了沉积物形成前的海底扩张事件。

洋壳的内部反射特征以低振幅杂乱反射为主，基本无法识别出有效反射层，反映出下部洋壳的岩性变化较小［图 3-74（a）］。整体来看，海盆西部的地壳结构较为均一，只有在局部区域可识别出强振幅的丘状反射。与此相对，海盆东部的洋壳内部广泛分布较强振幅的丘状反射以及高角度的倾斜连续反射，而且反射体的规模很大。图 3-74（b）地震剖面位于东部中央裂谷的南侧，具有东部海盆典型的反射特征。洋壳内部发育大规模强振幅反射，单个反射可延伸超过 5km，反映了东部洋壳复杂的内部结构。通过地震剖面和多波束地形的对比发现，高角度断层 F1 和 F2 的倾向与地震测线的夹角较小，所以在地震剖面上表现为较缓的视倾角，断层下部则近于水平，且断面崎岖不平。

（2）雅浦俯冲带

垂直雅浦海沟走向的两条地震剖面 YP15-1 和 YP15-2 分别位于雅浦岛的北部和南部，相距 80km（图 3-75）。YP15-1 剖面段揭示的雅浦海沟两侧斜坡呈现不对称的 V 形，向弧一侧较陡，向洋一侧相对较缓。雅浦岛弧的横截面表现为典型的锥形构造［图 3-75（a）］。在水深 5300m 和 6050m 处各发育一个坡折点，大致将海沟向弧斜坡分为上、中、下三部分，坡度分别为 19°、4° 和 13°。地震测线 YP15-1 走向与 YP15-2 基本平行，雅浦海沟在该剖面上的形态基本呈现对称的 V 形。YP15-2 测线的海沟向弧斜坡同样存在两个坡折点，但是水

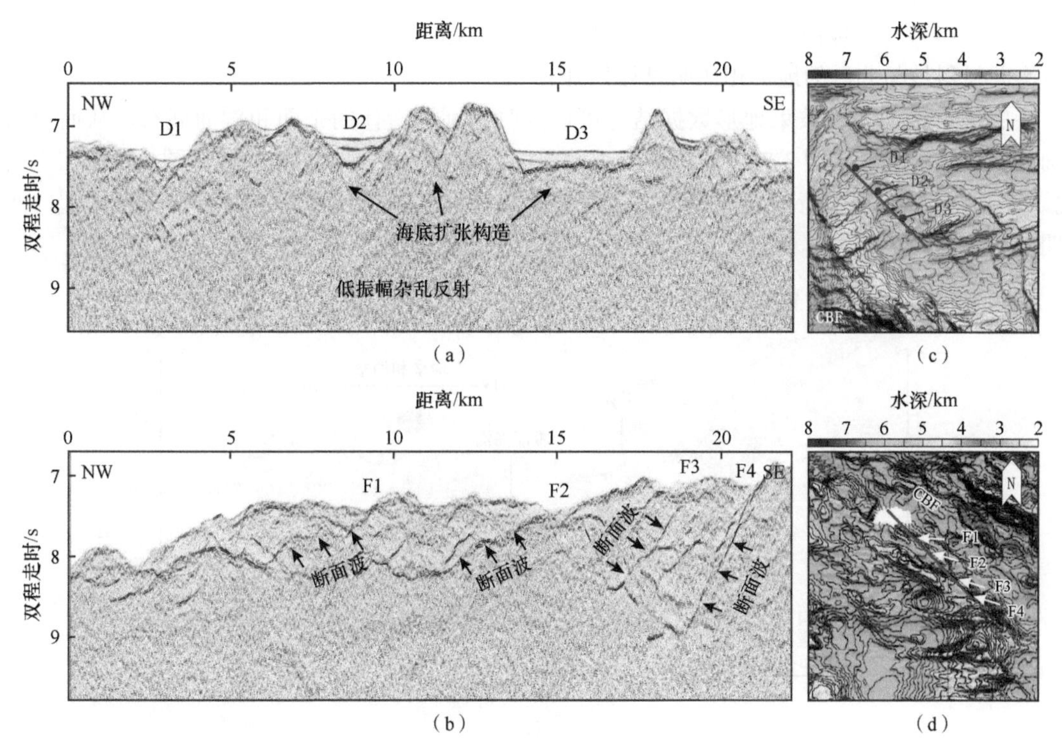

图 3-74　西菲律宾海盆东西两侧的洋壳结构（栾振东和董冬冬，2019）

（a）是中央海盆裂谷西部区域；（b）是中央海盆裂谷区域东部；（c）是剖面（a）附近的多波束地形图；（d）是剖面（b）附近的多波束地形图。D1～D3 分别对应图 3-74（c）中的 3 个坳陷，F1～F4 分别对应图 3-74（d）中的 4 条断裂，（c）和（d）中的红线分别指示（a）剖面和（b）剖面在多波束地形图的上位置。多波束地形图引用自 Deschamps 和 Lallemand（2002）

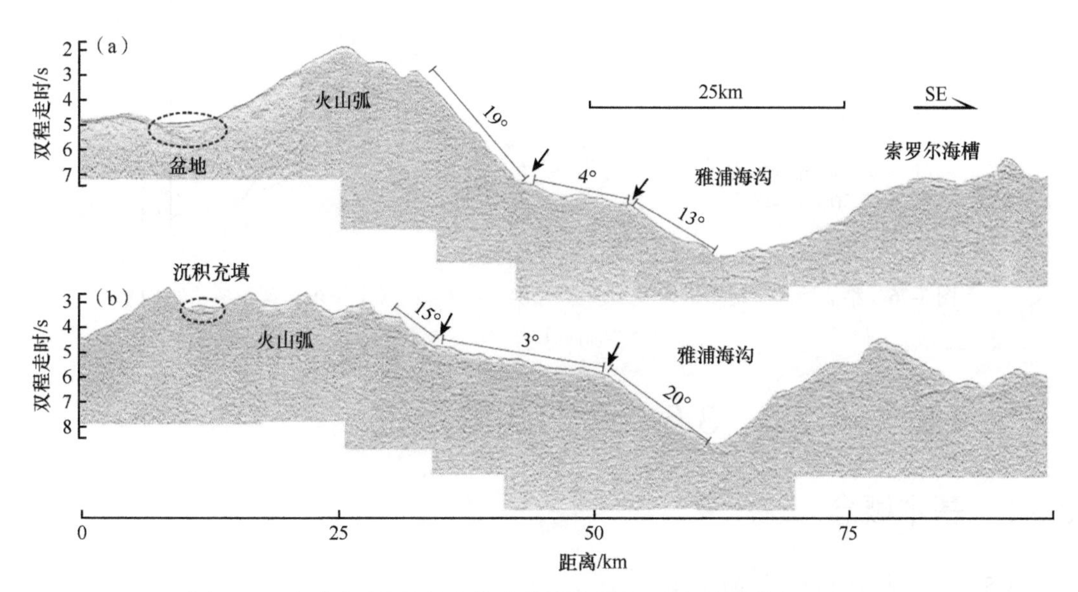

图 3-75　穿过雅浦海沟的南北地震剖面对比（栾振东和董冬冬，2019）

（a）YP15-1 剖面段，（b）YP15-2 剖面段，箭头所示为坡折点的位置深相对小得多，斜坡的上、中、下三段坡度分别为 15°、3° 和 20°，这反映了雅浦岛南部的海沟向弧斜坡与北侧的地形相比明显被抬升。

将地震剖面与多波束地形数据结合可以同时识别构造体的平面和剖面展布，从而更精确地进行地震解释。图 3-76 即为 YP15-1 地震剖面与多波束地形的综合解释图，可以在火山弧的向沟一侧识别出清晰的滑塌体，在斜坡上呈南北向条带状展布，并进一步可识别出两期滑塌事件。

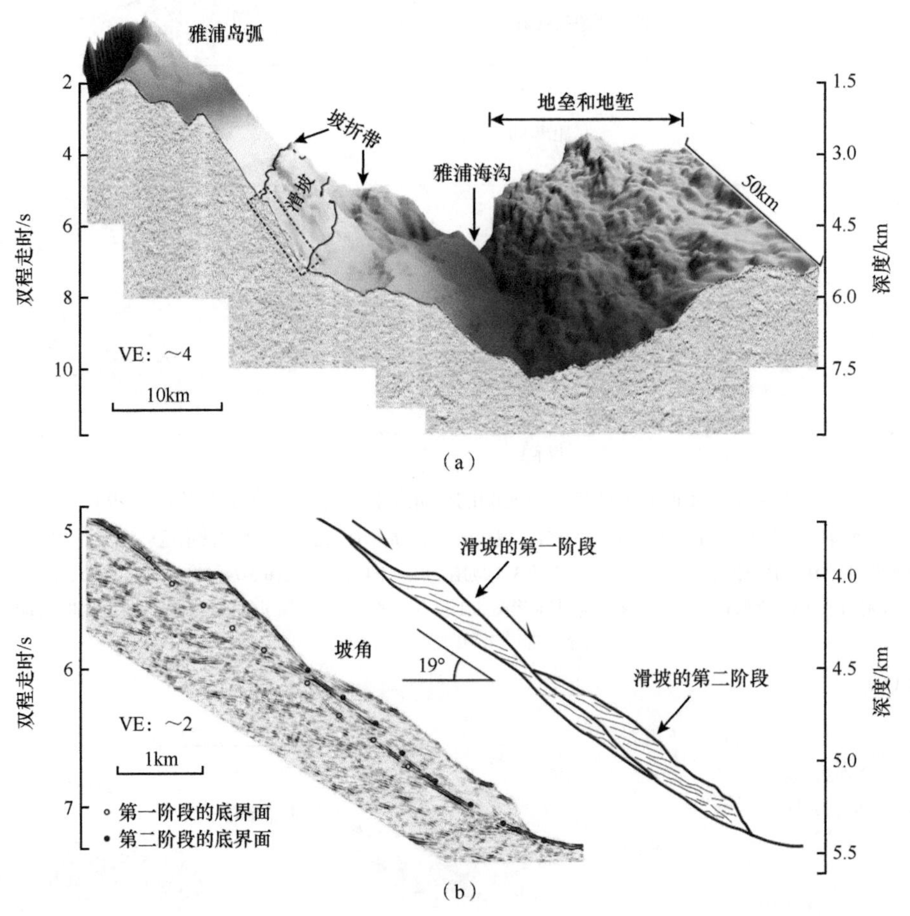

图 3-76　雅浦俯冲带地震剖面及多波束地形综合解释图（栾振东和董冬冬，2019）

剖面同图 3-75（a）

3.5　重力测量系统

3.5.1　基本概念

3.5.1.1　重力和重力加速度

地球是一个具有一定质量、两极半径略小于赤道半径的旋转椭球体。在这个椭球体的

表面有一物体 A 同时受到两种力的作用（图 3-77）：一是地球全部质量对它所产生的引力 $\boldsymbol{F}$，大致指向地心，太阳、月亮的天体质量的吸引力很微小，暂忽略不计；二是地球自转而引起的惯性离心力（简称离心力）$\boldsymbol{C}$，它的方向与地球自转轴 NS 垂直而向外。这两种力的合力 $\boldsymbol{G}$（矢量和）就称为重力［式（3-6)］，它的方向大致指向地心。A 受重力的方向就是该处的（铅）垂线方向。

$$\boldsymbol{G}=\boldsymbol{F}+\boldsymbol{C} \tag{3-6}$$

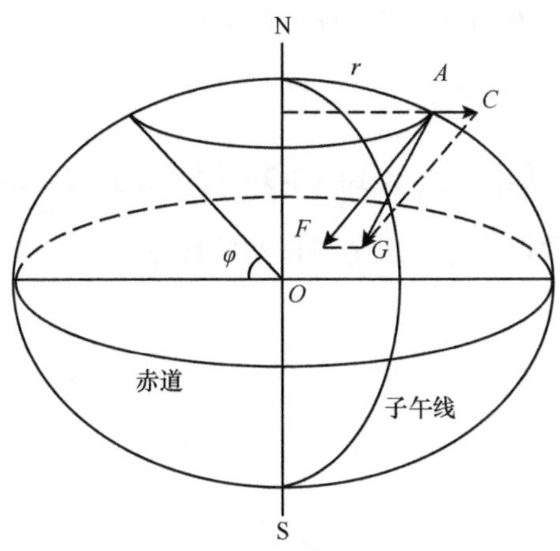

图 3-77　地球的重力

在重力的作用下，当物体自由下落时，将产生加速度，这个加速度 $\boldsymbol{g}$ 称为重力加速度。它与重力 $\boldsymbol{G}$ 之间的关系为

$$\boldsymbol{G}=m\boldsymbol{g} \tag{3-7}$$

式中，m 为物体的质量；$\boldsymbol{g}$ 为重力加速度。以 m 除该式两端，则得

$$\frac{\boldsymbol{G}}{m}=\boldsymbol{g} \tag{3-8}$$

由此可知，重力加速度在数值上等于单位质量所受的重力，其方向也与重力相同。由于重力 $\boldsymbol{G}$ 与质量 m 有关，不易反映客观的重力变化，以后不特别注明时，凡提到重力都是指重力加速度或重力场强度。

在法定计量单位制中重力的单位是 N，重力加速度的单位是 m/s^2。规定 $10^{-6}m/s^2$ 为国际通用重力单位（gravity unit），简写成 g.u.，即

$$1m/s^2=10^6 g.u.$$

为了纪念第一位测定重力加速度的物理学家伽利略，重力加速度的 CGS 单位（克、厘米、秒单位制）称为“伽”，用 Gal 表示，即

$$1\ cm/s^2=1Gal=10^3mGal=10^6\mu Gal$$

国内在海洋重力测量中采用 $10^{-5}m/s^2$ 为单位，即常用的 mGal（毫伽），本书在此也采用 mGal。在美国等国家，最常用的单位还是 mGal。

重力的数学表达式：取直角坐标系，原点选在地心，Z 轴与地球的自转轴重合，X、Y 轴在赤道面内（图 3-78）。根据牛顿万有引力定律，地球质量对其外部任一点 A（x，y，z）处的单位质量所产生的引力 $\boldsymbol{F}$ 为

$$\boldsymbol{F}=G\int_M \frac{\mathrm{d}m}{\boldsymbol{\rho}^2}\frac{\boldsymbol{\rho}}{\rho} \tag{3-9}$$

式中，G 为万有引力常量，根据实验测定其值为 $6.672\times10^{-11}\mathrm{m}^3/(\mathrm{kg}\cdot\mathrm{s}^2)$；$\mathrm{d}m$ 为地球内部的质量元，其坐标为（ξ，η，ζ）；$\boldsymbol{\rho}$ 为 A 点到 $\mathrm{d}m$ 的距离，即

$$\boldsymbol{\rho}=(\xi-x)^2+(\eta-y)^2+(\zeta-z)^2$$

$\dfrac{\boldsymbol{\rho}}{\rho}$ 为 A 点到 $\mathrm{d}m$ 方向的单位矢量。式（3-9）的积分应遍及地球的所有质量 M。万有引力常量 G 不能由天文观测数据决定，而是通过实验计算。

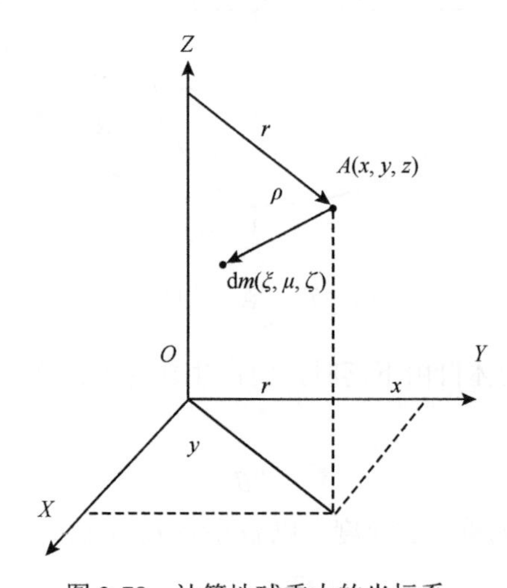

图 3-78　计算地球重力的坐标系

随地球自转而引起的单位质量的惯性离心力 $\boldsymbol{C}$ 为

$$\boldsymbol{C}=\omega^2\boldsymbol{r} \tag{3-10}$$

式中，ω 为地球自转角速度；$\boldsymbol{r}$ 为自转轴到 A 点的矢径，其距离大小为 $\boldsymbol{r}=(x^2+y^2)^{1/2}$，方向由自转轴过 A 点向外。

为便于计算，需把引力及惯性离心力改写为沿 X、Y、Z 三个坐标轴方向的分量。从图 3-78 可以看出，引力 $\boldsymbol{F}$ 与 X、Y、Z 三个坐标轴夹角的方向余弦分别为

$$\begin{aligned}\cos(\boldsymbol{F},X)&=\frac{\xi-x}{\rho}\\ \cos(\boldsymbol{F},Y)&=\frac{\eta-y}{\rho}\\ \cos(\boldsymbol{F},Z)&=\frac{\zeta-z}{\rho}\end{aligned} \tag{3-11}$$

惯性离心力 $\boldsymbol{C}$ 的方向余弦分别为

$$\begin{aligned}\cos(\boldsymbol{C},X)&=\frac{x}{r}\\ \cos(\boldsymbol{C},Y)&=\frac{y}{r}\\ \cos(\boldsymbol{C},Z)&=0\end{aligned}\tag{3-12}$$

故引力和惯性离心力在 X、Y、Z 三个坐标轴方向的分量分别为

$$\begin{aligned}F_x&=\boldsymbol{F}\cdot\cos(\boldsymbol{F},X)=G\int_M\frac{\xi-x}{\rho^3}\mathrm{d}m\\ F_y&=\boldsymbol{F}\cdot\cos(\boldsymbol{F},Y)=G\int_M\frac{\eta-y}{\rho^3}\mathrm{d}m\\ F_z&=\boldsymbol{F}\cdot\cos(\boldsymbol{F},X)=G\int_M\frac{\zeta-x}{\rho^3}\mathrm{d}m\end{aligned}\tag{3-13}$$

$$\begin{aligned}C_x&=\boldsymbol{C}\cdot\cos(\boldsymbol{C},X)=\omega^2x\\ C_y&=\boldsymbol{C}\cdot\cos(\boldsymbol{C},Y)=\omega^2y\\ C_z&=\boldsymbol{C}\cdot\cos(\boldsymbol{C},Z)=0\end{aligned}\tag{3-14}$$

由式（3-6）得到重力在 X、Y、Z 三个坐标轴方向的分量为

$$\begin{aligned}g_x&=G\int_M\frac{\xi-x}{\rho^3}\mathrm{d}m+\omega^2x\\ g_y&=G\int_M\frac{\eta-y}{\rho^3}\mathrm{d}m+\omega^2y\\ g_z&=G\int_M\frac{\zeta-z}{\rho^3}\mathrm{d}m\end{aligned}\tag{3-15}$$

因此，重力 g 的大小为 $(g_x^2+g_y^2+g_z^2)^{1/2}$，其方向与过该点的水平面内法线方向一致，即一般所说的铅垂方向。

3.5.1.2 引力场、重力场、重力位

（1）引力场

引力场是空间中存在的一种引力作用或效应。当物体存在时，其周围空间中就有与它共存的引力场，二者紧密联系，不可分离，谁也不可能单独存在。引力场的空间分布决定于物体的质量分布；一定的质量分布对应一定的引力场分布。

（2）重力场

地球的重力场是地球周围空间任何一点存在的一种重力作用或重力效应，或为地球表面或其附近一点处单位质量所受到的重力，数值上等于重力加速度。重力场是空间中的一种力或力场，分布于地球表面及其邻近空间；空间中任一质点都受到重力的作用。重力场是引力场和惯性离心力场的合成场。重力场不是重力或其效应存在的区域或空间。重力场

的测量应当是在重力场所在的空间区域或场域中，而不是在重力场中进行（Zeng and Wan，2004；曾华霖和万天丰，2004）。

（3）重力位

利用偏导数求原函数的方法，可以发现式（3-15）表示的三个不同的公式恰恰是下列函数：

$$W(x,y,z)=G\int_v \frac{\sigma \mathrm{d}v}{\rho}+\frac{1}{2}\omega^2(x^2+y^2) \tag{3-16}$$

对 x、y、z 的偏导数，即

$$\frac{\partial W}{\partial x}=g_x,\ \frac{\partial W}{\partial y}=g_y,\ \frac{\partial W}{\partial z}=g_z$$

或

$$\boldsymbol{g}=\mathrm{grad}W \tag{3-17}$$

因此，函数 $W(x、y、z)$ 就是重力场的位函数，简称重力位。这个位函数的存在说明重力场是一个位场，即场力做功与路径无关。

设 V 和 U 分别表示式（3-16）右端第一项及第二项，V 和 U 两个函数分别表示引力场及惯性离心力场的场强度在相应坐标轴上的三分量，所以 V 和 U 分别表示引力位及惯性离心力位，因而式（3-16）可以写为

$$W=V+U \tag{3-18}$$

即重力位等于引力位及离心力位之和。

引力位及惯性离心力位是处处连续而有限的，所以重力位也是处处连续而有限的，显然其一次导数也是处处连续而有限的。

由式（3-17）知，重力位沿任意方向 s 的方向导数等于重力在该方向的分力，假设 s 与 $\boldsymbol{g}$ 垂直，则有 $\frac{\partial W}{\partial s}=0$，所以

$$W=\text{常数}$$

或

$$W(x,y,z)=C(\text{常数})$$

若将上式解出 z，可得一曲面方程：

$$z=f(x,y,z)$$

在上式的右端，若给以不同的常数 C，就得到一簇曲面，称为重力等位面，或水准面。平静的水面上任意一点的重力方向皆与该水准面垂直，否则水就会流动而不能静止，所以水准面也就是重力等位面。平静的海洋面是一个重力等位面，称之为大地水准面。可知，重力等位面与重力方向是垂直的。

重力位的一次导数共有三个，即 W_x、W_y、W_z，其物理意义为重力场在相应坐标轴上的分量（g_x，g_y，g_z）。重力位的二次导数一共有六个，即 W_{xx}、W_{yy}、W_{zz}、$W_{xy}=W_{yx}$、$W_{yz}=W_{zy}$、$W_{zx}=W_{xz}$；其物理意义为 g_x 在 x 方向的空间变化等。W_{xz}、W_{yz} 和 W_{zz} 称为重力梯度值，既是

重力位对不同坐标轴的二次导数，又是重力场强度的 z 分量（g_z）对相应坐标轴的一次导数。

重力位二次导数的单位为 $1/s^2$，但这个单位太大，实用中取 $10^{-9}/s^2$ 为单位，称为厄特沃什，以纪念重力位二次导数测量仪器（扭称）的发明人，匈牙利物理学家厄特沃什。

3.5.1.3 正常重力公式

由于地球形状的不规则和内部质量分布的不均匀性，地球重力位的球谐展开式和水准面形状都是很复杂的，不能直接利用式（3-16）计算。因此，引入与地球水准面形状十分接近的正常椭球体代替地球，假定椭球体是形状和质量分布都很规则地匀速旋转的，椭球体所产生的重力场就是正常重力场，这个椭球体称为正常地球。正常重力场中的等位面称为正常水准面。正常重力场可以作为地球重力场的近似值。

确定正常重力场的方法一般有两种：

1）拉普拉斯（Laplace）方法，即将地球的重力位按球谐函数级数展开，取级数式中最大的几项作为正常重力位，令正常重力位等于不同的常数，可求得一簇正常重力位水准面，假设其中的一个是产生正常重力位的质体的表面，则正常重力场就理解为该质体产生的重力场。

2）斯托克斯（Stokes）方法，即根据地球总质量、地球旋转角速度、地球椭球的长半轴和地球扁率确定椭球体面上及其外部的重力位。这时正常椭球面是一个严格的旋转椭球面。

由正常重力位推算得到的正常椭球体（水准椭球面）上的重力公式称为正常重力公式。

随着人们对地球认识的逐步加深，正常椭球参数的采用值也有一个演变过程。国际大地测量和地球物理学联合会（International Union of Geodesy and Geophysics，IUGG）于 1979 年推荐的 1980 年正常椭球参数是：长半轴 α 6 378 137.0m；扁率 f 1/298.257；地心引力常数 GM $3.986\,005\times10^{14}\mathrm{m^3/s^2}$；地球自转角速度 $\boldsymbol{\omega}$ $7.292\,115\,0\times10^{-5}\mathrm{rad/s}$。

相对应的椭球面上的正常重力公式为

$$\gamma_0 = 978\,032.7\left(1+0.005\,302\,4\sin^2 B-0.000\,005\,8\sin^2 2B\right) \tag{3-19}$$

式（3-19）习惯上称为 1980 年国际正常重力公式（GRS80）（Moritz，1988），式中 B 指测点的地理纬度。

自 2008 年 7 月 1 日起，中国全面启用 2000 国家大地坐标系（China Geodetic Coordinate System 2000，CGCS2000），该坐标系统使用的参考椭球主要参数如下：长半轴 a 为 6 378 137.0m；扁率 f 为 1/298.257 222 101；地心引力常数 GM 为 $3.986\,004\,418\times10^{14}\mathrm{m^3/s^2}$；地球自转角速度 $\boldsymbol{\omega}$ 为 $7.292\,115\,0\times10^{-5}\mathrm{rad/s}$。

相对应的椭球面上的正常重力公式为

$$\gamma_0 = 978\,032.533\,49\left(1+0.005\,302\,44\sin^2 B-0.000\,0058\,2\sin^2 2B\right) \tag{3-20}$$

3.5.1.4 全球重力场模型

全球重力场模型是真实重力场的近似表达，是特指扰动重力位球谐函数或椭球谐函数展开表达式，有时简称为地球位系数模型（黄谟涛等，2005），具体形式如下：

$$T(r,\theta,\lambda)=\frac{\mathrm{GM}}{r}\sum_{n=2}\left(\frac{R}{r}\right)^2\sum_{m=-n}^{n}T_{nm}Y_{nm}(\theta,\lambda) \tag{3-21}$$

式中，$T(r, \theta, \lambda)$ 为扰动位；(r, θ, λ) 为球坐标；T_{nm} 为球谐展开系数；n 和 m 分别表示球谐展开的阶次，在实际应用中，以上展开式只能取到某个固定的最大阶数（$N_{\max}$）。所谓确定全球重力场模型简单说就是根据已知观测数据，求定扰动位球谐展开式中的待定系数 T_{nm}。

全球重力场模型从20世纪30～40年代开始发展，随着卫星技术的发展，全球重力场模型的发展极其迅速。黄谟涛等（2005）系统回顾了全球重力场的发展，基于全球模型EGM96和GPM98CR及其相关信息源，利用我国陆地和海洋重力资料，结合全球卫星测高重力异常，将EGM96模型分别扩展到720阶和1800阶，将GPM98CR模型扩展到1800阶。众多的卫星，尤其是2002年3月发射的GRACE卫星（Tapley et al.，2004）和2009年3月发射的GOCE卫星（Rummel et al.，2011），后者对应的空间分辨率约为100km，精度为1～2cm的大地水准面和1～2mGal的重力异常（Pail et al.，2011），促进了全球重力场模型数量的显著提高，包括EGM2008、EIGEN6-C4、GECO、GOCO06s、XGM2019e等众多国际模型（Zingerle et al.，2020），国内有SWJTU-GOGR01s模型和Tongji-GOGR2019s模型（陈鑑华等，2020）。

全球重力场模型作为重力场各类数值模型的一种解析化形式，由此可以十分方便快速地表示和计算大地水准面、重力异常、垂线偏差以及扰动重力等其他重力场参量，在大地测量学、卫星轨道计算、现代武器发射、地球物理学和海洋学中有广泛的应用（黄谟涛等，2005；吴太旗等，2018）。重力场结构是地球质体密度分布的直接映象，全球重力场模型是研究岩石圈及其深部构造和动力学的重要样本。例如，利用联合卫星海洋测高数据导出的模型已确认了海洋板块边界、海沟海隆和海底高原等海底构造；海洋大地水准面高和与之相当的岩石地形作为两种谱求出了两者之间的相关系数，研究了几十个海槽、海隆和海底高原，确定了相应大地水准面高与地形之比为1～5.5m/km，并用软流圈黏度以及岩石圈年龄和厚度对这一结果进行了解释（宁津生，1994；宁津生等，1994；郑伟等，2010）。McKenzie等（2014）采用GOCE卫星重力资料计算了大洋和大陆岩石圈的有效弹性厚度。Zhang等（2021）利用WGM2012全球重力场模型数据，计算了南海莫霍面深度，并勾画了南海北部洋陆转换带。

3.5.1.5 重力测量参考系统

地球表面上某测点若测定的是重力绝对值，就称为绝对重力测量；若测定的是两点之间的重力差，则称为相对重力测量。相对重力测量为了获得某测点的绝对重力值，必须将一个绝对重力点作为起始点，按点间重力差推算出某测点的绝对重力值。1906～1966年，国际公认德国波茨坦（Potsdam）绝对重力点为世界重力基点。从该点出发推算的重力值称为波茨坦系统。波茨坦基点的绝对重力值为

$$g=(981\,274.20\pm3)\mathrm{mGal}$$

第二次世界大战后由美国军事部门启动了一级重力基准网可靠性测试，并在世界各个

设立二级重力基准网，最终在 1971 年的 IUGG 会议上决定建立国际重力基准网（IGSN-71），以此校准波茨坦基点的重力值。现今几乎所有的重力测量都与之相连接。

由国际重力基准网（IGSN-71）推算出来的波茨坦基点的新重力值为

$$g = (981\,260.19 \pm 0.017)\text{mGal}$$

将它和旧值比较，可看出旧值大了约 14mGal，所以在 1971 年的 IUGG 会议上又决定将原波茨坦系统的重力值减去 14mGal。

我国的重力基准网是 2002 年由国家测绘局、总参测绘局和中国地震局共同建立的 2000 国家重力准网。2000 国家重力准网由 259 点组成，其中重力基准点 21 个，重力基本点 126 个和重力引点 112 个，其整体精度为$\pm 7.4\times 10^{-8}\text{m/s}^2$（μGal）。重力基准点是用绝对重力仪测定了该点的重力值，作为全国的重力基准，它的点位在全国均匀分布。重力基本点是用相对重力仪和重力基准点联测的重力点，重力基本点相对于重力基准点而言，数量多，密度大，以便于用户联测。

3.5.2 海洋重力测量的发展历程

3.5.2.1 早期的海洋重力测量

历史上首次成功地完成海洋重力测量的是荷兰大地测量学家费宁・梅内斯。基于荷兰松软土地上重力测量的成功经验，1923 年费宁・梅内斯将陆地摆仪改造为海洋三摆仪，并配备光学照相记录仪安装在荷兰海军潜水艇上，成功地在巽他海沟获得了海洋重力数据，又在 1926 年将海洋三摆仪安装在常平架上进行重力测量（图 3-79）。随后引入了水平加速度的改正——布隆尼效应（Browne，1937），将精度提高至 ±5～15mGal，应用该仪器的海上重力测量持续到 1959 年。但海洋三摆仪因固有的单点观测时间长、无法在海面测量的缺陷无法广泛应用。依据大量的海洋重力数据，费宁・梅内斯修正了艾里–海斯卡宁的补偿概念，建立了新的区域均衡补偿模型，并提出了地幔对流的理论。

图 3-79　费宁・梅内斯和海洋三摆仪

上部箱体是照相记录仪，中部箱体是三摆仪，安装在常平架上英国 Gilbert（1949）、苏联洛奇斯卡亚（A. M. Лозинская，1959）、日本 Tsuboi（1961）、Tomodo 和 Kanamori（1962）和美国 Wing 等（1969）先后实现了法国科学家布朗（G. Bertrand）于 1938 年提出的振弦（或弦线）型海洋重力仪的原理，Gilbert 重力仪与费宁·梅内斯海洋三摆仪同时在英国潜艇上进行了测试，两个仪器测量值的均方根误差是±3.2mGal，Gilbert 重力仪本身的误差 ±1.5mGal。单振弦型海洋重力仪存在一个严重的缺点，即当受到船只垂直加速度变化影响时，测量的平均垂直加速度含有误差，这种非线性误差在海况越恶劣时越大。1966 年美国 Wing 等（1969）研制了 MIT 双振弦海洋重力仪，也称为文氏海洋重力仪。该仪器原本是为导弹上的加速度仪而研制。将同样的基本零件制成一种安装在陀螺平台上的海洋重力仪，其传感器由一条软弹簧连接两根振弦组成。这两根相反的振弦可以基本上消除单振弦海洋重力仪的非线性误差。MIT 双振弦海洋重力仪的两个质块的质量中心准确位于灵敏轴线上，可以基本上消除交叉耦合效应（cross-coupling effect，CC 效应）的影响。MIT 双振弦海洋重力仪传感器的精度可达 ±0.1mGal，在中等海况下测量精度可达±0.7～1.0mGal。中国北京地质仪器厂曾于 20 世纪 70 年代中期仿照日本 TSSG 的原理，研制了国产 ZY-1 型海洋重力仪。宋尧文等（1993）曾对这类重力仪做了详细的介绍。

而基于海底油气勘探的需求，20 世纪 40 年代美国的 Gulf 和 L&R 海底重力仪都是将改装过的陆地重力仪安装在密封罩内，由船上沉放到海底，从船上控制调平读数或自动记录。20 世纪 60 年代中国北京地质仪器厂制造了类似美国 Worden 重力仪的 SG 型海底重力仪。美国 Scintrex 公司的 INO 海底重力仪是目前最新的型号。海底重力仪主要用于海湾和浅海陆架地区。为了在深海进行测量，LaCoste & Romberg 公司开发了可在 4000m 海底工作的 L&R H 型海底重力仪。由于是在海底静态进行测量，采用的是陆地重力仪的重力传感器，海底重力仪的测量精度高于海洋重力仪，可达 ±0.005mGal。从 20 世纪 60 年代后期到 80 年代初期，我国地矿、石油和中国科学院等部门也使用了海底重力仪在我国沿岸的浅海海区进行了一系列有计划、全面的海底重力测量工作，基本上覆盖了我国沿海海区。

3.5.2.2 摆杆型海洋重力仪的大规模应用

20 世纪 50～60 年代研发的摆杆型海洋重力仪，促成了海洋重力测量由水下的、离散点测量到水面的、连续线测量的转变，满足了大洋重力测量的需求。代表性的仪器为德国 Graf Askania 公司生产的 GSS-2 型海洋重力仪和美国 LaCoste & Romberg 公司生产的 L&R 型海洋重力仪。这两种仪器都由各自陆地横摆型结构的金属弹簧重力仪改装而来，传感器为近似水平安装的横杆，该杆只能在垂直方向摆动，用空气或磁阻尼方式对摆杆施加强阻尼，以消除由于波浪等的运动引起的垂直加速度，通过光学装置测量摆杆位移的速率从而得到重力变化的信息。这两种海洋重力仪初期是安装在常平架稳定平台上，随即相继安装在陀螺稳定平台上。20 世纪 70 年代这两种摆杆型海洋重力仪在中等海况下工作，测量精度可优于±2mGal（van Hees，1983；Bell and Watts，1986）。我国的不少单位都进口了这两类型的海洋重力仪，并且完成了我国近海和太平洋部分海域的海洋重力测量任务。参照国外海洋重力仪，中国地震局地震研究所于 1981 年研制了 ZYZY 型海洋重力仪，并联合中国科学院大地测量与地球物理研究所于 1984 年研制了 DZY-2 型海洋重力仪。

在此时期导航定位主要是无线电定位与水声测量定位，从 20 世纪 80 年代开始到 1992 年才完成 GPS 的组网，并逐渐普及应用（宋文尧等，1993；梁开龙等，1996）。至 21 世纪 20 年代定位系统已经发展为 GNSS（黄谟涛等，2005）。

由于船载重力仪受到垂直加速度和水平加速度两种扰动加速度，当两者相互作用在摆杆型重力仪时，会产生附加的重力扰动，称为交叉耦合效应，可达 5～40mGal。因此摆杆型海洋重力仪需配备附加装置，测量作用在传感器上的垂直和水平这两种扰动加速度，并由专用的交叉耦合效应校正模拟计算机实时计算改正值。

3.5.2.3 轴对称海洋重力仪的应用

为了克服摆杆型海洋重力仪的交叉耦合效应，德国 Graf Askania 公司在 1971 年设计了轴对称型海洋重力仪，不受交叉耦合效应的影响。几乎在同时，美国 LaCoste & Romberg 公司在 1983 年推出了轴对称型 L&R S 型海洋重力仪。MIT 海洋重力仪和 BGM-3 海洋重力仪在结构上也属于轴对称型海洋重力仪。从 20 世纪 80 年代至今，KSS30/31/32、L&R S/MGS-6 等型号海洋重力仪得到了广泛的应用。

由于轴对称结构和精细的电子控制系统，KSS 系列和 L&R S 系列海洋重力仪在测量精度、数据稳定性、抗干扰等方面都有很大的进步，其仪器精度可达 ±0.1mGal。例如，KSS31M 海洋重力仪在静态下可以获得近乎完美的重力固体潮曲线，在近海油气勘探的测量精度可达±0.2mGal，大洋的测量精度也可达±0.5mGal。美国 Bell 公司 BGM-3 重力仪（Bell and Watts，1986）采用了航空加速度计装置，在近海可以获得精度为±0.38mGal 重力测网。

中国科学院测量与地球物理研究所在 1986 年研制了 CHZ 型轴对称海洋重力仪，且从 2008 年开始重建并升级 CHZ 型海洋重力仪，该型仪器在南海和西太海域进行了海洋重力测量（Tu et al.，2021）。

3.5.2.4 惯性基准/捷联重力仪的应用

惯性基准/捷联重力仪来源于航空惯导技术，以加拿大 Marine AIRGrav、俄罗斯 GT-2M 为代表，都是三轴惯性稳定平台，以近 200Hz 采样率利用 GPS 信号来校正船只加速度得到海洋重力测量值。经由黄大年教授（黄大年等，2012）的倡议和组织，中国航天科技集团公司第九研究院第十三研究所和中国船舶集团公司第七〇七研究所分别研发了 SAG-2M 惯性捷联重力仪和 ZL11-1A 惯性稳定平台重力仪，并在 2018 年之后逐渐得到认可和应用。

从国内外的应用情况看，采用惯性导航海洋重力仪的重力测网的精度与传统 KSS31M 和 Air-Sea S II 弹簧重力仪的测网精度相当，在稳定性上甚至优于弹簧重力仪。例如，Marine AIRGrav 重力仪在 14.8km/h 航速下精度±0.12mGal，分辨率可达 300m；广州海洋地质调查局在近海测量时，GT-2M 重力仪的测量准确度可达±0.2mGal。SAG-2M 重力仪和 ZL11-1A 重力仪在近海＜5kn 航速下精度均优于±0.25mGal，在大洋 10kn 航速下均优于±0.50mGal，与 KSS31M 重力仪精度相当，这对我国海洋重力测量是有力的保障。

3.5.2.5 梯度重力仪在海底油气勘探领域的应用

全张量重力梯度仪（FTG）最初用于辅助美国海军俄亥俄级三叉戟潜艇的重力场探测和隐蔽导航，其包括三个重力梯度测量仪（EGG），每个由两组对向的加速度计组成，精度达 1E（单位为 $10^{-9}/S^2$，1E=0.1mGal/km），空间分辨率约为 0.5km。梯度重力仪基本没有厄特沃什效应，并且对高度变化不敏感，仅为 0.004E/m，并且在重力资料解释时，重力张量数据比重力异常标量好得多（曾华霖，1999；黄谟涛等，2005）。在垂向和横向上，重力张量数据比重力异常分辨率更高（张义蜜等，2020，2021）。

FTG 在冷战后解密并用于航空和海洋测量，尤其是海底油气资源勘探（Nabighian，2005a）。O'Brien 等（2005）展示了 FTG 在墨西哥湾深水区 K-2 盐构造的应用，采用地震波动方程深度成像结合重力梯度反演，解释了盐构造的基底，比单独采用基希霍夫深度成像的效果好很多。

3.5.2.6 冷原子海洋绝对重力仪的研发

冷原子重力测量技术是一种基于中性冷原子干涉原理的重力测量技术，其使用全同原子系综作为质量块及重力信息存储器，使用“拉曼光尺”作为自由下落位移测量工具，可以实现优于激光干涉绝对重力仪的测量灵敏度和较好的测量准确度。自第一台实验室冷原子重力仪诞生以来，经过近 30 年的发展，原子干涉重力测量技术已经成为基础研究和计量学领域实施精确与准确的绝对重力测量的成熟方法之一，已经走出实验室，进入地球物理、惯性导航、空间应用等动态测量应用领域，用于进一步补充和增强现有以经典设备为主的动态重力加速度测量技术（姜伯楠等，2021）。例如，2018～2020 年，法国航空航天研究院进一步推进了振动噪声处理技术，使用经典加速度计填补了冷原子重力仪死时间内的重力信息敏感空白，并使用陀螺稳定平台将重力仪的姿态稳定在 0.1mrad 以内，最终实现了航空和海洋动态重力加速度测量及重力地图绘制，动态测量精度均达到亚毫伽水平，略优于常见的相对重力仪（Bidel et al.，2018）。

冷原子重力仪/加速度计的发展与已有经典重力仪是互补的。在动态海洋重力测量中，对冷原子重力仪系统误差的标定需要与相对海洋重力仪进行比对，同时也需要借助经典加速度计来处理振动噪声和测量死区等问题。

目前国内的浙江工业大学和中国科学技术大学的团队都在开展冷原子海洋绝对重力仪的研发。

3.5.2.7 海洋卫星测高技术的应用

自 1957 年苏联第一颗人造卫星绕地飞行，卫星重力测量技术随即迅速发展。自 1975 年第一代海洋卫星测高计（GEOS-3、SEASAT 和 GEOSAT）发射以来，包括 2011 年发射的 HY-2A 卫星（杨光等，2016）在内，目前有三十余颗海洋测高卫星在轨。从太空推导海面高度的技术获得巨大的成功，其精度由米级提高到厘米级（许厚泽等，2012）。由于地球表面高度近似于重力等位面，因此海面高度可以用于推算海洋重力。从 1997 年起，已建立了多个全球海洋重力场（Anderson et al.，2010；Anderson，2011）。目前最新的卫星重力资料的空间分辨率为 1′×1′，由美国斯克里普斯海洋研究所提供，网址 topex.ucsd.edu/cgi-bin/get_data.cgi。

3.5.2.8 现今我国海洋重力调查的情况

在 21 世纪之前，我国科研和调查部门主要采用德国 GSS-2/KSS-5/KSS30 和美国 L&R S 型海洋重力仪在近海执行海洋重力调查工作，21 世纪初引进了 KSS31M、S-II、GT-2M 等型号重力仪，也采用了 国产 SAG-2M 和 ZL11-1A 等型号重力仪。同时，国内科研机构正持续优化轴对称重力仪，并且研发船载冷原子海洋绝对重力仪，有望投入应用。这些重力仪的应用基本满足了海洋重力测量的需求（梁开龙等，1996；黄谟涛等，2005；曾华霖，2005；翟国君等，2017）。

21 世纪初我国已经完成了近海重力测量（高金耀等，2014），近期又完成了中国海陆及邻域地质地球物理系列图（1∶500 万）（张训华等，2020），图件中包含空间重力异常图、布格重力异常图等，反映了我国海洋重力测量的成就。

目前海洋重力测网的精度已经有了显著的提高，平差后普遍优于±1.0mGal：①在进行海底油气重力测量时，由于与地震勘探同船作业，勘探船速度往往低于 5kn，且定位资料精度高，船只导航也相应准确，航迹为稳定的直线，因此重力测量的精度可达±0.2mGal。②在进行大洋科考任务的测量时，以长剖面测量为主，往往无法构成规则测网。若没有地震作业，船只速度较快，不低于 10kn，海洋重力测量的精度相对较低，但对于波长在数千米/数十千米以上的海山等地质体的研究是足够的。③在进行大面积的大洋地球物理调查时，平差后的重力测网精度普遍优于±1mGal，甚至可达 ±0.5mGal。对于某些专项调查任务，甚至要求平差前的精度就要优于±1.5mGal，并且对重力仪的线性漂移提出更严格的要求，但对线性漂移的重力仪月漂则可放宽到不超过 4.5mGal（黄谟涛等，2018a，2018b）。同时对重力资料数据归算和误差分析提出了新的要求（陆秀平等，2018）。

这些都将推动我国海洋重力测量技术不断向前发展。

3.5.3 常用海洋重力仪的性能参数

目前国内外常用的海洋重力仪是 KSS31M/32M、S-II/MGS-6、GT-2M、SAG-2M、BGM-3、CHZ-II、ZL11-1A 等型号（图 3-80），在此对其性能参数进行简要介绍（表 3-15）。早期的海洋三摆仪、摆杆式重力仪乃至轴对称重力仪的原理、性能和参数请参阅宋文尧等（1993）和黄谟涛等（2005）的专著。

（1）KSS31M/32M 海洋重力仪

KSS31M 型海洋重力仪是德国 Bodensee Gravitymeter Geosystem 公司制造的海洋重力仪，测量精度高、性能稳定。重力仪有两个主要部分：带有重力传感器的陀螺稳定平台（KT31M）、数据处理和控制系统（DHS31M）。采用直线弹簧技术、最佳的工艺和软件控制的电子系统，无交叉耦合效应。仪器精度为 ±0.1mGal，月漂移≤3mGal，平台纵摇横摇角

(a) KSS31M　(b) KSS32M　(c) S-Ⅱ

(d) MGS-6　(e) GT-2M　(f) BGM-3

(g) CHZ-Ⅱ　(h) SAG-2M　(i) ZL11-1A

图 3-80　国内外常用的海洋重力仪

表 3-15　国内外常用重力仪性能参数

比较项目	KSS31M/32M	Air-Sea SⅡ	MGS-6	GT-2M	SAG-2M	BGM-3	CHZ-Ⅱ	ZL11-1A
精度/mGal	±0.1	±0.1	±0.1	±0.1	±0.1	±0.1	±0.1	±0.2
动态精度/mGal	±0.4 VA＜80 000m/s²	±0.25 VA＜100 000m/s²	±0.25 VA＜100 000m/s²	±0.2	≤ ±1	≤ ±1	≤±1	≤ ±1
测量范围/mGal	10 000	12 000	＞10 000	10 000	＞10 000	＞10 000	10 000	10 000
月漂移/mGal	≤3	≤3	≤3	≤3	≤3	≤1.2	≤3	≤4.5
横摇幅值	±40°	±25°	±25°	±45°	全姿态	±45°	±25°	±25°
纵摇幅值	±40°	±22°	±22°	±45°	全姿态	±30°	±25°	±25°

注：表格中 VA 为垂直加速度，单位 mGal

度最大为 40°（图 3-80）。

KSS32M 型海洋重力仪是德国 Bodensee Gravitymeter Geosystem 公司制造的最新型号海洋重力仪，测量精度高、性能稳定，适用于石油勘探和地球物理调查。主要参数同 KSS31M。

（2）Air-Sea S-Ⅱ/MGS-6 海洋重力仪

美国 LaCoste & Romberg 公司从 1939 年开始制造高精度的重力仪，1955 年首次用于海洋重力测量，于 1965 年生产出世界上第一台带动态稳定平台的 S 型海洋重力仪，1990 年开始生产带 SEASYS 数字控制系统的 S 型海空重力仪，2002 年开始生产 Air-Sea S-Ⅱ重力仪，该重力仪的光纤陀螺、固态加速度计及高度集成的数字化控制系统使系统的精度更高、更可靠。

美国 Micro-g & LaCoste 公司 MGS-6 海洋重力仪，是在 S 型海空重力仪基础上发展起来的第三代动态稳定平台重力仪，消除了交叉耦合效应，动态重复精度达 ±0.25mGal。

（3）GT-2M 海洋重力仪

加拿大与俄罗斯联合研制的 GT 系列动态重力仪，可用于固定翼飞机和直升机，或者使用在航海器上（Bolotin and Yurist，2011）。GT 系列动态重力仪将单独的垂向重力传感器安装在 GPS-INS 三轴惯性平台（舒勒平台）上，其中重力传感器安装在陀螺稳定平台上，可以消除水平加速度的影响。利用惯性导航系统（intertial navigation system，INS），垂直重力传感器和 GPS 测量与地下地质构造相关联的重力异常。GT-2M 海洋重力仪是其中的海洋型号（图 3-80）。

（4）SAG-2M 海洋重力仪

SAG-2M 重力仪是中国航天科技集团第十三研究所研制生产的一种基于捷联惯性技术的海洋重力仪（图 3-80）。采用高精度的重力传感器，只敏感一个方向的加速度，无传统弹簧的负面效应；采用三轴数学平台替代传统机械平台，具有精度高，可靠性好，转弯等各种机动下误差小等特点；系统无阻尼，动态特性极好，采用不同滤波方法可以提取多种频段重力信号。

SAG-2M 重力仪具有以下特点：可以实时显示重力信息、导航信息，可以输出 200Hz 原始数据便于后期数据挖掘；可以状态自检，在线监测，具有双备份存储模块及双备份通信接口；同时测量自动化，一键启动/结束测量，全程无需干预。

（5）BGM-3 重力仪

BGM 系列重力仪是美国 Bell 公司生产的。Bell 型重力仪传感器最初为惯性导航系统研制，经过相关电子线路的改进，将仪器安装在陀螺平台上用以进行海洋重力测量。1967 年以后，该型仪器被美国海军及石油勘探公司所用。到 1984 年，该仪器已发展到 BGM-3 型（图 3-80）。

（6）ZL11-1A 重力仪

ZL11-1A 重力仪（图 3-80）是由中国船舶重工集团公司第七〇七研究所研制，基于全数字化惯性元件的惯性稳定平台式重力仪，能够适应高动态、恶劣海况下的重力测量，具有友好的人机交互界面，具有完全自主知识产权，核心元件均为自主研制。可应用于各型测量船、科考船、潜艇等载体，实现近远海水面和水下重力测量。

（7）CHZ-Ⅱ海洋重力仪

20 世纪 80 年代末，中国科学院测量与地球物理研究所成功研制 CHZ 海洋重力仪，并进行了 3 次海洋重力测量实验。结果表明，CHZ 海洋重力仪在恶劣海况下依然能稳定工作，精度为 ±1mGal。进入 21 世纪，在科学技术部重大仪器专项的支持下，中国科学院测量与地球物理研究所在原有的CHZ海洋重力仪基础研制了新一代CHZ-Ⅱ海洋重力仪（图3-80）。

3.5.4 海洋重力测量

3.5.4.1 海洋重力测量特点

海洋重力测量与陆地重力测量本质上的区别在于，前者不可能像后者那样可以在稳定的基础上进行静态观测，而只能在运动状态下进行动态观测。由于测量船受海浪起伏、航行速度变化、机器震动以及海风、海流等扰动因素的干扰，重力观测值将受到水平加速度、垂直加速度、测量船旋转以及厄特沃什效应等多项干扰加速度的影响，这些干扰加速度的变化往往比实际重力加速度的变化还大，必须消除这些影响。

海洋重力测量与陆地重力测量比较，还有以下几方面的特点：①陆地测量是离散的测点测量，通常可均匀布设网格测点，测点间距可调整，可在十几米至几百米之间。海洋测量是在有间距的测线上走航式连续测量，测线间距为几千米至几十千米，船速通常在 5～10 kn，采样率为 1Hz，测点间距 2.5～5m，因此在测线上测点密集，但在测线之间无测点。②陆地测量是静态测量，可以在同一测点上进行任意多次观测，每次测量时间约十几分钟或更长时间。海洋测量是动态测量，沿测线保持匀速走航测量，在通常情况下无法在同一测点进行第二次观测，只有在主测线和检查测线的交叉点处才产生一次多余观测，或在船只受到干扰需要重复上线的情况下，才会按原有测线航迹做重复测量，在同一测点获得多余观测。③陆地测量可精确定位，测点定位误差小。海洋测量的定位误差相对较大，目前差分定位信号的精度为亚米级，因此由于定位误差的影响，理论上的重复测点和测线交点可能并不在实地重合。④海洋重力测量只能根据测线交点不符值来估算整个测网的精度，而不能较精确地确定每个测点的精度。

3.5.4.2 海洋重力测量规范和技术要求

根据《海洋调查规范 第 8 部分：海洋地质地球物理调查》（GB/T 12763.8—2007）及其他相关行业规范中对海洋重力测量的基本要求如下：①海洋重力测量基本上采用走航式的连续观测方法；②测量船只沿着测线保持匀速直线航行，航速一般不宜超过 15kn；③重力仪的零点漂移稳定，月漂移不超过 3mGal；④数据采样频率应不低于 1Hz；⑤测网精度（或准确度），小于等于 1∶50 万比例尺的，空间异常交点差的均方根差优于±3mGal，大于 1∶50 万比例尺的，优于±2mGal。

在测网布设、码头基点比对、船只航行、仪器静态和动态观测、仪器安装、海上实验与检验等方面的要求如下。

（1）测网布设

测量比例尺与测网布设要求如下：①根据任务和条件确定测量比例尺，不同比例尺的测网密度见表 3-16；②主测线（剖面）垂直区域地质主要构造线方向，检查线垂直于主测线；③相邻图幅，前后航次或不同仪器测量的接合部要有检查测线或重复测线。

表 3-16　海洋重力测量的主要技术要求

调查比例尺	主测线间距/km	检查线间距/km	测量准确度/mGal
1∶100 万	≤20	≤20×（2.5～5）	≤±3
1∶50 万	≤10	≤10×（2.5～5）	≤±3
1∶20 万	≤5	≤5×（2.5～5）	≤±2
1∶5 万	≤2.5	≤2.5×（5）	≤±2

（2）码头基点比对

重力测量的码头基点用于控制仪器零点漂移及传递绝对重力值，应建立在沿岸港口和岛屿的固定码头上，设立牢固的标志，重力基点采用国家 2000 重力基准网的重力基准点联测；停靠国外码头时，则与国际重力标准网（ISGN-71）基点网联测（江志恒，1988）。

进行基点比对时，测量船与基点应保持一致的相对位置，并尽可能靠近基点，重力仪至基点的距离一般不应大于 100m；量取测量船重力仪位置至重力基点的距离和方位，并绘制略图；量取测量船的吃水；计算重力仪传感器重心相对重力基点的高差，精确至±0.1m。比对重力基点的误差不得大于±0.5mGal。

（3）船只航行

测量期间，根据船只偏离测线及测区风、浪、流等情况，及时指挥修正航向。上线测量后，测量船尽量保持匀速直线航行。航向修正要缓慢，每分钟不得超过 1 次，东西向测线每次最大修正不超过 2°，南北向测线每次最大修正不超过 0.5°；船速变化东西向测线不大于 0.1kn，南北向测线不大于 0.5kn。测线偏航限差，主测线最大偏航距不超过±50m，检查线不超过±30m。上、下测线转向时舵角不大于 15°。

在线测量时，一般情况下船速不宜大于 15kn。遇特殊情况需较大幅度变速或转向时，应通知值班人员，并在调查班报表中记录原因和时间。

（4）重力仪静态观测

由于现今海洋重力仪以弹簧重力仪为主，海洋重力测量是相对测量，因此在出航前和返航后需要通过码头基点比对来与重力基点绝对值相连接，同时计算重力仪在此期间的重力变化值，即重力仪的漂移值，对这个漂移值校正后，再向工区的重力测点传递绝对重力值。对于弹簧重力仪固有的漂移，期望其为稳定的线性漂移，才能获得可靠的漂移校正。显然，为了确认海洋重力仪的线性漂移，必须对重力仪进行静态观测实验，判定其静态稳定性（黄谟涛等，2014），观测的时长为 1 个月以上，因此这个静态观测获得的漂移值也称为月漂。目前国家和部门规范规定的海洋重力仪月漂要小于等于±3mGal/月，且是线性的。

在静态观测试验时，重力仪应该安放在恒温且稳定的平台上，避免振动。例如，中国地质调查局青岛海洋地质研究所在 2019 年 2 月 21 日～3 月 20 日对 KSS31M 重力仪

（SN039）进行了静态观测，清晰记录了重力固体潮，月漂值约为 0.75mGal，且为线性漂移（图 3-81）。在紧邻青岛汇泉湾的中国科学院海洋所进行的 KSS31M 重力仪（SN036）的静态观测，虽然漂移值小于±3mGal/月，且清晰地记录了重力固体潮理论值的变化，仪器精度优于 0.1mGal，但潮汐海浪对重力观测值产生了很大的影响，重力观测值表现出曲线变化特征，周期与海潮周期一致，变化幅值高达 1.7mGal（图 3-82）（付永涛等，2007a）。

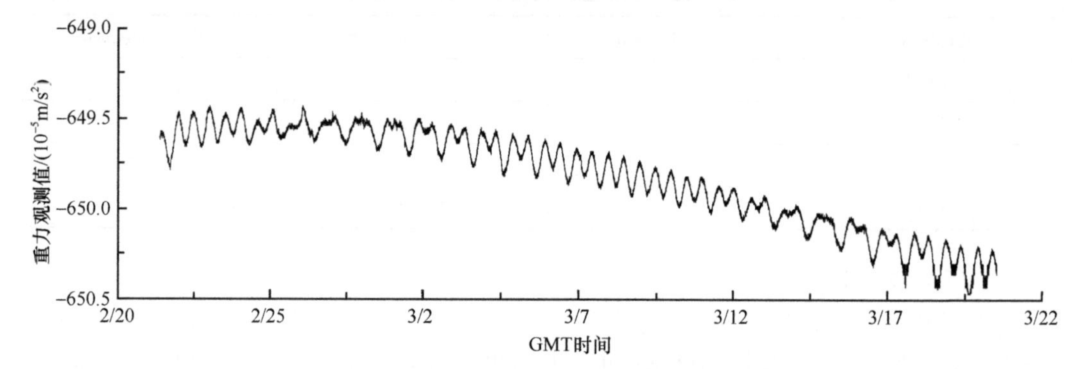

图 3-81　2019 年 2 月 21 日～3 月 20 日 KSS31M 重力仪（SN039）静态观测曲线

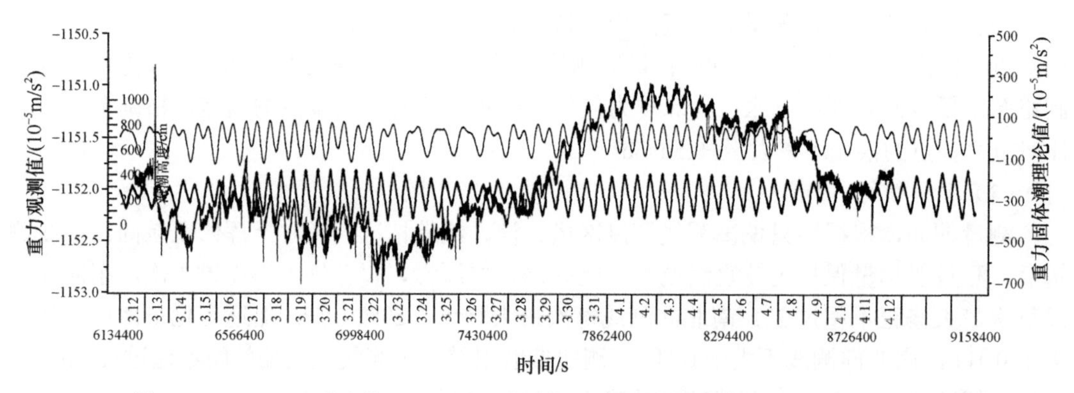

图 3-82　KSS31M 重力仪（SN036）观测值、重力固体潮理论值、海潮高度对比

（5）重力仪海上试验

接收新的重力仪或重力仪进行重大检修后，除需进行静态试验外，还应进行海上试验，要求如下：①选择重力梯度变化小，便于船只转向，水深大于 20m，风、流较小，无渔网和水下障碍物的开阔海区；②采用高精度卫星定位系统或无线电定位系统，定位精度优于±10m；③在线测量时，测量船尽量保持匀速直线航行，避免在主、检测线交叉点附近修正航向；④一般采用内符合方法（同一台重力仪重复观测）估算重力仪测量精度，有条件时可同时用符合方法（两台或多台重力仪重复观测）估算重力仪测量精度。采用内符合方法时，测线有效交叉点不少于 30 个，测点空间重力异常估算精度优于±2mGal；采用外符合方法时，测线有效交叉点不少于 30 个，测点空间重力异常估算精度优于±3mGal。

（6）重力仪性能的动态观测

自 20 世纪六七十年代海洋重力测量的大规模开展，对海洋重力仪的动态性能也进行了实验室和海上实测资料的分析（Talwani，1966）。各生产厂家在实验室内采用摇床等设备对海洋重力仪的传感器精度和平台性能进行了测试，以获得其相似海上作业情况下的动态性能。目前各种型号的重力仪在中等海况下可以达到优于±0.5mGal 的精度。

对于海洋重力仪的用户，主要是以海上工区的海洋重力资料的空间重力异常交点差均方根差为指标，评价海洋重力仪的动态性能。例如，在 2019 年西太海域某航次中，KSS31M（SN039）空间重力异常交叉点（278 个）均方根差在平差前为±0.74mGal；平差后为±0.46mGal。SAG-2M 空间重力异常交叉点（281 个）均方根差在平差前为±0.77mGal，平差后为±0.39mGal（表 3-17），均优于国标对空间重力异常交叉点均方根差（RMS）优于±2.0mGal 的要求。

表 3-17　空间重力异常交叉点统计　（单位：mGal）

KSS31M	最大值	最小值	平均值	标准差	均方根差
平差前	2.07	−3.04	−0.08	0.94	±0.74
平差后	1.69	−2.85	0	0.66	±0.46
SAG-2M	最大值	最小值	平均值	标准差	均方根差
平差前	2.54	−2.91	−0.32	1.08	±0.77
平差后	1.04	−1.06	0	0.45	±0.39

同时，在海洋或航空重力测量中会有重复测线或多个测线间的衔接，尤其是在海底油气勘探中会产生较多的重复测线或测线衔接，这相当于在同一航行轨迹上的重复测量，可以据此对海洋重力仪的稳定性和数据质量进行评估（郭志宏等，2008；黄谟涛等，2013，2018a）。因此，有的测量任务需部署一定长度的反向重复测线。

另外，测量船只的航迹往往会有较缓慢的类似周期性的摆动，即航向的周期性变化，导致厄特沃什校正值和海洋重力观测值也有小幅的周期性变化（张涛等，2015，2007）。据二者之间镜像关系的相位和幅值，也可以对海洋重力仪动态性能进行评估（付永涛等，2007b）。

（7）仪器安装与检验

重力仪安装于测量船的稳心部位，即船的横摇、纵摇引起的水平加速度最小的舱室，并避开机械振动。重力仪传感器的纵轴与船的纵轴线（艏艉线）方向一致，并尽量靠近船的中轴线。陀螺稳定平台与船体固定为一体，并采取合理的减震措施。实验室布局合理，便于重力仪系统的操作与维护，室内应保持恒温且干燥。

备航期间，对重力仪开机试验，确认仪器工作正常后，按照相关的技术设计书要求，对重力仪进行各项检验。例如，对 KSS31/32M 重力仪进行小球测试，S-Ⅱ重力仪进行摆零位和增益检查调整、摆比例系数（K）检验等。海上测量工作开始前和结束后应分别进行一次静态试验，在重力仪稳定后，连续开机时间不少于 5 昼夜，以检查仪器工作稳定性并获得漂移数据。

3.5.4.3 海上测量

海上测量过程中，从出测前重力仪检验、基点比对、海上测量到返航后重力基点比对、重力仪检验，应保证重力仪的连续供电，保持持续工作状态。

进入测区前 1h，定位仪、测深仪和重力仪进入正常工作状态，做好上线测量的各项准备工作。

测量中，值班人员按重力仪操作步骤认真操作，应实时监视仪器工作状态，每隔 30min 在海洋重力调查班报表上记录一组重力数据。遇特殊情况时应及时记录时间及相关信息。上、下线时应记录测线号、时间、定位和重力等相关信息。原始班报记录要齐全、清楚，出现问题处理及时，并有文字说明。

测量过程中因电源故障等意外原因导致测量中断，应及时记录故障原因和时间，待重力仪恢复正常后，就近同向复测 1.5h 里程的测线，对重复测线的重力数据进行处理，检查重力仪弹性系统有无突变，确保后续测量数据有效。若重力仪故障无法在短时间内排除，应终止测量工作。

在作业过程中，在现场对所取得的重力资料进行预处理，并对测量数据质量作出初步评价。预处理项目主要有：①有效测线分割、登记和完整性检查，填写测线登记表；②重力测量数据时间常数等和正常场改正，重力测量精度初步计算；③班报、工作日志等整理、会签；④移动硬盘数据备份。

现场质量控制措施主要有：①值班人员实时监视仪器工作状态，班报记录齐全、清楚，出现问题处理及时，并有文字说明；②技术负责人每天填写工作日志；③在每完成一条测线后，绘制测线剖面图，检查重力测量值是否有缺失及是否有掉格等现象，并根据剖面数据总结重力测量情况。

3.5.4.4 航次报告

航次调查结束后，应尽快编写航次报告，主要内容包括：①前言，包括任务及其来源、调查海区、调查时间、任务完成概况；②调查内观测项目、调查方法和使用的仪器设备；③任务执行概况，调查过程的天气、海洋环境的变化和工作过程的概述；④调查工作状况，测网、测线及测点的布设，仪器设备的性能和运转情况，调查方法和现场述法；⑤对本航次调查工作的评价及建议。

3.5.5 资料整理

海洋重力资料整理的主要内容包括：延迟时间校正、零点漂移校正、吃水变化空间改正、厄特沃什校正、布格校正、数据质量评价、半系统误差显著性检验、测网平差及重力数据成果图件绘制等。

3.5.5.1 延迟时间校正

为了消除或减弱扰动加速度的影响，海洋重力仪的灵敏系统均采用强阻尼措施，因而产生了仪器的滞后延迟现象。也就是说，在某一时刻的重力观测值，不是当时测量船所在位置的重力观测值，而是在延迟时间前的那一时刻的观测值，对应于那一时刻所在位置。因此，在处理重力外业资料前，必须实现消除这一滞后影响，使重力仪读数正确对应于某一时刻的地理坐标和水深。

在实验室内，采用破坏平衡法测定延迟时间。首先，仪器处于静平衡状态，用人工方法破坏此种平衡条件，并及时记录时间；然后，观测和记录其恢复到原先平衡条件的时间，即可求出仪器的滞后时间。Schultz（1962）给出人为线性重力变化，测定GSS-2重力仪的延迟时间为60～70s。

付永涛等（2007b）根据在海上作业经验，提出了利用船只机动转向法来求得KSS31M重力仪的阻尼延迟时间，这实际上是利用厄特沃什校正值与实测重力读数之间的镜像关系。现今高精度的定位资料可以得到相对可靠且精确的厄特沃什校正值，当航向航速上发生变化时，会产生比较大的厄特弗斯效应变化，从而引起重力仪读数快速变化。两者之间对应同一快速变化的时差，即为重力仪在海上测量的真实阻尼延迟时间。实测资料显示，70s的延迟时间适合GSS-2/KSS31/KSS32重力仪，与Schultz的实验室测定时间一致。S-Ⅱ型重力仪的延迟时间为300s，与其说明书延迟时间一致。采用厄特沃什校正值与实测重力读数之间的镜像关系可以快速对海洋重力资料和定位资料进行检查，能够有效提高海洋重力资料整理的效率和精度。

3.5.5.2 零点漂移校正

由于海洋重力仪灵敏系统的主要部件，如主测量弹簧的老化及其他部件的逐渐衰弱而引起重力仪的真实读数的零位在不断地改变，这种现象称为仪器零点漂移，又称仪器掉格。在海上进行作业时，不可能每个航次都能在短时间内复位到重力控制网点或国家重力基准点上进行比对，因此，海洋重力仪的零点漂移率不能太大，其变化率并且要呈线性的低值变化规律。

零点漂移校正公式如下：

$$\delta g_K = C\left(t - t_1\right) \tag{3-22}$$

式中，δg_K 为重力仪零点漂移改正值（mGal）；t 为测点时间（h）；t_1 为出测前基点比对时间（h）；C 为零点漂移率（mGal/h）。C 的计算公式如下。

1）测量开始和结束闭合于同一基点：

$$C = -K\frac{S_2 - S_1}{t_2 - t_1} \tag{3-23}$$

2）测量开始和结束闭合于不同基点：

$$C = -\frac{K\left(S_2 - S_1\right) - \left(g_2 - g_1\right)}{t_2 - t_1} \tag{3-24}$$

式中，S_1、S_2 分别是出测前后基点比对时的重力仪读数（格）；t_1、t_2 为出测前后基点比对的时间（h）；g_1、g_2 为出测前后比对基点的绝对重力值（mGal）；K 为重力仪格值（mGal/格）。

3.5.5.3 吃水变化空间改正

对测量船在出测前后吃水变化引起的重力值变化进行改正，简称为吃水变化空间改正，计算公式为

$$\delta g_c = 0.3086\left(h_{c2} - h_{c1}\right)\frac{t - t_1}{t_2 - t_1} \tag{3-25}$$

式中，δg_c 为测点吃水改正值（mGal）；h_{c2} 为出测前船左右舷甲板面（重力仪安装位置附近）到水面高度的平均值（m）；h_{c1} 为收测后船左右舷甲板面（重力仪安装位置附近）到水面高度的平均值（m）；t 为测点时间（h）；t_1、t_2 为出测前和收测后基点比对时刻（h）。

3.5.5.4 厄特沃什校正

当测量船在同一条东西向的测线上测量重力时，由东向西航行时所测得的重力值总是大于由西向东所测得的重力值，这是由众所周知的科里奥利力（科氏力）附加作用于重力仪造成的。测量船向东航行时的速度加在地球自转速度上使离心力增大，就出现所测重力比实际重力小；测量船向西航行时情况则相反，所测重力比实际重力大。测量船在自转的地球表面上航行，科氏力对于安装在测量船上的重力仪所施加的影响称为厄特沃什效应。

消除厄特沃什效应的数学模型首先是由匈牙利学者厄特沃什推导的，并于 1919 年用实验方法验证，所以称为厄特沃什校正。

按以下公式计算厄特沃什校正。

1）航速 V 以 m/s 为单位时：

$$\delta g_{\mathrm{E}} = 14.58V\sin A\cos B + 0.0157V^2 \tag{3-26}$$

2）航速 V 以 kn 为单位时：

$$\delta g_{\mathrm{E}} = 7.5V\sin A\cos B + 0.004V^2 \tag{3-27}$$

式中，δg_{E} 为厄特沃什校正值（mGal）；A 为航向（rad）；B 为纬度［度（°）］。

在完成厄特沃什校正后，还需要依据厄特沃什校正值与海洋重力观测值之间的镜像关系评估厄特沃什校正的合理性和可靠性。例如，付永涛等在 2018 年琼东南盆地海洋重力数据处理技术报告中，对比了重力观测数据和厄特沃什改正值，两者呈现镜像的特征，相位吻合，幅度值也大致吻合（图 3-83），表明重力仪观测数据是可靠的，厄特沃什改正值是合理的。

张涛等（2005）注意到采集的原始重力值实际上是经过低通滤波后一段时间内的平均重力变化，而一般的厄特沃什校正方法计算所得的只是某一时刻的改正值，这种差异可能导致厄特沃什校正的过量或不足，导致重力数据精度的下降。针对这种情况，他们提出了合理的滤波厄特沃什改正方法，使改正值和重力值达到了完全对应。

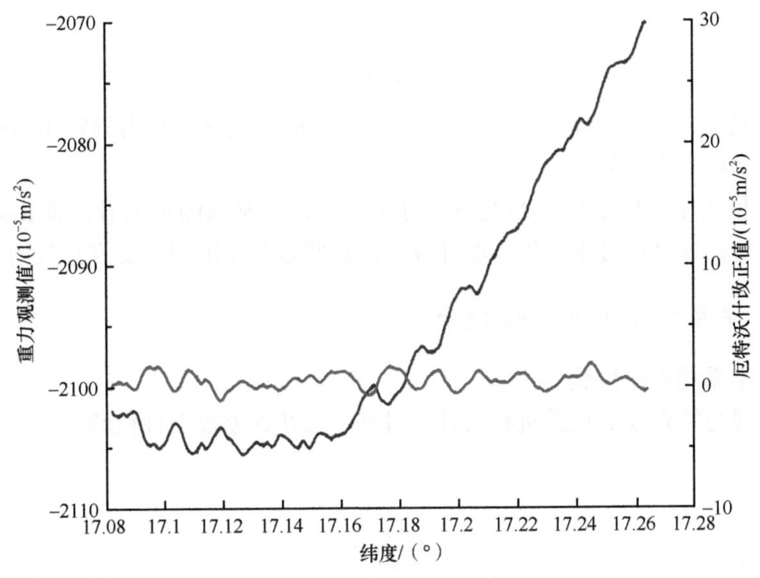

图 3-83　某工区重力观测值（蓝线）和厄特沃什改正值（红线）之间的镜像关系

3.5.5.5　布格校正

布格校正即自由空间（高度）校正和中间层校正的统称，自由空间校正是为了消除测点高度与基准面之间由高度差异造成的重力值变化，我们知道正常重力值随高度的增加而减小，所以高度校正值为

$$\Delta g_h = 0.3086(1+0.0007\cos 2\varphi)h - 7.2\times10^{-8}h^2 \tag{3-28}$$

式中，Δg_h 的单位为 mGal；h 为测点与总基点的高度差（m）。当测区较小时，高程变化不大时地球的形状用球体近似，式（3-28）可简化为

$$\Delta g_h = 0.3086h \tag{3-29}$$

陆地重力测量的中间层校正是为了将测点与总基点之间的物质层的影响剔除，在海洋重力测量中，中间层校正则是将海水密度替换成地壳的平均密度，一般取 2.2g/cm^3 或 2.67g/cm^3，消除海水的影响，校正公式为

$$\Delta g_\sigma = 0.0419(\sigma - \sigma_0)h \tag{3-30}$$

式中，Δg_σ 的单位为 mGal；σ 为地壳平均密度；σ_0 为海水密度，取 1.03g/cm^3；h 为测点离海底的距离，在海洋重力测量中，一般为正值，单位为 m。那么布格校正的公式为

$$\Delta g_{\mathrm{b}} = \Delta g_h + \Delta g_\sigma \tag{3-31}$$

3.5.5.6　数据质量评价

使用主测线与检查线交叉点空间重力异常值中误差/均方根差为测量精度的评估指标，精度计算公式

$$M = \pm\sqrt{\frac{[\delta\delta]}{2n}} \tag{3-32}$$

式中，M 为内符合中误差（mGal）；$[\delta\delta]$ 为主测线、检测线交点重力异常不符值（mGal）；n 为主测线、检测线交点个数。

对不符合值大于 3 倍中误差的交点应分析原因，如确属因重力异常变化大，位置偏移引起的误差，这部分交点可不参加精度计算，但这些点数不能超过交点总数的 3%。

3.5.5.7 半系统误差显著性检验

（1）测区半系统误差检验

统计主测线与检查线交点差进行统计，进行半系统误差显著性检验。

令

$$s = \sum_{i=1}^{n}\sum_{j=1}^{m} d_{ij} \tag{3-33}$$

若统计量 s 满足式（3-34），则不需作测区半系统误差调整，否则需作半系统误差调整。

$$|s| < 2\sqrt{nm}\sigma \tag{3-34}$$

式中，$\sigma = \sqrt{\frac{[dd]}{nm}}$；$n$ 为主测线条数；m 为检查线条数；d 为主、检测线交点处重力不符值（mGal）。

（2）测线半系统差检验

测线半系统差检验采用构造统计量 F_1 和 F_2：

$$\begin{cases} F_1 = \dfrac{Q_1/(m-1)}{Q_3/[(n-1)(m-1)]} \\ F_2 = \dfrac{Q_2/(n-1)}{Q_3/[(n-1)(m-1)]} \end{cases} \tag{3-35}$$

式中，

$$Q_1 = \frac{1}{m}\sum_{j=1}^{m} s_j^2 - \frac{s^2}{nm}$$

$$Q_2 = \frac{1}{n}\sum_{i=1}^{n} s_i^2 - \frac{s^2}{nm}$$

$$Q_3 = Q - Q_1 - Q_2$$

$$Q = \sum_{i=1}^{n}\sum_{j=1}^{m} d_{ij}^2 - \frac{s^2}{nm}$$

$$s_i = \sum_{j=1}^{m} d_{ij}$$

$$s_j = \sum_{i=1}^{n} d_{ij}$$

对于给定的显著水平 α（一般取 α=0.05 或 0.01），以自由度 $[(m-1), (n-1)(m-1)]$ 为引数查 F 分布表，求得相应的临界值 F_{10}，以自由度 $[(m-1), (n-1)(m-1)]$ 为引数查表的 F_{20}。

若 $F_1 > F_{10}$，则说明检查线方向上半系统差影响显著，否则就说明半系统差影响不显著；对主测线方向上的 F_2 和临界值 F_{20} 也可作类似比较。

3.5.5.8 测网平差

对于半系统误差不显著或平差后的测线网可进一步进行平差处理。平差主要有两种方法，一种是半系统差两步法（黄谟涛等，2002），另一种是最小二乘法（Prince and Forsyth，1984；范守志，1996；刘晨光等，2005）。

（1）半系统差两步法

黄谟涛在 1990 年针对海洋重力测量的作业特点，提出了重力测线半系统差的定义、显著性检验及相应的平差方法（黄谟涛，1990）。2002 年黄谟涛等基于误差验后补偿理论，提出了海洋重力测线网自检校平差两步处理法，把海洋重力测量误差补偿分解为交叉点条件平差和测线滤波与推估两个阶段，即在平差中和平差后实现系统误差分布补偿（黄谟涛等，2002），通过设置虚拟观测值或经验求权法来确定平差基准。具体步骤如下。

A. 交叉点条件平差

将测线上任意一点的重力观测值表示为

$$g = g_0 + \varDelta \tag{3-36}$$

式中，g 代表重力观测量；g_0 为 g 的真值；$\varDelta$ 为观测噪声。根据式（3-35），在第 i 号主测线和第 j 号副测线的交叉点处，可建立如下形式的条件方程式：

$$v_{ij} - v_{ji} = g_{ij} - g_{ji} \tag{3-37}$$

式中，$g_{ij} - g_{ji} = d_{ij}$ 称为交叉点不符值。对于具有多个交叉点的某个测线网，可写出交叉点条件方程的矩阵形式为

$$\boldsymbol{BV} - \boldsymbol{D} = 0 \tag{3-38}$$

式中，$\boldsymbol{V}$ 为改正数向量；$\boldsymbol{B}$ 为由 1 和−1 组成的系数矩阵；$\boldsymbol{D}$ 为交叉点不符值向量。式（3-37）的最小二乘解为

$$\boldsymbol{V} = \boldsymbol{P}^{-1}\boldsymbol{B}^{\mathrm{T}}(\boldsymbol{BP}^{-1}\boldsymbol{B}^{\mathrm{T}})^{-1}\boldsymbol{D} \tag{3-39}$$

对应的协因数阵为

$$\boldsymbol{Q}_{\mathrm{v}} = \boldsymbol{P}^{-1}\boldsymbol{B}^{\mathrm{T}}(\boldsymbol{BP}^{-1}\boldsymbol{B}^{\mathrm{T}})^{-1}\boldsymbol{BP}^{-1} \tag{3-40}$$

式中，$\boldsymbol{P}$ 为观测值向量权矩阵。设测线上各个测点均为独立观测量，则不难得出：

$$v_{ij}=p_{ji}d_{ij}/\left(p_{ij}+p_{ji}\right) \tag{3-41}$$

$$v_{ji}=-p_{ij}d_{ij}/\left(p_{ij}+p_{ji}\right) \tag{3-42}$$

式中，p_{ij} 和 v_{ij} 分别代表第 i 号主测线在交叉点处的观测权因子和观测量改正数；p_{ji} 和 v_{ji} 分别代表第 j 号副测线在交叉点处的观测权因子和观测量改正数。

如果进一步把各个测点视为等精度观测，则有

$$v_{ij}=d_{ij}/2 \tag{3-43}$$

$$v_{ji}=-d_{ij}/2 \tag{3-44}$$

B. 测线滤波和推估

按前面的交叉点平差方法求得改正数 $\boldsymbol{V}$ 值以后，可进一步将 $\boldsymbol{V}$ 值视为一类虚拟的观测量，通过选择合适的误差模型来描述系统偏差的变化，并以此为基础对 $\boldsymbol{V}$ 值进行最小二乘滤波和推估。从包含偶然误差和系统误差的 $\boldsymbol{V}$ 值中排除噪声干扰，进而分离出系统偏差（信号）的过程即为滤波。根据滤波结果确定的误差模型进一步补偿各个测点上的系统偏差，可以理解为是一种推估过程。

根据已有的研究成果，可选用两种形式的误差模型来描述系统偏差的变化。一种是以 CC 改正数作为自变量的一般多项式模型，即

$$f\left(c\right)=a_0+a_1c+a_2c^2+\cdots+a_nc^n \tag{3-45}$$

式中，c 为测点 CC 改正数；$a_i(i=0, 1, 2, \cdots, n)$ 为待定系数。

另一种是以测点时间作为自变量的混合多项式模型，即

$$f\left(t\right)=a_0+a_1t+\cdots+a_nt^n+\sum_{i=1}^{m}\left(b_i\cos iwt+e_i\sin iwt\right) \tag{3-46}$$

式中，t 为测点时间；a_i、b_i 和 e_i 均为待定系数；ω 为对应于误差变化周期的角频率。

在交叉点平差基础上，以式（3-45）或式（3-46）为误差模型可建立如下形式的误差方程式

$$v=f\left(c\right)+\varDelta \tag{3-47}$$

或

$$v=f\left(t\right)+\varDelta \tag{3-48}$$

其矩阵形式为

$$\boldsymbol{V}=\boldsymbol{A}\boldsymbol{X}+\boldsymbol{U} \tag{3-49}$$

式中，$\boldsymbol{V}$ 为前面的虚拟观测值向量；$\boldsymbol{U}$ 为 $\boldsymbol{V}$ 的改正数向量；$\boldsymbol{A}$ 为已知系数矩阵；$\boldsymbol{X}$ 为待求的误差模型参数向量。式（3-49）的最小二乘解为

$$\boldsymbol{X}=(\boldsymbol{A}^{\mathrm{T}}\boldsymbol{P}_V\boldsymbol{A})^{-1}\boldsymbol{A}^{\mathrm{T}}\boldsymbol{P}_V\boldsymbol{V} \tag{3-50}$$

式中，$\boldsymbol{P}_V$ 为 $\boldsymbol{V}$ 的权矩阵。

将按照式（3-50）求得的误差模型系数代入式（3-45）或式（3-46），依据各个测点的

CC 改正数或观测时间即可完成相应的系统偏差改正。

（2）最小二乘法

Prince 和 Forsyth（1984）依据测线误差为常数的特点，采用最小二乘法对不同航次的重力测网进行平差，将重力测网交点 RMS 由±10.3mGal 提高到±2.9mGal。范守志从海洋重磁测网平差的理论出发，建立起由测网交点确定的各测线的系统偏差的方程组，并给出了一个可用的线性控制条件（范守志，1996）；通过平差总量最小的原则提供了一个线性控制条件，可用来与线偏差方程组联立产生测网平差的一个具体方案（范守志，1997）。刘晨光等（2005）提出了一种基于最小二乘法的平差处理方法，给出了形成方程组系数矩阵的简单办法，提出对于方程组无数组解中相差常数的确定，既可以采用平差总量最小或平差值均方差最小的原则，也可以令测线网中的某一条测线的平差值为零，如可以开始测量的第一条测线或海况最好的测线为基准进行平差。马龙等（2021）基于国际共享 MW9006 航次重力资料，针对最小二乘法和半系统差两步法调整两种平差模型进行讨论，提出了一种适用于不规则复杂测网下重力测线数据的平差方法。

上述两种平差方法的基石均是重力测线之间误差为线性误差，Talwani（1966）经过大量实测资料和实验结果总结得到，在海上测量时船只在保持匀速直线航行、海况不变的前提下，厄特沃什校正和交叉耦合的误差是常数，因此重力测网的测线交点差也是线性的。

由于是相对重力测量，这两种方法都需要选择基准测线或基准来平差。除了上述文献中提及的基准选择方法，国内学者一直在寻找海上重力基准的方案（宋文尧等，1993），2018 年自然资源部第二海洋研究所牵头组织了十几台多型号海洋重力仪在南海进行实测，并部署了重复测线来解答这一问题。

3.5.5.9 重力数据成果图件绘制

重力数据成果图件主要有空间重力异常平面剖面图、空间/布格重力异常图。重力数据成果图件绘制要求如下。

空间重力异常平面剖面图：应标注异常大小比例尺，测点重力异常值取至 0.1mGal；展点图上，重力异常注记小数点所在位置表示测点位置，如无小数位，则以重力异常注记的几何中心为测点位置。

空间/布格重力异常图：采用主、检测线成果绘制重力异常等值线图；基本等值线间隔为 10.0mGal，在重力异常变化剧烈的地区，可在确保图面清晰而又不丢失重力异常变化特征信息的前提下，适当加密等值线。

3.5.6 超高精度重力测网

在 20 世纪 80 年代采用 GSS-2/KSS-5 和 L&R S 重力仪的测网已经可以达到 1.2～1.6 的精度（van Hees，1983；Bell and Watts，1986），采用 BGM-3 型重力仪的测网甚至可以达到±0.38mGal 的精度（Bell and Watts，1986）。现今测量船只航行、导航定位、重力仪精度和数据处理技术方法有了长足的进步，普遍可以获得优于±1.0mGal 的高精度重力测网，甚至可以达到优于±0.5mGal。对于测量精度优于±0.5mGal 的重力测网，已经达到了重力仪的动态精度，建议称之为超高精度重力测网。

从中国科学院海洋研究所的大洋调查重力资料看，采用 KSS31M 型重力仪和 SAG-2M 型重力仪的重力测网，参考半系统差两步法平差后的精度可以优于±0.5mGal。SAG-2M 测网甚至达到±0.39mGal，已经到达了 BGM 惯性导航重力仪的精度，而 SAG-2M 以及 GT-2M 也是惯性导航重力仪。从中国地质调查局青岛海洋地质研究所的成果看，采用 KSS31M 重力仪的重力测网精度可以达到±0.82mGal，SAG-2M 型重力仪的重力测网精度达到±0.65mGal（张菲菲等，2020）。

从中国科学院海洋研究所和地质调查单位的近海油气探勘重力测网资料看，由于航速在 5kn 左右、导航定位精度高、海况相对较好，SAG-2M 型、ZL11-1A 型和 KSS31M 型重力测网精度可达±0.2mGal。若采用 LCT 软件的平差方法，平差后测网精度甚至可达±0.01mGal，但这是数学结果，不是真实的精度。GT-2M 重力仪在近海的测试中，也获得了±0.2mGal 的测网精度。

根据测网精度公式，假设交点差均相等时，测网精度为±0.4mGal 时，其交点差误差范围为±1.14mGal；当测网精度为±0.7mGal，其误差范围±1.98mGal。两者相比，虽然测网精度仅差±0.3mGal，但其误差范围几乎有一倍的提高（图 3-84）。

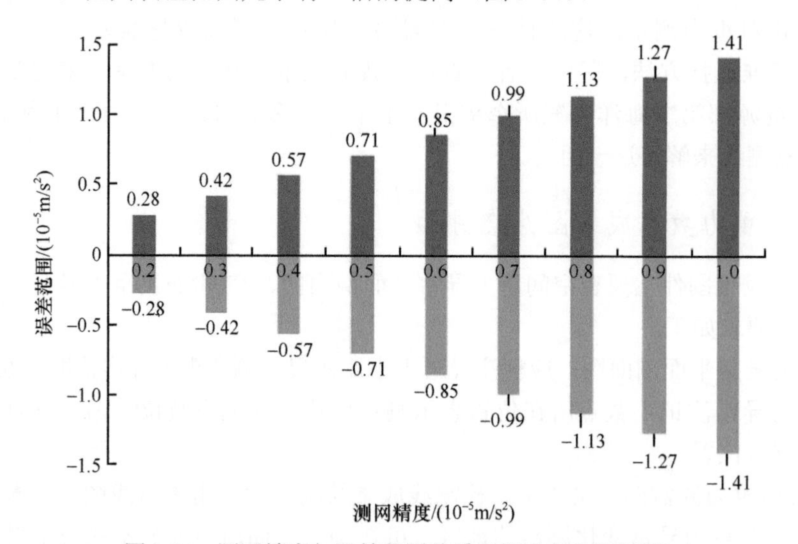

图 3-84　测网精度与误差范围关系（假设交点差相等）

但对于 S-Ⅱ型重力仪，由于其交叉耦合效应，虽然在平静海况下，精度较高，但在相对恶劣海况下，其精度有所减弱，表现为重力数据与厄特沃什之间的改正不足或过量，导致重力异常值含有较大的误差。其在大洋的测网精度可能达不到±0.5mGal。

在重力勘探中对局部重力异常进行处理和解释时，有效异常为重力测量精度的三倍，因此在近海油气勘探获得的±0.2mGal 的重力资料可以对 0.6mGal 的局部异常进行合理且可靠的解释，在大洋调查中获得±0.5mGal 的重力资料可以对 1.5mGal 的局部异常进行合理且可靠的解释。根据张义蜜等（2020，2021）的理论计算，对于同一密度体，精度越高的重力异常有更深的垂向可识别深度和更小的横向可识别间距，即精度越高分辨能力越强。显然无论是对于海底油气勘探，还是大洋地质构造研究，超高精度重力测网都是有利的。因此，对于采用 KSS31M 型重力仪或者 SAG-2M 型重力仪及 ZL11-1A 型重力仪的重力测网，建议加强精细化处理，争取达到超高精度重力测网的标准，有利于重力资料的处理和解释。

3.6 海洋磁力测量

3.6.1 海洋磁力测量的基本概念

3.6.1.1 地磁要素

地面上任意点地磁场总强度矢量 $\boldsymbol{T}$（即磁感应总强度矢量）通常可用直角坐标来描述。设以观测点为其坐标原点，x、y、z 三个轴的正向分别指向地理北、东和垂直向下，如图 3-85 所示。则该点的 $\boldsymbol{T}$ 矢量在直角坐标系内三个轴上的投影分别为北向分量（$\boldsymbol{X}$）、东向分量（$\boldsymbol{Y}$）和垂直分量（$\boldsymbol{Z}$）；$\boldsymbol{T}$ 在 xOy 水平面上投影称为水平分量（$\boldsymbol{H}$），其指向为磁北方向；$\boldsymbol{T}$ 和水平面之间的夹角称为 $\boldsymbol{T}$ 的倾斜角（I），当 $\boldsymbol{T}$ 下倾时 I 为正，反之为负；通过该点 $\boldsymbol{H}$ 方向的铅直平面为磁子午面，它与地理子午面的夹角称为地磁偏角，以 D 表示；磁北自地理北向东偏 D 为正，西偏则为负。$\boldsymbol{T}$、$\boldsymbol{Z}$、$\boldsymbol{X}$、$\boldsymbol{Y}$、$\boldsymbol{H}$、I 及 D 的各个量都是表示该点地磁场大小和方向特征的物理量，称为地磁要素。综合七个地磁要素，由图 3-85 的几何关系不难得到如下关系式

$$
\begin{aligned}
&\boldsymbol{H}=\boldsymbol{T}\cos I, \boldsymbol{X}=\boldsymbol{H}\cos D, \boldsymbol{Y}=\boldsymbol{H}\,\mathrm{sinD},\ \boldsymbol{Z}=\boldsymbol{T}\sin I=\boldsymbol{H}\tan I,\\
&\boldsymbol{T}^2=\boldsymbol{H}^2+\boldsymbol{Z}^2=\boldsymbol{X}^2+\boldsymbol{Y}^2+\boldsymbol{Z}^2\\
&\tan I=\frac{\boldsymbol{Z}}{\boldsymbol{H}}, \tan D=\frac{\boldsymbol{Y}}{\boldsymbol{H}}
\end{aligned}
\tag{3-51}
$$

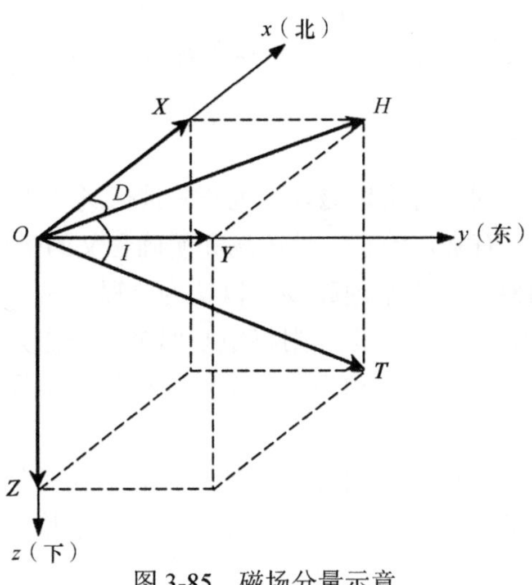

图 3-85　磁场分量示意

3.6.1.2 岩石磁性

均匀无限磁介质受到外部磁场 $\boldsymbol{H}$ 的作用，衡量物质被磁化的程度，以磁化强度 $\boldsymbol{M}$ 表示，它与磁化强度之间的关系为

$$\boldsymbol{M}=\kappa\boldsymbol{H} \tag{3-52}$$

式中，κ 为物质的磁化率，它表征物质受磁化的难易程度，是一个量纲为 1 的物理量。在国际单位制（international system of units）中，磁化率的单位是 SI（κ），$\boldsymbol{H}$ 和 $\boldsymbol{M}$ 的单位是 A/m。

在各向同性磁介质内部任意点上，磁化场 $\boldsymbol{H}$ 在该点产生的磁感应强度（磁通密度）为

$$\boldsymbol{B}=\mu\boldsymbol{H} \tag{3-53}$$

若介质为真空，则有

$$\boldsymbol{B}_0=\mu_0\boldsymbol{H} \tag{3-54}$$

式中，μ_0 为真空的磁导率。令 $\mu_r=\mu/\mu_0$（相对磁导率），代入式（3-53）得

$$\boldsymbol{B}=\mu_0\mu_r\boldsymbol{H}=\mu_0\boldsymbol{H}+\mu_0\left(\mu_r-1\right)\boldsymbol{H}=\mu_0\left(1+\kappa\right)\boldsymbol{H}=\mu_0\left(\boldsymbol{H}+\boldsymbol{M}\right) \tag{3-55}$$

式中，$\kappa=\mu_r-1$，式（3-55）表明物质磁性与外磁场的定量关系。

显然，在同一外磁场 $\boldsymbol{H}$ 作用下，空间为磁介质充填，与空间为真空二者相比，$\boldsymbol{B}$ 增加了 $\kappa\boldsymbol{H}$ 项，即介质受磁化后产生的附加场，其大小与介质的磁化率成正比。磁介质的 $\mu_r=\kappa+1$ 是一个纯量。μ 与 μ_0 二者之间的关系为

$$\mu=\mu_0\left(1+\kappa\right) \tag{3-56}$$

3.6.1.3 地磁场总强度随地理分布的基本特征

地磁场总强度等值线在大部分地区与纬线近乎平行。其强度值在磁赤道附近为 30 000～40 000nT，由此向两极逐渐增大，在南北两磁极总强度为 60 000～70 000nT。

根据各地磁要素在地理分布上的基本特征，可以认为地球基本磁场的模式与一个位于地球中心并与其旋转轴斜交 11.5° 的地球中心偶极子场很类似。两者各地磁要素分布基本特征大致吻合，但在相当广大的区域内两者之间存在着明显的差异。

3.6.1.4 正常场和磁异常

按研究地磁场的目的不同，可将地磁场分为正常地磁场（正常场）和磁异常（异常场）两部分。在地磁学研究中，有确定的正常地磁场和明确含义的磁异常的概念。通常情况下，正常场和异常场是相对的概念，正常地磁场可以认为是磁异常（即所要研究的磁场）的背景场或基准场。例如，研究大陆磁异常，则将中心偶极子场作为正常地磁场；研究地壳磁场时，以中心偶极子场和大陆磁场之和为其正常场，可见正常场的选择是根据所研究磁异常的要求而确定的。

磁力勘探在地质工作中的应用，因解决各种地质问题的对象不同、测区大小不同以及由于对不同深度场源性质的研究，关于正常磁场的选取也是相对的。例如，在弱磁性或非

磁性地层中要圈定强磁性岩体或矿体，通常将前者所引起的磁场作为正常背景场，而后者所产生的磁场为磁异常（管志宁，2005）。

3.6.1.5 地球磁场模型

（1）地球磁场的球谐分析和国际参考地磁场

球谐分析（spherical harmonic analysis，SHA）方法于 1838 年高斯首先提出，是表示全球范围内地磁场的分布及长期变化的一种数学方法，该方法还可以区分外源场（电离层场和磁层场）和内源场（地核场和地壳场）。地球磁场的高斯球谐表达式是

$$
\begin{aligned}
\boldsymbol{X} &= \sum_{n=1}^{N}\sum_{m=0}^{n}\left(\frac{R}{r}\right)^{n+2}\left[g_n^m\cos(m\lambda)+h_n^m\sin(m\lambda)\right]\frac{\mathrm{d}}{\mathrm{d}\theta}\overline{P_n^m}(\cos\theta)\\
\boldsymbol{Y} &= \sum_{n=1}^{N}\sum_{m=0}^{n}\left(\frac{R}{r}\right)^{n+2}\frac{m}{\sin\theta}\left[g_n^m\sin(m\lambda)-h_n^m\cos(m\lambda)\right]\overline{P_n^m}(\cos\theta)\\
\boldsymbol{Z} &= -\sum_{n=1}^{N}\sum_{m=0}^{n}(n+1)\left(\frac{R}{r}\right)^{n+2}\left[g_n^m\cos(m\lambda)+h_n^m\sin(m\lambda)\right]\overline{P_n^m}(\cos\theta)
\end{aligned}
\tag{3-57}
$$

式中，R 为国际参考球半径，即地球的平均半径，R=6371.2km；$\theta=90°-\varphi$，φ 为 P 点的地理纬度；λ 为以格林尼治向东起算的 P 点地理经度；g_n^m、h_n^m 称为 n 阶 m 次高斯球谐系数。

1968 年国际地磁学与高空物理学协会（International Association of Geomagnetism and Aeronomy，IAGA）首次提出 1965.0 年代高斯球谐分析模式，并在 1970 年正式批准了这种模式，称为国际地磁参考场（international geomagnetic reference field，IGRF）模式。IGRF 是地球基本磁场和长期变化场的数学模型。国际上规定每五年发表一次球谐系数，绘制一套世界地磁图。

通过大量地磁资料的球谐分析研究，许多学者认为球谐级数的每一项都有一定的物理意义。据地磁场的构成可知，其偶极子场是地球磁场的主要成分，对地心偶极子磁场，可直接由球谐分析据 n=1 时导出，也可由偶极子磁位求得。目前可认为 n=13 是地磁场与地壳场的分界点，$n\leqslant 13$ 表示地核场，$n>13$ 表示地壳场。目前一般取 $n=m=10$。因此采用 IGRF 进行正常场校正时有可能有不足（管志宁，2005）。

（2）地区性地磁场模型

由于数据和计算能力的限制，球谐分析的分辨率是有限的，不适宜处理某一地区磁场或描述空间尺度较小的磁异常。因此，为了表示某一地区的正常场，需要建立地区性地磁场模型，这些地区的磁测数据密度要比全球的大一些，足以刻画地磁场的分布特征。

建立地区性地磁场模型用得比较多的是多项式拟合法、矩谐分析（rectangular harmonic analysis，RHA）方法和冠谐分析（spherical cap harmonic analysis，SCHA）方法等（徐文耀等，2011）。

A. 多项式拟合法

该方法最早用于建立地区性地磁场模型，现在仍广泛采用。将地磁要素以多项式表示为经度、纬度的函数，或平面坐标的函数；表示式中不包括径向距离（或垂向距离）的项。

多项式模型是一种纯数学的方法，没有从磁场的位场理论出发，而是单独拟合磁场的一个分量，虽然仅局限于二维平面，但由于模型精度较高，而且可以拟合磁场的磁偏角、磁倾角等非线性分量，在矿产和石油勘探、海洋地磁调查等实际应用中具有较高的小尺度磁场建模能力。赵建虎等（2008）采用勒让德多项式尝试建立海洋局域地磁正常场。区家明等（2012）在小尺度区域内将勒让德多项式截止阶数提高到 50 阶，并认为若数据分布均匀合理，则勒让德多项式方法均可适用于同一平面内的海洋测量和航空测量数据。

B. 矩谐分析方法

Alldredge（1981）采用矩谐分析方法建立了能够反映较短波长的地区性地磁场模型，选择一直角坐标系，令其原点位于研究区中央，将地磁台站或测点的坐标及磁场观测值由地理坐标转换成直角坐标，然后将磁位或场的分量展成正交的谐和函数级数，用最小二乘法求出系数。一般是先将观测值减去 IGRF 值，利用残值进行矩谐分析。由于矩谐分析方法是用一平面近似球面，其建模面积不能太大，一般是 3000km×3000km。

矩谐分析从位的角度出发，在局部区域内通过构建测区大小的矩形区域，在区域内建模实现与局域地磁变化的最大限度吻合，相对多项式方法，满足了物理意义的需求以及地磁三维结构的特点（徐文耀和朱岗，1984）。赵建虎等（2009）在某一矩形海域进行了矩谐分析的试验，表明矩谐分析适合局域海洋地磁场模型的构建。

C. 冠谐分析方法

为了克服矩谐分析中以直角代替球坐标的近似，Haines（1985）提出可直接对某一区域进行谐和分析，表示地磁场在该地区（称为球冠）分布的数学方法。其优点是满足地磁场位势理论的物理限制，能表示地磁场的三维结构（安振昌，1992）。该方法基于对球面的部分面积（球冠面积）上的位场微分方法求解时，代入边界条件，导出两组正交的基本函数，展开成球谐级数，以进行冠谐分析。

安振昌（2003）建立了 1936 年中国地磁参考场的冠谐模型。赵建虎等（2010）曾将球冠谐分析用于海洋局域地磁场的建模，以期建立高精度的局部海洋地磁背景场。

（3）全球地磁场模型

随着地磁卫星技术逐渐成熟，卫星磁力测量逐渐成为能够快速获取和构建地磁场模型的主要方法。从 1958 年苏联的 SPUTNIK-3 卫星，到 2018 年我国发射的“张衡一号”卫星，已经有十几颗可用于磁力测量的卫星，如 MAGSAT、CHAMP 和 Swarm 等地磁卫星，采用磁通门磁力仪、质子磁力仪、光泵磁力仪、Overhauser 效应磁力仪等，仪器精度已由几纳特提升至 ±0.2～0.5nT（常宜峰，2015；Yang et al.，2021）。

利用现有的卫星磁力测量观测技术和方法，综合利用地面台站、航空和船载磁测数据，可以构建近地空间（从地球表面到距地面 2000km 范围）的全球地磁场模型。目前，主要的全球地磁模型包括 CM 模型（comprehensive model of geomagnetic field）、EMM 模型（enhanced magnetic model）、NGDC 模型、世界地磁场模型（world magnetic model，WMM）、POMME 模型（potsdam magnetic model of the earth）、CHAOS 模型、MF（magnetic field）模型等（常宜峰，2015）。杨艳艳等基于“张衡一号”卫星磁测数据，建立了全球地磁场模型 CGGM，成功入选 IGRF-13 的计算（Yang et al.，2021）。

对于海洋地磁场，地磁场模型可以用于地磁日变的改正（Sager et al.，2019；邢综综和徐行，2020；Huang et al.，2021）、地磁背景场（于波，2009）和南大西洋异常区（South Atlantic anomaly）等大洋地磁场研究（Campuzano et al.，2019）。

3.6.1.6 地磁长期变化场

地磁场长期变化是由地球内部场源缓慢变化导致的，其时空规律是探索地球内部物质运动的重要线索。地球基本磁场随时间的缓慢变化称为地磁场的长期变化，亦称世纪变化。IGRF 不同年代球谐系数的变化也说明地磁场不是恒定的，而是随时间变化缓慢长期变化。

地磁场长期变化总的特征是随时间变化缓慢，周期长，一般变化周期为几年、几十年，有的更长。对地磁场的长期变化，主要是通过世界各地的地磁台长期、连续观测数据取其平均值来进行研究的。例如，伦敦地磁台历史资料显示 1600 年以来的磁偏角和磁倾角的长期变化；地球磁矩的衰减变化从 19 世纪至今几乎以每年 0.05% 的速率递减，这种现象可能预示了地磁磁极倒转。

根据古地磁学的研究，古地磁是轴向偶极子场，地球偶极子磁矩随地质时间而变化。在地质历史年代中地球磁极已多次发生倒转现象。地球磁矩变化具有明显的波动形式特点，可以分出很多期，而 7000～8000 年是磁矩最基本的变化周期。

古地磁研究可以恢复地质历史时期的古地磁极位置，支持了魏格纳的大陆漂移说。威尔逊利用地幔对流和海底扩张解释了大陆漂移假说。而海底条带状磁异常的发现和解释是对海底扩张假说的有力支持，Vine 和 Matthews（1963）提出地幔对流不断上涌，推着老海底向两侧扩张，在洋中脊形成新的海底，在扩张中地磁场发生多次倒转，在正常地磁场时形成的海底正向磁化，在反向地磁场时形成的海底反向磁化。

目前，已经有由陆地资料编制了 4.5Ma 以来地磁场极性历史变化的极性年代表（Cox，1969），也被海底条带磁异常以及深海钻探泥芯的研究所证实。根据海底磁异常条带的宽度和相对已知年龄的控制点的距离，建立了侏罗纪至今的地磁极性表（Pitman and Heirtzler，1966；Cande and Kent，1995），进而编制了海底地壳等时图（Müller et al.，2008）。国内学者在南海进行了海底磁条带研究，约束了南海海盆的形成时代和历史（李家彪等，2011；张涛等，2012）。

3.6.1.7 地磁场短期变化——地磁日变

地磁场短期变化主要是固体地球外部的磁层和电离层的电流体系受太阳辐射而产生的，以一个太阳日为周期变化，因此称为地磁日变。徐文耀（2014）对地磁场的短期变化进行了系统详细的论述，本研究在此仅简单介绍。

在没有太阳风时，地球偶极磁场满足拉普拉斯方程；在有太阳风时，地球偶极磁场畸变为磁层，在变形后的地磁场中，很多区域有电流存在。磁层电流的大小与方向随太阳风参数的变化而变化，也随太阳风相对于地磁轴方向的改变而改变。前者形成多种多样的扰动地磁场变化，如磁暴、亚暴等，后者的形成以年或日为周期变化（徐文耀，2014）。

电离层电流是受太阳辐射产生的。在太阳的紫外线辐射下，100～120km 高度上高空大气层内要发生极其复杂的物理化学过程，其中包括电离作用而形成电离层。电离层和地球大气在太阳的热力作用下形成大气环流动，在日、月引力作用下形成大气潮汐运动，在地球磁场内产生感应电流，形成电流体系。电离层电流产生平静的太阳静日变化和太阴日变化，是按一定的周期连续变化，变化平缓而有规律；也产生亚暴、磁湾（magnetic bay）和磁钩（magnetic crochet）等扰动变化，是偶然发生、持续一定时间后就消失、短暂且复杂的变化，变化幅度较大为几到几十纳特，乃至上百纳特。

（1）平静变化

根据其变化周期和幅度等特征，平静变化分为太阳静日变化（S_q）和太阴日变化（L）。太阴日是地球相对于月球自转一周的时间，由于其变化幅度仅为1～2nT，又重叠在太阳静日变化之中，在磁力勘探和海洋磁力测量中不单独考虑。在海洋磁力测量中将平静变化称为磁静日变化。

磁静日变化特征与太阳辐射密切相关：以24h（1个太阳日）为周期；在夜晚时地磁日变值为平静变化，仅有几个纳特的幅值；当太阳照射后，地磁值会剧烈增加或降低，在中午前后达到极值；之后随着阳光照射角度的降低，地磁日变值也逐渐降低；日变的幅值可达$n\times10$nT，在中纬度区平均幅值约50nT，在磁赤道附近幅值异常增大，可达200nT；有显著的逐日变化（徐文耀，2014）。

在同一纬度上不同经度的地点，磁静日变化在形态和幅值上几乎相同，仅有相位上的变化，但在同一经度不同纬度上，地磁日变的幅值有较大的差异。因此，在海洋磁力测量的陆地地磁日变观测中，台站位置要在海上工区的中央纬度线上，且距离工区不超过300～500km。由于目前海洋磁力测量以地磁总场强度值为主，相应的地磁日变观测也是以总场测量为主。

（2）磁暴

磁暴与日冕物质抛射、太阳风、太阳耀斑等密切相关，是一种强烈的全球性地磁扰动，全球同时发生，随世界时同步变化（徐文耀，2014）。磁暴最主要的特征是中低纬度地区地磁场大幅度下降。磁暴可分为急始、初相、主相和恢复相等几个阶段。

磁暴变化幅值为几十到几百纳特，持续时间可达数天。磁暴强度有从低磁纬度到高磁纬度逐渐变强的规律。磁暴发生也有一定时间分布规律，太阳活动性愈强的年份磁暴发生频率愈高，多的一年可有20～40次。即使太阳活动性极小的年份也可有5～20次，且相当多的磁暴具有相隔27天左右重现的规律性，以及以11年为周期的特点。磁暴发生频率还与季节有关，通常春秋磁暴多，冬夏较少。

（3）磁湾

磁湾也称湾扰，是亚暴的磁场表现，持续半小时到几小时，幅值可高达几十纳特，时间变化形态像海湾，有正湾和负湾之分。磁湾常常发生在比较平静的夜晚，在高纬度地磁台，子夜前常记到正湾，子夜后为负湾。磁湾形态变化复杂，幅值变化大，持续时间长，出现多个波峰或波谷。

（4）磁钩

磁钩，又称钩扰，持续时间在十几分钟到几十分钟，幅度变化在十几纳特到几十纳特之间的磁扰，起始较急，形态类似于一个钩子。与太阳耀斑同时发生，又称太阳耀斑效应。太阳耀斑是一种局部辐射突然增强的太阳活动现象，发生时紫外线辐射将会突然增强，引起电离层的电离浓度突然增高，从而在电离层中形成一个短暂的电流体系，这就是钩扰的成因。因此，磁钩只限于日照半球。

（5）连续性地磁脉动

连续性地磁脉动（continuous pulsation，Pc）的时间变化呈准正弦波形，且能稳定地持续一段时间，幅值随地磁纬度而变，极光带和赤道幅值最大。脉动周期范围一般为 0.2～1000s，持续时间可达数小时。

（6）不规则脉动

不规则脉动（irregular pulsation，Pi）的时间变化呈衰减型振荡，形态不规则，持续时间较短，往往低于几分钟。幅值随地磁纬度而变，极光带和赤道幅值最大。

（7）突然脉动

突然脉动（sudden impulse，si）是一种突然的脉冲现象，*H* 分量突增或突降几到几十纳特，持续时间短，1min 到几分钟，其后无其他变化。

3.6.1.8 地球内部感应磁场

由于地球介质或多或少具有导电性，外源变化磁场会在地球内部产生感应电流和感应磁场，感应电流主要分布在电导率较高的地幔之中。由于趋肤效应，短周期变化磁场的感应电流多分布在地幔上层和地壳之内，特别是电导率显著增大的地方，会形成增强的局部感应电流（徐文耀，2014）。

徐文耀（2014）对于地球内部感应磁场进行了归纳：地球局部区域往往会出现“地磁变化异常”或“磁变异常”，与通常的地磁异常不同，在常规航磁和地面磁测中可能没有任何显示，但对于一定频段的变化磁场，该区域的振幅和相位与周边区域明显不同。这种变化磁场异常归因于地下导电率的局部不均匀，在海岸、断层、地堑、火山、海沟、俯冲带等地质构造差异大的地方，导电率往往不均匀，在大范围磁暴急始、湾扰等外源磁场变化事件发生时，在电性不均匀处感应电流会发生畸变，从而产生地磁异常变化。

在日本中部、德国北部、加拿大莫尔德贝（Mould Bay）短周期磁异常变化，都与当地的地质构造相关。杜兴信和麻水歧（1987）也报道了在磁湾期间，渭河南北的垂直分量位相相反，水平分量也存在异常，同相和异相感应矢量指向渭河方向，表明感应电流从渭河地堑下集中流过，推测在地壳下部或地壳上部存在一高导体。

大陆和海洋的交界线（海岸）也是地下电导率差异大的区域。在海岸区，陆上的感应矢量往往垂直于海岸线指向海岸，表明海洋一侧电导率升高，这就是所谓的海岸效应（Parkinson and Jones，1979）。产生这种畸变的原因，一方面是海水电导率高；另一方面是海洋下面高电导率层抬升，大陆下方高电导率层下降。

在海岛上常发现感应场方向在岛的一侧与岛的另一侧方向相反，此即海岛效应。海岛效应是由作为不良导体的海岛干扰了海洋中大范围内感应电流的分布而引起的。

3.6.2 海洋磁力测量的发展历程

3.6.2.1 海洋磁力测量的发展简介

地磁学现象的观测最早可追溯到古希腊哲学家泰勒斯（Thales），而在公元12世纪，中国人已经在航海中广泛采用磁罗盘来导航，稍后阿拉伯人和欧洲人也掌握了该技术方法。15世纪末哥伦布在大西洋首次观测到磁偏角。1600年，英国人威廉·吉尔伯特研究地磁现象的起因，提出地球类似一个磁铁（Nabighian et al.，2005b）。17世纪40年代，瑞典人开始采用磁罗盘找矿。1870年，泰郎（Thalen）和铁贝尔（Tiberg）制成找矿用的万能磁力仪，被认为是应用地球物理学的开端的一个重要标志（管志宁，2005）。

3.6.2.2 我国海洋磁力调查工作的发展

我国的海洋磁力测量工作起步较晚，自20世纪70年代核子磁力仪的应用，国内才普遍开展近海海上磁力测量，主要的应用领域是海洋区域地质调查（金翔龙和喻普之，1979；吕文正等，1987；秦蕴珊等，1987）和海底油气盆地基底构造研究（范守志和吴金龙，1992；王家林等，1997）。到21世纪初，我国已经完成了近海磁力调查，并进行了并网整理和数据处理解释（高金耀等，2014）。21世纪初又采用SeaSPY、G882等新型海洋磁力仪、多波束测深、高精度定位系统开展了1∶100万区域地球物理调查，编制了近海及邻近海域地球物理图集（张训华等，2014），初步摸清了中国管辖海域地质环境条件和资源环境潜力，取得了一批原创性的认识，为建设海洋强国提供了翔实可靠的地质资料（秦绪文等，2020）。在大洋，主要围绕海底多金属结核和富钴结壳等资源进行地质地球物理探测（刘光鼎，1997；王述功等，1999；陈圣源等，2000）。随着“科学”号等5000吨级海洋科学考察船的投入使用，我国逐渐部署了从近海到深远海的地球物理调查和研究工作，海洋磁力测量也随之开展。

在仪器方面，目前国内一些科研机构、大专院校也正都在积极地加紧研制海洋磁力仪等设备。北京地质仪器厂制成了CHHK-1海洋航空核子旋进式磁力仪，其精度可以达到国际同类仪器水平，已被我国各作业部门广泛应用（王功祥等，2004）。吉林大学和中国地质大学（武汉）研发了Overhauser效应质子旋进磁力仪，可以应用于海洋磁力仪研发（谭超等，2010）。针对陆地地磁日变观测的时效性，中国科学院海洋研究所联合重庆奔腾数控技术研究所开发了WCZ-3S双模地磁日变观测系统（贾富昊等，2020）。原海洋局第二海洋研究所等开发了海洋三分量磁力仪（章雪挺等，2009；吴招才等，2011）。

测量作业方式上，国内的科研单位也不断在探索。例如，在南海洋盆针对磁条带，开展了近海底深拖高分辨率磁力测量，获得的地磁资料比海面测量地磁资料具有更高的分辨率和更大的异常值（Li et al.，2014；李春峰等，2015）；广州海洋地质调查局于2018年完成了国产深拖曳重磁勘探系统的测试。天津海洋环境研究所开展了固定翼无人机磁力测量；自然资源部第一海洋研究所选择无人直升机在海岸带附近进行了磁力测量（Pei et al.，2017），磁测数据处理后精度仅为±0.63nT，数据精度、分辨率等指标与海洋船载磁力探测相当，可以有效填补海陆过渡带、无人岛等地区的磁力数据缺失，有着广阔的应用前景。中国科学院南海海洋研究所在南海开展了三分量磁力测量（赵俊峰，2009）。原海洋局第二海洋研究所在南极普利兹湾进行了三分量测量（王文健等，2017）。

对于深远海的地磁日变观测，广州海洋地质调查局和自然资源部第一海洋研究所对锚系浅标日变站进行了测试和探讨（徐行等，2005；张学贤等，2018），中国地质调查局青岛海洋地质研究所则对无人船载日变站进行了测试。

上述这些工作保障了我国近海和大洋磁力测量的需求，并将促进海洋磁力测量的发展。

3.6.3 海洋磁力测量仪器

3.6.3.1 磁力仪的几个主要技术指标

灵敏度：指磁力仪反映地磁场强度最小变化的能力（敏感程度），有时也称作分辨率。

精密度：它是衡量仪器重复性的指标，系仪器自身测定磁场所能达到的最小可靠值，通常由一组测定值与平均值的平均偏差表示，在仪器说明书中往往称为自身重复精度。

准确度：指仪器测定真值的能力，即与真值相比的总误差。

在磁力勘探工作中，通常不区分精密度与准确度，而是统称为精度。

3.6.3.2 常用海洋磁力仪

根据测量原理不同，磁力测量系统主要分为感应线圈式磁力仪、磁通门磁力仪、质子旋进磁力仪、Overhauser 效应质子磁力仪、光泵磁力仪、原子磁力仪、超导磁力仪等（裴彦良等，2005；孙昊等，2019）。

目前国内外常用的海洋磁力仪有 G-882 型光泵磁力仪、SeaSPY 海洋磁力仪和船载三分量磁力仪等（图 3-86）。

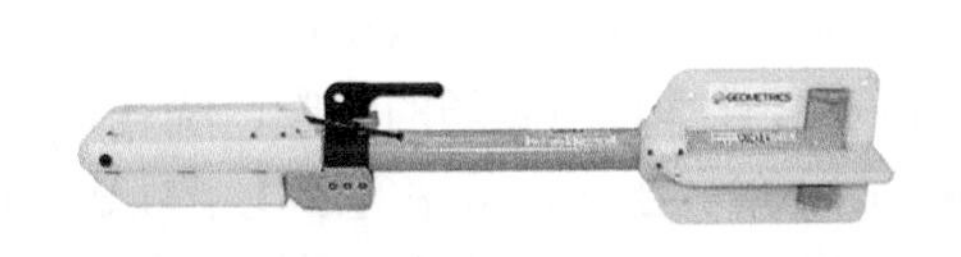

（a）G-882型光泵磁力仪

（b）Sea SPY海洋磁力仪

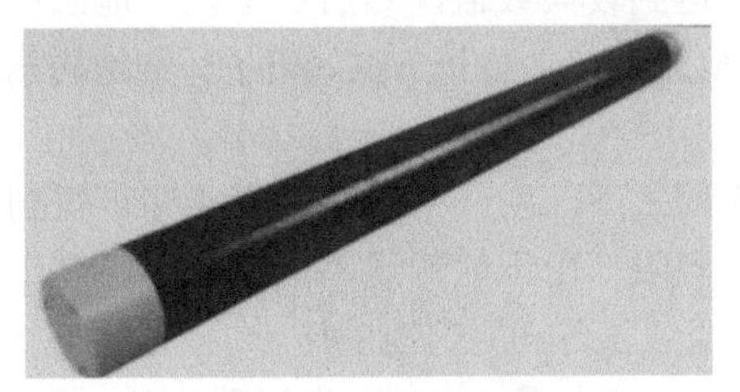

（c）Grad-03-500M船载三分量磁力仪

图 3-86　国内外常用海洋磁力仪

（1）G-882 型光泵磁力仪

20 世纪 50 年代中后期卡斯特拉提出了一种磁场谐振的光泵方法，接着许多国家开展了光泵磁力仪的研究。它的原理是利用电子的顺磁共振现象，而质子旋进磁力仪利用的是核磁共振。因为这类仪器普遍采用“光泵技术”，被称为光泵磁力仪或光吸收磁力仪。

光泵磁力仪所利用的元素是氦、汞、氮、氢，以及碱金属铷、铯等。根据采用磁共振的不同元素光泵磁力仪可以分为氦磁力仪和碱金属；按采用的电路，可分为自激式磁力仪和跟踪式磁力仪。

光泵磁力仪之所以能测量磁场，是基于上述元素在特定条件下能发生磁共振吸收现象（或称光泵吸收），而发生这种现象时的电磁场频率和样品所在地的外磁场强度成比例，只要能准确测定这个频率，便可算得外磁场（地磁场）强度。

G-882 型光泵磁力仪是美国 Geometrics 公司研制的海洋磁力仪，是一种先进的铯光泵磁力仪，主要由磁力仪拖鱼（图 3-86）、拖曳电缆、甲板缆等组成。其主要技术参数见表 3-18。

表 3-18　国内外常用海洋磁力仪主要技术参数

项目	G-882 型光泵磁力仪	SeaSPY 海洋磁力仪
工作原理	铯光泵原理	Overhauser 效应
测量区域	磁场矢量与传感器长、短轴夹角大于 6° 的地区	全区范围，无盲区
量程/nT	100 000～20 000	12 000～18 000
精度/nT	＜3	0.2
灵敏度/nT	0.01	0.01
分辨率/nT	0.001	0.001
采样频率/Hz	0.1～10	0.1～4

（2）SeaSPY 海洋磁力仪

20 世纪 60 年代中期以后，法国、苏联、加拿大等国相继制成 Overhauser 磁力仪。

Overhauser 磁力仪探头一般有两个轴线互相垂直且垂直地磁场的线圈，绕在盛有自由基溶液的有机玻璃容器外面。一个是高频线圈，产生射频磁场，频率等于电子顺磁共振频；另一个是低频接收线圈。在自由基溶液中，存在着电子自旋磁矩及质子磁矩两个磁矩系统。在射频场的作用下，电子自旋磁矩极化，由于两种磁矩间的强相互作用，电子顺磁共振或电子的定向排列会导致核子的强烈极化，这种效应称为 Overhauser 效应。因此，质子磁矩沿地磁场方向磁化，能够达到较大数值，然后在垂直于地磁场方向上加一短促的脉冲磁场（称为转向磁场），使质子磁矩偏离地磁场方向，质子即绕地磁场作旋进运动；测出旋进频率，即得到地磁场的量值。

在 Overhauser 效应作用之下，用一个很小的探头即可得到较强的旋进信号且灵敏度较高；探头小还可提高梯度容限。由于射频场不间断作用，产生一个不衰减的连续质子旋进信号，采样率可以有高甚至可以连续测定地磁场。

Overhauser 磁力仪的代表产品是 SeaSPY 海洋磁力仪（图 3-86），该磁力仪是由加拿大 Marine Magnetics 公司生产，磁力仪拖鱼重约 16kg，可配备 600m 拖曳电缆。仪器精度可达

0.2nT，其主要技术参数见表 3-18。

（3）船载三分量磁力仪

船载海洋地磁三分量测量系统主要由两部分组成：一部分是三分量磁力传感器，主要负责测量地磁场；另一部分是运动传感器，主要负责测量磁力传感器姿态变化。

磁通门磁力仪可以测定恒定和低频弱磁场，其基本原理是利用高磁导率、低矫顽力的软磁材料磁芯在激磁作用下，感应线圈出现随环境磁场而变的偶次谐波分量的电势特性，通过高性能的磁通门调理电路测量偶次谐波分量，从而测得环境磁场的大小。

磁通门磁力仪体积小、重量轻、电路简单、功耗低（0.2W）、温度范围宽（−70～180°C）、稳定性好、方向性强、灵敏度高，可连续读数，尤其适合在零磁场附近和弱磁场条件下应用。

国内外较常使用的三分量磁力传感器是英国 Bartington 公司生产的三轴磁力梯度仪 Grad-03-500M（图 3-85）。该系统有两个磁通门式三轴磁力仪，布置于长度为 500mm，直径 50mm 的碳纤维压力舱两端，因此也可以进行分量的梯度测量。运动传感器是较常使用的是法国 IXSEA 公司的 OCTANS 运动罗经传感器（水下型）。

3.6.3.3 地磁日变观测仪器

常用的陆地地磁日变观测仪器主要有 Sentinel 磁力仪、WCZ-3/WCZ-3S 质子磁力仪、GSM-19 Overhauser 磁力仪等，海底日变站及锚系潜标式日变站常用的是 OBM 地磁仪及 Sentinel 磁力仪（图 3-87）。

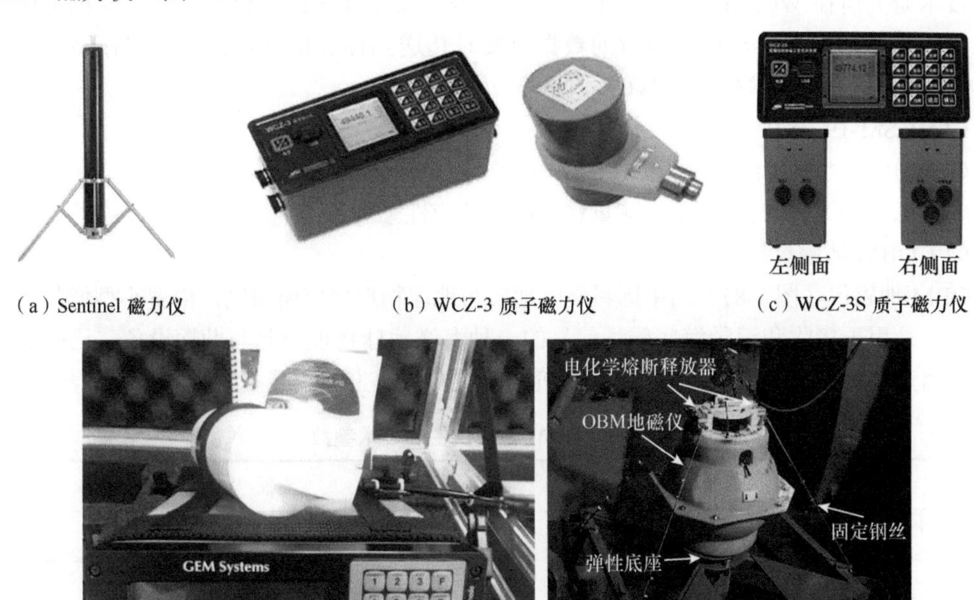

（a）Sentinel 磁力仪 （b）WCZ-3 质子磁力仪 （c）WCZ-3S 质子磁力仪

（d）GSM-19 Overhauser 磁力仪 （e）OBM地磁仪

图 3-87 国内外常用地磁日变观测仪器

（1）Sentinel 磁力仪

Sentinel 磁力仪由加拿大 Marine Magnetics 公司生产，它包含一个电池组和一个低功耗 Overhauser 效应磁力传感器，全部密封在加压容器中（图 3-87）。可以在陆地和海洋环境下工作，是地磁日变观测的理想工具。其主要技术参数见表 3-19。

表 3-19　常用陆地地磁日变观测仪器主要技术参数

项目	Sentinel 磁力仪	WCZ-3/WCZ-3S 质子磁力仪	GSM-19 磁力仪
工作原理	Overhauser 效应	质子旋进原理	Overhauser 效应
分辨率/nT	0.001	0.05（精细模式）；0.1（正常模式）	0.01
量程/nT	120 000～18 000	100 000～20 000	120 000～20 000
精度/nT	±0.2	±0.5（精细模式）；±1（正常模式）	±0.1
采样频率/Hz	1/60～1	1/60～1/2	1/60～1/3

（2）WCZ-3/WCZ-3S 质子磁力仪

WCZ-3 质子磁力仪是重庆奔腾数控技术研究所研制生产的，由主机、探头等构成（图 3-87）。相比之前的型号，其测量速度大幅提高、梯度耐受能力大幅增强、重量亦大幅减轻，拥有更完备的 GPS 导航能力。其主要技术参数见表 3-19。

WCZ-3S 双模陆地地磁日变观测系统（图 3-87）是中国科学院海洋研究所与重庆奔腾数控技术研究所在 WCZ-3 质子磁力仪基础上开发的新型质子磁力仪，既可以单机工作，又可以与计算机联机工作，仪器测量的数据可实时传送到计算机显示、分析和存储（贾富昊等，2020）。其主要技术指标同 WCZ-3 质子磁力仪。

（3）GSM-19 磁力仪

GSM-19 磁力仪是由加拿大 GEM 公司生产的 Overhauser 效应磁力仪，主要由主机及探头组成（图 3-87），具有功耗低、测量精度高、适应性强等特点。其主要技术参数见表 3-19。

（4）OBM 地磁仪

OBM 地磁仪（图 3-87）由中国科学院地质与地球物理研究所研制，内置小型低频磁通门传感器，是用于接收和记录海底磁场信号的一种海洋地球物理观测与勘探设备，已广泛应用于大洋调查、海洋资源勘查、海底构造研究与防灾减灾等方面。其主要技术参数见表 3-20。

表 3-20　OBM 地磁仪主要技术参数

项目	参数
通道数	三通道（磁场三分量）
磁感计带宽/Hz	DC～500
采样率/sps	1000、500、250、100
磁感计噪声	6pT/sqrt(Hz)@1Hz
磁感计测量范围/μT	±100

3.6.4 海洋磁力测量

3.6.4.1 海洋磁力测量特点

海洋磁力测量与陆地磁力测量本质上的区别在于，前者不可能像后者那样可以在稳定的基础上进行静态观测，而只能在持续航行的船上进行观测，同时船只本身的固有磁场也在随船只空间位置的改变而变化。

海洋磁力测量与陆地磁力测量比较，还有以下几方面的特点：①陆地磁力测量是以测点形式出现的离散点测量。海洋磁力测量是以测线形式出现的连续点测量，在测线上采样率为 1Hz，几乎可以取任意密的测点，但在主测线（或检查测线）之间无测点，往往有数千米的间距。②陆地测量可以在同一测点上进行任意多次观测。海洋磁力测量在通常情况下无法在同一测点进行第二次观测，只有在主测线与检查测线的相交处才多产生一次观测，在特殊情况下出于某种需要才会沿同一条测线航迹进行重复测量。③陆地磁力仪可以精确定位，而海洋磁力仪的传感器是拖在船只数百米后的海水中，只能估算其位置（边刚等，2004）。④海洋磁力测量只能根据测线交点不符值来估算整个测网的精度，而不能较精确地确定每个测点的精度。⑤海洋磁力测量的地磁日变观测往往需要在数百千米的陆地设立陆地台站，因此地磁日变改正的误差相对较大。

3.6.4.2 海洋磁力测量规范和技术要求

根据《海洋调查规范 第 8 部分：海洋地质地球物理调查》（GB/T 12763.8—2007）及其他相关行业规范中对海洋磁力测量的基本要求如下：①基本上采用走航式的连续观测方法。②船只沿航线（测线）尽量保持匀速直线航行，航速一般不宜超过 12kn。③采样频率应不低于 1Hz。④需要进行地磁日变观测。⑤比例尺大于 1∶50 万的测量项目，地磁异常均方根差优于±2nT；比例尺小于 1∶50 万的测量项目，地磁异常均方根差优于±4nT。

测网布设、船只航行、仪器安装与检验、地磁日变观测、船磁影响测定等其他方面的要求如下。

（1）测网布设

测量比例尺与测网布设要求如下：①根据任务和条件确定测量比例尺，详查则选用较大的比例尺，以 1∶10 万以上为宜；如为普查，应该选用较小的比例尺，取 1∶20 万以下。磁测线间的距离（间隔），一般以图上 1cm 为适，如 1∶100 万的比例尺，测线间隔为 10km。②主测线（剖面）垂直区域地质主要构造线方向，联络测量垂直于主测线。③相邻图幅，前后航次或不同仪器测量的接合部要有检查测线或重复测线。

（2）船只航行

调查船在线调查期间应尽量保持匀速直线航行，调查船实际航迹线偏离计划测线应小于测线间距的 1/5；可根据调查任务性质、测区海况及其地磁异常等情况确定合适的航速，最大航速应不大于 12kn；调查船在线调查期间遇特殊情况需停船、转向或变速时，应及时通知调查值班员采取应急措施并记录在班报表上。

因避船、磁暴或严重磁扰、人为干扰、断电等原因使部分测线数据无效且无效数据段里程大于图上 2cm 时应补测，补测段应与正常测线重叠 500m 以上，且应至少与一条检测线（联络线）相交。

（3）仪器安装与检验

A. 海洋磁力仪安装

在甲板上安装绞车、拖缆、甲板单元，标记拖缆拖放长度，确保磁力仪拖鱼到调查船船尾的距离应大于 3 倍船长。仔细检查后甲板，避免线缆出现故障或损伤。

B. 海洋磁力仪检验

出测前，对磁力仪的检查包括拖缆检查、开机测试计算机与拖鱼通信的正确性、不少于 24h 的稳定性检验、多台磁力仪时不少于 24h 的一致性检验。

收测后，还应进行多台磁力仪的一致性检验。

（4）地磁日变观测

在海上作业时应在邻近工区的陆地设立地磁日变站，或选用邻近测区的同纬度地磁台站的日变观测资料，地磁日变站的控制作业范围不大于 500km。

A. 陆地地磁日变站

①布设于最靠近测区的同纬度陆地地点；②应选在地磁场变化平缓的地点，磁力仪探头附近的地磁场变化应小于 1nT/m；③应远离强磁性体、变电站、供电线、信号发射塔以及其他磁干扰体；④磁力仪探头架设位置一经确定，无特殊情况不得更改，并测定点位坐标。

B. 海底地磁日变站

①采用 Sentinel 基站磁力仪或 OBM 海底磁力仪，由声学释放器和浮球等回收；②布放区域应选择在测区中部、海底地形平坦、便于回收的海域；③海底地磁日变站的布放步骤按其技术规格书执行。

C. 锚系潜标地磁日变观测系统

在大洋深海区因受条件限制无法就近架设陆地地磁日变观测站或海底地磁日变站时，可以通过布设锚系潜标地磁日变观测系统进行地磁日变观测。其主要优点是可以在测区或测区附近布设，满足国标中地磁日变站的控制作业范围不大于 500km 的要求；主要缺点是地磁日变观测仪器在海况较差时随海浪晃动容易出现数据跳变等现象，影响地磁日变观测数据质量。

锚系潜标地磁日变观测系统主要包括浮球、地磁日变观测仪器（一般使用 Sentinel 磁力仪）、声学释放器、配重以及凯夫拉缆绳、卸扣等附属设施（图 3-88）。

锚系潜标地磁日变观测系统布放及回收简要流程如下：

地磁日变观测仪器上面系有若干玻璃浮球，使用凯夫拉绳和声学释放器相连，声学释放器下面系有配重。布放时，通过绞车牵引将上述结构分段释放，最后将配重抛出，沉入海底进行地磁日变观测作业。

测量结束进行回收时，通过声学释放器甲板单元发出释放信号，将配重遗弃在海底，玻璃浮球浮出海面，船上人员通过观察海面，对浮球、地磁日变观测仪器及声学释放器等进行打捞。

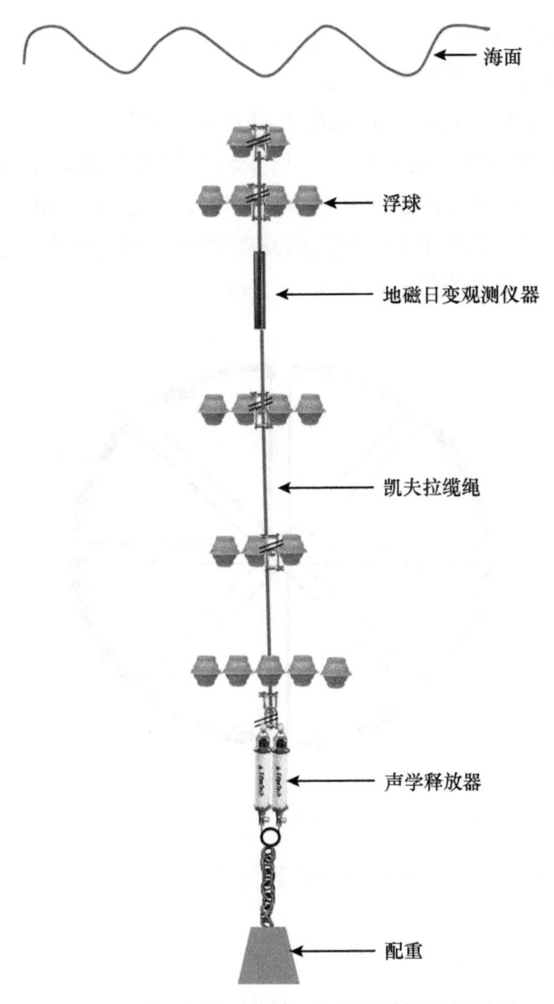

图 3-88　锚系潜标地磁日变观测系统结构示意

现阶段国内已陆续有相关单位开始直接在测区或测区附近布放锚系潜标地磁日变站，并取得了一定成功经验（张学贤，2018）。目前，海底锚系潜标地磁日变站已获得广泛应用。

D. 地磁日变观测要求

①值班人员应每天定时校准磁力仪时钟，及时备份数据，按时记录班报，观察日变曲线的变化，当出现磁暴或严重磁扰时，应及时记录并通知海上调查人员；②陆地日变站的开始时间应先于海上调查 3 天，在海上调查结束后 3 天结束观测；③海底地磁日变站和锚系潜标日变站的观测时间应先于海上调查开始时间，在海上测量结束后才回收日变站，结束观测；④数据采样时间间隔应不超过 1min；⑤在海上调查期间，陆地日变站应保持连续观测，由意外情况导致的观测中断时间不得超过 15min。

（5）船磁影响测定

A. 船体影响试验

主要是探头与船体之间拖曳距离的试验。首先让船只沿磁子午线往返拖曳航行，并不断改变拖曳距离；在噪声增加情况下，记录的抖动度不变，即为最佳距离。一般地，船体长100m，3000t测量船拖曳长度为300～500m。

除进行拖曳距离试验外，还应进行船磁影响八方位测量，通常选择在平静磁场区进行。测量时间应选择正式测量期间、海况良好、日变较平静的时段，最好为夜间。以选定的某一参考点为中心布设八条测线（图3-89），测量顺序为0°→225°→90°→315°→180°→45°→270°→135°，实际方位偏差不大于5°，测线两端距参考点的距离不小于2km。调查时应保持船速均匀，每一测线过参考点的偏差应不大于20m。

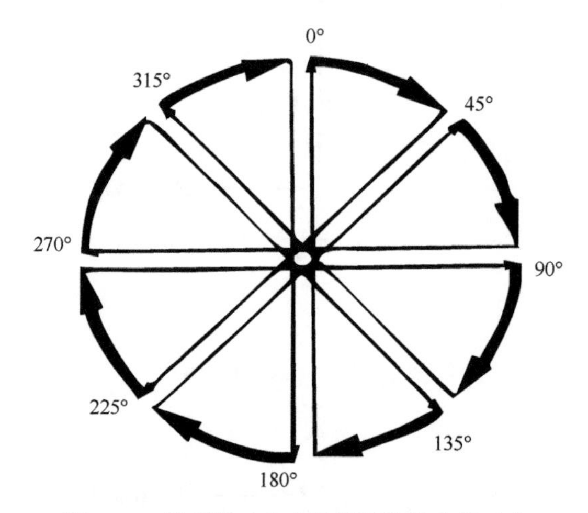

图3-89 船磁影响八方位测量测线布设示意

当探头经过中心点时，记录当时的测量数值和时间；经日变校正后做出方位曲线图，用于对海洋地磁数据作船磁影响改正。

B. 探头沉放深度试验

船只航行时，拖曳于船后并浮在水面附近的探头将激起水面浪花，且随涌波上下浮动，从而增加仪器的噪声，使记录抖动度明显加大，影响测量精度。因此，探头必须在水下一定深度拖曳。根据船速快慢，适当在探头上配重（无磁性），不断观测仪器的噪声和记录质量，选择最佳沉放深度。

3.6.4.3 海上测量

海上测量时首先要投放海底地磁日变站或锚系潜标地磁日变站，之后选择夜晚时间在地磁平静区进行船磁影响八方位试验。

（1）测线测量

调查船提前2km对准测线的上线端点，然后投放磁力仪，确保使船首、船尾和磁力仪拖鱼三点呈直线进入测线调查。测线调查结束时，调查船应保持原航行航速继续航行2km后方可转向。

值班员准确记录调查船的上线和下线情况，每30min在班报表上记录一组数据，观察地磁场曲线变化情况；遇到仪器系统发生故障、避船、探头拖挂障碍物等情况，及时在班报表上记录事件发生时间与采取的措施。

（2）资料预处理

在现场对所取得的磁力资料进行预处理，并对测量数据质量作出初步评价，包括：①有效测线分割、登记和完整性检查，填写测线登记表；②定位数据检查，删除各种原因造成的无效定位数据；③班报、工作日志等整理、会签；④移动硬盘数据备份。

（3）现场质量控制

主要措施有：①在海上作业期间，值班人员实时监视仪器工作状态，班报记录齐全、清楚，出现问题处理及时，并有文字说明；②技术负责人每天填写工作日志；③在每完成一条测线后，绘制测线剖面图，检查磁力观测值是否有缺失等现象，并总结磁力测量情况和磁力变化特点。

3.6.4.4 航次报告编写

航次调查结束后，应编写航次报告。

主要内容包括：①前言，包括任务及其来源、调查海区、调查时间、任务完成概况；②调查内观测项目、调查方法和使用的仪器设备；③任务执行概况，包括调查过程的天气、海洋环境的变化和工作过程的概述；④调查工作状况，包括测网、测线及测点的布设，仪器设备的性能和运转情况，调查方法和现场述；⑤对本航次调查工作的评价及建议。

3.6.4.5 资料整理

海洋磁力资料整理主要包括地磁日变校正、船磁影响校正、正常场计算、地磁异常计算、数据质量评价、半系统误差显著性检验、测网平差及成果图件绘制等。

（1）地磁日变改正

如前所述，地磁日变的幅值在几十纳特，乃至上百纳特，同时又包含磁湾、磁钩、磁暴等扰动成分，因此是目前海洋磁力测量中最主要的误差来源，关系到海洋磁力测量成果的质量和精度（Chapman and Bartels，1940；Riddihough，1971；边刚等，2007；刘宾等，2015），可能会混淆因地质构造或磁性体引起的磁异常（陆敬安等，2010）。同时，地磁日变受太阳辐射影响，具有时效性，每时、每日的观测结果都不相同，日变数据的缺失、失真等都会导致海洋磁力测量工作的失败，造成重大的经济损失。因此，如何消除日变对海洋磁测的影响，一直是海洋磁力测量中需要优先考虑的问题。从 20 世纪 60 年代至今，适用于海洋磁力测量的地磁日变观测方法主要包括设立同纬度陆地日变站 [《海洋调查规范 第 8 部分：海洋地质地球物理调查》（GB/T 12763.8—2007）]、利用锚系潜标系统观测（徐行等，2005）、海底地磁日变观测技术（张瑶等，2017）、海洋磁力梯度测量（唐勇等，2008）等，以及地磁日变校正的各种方法（Hill and Mason，1962；Auld et al.，1979；Marcotte et al.，1992；姚俊杰等，2002；刘保华等，2008；卞光浪等，2008；边刚等，2009；高金耀等，2009；王磊等，2011；张锡林，2011；夏伟等，2015；廖开训等，2017；张连伟等，2020）。

A. 地磁日变基值的计算

地磁日变观测站的测量值包含了台站位置的地磁场强度值和地磁日变值，因此需要扣除地磁场强度值，才能得到地磁日变值。海洋磁力测量的时间相对较长，短则数天、长则数月，在此期间多有磁暴、磁扰日，对于每天的日变观测值扣除当天的地磁场强度值是不可行的，因此对一个航次或航段的地磁日变观测值扣除一个最接近当地地磁场强度真值的基准是势在必行的，这个基准就是地磁日变改正基值。

地磁日变基值选择航次期间的地磁平静日来计算。按地磁学的常规，可以统计选出一个月中的最大和最小扰动各 5 天，这几天内世界各地磁台测得的周日变换，分别称为国际绕日变化和静日变化，其他称为一般日变化。但对于海洋磁力资料的地磁日变改正，采用这一方法获得的磁静日并不精确，因为一个 30 天的航次，可能仅有两三天的磁静日。因此，必须对地磁日变观测值仔细检查后选择磁静日，并期望磁静日的分布是均匀的。

依据国家和行业规范，取平静日的地磁观测值的平均值作为地磁日变基值。由地磁日变观测值减去地磁日变基值，可获得每日的地磁日变值。

由于地磁场是缓慢变化的，而且海上测量时台站和测量时段有多种影响因素，需要对地磁日变基值的计算方法进行细致分析。边刚等（2003）曾建议采用磁静日零时附近的基时刻或基时段来确定日变基值，又进而建议子夜时刻地磁场值为日变基值（边刚等，2004，2007）。李才明等（2004）也提出了时段加权法计算地磁日变基值。卞光浪等（2008）建议，对于同一航次任务的不同航段，单站地磁日变改正时应当选择统一的日变基值，以消除日变基值偏差的影响。考虑到地磁场的长期变化，陆地地磁日变站位置的磁场值也是逐渐降低的，因此高金耀等（2009）建议不同时期的海洋磁力资料并网时需要考虑地磁场的长期变化，合理选择与时间相关的地磁日变基值。

B. 地磁日变站与海上测量工区之间的时差校正

陆地地磁日变站与海上测量工区之间会有一定的距离，按照国内外的研究，地磁日变站控制范围在 300～500km，也是国家标准和行业规范所允许的范围。Riddihough（1971）发现纬度相差不大的两个日变站，虽然经度差为 4°，时差为 16min，但两者地磁日变差值不超过 4nT。Auld 等（1979）的研究显示，经度差为 7° 的陆地和海底日变站的时差为 28min，地磁日变差值不超过 3nT。卞光浪等（2009）计算了经度差 3° 的两个日变站的地磁日变差的中误差仅为 0.56nT。因此，经度差产生的时差在允许范围内，对地磁日变改正的影响很小，而纬度差则会产生较大的误差（卞光浪等，2010；王磊等，2011）。

从两地相距约 785km 的舟山花鸟岛（30.853°N，122.676°E）和日本鹿屋日变站（31.420°N，130.880°E）的地磁日变资料看，在上午日出之前和 16 时左右之后的时段，两个日变曲线都表现为平静的、夜晚的地磁变化，相位一致且变化幅值小于几纳特；日出之后则具有明显的相位差，幅值变化相似（李兴康等，2023）。同时，两个台站资料以及王磊等（2011）的图件都显示，两个台站的地磁日变值都是在 15～17 时，突然在某个时刻白日期间的相位差消失（如 2019 年 8 月 14 日 16 时 35 分，图 3-90），随后趋于夜晚的平静值。因此，若要获得更好的地磁日变改正效果，可以考虑将当地时上午 8 时左右至 16 时左右（李兴康等，2023）之间的日变值进行时差校正，而其余时间保持不变，但需要注意相位差突然消失及进入夜晚平静变化的现象。

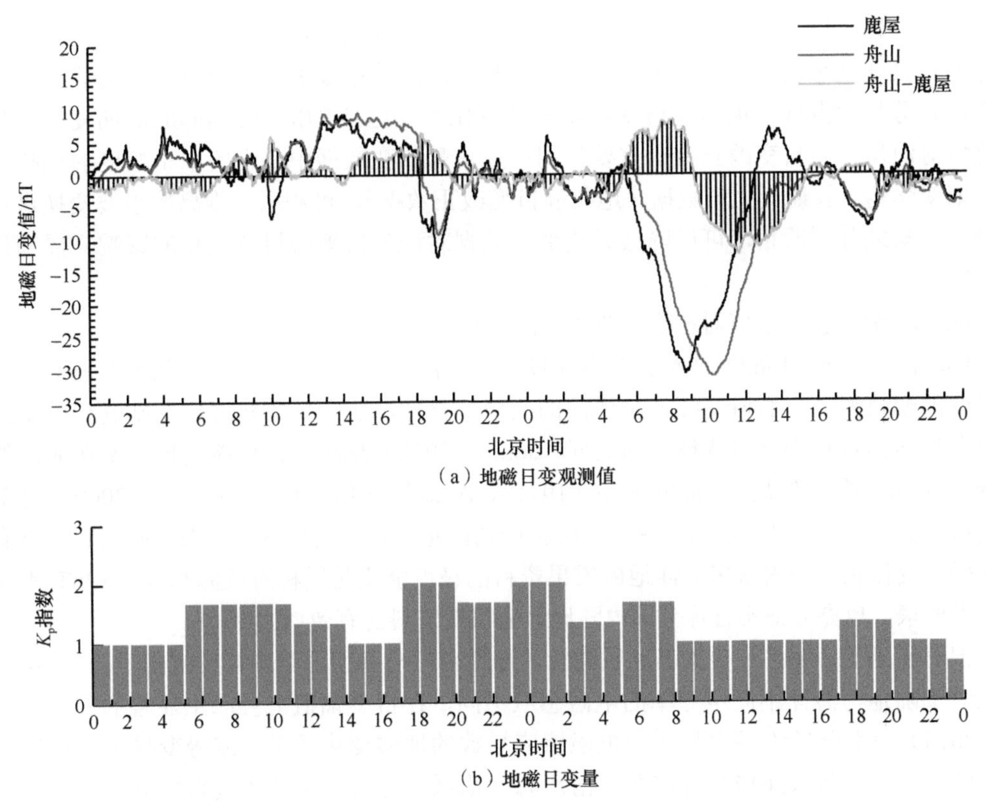

图 3-90 2019 年 8 月 13 日～8 月 14 日舟山花鸟岛和日本鹿屋台站地磁日变曲线

C. 磁扰对地磁日变改正的影响

徐文耀（2014）总结了地磁活动性的研究进展，介绍了太阳–行星环境下磁层–电离层对短周期地表磁力测量的影响，并给出了磁暴、亚暴和磁湾等磁扰的物理机制与分析模型。对于海洋磁力测量的地磁日变改正，磁暴、磁湾等磁扰的处理是最复杂的一部分，若海上测量期间恰逢长时间的太阳活动强烈，强磁扰会对海洋磁力资料处理造成很大的困扰（吴水根和林长松，1986），即便是局部磁扰也是影响地磁日变观测和船载海洋磁测的重要因素（徐行等，2017）。因此，众多学者采用维纳滤波和样条函数（刘天佑和陈国新，1987）、扰日法（边刚等，2007）、傅里叶变换（彭飞等，2015）、全球地磁场模型 CM4 资料拟合地磁日变（Sager et al.，2019；邢综综和徐行，2020；Huang et al.，2021）、小波分析（张连伟等，2020）。

从大塔穆火山的磁条带调查和研究看，结合历史资料和新近实测资料，采用 CM4 模型改正地磁日变可以满足科学研究的需求（Sager et al.，2019；Huang et al.，2021）。但邢综综和徐行（2020）分析表明，CM4 模型与实测地磁日变之间的偏差主要是在磁扰期间和中午时段，CM4 模型改正得到的地磁成果资料精度仅为±3.74nT，而实测日变改正的成果资料精度达±1.68nT。

张连伟等（2020）介绍了小波分析在地磁活动性研究中的应用情况，并说明了地磁日变站采集的地磁日变信号并非平稳，傅里叶变换不能满足处理要求，这时用于处理非平稳信号的工具就是小波变换。利用傅里叶变换和一维连续小波多尺度分析对地磁静日变原始数据进行分析后发现，地磁静日变数据短期变化主要包括 24h、12h 和 8h 周期变化，长期变化场对海洋地磁日变改正具有重要作用；地磁静日变数据中包含的中小幅度的磁扰数据与短期变化场、长期变化场数据（地磁静日变改正数据），可利用一维离散小波变换进行有效分离，与之分别改正，可以降低磁扰部分数据对磁静日地磁日变改正的影响，提高日变改正质量。

D. 陆、海磁扰的幅值对地磁日变改正的影响

Hill 和 Mason（1962）在英吉利海峡设立了海洋地磁观测站，显示了陆地与海洋之间地磁日变的幅值差，海面日变幅值是地面的两倍。显然，这会导致陆地日变站资料是否能有效对海洋磁力资料进行日变校正的疑问。Jones（2010）总结道，可能是日变站在海面的飘动导致实测数据的偏离。Riddihough（1971）、Auld 等（1979）、卞光浪等（2009）对多台站资料计算的结果表明，在 300～500km 范围内陆地地磁日变资料可以对海磁资料进行有效的地磁日变校正。国内众多海洋地磁成果资料的精度能满足国标对近海和远海±2nT 和±4nT 的技术要求，也充分证实合理范围内陆地地磁日变资料的有效性。

但对于磁暴、磁湾和磁钩等高频磁扰，陆地台站与海面船测资料可能由于磁层–电离层电流对于陆地与海洋不同电导率的电磁感应不同，在日变幅值上会产生显著的差别。徐文耀（2014）对海陆等不同电导率的电磁感应导致的地磁变化异常（或磁变异常）进行了细致的阐述；徐行等（2017）对南海西南次海盆锚系潜标日变站地磁资料的分析中，也强调了该效应对不同深度测量数据的幅值和相位的影响。

对于较大的脉动等磁扰的校正，通常采用边刚等（2007）提出的校正方法：将磁扰日期间的静日变化和扰动变化分离，分别对其进行改正。但对于相对较弱的磁钩、磁湾等磁扰还缺乏充分的讨论。在实际工作当中，对于强度较小、持续时间较短的磁，通常认为是随机噪声的影响，利用平滑等方法来消除其影响，但仍可能会残留扰动，降低地磁日变改正的精度。

任相宇等（2023）依据多年采集的南黄海、东海和南海北部近海磁力资料和相应的陆地台站资料，总结了 3 种磁扰现象对海洋磁力资料的影响：①微扰的海陆日变值持续时间短，幅值比接近 1∶1，对海洋磁力资料影响很小，利用低通滤波可以完全消除其影响。②磁钩海陆日变幅值比为 1～2，持续时间在一小时以内，校正后的地磁异常值仍有较大的误差，利用最小曲率法可以基本消除其影响。③磁湾的持续时间长，海陆日变幅值变化大，无法准确消除其影响，采用最小曲率法等插值方法处理后，仍残留假异常，需要额外关注。

最后需要指出的是，磁暴在陆地与海面磁测资料具有相同的相位，但陆地幅值显著低于海面幅值，因此磁暴期间的陆地资料无法对海面磁测资料进行有效的地磁日变校正。但从深远海实测资料和收集的邻近岛屿（距离工区 400～700km）的地磁日变资料看，在磁暴期间测量的一条磁力测线，经远端台站地磁日变资料校正后，磁力异常值与两条平静期测线的异常值的交点差分别为−3.20nT 和−0.66nT，从地磁异常曲线上也可以看出这三条磁力测线的趋势是连续的（李兴康等，2023），这说明磁暴期间的磁力资料有可能得到准确地

磁日变改正。从张连伟（2021）的资料看，海测期间也有磁暴发生，但其海洋地磁资料处理结果已经有效消除了磁暴的影响。这可能意味着磁暴对深远海和岛屿上测量的磁力数据，不仅在相位上是一致的，在幅值上也是相近的甚至是吻合的。由于磁暴持续长达一天，对海上磁力测量影响巨大，建议对磁暴期间的磁力资料进行细致的分析和讨论。

（2）船磁影响改正

对船磁影响试验的测量数据进行日变改正后，以方位角为横坐标，以测量船通过参考点时的测量值为纵坐标，取测量值均值为纵坐标零线，绘制船磁影响方位曲线。取调查船实际航向对应的船磁影响方位曲线值为实际测点的船磁影响改正值。

高金耀等（2008）认为，传统磁方位试验测量给出的船磁改正无法分离试验点的地磁异常，其常数项或基准值存在偏差，是地磁测线数据存在系统差的一个重要原因，船磁方位改正严格适用试验点，使得远离试验点的船磁影响的起伏变化不可能有效消除，其改正效果完全可由传统测线网交点差平差来代替。因此，建议采用完备的船磁模型。完备的船磁模型应该兼顾测线航向、地磁总场、磁倾角和拖缆长度变化带来的各种影响，可以克服传统的船磁效应方位改正存在的不完善之处。

（3）地磁正常场计算

地磁正常场计算采用 IAGA 五年一度公布的 IGRF，按照《海洋调查规范 第 8 部分：海洋地质地球物理调查》（GB/T 12763.8—2007）的要求计算。

（4）地磁异常计算

完成各测点地磁日变、船磁影响和正常场等各项改正计算后，进行地磁异常计算。

地磁异常按照式（3-58）计算：

$$\Delta T = T - T_{\mathrm{d}} - T_{\mathrm{s}} - T_0 \tag{3-58}$$

式中，ΔT 为地磁异常值，nT；T 为地磁场总强度观测值，nT；T_{d} 为地磁日变差值，nT；T_{s} 为船磁影响偏差，nT；T_0 为地磁正常场值，nT。

（5）数据质量评价

使用主测线与联络线交叉点地磁异常值中误差/均方根差为测量精度的评估指标，精度计算公式

$$M = \pm\sqrt{\frac{[\delta\delta]}{2n}} \tag{3-59}$$

式中，M 为内符合中误差，nT；δ 为主测线、联络测线交点地磁异常不符值，nT；n 为主测线与联络测线交点个数。

对交点不符合值大于 3 倍中误差（3M）的交点应分析原因，如确属因地磁异常变化剧烈引起的误差，这部分交点可不参加精度计算，但这些点数不能超过交点总数的 3%。

（6）半系统误差显著性检验

包括测区和测线的半系统误差检验，方法与海洋重力资料整理部分（3.5.5.7 节）相同。

（7）测网平差

对于半系统误差不显著或平差后的测线网可进一步进行平差处理。平差方法可以参照

海洋重力资料整理部分，主要有两种方法，一种是半系统差两步法（黄谟涛等，2002），另一种是最小二乘法（Prince and Forsyth，1984；范守志，1996；刘晨光等，2005；高金耀等，2006）。

（8）磁测精度的保证

为了达到规定的精度，需要对各个环节的独立因素的误差进行分配。海洋磁力测量的误差是多项因素的综合误差，它包含测量仪器误差（m_1）、导航定位误差（m_2）、船磁影响误差（m_3）、地磁日变校正误差（m_4）及地磁正常场校正误差（m_5）。根据误差理论，总观测精度的均方误差平方等于各个独立因素均方误差的平方之和。所以，为保证磁测精度实现，必须满足如下的误差分配公式，即

$$m^2 = m_1^2 + m_2^2 + m_3^2 + m_4^2 + m_5^2 \tag{3-60}$$

各个环节的精度确定后，就可确定各个环节相应的工作方法和技术指标，以确保总精度的实现。

（9）磁力数据成果图件绘制

磁力数据成果图件的种类为地磁异常（ΔT）等值线图、地磁异常平面剖面图、地磁场总强度等值线图。

成果图绘要求如下：①成果图件编绘应有图名、比例尺、经纬度坐标、图例、图的编号和必要的说明、责任表等，责任表包括编图单位、编图者清绘者、技术负责人以及资料来源、编绘和出版日期等。②地磁异常等值线图，应参考地质资料及其他地球物理资料。③地磁异常平面剖面图，依据测线航迹图，取测线的起止点作直线横坐标，测线的各测点垂直投影到横坐标上，测点的值作为纵坐标绘制剖面图。当地磁异常平面剖面图中正负异常不协调时，可对所有测线统一调整零线，使正、负异常的面积约各占一半；地磁异常平面剖面图绘图的纵比例尺原则上每厘米代表 50～100nT，并用图例表示。④地磁场总强度等值线图，要求与地磁异常等值线图相同。

参 考 文 献

安振昌. 1992. 地磁场模型和冠谐分析. 地球物理学进展, 7(3): 73-80.

安振昌. 2003. 1936 年中国地磁参考场的冠谐模型. 地球物理学报, 46(5): 624-627.

边刚, 刘雁春, 翟国君, 等. 2003. 一种确定地磁日变改正基值的方法. 海洋测绘, 23(5): 9-11.

边刚, 刘雁春, 翟国君, 等. 2004. 海洋磁力测量拖鱼位置概算. 测绘通报, (8): 90-93.

边刚, 刘雁春, 于波, 等. 2007. 海洋磁力测量中一种磁扰日地磁日变的改正方法. 测绘科学, 32(5): 23-24.

边刚, 刘雁春, 卞光浪, 等. 2009. 海洋磁力测量中多站地磁日变改正值计算方法研究. 地球物理学报, 52(10): 2613-2618.

卞光浪, 刘雁春, 暴景阳, 等. 2008. 海洋磁力测量中地磁日变基值的选取. 测绘科学, 33(5): 28-30.

卞光浪, 刘雁春, 翟国君, 等. 2009. 海洋磁力测量中多站地磁日变改正基值归算. 海洋测绘, 29(6): 5-8.

卞光浪, 刘雁春, 翟国君, 等. 2010. 基于纬差加权法的海洋磁力测量多站地磁日变改正值计算. 测绘科学, 35(3): 118-120.

别伟平, 郭志勇, 于永宽. 2019. 多波束与侧扫声呐在水下障碍物探测中的综合应用. 港工技术, 56(S1): 157-159.

曹金亮, 刘晓东, 张方生, 等. 2016. DTA-6000 声学深拖系统在富钴结壳探测中的应用. 海洋地质与第四纪地质, 36(4): 173-181.

常宜峰. 2015. 卫星磁测数据处理与地磁场模型反演理论与方法研究. 郑州: 解放军信息工程大学博士学位论文.

陈浩. 2020. 测深侧扫声呐图像目标识别方法研究. 哈尔滨: 哈尔滨工程大学博士学位论文.

陈鑑华, 张兴福, 陈秋杰, 等. 2020. 融合 GOCE 和 GRACE 卫星数据的无约束重力场模型 Tongji-GOGR2019s. 地球物理学报, 63(9): 3251-3262.

陈圣源, 何高文, 等. 2000. DY95-9 航次报告. 北京: 地质出版社.

丁继胜, 周兴华, 刘忠臣, 等. 1999. 多波束测深声纳系统的工作原理. 海洋测绘, 3: 15-22.

丁维凤, 冯霞, 来向华, 等. 2006. Chirp 技术及其在海底浅层勘探中的应用. 海洋技术, 25(2): 10-14.

董玉娟, 周浩杰, 王正虎. 2015. 侧扫声呐和浅地层剖面仪在海底管线检测中的应用. 水道港口, 36(5): 450-455.

杜向东. 2018. 中国海上地震勘探技术新进展. 石油物探, 57: 321-331.

杜兴信, 麻水歧. 1987. 陕西地区地磁湾扰异常. 地球物理学报, 1: 52-60.

范守志. 1996. 海洋重磁测网调差的若干理论研究. 海洋与湖沼, 27(6): 569-575.

范守志. 1997. 不规则海洋重磁测网的调差. 海洋与湖沼, 28(3): 303-309.

范守志, 吴金龙. 1992. 东海南部海域高精度重磁场调查. 海洋科学, (2): 45-48.

付永涛, 王先超, 谢天峰. 2007a. KSS31M 海洋重力仪在海边静态观测的结果. 地球物理学进展, 22(1): 308-311.

付永涛, 王先超, 谢天峰. 2007b. KSS31M 海洋重力仪的动态性能分析. 海洋科学, 31(6): 29-33.

高金耀, 张涛, 谭勇华, 等. 2006. 不规则重磁测线网复杂误差模型的约束最小二乘法. 海洋测绘, 26(4): 6-10.

高金耀, 翟国君, 刘强, 等. 2008. 减弱船磁效应对海洋地磁测量精度影响的方法研究. 海洋测绘, 28(3): 1-5.

高金耀, 刘强, 翟国君, 等. 2009. 与海洋地磁日变校正有关的长期变化和磁扰的处理. 海洋学报, 31(4): 87-92.

高金耀, 刘保华, 等. 2014. 中国近海海洋——海洋地球物理. 北京: 海洋出版社.

高少武, 赵波, 祝树云, 等. 2011. 自相关法单频干扰识别与消除方法. 地球物理学报, 54(3): 854-861.

管志宁. 2005. 地磁场与磁力勘探. 北京: 地质出版社.

郭志宏, 熊盛青, 周坚鑫, 等. 2008. 航空重力重复线测试数据质量评价方法研究. 地球物理学报, 51(5): 1538-1543.

何勇光. 2020. 海洋侧扫声呐探测技术的现状及发展. 工程建设与设计, (4): 275-276.

黄大年, 于平, 底青云, 等. 2012. 地球深部探测关键技术装备研发现状及趋势. 吉林大学学报 (地球科学版), 42(5): 1485-1496.

黄谟涛. 1990. 海洋重力测量半系统差检验 、调整及精度计算. 海洋通报, 9(4): 81-86.

黄谟涛, 翟国君, 欧阳永忠, 等. 2002. 海洋重力测量误差补偿两步处理法. 武汉大学学报 (信息科学版), 27(3): 251-255.

黄谟涛, 翟国君, 管铮, 等. 2005. 海洋重力场测定及其应用. 北京: 测绘出版社.

黄谟涛, 欧阳永忠, 翟国君, 等. 2013. 海面与航空重力测量重复测线精度评估公式注记. 武汉大学学报 · 信息科学版, 61(8): 3160-3169.

黄谟涛, 刘敏, 孙岚, 等. 2014. 海洋重力仪稳定性测试与零点漂移问题. 海洋测绘, 34(6): 1-7.

黄谟涛, 刘敏, 邓凯亮, 等. 2018a. 利用重复测线校正海空重力仪格值及试验验证. 地球物理学报, 61(8): 3160-3169.

黄谟涛, 陆秀平, 欧阳永忠, 等. 2018b. 海空重力测量技术体系构建与研究若干进展 (一): 需求论证设计与仪器性能评估技术. 海洋测绘, 38(4): 11-15.

贾富昊, 顾兆峰, 张振波, 等. 2020. 一种适用于海洋磁力测量的地磁日变观测系统的实测结果. 海洋科学, 44(9): 74-82.

江志恒. 1988. 论国家重力基准. 科学通报, (15): 1171-1173.

姜伯楠, 龙金宝, 李琛阳, 等. 2021. 紧凑型冷原子重力仪和精密重力加速度测量. 中国科学: 物理学 力学 天文学, 51(7): 074205.

金翔龙, 喻普之. 1979. 东海大陆架地磁场与地质构造的初步研究. 海洋科学, S1: 94-96.

李才明, 李军, 余舟, 等. 2004. 提高磁测日变改正基值的方法. 物探化探计算技术, 26(3): 211-214.

李家彪. 1999. 多波束勘测原理技术与方法. 北京: 海洋出版社.

李家彪, 丁巍伟, 高金耀, 等. 2011. 南海新生代海底扩张的构造演化模式: 来自高分辨率地球物理数据的新认识. 地球物理学报, 54(12): 3004-3015.

李平, 杜军. 2011. 浅地层剖面探测综述. 海洋通报, 30(3): 344-350.

李平, 杜军, 吴桑云. 2010. 基于 CAATI 技术的条带测深/侧扫声呐系统 C3D-LPM. 海岸工程, 29(4): 50-56.

李一保, 张玉芬, 刘玉兰, 等. 2007. 浅地层剖面仪在海洋工程中的应用. 工程地球物理学报, 4(1): 87-93.

李勇航, 牟泽霖, 万芃. 2015. 海洋侧扫声呐探测技术的现状及发展. 通讯世界, (3): 213-214.

李增林, 亓发庆. 2005. 采用独特低电压技术的新型浅地层剖面仪 C-Boom. 海岸工程, 24(3): 72-77.

梁开龙, 刘雁春, 管铮, 等. 1996. 海洋重力测量与磁力测量. 北京: 测绘出版社.

廖开训, 徐行, 王功祥, 等. 2017. 不同方式地磁观测数据对磁测精度的影响分析. 海洋测绘, 37(5): 22-25.

林君, 王言章, 刘长胜. 2010. 高端地球物理仪器研究及我国产业化现状. 仪器仪表学报, 31(8): 174-180.

林兆彬. 2018. 浅地层剖面系统在水下文物探测中的应用研究. 厦门: 国家海洋局第三海洋研究所硕士学位论文.

刘保华, 刘晨光, 裴彦良, 等. 2008. 大洋调查中海山地磁测量的静日变化校正方法. 海洋学报, 30(6): 94-98.

刘宾, 王景强, 张振波, 等. 2015. 海洋磁力数据地磁日变时差校正的局部极值比对法. 海洋科学, 39(10): 73-79.

刘伯然, 宋海斌, 关永贤, 等. 2015. 南海东北部陆坡冷泉系统的浅地层剖面特征与分析. 地球物理学报, 58(1): 247-256.

刘晨光, 刘保华, 郑彦鹏, 等. 2005. 海洋重磁资料的最小二乘平差处理方法. 海洋科学进展, 23(4): 513-517.

刘光鼎. 1997. 中国海洋地球物理进展. 地球物理学报, 40(S1): 46-49.

刘天佑, 陈国新. 1987. 海磁日变资料的处理. 石油地球物理勘探, (4): 454-460.

刘铮, 陈端新, 朱友生, 等. 2021. 基于水下自主航行器 (AUV) 的神狐峡谷谷底块体搬运沉积特征及其对深水峡谷物质输运过程的指示. 海洋地质与第四纪地质, 41(2): 13-21.

陆敬安, 柴剑勇, 徐行, 等. 2010. 深海磁日变观测系统研究. 海洋通报, 29(4): 392-395.

陆俊. 2006. 多波束系统在水下探测中的应用. 南京: 河海大学硕士学位论文.

陆秀平, 黄谟涛, 欧阳永忠, 等. 2018. 海空重力测量技术体系构建与研究若干进展 (二): 数据归算与误差分析处理技术. 海洋测绘, 38(5): 1-6.

栾锡武, 彭学超, 王英民, 等. 2010. 南海北部陆架海底沙波基本特征及属性. 地质学报, 84(2): 233-245.
栾振东, 董冬冬. 2019. 西太平洋典型海域地球物理调查图集. 北京: 科学出版社.
吕国涛, 温明明, 吴衡, 等. 2013. PARASOUND P70 浅剖在大洋科考中的应用. 内江科技, 34(2): 104-105.
吕文正, 柯长志, 吴声迪, 等. 1987. 南海中央海盆条带磁异常特征及构造演化. 海洋学报, (1): 69-78.
马龙, 郑彦鹏, 华清峰, 等. 2021. 海洋重力不规则测线网平差模型对比分析. 海洋科学进展, 39(2): 279-289.
牟永光. 1981. 地震勘探资料数字处理方法. 北京: 石油工业出版社.
宁津生. 1994. 地球重力场模型及其应用. 冶金测绘, 3(2): 1-8.
宁津生, 李建成, 晁定波. 1994. WDM94 360 阶地球重力场模型研究. 武汉测绘科技大学学报, 19(4): 283-291.
裴彦良, 梁瑞才, 刘晨光, 等. 2005. 海洋磁力仪的原理与技术指标对比分析. 海洋科学, 29(12): 4-8.
彭飞, 张启国, 罗深荣. 2015. 调和分析方法在海洋磁力测量日变改正中的应用. 海洋测绘, 35(5): 38-42.
秦绪文, 石显耀, 张勇, 等. 2020. 中国海域 1∶100 万区域地质调查主要成果与认识. 中国地质, 47(5): 1355-1369.
秦蕴珊, 赵一阳, 陈丽蓉, 等. 1987. 东海地质. 北京: 科学出版社.
区家明, 杜爱民, 徐文耀, 等. 2012. 小尺度地磁场勒让德多项式建模方法. 地球物理学报, 55(8): 2669-2675.
任来平, 王耿峰, 张哲. 2016. 海洋磁力仪性能指标分析与测试. 海洋测绘, 36(6): 38-42.
任相宇, 付永涛, 周章国. 2023. 地磁日变改正中磁湾磁钩等磁扰对海洋磁力资料的影响. 海洋科学, 47(6): 12-19.
阮福明, 吴秋云, 王斌, 等. 2017. 中国海油高精度地震勘探采集装备技术研制与应用. 中国海上油气, 29: 19-24.
单晨晨, 邓希光, 温明明, 等. 2020. 参量阵浅地层剖面仪在海底羽状流探测中的应用——以 ATLAS P70 在马克兰海域调查为例. 地球物理学进展, 35(3): 1183-1190.
沈蔚, 章守宇, 李勇攀, 等. 2013. C3D 测深侧扫声呐系统在人工鱼礁建设中的应用. 上海海洋大学学报, 22(3): 404-409.
宋文尧, 刘祖惠, 苏达权, 等. 1993. 海洋定位重力测量及其地质地球物理解释. 北京: 科学出版社.
苏程. 2012. 深水多波束测深侧扫声纳显控系统研究. 杭州: 浙江大学博士学位论文.
隋海琛. 2020. 便携式 AUV 水下目标搜寻能力的实现与测试. 水道港口, 41(6): 731-736.
孙昊, 李志炜, 熊雄. 2019. 海洋磁力测量技术应用及发展现状. 海洋测绘, 39(6): 5-8.
谭超, 董浩斌, 葛自强. 2010. OVERHAUSER 磁力仪激发接收系统设计. 仪器仪表学报, 31(8): 1867-1872.
唐勇, 金翔龙, 黎明碧. 2008. 利用海洋磁力梯度数据重建总场的方法研究. 海洋测绘, 28(1): 25-27.
王方旗. 2010. 浅地层剖面仪的应用及资料解译研究. 青岛: 国家海洋局第一海洋研究所硕士学位论文.
王化仁, 田春和, 王鹏, 等. 2007. 浅地层剖面仪在管线铺设路由调查中的应用. 水道港口, 28(2): 133-135.
王家林, 吴健生, 陈冰. 1997. 珠江口盆地和东海陆架盆地基底结构的综合地球物理研究. 上海: 同济大学出版社.
王磊, 边刚, 任来平, 等. 2011. 时差对海洋磁力测量地磁日变改正的影响分析. 海洋测绘, 31(6): 39-41.
王立忠, 屈梁生. 2001. 自相关的除噪作用及其在工程中的应用. 中国设备工程, (7): 35-36.
王述功, 刘忠臣, 刘保华, 等. 1999. 太平洋 CC 区构造特征与多金属结核成矿条件研究. 海洋与湖沼, 30(4): 435-444.
王文健, 高金耀, 吴招才, 等. 2017. 南极普里兹湾船载地磁三分量数据处理分析. 极地研究, 29(3): 349-356.

王艳. 2011. 海缆路由探测中浅地层剖面仪的现状及应用. 物探装备, 21(3): 146.
魏恒源. 1996. 浅地层剖面仪在水域工程勘测中的应用. 华南地震, 16(4): 73-79.
吴海京, 年永吉. 2017. 南海东部几种典型海底地貌特征的研究与认识. 地球物理学进展, 32(2): 919-926.
吴时国, 张健, 等. 2017. 海洋地球物理探测. 北京: 科学出版社.
吴水根, 林长松. 1986. 南海磁测中磁暴、磁扰的改正探讨. 东海海洋, 4(3): 50-53.
吴太旗, 黄谟涛, 欧阳永忠, 等. 2018. 海空重力测量技术体系构建与研究若干进展 (三): 数值模型构建与数据综合应用技术. 海洋测绘, 38(6): 6-13.
吴招才, 高金耀, 罗孝文, 等. 2011. 海洋地磁三分量测量技术. 地球物理学进展, 26(3): 902-907.
吴自银, 阳凡林, 罗孝文, 等. 2017. 高分辨率海底地形地貌——探测处理理论与技术. 北京: 科学出版社.
夏伟, 边刚, 金绍华, 等. 2015. 海面与海底地磁日变化差异及其对海洋磁力测量的影响. 海洋测绘, 35(1): 7-10.
邢综综, 徐行. 2020. 地磁场模型在海洋磁测资料处理中的应用研究. 海洋地质与第四纪地质, 40(3): 214-221.
徐行, 廖开训, 盛堰. 2005. 海底地磁日变观测站的设计与应用. 海洋测绘, 25(1): 67-69.
徐行, 赵旭东, 王功祥, 等. 2017. 南海西南次海盆深海地磁观测潜标的数据分析. 地球物理学报, 60(3): 1179-1188.
徐怀大, 王世风, 陈开远. 1988. 地震地层学解释基础. 武汉: 中国地质大学出版社: 5-63.
徐文耀. 2014. 地磁活动性概论. 北京: 科学出版社.
徐文耀, 朱岗. 1984. 我国及邻近地区地磁场的矩谐分析. 物理学报, 27(4): 511-522.
徐文耀, 区加明, 杜爱民. 2011. 地磁场全球建模和局域建模. 地球物理学进展, 26(2): 398-415.
许厚泽, 陆洋, 钟敏, 等. 2012. 卫星重力测量及其在地球物理环境变化监测中的应用. 中国科学 (地球科学), 42(6): 843-853.
阎贫, 王彦林, 郑红波. 2011. 南海北部白云凹陷–东沙岛西南海区的浅地层探测与深水沉积特点. 热带海洋学报, 30(2): 115-122.
阳凡林. 2003. 多波束和侧扫声纳数据融合及其在海底底质分类中的应用. 武汉: 武汉大学博士学位论文.
杨光, 宋清涛, 蒋兴伟, 等. 2016. HY-2A 卫星海面高度数据质量评估. 海洋学报, 38(11): 90-96.
杨国明, 朱俊江, 赵冬冬, 等. 2021. 浅地层剖面探测技术及应用. 海洋科学, 45(6): 147-162.
杨玉春. 2014. 测深侧扫声纳关键技术研究. 北京: 中国舰船研究院硕士学位论文.
姚俊杰, 孙毅, 赵宏杰, 等. 2002. 地磁日变观测数据理论分析. 海洋测绘, 22(6): 8-10.
于波. 2009. 海洋磁力测量垂直空间归算与背景场模型构建. 大连: 海军大连舰艇学院博士学位论文.
曾华霖. 1999. 重力梯度测量的现状及复兴. 物探与化探, 23(1): 1-6.
曾华霖. 2005. 重力场与重力勘探. 北京: 地质出版社.
曾华霖, 万天丰. 2004. 重力场定义的澄清 . 地学前缘, 11(4): 595-599.
翟国君, 黄谟涛. 2017. 海洋测量技术研究进展与展望. 海洋测绘, 46(10): 1752-1759.
张菲菲, 孙建伟, 韩波, 等. 2020. SAG-2M 型与 KSS31M 型海洋重力仪比测结果分析. 物探与化探, (4): 870-877.
张济博, 潘国富, 苟诤慷, 等. 2013. C3D 及其与传统侧扫声呐的比较. 海洋测绘, 33(5): 75-77.
张金城, 蔡爱智, 郭一飞, 等. 1995. 浅地层剖面仪在海岸工程上的应用. 海洋工程, 13(2): 71-74.
张连伟. 2021. 深远海地磁数据处理方法优化及其应用. 青岛: 自然资源部第一海洋研究所.

张连伟, 郑彦鹏, 梁瑞才, 等. 2020. 基于小波变换的海洋地磁日变改正研究. 海洋科学进展, 38(4): 635-648.
张涛, 高金耀, 陈美. 2005. 海洋重力测量中厄特沃什效应的合理改正. 海洋测绘, 25(2): 17-20.
张涛, 高金耀, 陈美. 2007. 利用相关分析法对 S 型海洋重力仪数据进行分析与改正. 海洋测绘, 27(2): 1-5.
张涛, 高金耀, 李家彪, 等. 2012. 南海西北次海盆的磁条带重追踪及洋中脊分段性. 地球物理学报, 55(9): 3163-3172.
张同伟, 秦升杰, 王向鑫, 等. 2018. 深海浅地层剖面探测系统现状及展望. 工程地球物理学报, 15(5): 547-554.
张惟河, 梁思明, 杨仁辉. 2014. 侧扫声呐和浅地层剖面仪在表层淤泥探测中的应用. 港工技术, 51(5): 86-91.
张锡林. 2011. 海水层对地磁日变的影响. 海洋测绘, 31(5): 21-23.
张学贤, 郑彦鹏, 裴彦良, 等. 2018. 深海海山区地磁日变观测系统设计及应用. 海洋科学进展, 36(4): 570-577.
张训华, 刘光鼎, 温珍河, 等. 2014. 中国海陆及邻区地质地球物理系列图 (1∶500 万). 北京: 地质出版社.
张训华, 温珍河, 郭兴伟, 等. 2020. 中国海陆及邻域地质地球物理系列图 (1∶500 万). 北京: 地质出版社.
张瑶, 孙丽影, 周瑾, 等. 2017. 海底日变数据初探. 地质评论, 63(s1): 251-253.
张永明, 毕建强, 石晓伟, 等. 2015. 山东半岛成山角海域潮流沙脊的初步研究. 海洋通报, 34(6): 642-646.
张长春, 张崇超, 刘小军. 2012. 具有 TVG 功能的探地雷达接收机技术研究. 电子测量技术, 35(6): 46-49.
张兆富. 2001. SES-96 参量阵测深/浅地层剖面仪的特点及其应用. 中国港湾建设, 6(3): 41-44.
章雪挺, 唐勇, 刘敬彪, 等. 2009. 深海近底三分量磁力仪设计. 热带海洋学报, 28(4): 49-53.
赵建虎. 2007. 现代海洋测绘 (上册). 武汉: 武汉大学出版社.
赵建虎, 王胜平, 刘辉, 等. 2008. 海洋局域地磁正常场勒让德多项式模型的建立. 地球物理学进展, 23(6): 1802-1808.
赵建虎, 刘辉, 王胜平. 2009. 局域海洋地磁场矩谐分析建模方法研究. 大地测量与地球动力学, 29(2): 82-87.
赵建虎, 王胜平, 刘辉, 等. 2010. 海洋局域地磁场球冠谐分析建模方法研究. 测绘科学, 35(1): 50-52, 9.
赵俊峰. 2009. 南海北部海盆三分量磁测结果分析. 热带海洋学报, 28(4): 54-58.
赵铁虎, 张志珣, 许枫. 2002. 浅水区浅地层剖面测量典型问题分析. 物探化探计算技术, 24(3): 215-219.
郑伟, 许厚泽, 钟敏, 等. 2010. 地球重力场模型研究进展和现状. 大地测量与地球动力学, 30(4): 83-91.
郑翔, 阎军, 张鑫, 等. 2015. 冲绳海槽中部热液区及典型喷口区地形地貌特征. 海洋地质前沿, 31(3): 14-21.
Jones E J W. 2010. 海洋地球物理. 金翔龙, 译. 北京: 海洋出版社.
Alldredge L R. 1981. Rectanular harmonic analysis applied to the geomagnetic field. Journal of Geophysical Research, 86(B4): 3021-3026.
Amante C, Eakins B W. 2009. ETOPO1 1 arc-minute global relief model: Procedures, data sources and analysis. Psychologist, 16(3): 20-25.
Andersen O B, Knudsen P, Berry P A M. 2010. The DNSC08GRA global marine gravity field from double retracked satellite altimetry. Journal of Geodynamics., 84: 191-199.
Anderson J E. 2011. The gravity model. Annual Review of Economics, 3(1): 133-160.
Arai K, Matsuda H, Sasaki K, et al. 2016. A newly discovered submerged reef on the Miyako-Sone platform, Ryukyu Island Arc, Northwestern Pacific. Marine Geology, 373: 49-54.
Auld D R, Law L K, Currie R G. 1979. Cross-over error and reference station location for a marine magnetic survey. Marine Geophysical Research, 4(2): 167-179.

Bell R E, Watts A B. 1986. Evaluation of the BGM-3 sea gravity meter system onboard R/V Conrad. Geophysics, 51(7): 1480-1493.

Bidel Y, Zahzam N, Blanchard C, et al. 2018. Absolute marine gravimetry with matter-wave Interferometry. Nature Communication, 9: 627.

Bolotin Y V, Yurist S S. 2011. Suboptimal smoothing filter for the marine gravimeter gt-2m. Gyroscopy & Navigation, 2(3): 152.

Browne B C. 1937. The measurement of gravity at sea. Geophysical Supplements to the Monthly Notices of the Royal Astronomical Society, 4(3): 271-279.

Campuzano S A, Gómez-Paccard M, Pavón-Carrasco F J, et al. 2019. Emergence and evolution of the South Atlantic Anomaly revealed by the new paleomagnetic reconstruction SHAWQ2k. EPSL, 512: 17-26.

Cande S C, Kent D V. 1995. Revised calibration of the geomagnetic polarity timescale for the Late Cretaceous and Cenozoic. Journal of Geophysical Research, 100: 6093-6095.

Chapman S, Bartels J. 1940. Geomagnetism. Oxford: Clarendon Press, 2: 611-612.

Cox A. 1969. Geomagnetic reversals. Science, 163(3864): 237-245.

Espinosa J U, Bandy W, Gutiérrez C M, et al. 2016. Multibeam bathymetric survey of the Ipala Submarine Canyon, Jalisco, Mexico (20° N): The southern boundary of the Banderas Forearc Block? Tectonophysics, 671: 249-263.

Gutowski M, Bullj M, Dix J K, et al. 2008. 3D high-resolution acoustic imaging of the sub-seabed. Applied Acoustics, 69(3): 262-271.

Haines G V. 1985. Spherical cap harmonic analysis. Journal of Geophysical Research, 90(B5): 2583-2591.

Hill M N, Mason C S. 1962. Diurnal variation of the Earth's magnetic field at sea. Nature, 195: 365-366.

Hjelstuen B O, Sejrup H P, Valvik E, et al. 2018. Evidence of an ice-dammed lake outburst in the North Sea during the last deglaciation. Marine Geology, 402: 118-130.

Huang Y, Sager W W, Zhang J, et al. 2021. Magnetic anomaly map of Shatsky Rise and its implications for oceanic plateau formation. Journal of Geophysical Research: Solid Earth, 126: e2019JB019116.

Jordan S F, O'reilly S S, Praeg D, et al. 2019. Geo-physical and geochemical analysis of shallow gas and an associated pockmark field in Bantry Bay, Co. Cork, Ireland. Estuarine, Coastal and Shelf Science, 225: 106232.

Karcher J C. 1987. The reflection seismograph: Its invention and use in the discovery of oil and gas fields. The Leading Edge, 6(11): 10-19.

Keppner G. 1991. Ludger mintrop. The Leading Edge, 10(9): 21-28.

Kim Y J, Koo N H, Cheong S, et al. 2016. A case study on pseudo 3-D Chirp sub-bottom profiler (SBP) survey forthe detection of a fault trace in shallow sedimentary layers at gas hydrate site in the Ulleung Basin, East Sea. Journal of Applied Geophysics, 133: 98-115.

Li C F, Xu X, Lin J, et al. 2014. Ages and magnetic structures of the South China Sea constrained by deep tow magnetic surveys and IODP Expedition 349. Geochemistry Geophysics Geosystems, 15: 4958-4983.

Liu S, Van R D, Vandorpe T, et al. 2019. Morphologicalfeatures and associated bottom-current dynamics in the Le Danois Bank region (southern Bay of Biscay, NE Atlantic): A model in a topographically constrained small basin. Deep Sea Research Part I: Oceano-graphic Research Papers, 149: 103054.

Marcotte D L, Hardwick C D, Nelson J B. 1992. Automated interpretation of horizontal magnetic gradient profile data. Geophysic, 57(2): 288-295.

McKenzie D, Yi W, Rummel R. 2014. Estimates of Te from GOCE data. Earth and Planetary Science Letters, 399: 116-127.

Moritz H. 1988. Geodetic reference system 1980. Bulletin géodésique, 62: 348-358.

Müller R D, Sdrolias M, Gaina C, et al. 2008. Age, spreading rates, and spreading asymmetry of the world's ocean crust. Geochem. Geophys. Geosyst., 9: Q04006.

Nabighian M N, Ander M E, Grauch V J S, et al. 2005a. Historical development of the gravity method in exploration. Geophysics, 70(6): 63-89.

Nabighian M N, Grauch V J S, Hansen R O, et al. 2005b. Historical development of the magnetic method in exploration. Geophysics, 70(6): 33-61.

O'Brien J, Rodriguez A, Sixta D, et al. 2005. Resolving the K-2 salt structure in the Gulf of Mexico: An integrated approach using prestack depth imaging and full tensor gravity gradients with the minimum curvature operator. The Leading Edge, 24: 142-145.

Pail R, Bruinsma S, Migliaccio F, et al. 2011. First GOCE gravity field model derived by three different approaches. Journal of Geodesy, 85(11): 819-843.

Parkinson W D, Jones F W. 1979. The geomagnetic coast effect. Reviews of Geophysics and Space Physics, 17(8): 1999-2015.

Pei Y, Liu B, Hua Q, et al. 2017. An aeromagnetic survey system based on an unmanned autonomous helicopter: development, experiment, and analysis. International Journal of Remote Sensing, 38(8-10): 3068-3083.

Pitman III W C, Heirtzler J R. 1966. Magnetic anomalies over the Pacific-Antarctic ridge. Science, 154(3753): 1164-1171.

Plets R M K, Dix J K, Adams J R, et al. 2009. The use ofa high-resolution 3D chirp sub-bottom profiler for there construction of the shallow water archaeological site of the Grace Dieu (1439), River Hamble, UK. Jour-nal of Archaeological Science, 36(2): 408-418.

Prince R A, Forsyth D W. 1984. A simple objective method for minimizing crossover errors in marine gravity data. Geophysics, 49(7): 1070-1083.

Reed D L, Silver E A, Tagudin J E, et al. 1990. Relations between mud volcanoes, thrust deformation, slope sedimentation, and gas hydrate, Offshore north Panama. Marine and Petroleum Geology, 7(1): 44-54.

Riddihough R P. 1971. Diurnal corrections to magnetic surveys-an assessment of errors. Geophys Prospect, 19(4): 551-567.

Rummel R, Yi W, Stummer C. 2011. GOCE gravitational gradiometry. Journal of Geodesy, 85: 777-790.

Sager W W, Huang Y, Tominaga M, et al. 2019. Oceanic plateau formation by seafloor spreading implied by Tamu Massif magnetic anomalies. Nature Geoscience, 12: 661-666.

Talwani M. 1966. Some recent developments in gravity measurements aboard surface ships. Gravity Anomalies: Unsurveyed Areas. Geophysical Monograph Series of Am. Geophys. Union, 9: 31-47.

Talwani M, Early W P, Hayes D E. 1966. Continuous analog computation and recording of cross-coupling and off-leveling errors. Journal of Geophysical Research, 71(8): 2079-2090.

Tapley B D, Bettadpur S, Watkins M, et al. 2004. The gravity recovery and climate experiment: Mission overview and early results. Geophysical Research Letters, 31: L09607.

Tian W M. 2008. Integrated method for the detection and location of underwater pipelines. Applied Acoustics, 69(5): 387-398.

Trabant P K. 1984. Applied High-Resolution Geophysical Methods, Offshore Geoengineering Hazards. Boston: International Human Resources Development Corporation.

Tu H, He J, Hu M, et al. 2021. Modeling of errors resulting from vehicle motions for CHZII mobile gravimeter and its performance verification during marine surveys. Applied Geophysics, 18(2): 1-8.

van Hees G L S. 1983. Gravity Survey of the North Sea. Marine Geodesy, 6(2): 168-182.

Vine F J, Matthews D H. 1963. Magnetic anomalies over oceanic ridges: Nature, 199: 947-949.

Wu P F, Liu L T, Wang L, et al. 2017. A gyro-stabilized platform leveling loop for marine gravimeter. Review of Scientific Instruments, 88(6): 064501.

Yang Y, Hulot G, Vigneron P, et al. 2021. The CSES global geomagnetic field model (CGGM): An IGRF type global geomagnetic field model based on data from the China Seismo-Electromagnetic Satellite. Earth, Planets and Space, 73: 45.

Zeng H, Wan T. 2004. Clarification of the geophysical definition of a gravity field. Geophysics, 69(4): 1138-1147.

Zhang J, Yang G, Tan H, et al. 2021. Mapping the Moho depth and ocean-continent transition in the South China Sea using gravity inversion. Journal of Asian Earth Sciences, 218: 104864.

Zingerle P, Pail R, Gruber T, et al. 2020. The combined global gravity field model XGM2019e. Journal of Geodesy, 94(7): 1-12.

第 4 章 近海底地球物理探测技术与设备

4.1 概　　述

近海底地球物理探测技术是指将重力、磁力、声学等设备集成于水下运载器（又称潜水器或水下机器人）用于高精度地球物理测量。这是一类多学科领域交叉、高度模块化集成的探测技术，主要包含水下运载平台技术和近海底地球物理探测方法两方面的高度融合，具有高密度数据采集、小范围精细调查、海底目标高分辨率探测（如微地形、沉船、结核等）、仪器设备模块化高度集成等特点。

近海底地球物理探测技术不同于船载地球物理探测技术（吴时国和张健，2017），两者主要区别是：①测量仪器的运载平台不同。船载地球物理的运载平台为科学调查船，其吨位大、设备齐全、自持力强，可大范围开展海洋地球物理调查作业，而用于近海底地球物理探测的水下运载平台，主要是指代表着现今海洋领域前沿科学技术的各类潜水器。当然，水下移动平台的运载能力难以与水面调查船相提并论，所能兼容及搭载的仪器设备尺寸质量与种类也相差甚远，且水下续航时间短。②所采集的地球物理数据质量不一。由于近海底邻近水圈–岩石圈界面，内部没有大气圈–水圈界面“长风激浪、波涛汹涌”的嘈杂环境，又比船载平台缩短了数百至数千米的目标测距，因此其测量精度和采集资料信噪比通常优于船载地球物理探测。③测量范围及使用的调查阶段不一。水下运载平器通常依靠科学调查船舶作为母船支撑，其受平台本体自持力的限制，特别是能源的限制，测量范围要远小于船载地球物理调查技术，适用于小区域高密度数据采集，或是在具有大尺度范围调查资料后针对局部兴趣点开展详细勘察。

近海底地球物理探测技术与海底地球物理探测技术也不同，主要区别是：①作业方式不一。海底地球物理探测技术是一种海底静态测量方法，其搭载平台和测量仪器在观测期间不发生移动，仅能测量坐底站位上固定点的地球物理场信息，一般为单点单分量测量或单点多分量测量，如海底地震仪、海底大地电磁仪等，而近海底地球物理探测的水下运载平台是可以自治、半自治或拖曳式近底移动的深潜器，可运载地球物理载荷在近海底巡航路径区进行连续动态测量，并通过规划巡航路径实现对调查工区的满覆盖。②获取数据质量和类型不一。近海底地球物理探测的运载平台相对体积较大，其在运动过程将产生系列复杂的干扰，在一定程度上影响了观测资料的信噪比，且同一点位的观测时间窗口短，采样速度快，更适于高频的浅部地层信息获取，如声学探测中的浅地层剖面、侧扫声呐技术等，而静态测量的位置不变，采集数据的时窗更长，更适于低频的地球深部信息获取，如人工源和天然源地震波、大地电磁场和地磁场等。③采集数据量及成本不一。静态测量只能采集海底固定点位上随时间变化的地球物理场，数据量十分有限，如想完成大面积区域的测量则必须布设固定台网，施工成本极高，但近海底探测则仅需规划好自主巡航测线便能实现一定区域的海底地球物理场、海底微地形及浅部地层结构的详细勘查。

近海底地球物理探测是应用科学探测理论，借助于现代测量仪器和先进水下运载器，通过声学、磁力、地震和重力测量手段，对海洋底部地球物理场性质进行高精度测量的新兴科学技术。目前用于近海底地球物理探测的水下运载器主要代表是潜水器，包括拖曳式潜水器（deep-towed vehicle，DTV）或称深海拖曳系统（deep-towed system，DTS）、载人潜水器、无人遥控潜水器、无人自治式潜水器、遥控/自治复合型潜水器（封锡盛和李一平，2013）。基于运载器衍生或发展的近海底地球物理探测方法有重力及重力梯度测量、磁力及磁梯度测量、多波束测深、侧扫声呐和浅地层剖面等声学探测方法。它们在海洋地质调查、海洋资源探测、海洋工程保障、海洋科学研究等领域获得广泛应用，特别是在深海海底的管道路由寻找、微地形地貌探测、海底目标搜寻、高精度洋底磁性结构调查、洋中脊硫化矿物区的微重力场测量等具体应用场景中有着无可替代的技术优势。

本章针对上述五类水下运载器及配套的地球物理探测方法进行总结，重点阐述在多金属结核、富钴结壳、热液硫化物等海底矿产资源探测，海底光缆、深海油井等海洋工程调查中广泛应用的拖曳式潜水器、无缆自治潜器、载人潜水器，以及重力、磁力和声学探测方法的相关应用。

4.2 水下运载器

水下运载器也称潜水器、潜器或水下机器人（封锡盛和李一平，2013）。随着21世纪人类对海洋领域的积极探索，对海洋资源认知和需求的不断提升，以及军事应用对海洋的迫切需求，潜水器作为人类探索、利用深海的有力工具，已成为美、英、日、俄、挪、澳等世界科技强国优先发展的领域（徐玉如和肖坤，2007；李晔等，2007；崔维成等，2019）。

4.2.1 水下运载器的发展历史

4.2.1.1 国外水下运载器的发展历史

1929年，美国海洋学家设计了一个直径1.45m的钢铸圆球，壁厚32mm，球壳开了3个直径76mm的石英玻璃观察窗，使乘员能观察水下世界，还开了一个孔供人员进出，另有一条电缆通道。球内装有氧气瓶、二氧化碳吸收器、灯具和仪器，并创造了914m的下潜纪录。1948年，巴顿乘坐新设计的潜水球“海底观察者”号下潜到1372m，创造了当时系缆潜水器的最深下潜纪录。瑞士物理学家奥古斯特·皮卡德（Auguste Piccard）教授以独特的设计思想研制了第一艘无缆自航式潜水器，并以基金会的名称“FNRS”来命名潜水器。他大胆地把气球加密闭舱的原理移植到深潜技术上，创造了新一代的“深海气球”式潜水器。由于浮力主要靠液体浮箱提供，也称为外液体浮箱型潜水器。“FNRS-2”号潜水器不再使用系缆，是一艘真正的潜水器，它的设计基本和同温层的气球相同，主要由两部分构成：

一部分是由铸钢制成、直径 2m 的球形耐压密闭舱，厚度为 89～152mm（较厚的部分是观察窗和出入窗口的加强部位），设计潜水深度为 4000m，内置仪器和人员乘位；另一部分是浮体，体内可装 80m^3 汽油，在水下可为耐压舱提供足够的浮力。耐压舱挂在浮体的下部，形同“水下气球”。潜水器下潜时由于压力的增加，会引起汽油的压缩，因排水体积减小而使潜水器下潜加快，为了补偿这部分的损失则需要释放铁丸。“FNRS-2”号在早期试验时，在一次恶劣海况下的水面拖航时被损坏。1948 年 11 月 3 日，具有推进装置并能自动下潜、上浮的“FNRS-2”号在西非外海的佛得角群岛附近进行了下潜试验，下潜深度为 1373m，试验获得了成功（刘峰，2016）。

接着皮卡德又设计了两艘新的潜水器。一艘在法国土伦建造，利用“FNRS-2”号的载人球、浮力舱和压载舱及其控制原理，在造船厂进行了改建。新的浮力舱携带 91m^2 的汽油，命名为“FNRS-3”号。1953 年，“FNRS-3”号创造了 2100m 的深潜纪录，1954 年创造了 4050m 的深潜纪录。在“FNRS-3”号建造的同时，皮卡德在意大利申请到了资金，建造潜水深度更深的“曲斯特”号潜水器。它的载人球是在邓尼锻造的，所以又称“邓尼球”。其内径为 2m，厚度为 89～152mm，被认为可以在 6096m 的水深工作。浮力舱比“FNRS-3”号大，可携带 127m^2 的汽油。1953 年 8 月，“曲斯特”号进行首次航行，在各深度考核各项技术指标，性能良好。第一次深潜试验由皮卡德父子亲自驾驶，下潜深度为 1080m。1958 年，皮卡德因经费不足，不得不将潜水器转让给美国海军。耐压球也换成德国的“克虏伯”球，壁厚 127～178mm，因此增加了下潜深度。浮力舱尺寸也增加到了 155m^2。1960 年 1 月 23 日，由美国海军军官唐·沃尔什（Don Walsh）和潜水器发明者奥古斯特·皮卡德的儿子雅克·皮卡德（Jacques Piccard）乘坐“曲斯特Ⅰ”号，下潜到了世界海洋最深处——太平洋马里亚纳海沟的挑战者深渊，他们当时的下潜深度为 10 916m。在美国海军利用“曲斯特Ⅱ”号冲击海洋最深处时，1958 年法国也开始建造一艘新的全海深载人潜水器——“阿基米德”号。它于 1962 年 7 月 15 日在东北太平洋的千岛–堪察加海沟下潜至 9560m 深度，随后又在伊豆–小笠原海沟的日本深渊下潜到 9300m 深度，但该潜水器一直到 20 世纪 70 年代退休时都没有下到挑战者深渊。“曲斯特”号、“阿基米德”号和“曲斯特Ⅱ”号是仅有的三艘被称为第一代的载人潜水器。由于它们需要用大量的汽油来提供浮力，潜水器很笨重，操纵很困难，几乎没有作业能力，因此到 20 世纪 60 年代后期就不再发展（朱大奇和胡震，2018）。

随后发展的是第二代的自由自航式潜水器。第一艘自由自航式潜水器“潜碟”（Diving Saucer），于 1959 年下水，下潜深度 305m，重量不足 4t。1963 年，美国核潜艇“长尾鲨”号失事，促使载人潜水器快速发展。从 20 世纪 60 年代中期，几乎每年增加 10 艘左右的载人潜水器。此类潜水器的典型代表是美国的“阿尔文”号载人潜水器，始建于 1964 年，当时的最大下潜深度为 2000 米级，后来逐步升级到 4500 米级。20 世纪 80 年代，法国、苏联、日本、美国等发达国家在以前建造的载人潜水器使用经验基础上，研制了多部 6000 米级和全海深的载人潜水器，包括美国的“深海挑战者”（Deepsea Challenger）、日本的“深海 6500”（Shinkai 6500）、法国的“鹦鹉螺”号（Nautile）、苏联的 MIR-Ⅰ及 MIR-Ⅱ等（表 4-1）。这些潜水器在 20 世纪 90 年代的海洋科考调查中取得了大量岩石学、生物学、地球化学和地球物理学的重要发现，发挥了科学家的海底主观能动性和创造力（刘保华等，2015）。

表 4-1　世界下潜能力超过 1000m 的载人潜水器　（单位：m）

潜水器	运营单位	深度	年份	国别
奋斗者	中国科学院深海科学与工程研究所	11 000	2020	中国
Limiting Factor	卡拉丹海洋公司	11 000	2019	美国
Deepsea Challenger	伍兹霍尔海洋研究所（WHOI）	11 000	2011	美国
DeepFlight Challenger	维珍海洋	11 000	2008	美国
蛟龙	国家深基地管理中心	7 000	2009	中国
Shinkai 6500	日本海洋科学技术中心（JAMSTEC）	6 500	1989	日本
MIR-Ⅰ	俄罗斯科学院（RAS）	6 000	1987	苏联
Nautile	法国海洋开发研究院（IFREMER）	6 000	1985	法国
深海勇士	中国科学院深海科学与工程研究所	4 500	2016	中国
Alvin	伍兹霍尔海洋研究所、夏威夷深海研究所	4 450	1964	美国
PISCES Ⅳ	美国	2 000	1971	美国
PISCES Ⅴ	美国	2 000	1973	美国
Shinkai 2000	日本	2 000	1981	日本
TRITON3000/3-1	夏威夷深海研究所	1 000	2011	美国
Deep Rover	CANDIVE Ltd.	1 000	1984	加拿大
Deep Rover1	MV ALUCIA	1 000	1994	美国
Deep Rover2	MV ALUCIA	1 000	1994	美国
LULA 1000	Foundation Rebikoff-Niggeier	1 000	2011	葡萄牙

从 20 世纪 80 年代起，美国主要致力于开发无人潜水器，这使他们一度在载人潜水器技术上落后于日本、俄罗斯和法国。为了使美国在这一领域中处于领先地位，21 世纪美国决定把 4500 米级的“阿尔文”号分两阶段从 4500 米级升级到 6500 米级。第一阶段，先完成 6500 米级载人舱的设计与制造，其他设备继续沿用；第二阶段，把其他设备都升级到 6500 米级（李一平，2021）。

在美国和法国竞赛看谁先下到“挑战者”深渊的同时，已有人开始考虑无人潜水器的概念。1960 年，美国研制成功了世界上第一台 ROV“凯夫”号（CURV）。它在 1966 年因与载人潜水器“阿尔文”号一起在西班牙外海打捞起一颗失落在海底的氢弹而一举成名，从此 ROV 技术引起了人们的重视。20 世纪 70 年代发生的石油危机又给 ROV 技术的发展提供了一个很好的机会。ROV 从第一艘研制成功到 1974 年的近 15 年中增加了 19 艘，平均每年增加一艘。但从 1975 年开始，ROV 的增加进入一个井喷期，许多专门生产 ROV 的商业公司如美国 PERRY 公司、加拿大 ISE 公司等相继出现，仅 1975～1979 年就建成了 139 艘 ROV。目前 ROV 型号已经达到百种以上，全世界有几百家厂商可以提供不同类型的 ROV、

ROV 的零部件或者 ROV 服务。1995 年，日本曾经研制成功最大下潜深度达 11 000m 的全海深 ROV“海沟”号。经过 60 年的发展，ROV 已经成为一种成熟的产品，而且由此形成了一个新的产业部门 ROV 工业（李一平，2016）。

由于缆的存在，限制了 ROV 在水下的运动范围。为了解决这一问题，人们升级 ROV 技术的同时，也开始自治无人潜水器（AUV）的探索。无缆潜水器的研究始于 20 世纪 60 年代，随着美国华盛顿大学 SPURV AUV 的研制成功，AUV 迅速发展起来，后又在军方需求的推动下日益完善。现今 AUV 种类较多已进入商业化和应用推广阶段，但以近海浅水小型 AUV 为主，工作水深大于 3000m 的重型 AUV 并不多见。目前主要有 Bluefin 机器人公司的 Bluefin 21（英国），WHOI 的 ABE 5500（美国），WHOI 的 Remus 6000（美国），Kongsberg Marine 公司的 Hugin 3000 和 4500（挪威），ISE 公司的 Explorer 3000、5000 和 6000（加拿大），ECA 公司的 Alistar 3000 和 6000、A18D 和 A18TD（法国），JAMSTEC 的 Urashima（日本）、NERC 的 Autosub 6000（英国）（Wynn et al.，2014）。深海重型 AUV 具有耐压载体、控制系统、导航系统、能源系统、推进系统和通信系统，具有惯性导航、GPS 导航、姿态控制、多普勒测速、超短基线和长基线水声通信等功能，可挂载水深传感器、多普勒计程仪、CTD、声学多普勒海流剖面仪（acoustical Doppler current profiler，ADCP）、高度计、相机、侧扫声呐、浅剖地层剖面、碰壁声呐、多波束测深系统、重力仪、磁力仪等设备。它的最大航速达 3～6kn，续航能力达 12～200h（表 4-1 和表 4-2），具有大面积、快航速、长距离、走航式施工能力，能满足深海底地球物理场观测的基本需求。

表 4-2　现今主要重型 AUV 及相关参数

名称	研制单位	国家	最大工作水深/m	最大续航能力/h	最大航速/kn
Bluefin 21	Bluefin	英国	4500	25	4.5
Remus 6000	WHOI	美国	6000	22	4.5
ABE 5500	WHOI	美国	5000	34	3
Hugin 3000	Kongsberg	挪威	3000	60	4
Hugin 4500	Kongsberg	挪威	4500	60	4
Explorer	ISE	加拿大	3000/5000/6000	85	5
Alistar 3000	ECA	法国	3000	12	4
Alistar 6000	ECA	法国	6000	12	4
A18D	ECA	法国	3000	24	6
A18TD	ECA	法国	3000	24	6
Autosub 6000	NERC	英国	6000	200	3
Urashima	JAMSTEC	日本	3500	18.5	3
潜龙二号	中国大洋矿产资源研究开发协会、中国科学院沈阳自动化研究所（SIA）	中国	3500	31	—
CR-02	中国大洋矿产资源研究开发协会、中国科学院沈阳自动化研究所（SIA）	中国	6000	25	—

当伴随着AUV、ROV、HOV、ARV等海洋科学技术装备的蓬勃发展，一种从海面多道震数据采集系统发展而来的DTV逐渐走向深海应用，其与海面拖曳型系统的区别在于DTV将拖缆置于海面下（贴近海底约100m），有效地削弱了海浪对检波器、换能器等设备采集地球物理信号的干扰，从而获得更高质量的数据分辨率。DTV发展较为成熟的产品包括丹麦Mac Artney公司的TIAXUS、美国Teledyne公司的Benthos C3D、美国Oceaneering公司的“海洋探索者6000”、美国WHOI的系列产品等。

现今全球大国出于全球战略和深海资源探测的需要，认为必须发展先进的载人潜水器。它具有无人潜水器所无法替代的能力，可观测外界情况并有效作出应对。伴随着世界范围内深海技术与装备的发展，其基础所需的材料学、水声通信技术、控制电子技术、视频技术、智能技术和新概念获得重大发展进步，深海运载器也出现了一批又一批的新型载人和无人潜水器，如2012年和2019年美国研制的“深海飞行挑战者”号（Deep flight Challenger）和“限制因子”号（Limiting Factor）载人深潜器、2016年和2020年中国自主研制的4500米级“深海勇士”号和全海深“奋斗者”号载人潜水器、2020年俄罗斯研制的Vityaz-D无人潜水器等（表4-1）。

4.2.1.2 我国水下运载器的发展历史

我国对潜水器的探索性研究从20世纪60年代中期开始，1971年3月正式启动了深潜救生艇的研制，该艇被命名为“7103”艇。该艇是上海交通大学、中国船舶重工集团公司第七〇一研究所和武昌造船厂联合研制的国内首部载人潜水器，长15m，重35t，于1987年交付部队使用。1994～1996年进行了修理和现代化改装，加装了四自由度动力定位和集中控制与显示系统。从“7103”艇改装后的技术状态来看，该艇的设计救生深度可以满足我国潜艇极限深度的救生要求，操纵与控制系统的自动化程度有所提高。由于“7103”艇是从20世纪70年代初开始研制的科研首艇，该艇在战术技术性能上存在许多先天不足，如侧推能力低、横倾能力严重不足、对口救生系统不完善、观察窗太小、可靠性差等，使该艇对实际使用条件有较多的限制，并没有发挥实际作用。

随着工业机器人技术发展以及海上救助打捞、海洋石油开采的需求增加，从1981年开始，载人潜水器产品开发被列入了我国国家重点攻关任务。在国家863计划、中国大洋矿产资源研究开发协会（简称中国大洋协会）设备发展计划中都有不同类型的潜水器研制项目。中国船舶科学研究中心、中国科学院沈阳自动化研究所、中国科学院声学研究所、哈尔滨工程大学和上海交通大学等单位都组建了专门研究机构，先后开展水下运载器的研制工作，并相继取得了一系列重大突破。20世纪90年代初期，中国科学院沈阳自动化研究所作为总体单位成功研制了中国第一台1000米级AUV“探索者”号，并在南海成功地下潜到1000m。90年代中期，中国科学院沈阳自动化研究所成功研制了中国第一台6000米级AUV“CR-01”，并于1995年和1997年两次在东太平洋下潜到5270m的洋底，为我国在国际海底区域成功圈定多金属结核区提供了重要科学依据。随后，中国科学院沈阳自动化研究所又成功研制了“CR-01”的改进型“CR-02”6000米级AUV。该AUV的垂直和水平调控能力、实时避障能力比“CR-01”均显著提高并可绘制海底微地形地貌（李硕等，2018）。

为了满足国家战略需求，90 年代末，我国在大深度 AUV 技术基础上部署了长航程 AUV 研究任务。中国科学院沈阳自动化研究所在长航程 AUV 的研究工作上取得了技术突破，解决了长航程 AUV 涉及的大容量能源技术、导航技术、自主控制技术、可靠性技术等关键技术问题，研制的长航程 AUV 最大航行距离可达数百千米，目前已作为正式产品投入生产和应用（李硕等，2018）。

进入 21 世纪，中国大洋协会设备发展计划实施了一项 3500 米级作业型遥控潜水器“海龙”号的研制任务。2002 年国家 863 计划启动了 7000 米级载人潜水器“蛟龙”号的研制。经过 10 年的拼搏，“蛟龙”号成功下潜到了 7062m 深度，实现了我国载人深潜技术的跨越式发展，并于 2017 年又成功研制了完全国产化的 4500 米级载人潜水器“深海勇士”号。自成功研制作业型无人遥控潜水器“海龙”号后，我国无人潜水器的研发也进入了一个快速的轨道，多台实用型深海潜水器如“海马”号等先后下海完成海试。在大力发展深海 AUV 的同时，我国也开始了极地冰下作业 AUV 的研发工作。在国家 863 计划支持下，中国科学院沈阳自动化研究所于 2008 年成功开发了“北极冰下自主/遥控海洋环境监测系统”（简称“北极 ARV”）。2008 年“北极 ARV”参加了我国第三次北极科学考察，多次在极地冰下航行，刷新了我国 AUV 高纬度冰下航行的纪录（李硕，2011；李硕等，2011）。2022 年，完全国产化的“奋斗者”号全海深载人潜水器在马里亚纳海沟“挑战者深渊”完成了装备海试验收，并与“深海勇士”号载人潜水器在深渊底部开展了联合作业，这些成果标志着我国的潜水器技术进入了国际先进水平。

现阶段的潜水器种类繁多，可按照多种方式进行分类。根据是否可以运动，有固定式和移动式之分。移动式潜水器按载人与否分为载人潜水器和无人潜水器两种，无人潜水器按照与水面母船或平台之间是否有连接，又分为有缆潜水器和无缆潜水器。有缆潜水器包括遥控潜水器、海底爬行式潜水器（bottom crawling vehicle，BCV）和拖曳式潜水器。无缆潜水器包括自治式潜水器、水下滑翔机、深海剖面浮标（deep-sea profiling floats，DPF）等。无人遥控潜水器根据作业能力的大小又可分为轻型和重型两大类，前者主要用于完成观察和视像摄影的记录工作，后者主要用于水下操作任务。载人潜水器分为作业型载人潜水器、单人常压潜水装具、深潜救生艇和移动式救生钟等。上述潜水器在实际应用中各有优势，又都有其局限性；在性能和功能上既有重叠，又各有特点。从使用角度来讲，无人自治式潜水器可实施长距离、大范围的搜索和探测，不受海面风浪的影响；带缆遥控潜水器可将人的眼睛和手“延伸”到遥控潜水器所到之处，信息传输实时，可长时间在水下定点作业；作业型载人潜水器可使人亲临现场进行观察和作业，其精细作业能力和作业范围优于遥控潜水器。这三种不同的潜水器各有使命，互相不能替代，特别是无人潜水器还替代不了人在现场的主观能动作用。

对于近海底地球物理探测，其对水下运载器的性能要求非常高，包括长续航能力、高自持能力、高精度水下导航定位、高运载力等。现今能用于深海近底地球物理探测作业的水下运载器种类并不多，主要有不存在动力系统而需要母船拖曳其在距离海底一定高度进行施工作业的拖曳式潜水器；具备载人深潜能力的载人潜水器；存在脐带缆的遥控潜水器；具有水下自动导航能力的无缆自治式潜水器和遥控/自治复合型潜水器五类。

本章重点对这五类水下运载器特征及其搭载的地球物理学传感器进行介绍。

4.2.2 深拖系统

深海拖曳系统（简称“深拖系统”），是将一种或几种海洋地球物理仪器进行组合，安装在一条深水拖体上，通过将拖体沉放到预定深度来减少水体对仪器影响的一种深水工程勘察技术，主要由三个部分组成：拖船—缆绳—拖体。有些系统采用一级拖曳系统，并在缆绳上使用导流装置以减少缆绳受海流的影响；有些系统则采用二级拖曳系统，使用“拖船—重缆——级拖体（压载器）—轻缆—二级拖体”的组合方式来实现升沉补偿效果（图 4-1）。在实际工作中，门架和绞车用于释放和回收拖体，压载器用于维持拖体在水下的平衡，主机用于接收和处理现场数据，光电复合缆用于供电、控制及数据传输。

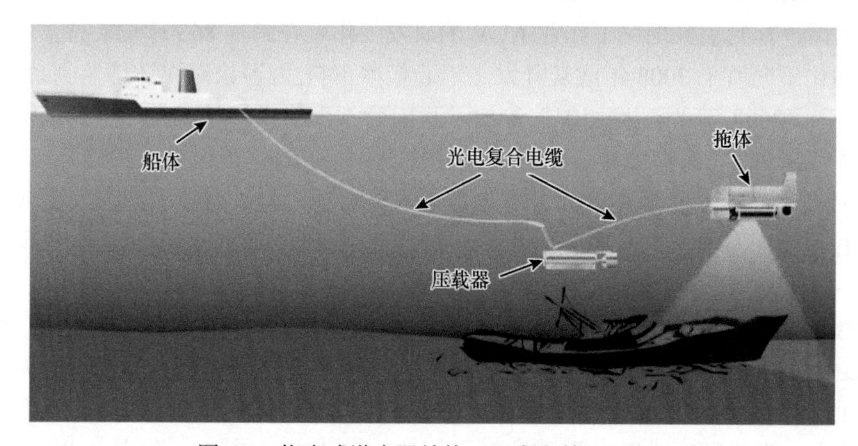

图 4-1　拖曳式潜水器结构（田春和等，2020）

相对于 HOV、ROV、AUV 等类型的水下运载器，拖曳式潜水器具有一些显著特征：①拖曳式潜水器的拖体结构形式简单，可维护性高。很多拖体就是一个类似鱼雷甚至更小的装置，内部放置了声呐或者高倍摄像头等装置，因此拖体不易受到损坏，且即便出现故障，也可较快地进行维护更换。②拖曳式潜水器的可控性高。其他类型的潜水器一般在设计时要求将工作要求等输入预定程序中，入水后按照预定程序工作，但拖曳式潜水器的拖体主要运动由信号传输到水面受人为控制，包括速度、方向、升沉等都可按照水下实际情况操控。③拖曳式潜水器的工作范围大、时间长、效率高。遇到大面积工区调查任务时，通常需要先选用拖曳式潜水器进行微地貌、水文、浅地层剖面等地质情况的普查。因为拖曳式潜水器的动力来源是调查船，整个系统的作业与调查船航行同时进行，工作范围大，施工效率高。

相对于船载调查方法，拖曳式潜水器地球物理探测调查具有以下几个方面的优势：①由于声源（发射变能器）和水听接收机远离测量船，消减了船生噪声的影响；②利用长的拖缆，断绝了船只运动和海面运动的影响；③消减了由于海水内的吸收和声束发散引起的声信号损失；④由于拖曳器靠近海底，可以获取更为详细、分辨率更高、信噪比更高的记录。拖曳式潜水器作为搭载各种探测仪器的主体，调查人员可在拖体上搭载各类传感器进行水文、地质等参数采集，可用于海洋环境监测与评价、海洋资源开发利用、污染治理和灾害防治等领域。

深拖为水下拖曳平台，在油田井场现场勘察、油田管路路由调查中有重要应用，通过在深拖上搭载相关设备仪器，对目的海域的水深地形、海床地貌、浅层地质勘测，从而实现对井场区域的灾害性地质特征评估以及对油田区管线路由选址的目的。随着海上深水石油开采和海洋工程建设日益增多，深拖系统调查发展前景广阔，已经是国内研究热点。本节将介绍现今国内外比较著名的，近海底地球物理调查中最常使用的几型拖曳式潜水器及其搭载地球物理传感器。

4.2.2.1 EdgeTech 2400 DT-1

EdgeTech 2400 DT-1 深拖系统（图 4-2 和图 4-3）由 DT-1 水下拖体和设备、拖缆与压载器、绞车以及投放/回收系统、甲板通信链及系统控制处理器四大部分组成。DT-1 拖体采用模块化设计，利用 316 型不锈钢将高强度合成材料连接在一起，可以在深海恶劣的环境中工作。拖体上可以安装多波束测深系统、侧扫声呐/浅剖系统、罗经运动传感器、超短基线应答器、压力传感器、声速传感器、磁力仪、无线电定位器、频闪灯等。拖体的配重具有一定的正浮力，一条 50m 长的中性浮力脐带缆将拖体和压载器连接在一起，这种拖曳方式可以很好地减弱由涌浪造成的、由拖缆直接传递过来的拉力变化，从而确保拖体有一个稳定的姿态，即使在恶劣的海况下，也能获得高质量的数据。

（a）深拖拖体

（b）压载器

图 4-2 深拖系统的拖体及压载物（李彦杰，2015；龙黎等，2017）

图 4-3 EdgeTech 2400 DT-1 拖体（李彦杰，2015）

EdgeTech 2400 搭载了一套模块化的侧扫声呐/浅地层剖面系统，它的水下部分由侧扫声呐/浅地层剖面仪水下电子舱、侧扫换能器阵、浅剖发射换能器、浅剖接收水听器等组成。侧扫/浅剖通过水下电子舱中的通信链经由同轴电缆和水面甲板处理器通信并获得电源供应。EdgeTech 2400 DT-1 系统的工作水深为 3000m，拖体本身具有正浮力，在作业时依靠 550kg 的压载器将拖体沉入深水中，拖体通过 50m 脐带缆和压载器连接。当压载器遇到海底障碍物，导致拖缆断裂时，可以通过水面的声学释放装置，启动拖体上的应急自救装置，将脐带缆切断，由于拖体具有正浮力，拖体将自行浮上水面。利用无线电定位器和光学频闪装置（晚上），可以很容易地找到拖体，丢失在海底的仅仅是压载器（不锈钢块）和一段 50m 长的脐带缆。更换备用脐带缆后，系统又可以投入使用，系统作业示意如图 4-4。

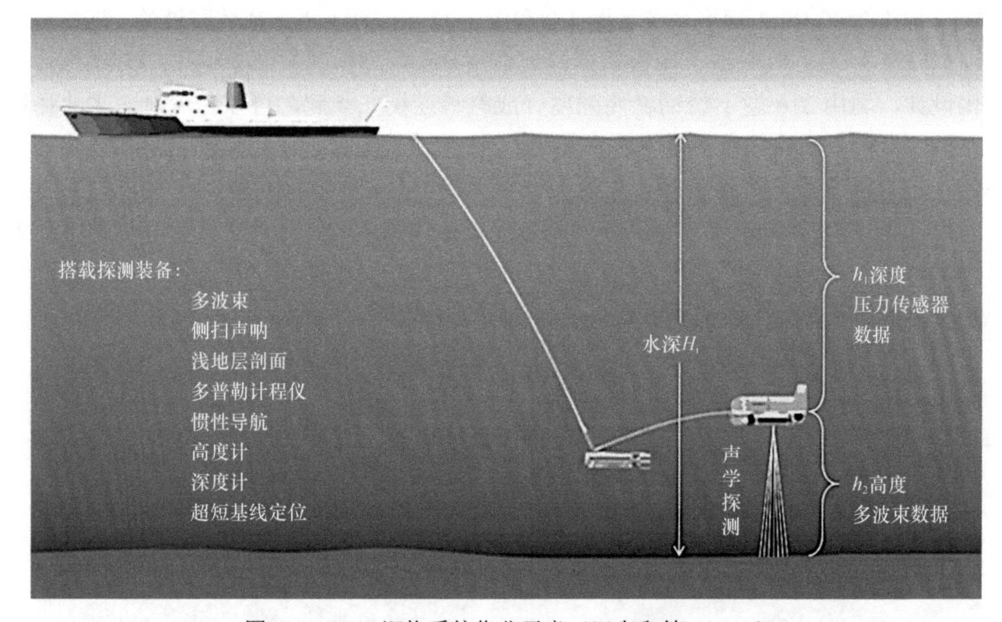

图 4-4　DT-1 深拖系统作业示意（田春和等，2020）

4.2.2.2　DAT-6000

DAT-6000 声学深拖系统（图 4-5）硬件组成如图 4-6 所示。声呐甲板单元是系统的总控单元，提供人机接口，用于控制水下系统工作，采集并融合声呐和多种传感器数据，获得海底地形图、地貌图和浅地层剖面图。甲板支持系统包括绞车系统（含光、电滑环）、导向滑轮、A 型架和折臂吊等，用于拖体释放和回收等工作。外部传感器主要包括 GPS、罗经和远程超短基线定位系统，分别提供母船位置、母船艏向和拖体位置。拖缆在完成拖曳功能的同时，还作为供电和通信介质。压载器作为万米拖缆和脐带缆的过渡点具有衰减母船振荡的作用，其上安装的测高仪用于检测压载器距离海底高度，保证拖体安全。拖体上的浮力材、拖体框架及安装部件为声呐系统提供了工作平台，光纤多路复用器水下单元、剪切器系统、声信标/声释放器、测深侧扫声呐、浅地层剖面仪、多普勒计程仪（DVL）及多种传感器都安装于平台上，系统指标和传感器参数详见表 4-3。系统作业时，母船通过依次连接的万米拖缆、压载器和脐带缆，拖着水下拖体在距海底 50～100m 高度匀速直线航行；电源由水上控制系统通过万米拖缆、脐带缆提供给水下拖体，拖体上安装的多部声呐和传感器系统开始工作，所获得的结果信息经过光纤多路复用器水下单元、脐带缆、万米拖缆传送到水上控制系统进行存储和处理，并通过显控系统实现信息的实时显示和人机交互。

图 4-5　DAT-6000 声学深拖调查作业示意（曹金亮等，2016）

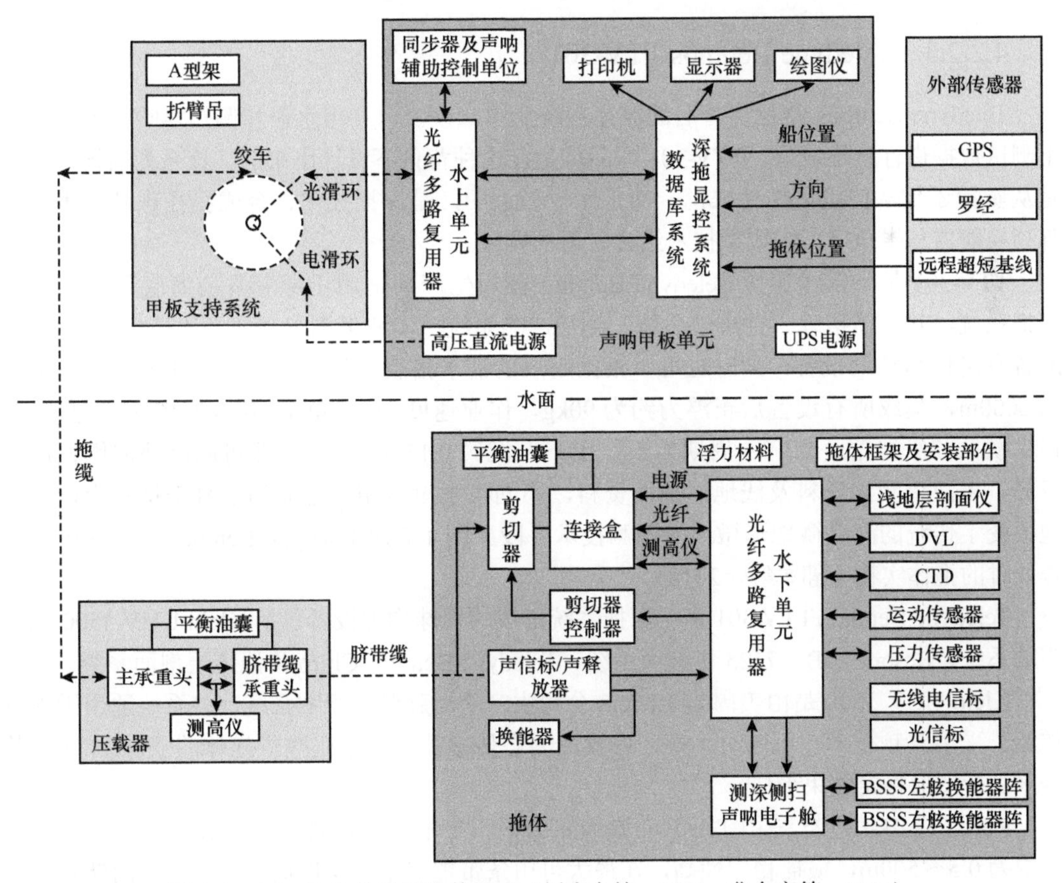

图 4-6　DAT-6000 的系统硬件组成（刘晓东等，2005；曹金亮等，2016）

表 4-3　DAT-6000 系统指标及传感器参数

指标	参数	
总体指标	最大工作深度	6000m
	拖曳速度	2～4kn
	工作海况	不大于 4 级
	额外搭载传感器能力	重量 50kg；功率 50W
拖体	重量	约 1000kg（空气中）
	尺寸	3300mm×624mm×941mm
	姿态稳定性	纵横摇＜1°
高分辨率测深侧扫声呐	频率	150kHz
	覆盖宽度	测深 2×300m；侧扫 2×400m
	垂直航迹分辨率	5cm
浅地层剖面仪	频率	2～7kHz
	地层分辨率	优于 0.2m
	最大穿透深度	80m（软泥底）

4.2.2.3　Teledyne Benthos TTV-301

Teledyne Benthos 是世界著名的深拖系统公司。该公司利用水声和侧扫声呐技术，对水下测试数据进行三维成型。TTV-301 产品就是在这种背景下设计出来的。该系列的拖体无论是从质量还是从使用可靠性来说，都是比较先进的，是深拖技术、合成孔径声呐技术、多阵列换能器与多角度三维成型技术结合应用的典范。

TTV-301 是一款由美国 Teledyne Benthos 公司生产的适用于深海复杂海底环境的声学深拖系统，其拖体搭载三种声学系统：侧扫声呐系统、多波束测深系统及浅地层剖面系统，配备有定位和辅助设备，同时也可以根据用户的需求搭载其他声学设备。其最大工作水深为 6000m，集成所有设备后正浮力约为 90kg，作业速度为 2～4kn；作业时姿态稳定性强，最大横摇和纵摇角度为 1°，周期为 5s，上下升沉约 0.15m。一次作业可同时获取侧扫声呐资料、多波束测深资料及浅地层剖面资料，不同声学设备相互之间的信号干扰较少，极大地改变了传统的海底微地形微地貌探测技术手段。图 4-7 为 Teledyne Benthos TTV-301 海上作业时的拖体实物（郭军等，2018）。

Teledyne Benthos TTV-301 声学深拖系统搭载的地球物理设备包括 Klein UUV 3500 侧扫声呐系统、Reson SeaBat 7125 多波束系统、Teledyne Benthos Chirp Ⅲ浅地层剖面系统。

Klein UUV 3500 是由美国 L-3 Klein 公司生产的一款侧扫声呐系统。该系统适用于深海作业，采用双频技术，可同时工作，内置的姿态传感器能够精确提供拖体的姿态/加速度数据来支持图像稳定波束形成。

Reson SeaBat 7125 是由 Teledyne Reson 公司生产的一款高性能的多波束系统。其测深范围为 0.5～500m，横摇稳定性高，在最大可用条带覆盖下可实现横摇稳定。采用钛合金导流罩，最大工作水深为 6000m，发射频率为 200kHz 或者 400kHz。

图 4-7　Teledyne Benthos TTV-301 声学深拖系统（单晨晨等，2020）

Chirp Ⅲ是由美国 Teledyne Benthos 公司生产的一款模块化的浅地层剖面系统，可安装于船体或者搭载于拖鱼中。该系统采用双通道、双频率作业模式，结合 Chirp 技术和 CW 技术，可获取海底高分辨率的浅地层剖面。

4.2.2.4　Ocean Explorer 6000

Ocean Explorer 6000 声学深拖系统是一款先进的具有侧扫声呐和宽频域绘图的深海拖曳探测系统。其设计工作深度为 6000m，可用来寻找包括飞机黑匣子在内的各种丢失在海底的东西。需要指出的是，Ocean Explorer 6000 是一个二级深拖系统，它的运动稳定性确保了高分辨率和大工作面积的要求，其一级拖体可以抵御 6 级海况，在历次的出海中，都能高标准地完成搜寻和维修任务。Ocean Explorer 6000 主尺度为 4m/1.5m/1.2m（长/高/宽），重量约为 2700lb①，外形如图 4-8 所示。配备速度计、压力计以及高度计等参量装置。33kHz/36kHz 频率的声呐可以在 500m～5km 范围内工作，水平探测角 1.6°，垂直探测角 40°；120kHz 频率声呐可以在 100～1000m 范围内工作，水平探测角 1.6°，垂直探测角 60°。该系统需配备船载 15t 起重机，对整个系统实施吊放作业。

该系列产品在多次海试中显现出如下优点：可靠性高，经济；海运（空运）便捷，可以运抵世界任何海域进行探测工作；配套设备齐全，包括船载起重机、收放缆车、操作系统、通信系统、供电系统等都可以随系统运送；具备了优化的声呐接触分析处理器。自 1995 年起，该系列产品陆续为美国海军分别完成了 24 次探索和 29 次搜寻任务。其中，重要的项目有定位以及拍摄如胡德（Hood）以及俾斯麦（Bismarck）等海域的海底地理情况；定位以及搜寻水星探索空间舱“自由钟 7”号、定位以及搜寻第二次世界大战时期德国遗留在奥地利 Toplitz 湖内的武器等。

①1lb=0.453 592kg。

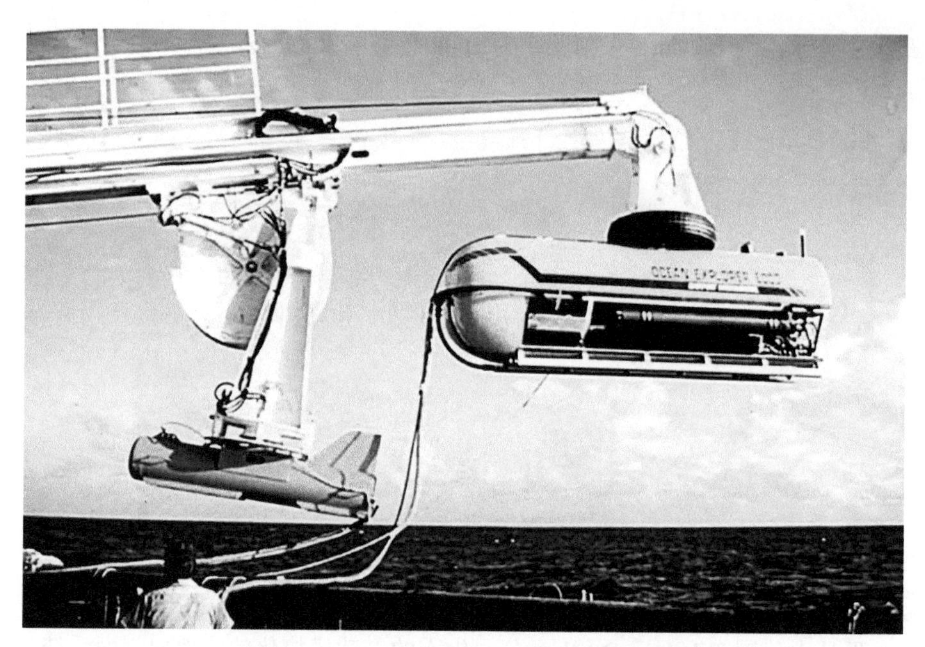

图 4-8　Ocean Explorer 6000 声学深拖系统

4.2.2.5　Kuiyang-ST 2000

Kuiyang-ST 2000 是一种深拖型多道地震探测系统，它将震源和水听器阵列通过拖曳于近海底的方式进行波场观测（图 4-9）。由于采用具有较高主频（200～1100Hz）的震源以及近海底的观测方式，避免了信号受海水吸收、海洋混响、环境噪声等的影响，从而可采集得到高品质原始地震资料。

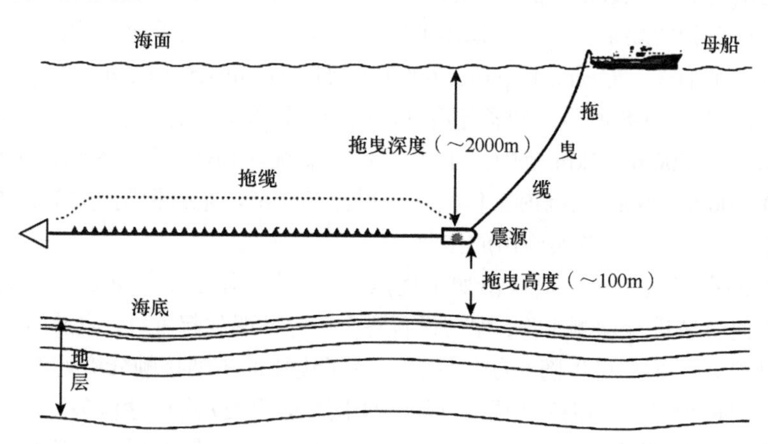

图 4-9　Kuiyang-ST 2000 深拖多道地震探测系统（魏峥嵘等，2020）

Kuiyang-ST 2000 系统的各项技术指标如下：①水下系统下潜深度达 2000m；② 48 道拖缆（8kHz 采样率），可扩展；③道间距 3.125m；④数字包 32 位 A/D 转换；⑤水听器灵敏度≥−201dB；⑥采集模式具有间断采集和连续采集两种模式；⑦总体动态范围 140dB；⑧拖体和拖缆具有姿态检测功能；⑨稳定运行时间达 100h；⑩工作环境温度−5～45℃；⑪ 存储环境温度−30 ～60℃；⑫ 交变湿热和振动试验后，产品外观无变形、无损坏现象。

Kuiyang-ST 2000 深拖系统结构如图 4-10 所示，主要由拖体和拖缆组成。拖体上集成了水下控制中心和 1 个姿态传感器、等离子体电火花震源、水下声学定位超短基线、深度计（depthometer）和高度计（altimeter，测量拖体距海底高度）；拖缆主要有前弹段、作业段及挂接阻力伞的尾弹段，作业段包含 3.125m 间距的数字拖缆，其连接处包含 4 个姿态传感器。

Kuiyang-ST 2000 深拖系统深拖震源（图 4-11）采用等离子体电火花震源，该震源具有 210dB 声源级、等时/等距激发方式和 0～3000J 发射能量，最大作业深度为 2000m。与压电陶瓷换能器震源、共振腔震源相比，该震源具有声源级高、宽频带和子波低频成分丰富等优势，同时其子波为脉冲波（约 1ms），而共振腔震源的连续信号长度为 150ms 或更长。

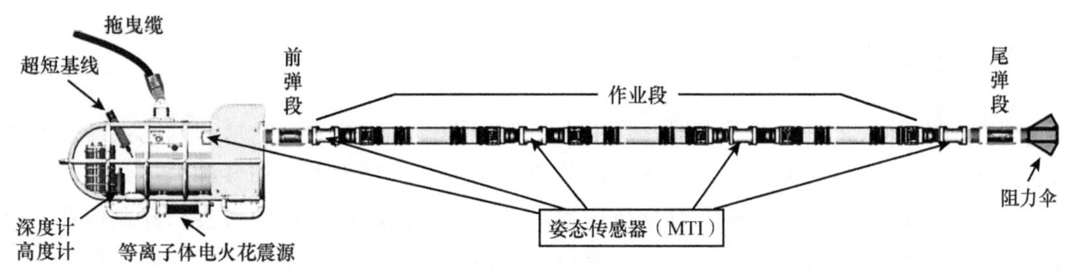

图 4-10　Kuiyang-ST 2000 深拖系统的组成（魏峥嵘等，2020）

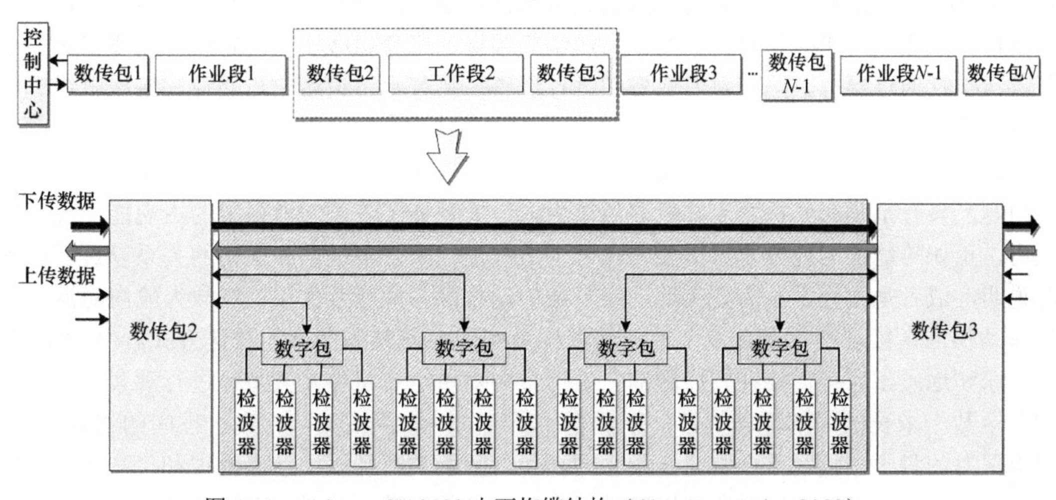

图 4-11　Kuiyang-ST 2000 水下拖缆结构（Chapman et al.，2002）

Kuiyang-ST 2000 系统作业时不需要延时采集，以使每一道都能接收到直达波信号。采用 250ms 延时采集的 DTAGS 和 SYSIF 系统只有最后 3 道能接收到直达波信号，因而无法直接用直达波和海面反射走时对每一道进行定位。该震源的激发时间间隔最小为 1s，远小于共振腔震源（＞12s），有利于灵活设计观测系统和提高作业效率。

Kuiyang-ST 2000 系统的深拖拖缆阵列（图 4-10 和图 4-11）中包括 1 个前弹段、1 个尾弹段和中间 3 个作业段，各段间由数字传输包（DTU）连接。作业段长度为 50m，其中等间距布设 4 个四通道数字水听器（FDU4），每个 FDU4 包括 4 个水听器道，道间距为 3.125m，具有单炮触发采集和连续采集两种模式。为提升系统模拟信号的解析能力，FDU4 采用高精度 32 位 A/D 转换器对水听器信号进行数字化。

Kuiyang-ST 2000 系统的拖体的设计须考虑它在流体中具有稳定动力学特性，以使其横滚、航向、俯仰角度均小于 1.3°；拖缆则依靠配备不同直径的阻力伞和拖曳速度实现拖缆姿态的稳定性控制。系统还集成了 5 个姿态传感器实时监测系统拖曳时姿态。其中，第 1 个传感器置于拖体的水下控制中心，主要监测拖体的横滚、俯仰、航向姿态；其余 4 个传感器分别置于 4 个数字传输包（图 4-11）。姿态数据实时传至控制台，经拟合可实时呈现拖体、拖缆姿态。

4.2.3 载人潜水器

载人潜水器，又称载人深潜器，是由人员驾驶操作，配置生命支持和辅助系统，具备水下机动和作业能力的装备。该装备可运载科学家、工程技术人员和各种电子装置、机械设备，快速、精确地到达各种深海复杂环境，进行高效的勘探、科学考察和开发作业，是人类实现开发深海、利用海洋的一项重要技术手段，用于执行水下考察、海底勘探、海底开发和打捞、救生等任务，其中钛合金打造的载人球舱是潜航员和科学家深潜活动的主要作业基地。载人潜水器，特别是深海载人潜水器，是海洋开发的前沿与制高点之一，其水平可以体现出一个国家材料、控制、海洋学等领域的综合科技实力。它可以完成多种复杂任务，包括通过摄像、照相对海底资源进行勘查、执行水下设备定点布放、海底电缆和管道检测等。

载人潜水器的优点是操作人员可亲临现场，亲自做出各种核心决策，便于处理各种复杂问题，具有亲临海底探索未知世界的能力，最大发挥了人类深海探索的主观能动性与创造力。正如陆地上的地质学家需要“在岩层上行走”来观察地层和横切的关系以进行绘图与说明，或者是生物学家需要实地观察复杂的动物区系间相互作用，在载人舱内对海底岩层和动物的直接观察以及在复杂地形的取样是实现海底精确勘察的最佳方式。生物学家、化学家和地质学家都需要在较广阔的三维情景中对单个有机体及其特征进行观察，观察范围上至数十米长的局部环境特征，下至更加详细的动物间或其他特定过程间的相互作用。探索深海的科学家们经常面临完全陌生的环境、复杂的特征以及动态物理和生物作用。发生此类情况时，能够快速对所处境况进行充分透彻的了解，并对处理方式及先后次序做出可靠决定尤为重要。因此，载人潜水器的发展受到发达国家的重视，被称为“海洋研究领域的重要基石”。

载人潜水器的缺点是下潜科学家和潜航员的生命安全危险性会增大。由于载人需要足够的耐压空间、可靠的生命安全保障和生命支持系统，这将为潜水器带来体积庞大、系统复杂、造价高昂、工作环境受限等不利因素。

载人潜水器按照潜深大致分为重型深海型（超过1000m级）和轻型中浅海型（低于1000m级）。美国、法国、俄罗斯、日本和中国均已成功研制重型深海型载人潜水器。无论是在印度洋洋中脊海域、大西洋热液海域，还是在中国南海海域、墨西哥湾采油海域、伊豆–小笠原海域、马里亚纳海沟“挑战者”深渊，载人潜水器都获得了广泛的应用。载人深潜及探测技术优势大大拓展了深海科学研究的视界，提高了科学认知，同时其优异的作业特点，也对军事领域产生了重要影响。

据美国海洋技术协会（Marine Technology Society，MTS）数据分析，截至2022年，全球大约有96艘正在服役的载人潜水器，比较活跃的深海型潜水器大约有16艘，包括“阿尔文”号（Alvin）、“鹦鹉螺”号（Nautile）、MIRⅠ、MIRⅡ、Shinkai 6500、“蛟龙”号、“深海勇士”号、Limiting Factor和“奋斗者”号等。下面重点介绍国内外著名的几个重型深潜器。

4.2.3.1 Alvin

Alvin载人深潜器是目前世界上最著名的深海考察工具，服务于美国伍兹霍尔海洋研究所。它是根据美国明尼苏达州通用公司（General Mills）的一位机械师哈罗德（Harold Froehlich）的设计而建造的，以海洋学家Allyn Vine的名字命名为Alvin。“阿尔文”号潜水器是当今世界上下潜次数最多的载人潜水器。由美国伍兹霍尔海洋研究所于1964年研制，当时最大下潜深度为1829m，后经改造于1991年创下最大下潜深度4550m的纪录。1966年“阿尔文”号成功打捞了一枚美国在西班牙地中海沿岸失落的氢弹，轰动一时。20世纪70年代，“阿尔文”号主要从事大西洋和太平洋的海底考察，对大西洋洋中脊裂缝和太平洋海底热液的发现做出了重要贡献（图4-12）。

（a）回收起吊

（b）回收挂缆

图4-12 Alvin回收现场（Drew Bewely，Luis Lamar拍摄，2018）

“阿尔文”号可以在崎岖不平的海底自由行驶，也可以在水中自由悬浮，在海底或在水中任意位置完成科学和工程任务，同时可以进行拍摄与拍照。研究人员在“阿尔文”号载人球体中可进行生物、化学、地球化学和地质以及地球物理学方面的研究。“阿尔文”号每年平均进行150～200次下潜，下潜持续时间大约8h，海底有效工作时间通常不少于4h，必要可持续工作72h。“阿尔文”号的母船ATLANTIS号的船尾有人形起重机，用以帮助下潜和收回。实践证明，Alvin使用精确的检查程序，能高效地完成各种不同目的和内容的科学资料收集及作业计划，每年平均深潜180次，因机械原因出现深潜失败的情况保持在每年5次以下。它被认为是使用效率最高、最成功的载人潜水器，为深海科学发现做出了巨大贡献。

Alvin并不是最新的或者潜水最深的深潜器，但它潜水次数最多，海底停留时间最长，并且最负盛名。1964～2020年，Alvin潜艇执行超过4700次下潜，被上千篇科学文献引用，它早已成为探测深海奥秘不可或缺的工具。Alvin运送了12 000多名人员到达深海，并取回近千公斤的样品。过去半个世纪中，大多数最重要的海洋发现都离不开Alvin的参与（图4-13），其成就包括：为美国空军寻找丢失的氢弹，帮助地质学家确定海洋地壳如何形成，发现深海热液喷口以及根据地球内部化学能判断相关生态环境（在此之前，人们认为所有生命依赖于太阳的能量）。Alvin也参与了发掘"泰坦尼克"号的残骸。它也一直被用于发现海洋新物种，其中许多物种很难或不可能从船的甲板收集到。研究人员在Alvin的帮助下发现并记录了约300种新型动物物种，包括细菌、长足蛤类、蚌类和小型虾类、节肢动物以及可在一些热液喷口处成长为10ft[①]长的红端管状虫类。最近，Alvin已应用到研究深水地平线漏油事件对环境的影响研究中。

图4-13　Alvin载人潜水器系统结构

①浮体材料；②生命支持系统；③载人球舱；④存储磁盘；⑤高清摄像机；⑥机械臂；⑦专用工具（岩石钻头、化学传感器等）；⑧采样篮；⑨观察窗；⑩供能电池；⑪ 布放回收系统

4.2.3.2　Nautile

在载人潜水器研制方面，欧盟也具备雄厚的基础和能力，其中主要以法国、德国和英国为核心，较为典型的是1985年法国研制成了Nautile（"鹦鹉螺"号）6000m级潜水器（图4-14），其活动范围可以遍及97%的全球海域，累计下潜超过1700次，完成过多金属结核区、深海海底生态等调查，以及沉船、有害废料等搜索任务。该深潜器的操作和维护由

① 1ft=0.3048m。

GENAVIR 进行，IFREMER 负责 Nautile 的技术支持和改进。载人球体的材料为钛合金，深潜器前面装有两个机器手臂，可用于采集样品。Nautile 的工作小组至少有 8 个人，包括 2 个潜航员（其中一个可作为监督者）、2 个精通电子的潜航员、2 个导航专家、2 个精通机械的潜航员。Nautile 于 1987～1998 年共打捞文物 1500 多件，它用两个机器手臂将文物放在箱子里，然后带回水面。1998 年，Nautile 将一个长 8m、宽 7m 的船壳的碎片带回了水面。它的机器手臂非常灵活，即使是遇到一个水晶花瓶，也能够完好无损地带回水面。

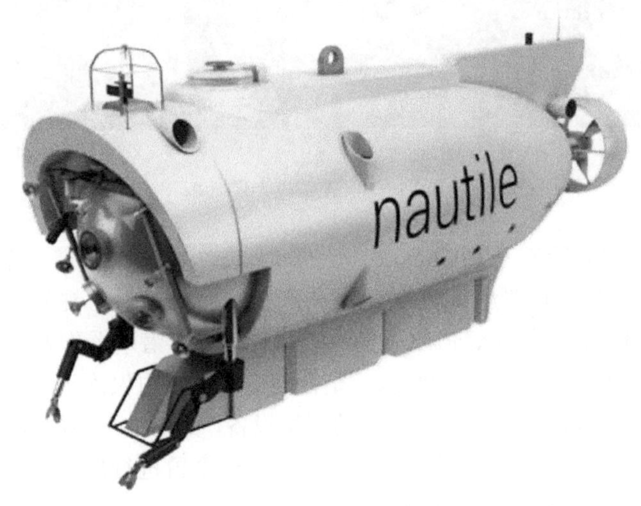

图 4-14　Nautile 载人潜水器

Nautile 载人潜水器尺寸长 8.00m，宽 2.7m，高 3.81m，重量 19.5t；载人球体可载人数 3 人，内部直径 2.1m，钛合金材质。相对于其他潜水器 Nautile 具有重量轻、升沉速度快、水下移动速度快、本体配置小型水下机器人系统等特点，水下作业时间可达 5h，装有 2 只多功能机械手以及采样篮，配备了多波束、测深侧扫声呐、成像声呐、水质采样器、沉积物取芯器、岩石取芯器、真空取样器、液压锤及切割工具等多种作业工具。其主要工作任务是检查沉船及对较难进入的区域进行探索；精确地测深及地球物理测量；采集样品和操作一些特定工具；协助海上作业；海底电缆和管道铺设及检查；帮助营救其他的深潜器；搜索、定位、调查及帮助打捞沉船；对被污染的沉船进行清理。它可携带一个小型 ROV，先后完成过多金属结核区和海沟等区域的环境调查以及沉船、有害废料的搜索任务。

4.2.3.3　Shinkai 6500

作为海洋大国的日本，其对海洋尤为重视与警觉，1971 年 10 月成立了统筹全日本海洋科学技术研究与发展机构的核心机构——日本海洋地球科学技术中心（JAMSTEC），并在 1989 年完成了深海 Shinkai 6500 载人潜水器的研制（图 4-15）。该潜水器最大曾下潜到 6527m 深的海底，一直保持世界载人潜水器深潜的纪录长达 23 年。Shinkai 6500 载人潜水器空重 26t，长 9.7m，宽 2.8m，高 4.3m，最大工作水深 6500m，可搭载 3 人正常水下工作时间 8h，最大生命维持时间高达 129h，最大航速 2.5kn。

（a）回收现场

（b）机械维护

图 4-15 Shinkai 载人潜水器

2012 年 3 月，JAMSTEC 对 Shinkai 6500 进行了升级大修，对推进系统进行升级改进，配置了两个中型尺寸的摆式船尾推进器和一个水平船尾推进器，提升了潜水器运动性能，更换了新的用于推进器、液压泵、海水泵的发动机，提升了潜水器作业能力。

Shinkai 6500 作业潜次已超过 1400 次，是目前世界范围内仅次于 Alvin 应用最为成功的载人潜水器，在世界享有盛誉。它拥有先进的观察设备，如三维水声成像、近底重磁测量等。Shinkai 6500 采样篮可以旋转，方便操作人员在任意观察窗进行取样作业，先后对锰结核、热液矿床、钴结核以及海底斜坡和大断层等都进行了调查，从地球物理角度研究了日本岛礁周边的地壳运动以及地震、海啸等演变过程，并在超过 4000m 的深海发现了古鲸遗骨和寄生的贻贝类、虾类等生物群落。

4.2.3.4 “蛟龙”号

“蛟龙”号载人潜水器（图 4-16）研制是我国“十五”期间的 863 计划重大专项之一，通过全国近百家优势科研院所的联合攻关，“蛟龙”号载人潜水器经历设计、加工制造、总装联调、水池功能性试验等研制阶段，于 2008 年初具备了出海试验的技术条件，并于 2009～2012 年先后完成了 1000 米级、3000 米级、5000 米级（崔维成等，2011）和 7000 米

（a）回收现场

（b）布放现场

图 4-16 “蛟龙”号载人潜水器

级（崔维成等，2012）的海上试验任务，最大下潜深度达到了 7062m，这个深度覆盖了地球上海洋面积的 99.8%。在圆满完成了 7000 米级海试后，“蛟龙”号载人潜水器转入海底科学考察与深海工程应用（唐嘉陵等，2018）。

2013～2017 年，“蛟龙”号完成了 4 个试验性应用航次（大洋 31、35、37、38 航次），先后在中国南海海山/冷泉区、东北太平洋多金属结核区、西北太平洋海山区、西南印度洋热液区、西北印度洋热液区、西太平洋雅浦海沟区、西太平洋马里亚纳海沟区七大海区，开展了 100 多次成功下潜，作业覆盖海山、冷泉、热液、海沟、海盆等典型海底区域，获取了大量生物地质样品、影像资料和探测数据，积累了丰富的复杂环境载人深潜作业经验，建立了中国载人深潜应用技术体系，有效地推动了我国深海科学与技术的发展。“蛟龙”号载人潜水器可以搭载 3 名人员（1 名潜航员和 2 名科学家）到达极端深海环境进行科考作业，它由结构、液压、控制和声学等系统组成，不仅可以进行照相、摄像和海底地形地貌精细测绘，而且可以使用机械手等工具抓取海底的水样、沉积物和生物等样品（张同伟等，2018）。

“蛟龙”号载人潜水器声学系统（图 4-17）由 9 种 16 部声呐组成（朱敏等，2014），分别为水声通信机（2 部）、水声电话（1 部）、超短基线定位声呐（1 部）、长基线定位声呐（1 部）、测深侧扫声呐（1 部）、成像声呐（1 部）、声学多普勒计程仪（1 部）、避碰声呐（7 部）和高度计（1 部）。“蛟龙”号载人潜水器声学系统总体布置如图 4-17 所示。在开展深海探测时，测深侧扫声呐主要用于获取微地形测深和侧扫数据，是微地形研究的基础；超短基线定位声呐和长基线定位声呐主要提供导航定位数据，是地形地貌测绘必不可少的；水声通信机用于将水面支持母船上的超短基线定位声呐对载人潜水器的定位结果发送给水下潜水器，可用于确定组合导航系统的初始位置；声学多普勒计程仪主要提供潜水器速度信息，

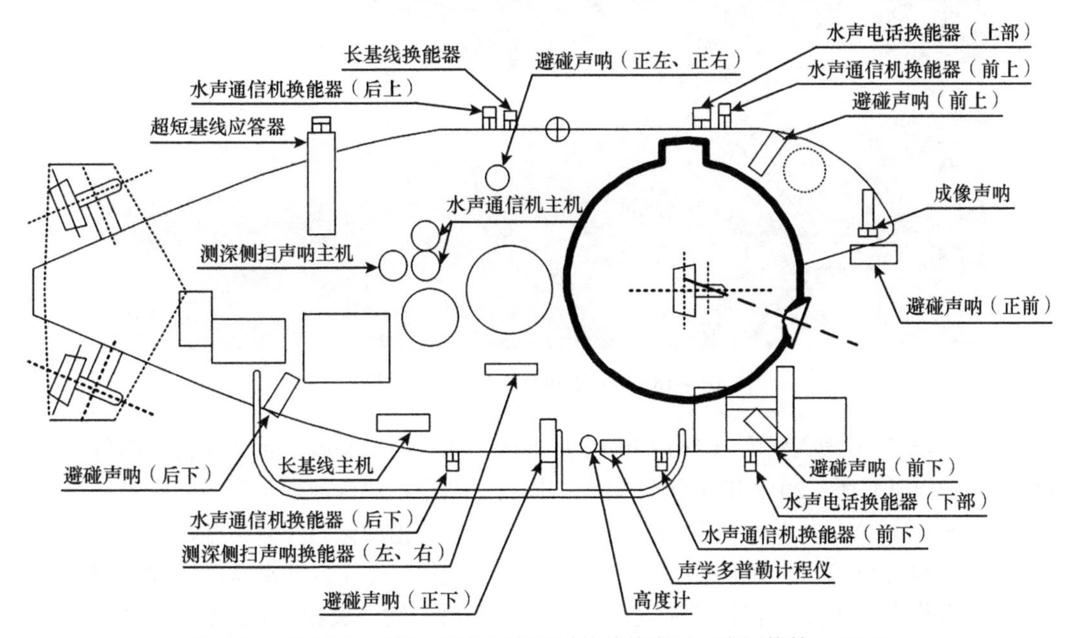

图 4-17 “蛟龙”号载人潜水器声学系统总体布置（张同伟等，2018）

用于组合导航。此外，运动传感器主要提供潜水器的姿态和艏向角，用于测深侧扫探测数据的补偿；温盐深仪（CTD）主要提供声速数据，用于测深侧扫声呐探测数据修正；高精度深度计主要提供潜水器深度数据，即测深侧扫声呐深度，结合测深侧扫声呐探测地形数据，可以给出海底地形的绝对深度。测深侧扫声呐（朱维庆等，2003，2006；孙宇佳等，2009）换能器安装在载人潜水器的两侧（图 4-17），能够测量海底的微地形地貌和海底水中的目标，实时绘制出现场的三维地图。它能在复杂的海底上工作，给出目标的高度，因此十分适合在富钴结壳区域勘察工作和在大洋热液场测量热液喷口“烟囱”的几何尺寸。它和水声通信机是“蛟龙”号载人潜水器 4 个技术亮点之一。

4.2.3.5 “深海勇士”号

“深海勇士”号载人潜水器，简称“深海勇士”，是中国第二台深海载人潜水器（图 4-18），它的作业能力达到水下 4500m，其在浮力材料、深海锂电池、机械手等关键部件上，已经全部由我国自己制造。这项成果极大地推动了我国其他相关技术的提升和发展，为我国在该项技术领域打下了坚实的基础。

图 4-18 “深海勇士”号载人潜水器

“深海勇士”号载人潜水器 2017 年 12 月 1 日在北京完成验收，正式交付中国科学院深海科学与工程研究所。2018 年 3 月 11 日，中国自主研发的“深海勇士”号载人潜水器首次对公众开放。“深海勇士”号搭载的地球物理探测装备有由中国科学院声学研究所研发的测深侧扫声呐和前视声呐。截至 2023 年 3 月，“深海勇士”号载人潜水器已完成了超 500 次的载人深潜作业，工作内容包括海底取样，捕抓海底生物，失控潜标、信标搜寻与打捞，近海底测深侧扫等（图 4-19）。

图 4-19 “深海勇士”号布放回收现场

4.2.3.6 “奋斗者”号

“奋斗者”号全海深载人潜水器研制是我国“十三五”深海关键技术与装备领域的重大攻关任务，于 2016 年立项启动。2020 年 6 月，“奋斗者”号完成总装集成与水池试验。2020 年 7 月，“奋斗者”号完成第一阶段海试。2020 年 11 月 10 日，“奋斗者”号创造了 10 909m 的中国载人深潜深度纪录（图 4-20）。“奋斗者”号在潜水器总体设计与优化、系统调试与仿真、深海作业等关键技术方面取得重大突破，国际上首次攻克高强高韧钛合金材料制备和焊接技术，实现万米级浮力材料固化成型新工艺自主可控，潜水器动力、推进器、水声通信、智能控制等核心技术水平进一步提升，实现了对世界海洋最深处的科学探索和研究，体现了我国在海洋高技术领域的综合实力。

（a）布放

（b）回收

图 4-20 “奋斗者”号海试现场

“奋斗者”号作为当前国际唯一能同时携带 3 人多次往返全海深作业的载人深潜装备，其钛合金载人舱直径 1.8m，海底作业时间不小于 6h，有效载荷不小于 200kg，航速最大

2.5kn，生命支持正常情况不少于 12h、应急情况不少于 72h，通信技术包括甚高频（very high frequency，VHF）、水声电话、水声数字通信等，导航技术包括水面北斗 GPS 系统、超短基线系统、惯性导航系统；观察技术包括云台、照明灯、摄像机、照相机等；探测技术包括温度、盐度、深度、距离（高度）、速度、前视声呐、测深侧扫等；作业能力包括手操巡航能力、自动巡航能力、定点作业、精细测量、原位取样、布放回收、探测摄像等。

截至 2020 年 12 月，“奋斗者”号载人潜水器执行超过 30 个潜次的下潜作业，其中 8 次超过万米深度，6 次最大深度超过 10 900m，并均在海底作业 6h 以上，累计海底作业时间 37h 44min，多次与“沧海”号着陆器开展联合试验，完成了蓝绿光通信、直播间与舱内试航员视频连线、水下拍摄等任务（图 4-21），使得潜水器的功能和性能在最大深度得到了充分的验证。其研制及海试的成功，显著提升了我国深海装备技术的自主创新水平，使我国具有了进入世界海洋最深处开展科学探索和研究的能力，是我国深海科技探索道路上的重要里程碑。

（a）水下作业

（b）海底视频直播

图 4-21 “奋斗者”号水下作业及海底视频直播

4.2.4 无人遥控潜水器

载人既是 HOV 的优点，也是 HOV 的风险。1968 年 10 月潜水器“阿尔文”号从母船上起吊时不慎失事沉没，直到 1969 年 8 月才由 Aluminant 载人潜水器和打捞船相互配合将其从 1538m 水深处打捞起来。为了降低人员的生命风险，提高水下作业时间，科学家提出采用脐带缆在水面遥控潜水器的设想。

无人遥控潜水器（ROV）是一种能潜入水中代替人完成某些操作的极限作业机器人，通过电缆由母船向其提供动力，人在母船上通过电缆对 ROV 进行遥控，通过水下电视、声呐等专用设备对深海情况进行观察，通过机械手完成水下作业任务。1960 年美国研制成功了世界上第一台 ROV——CURV1，它与载人潜水器配合，在西班牙外海找到了一颗失落在海底的氢弹，引起了极大的轰动，ROV 技术开始引起人们的重视。到了 20 世纪 70 年代，ROV 产业已初步成形，ROV 在民用和军事方面获得应用。在民用方面，ROV 可用于不同的任务和不同的工作水深的作业，在海洋救助与打捞、海洋石油开采、水下工程施工、海洋科学研究、海底矿藏勘探、远洋作业等方面正发挥着非常重要的作用。目前世界上约有1000 个作业型 ROV 在运行，主要集中于石油和天然气工业以及离岸与近岸工程中。在军事方面，ROV 也具有极高的利用价值和良好的发展前景，主要集中用于浅海的排雷、海岸情报收集、侦察、监视等，也可以在水下对船只进行检修，对航道、训练场、舰艇机动区实施定期或不定期检查，保障这些水域的作业安全。

世界上的海洋大国（如美国、俄罗斯、日本、英国和法国等）都开发了多种类型的 ROV，包括海底爬行式（trenching type）、重作业级（heavy working class）、常规液压型（general class）、轻型电动级（small class）以及迷你观察型（mini/micro class）等。目前在深海 ROV 技术研究方面，日本的万米级 ROV KAIKO 号、法国 IFREMER 与德国、英国的相关机构合作设计制造的 Victor 6000、英国的 Isis、俄罗斯 Okeangeofizika 研究院研制的 RTM 6000、美国 WHOI 研制的 6000 米级 Jason/Medea、探索研究中心研制的 Hercules 和 Argus、加拿大海洋科学研究所研制的 5000 米级 ROPOS、中国的“海龙”号、“海马”号等是深海最具代表性的工业级 ROV。

4.2.4.1 KAIKO

日本研制开发的 KAIKO ROV，于 1995 年下潜到达马里亚纳海沟最深处——10 911.4m。该潜水器由中继器和 ROV 本体两部分组成。中继器通过 12 000m 的主光纤电缆与支持母船 KAIREI 相连接，通过 250m 的二级电缆与 ROV 相连接。ROV 可以在距中继器半径 200m 的范围内自由运动（图 4-22）。KAIKO 有三种任务模式：第一种是母船直接拖曳 KAIKO 系

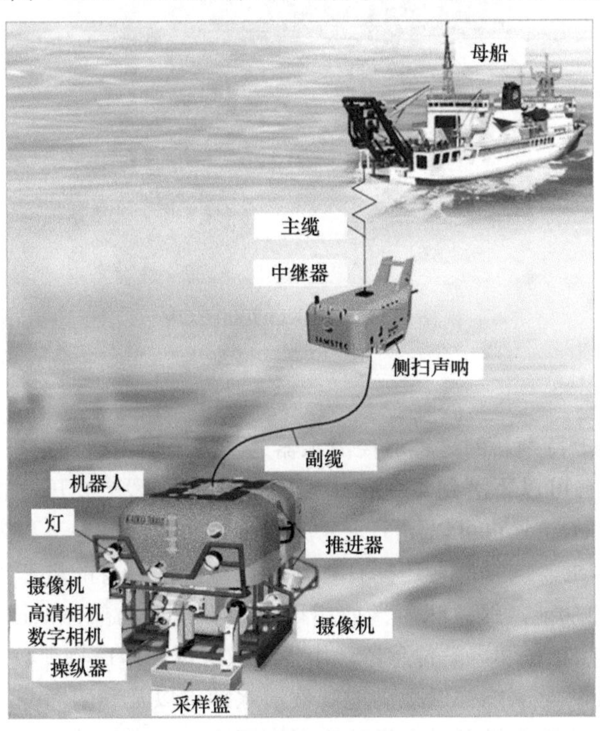

图 4-22　KAIKO ROV 系统及作业示意

统调查 6500m 的海床，携带侧扫声呐和底部剖面测量仪，具备处理海床地形和研究海底地层的能力。第二种是将海床研究延伸到整个海洋深度，这时中继器在母船下方悬停，ROV 对海床进行精确测量。第三种是为 Shinkai 6500 载人潜水器提供救援能力。2003 年 5 月，KAIKO 在太平洋海域 4675m 的深海执行科学调查任务时，由于连接中继器和 ROV 的电缆突然断裂，潜水器丢失。随后日本海洋科学技术中心对 7000 米级遥控潜水器 UROV7K 进行了改造，替代丢失的 KAIKO ROV 本体，与万米级 KAIKO 的中继器配合使用，并将系统改名为 KAIKO 7000（图 4-23）。KAIKO ROV 携带的与地球物理探测相关的传感器有 CTD、侧扫声呐、底质分类仪、避碰声呐、高度计、深度计等。

图 4-23 KAIKO 7000 ROV

4.2.4.2 Hercules

Hercules 是世界上特别新的远程遥控潜水器之一，隶属美国探索研究中心（Institute for Exploration，IFE）。它可以下潜到 4000m 海底进行作业。尽管被开发的初衷是用于研究沉船上的文物，但是 Hercules 也可以用于研究深海生物和地质。它一系列灵活的工具可以适应每次潜水不同的需求，同时，它还拥有一对可以碰触到周身的机器手臂，其中一只手臂具有反馈受力大小的功能，这意味着潜航员可以根据掌控的部件知道手臂上承受的力度。Hercules 配有一系列照相机和声学传感器，用于获取录像和地球物理数据。最重要的是，它的高清晰度摄像机使科学家能够近距离地观察潜水地点以及利用高分辨率的录像来操作机器。它的一对固定位置照相机可以用于精确观察深度和研究区域，拍摄的小照片可以用于组成大的马赛克图片。其他的传感器可以测试压力（反映深度）、水温、含氧量和盐度。机器绝大多数电子设备集中于一个直径为 12ft、长为 52ft 的钛合金圆柱形耐压容器。液压推进器及固定导管螺旋桨用于控制机器人运动。

Hercules 的浮力材料为一个黄色的浮选包，使潜水器在水中的时候密度略小于海水（图 4-24）。Hercules 可以轻漂在海面上，垂直方向上非常小的力便可以使它向上或向下。浮选包由微小的空心玻璃球混合环氧树脂制成的复合泡沫塑料组成，密度有海水的一半，可以承受 4000m 海水的压力。科考船甲板上的操作员通过光电缆来操纵机器，其中光缆还用来传导操作指令、录像、传感器数据和电。操作员发出指令来操纵推进器。潜水器上有 6 个推进器，使它可以像直升机一样自由地“飞”向任何方向，当推进器停止转动时，它会轻轻漂浮在水面上。Hercules 的控制室由两个标准的 20ft 长的容器构成，包含电脑、电线、视频播放器等，可以搭载不同的科考船。

（a）回收

（b）下潜

图 4-24　Herculus ROV（Wagner et al.，2020）

Hercules 在海上工作时一般是全天候的，所以观察小组实行轮班制。每组有 6 个人，包括潜航员和科学家，观察小组的组长要确保定位好科研目标。有时候，对于一些特定的任务，可用小型便携式 ROV Hercules 代替 Hercules 工作，这个小型的 Hercules 同样也可以下 潜到 4000m 的海底进行作业。但是小 Hercules 更加简单，没有机器手臂和其他的工具，只安装了类似 Hercules 上的高清晰度摄像机。另外，Hercules 总是跟它的搭档 Argus 一起工作。

4.2.4.3　Argus

Argus 是一个用光电缆跟船连在一起的 ROV，尺寸为 3.4m×1.2m×1.2m，空气中重量为 1800kg，海水中重量 1350kg，用电 2400V，功率 7.5kW，最大下潜深度 6000m。它可以单独作业，也可以跟其他潜水器协同作业。当 Argus 单独作业时，它被拖曳在船后用于视频和声呐的调查。Argus 一般是跟 Hercules 合作，两者之间用一根 30m 长的光纤电缆连在一起。但为了 Hercules 的运动不受船体带动，这根电缆不经常用。因为 Argus 的存在使 Hercules 摆脱了母船起伏晃动的影响，使得 Hercules 在海底成为一个更稳定的工作平台。Argus 可以提供各个角度的灯光来削弱海水中悬浮颗粒造成的后向散射。另外，Argus 上安装了许多高清晰度的照相机，可以监控 Hercules 在海底作业时的情景，方便潜航员和科学家观察 Hercules。为了方便潜航员将 Argus 上的灯光和摄像机对准感兴趣的地点，Argus 被装上了可以调控其前进方向的推进器。因为 Argus 由很重的金属组成，且缺少一个浮力模块，所以它靠调节母船的位置或缆绳的升降来运动（图 4-25）。

图 4-25　Argus ROV

4.2.4.4　Jason 和 Medea

Jason 和 Medea 是由伍兹霍尔海洋研究所深潜实验室建造的遥控深潜器，主要用于科学家对海底的观测（图 4-26）。Jason 和 Medea 是以希腊神话中的人物名字命名的。Jason 配有双体远程操作系统，一根长 10km 的电缆通过 Medea 将电和操作命令传递给 Jason，同时，也能将采集到的数据和实时摄像画面反馈给船上。Medea 充当减震器，减轻海底作业 Jason 受水面船舶的影响，同时，提供照明和对 Jason 的监视（图 4-27）。Jason 配有侧扫声呐、高清摄像和静态成像系统、照明（16 个 LED 灯）和多个采样系统。三个向下倾斜的角度（0°、30°、60°，从垂直方向）照相机，用于观测海底和观察 Jason。此外，Medea 还配有镝灯（HMI）和白炽灯，用于在海底的照明。Jason 的机器手臂可以采集岩石样品、沉积物或者海洋生物，将这些采集物放到 ROV 的样品筐内。潜航员和科学家们可以在船上的控制室内操纵 Jason 的仪器和摄像。Jason 平均每次下潜时间为 1～2 天。

Jason ROV 的最深下潜深度为 6500m，尺寸为长 3.4m，宽 2.2m，高 2.4m，空气中重量 4128kg，最大前进速度为 2.778km/h，最大水平行进速度为 0.927km/h，最大垂直行进速度为 1.852km/h，升降速度通常为 35m/min（±5m/min），拥有 6 个无刷直流电动推进器动力，有效载荷最大 130kg，配置有多波束、侧扫声呐等地球物理传感器。Medea ROV 的最大下潜深度为 6500m，机器尺寸长 2.3m，宽 1m，高 1.5m，空气中重量 1360kg，最大拖曳速度 1.852km/h。

(a) 海底白烟囱观测　(b) 水面布放
(c) 水面监控　(d) 海底作业工具

图 4-26　Jason ROV 作业

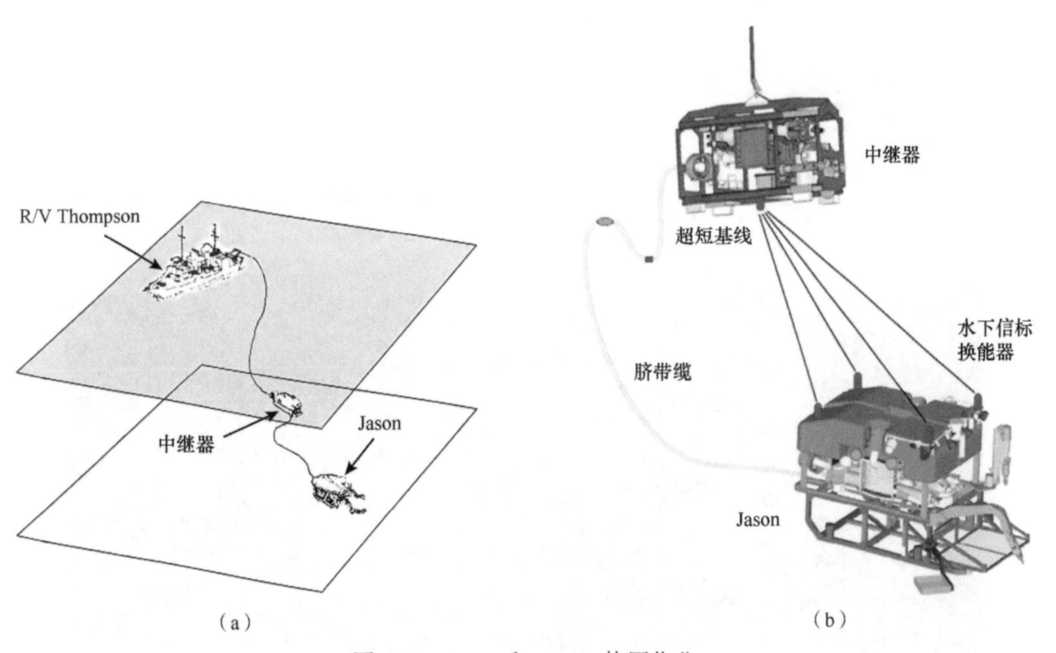

(a)　(b)

图 4-27　Jason 和 Medea 协同作业

Jason 首次下潜是在 1988 年，它曾数百次下潜至太平洋、大西洋和印度洋，调研热液喷口。目前 Jason 现在已更新至第二代，拥有更坚固更先进的机身。它除了开展水下科学调查外，还开展了一些考古工作，如对“泰坦尼克”号沉船调查和对沉寂1600余年的罗马贸易船调查。

4.2.4.5 “海马”号

“海马”号是我国自主研发的4500米级无人ROV有缆系统，不同于载人潜水器，它通过脐带缆与水面母船连接，脐带缆担负着传输能源和信息的使命，母船上的操作人员可以通过安装在ROV上的摄像机实时观察到海底状况，并通过脐带缆遥控操纵ROV及其机械手、配套的作业工具，从而实现水下作业。由于是无人有缆系统，ROV具有作业能力强、作业时间不受能源限制、无人员风险等优点，因而成为水下作业，尤其是深海作业不可缺少的装备。“海马”号是我国首台套国产化率达到90%的深海ROV系统，也是目前我国自主研制的工作水深和系统规模最大的ROV系统（平伟等，2017；陈宗恒等，2018）。

“海马”号的主要构成如图4-28所示。

图4-28 “海马”号作业系统的主要构成（连琏等，2015；平伟等，2017；田烈余等，2017；陈宗恒等，2018）

①作业母船；②、③“海马”号ROV水面控制系统；④A形架和止荡器；⑤A形架和止荡器；⑥“海马”号ROV本体；⑦水下作业工具系列；⑧深海水下升降装置

“海马”号本体配置有液压动力、推进螺旋桨、云台、视频与照明、导航定位、供配电、监测与控制、多功能机械手和紧急定位装置，并有可更换的多功能作业底盘和辅助海底观测网布放维护的功能，如图 4-29 所示，具体组成和技术指标如下：①最大工作水深 4500m；②外形尺寸（长宽高）3.5m×1.85m×2.2m（不包含作业底盘）；③空气中总重量约 4.4t（作业底盘的重量视工具配置而定）；④系统可连续长时间工作，无工作时间限制；⑤作业底盘及工具有采样篮工具底盘、插管取样器、网状取样器、机械触发式采水瓶、自容式 CTD、甲烷传感器、水下定位信标、侧扫声呐、多波束图像声呐、生物诱捕器等（平伟等，2017；陈宗恒等，2018）。

图 4-29 “海马”号本体配置

4.2.5 无人遥控潜水器

ROV 需要脐带缆与母船连接，但海洋气候变幻莫测，脐带缆常因风浪断裂，花费巨资的 ROV 就会沉没海底，加之脐带缆在水下受到水流的影响会移动，脐带缆的长度有限，极大地限制了 ROV 的活动空间和应用范围，因此一种无人遥控潜水器（AUV）诞生了。无缆自治式潜水器是自身携带能源和推进装置、不需要人工干预、自主航行控制、自主执行作业任务的无人水下机器人。它是一种集运动学与动力学理论、机械设计与制造技术、计算机硬件与软件技术、控制技术、电动伺服随动技术、传感器技术、人工智能理论等科学技术为一体的、复杂的水下工作平台。无缆自治式潜水器的研究与开发水平标志着一个国家科学技术的发展水平。

无人遥控潜水器（AUV）常称为无缆水下机器人或无缆自治式潜水器，它是将人工智能、探测识别、信息融合、智能控制、系统集成等多方面的技术集中应用于同一水下载体上，在没有人工实时控制的情况下，自主决策、控制完成复杂海洋环境中的预定任务的机器人。第三代无缆自治式潜水器是一种具有高度人工智能的系统，其特点是具有高度的学习能力和自主能力，能够学习并自主适应外界环境变化。其在执行任务过程中不需要人工干预，任务设定后，自主决定行为方式和路径规划，军事领域中各种战术甚至战略任务都依靠其自主决策来完成。AUV 是一种非常适合海底搜索、调查、识别和打捞作业的既经济又安全的工具。与载人潜水器相比较，它具有安全（无人）、结构简单、质量轻、尺寸小、造价低等优点。而与 ROV 相比，它具有活动范围大、不怕电缆缠绕、可进入复杂结构中、不需要庞大水面支持、占用甲板面积小和成本低等优点。AUV 能够高效率地执行各种战略战术任务，拥有广泛的应用空间，可以在海洋科学调查、军事和商业领域中发挥巨大的作用，代表了水下机器人技术的发展方向。

AUV 按其智能水平可以分为预编程型、智能型和半自主型三大类。预编程型按照预先安排的程序执行使命。智能型 AUV 完全依靠机器人自身的自主能力和智能执行使命。智能型是一个长远发展目标，随着人工智能技术的不断发展，这种类型的 AUV 越来越实用。AUV 具有以下特点：①活动范围大。与母船之间没有脐带电缆约束，若不考虑通信和导航范围，AUV 的航行距离主要取决于其自身携带的动力源的容量，比 ROV 更有利于向深和远的方向发展。目前有的 AUV 一次补充能源连续航程可达数千千米。②与潜艇比较，AUV 的体积要小很多。当前最大的 AUV 长度仅 10.7m，而有的 AUV 长度小于 1m，AUV 的运动自由度大多数在 4 个以上，因而机动灵活。③隐蔽性好。AUV 速度较低，噪声小，声波反射面积小，因此隐蔽性好，不易被发现。④ AUV 可由多种支持平台布放与回收，方便灵活。⑤占用甲板或舱内空间小，有利于母船同时携带多个 AUV 提高作业效率。⑥ AUV 具有一定的自主能力，能独立地执行某些任务，随着人工智能技术水平的提高，其功能将越来越强大，特别是多个 AUV 编队能大大地提高作业效率。

现今利用重型 AUV 地球物理观测手段已应用于失事飞机寻找、海底石油管道探测、海洋环境探测、海底高精度地貌探测、深海底高精度重磁场观测和冰下科学考察等领域（Dhanak et al.，2014；Wynn et al.，2014）。1995 年和 1996 年美国伍兹霍尔海洋研究所利用 ABE AUV 在北太平洋胡安·德富卡洋中脊 2200m 的海底开展了高精度磁力测量和地形测量，获得了洋中脊熔岩流磁异常和形态特征（Wynn et al.，2014）；2010 年英国 James Cook 利用 NERC Autosub 6000 AUV 在开曼海槽、加勒比海盆拖曳 EM2000 设备开展多波束测深作业，测量面积达 1000km^2，结果发现，揭示出在盆地扩张中心存在一个直径 200～600m NE—SW 向的火山穹隆（Wynn et al.，2014）；2012 年、2014 年和 2015 年日本 JAMSTEC 利用 Urashima AUV 分别在日本海相模湾（水深 1300m）、冲绳海槽（水深 1500m）和小笠原岛弧海山区（水深 1550m）完成了多条深海近海底高精度地球物理测线，包括多波束测深、磁力测量、重力测量和重力梯度测量等，获得了高精度海底沉积物结构与厚度剖面，实现了 AUV 的海底矿产勘探（Araya et al.，2012，2015；Ishihara et al.，2013，2015，2016）；2017 年挪威科技大学等针对洋中脊地质环境、洋底年龄和扩张速率等科学问题，利用 6 台 Kongsberg Hugin 6000 AUV 开展水下联合作业，内容包括多波束测深、侧扫声呐测量、浅地层剖面测量和磁力测量等，获取了该区高精度海底地形、浅部地层、地磁场数据及磁补偿参数。我国的“潜龙二号”“潜龙三号”AUV 拥有 4500m 水深工作能力，具备热液异常探测、微地形地貌测量、海底照相和磁力探测等技术，适用于多金属硫化物等深海矿产资源勘探。

下面对几种常用 AUV 及地球物理传感器进行介绍。

4.2.5.1 ABE

美国于 20 世纪 90 年代初开始研制“自主海底探险家”（Autonomous Benthic Explorer，ABE)，（图 4-30)。ABE 完全由美国伍兹霍尔海洋研究所的科学家和工程技术人员设计、加工制造和运行使用，是美国科学界使用的第一台 AUV，也是第一台能够获取洋中脊精细地图的水下机器人。与载人潜水器或遥控有缆潜水器不同，ABE 可以在长达一天的下潜过程中对海底区域进行大面积扫测。自 1995 年下水至 2010 年丢失，ABE 已经开展了 200 多个潜次任务，平均每次下潜的测量范围达到 16km，广泛应用于对深海热液喷口和火山的定位、绘图及拍摄。ABE 长为 3m，质量为 550kg，水下工作时间为 14～20h，装备有姿态传感器和用于探测的声学、光学、水文和化学等传感器，其主要性能指标见表 4-4。此外，ABE 是一个非常灵活的平台，科学家可以根据科学需求搭载更多的传感器。

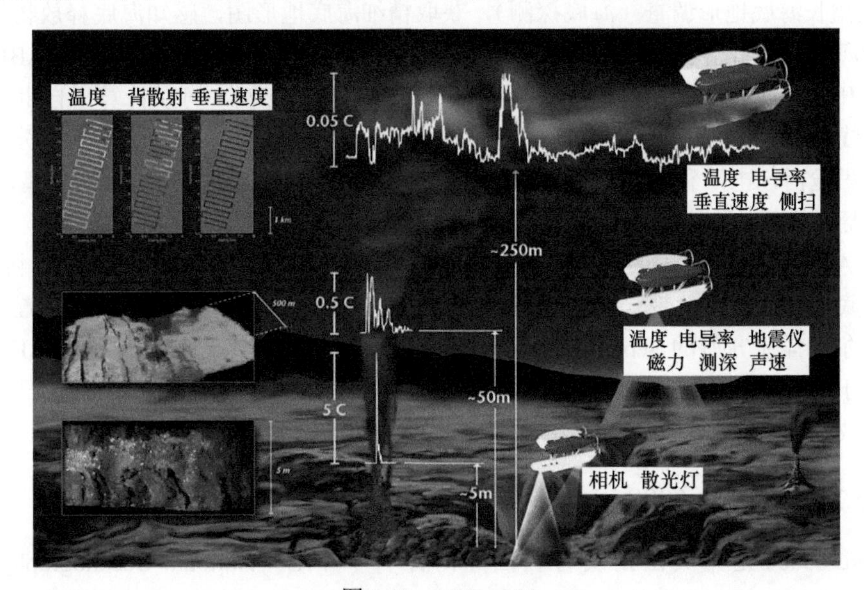

图 4-30 ABE AUV

表 4-4 ABE AUV 的技术指标

指标	参数
最大潜深	4500m
主尺寸	3.0m×2.0m×2.5m（长×宽×高）
质量	550kg（空气中）
工作距离	20～40km（14～20h）
能源	锂离子电池 5kW · h
功耗	210～300W（取决于任务类型）

续表

指标	参数
充电时间	最大 12h（80% 约需要 6h）
输出电压	42～60V（DC）
航行速度	0～1.4kn（最大速度）
下潜速度	1000m/h（抛弃式压载）
导航	长基线、多普勒计程仪
传感器	深度计、姿态传感器、数码相机、多波束、成像声呐、磁力仪、CTD、光反向散射传感器、氧化还原传感器、ADCP

ABE 具有 3 个尾部和 2 个中间垂直的推进器，通过预编程设计 1 套水下机动流程，可以实现水中盘旋以及任意方向的移动。通过多波束、多普勒导航和锚系系统的支持，ABE 可以尽可能维持预编程设定的航线，同时也有足够的决策能力来避免与海底的碰撞。因此，ABE 特别擅长海底地形调查（海底探测），获取精细海底地形图，感知海底释放物的化学异常，拍摄海底生物群落和复杂地质特征，探测海底属性。通过搭载的传感器，ABE 可以获取其深度和距海底高度，通过与一系列固定海底声信标的交互，可以计算出自身的水平位置（长基线）。ABE 采用独特的分体式设计帮助其在深海海流中保持稳定。大部分浮力位于顶部 2 个吊舱内，电池和其他仪器设备则位于底部的舱体内。浮力和重力的分离使得 ABE 具有抗侧翻和横滚的能力。

ABE AUV 最大下潜深度为 4500m，通常与 Alvin 载人潜水器或 Jason ROV 协同作业，用于对海底进行大范围条带式调查，以确定 Alvin 或 Jason 近距离探测的最佳位置。由于美国伍兹霍尔海洋研究所的 Sentry AUV 已经执行另一个科考任务，已经退役的 ABE 被重新征用，用于智利三联点的科学调查，遗憾的是 ABE 于当地时间 2010 年 3 月 5 日丢失在智利附近海域。

4.2.5.2 Autosub 6000

Autosub 6000 是由英国南安普敦国家海洋科学中心（National Oceanography Centre，Southampton，NOCS）研发的一系列 Autosub AUV 中最新的一款。“6000”指的是该潜水器的 6000 米级的深度，这使它成为迄今为止潜水最深的 AUV 之一，能够到达 90% 的海底。

Autosub 6000 是 Autosub AUV 系列最新的 6000m 额定版本，体型类似鱼雷，尺寸 5.5m×0.9m×0.9m，船体材料由钛制成，重 2000kg，负载续航长达 70h（图 4-31）。Autosub 6000 广泛用于海洋科学研究，包括在北极和南极的冰下作业。其机头和机尾部分的设计，包括导航和控制系统，基本上继承了 Autosub3，主要区别在于深度等级（6000m 而不是 1600m）和能源系统（锂聚合物充电电池而不是初级锰碱电池）。电池本身可以承受 6000m 深的压力，被安装在浮力泡沫（复合泡沫）内的开口中，构成了 AUV 的中心部分。在开曼海槽探测任务中，Autosub 6000 携带了四组电池，电池组可以在 6h 内充满电，在正常速度和标准传感器运载下可以使用 27h 左右。

(a)

(b)

图 4-31　Autosub AUV

Autosub 6000 在水下距离海床 200m 范围内使用惯性导航系统和声学导航系统。声学导航系统利用多普勒频移现象（当声音或其他波形靠近或远离观测者时的频谱差异），导航系统发出声音脉冲信号，然后测量从海底反射回来的脉冲信号的多普勒频移。根据这些信息，探测器可以精确地计算出它是如何相对海床移动的。

Autosub 6000 可以在恒定的高度巡航，随着海底的起伏而上升或下降。它还配备了避碰和前视声呐，可以扫描前方的物体，寻找水下悬崖等障碍物。当潜水器探测到一个潜在障碍物时，它就会计算距离和高度，以确定是否可以越过。

Autosub 6000 的前端安装有各种科学传感器，可为不同类型的水下任务定制。通常安装的传感器有用于测量海水盐度和温度的 CTD、测量洋流的 ADCP、探测水中粒子的光散射传感器（LSS）、能高分辨率探测海底地形并刻画水体异常的多波束测深系统。

在 2007 年首次海上试航之后，Autosub 6000 经历了重大的发展。2008 年夏天，它开始第一次科学任务，用多波束声呐在西欧边缘进行深海冲刷特征的调查。2009 年 10 月，Autosub 6000 成功地在 5600m 的操作深度完成了试验，并在卡萨布兰卡海底崎岖的地形上测试了一套基于扫描声呐的避障系统（图 4-32）。2010 年初，这一技术在詹姆斯・库克水下航行器（RRS James Cook）上得到了很好的应用，水下航行器在加勒比海中开曼高地（Cayman Rise）两个热液喷口水下测绘工作中发挥了关键作用。

4.2.5.3　Hugin Superior

Hugin Superior AUV 是海洋技术装备领航者 Kongsberg Maritime 公司开发的最新产品（图 4-33）。它于 2018 年 12 月推出，相比于 Hugin AUV 具有更强的数据采集能量，更精确的水下定位精度和续航能力，它引进了海洋环境快速评估和水雷侦查的技术及策略，目前已经在军事和工程技术领域应用，如海洋水文参数测量、深海海底考古和管道渗漏监测等。

Kongsberg Maritime 下属业务单元 Kongsberg Underwater Technologies 负责研发和经营水下 AUV、水下仪器产品和业务。早在 20 世纪 80 年代中期，他们便开发了一种小型自主水下航行器，用于测试技术。到了 90 年代初，挪威国家石油公司（Statoil）和挪威国防研究所（FFI）启动了 Hugin 项目，由挪威水下研究所（NUI）和 Kongsberg 合作研发第一代

图 4-32 Autosub 6000

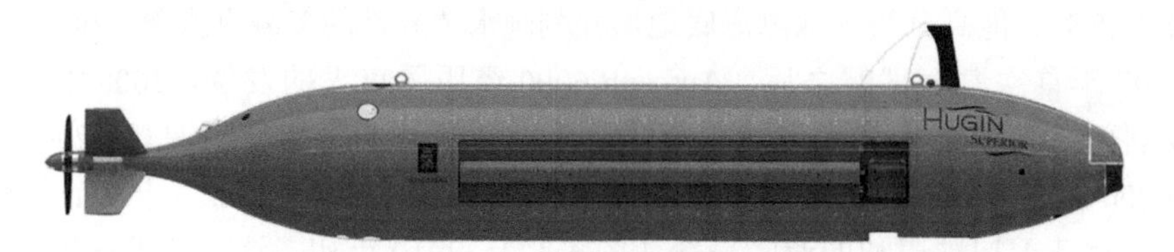

图 4-33 Hugin Superior

Hugin AUV，之后便衍生出了 3000 米级、4500 米级和 6000 米级不同级别的 Hugin AUV。可以说 Hugin AUV 已经成为全世界商用大型 AUV 的标杆，累计完成了不下 100 万 km 的水下各类调查，好评率超过 96%。

2018 年 12 月，Kongsberg 在已有 Hugin 技术平台的基础上推出了全新的一款 Hugin AUV——Hugin Superior，比起之前的系列，新产品采用了一些最新技术，配备了 HISAS 1032 双接收器 SAS，在 2.5kt 时可扫描 1000m，用于大约 5cm×5cm 的高分辨率 SAS 图像。EM 2040 MKⅡ多波束回声测深仪提供海底的高分辨率测绘和检测。它有三个工作频率，200kHz 用于深水检测，300kHz 用于近底检测，400kHz 用于高分辨率检测。该潜航器还配备了数字静止图像彩色超高清（Ultra High Defintion，UHD）相机、激光轮廓仪、EdgeTech 底部轮廓仪和甲烷（CH_4）传感器。它还具有 CO_2 测量传感器、激光轮廓仪、磁力计、浊度传感器、ADCP 以及电导率、CTD 传感器。

Hugin Superior AUV 应用了多类型导航定位系统和多功能传感器，包括 Kongsberg Sunstone 惯性、惯性导航辅助系统（AINS）、超短基线声学定位系统（USBL）、支持水底跟踪的多普勒测速仪（DVL）、合成孔径声呐微导航、导航级别惯性测量单元（IMU）、地形匹配导航、星基增强系统（SBAS）、全球卫星定位导航系统（GPS）、前视声呐紧急避障系统（FLS）和高精度的测深传感器。AUV 也装备了多种通信系统链路，包括超高频（UHF）双向无线电通信、铱星超视距双向卫星链路、铱星应急定位信标、Wi-Fi 无线通信和 cNODE 水下声学通信。

Hugin Superior 是目前市面上最新的大型 AUV，也是最先进的大型 AUV，它引入了最新的微导航（MicroNavigation），增强了任务导航，提高了实时精度，误差不超过行程距离的 0.04%，任务目标导航的效率是其他 AUV 平台的两倍，无与伦比的导航定位能力完全解放了支持船。电池容量也增加了 30%，可以增加更多传感器，维持更长的自持水平。

4.2.5.4 Urashima

Urashima AUV 是 JAMSTEC 自 1998 年开发和运营的深海重型无人潜水器，于 2009 年投入实际使用。Urashima AUV 宽 1.3m 长 10m 的大型机身可以携带大型仪器，有效载荷空间足以容纳 4 个成年人。现今 Urashima AUV 上已安装了包括高精度重力仪系统、干涉合成孔径声呐在内的最新传感器，以及拖曳的末端带有磁力计的电缆，这使其成为世界上唯一公开具备近海底高精度重力及重力梯度测量的无缆自治式潜水器。

为了自主航行，Urashima AUV 必须能够自行确定其位置，并计算其移动的距离。GPS 可用于陆地上的个人或汽车导航，但是 GPS 使用的无线电波无法在水下传播，因此无法在海面以下使用这种类型的导航。因此，Urashima AUV 使用结合了混合导航和声学导航的导航系统。前者是惯性导航以及多普勒速度计的数据。惯性导航系统会使用三轴中坚固、稳定、高精度的环形激光陀螺仪和运动传感器来测量物体的惯性运动，并根据牛顿运动定律计算移动距离。后者是声学导航，其工作原理是根据巡航前在已知位置部署的 AUV 和声应答器之间的声信号的往返时间计算距离。

Urashima AUV 的最大工作深度 3500m，巡航距离超过 100km，外形尺寸 10m（长）×1.3m（宽）×1.5m（高），重量约 7t，最大巡航速度 3kn，能量源为锂离子电池，配置调查设备有多波束回声测深仪、侧扫声呐、底部探查仪、CTD、重力仪、重力梯度仪、磁力仪、磁梯度仪等。

4.2.5.5 潜龙系列

“潜龙一号”AUV 由中国科学院沈阳自动化研究所 2012 年 12 月自主研制，是我国自主研制的首个 6000 米级深海型 AUV。“潜龙一号”是一个长 4.8m、宽 0.8m 的回转体。它可以在水下 6000m 处以 2kn 的速度巡航，连续工作 24h。2013 年 10 月 6 日，“潜龙一号”在东太平洋 5000 多米深海域工作近 10 个小时后，成功浮出水面，成功迈出了试验性应用的第一步，并取得了初步成功，后续得到多次实际的深海作业应用，并创下了我国自主研制深海型 AUV 深海作业的新纪录［图 4-34（a)］。

2015 年 12 月在 6000 米级“潜龙一号”的基础上，在“十二五”国家 863 计划深海潜水器装备与技术重大项目课题支持下，中国大洋矿产资源研究开发协会组织实施，中国科学院沈阳自动化研究所为技术总体单位，与国家海洋局第二海洋研究所（现为自然资源部第二海洋研究所）等单位共同研制出“潜龙二号”AUV 系统［图 4-34（b）］。它在机动性、避碰能力、快速三维地形地貌成图、浮力材料国产化方面均有较大提高，是一套集成热液异常探测、微地形地貌探测、海底照相和磁力探测等技术的实用化深海探测系统，主要用于多金属硫化物等深海矿产资源的勘探作业。2016 年 1 月 20 日，“潜龙二号”在西南印度洋完成了第五次大洋下潜勘探，全部探测功能测试取得成功。

2018 年 4 月，中国科学院沈阳自动化研究所进一步推出功能更加齐备、国产化率更高的“潜龙三号”AUV［图 4-34（c）］。与“潜龙一号”和“潜龙二号”相比，“潜龙三号”展现了出色的稳定性和可靠性，各项技术指标都有新的突破，如最大续航力达到总航程 157km，航行时间 43h，最大速度达到 3kn，并具备各类水下工作模式，以及微地貌成图、温盐深探测、甲烷探测、浊度探测、氧化还原电位（oxidation reduction potential，ORP）探测、海底照相及磁力探测等热液异常探测功能。

（a）“潜龙一号”

（b）“潜龙二号”

（c）“潜龙三号”

图 4-34　我国“潜龙”系列 AUV

“潜龙二号”“潜龙三号”都是中国自主研发的 4500 米级深海资源自主勘查系统，未来的“潜龙”家族规模将更大，工作模式将是多台协同水下作业。

4.2.6　遥控/自治复合型潜水器

由于脐带缆的存在，传统 ROV 的作业范围受到很大的限制。AUV 的作业范围虽然比较大，但不能实现精细调查作业，不能及时地与支持母船进行沟通、时时通信和指令修改。为了综合 ROV 和 AUV 的优点，科学家开始提倡复合型潜水器——ARV。复合型潜水器具有两种工作模式，既可以作为传统的 AUV 使用，又可以作为传统的 ROV 使用。针对大面积的水下探测任务，它在 AUV 模式下进行探索和测绘工作，可以不受脐带缆的限制。探测到目标后，可以在船上将 ARV 迅速切换到 ROV 模式，进行近距离成像和采样。此时，ARV 通过微细光纤与水面通信，提供宽带宽、实时高速的图像和数据传输，并通过摄像机、照明灯、机械手和采样工具完成遥控作业任务。

ARV 结合了 AUV 和 ROV 的特点，既具备 AUV 的较大范围探测的功能，又具备 ROV 水下定点作业的功能。ARV 引入人的参与，人机结合，复杂的事情（如识别、决策等）由人参与完成，简单的事情由机器人自行解决，这种方式称为半自主。ARV 技术可以看成观测型 AUV 向作业型 AUV 发展的一个必然阶段。当前人工智能等技术的发展还远远不能使水下机器人具有较高的智能，研究这类复合型水下机器人，可以使人类利用机器人探索海洋的活动得以延伸，这是解决智能型 AUV 不足的一个发展思路。

现今世界上的具有代表性的 ARV 有美国的“海神”号（Nereus）、瑞典的 Seaeye Sabertooth 型 ARV、中国的“海斗”号。

4.2.6.1 Nereus

Nereus（“海神”号）是最具代表性的复合型潜水器（ARV 或 HROV），由美国伍兹霍尔海洋研究所研制，设计深度 11 000m。该水下机器人自带能源，既可以采用 AUV 模式进行自主海底调查，又可以通过微细光纤与水面支持母船建立实时通信连接，以遥控模式（ROV 模式）完成取样和轻作业。“海神”号配备独立的取样与作业单元，可在现场短时间进行改装，由 AUV 模式改装成 ROV 模式。也就是说，“海神”号下水前需确定其工作模式。在“海神”号多次下潜中，以 ROV 作业为主，故设计者们将其定义为混合式 ROV-HROV（图 4-35）。

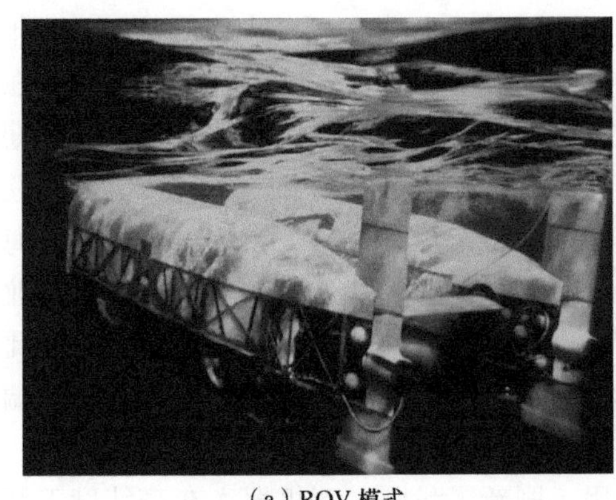

（a）ROV 模式

（b）AUV 模式

图 4-35　Nereus ARV

“海神”号是全球唯一一台可以进行全海深下潜的混合型水下机器人，主要用于地球、生命等科学探索，载体的主要技术指标见表 4-5。美国伍兹霍尔海洋研究所从 2001 年起开始混合型水下机器人的关键技术研究工作，2008 年研制成功“海神”号。2009 年 5 月 31 日，“海神”号成功下潜至马里亚纳海沟 10 902m 水深处，完成了对马里亚纳海沟的探索和挑战。

表 4-5 Nereus ARV 主要技术参数

指标	参数
最大水深	11 000m
空气中重	2 800kg
最大速度	3kn
负载能力	25kg
能源	二次锂离子电池
推进器	2 水平/2 垂直/1 侧向（ROV 模式） 2 水平/1 垂直（AUV 模式）
传感器	照相机、CTD、测扫声呐、前视声呐、浅地层剖面仪、磁力计
作业工具	7 功能机械手

在过去的十几年间，围绕“海神”号水下机器人的研制，进行了多次海上试验和应用工作。2014 年 5 月 10 日，“海神”号在探索新西兰的克马德克海沟时在水下 9990m 处失踪。随后，在海面上发现了水下机器人碎片的漂浮物，初步认定是陶瓷球在深渊爆裂所致。尽管“海神”号丢失，但这并不影响其在国际上的影响力。

在“海神”号研究的基础上，自 2011 年起，针对极地海冰调查，美国伍兹霍尔海洋研究所开始研制新的混合型水下机器人 Nereid UI。该水下机器人最大工作水深 2000m，携带 20km 的光纤微缆，并搭载多种生物、化学传感器，可进行大范围的冰下观测和取样等作业。

4.2.6.2 “北极”号

中国科学院沈阳自动化研究所于 2003 年提出研制自主遥控潜水器（ARV），自 2005 年起，先后研制成功多型 ARV 并完成了湖试、海试及应用工作。其中，“北极”号 ARV 在 2008～2014 年分别参加了中国第三次、第四次、第六次北极科考（图 4-36）。在北极科考期间，“北极”号 ARV 自主完成了对指定海冰区的连续观测，通过其搭载的多种传感器，获取了大量海冰物理数据及海冰底部视频，通过这些数据可定量计算出太阳辐射对高纬度海冰融化的影响，同时从动力学和热力学两方面分析出海水对北极海冰的影响。2014 年，“北极”号 ARV 系统进行了改进，成为小型 ARV 系统，并参加了中国第六次北极科考。在此次调查中，“北极”号 ARV 完成了浮冰的多项参数测量、“雪龙”号科考船船下海冰分布调查等多项任务，还拍摄到北极冰下的多种浮游生物，使科学家可以直接进行观测研究。

“北极”号 ARV 在北极科考中的多次成功应用，刷新了我国水下机器人在高纬度下开展冰下调查的记录，也提升了我国水下机器人的技术水平和国际影响力。

（a）2008年北极科考

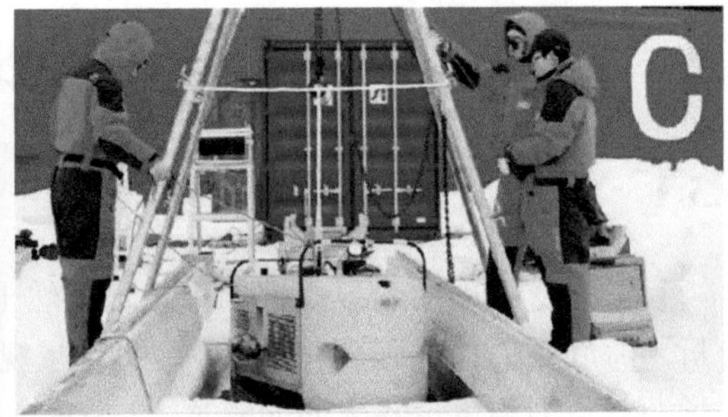
（b）2010年北极科考

图 4-36 “北极”号 ARV

4.2.6.3 “海斗”号

“海斗”号为全海深自主遥控水下机器人，2016 年由中国研制。“海斗号”ARV 载体自带能源，通过光纤微缆与水面控制系统进行通信，当 ARV 在水下运动时，光纤微缆可从载体中不断放出，消除了光纤微缆对载体运动的影响。全海深 ARV 搭载有 CTD 和水下摄像机，每次试验均可获得下潜及作业过程中的温盐深数据和水下及海底视频资料（图 4-37）。在 2016 年“探索一号”船马里亚纳海沟第一航次（TS01-01）中“海斗”号共下潜 7 次，其中以 ARV 光纤模式下潜 1 次，深度 3959m；以 AUV 模式大深度下潜 5 次，深度分别为 8201m、9740m、9827m、10 310m 和 10 767m，并在 10 767m 海底悬停 52min，获得了万米以下深渊及全海深剖面的温盐深数据。2017 年，“海斗”号 ARV 再次搭乘“探索一号”船 TS03 航次重返世界最深处——马里亚纳海沟挑战者深渊，“海斗”号无人潜水器下潜万米以下深度 7 次，最大深度 10 886m，水下航行 4h，获得了全海深剖面的温盐深数据和万米海底视频资料。“海斗”号是我国第一个下潜深度达到万米的深海机器人，但不幸在万米海底多次水下巡航后丢失。

（a）布放现场场景

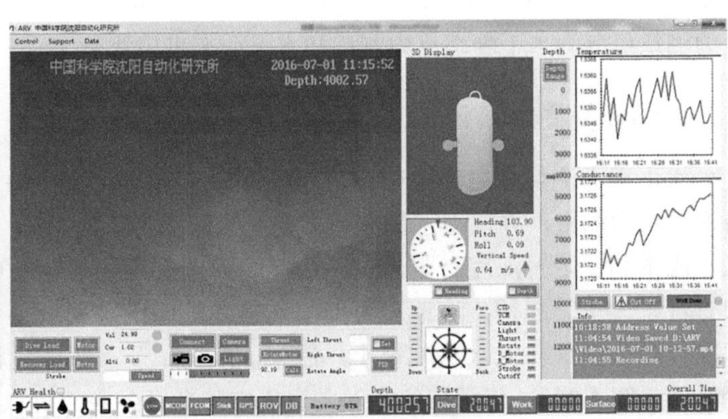

（b）突破4000m后的监控界面

图 4-37 “海斗”号 ARV

4.3 近海底地球物理探测

4.3.1 近海底重力测量

目前广泛采用的船载重力测量技术虽然十分有效，但仍存在一定的局限性。根据谐波分析，海底重力信号强度按照 $e^{-2\pi\Delta z\lambda}$ 的衰减规律向海面传播，其中，Δz 为观测距离，即重力场源与重力测量设备之间的距离，λ 为重力信号各傅里叶分量的波长。船载重力测量中，水层像一个巨大的低通滤波器，随着观测距离的增加，海底重力信号中的高频（短波）分量会迅速衰减并消失，故水面并不是理想的观测位置。相比水面，近海底观测则有两个优势：一是信号变大；二是最小可检测异常波长变小，可以避免高频分量的衰减，从而获得更高强度的重力信号。

重力信号中的低频分量主要受地球深部质量影响，反映地壳深处的地质体特征；高频分量主要受地球浅部质量影响，反映地壳表层的地质体特征。船载重力测量测得的信号较弱，无法得到海底重力信号中的高频信息，无法满足海底地壳浅层研究需求（Zumberge，1997）。在军事领域，潜艇的水下潜航需要高精度的惯导系统。随着惯性器件精度的提高，由惯性器件误差引起的定位误差所占比例逐渐减小，重力异常将成为制约高性能惯导精度的主要因素。为进一步提高惯导精度，需要进行重力异常补偿。重力异常补偿有两种途径：一是潜艇搭载重力仪进行实时重力测量；二是利用先验重力海图进行补偿。以上两种方法都需要发展水下重力测量技术。水下重力测量可直接构建近海底重力场模型。重力辅助导航可直接使用测量深度附近的重力场数据作为参考或采用向上延拓算法延拓至工作深度，消除了向下延拓计算存在的发散问题，提高了重力匹配导航的精度。目前的近海底重力测量精度可达 0.1mGal 以上，相比船载重力测量有很大提高（潘国伟等，2019）。目前近海底的重力测量主要以相对重力测量为主，绝对重力测量很少。根据重力仪的运动状态，水下重力测量可分为水下静态重力测量和水下动态重力测量。

4.3.1.1 近海底静态重力测量

水下重力测量在海洋中的应用较早。1923 年，费宁·梅内斯首次在潜艇上使用摆仪进行海洋重力测量，并取得了满意的效果（宁津生等，2014）。但当时潜艇重力测量存在耗时长、成本高、下潜深度有限、推广困难等问题。为了解决这些问题，科学家们对陆地重力仪进行了改进。起初，陆地重力仪被安装在舷侧三脚架或小型载人潜水艇中，采用人工调平和读数，但这样入水深度很小。后来，Pepper 及其团队设计出具有远程操作和读数功能的系统（图 4-38），将常规的海洋重力仪安装在设备中，可以在几百英尺深的近岸水域进行精确重力测量。该仪器可通过电缆降下至底部，并通过遥控设备进行调整。读数通过照相方式获得，这样即使在中等程度震动干扰导致指示点振荡的情况下，也可以进行准确观察（Pepper，1941）。

图 4-38 早期的水下海洋重力仪（Pepper，1941）

该水下重力仪所有电路直接经由控制单元，共设有三个继电器，一个用于热控制，一个用于夹紧式或非夹紧式指示器，第三个用于控制在控制单元内部的相关部件。1947 年 Frowe 等将重力仪放在他们设计的水下潜水舱里进行水下重力观测，直接观察重力仪海底读数。潜水舱可以在底部完全打开，在底部密封，也可以在底部配备孔盖，可以将三脚架直接推入泥浆中，将钟与重力计隔离。内圆柱体覆盖有可移动的盖子，用于容纳重力计和观察者。盖子的中央部分可从钟罩内卸下，作为逃生口。当它在海底时，三脚架支腿支撑钟形。其最大测量深度可以达到 250ft（Frowe and Eugene，2017）。该仪器与带有三脚架的水下重力仪相比其优势是可以在 250ft 的水下测量，风浪和潮汐作用对于重力仪的影响很小；在结构上，搭乘潜艇的重力测量可以承受遇到的压力在 500ft 深的水中（图 4-39）。

图 4-39 水下重力测量钟（Frowe and Eugene，2017）

这张照片中中观察者可以与甲板上进行交流

1966 年 Beyer 等在加利福尼亚州南部的大陆边缘证实了在深海进行重力测量的可行性。他们使用改进的 LaCoste Romberg 水下重力仪成功地测量到 10 个站位的重力值，测量水深达到 904.2±4.6m，重力仪的读数精度范围为±0.10～ ±1.16mGal。

1990 年，罗壮伟等（1995）研发了我国首批用于近海高精度重力测量的设备（图 4-40）。该设备采用 CG-3 型全自动重力仪，是由加拿大先达利公司研制的石英弹簧重力仪改造而成。该系统搭载船载系统，由全球导航定位仪进行导航以确定平面位置，将重力仪沉到定点海底，船上进行操作，用水深测量及验潮确定高程。在水深小于 50m 的情况下，平面定位精度优于±10m，高程精度优于±0.4m，布格异常总精度优于 0.2mGal。

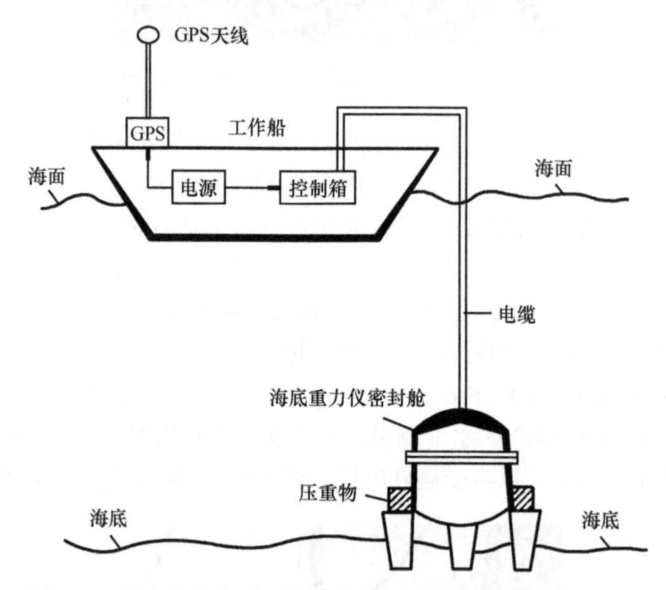

图 4-40　海底高精度重力测量系统示意图（罗壮伟等，1995）

4.3.1.2　海底静态重力测量

1998 年，Sasagawa 等开发了一种重力监测系统，用时移重力来监测气田的储层动态变化。为此，他们研发了一种基于遥控机器人（ROV）的海底重力测量系统（图 4-41）。他们将 ROV 搭载的重力仪放在海底基准点之上，利用电动装置调平重力传感器，可以远程控制仪器并监控数据，且考虑了仪器和现场测量的不确定性存在的系统误差。

ROV DOG 海底重力仪本质上是由陆地重力仪改装而来的设备，从 Scintrexcg-3M 重力仪上提取了重力传感器核心部件安装在一个紧凑的调平装置中，微控制器监控调平平台，并控制数据采集，其他电路提供电源、压力测量、信号调节和系统监控（图 4-42）。ROV DOG 通过一根软电缆与 ROV 相连，从而使其与 ROV 振动分离。操作员远程控制仪器，可以实时查看和记录数据。重力测量深度采用 Paroscific 石英压力计，31K 型测量深度 700m，410K 型测量深度可达 7000m。压力表安装在 ROV DOG 的压力箱中，通过高压端口与海水连接。

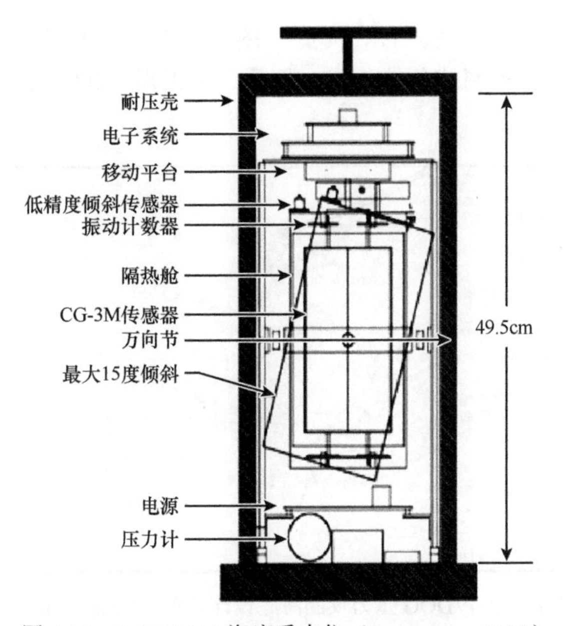

图 4-41　ROV DOG 海底重力仪（Sasagawa，1998）

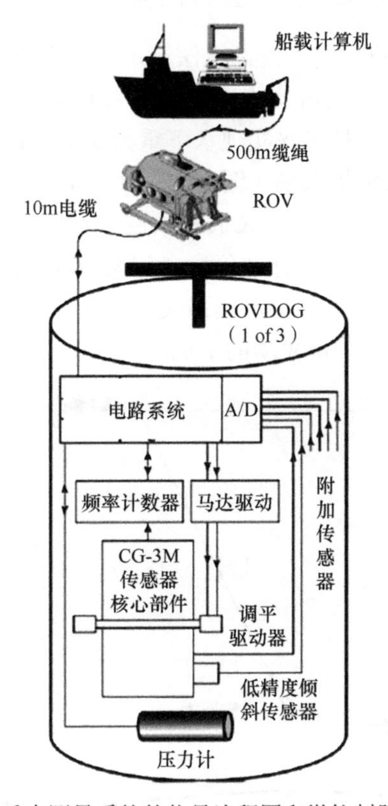

图 4-42　ROVDOG 重力测量系统的信号流程图和微控制器（Sasagawa，1998）

海底基准点用于将仪器精确定位在海底。图 4-43 显示了所用基准。基准用混凝制作，最初为圆柱形。由于担心拖网捕鱼的干扰，随后改为锥形。2000 年调查时，设计成裙板的形状（图 4-43）。

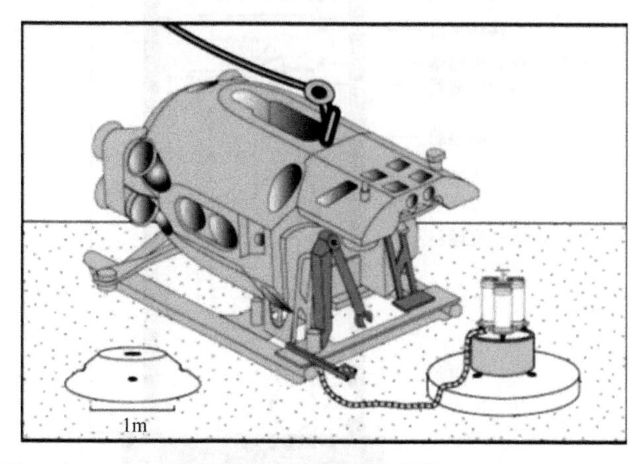

图 4-43　ROVDOG 重力仪的海底设计装置（Sasagawa，1998）

4.3.1.3　基于深拖的近海底动态重力测量

20 世纪 90 年代，船测数据的精度逐渐无法满足人类日益增长的探索海洋的需求，水下重力测量再一次成为研究热点。为解决水下静态重力测量成本高、效率低、覆盖面积小等问题，人们采用了新的海洋装备技术来实现水下重力探测。1997 年，Zumberge 等构建了一个多功能移动平台的深拖重力测量系统（图 4-44、图 4-45）。该系统通过一个拖体将重力传感器固定在近海底。测量仪器由 LaCoste & Romberg 船载重力仪组成。该重力仪经过改装可安装在压力箱内，由两个球形压力箱分别保护电气系统和传感器系统。玻璃浮球和复合泡沫材料为拖体提供浮力，上升把手便于母船吊装，稳定尾帮助拖体保持平衡。拖曳索连接处可以自由旋转，能够有效减小外部晃动的干扰。

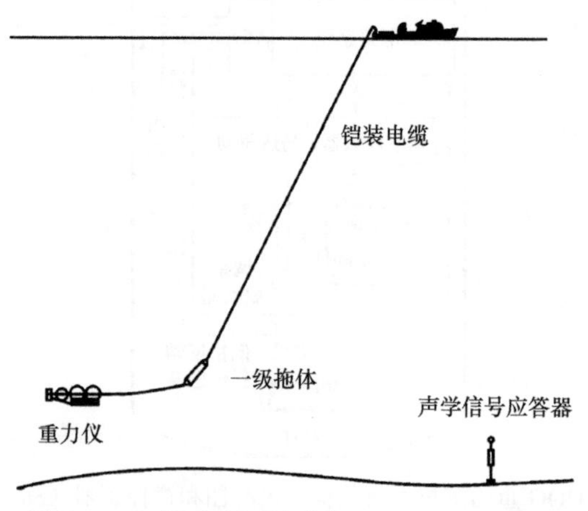

图 4-44　深拖重力测量系统（Zumberge，1997）

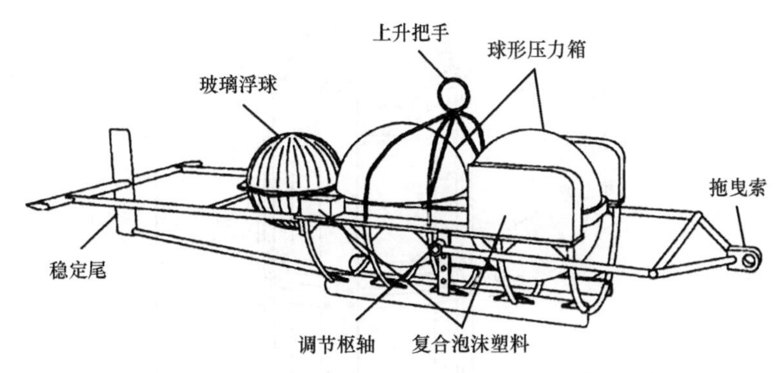

图 4-45 水下重磁测量装置系统（Zumberge，1997）

研究人员用 TOWDOG 水下重力测量系统对圣地亚哥海底峡谷进行了测量。圣地亚哥海峡谷宽约 18km，南北走向，呈 U 形，沉积物厚度超过 1km，峡谷平均水深超过 1050m，沿谷底有一条明显的断层。拖体稳定在海底以上 100～200m，测量深度 935m。为了评估重力观测的可重复性，其中一条 15km 长的测线重复测了 3 次，另一条测线重复了 2 次。

4.3.1.4 基于 AUV/ROV/HOV 的近海底动态重力测量

随着深水潜水器的发展，水下重力测量逐渐采用 ROV 和 AUV 作为测量平台。

1995 年，Cochran 等将 Bell BGM-3 航空重力仪搭载在 Alvin 载人潜水器上，在东太平洋海隆进行了近海底水下动态重力测量试验。重力仪距离海底 3～7m，重复测线间的侧向偏差控制在 20～30m。航速为 1～2kn，单条测线长达 8km。通过设置重力异常固定参考点，测得同一位置不同航次的内符合精度优于 0.3mGal，测线上重力异常的分辨率为 130～160m。他们采用 3 个水声应答器进行水下导航，导航过程中出现的短暂丢帧采用插值法补齐数据（Cochran，1995；潘国伟等，2019）。

斯克里普斯海洋研究所的一个研究小组与工业界合作于 1998～2008 年研发了深海重力仪（图 4-46）。该仪器基于商用 Scintrex CG5 石英弹簧传感器，将传感器封装在一个紧凑的框架里，并将其封装在深海压力箱中。其采用两种不同的搭载系统：一种是使用 ROV 在海底的固定位置进行重复运动观测，以监测与生产相关的储层密度随时间的变化；另一种是将仪器安装在 AUV 中，以便于在深海中进行探索性调查。与海洋表面观测相比，它离震源更近，也更平稳，精度达到 3μGal（$3\times10^{-8}m/s^2$）。

日本东京大学的 Fujimoto 等在 AUV 水下动态重力测量领域做了大量的工作。1996 年，Fujimoto 等开始进行海底重力仪的研发。最初考虑成本因素，他们将控制和记录单元安装在与传感器单元分离的压力容器中，海试后调整为将这个系统封装在同一个压力容器中，并通过一个额外的气缸扩大了传感器单元的空间，且所有单元都安装在单个压力壳体中（图 4-47、图 4-48）。为了研究海底以下岩石的分布，他们采用改型的重力仪对日本沿海地区进行观测，获得的重力数据结果精度达到 0.05mGal。

2000 年，Fujimoto 等将改造的 Scintrcx CG-3M 重力仪安装在 AUV 上进行实验。重力仪被安装在光学陀螺稳定平台上，温控系统将温度保持在 60℃，并为其配备了减震系统。

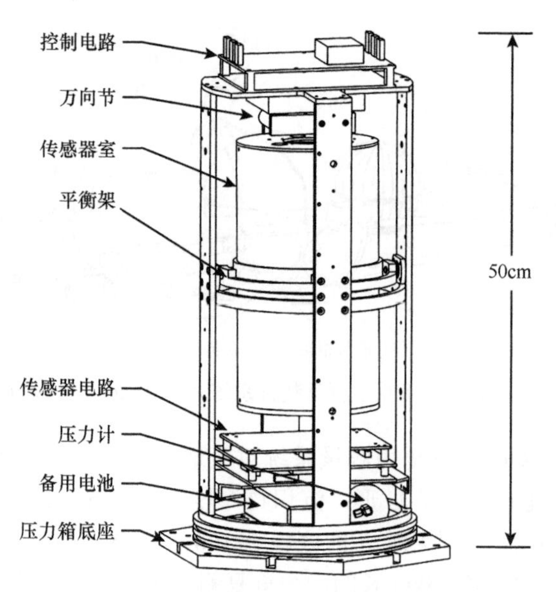

图 4-46　基于 ROV/AUV 的 Scintrex CG5 重力测量仪（Zumberge，2008）

图 4-47　装有吊车的海底重力仪（Fujimoto et al.，2009）

AUV 配备了 INS/DVL 组合导航系统，并用水声定位作为补充，用于进行精确的导航定位和厄特沃斯修正，仪器精度可达 1mGal（Fujimoto，2001；Araya，2011）。在水下重力探测的研究中，他们采用了 L&RS-174 重力仪，量程±20Gal，重力仪垂向精度稳定在 0.0004° 以内，承压舱为直径 50cm 的钛合金球体，最大能够承受 4200m 的水深压力。AUV 给系统供

图 4-48　放置在海底的海底重力仪（Fujimoto et al.，2009）

电，测量船通过声学通信链路实现水下系统的控制与监测（Araya，2011；Fujimoto，2011）。该系统重力异常＞0.1mGal，重力梯度异常＞1mGal/km（图 4-49）。

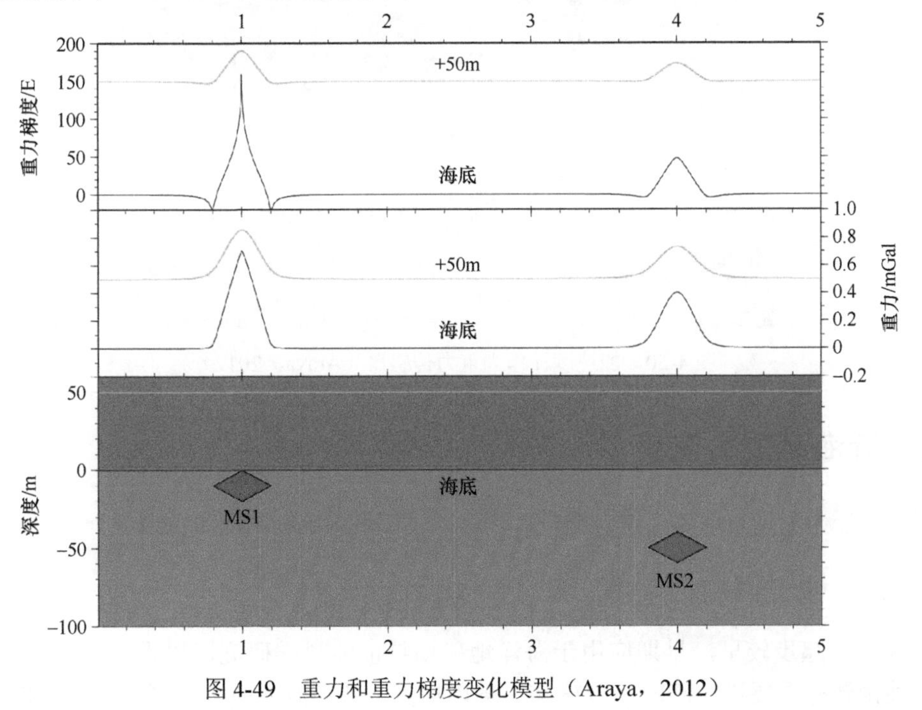

图 4-49　重力和重力梯度变化模型（Araya，2012）

与重力仪相比，重力梯度仪对常见的干扰不敏感，例如平行加速度、热漂移和表观重力效应（Eötvös 效应），但是在使用移动物体进行测量时，对与仪器旋转相关的离心加速度非常敏感，应通过控制仪器的垂直方向将其消除。他们开发了重力梯度仪用来搜索海底以下的矿床。该仪器包括两个垂直分开的静态摆，从加速度计之间的差分信号获得重力梯度。整个仪器设计为保持垂直，以减少旋转所涉及的离心加速度（Araya，2011；Fujimoto，2011）。

该团队 2012 年和 2013 年将研发的水下重力仪及重力梯度仪搭载到 AUV 上进行了测试。新开发的重力梯度传感器包括两个垂直分离的加速度计和静止的参考摆。摆锤的头部用钨合金，并且光学传感器安装在头部的顶部，摆的运动可以被精确检测到。加速度计单元的直径和高度分别为 140mm 和 170mm（图 4-50）（Araya，2012；Shinohara，2013a，2015）。

图 4-50　加速度计作为重力传感器（Araya，2012）

4.3.2　近海底磁力测量

近海底磁力测量与近海底重力测量目标相同，都是为了提高测量分辨率。

4.3.2.1　基于深拖的近海底磁力测量

深拖磁测起步较早，早期应用于海洋地磁场特征的科学研究，以揭示洋壳磁性特征、地磁极性倒转等重要科学问题。1973 年，美国斯克里普斯海洋研究所开发了一套由质子磁力仪组成的磁学深拖系统（Klitgord，1976）。之后，SIO 还发展了一套特殊的深拖重力和磁力测量系统，其深拖磁力系统采用的是三轴磁通门传感器和三轴加速度传感器（Gee et al.，2001）。1989 年和 1990 年，美国伍兹霍尔海洋研究所（WHOI）采用华盛顿大学的磁学深拖进行了近海底磁异常测量，后又开发了自己的由三轴磁通门传感器组成的磁学深拖，并将其搭载在 DSL-120 侧扫声呐的拖鱼上组成磁学深拖系统（Tivey and Johnson，1993；Sager et al.，1998；Tivey et al.，2003）。日本东京海洋研究所开发了质子磁力仪的深拖系统（Deep-Towed Proton Magnetometer，DTPM）和深拖三分量磁力仪（Deep-tow Three-Component Magnetometer，DTCM），由三轴磁通门传感器、姿态测量单元、激光陀螺及三个单轴加速度计组成（Sayanagi et al.，1994，1995）。英国在磁学深拖方面主要利用 TOBI 拖体搭载三轴磁通门传感器进行近底磁异常探测（Hussenoeder et al.，1996；Searle et al.，2010；Mallows and Searle，2012）。

2012 年，为研究南海海盆海底扩张时间和扩展速率，南海重大计划在南海使用磁深拖进行了近海底磁数据测量，得到了磁条带数据，这是中国科学家在深拖磁测方面所做的最早努力（Lin et al.，2013）。拖曳式潜水器携带了超短基线系统（USBL）、温盐深仪、一个高度计和一个来自伍兹霍尔海洋研究所的自给式数字三轴磁阻磁强计（MiniMAG）。为确保安全采集至少一份磁数据副本，真实监测磁系统的工作状态，在深拖曳车辆后方 15m 处还拖着一台质子旋进磁力仪。两种不同系统的磁数据可以相互比较，便于数据处理和解释。

4.3.2.2 基于 HOV 的近海底磁力测量

1990 年 1 月，Alvin 在大西洋 TAG 热液区进行了两次下潜，采集了近海底地磁三分量数据（Tivey et al.，1993）；1993 年 ABE 在 Juan de Fuca（JDF）的 CoAxial 洋中脊段采集近底磁力数据（Tivey et al.，1998）；1996 年 5 月法国 Nautile 在大西洋中脊完成 19 次下潜进行近海底地磁测量（Honsho et al.，2009）；2012 年在西南太平洋利用 Nautile 深潜器和 idef-X AUV 采集了高分辨率的近海底矢量磁力数据，并计算了玄武岩型热液区的绝对磁化强度和围区熔岩流的极性倒转（Szitkar et al.，2015）；2006 年日本利用载人深潜器 Shinkai 6500 在中印度洋洋中脊最南端完成 10 次下潜，采集了近海底地磁矢量数据（Sato et al.，2009；Fujii et al.，2015）；2015 年 Fujii 等利用 Shinkai 6500 对南马里亚纳海槽弧后扩张区的 5 个热液喷口进行了高分辨率矢量磁测量，利用周围水深和潜水器的不同高度估算地壳绝对磁化强度（Fujii et al.，2015）。

1999 年 Schouten 等使用 Alvin 搭载磁力仪采集了 AL2771 和 AL2767 磁剖面数据，并利用潜水器中的贝尔重力仪收集连续重力测量值。Alvin 轨道与多通道地震线 CDP27 和 CDP31 相邻，这两条线记录了东太平洋海隆上 2A 层厚度的普遍增加。

4.3.2.3 基于 AUV/ROV 的近海底磁力测量

近年来，基于水下移动平台的深海近海底磁测逐渐成为海洋磁力测量的重要手段。2007 年法国 Victor ROV 在大西洋中脊 Krasnov 热液区进行近海底（50m 高度）地磁测量（Szitkar et al.，2014）；2008 年 3 月，日本利用东京大学工业科学研究所开发的 r2D4 AUV 在伊豆–小笠原火山弧的Bayonnaise火山喷口完成两次下潜；2011年9月，日本利用JAMSTEC开发的Urashima AUV也完成两次下潜，采集了高质量的近海底地磁三分量数据（Honsho et al.，2013）；2012年10月，德国基尔亥姆霍兹海洋研究中心（GEOMAR）利用Abyss AUV，在第勒尼安海（Tyrrhenian）进行了近底的高分辨率地磁矢量测量，开展了玄武岩型热液区的绝对磁化强度和围区熔岩流的极性倒转研究（Szitkar et al.，2015）；2015~2016年，我国首台自主研发的4500米级自主水下机器人“潜龙二号”完成南海试验和西南印度洋的应用，国内首次在AUV上安装了磁力探测传感器，装备上达到了国际先进水平。

中国大洋40航次“潜龙二号”AUV在龙旂热液区共下潜了5个潜次（图4-51），作业总时间达106.7h，测线总长度达到277.1km。各潜次在采集近海底地磁三分量数据的同时，也获取了精细的地形与热液水体异常等资料，其中热液流体资料主要包括常规的温盐深、氧化还原电位、浊度异常和甲烷异常。AUV022为验证潜次，其与ABE 200潜次数据覆盖同一调查区域，另外4个潜次采集了与该潜次镶接的新覆盖区域资料。

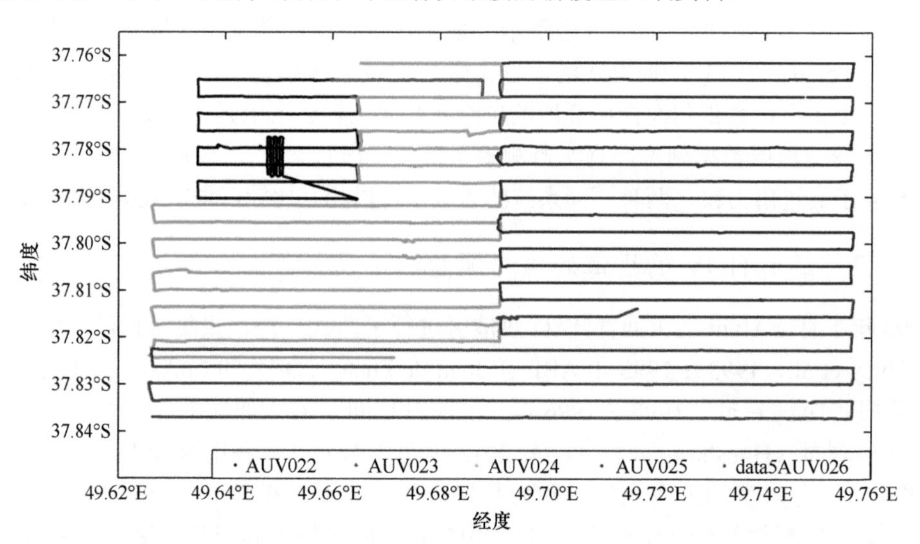

图4-51 “潜龙二号”AUV在龙旂热液区各潜次航迹（吴涛，2017）

各潜次潜器皆保持离底100m，测线间距400m

4.3.3 近海底声学探测

4.3.3.1 近海底多波束测深

多波束测深系统可以分为声反射–散射和声相干两种类型，大部分多波束系统基于反射–散射原理。其利用发射换能器基阵向海底发射宽覆盖扇区的声波，并由接收换能器基阵对海底回波进行窄波束接收。通过对反射信号到达时间和到达角度的估算，在获得声速剖面数据后，就可以由公式得到该点的水深值。

多波束测深声呐的波束形成原理可以分为两种：束控法（在特定角度下，测量反射信号的往返时间）和相干法（在特定时间下，测量反射回波信号的角度）。在多波束测深声呐中主要有两个待测变量，即声学换能器到海底每个点的距离（又称斜距）和换能器到水底各点的角度。所有的多波束测深声呐均利用束控法和相干法中的一种或者两种来测定这些变量。目前，采用束控法的多波束厂家主要有 Reson、Kongsberg、ATLAS、L3、R2Sonic；相干法的厂家主要有 Teledyne Benthos、GeoAcoustics。对于几千米甚至上万米的海底地形测绘，可以使用船载深水多波束测深声呐进行大面积走航式测量，以获得相对精确的海底地形数据。深水多波束测深声呐的频率一般在十几到几万赫兹之间，其典型的波束宽度是 1°×1°，对应的波束脚印大小为水深的 1.75%。例如，当水深为 5000m 时，波束脚印达 87.5m。由此可见，船载深水多波束测深声呐无法获得高精度的海底地形数据。如图 4-52 和图 4-53 所示，采用 EM 2040 0.7°×0.7°，以 120° 开角（左右 60°）在水面测量（离底高度 190m）和水下测量（离底高度 20m）所获得的海底地形差异，可见多波束离底越近覆盖越小，精度越高，如不能近海底测量则许多海底地貌或地质现象将会产生严重失真（Hughes，2018）。随着水下移动运载器，特别是 DTV、HOV、ROV、AUV 等技术的快速发展，它们可以搭载更高频的多波束测深声呐深入大洋底部进行海底地形精细测绘，相应，多波束测深声呐进行了专门的耐压设计，耐压深度可达 6000m，甚至更深，测量精度非常高，在海洋地质、海洋工程应用、海洋科学研究等领域得到广泛的应用。

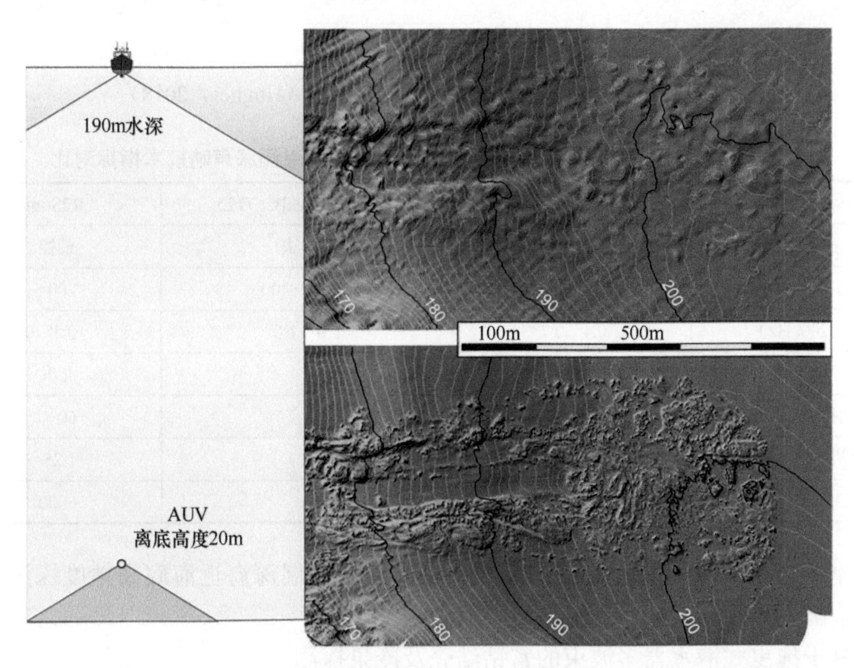

图 4-52　船载多波束和近海底多波束比测结果（Hughes，2018）

目前，适用于大深度水下运载器搭载，在海洋工程及科研领域广泛应用的商业化多波束测深声呐主要有 Kongsberg EM 2040、Reson SeaBat 7125 和 R2Sonic 2024 等，具体技术指标见表 4-6。

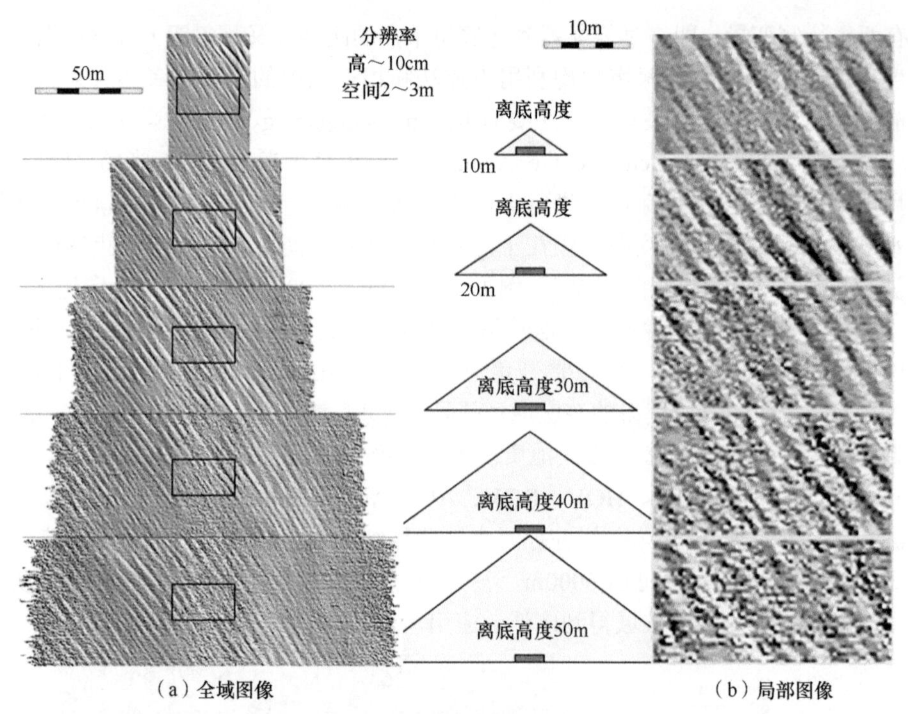

图 4-53　不同离底高度的多波束比测结果（Hughes，2018）

表 4-6　适用于大深度水下移动载体的商业化多波束测深声呐技术指标对比

品牌型号	Kongsberg EM 2040	Reson SeaBat 7125	R2Sonic 2024
基本原理	束控法	束控法	束控法
频率范围/kHz	200～400	200～400	200～400
波束角（200kHz）	0.4°×0.7°	2.0°×1.0°	0.5°×0.5°
测量水深/m	600	500	400
最大发射频率/Hz	50	50	60
测深分辨率/cm	1	0.6	1.25
工作水深/m	6000	6000	6000

目前基于水下运载器和商业化的多波束测深技术开展深海近海底高精度探测的科学与工程应用情况十分常见，下面介绍几个应用案例。

（1）基于拖曳式潜水器多波束的富钴结壳及冷泉探测

在“九五”期间，我国对采薇海山进行了初步调查。采薇海山为大型平顶海山，上中部山坡陡峭，中下部山坡变缓。依据海山形态及其坡度变化特点，大体上可以划分为台地、陡坡带和缓坡带三种地貌单元。台地位于海山顶部，地势平坦宽阔，主要由碳酸盐沉积物组成。陡坡带位于台地以外，山坡的上中部，呈环带状，主要由基岩、坡积物等组成。缓坡带位于山坡中下部，呈环带状，主要由残积物和部分坡积物组成。在第 29 航次富钴结壳调查任务规划中，声学深拖计划完成采薇海山 2 条测线总长度近 50km 的海山斜坡探测。海山测线布置如图 4-54 所示。DAT-600 实际完成测线 2 条，作业时间共计 25.2h，实际完成测线长度 54.6km，达到预期，此期间母船航行距离共计 89.6km。图 4-55 为声学深拖系统与船载多波束的测深结果局部对比图，可以看出，声学深拖系统能够获得更精细的地形信息（曹金亮等，2016）。

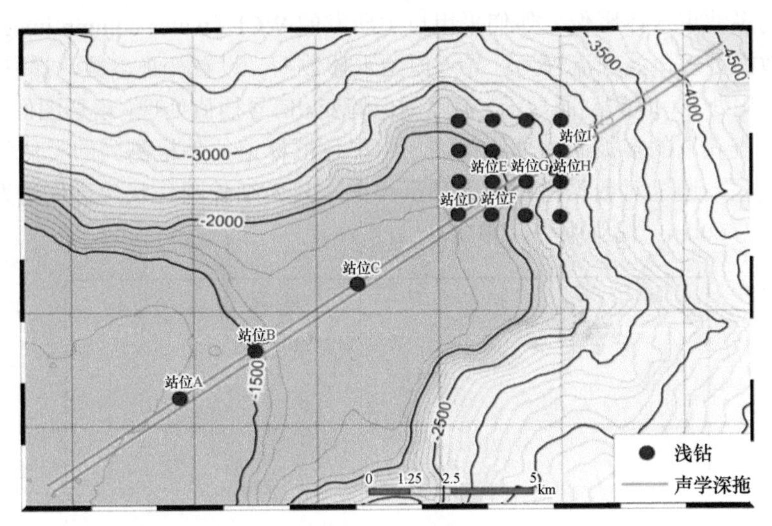

图 4-54　富钴结壳调查的规划测线（刘晓东等，2015；曹金亮等，2016）

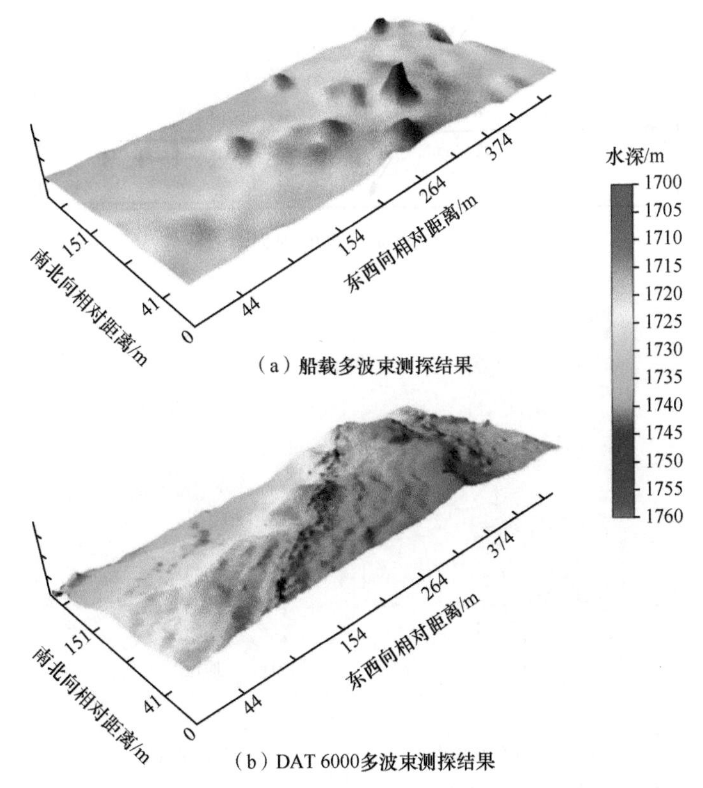

图 4-55　声学深拖系统与船载多波束的测深对比（刘晓东等，2015；曹金亮等，2016）

2016 年广州海洋地质调查局在南海某海域对 Teledyne Benthos TTV-301 声学深拖系统进行海试，海试测线如图 4-56 所示。在冷泉区开展深拖试验性的作业，获取了冷泉区近海底的侧扫声呐、浅地层剖面实测数据、多波束水体数据。多波束系统在采集水深数据的同时，可以记录换能器至海底之间的水体信号，形成一个类似扇形的回波信号，将回波信号转换为影像，即为多波束水体影像。他们采用自主研发的 WCI（water column image）处理软件多波束水体数据处理，处理流程为：导入原始水体数据，设置变换参数，提取扫面线数据，扇形信号矩阵化处理，时间剖面显示，消除图像畸变，信号插值处理，扇形图像生成。图 4-57 展示了此次调查获取的多波束水体影像，其中黑色框标记的为检测到的天然气水合物羽状流所形成的气柱，通过对数据进行深入分析得出，其为细长圆柱状，直径约为 26m，底部与顶部高差约为 600m（冯强强等，2018）。

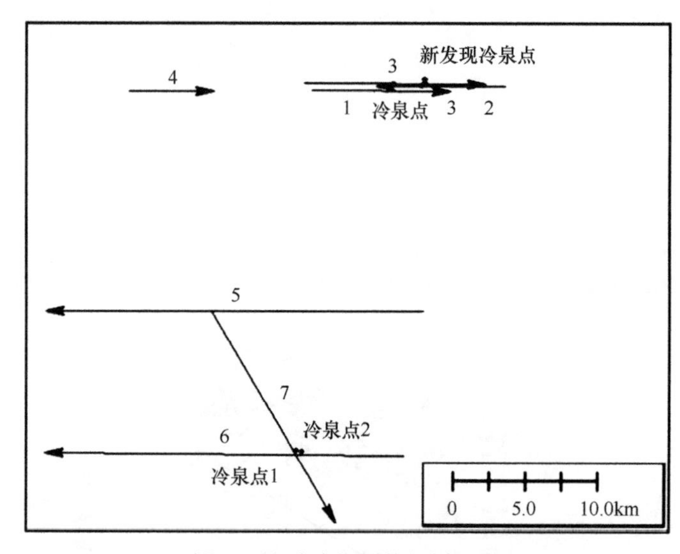

图 4-56　冷泉探测的规划测线

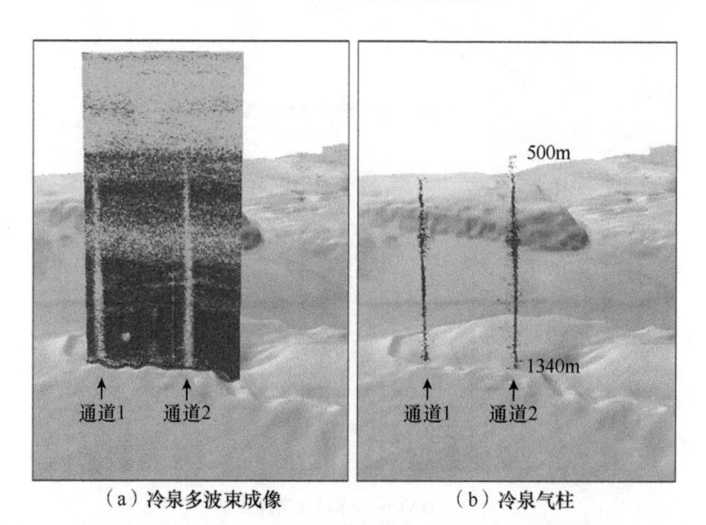

（a）冷泉多波束成像　　（b）冷泉气柱

图 4-57　多波束水体冷泉影像（Weber et al.，2012；冯强强等，2018）

（2）基于无缆自治式潜水器多波束的锰结核分布调查

AUV 是大面积高精度探测近底微地形地貌式最有效工具。德国亥姆霍兹基尔海洋研究中心的研究人员在 2015 年 SO242 航段利用基于无缆自治潜水器的多波束测深系统对太平洋 79 板块上秘鲁盆地的瓜亚基尔迪斯可勒地区开展了锰结核分布调查，调查区域如图 4-58 所示。

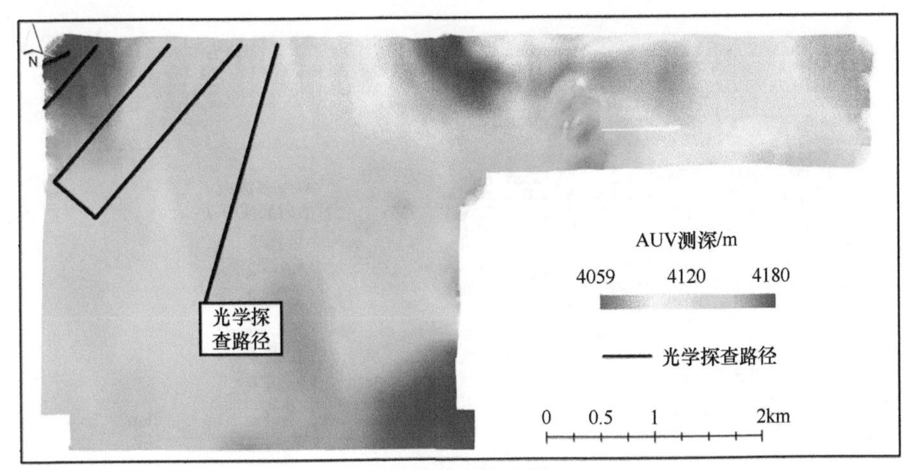

（a）多波束测深图像

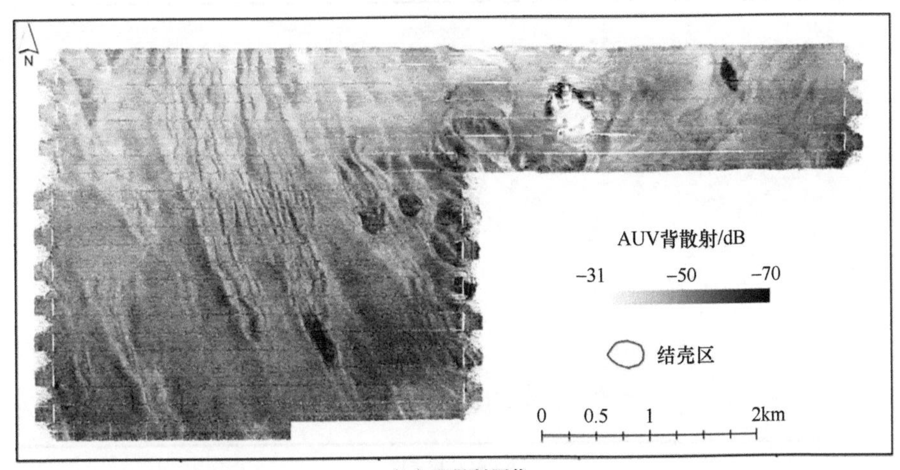

（b）背散射图像

图 4-58　深海结壳区的 AUV 测深和背散射图像（Alevizos et al.，2018）

航次调查采用的是 GEOMAR 的 Abyss AUV，安装的多波束是 Reson Seabat 7125 MBES，工作频率 200kHz，波束 256，开角 1°×2°。多波束数据处理采用 PDS2000 软件，逆散射数据提取为 s7k 格式，水深数据提取为 GSF 格式。在导出之前，对 MBES 水深数据进行噪点剔除，并联合使用不同 AUV 潜次任务的水深数据，对单一网格水深和后向散射点进行插值，采用 3～5 倍标准差 10m×10m 矩形窗口作为平滑因子的高斯滤波器来平滑水深，平滑后的网格与原始数据的垂直差异小于 1m，表明滤波并没有造成明显的地形地貌细节损伤。

AUV 多波束测深结果显示，该区的海底地貌复杂，海底山区地形粗糙，沉积深海平原地形起伏小，覆盖有锰结核。多波束的后向散射数据提供了有关海底类型的有关信息，特别是关于锰结核对声信号响应的影响，实现了 AUV 的海底多波束背散射图像的自动结核检测，确定了锰结核的丰度。利用原始数据和校正后的后向散射数据进行聚类与贝叶斯统计分析，得到 6 个声学底质分类，获得该区锰结核精细尺度分布特征（图 4-59）（Alevizos et al.，2018）。

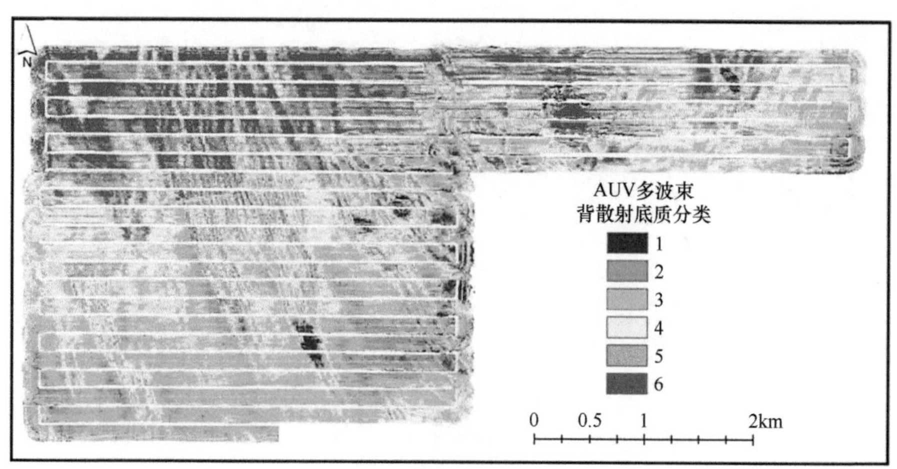

（a）多波束底质分类图

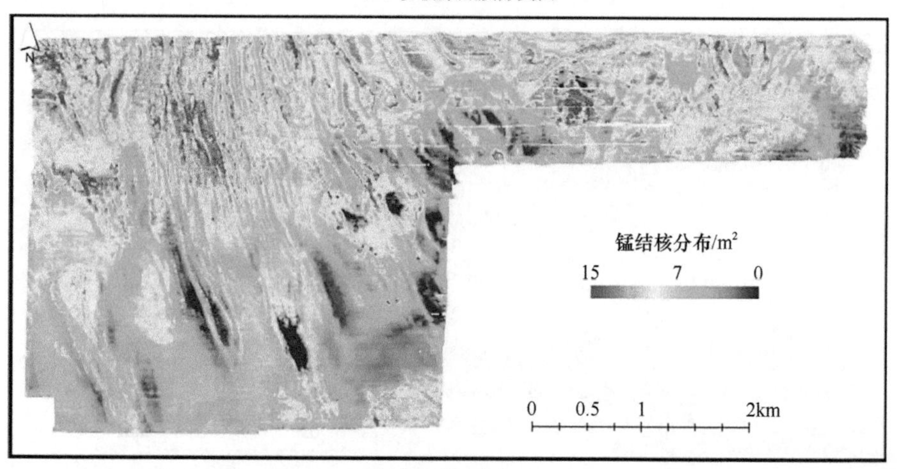

（b）锰结核丰度

图 4-59　锰结核的分布（Alevizos et al.，2018）

德国亥姆霍兹基尔海洋研究中心的研究人员在 2018 年利用无缆自治式潜水器对比利时锰结核开采许可区域进行了高分辨率多波束测深和光学图像调查（图 4-60）。基于测深梯度计算和坡度估计，高分辨率的 AUV 多波束测深数据揭示了海底微地形的变化，包括坡度、曲率和背散射强度。AUV 的光学图像提供了锰结核数量、直径等定量信息。将声光信息结合，创建随机森林（random sampling，RF）机器学习模型，获得了锰结核的分布和丰度信息。结果表明，铁锰结核分布与地形特征呈非线性关系，精细地形对铁锰结核丰度预测具有重要意义（图 4-61）（Gazis et al.，2018）。

(a)

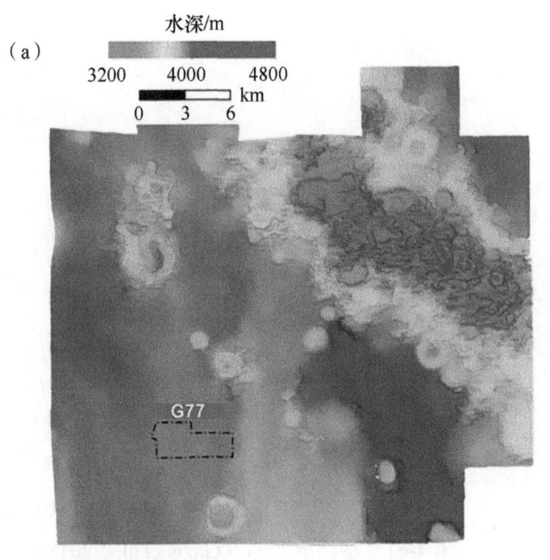

(b)

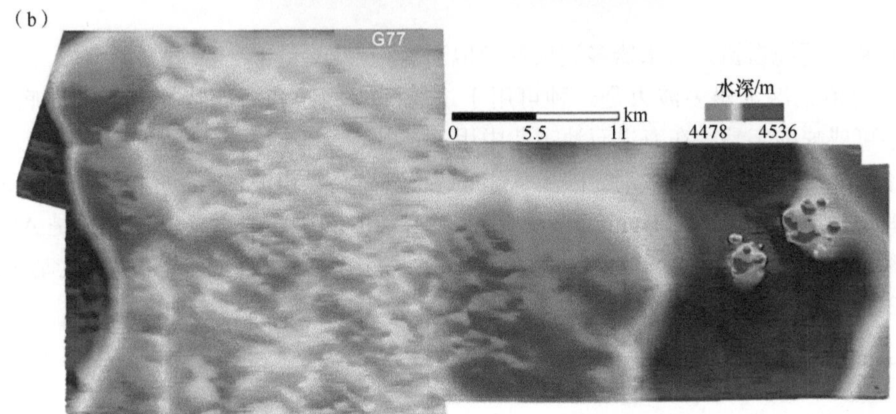

图 4-60　调查区地理位置及地形（Gazis et al.，2018）

（a）船载多波束地形图；（b）AUV 近底多波束水深测量

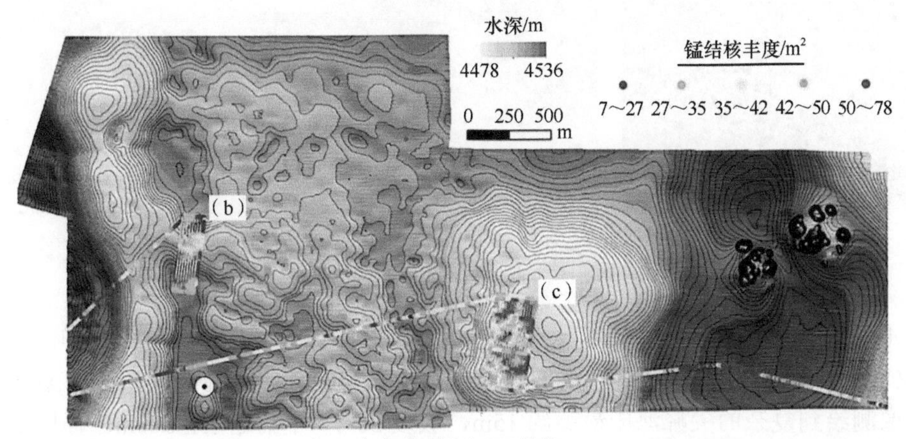

（a）地形图及AUV航迹

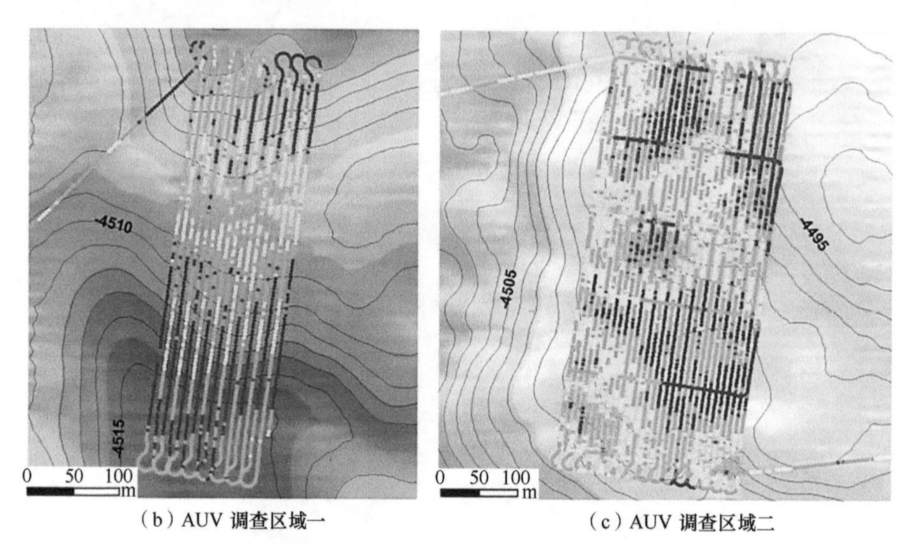

（b）AUV 调查区域一　　（c）AUV 调查区域二

图 4-61　锰结核分布（Gazis et al.，2018）

（3）基于无缆自治式潜水器多波束的微地形探测

无缆自治式潜水器多波束是一种可用于进行深水测绘和海底特征调查（海底至 150m 深）的不可或缺的工具，在海洋石油工业中用于各种环境、地质灾害和工程勘探等。

日本 Urashima AUV 通过多波束回声测深系统发出高频声波，也可提供高分辨率的数据，以获得海底的微地形图像（Kumafai and Tsukioka，2010）。它的主要工作方式是 AUV 保持高度或深度，在海床附近以 400kHz 或 200kHz 的高频率传输声波，从而产生比基于海面船只用 MBES 调查获得的数据分辨率更高的地形图（图 4-62）。

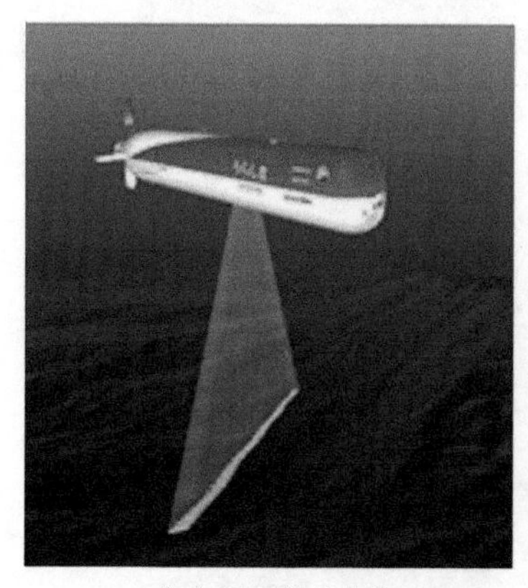

（a）AUV 作业方式

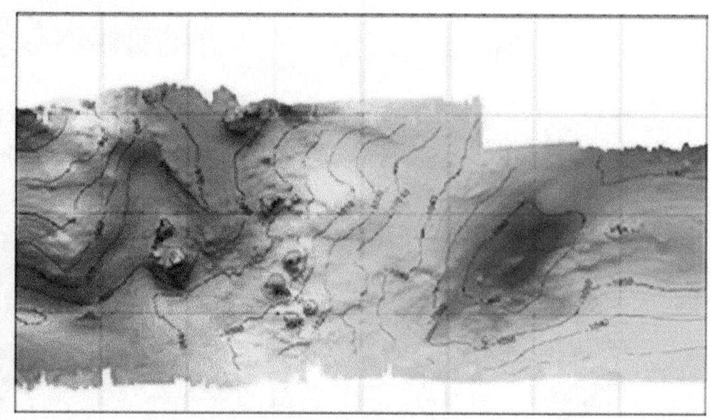

（b）海底微地形图

图 4-62　Urashima AUV 海底微地形探测

图 4-63 中向下的光束用于确定水下航行器的高度、避碰和定位，向上延伸的虚线描述了 AUV 操作数据传输到母船，有限数据传输到 QC MBES。如图 4-64 所示，AUV MBES 海底图像测绘到复杂的尖峰海床最高约 15m，坡度 30°，网格线间距 500m。插图显示沿着黄线的海底剖面，所有的数值都以米为单位。

图 4-63　Hugin AUV MBES 测量示意

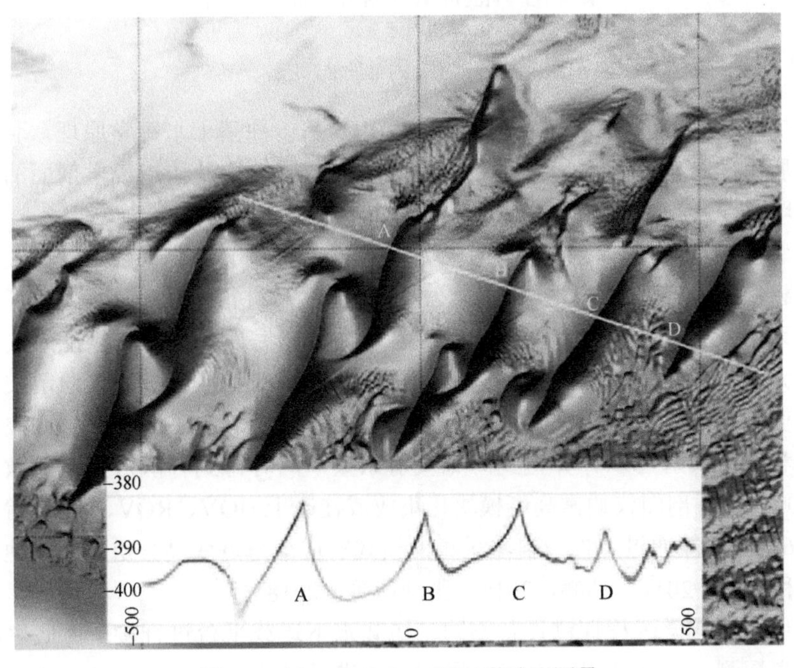

图 4-64　Hugin AUV MBES 微地形测量

图 4-65 显示了由重力流引起的沟槽和冲刷痕迹。凹槽宽 30～40m，深达 2m。沟槽叠加在宽阔起伏的沙波上；横向到沟槽的狭窄线纹是断层痕迹。图像宽度约 4.7km，水深约 2790m。右上插图展示的是冲刷沟槽上方海底堆积的碎屑岩块，堆积体垂直起伏最大处高差 4～8m。插图范围宽度为 2km，水深 2570m，两个区域的海底平均坡度约 0.5°。

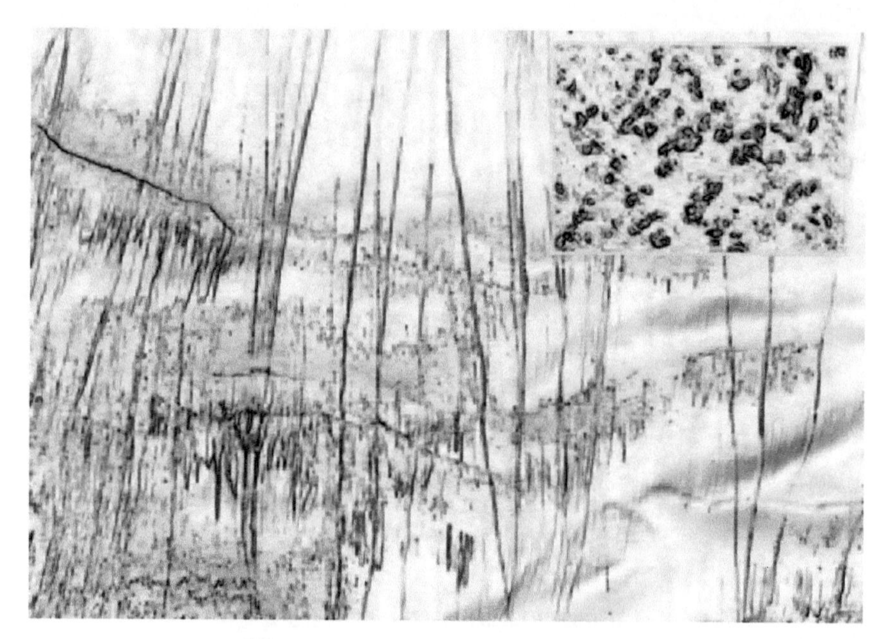

图 4-65　Hugin AUV MBES 微地形测量

4.3.3.2　搭乘深拖或潜器的浅地层剖面探测

海底浅层结构探测（sub-bottom profile，SBP）是一种基于水声学原理，利用声波在海底及以下介质中的透射和反射信息，获取海底浅部地层结构及构造声学剖面的连续走航式海洋地球物理调查方法。

根据安装和工作方式，浅地层剖面仪分为船载式和水下运载平台式，但大多数应用中使用的是船载浅地层剖面仪（图 4-66）。浅地层剖面仪是进行声学远程探测的常用设备，但声学遥测多采用低频发射信号，低频信号能够有效穿透海底沉积物，保证海底沉积物的探测深度，但无法精确测量表层沉积物的细分结构。低频的浅地层剖面仪通常安装于船底或使用拖鱼作业于近水面，对声反射信号的接收包括海底反射的一次波和二次波。使用海底的一次反射和二次反射可以计算得到海底反射系数，同时得到各散射角下的散射强度。水下运载平台式浅地层剖面仪通常高度模块化集成或挂载于 HOV、ROV、AUV 等水下移动平台上（图 4-67），其能通过遥控或自主采集的模式实现深海近底高分辨率的浅地层剖面结构探测（李平和杜军，2011；孙鹏，2015；张同伟等，2018）。

与水面作业的声学远程探测设备不同，搭载水下运载平台进行接近海底表面的声学探测为近底声学探测，通常使用高频浅地层剖面仪进行搭载。Mindell 和 Bingham（2001）基于载人潜水器 150kHz 的高频浅地层剖面仪进行了沉船遗址探测，通过海底表层的声学高分辨探测以及测线规划，得到了精确的海底三维地形图，得益于高频声学遥测，既提高了遗址考察的效率又避免了对遗址的破坏。对近海底探测的优势在于：首先，探测信号在水中的传播和吸收损失少；其次，搭载潜水器运动稳定，不受水表面波浪干扰，可以获得更精确的测量结果，有利于获得海底浅表的高分辨率地层图像（图 4-68）。

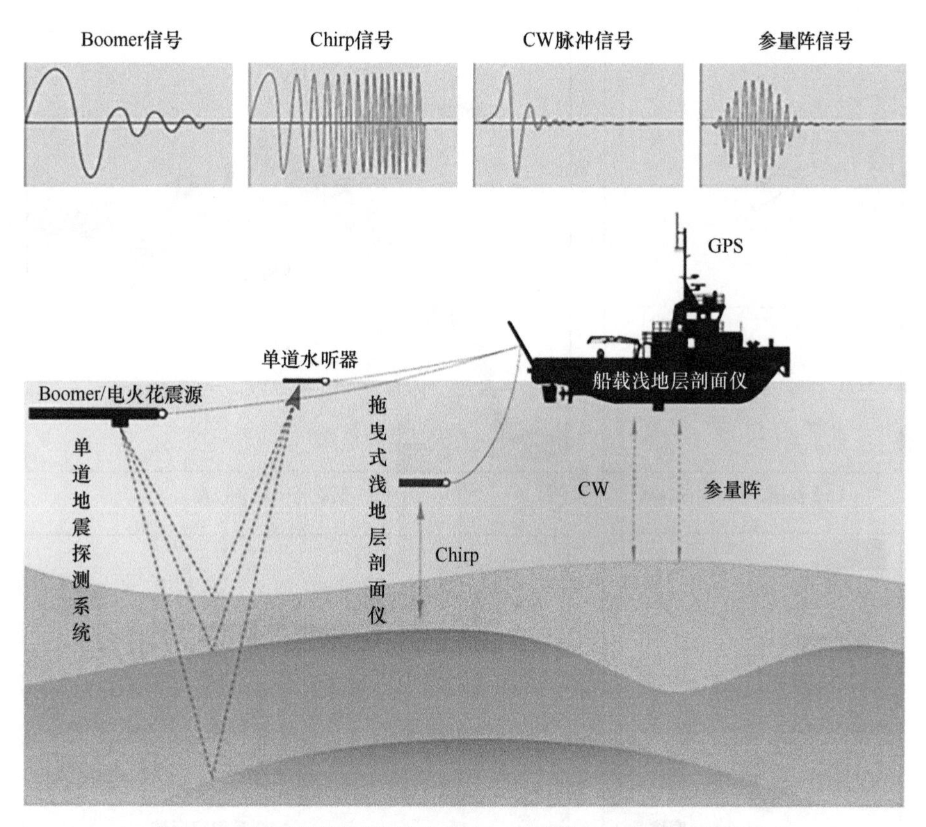

图 4-66　浅地层剖面仪作业方式、信号特征和探测深度示意

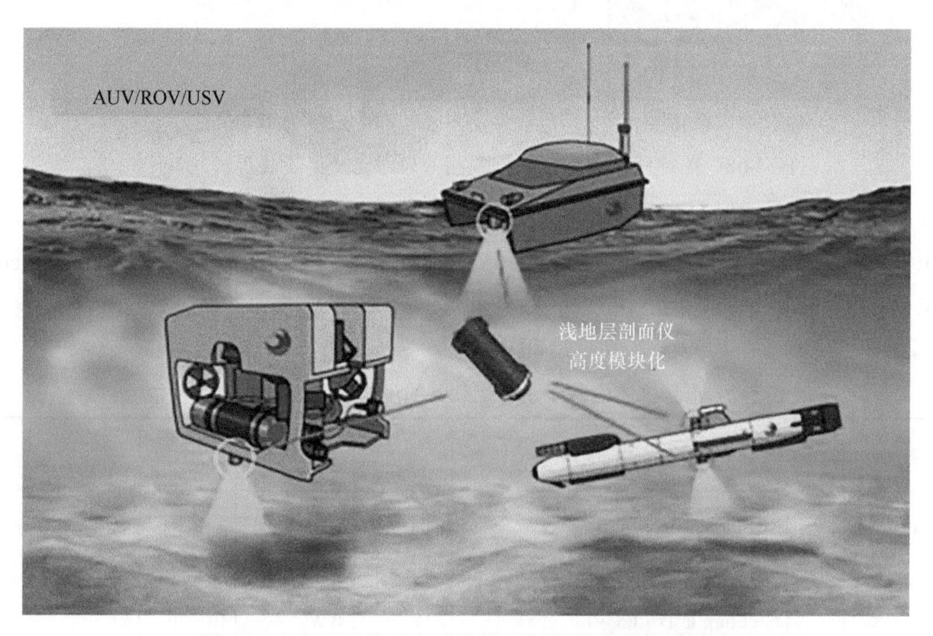

图 4-67　水下运载平台式浅地层剖面仪作业方式示意

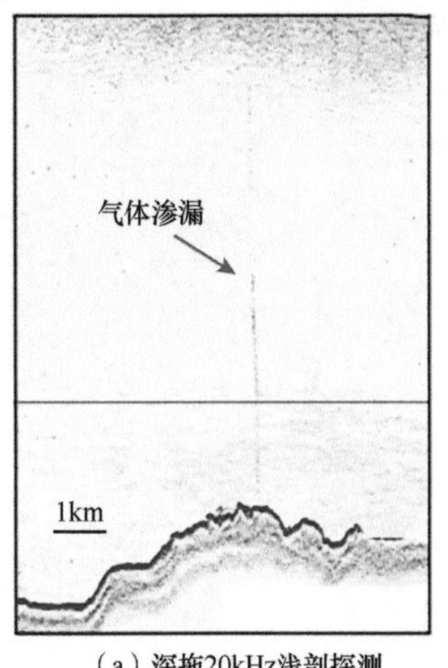

（a）深拖20kHz浅剖探测

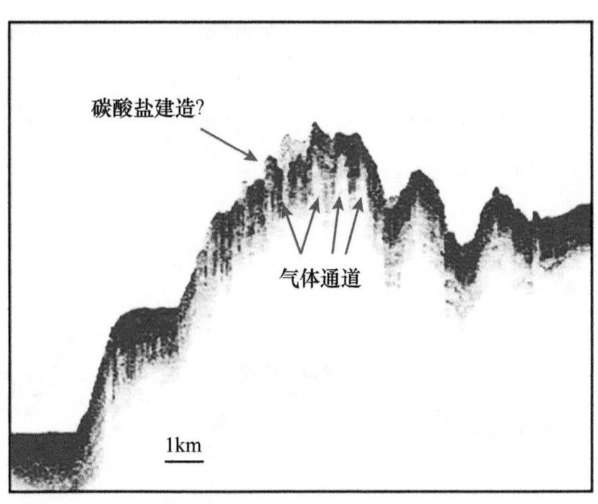

（b）船载4kHz浅剖探测

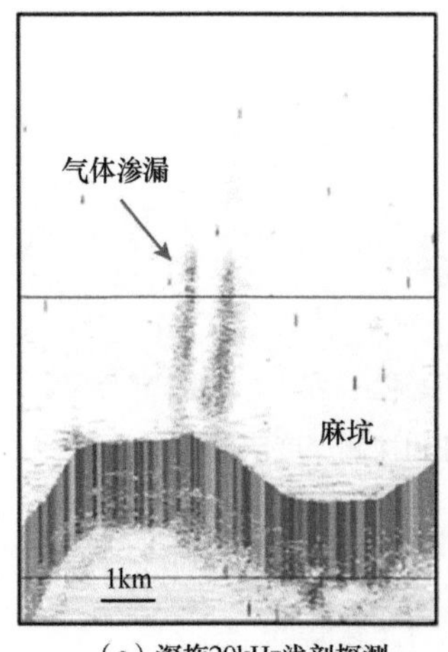

（c）深拖20kHz浅剖探测

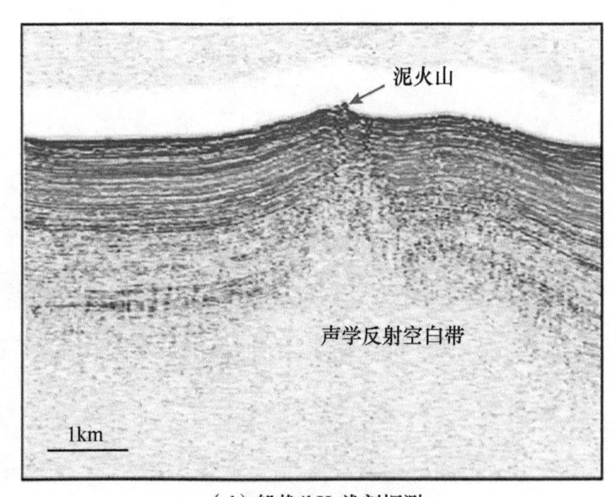

（d）船载4kHz浅剖探测

图 4-68　船载浅剖和深拖浅剖探测效果对比（单晨晨等，2020b）

目前市场主流的基于水下运载器的浅剖装备主要有德国 General Acoustic 公司生产的 SUBPRO2545、Innomar 公司生产的 SES-966、SES-2000 声参量阵系列；英国 GeoAcoustics 公司生产的 GeoChirp 系列等，具体参数详见表 4-7（罗进华等，2008；丁维凤等，2008，2009，2012；刘宏等，2009；王方旗，2010）。

表 4-7　市场主流的基于水下运载器的浅剖装备及主要技术参数

公司名称	国家	产品名称	频率/kHz	发射频率	脉冲长度/ms	最大发射功率或能量	分辨率/cm	最大穿透度深度/m	测试地层
General Acoustic	德国	SUBPRO2545	25～45	25kHz/9° 45kHz/6°	0.08～1	60W	0.1	8	河道泥沙
GeoAcoustics	英国	GeoChirp Ⅱ	2～7	8	32	5kW/10kW	6	100	多种地层
		GeoChirp Ⅲ-D	1.5～13	8	32	4kW	10～20	50	多种地层
Innomar	德国	SES-966	46/8/10/12	50	0.08～0.5	18kW	5	50	黏土
		SES-2000	2～7	30	0.25～3.7	80kW	15	150	黏土

目前基于水下运载器的浅层剖面在深海近海底高精度探测领域得到广泛应用，如基于DTV、AUV、HOV 浅地层剖面仪对富钴结壳区、浅部断层、泥火山、峡谷沉积地层等目标探测。

（1）基于 DTV 浅地层剖面的富钴结壳区探测

富钴结壳资源主要集中分布于海山、海脊及海台的斜坡和顶。在“九五”期间，我国科学家基于 DTA-600 声学深拖设备对采薇海山的富钴结壳资源进行了初步调查，实际完成测线近 50km 的海山探测。图 4-69 为典型的基于 DTV 的浅地层剖面图。其主要特点如下：①沿测线方向浅层沉积层厚度不一，沉积层厚的地方超过 60m，也有些区域无明显分层，反射信号清晰，强度大，说明那里沉积覆盖不发育，海底直接出露基岩或结壳。②从浅剖数据采集现场看，平顶海山区域有较厚沉积物覆盖，分布相对均匀。其余区域沉积物分布不均匀，变化比较大。通过浅钻取样数据对 DTA-6000 声学深拖浅剖剖面进行综合分析，

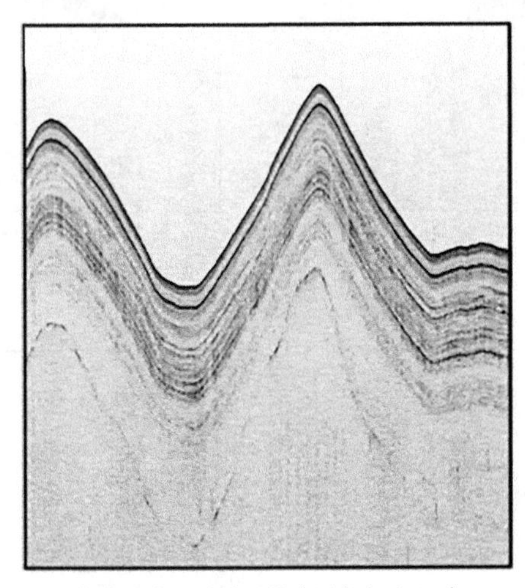

（a）沉积层连续区域（厚度大于60m）

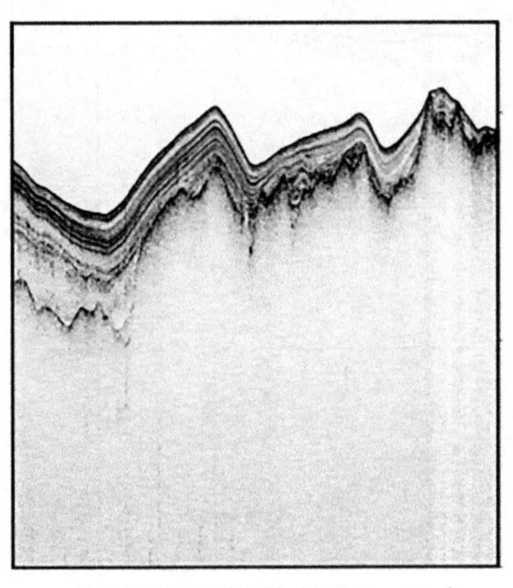

（b）沉积物连续区域（厚度10～30m）

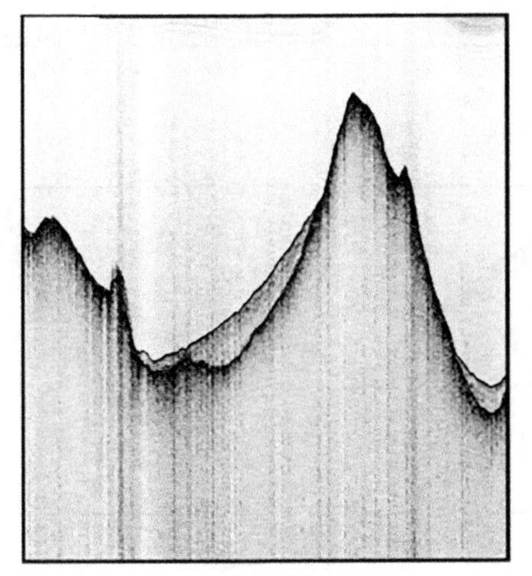

（c）沉积物不连续区域

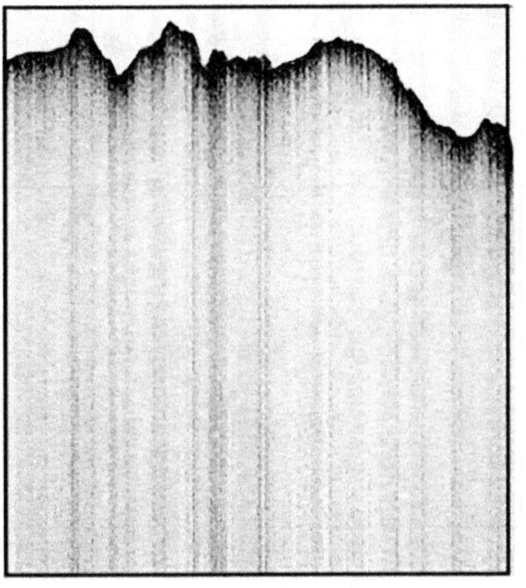

（d）无明显沉积物区域

图 4-69　典型的浅地层剖面图

图 4-70 为侧扫结果和浅剖结果，其时间轴中间位置对应拖体离站位最近的时刻。根据浅剖结果和浅钻取样结壳厚度分析，图 4-70（a）附近为连续的沉积物区域，沉积物厚度较大，接近 20m，浅钻取样结果中结壳厚度为 0，符合沉积物发育的地方不发育结壳的规律。图 4-70（b）附近沉积物基本未发育，利于结壳生长，与浅剖结果吻合，结壳厚度为 13cm，表明结壳发育较好。③站位 C 左舷对应大片的沉积物，右舷对应区域则无沉积物覆盖，拖体正下方为二者的结合区域。拖体正下方区域有断续的沉积层，但沉积层厚度较小。站位位于拖体左舷，浅钻取样位置为沉积物发育区域，结壳厚度为 0。可见，侧扫、浅剖与浅钻三者探测结果相互吻合。图 4-70（a）结果与（b）类似。（e）附近为沉积物与结壳的混合区

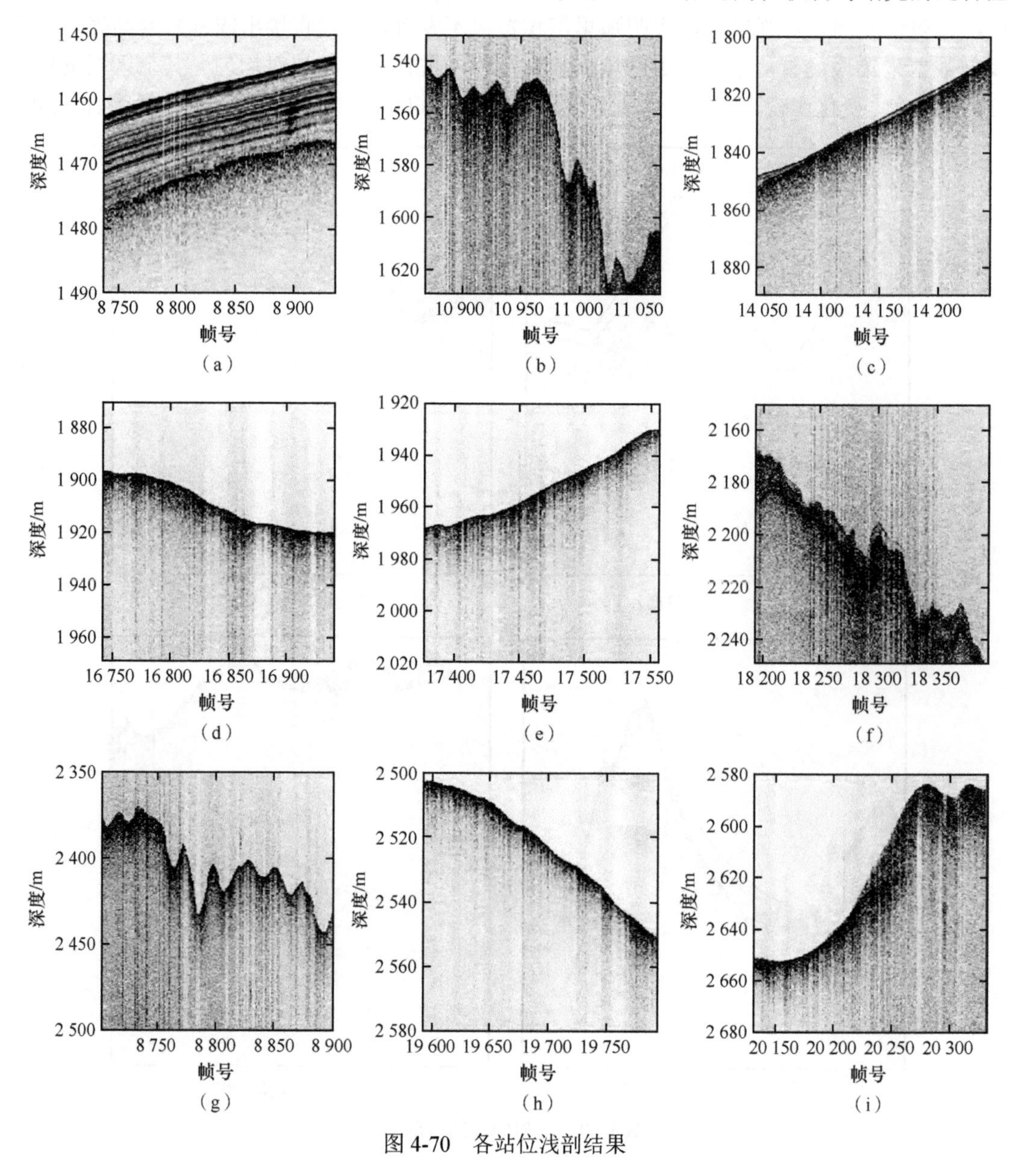

图 4-70　各站位浅剖结果

域，浅剖和浅钻探测位置对应结壳发育区。(f) 沉积物不发育，浅钻取样结果显示结壳厚度不大，为 2cm，推测为基岩裸露区，表面有结皮。(g) 附近沉积物发育不好，只有右舷有很小区域有沉积物。未发现沉积物和结壳，推断浅钻取样位置正好位于右舷小块沉积物区。(h) 和 (i) 左舷有大片沉积物区域，而正下方和右舷沉积物基本未发育。由于 (h) 位于右舷，浅钻取样结壳为 9cm，而 (i) 取样位于左舷沉积物区域，未发现有结核结壳发育。综上分析，结壳较厚的 (b)(d)(e)(f)(h) 均位于结壳区或结壳与沉积物等的共生区，这些站位位于海脊或斜坡处，符合结壳的分布规律。在沉积物发育良好的区域，结壳不发育，在无沉积物区域，结壳发育较好。

研究表明，结壳分布受到地形的强烈影响，在不同地形处有着不同的分布规律，声学深拖系统可以同时获得海底高分辨率地形图、地貌图。为了确定结壳高产位置，可以综合利用地形地貌图和浅地层剖面图来确定取样站，之后可以部署拖网、岩芯取样机等设备查明结壳、岩石和沉积物的类别与分布情况。同时，声学深拖系统由母船供电，可以满足大范围、长时间、长测线的探测需求。声学深拖应用将圈定结壳资源的分布特征和合同区范围提供有力支撑。

（2）基于 AUV 的浅部断层、泥火山等目标探测

在地中海地区，Dupré 等（2008）使用 IFREMER AsterX AUV 以 1～2m 的水平分辨率对埃及近海东尼罗河扇上的两座活火山进行了勘测。高分辨率 AUV 制图数据揭示了许多船上 MBES 数据无法解决的特征，并为研究位于水深 1120m 和 990m 的泥火山 Amon 和 Isis 的形成与演化提供了新的见解（Foucher et al.，2009）。流体逸出集中在泥火山的中心，导致了高密度的渗漏、泥角砾岩块出露、泥火山表面变形和泥火山边缘小滑坡。Moss 等（2012）使用了油气工业 6570 公里测线的 AUV 数据集，包括 Chirp SBP 和 MBES 测深和后向散射，绘制了尼罗河扇形罗塞塔海峡约 $1000km^2$ 区域内的 25 300 个坑洞。大多数麻点分布在 400～800m 的水深，高分辨率的测绘数据可以应用有关麻点分布和密度的空间统计数据。最大的凹坑密度为 600 个/km^2，AUV 数据允许开发凹坑分布的新概念模型（称为“凹坑排水单元”）。Romer 等（2012）在黑海 890m 水下使用 MARUM Seal 5000 AUV 获得了渗水区域流体泄漏特征的高分辨率多波束地图。Roberts 等（2010）使用碳氢化合物工业三维地震、ROV 和 AUV 数据（MBES 和 SBP）在墨西哥湾 1050～2340m 水深对 4 个海底流体渗透裂隙进行了调查。Macelloni 等（2012）将三维地震数据与高分辨率的 AUV 2D Chirp SBP 数据集相结合，研究了墨西哥湾北部伍尔西丘（Woolsey Mound）海底浅层盐体、天然气水合物稳定带、游离气等流体活动通道的空间展布特征。该剖面数据是由 Hugin 3000 水下机器人利用 CHirp 技术在 900m 水深下获得的。AUV 浅剖数据揭示了更为清晰的流体运移通道和断层结构。如图 4-71 展示的断层构造，其在三维地震数据体的切面上显示终止于海底 TWT 1.32s 的地层，但 AUV 浅地层剖面图像展示该断层已经延展至海底。该断层在多波束测深图像上表现为麻坑地貌。这为后期的海底流体渗漏监测站位设计提供了参照物。

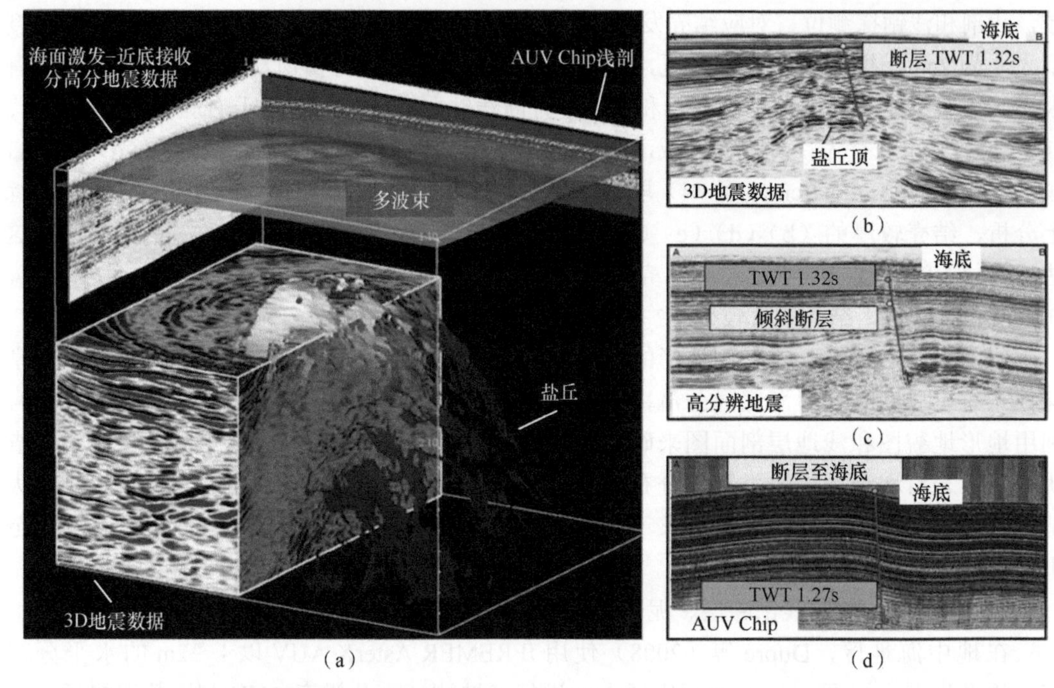

图 4-71　三维地震数据、高分辨率多道及 AUV 浅地层剖面对比（Macelloni et al.，2012）

（a）墨西哥湾北部盐丘断层三维数据体；（b）三维地震数据体；（c）水面发射震源、海底接收信号高分辨率探测；（d）AUV Chirp 浅地层探测剖面。图像显示三维地震数据体终止在 1.32s，船载的 Chirp 数据则断层续 1.27s，然而根据 AUV 浅地层剖面数据，该断层实际上到达海底

（3）基于 HOV HF-SSBP 对峡谷区沉积地层探测

2019 年 6 月，中国科学院深海科学与工程研究所研发的高频浅地层剖面仪 HF-SSBP 7000 搭载“深海勇士”号载人潜水器在 TS12 航次中，对南海大陆坡峡谷中段海底沉积物进行了近底探测，这是第一次高频浅地层剖面仪搭载载人潜水器进行的近底探测（曲治国等，2020；Cao et al.，2020）。载人潜水器保持近底约 2m 走航，对海底表层约 2m 内的沉积物进行了高分辨声学测量（图 4-72）。高频浅地层剖面仪 HF-SSBP 7000 的配置参数见表 4-8。

该次调查使用脉冲压缩算法，对 HF-SSBP 7000 的原始数据进行脉冲压缩，其中 ping1000～1500 的浅地层剖面如图 4-73 和图 4-74 所示。载人潜水器水深传感器数据显示，此时水深 1578m，高频浅地层剖面仪 HF-SSBP 7000 距离海底约 2m，与载人潜水器水深传感器安装位置相差 0.1m，因此，此时海底深度约为 1580m。从图中可以看出，ping1000～1100 没有出现明显的多层结构，从 ping1100 开始，图像逐渐出现 5 层分层的慕斯地层。在沉积物约 2m 的厚度内，出现 5 分层并且分层界面清晰，表明分层界面处沉积物阻抗变化显著，由于沉积物中多分层的总厚度约 2m，说明这一区域经历了多次沉积过程，汇聚了多次输运而来的沉积物（曲治国等，2020；Cao et al.，2020）。

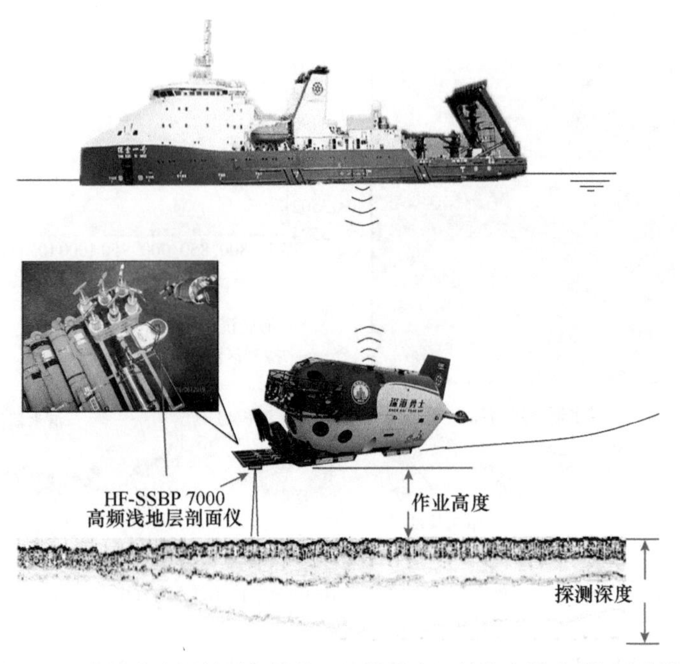

图 4-72　高频浅地层剖面仪搭载“深海勇士”号载人潜水器近底探测

表 4-8　高频浅地层剖面仪 HF-SSBP 7000 配置参数

参数	数值
发射信号	线性调频信号
3 dB 波数宽度/(°)	5.8
垂向分辨率/cm	2.5
线性调频信号带宽/kHz	30
线性调频信号中心频率/kHz	110
帧频率/Hz	0.5
作业高度/m	2～5
探测深度/m	2～5
潜水器航速/（m/s）	0.1～0.4

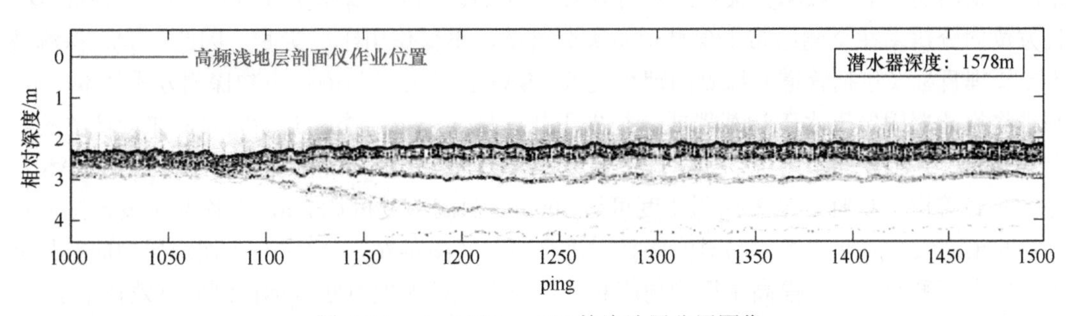

图 4-73　ping1000～1500 的浅地层分层图像

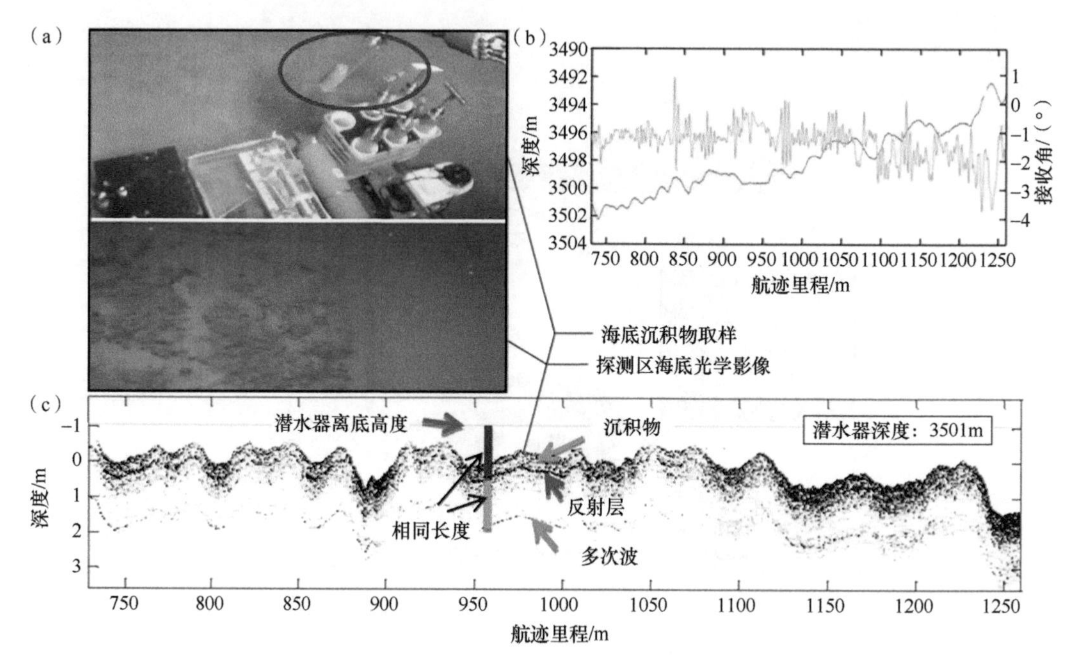

图 4-74 “深海勇士”号搭载 HF-SSBP 近海底探测（曲治国等，2020；Cao et al.，2020）

（a）海底影像；（b）潜水器航迹和深度、浅剖接收角度关系；（c）HF-SSBP 探测剖面

4.3.3.3 侧扫声呐

侧扫声呐又称旁扫声呐、旁视声呐，是水下调查的常规装备。它是利用海底地物对入射声波反向散射原理来探测海底形态，并根据声波发射和返回时间的长短，用不同的灰度加以显示，形成海底探测带的声学图谱图像，可清楚地看到海底的特征和位于海底面的目标物。侧扫声呐数据利用几何关系，运用相似三角形原理，可计算出目标物的高度，探测海底目标物（包括海底管道）的位置、状态、规模等，并以面状影像的形式直观地反映水下物体的种类、形状、尺寸等属性，设备轻巧、实验高效、图像简便直观，已成为海洋测绘、海洋地质勘探、海底障碍物探测及海洋工程等领域的重要探测手段。现今主流市场上的侧扫声呐是扫描声呐和合成孔径声呐（SAS）。

SAS 是一种高分辨率成像声呐（图 4-75），主要有两个优点：一是对目标的分辨能力与距离和采用的声信号频率无关；二是可以采用小尺度的声呐基阵获得高分辨率的目标图像，且方位向分辨率在全测绘带上保持恒定高分辨率，不受作用距离影响。因此，SAS 探测技术是掩埋目标（包括管道）探测的理想技术。SAS 探测方式与侧扫声呐探测方式基本一致，都是将换能器固定于水下运载器或者拖曳于载体尾部一定距离，开动船只，在设计的测线上低速航行并进行同步定位，如搭载于 DTV、AUV 或 ROV 上进行探测作业。双频 SAS 在进行海底管道探测时，最大探测宽度可达 300m，探测深度可达 2m，在探测宽度范围内可以探测出连续的海底图像，易对海底目标进行追踪（图 4-76）。它弥补了浅地层剖面仪只能垂向交点探测的不足，提高了探测精度和工作效率，是掩埋海底目标探测的有效技术手段。但是，现阶段双频 SAS 只能定性判断海底目标体的掩埋深度。与其他设备相比（Marx and

图 4-75　合成孔径声呐图像

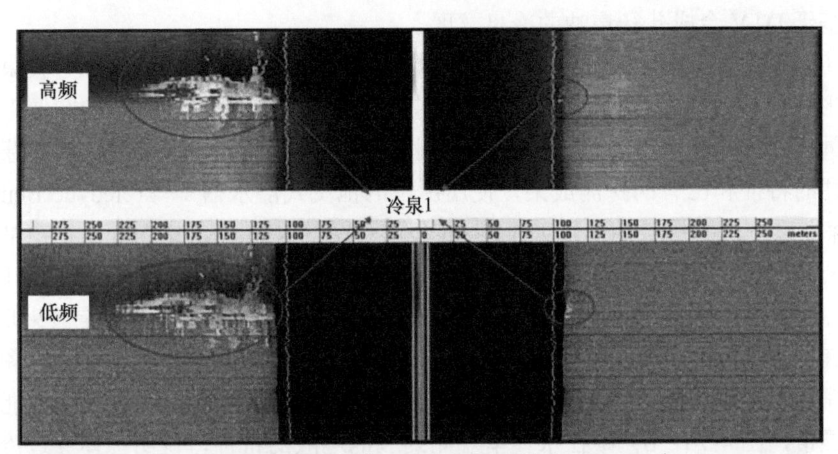

（a）沿测线7观测到冷泉点1形成的亮斑异常（100/400kHz）

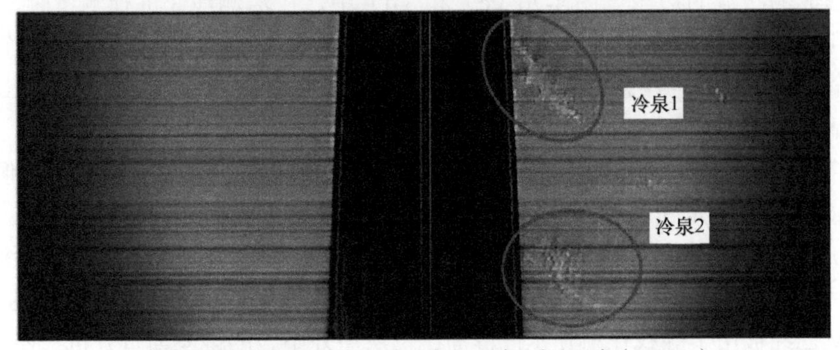

（b）沿测线6观测到冷泉点1和冷泉点2形成的亮斑异常（100kHz）

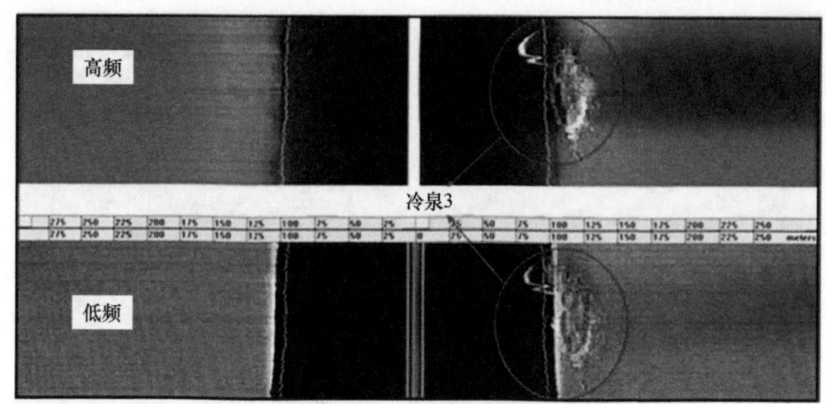

（c）沿测线2观测到冷泉点3形成的亮斑异常（100/400kHz）

图 4-76　基于 DTV 合成孔径声呐的冷泉发现（单晨晨等，2020a）

Nelson，2000），双频 SAS 设备价格昂贵，性价比相对较低。

目前基于水下运载器的侧扫声呐在深海近海底高精度探测领域得到广泛应用，尤其是合成孔径声呐，如基于 DTV、AUV、ROV 合成孔径声呐的冷泉发现，沉船、失事飞机及其他小目标搜寻，冷水珊瑚调查等。

（1）基于 DTV 合成孔径声呐的冷泉发现

侧扫声呐系统海底成图分辨率高、面状覆盖作业效率高，其发射的声学波束在遇到气泡与海水形成的强波阻抗界面时发生散射，被气泡遮蔽的海底在侧扫声呐图像上就会形成代表高能量的亮斑异常（单晨晨等，2020a）。因此，广州海洋地质调查局结合冷泉区天然气羽状流气柱的特征和已有的探测成果，使用新型的拖曳式潜水器——Teledyne Benthos TTV-301 声学深拖系统，并搭载由美国 L-3 Klein 公司生产的 Klein UUV3500 侧扫声呐系统，在疑似冷泉点附近开展试验性调查。该系统适用于深海作业，采用双频技术，可同时工作，内置的姿态传感器能够精确测量提供拖体姿态和加速度数据来支持图像稳定波束形成。

他们在测线 2、测线 3、测线 6、测线 7 上都观测到气泡羽状流在侧扫声呐图像上形成的亮斑异常（图 4-76）。其中，图 4-76（a）中大部分的亮斑异常出现在左舷换能器，右舷可见一点异常，图 4-76（b）中在水体里观测到气泡逸散的特征，说明拖体穿过冷泉点 1 和冷泉点 3 形成羽状流的边缘。图 4-76（c）和（d）中，在沿测线 3 进行测量时，除在右舷图像观测到冷泉点 3 形成的亮斑异常外，在左舷图像斜距 250m 左右观测到另一个异常，疑似发现一个新的冷泉点（冯强强等，2018）。

（2）基于 AUV 相干合成孔径声呐对沉船、失事飞机及其他小目标搜寻

相干合成孔径声呐（HISAS）可以采集到厘米级分辨率的海底海床地貌图像。HISAS 1032 的关键性能参数是 3cm×3cm 的理论成像分辨率和每小时 $2km^2$ 的覆盖面积。SAS 基于 AUV 可以应用在许多领域，如海洋考古、海洋地质学、管道检测和气体渗透检测等领域。基于 AUV 的 SAS 在许多海军水雷对抗行动中作为主要工具被使用，配备 SAS 或 SSS 的 Hugin AUV 已经被用于寻找在斯瓦尔巴群岛巴伦茨堡外坠毁的俄罗斯直升机（图 4-77），以及寻找阿根廷“圣・胡安”号潜艇。

图 4-77　失事沉没的飞机

图 4-78 是 2015 年 4 月和 2016 年 1 月 Hugin AUV 通过双侧配置激发频率 100kHz，带宽 30kHz，理论分辨率 3cm×3cm 的 HISAS 1032，对 Skagerrak CW 垃圾倾倒场水深 550～650m 海域的四艘失事船进行的近海底测绘高清图像，这足以证明基于 AUV 的 SAS 对沉船探测具有其他设备无法比拟的优势（Hansen and Kolev，2011）。

为了查明 Hugin AUV 和 HISAS 在近海底探测作业中对哪一部分目标体是有效的，Hansen 和 Kolev（2011）等对大型沉船对象，如第二次世界大战期间沉没的挪威 Holmengraa 油轮（图 4-79）和小型对象，如板条箱、桶和其他物品（图 4-80 和图 4-81）进行了试验性探测。结果表明，基于 Hugin AUV 的 HISAS 调查都能取得很好的效果。

（a）残骸18

（b）残骸12

（c）残骸05

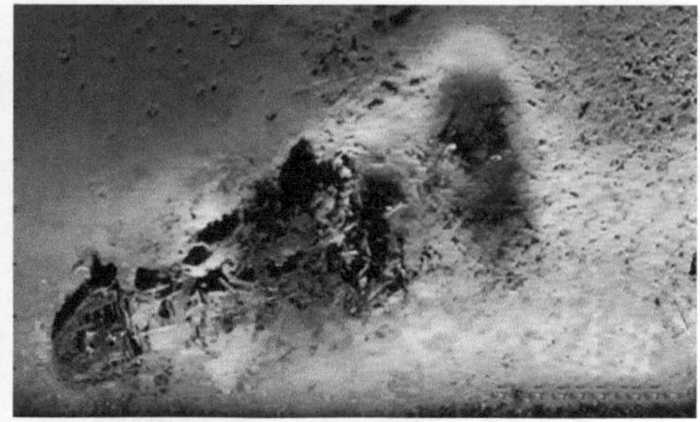

（d）残骸49

图 4-78　失事船舶的残骸

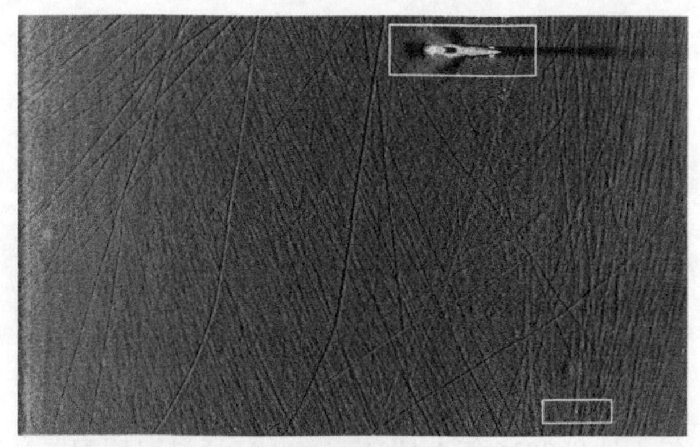

（a）油轮残骸合成孔径声呐图像

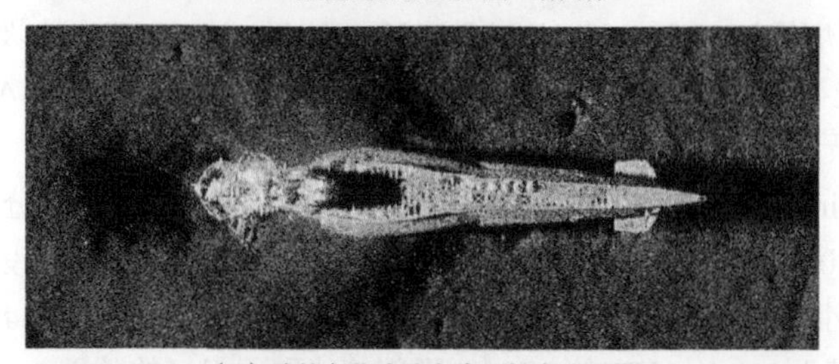

（b）油轮主体残骸合成孔径声呐图像

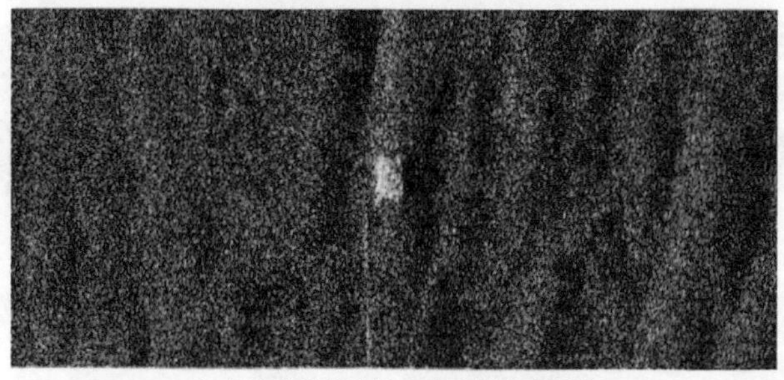

（c）油轮散落残骸合成孔径声呐图像

图 4-79　第二次世界大战期间（1944 年）沉没的挪威 Holmengraa 油轮 SAS 遗骸图像

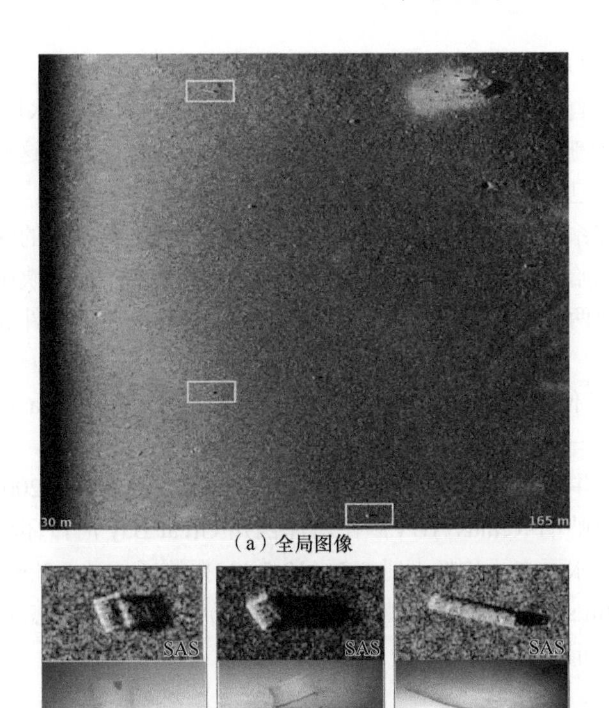

（a）全局图像

（b）油桶一　（c）油桶二　（d）长条状物体

图 4-80　小型对象（油桶等）SAS 图像

图 4-81　小型对象（绳子）SAS 图像

（3）基于 ROV/AUV 侧扫声呐对冷水珊瑚和沙丘调查

美国迈阿密大学首次使用 AUV 绘制了佛罗里达海峡的 5 个深水珊瑚丘田。AUV 在海床上方 40m 的位置巡航，并配备了大量的地球物理和海洋传感器，这些传感器可以制作出精确比例尺的地图，包括 3m 高分辨率多波束和 0.5m 侧扫声呐图像。数据表明，佛罗里达海峡的深海珊瑚生态系统十分复杂，有多种多样的形态变化和丰富的深海珊瑚丘。最高和最大的丘体位于大巴哈马海岸的西部，那里的珊瑚密度较低，在海峡中部和迈阿密阶地形成较小的山脊。海峡两岸隆起分布和发育的差异可能是由水动力条件和前地形等多种因素造成的（Thiago et al.，2017）。

Oline 等（2007）使用 Remus AUV 绘制了美国北部 Juan de Fuca 海峡的底栖鳗草栖息地，水深为 1～2m（一条调查线由于 AUV 的螺旋桨被缠住而中断）。多光谱辐射计用以描绘底栖生物的生境，并以水下录像资料显示底面情况。Kennish 等（2004）也使用了配有高频（600kHz）侧扫声呐的 Remus AUV，在新泽西州 Great Bay 河口环境进行底栖生物栖息地测绘。AUV 在极浅水区（平均低潮时 0.5～10.5m）探测了一条 0.2km×1.1km 的狭长海床，该区域潮汐流超过 2m/s。侧扫描声呐测绘提供了潮汐产生的河床形态（波纹、沙丘和沙波）的信息，波长和高度可低至 0.1m。

4.4 应用实例

4.4.1 近海底重力测量应用

日本东京大学的研发团队对他们研发的混合水下重力测量系统进行了多次水下走航测试。该系统使用 AUV 来勘探海底沉积矿物。他们将改进的海空重力仪安装在直径 50cm 的压力容器中的万向架机构上，然后搭载于 AUV 上，在相模湾以及日本近海的深海矿区进行了 11 次潜水。AUV 以 2kn 的恒定速度航行，并以恒定的深度或恒定的离海底高度航行。研究人员通过处理重力数据、水压数据和 AUV 的导航数据（包括俯仰和横滚运动）来获得高分辨率的布格异常数据。除了使用具有从压力到深度的原位转换因子的精密压力计进行垂直加速度校正外，还对重力仪数据进行了附加校正：校正了空间距离传感器和深度传感器之间的时间延迟影响。并对压力增量到深度增量的转换进行调整。 这些新的校正方法保证了他们在约 1550m 深的南部伊是名洞（Izena Hole）的恒定深度调查中获得高分辨率数据。整平后，数据的交越差为 0.1mGal rms。该调查显示了两个高布格异常区域，振幅为 1～2mGal。模拟计算表明，异常是由于存在两个埋藏的圆柱形高密度矿床而引起的。但是，需要进一步提高分辨率，特别是对于地形崎岖不平的地区的测量。

2012 年 9 月研究人员在日本静冈县沿海的相模湾进行了一次试航。他们将 Micro-g LaCoste S-174 作为重力仪，重力仪惯性导航传感器（光纤）安装在万向节控制单元上，陀螺仪（IXSEA PHINS）保持垂直。它们放置于由钛合金制成的球形容器中（空气中 125kgf[①]，水中 32kgf)，作业深度可达 3500m（图 4-82）。为了测得高分辨率重力数据，重力

①1kgf=9.8N。

传感器必须保持恒定温度（60.4℃）并避免受地球磁场影响。传感器被加热并完全覆盖隔热层和用于磁屏蔽的坡莫合金板。他们将重力仪与重力梯度仪搭载到 JAMSTEC 的 Urashima AUV 上同时进行测量（图 4-83），一共进行了两条测线的测量。第一次测量沿着一条 2mile① 长的直线剖面进行，该测线在相对光滑的海底，沿轨迹不会有很大的重力变化。第二次测量沿着一条 3mile 长的直线剖面进行，这次的剖面海底地形粗糙，以保证该系统可以探测到由地形引起的重力变化。对于这两项调查，Urashima 都尽可能地对资料进行了往返检

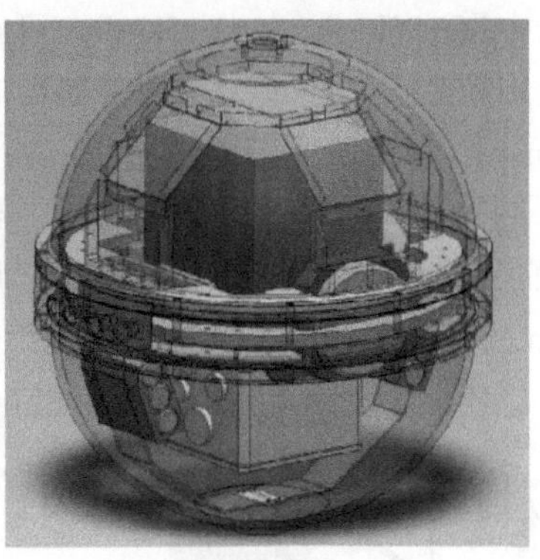

图 4-82　重力仪和透视图的传感器单元（Shinohara，2012）

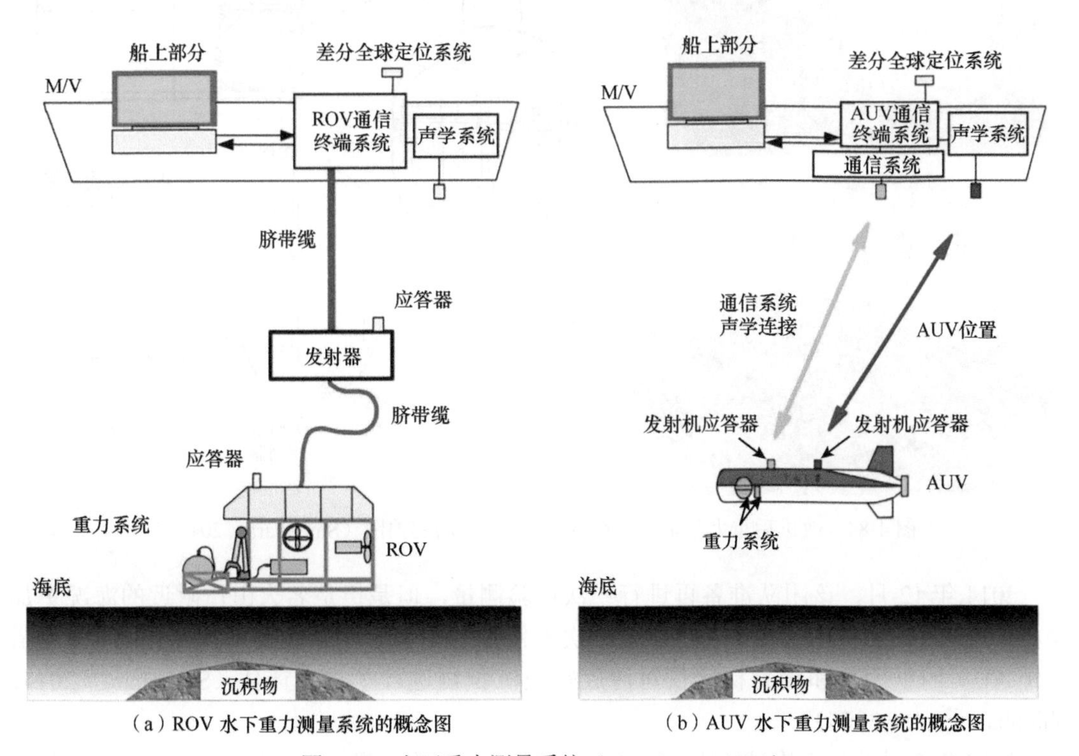

（a）ROV 水下重力测量系统的概念图　（b）AUV 水下重力测量系统的概念图

图 4-83　水下重力测量系统（Shinohara，2012）

①1mile ≈ 1609m。

查，以确认系统的可重复性。这些调查获得了重力数据和高质量的补偿数据，测量最大深度达到4200m，初步估计重力仪的测量精度可达0.1mGal。通过这次实测，他们评估了系统的性能（Shinohara，2012，2013；Shinohara et al.，2015）。

2013年，该团队在2012年的海试之后对该重力混合测量系统进行了改进，使其更加紧凑，适合安装各种水下航行器（图4-84）。数据记录单元的重新设计有助于缩小系统的尺寸。虽然以前的重力仪系统由压力球和圆柱形罐组成，但新的测量系统置于钛合金制成的球形容器中（空气中重105kgf，水中15kgf），可在海平面以下3500m处使用。他们还改进了重力梯度仪，使用新生产的紧凑型重力传感器制作重力梯度仪，重力传感器的尺寸从140mm缩小为100mm。因为设备要应用于海底，整个仪器应保持垂直以减小潜水器旋转所产生的离心加速度。他们还改进了由铰链支撑的二维万向架，它可自由旋转而不会产生摩擦。因为用于数据记录和系统控制的部分减少了，所以，该重力梯度测量系统可以安装在一个由直径为500mm的钛合金球中。他们计划到伊是名火山口附近进行测量，但是由于海况恶劣，他们没有在伊是名火山口附近进行下潜（Shinohara，2013；Shinohara et al.，2015）。

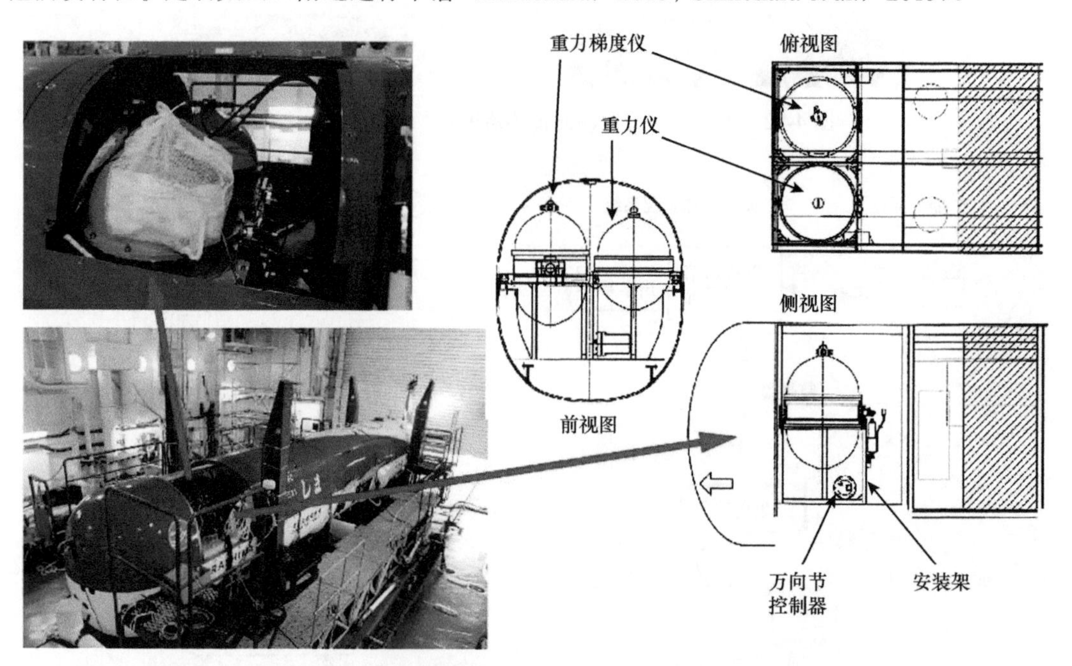

图4-84　改进后重力测量系统在AUV上的布局实拍图（Shinohara，2013）

2014年12月，该团队准备再进行一次试验测量，但是伊是名火山口附近的海况更加恶劣，所以他们回收了AUV。但是该航次他们在伊是名卡尔德拉的Hakurei现场使用搭载于AUV的重力仪和重力梯度仪对海底热液沉积物进行了首次评估（Shinohara，2014；Shinohara et al.，2015）。

2015年8月的第三次试验中（图4-86），进行了三次下潜，前两次在伊豆–小笠原弧的Bayonnaise丘东南部，在那里发现了海底沉积物，第三次在伊泽纳火山口南部（图4-85）。前两次在快速变化的火山口底部和平坦地形的潜水航行中，沿着NE—SW方向的八条轨道

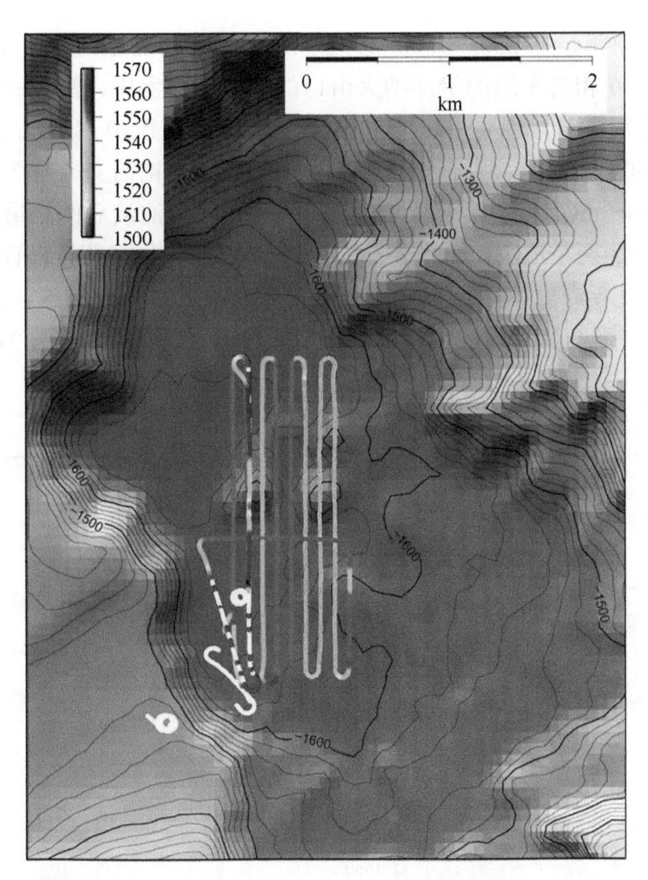

图 4-85　AUV 在 YK14-14 海试期间的航迹，颜色表示深度（Shinohara，2014）

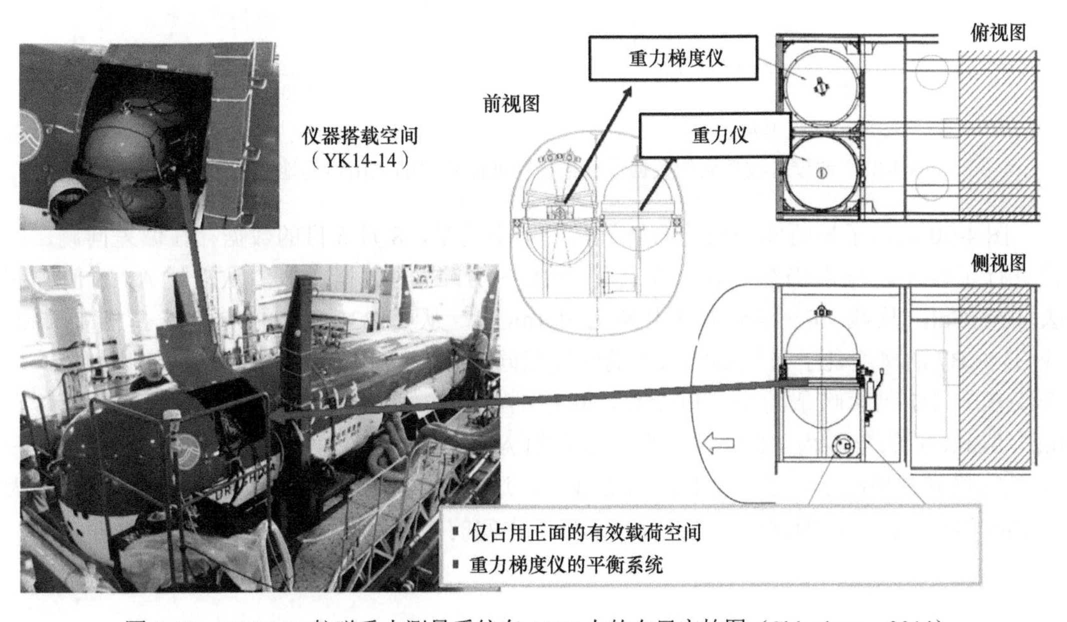

图 4-86　YK14-14 航磁重力测量系统在 AUV 上的布局实拍图（Shinohara，2014）

和东西方向的两条轨道，在550～700m的恒定深度或海底上方约50m的恒定高度进行重复测量（图4-87）。在相对平坦的伊泽纳火山口的第二次潜水中，沿N—S或E—W方向的35条轨道进行了详细测量，主要是在1550m深度和海底以上50～100m的恒定深度进行的（图4-88）。根据150s和200s高斯低通滤波后处理的重力数据的交叉差估计，Bayonnaise地区的测量精度约为0.2mGal，伊是名火山口在100s和150s滤波后的测量精度约为0.1mGal（图4-89）。他们制作了两个地区详细的重力异常图。布格异常图（假设岩石密度为2500kg/m^3）是使用在Bayonnaise丘海底上方约50m的恒定高度收集的数据绘制的，其特征是火山口山谷的重力异常值高，而南部伊是名火山口的布格异常图（假设岩石密度为2300kg/m^3）显示调查区域南端重力异常值较高（图4-89）。

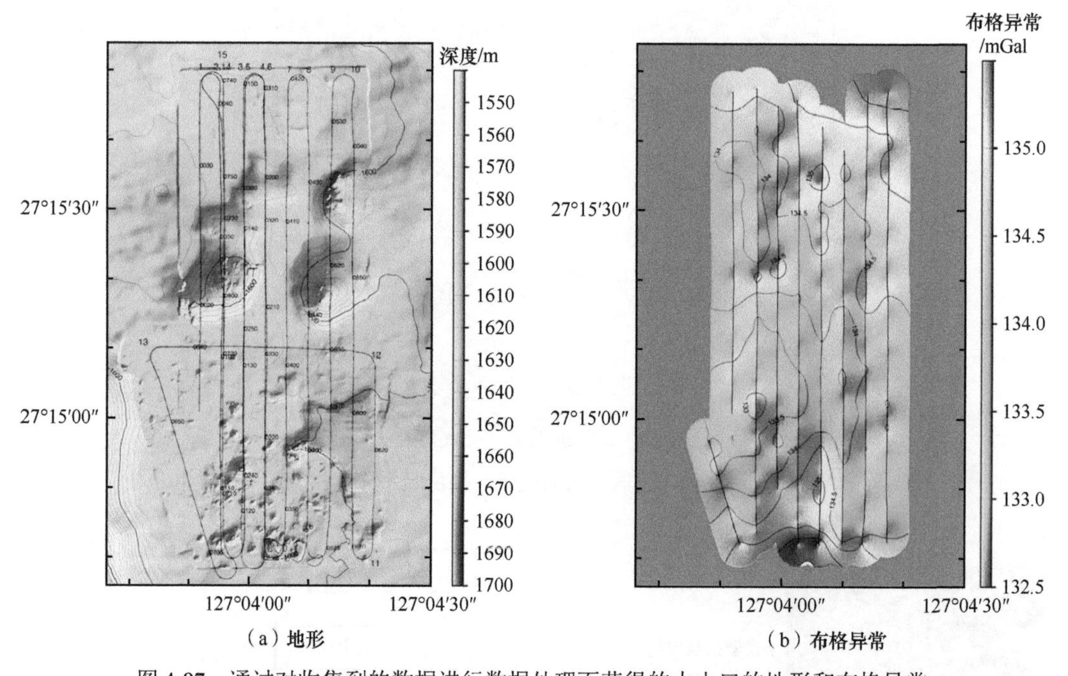

（a）地形　（b）布格异常

图4-87　通过对收集到的数据进行数据处理而获得的火山口的地形和布格异常

图4-90显示了按断面分组的布格异常。不幸的是，8月6日的数据存在偏差问题，即使进行了校正，噪声仍然存在，尤其是沿B3～B7线的数据。他们从沿线A5的值中减去−0.5mGal，从线A6～A8的值中减去−1.1mGal，从线B3～B7的值中减去þ1.1mGal。线B3～B7的深度几乎与线C4～C8的深度相同，并且线的布格异常的平均变化相似，尽管线B3～B7包含嘈杂的小尺度变化，相应的线（如线C8和B3）之间的均方根差落在0.2～0.3mGal的范围内。C1～C8线比相应的A1～A8线深约50m，前者线特别是C3和C4的布格异常稍高于后者。在D1～D8线中，这种趋势非常明显，这些线处于海底以上大约50m的恒定高度，因此比其他线深，这些线中间的布格异常比其他线高1～3mGal。

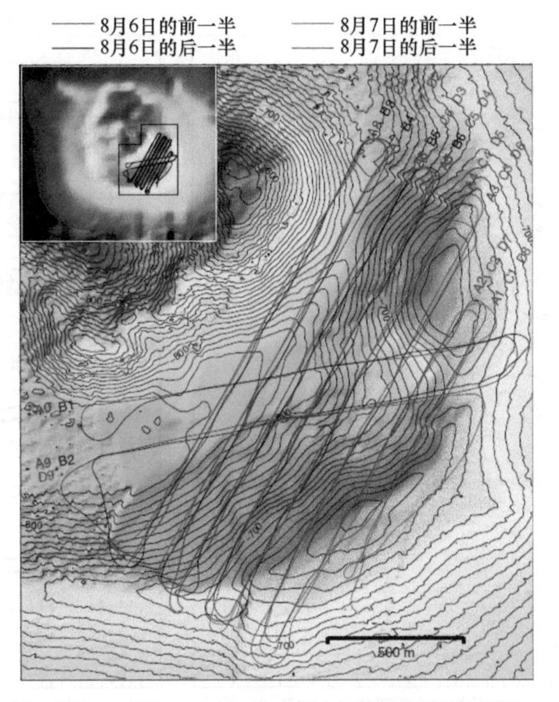

图 4-88　2015 年 8 月 6～7 日 Bayonnaise 丘东南部的海底地形和 AUV 浦岛的轨迹

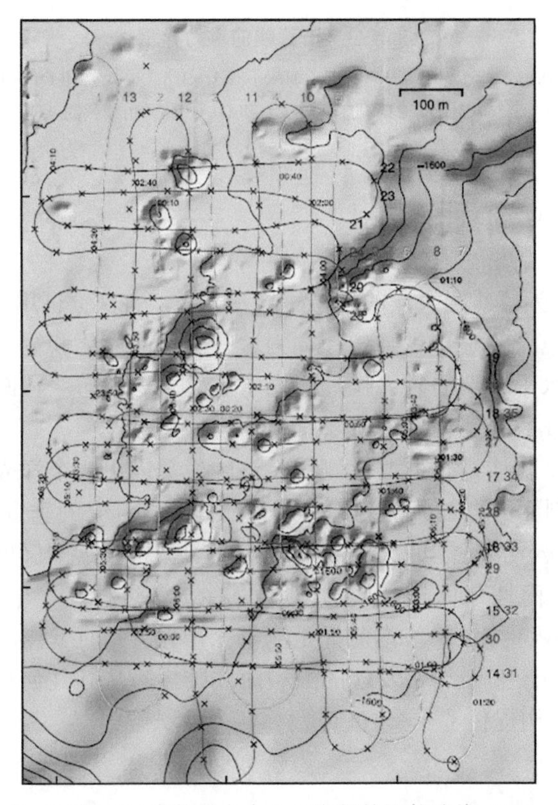

图 4-89　2015 年 8 月 10 日 AUV 在伊是名火山口南部的巡航路线（Shinohara，2014，2015）

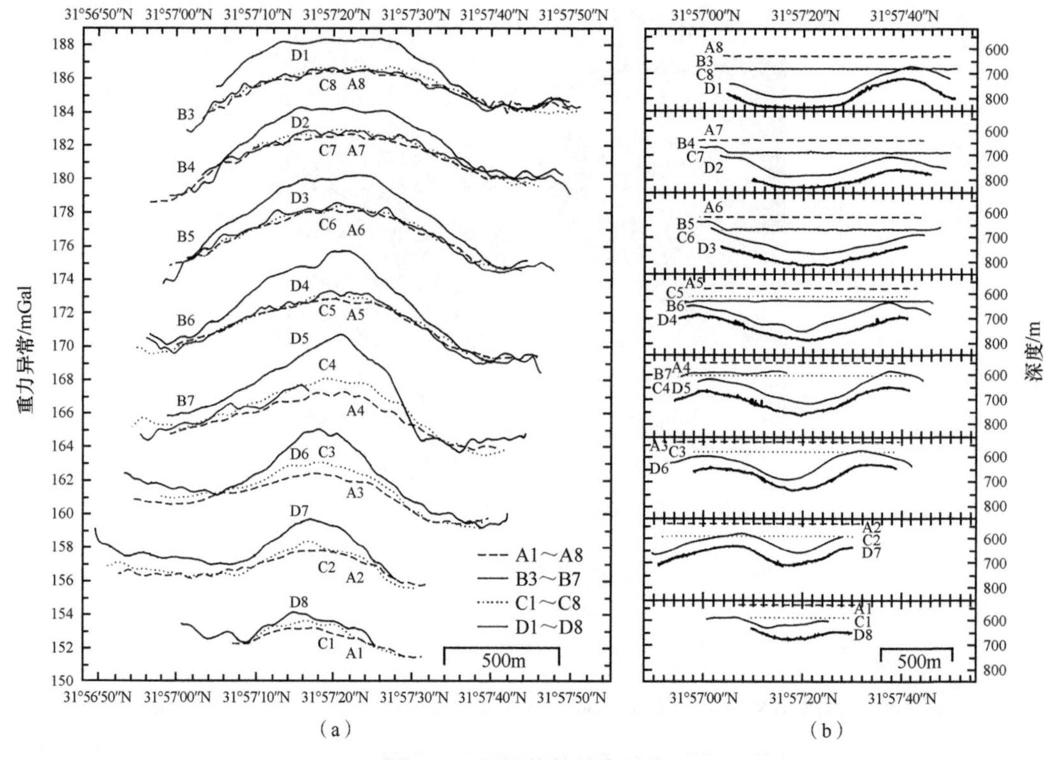

图 4-90 沿测线的重力异常

(a) 作为纬度的函数，沿线 A1～A8（虚线）、B3～B7（细线）、C1～C8（虚线）和 D1～D8（粗线）的布格异常剖面。(b) 沿线 A1～A8（虚线）、B3～B7（细线）、C1～C8（虚线）和 D1～D8（粗线）的 AUV 深度作为以下函数的比较纬度。下面的粗线显示了海底

4.4.2 近海底磁力测量应用

1996 年，Tivey 等为了研究大洋的条带磁异常来源，首次尝试用近海底磁测量方法测量陡崖面上暴露的大洋地壳的垂直磁结构，并为这些测量的简化和分析提供理论依据。他们利用安装在深拖和潜水平台上的磁力仪，测定了东北太平洋布兰科断裂带陡峭海底和陡崖中暴露的年轻洋壳上部 2km 地壳磁化强度的水平和垂直变化。

此次测量是在一个陡崖进行近海底测量，该陡崖暴露出一个洋壳的近垂直剖面，包括喷出熔岩和侵入岩脉剖面的上部。磁测的主要目的是调查洋壳的垂直磁结构及其水平变化，以了解上地壳对海洋磁异常贡献的大小和性质。现场磁场测量不仅可以使垂直磁场结构与上覆磁异常直接相关，而且有助于阐明大洋地壳增生演化过程。

垂直磁剖面（VMP）方法的基本前提是测量在洋壳近垂直暴露（图 4-91）中暴露的地磁场，如常在海洋转换带和断裂带发现的大型海底陡崖。从其几何形状来看，大型海底陡崖为了解洋壳的垂直结构提供了一个窗口。

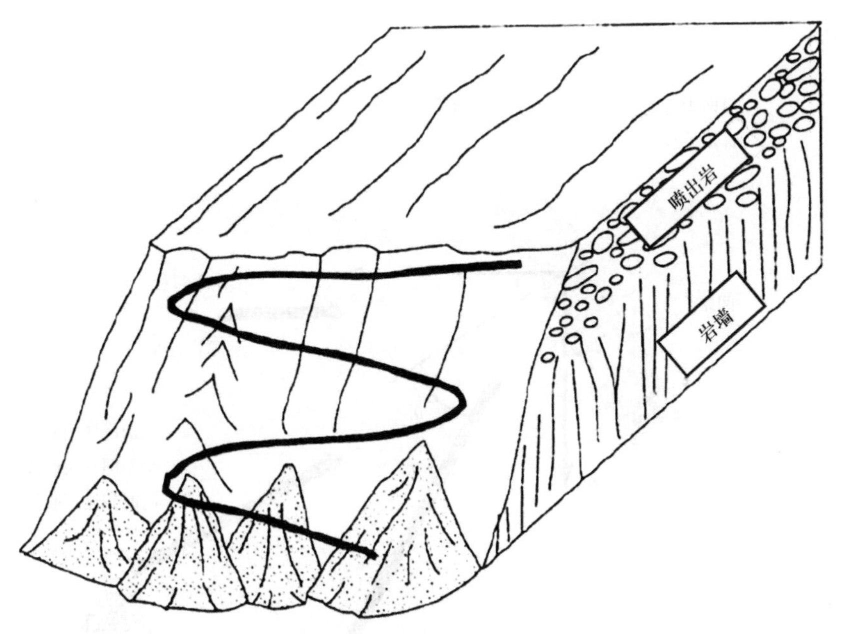

图 4-91　深海拖曳或潜水勘测暴露海洋地壳横截面的垂直墙的基本几何结构

粗体线表示深拖传感器穿过陡坎表面的轨迹，潜水穿越将直接沿陡崖面进行

将三轴磁通门磁力仪搭载到“阿尔文”号 AUV 的前样品篮上进行数据的采集。数据被记录在潜水器内部的笔记本电脑上，然后结合深度、航向和高度，这些数据由 Nautile 数据系统同时记录。潜水导航使用了一个估计 *XY* 精度为米的船基声波转发器网。由于没有独立的定向数据可用于矢量分析，因此测量的三轴磁场分量是总磁场的矢量求和。通过使潜水器每次下潜时旋转期间测量的总磁场变化最小（Press et al.，1986），对潜水器的永久磁场和感应磁场测量值进行修正。与数千纳米级的地球物理信号相比，合成的噪声级在振幅上通常低于 100nT。最后，将 1991 年的 IGRF 从地磁数据中删除（国际地磁和航空学协会，1987）。磁性测量通常在海底以上 3～5m 的恒定高度进行，海底地形平坦。小比例尺地形这些变化被忽略了，但这些都是短波，不影响主磁信号。

4.4.3　近海底声学探测应用

为了将侧扫技术和多波束测深技术结合起来，实现海底地貌和海底地形的同步测量，测深侧扫声呐应运而生。测深侧扫声呐利用多个接收阵来测得海底回波的到达角度，并根据此角度和回波传播时间来获得声呐探测点的水深值，其作用距离较远，具有分辨率高、声呐阵小、能耗低等优点。图 4-92 给出了测深侧扫声呐工作原理示意。T1 是发射换能器，R1～R8 是 8 个接收换能器单元，声呐阵面法线与水平面成 30° 角。通过分析各接收信号的相位差，计算出海底回波的方向；根据回波到达的时间推算海底的距离；二者相结合即可获取海底位置（张同伟等，2018）。

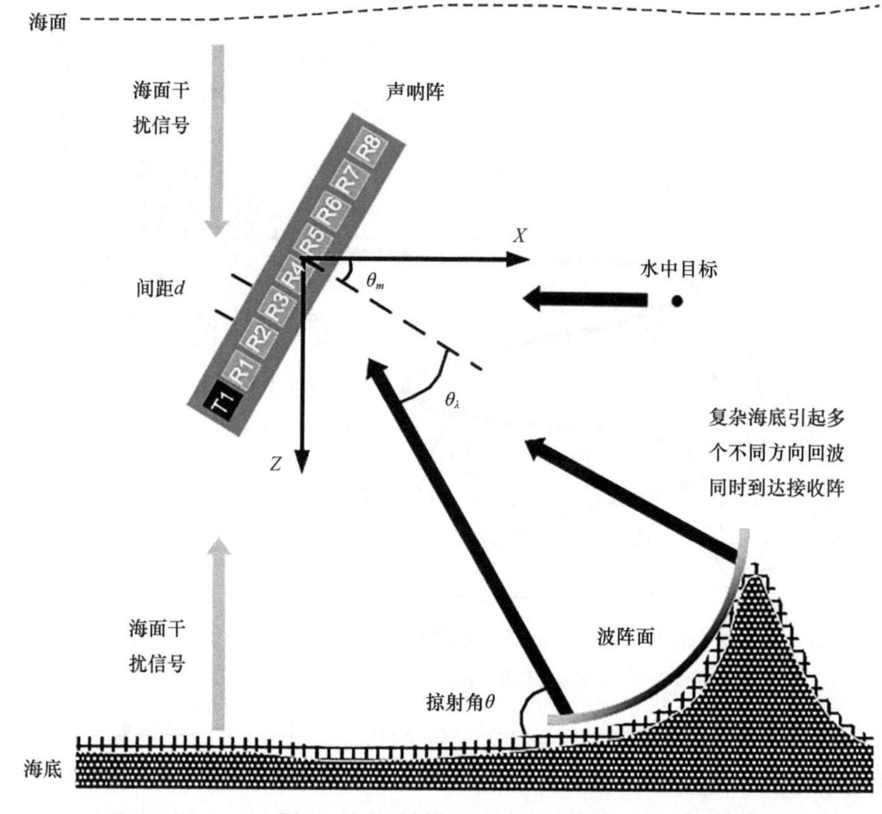

图 4-92　测深侧扫声呐工作原理

测深侧扫声呐所有设备可分为两个部分，载人舱内的部分以测深侧扫声呐主控器为主；安装在载人舱外的部分有电子舱、左舷换能器阵、右舷换能器阵，以及辅助传感器。测深侧扫声呐换能器阵的长轴要求与潜水器本体的长轴平行，换能器面法线要求与水平面成30°角，并且要求在起吊过程中安装支架的变形要尽可能小以避免损伤换能器阵。因此，在潜水器圆柱段安装换能器阵的线型较好，安装支架独立于承重框架，降低了框架变形对换能器的影响。

中国科学院声学研究所研制的测深侧扫声呐采用先进的多子阵海底自动检测——信号子空间的信号参数估计技术，使其能够把不同方向同时到达的回波区分开来，并能自动检测海底。测深侧扫声呐具有体积小、重量轻和功耗低等优点，特别适合安装在水下拖体、水下机器人、遥控潜水器和载人潜水器上，对海底地形地貌进行近海底精细测量。

测深侧扫声呐换能器安装在“蛟龙”号载人潜水器的两侧，能够测量海底的微地形地貌和海底、水中的目标，实时绘制出现场的三维地图（图 4-93）。它能在复杂的海底上工作，给出目标的高度，因此十分适合在富钴结壳区域勘察和在大洋热液场测量热液喷口“烟囱”的几何尺寸。基于此，“蛟龙”号实现了冷泉区山顶区域的海底微地形测绘（图 4-94），以及 7000m 级深度的海底地形地貌精细探测，获得了马里亚纳海沟局部的微地形地貌图（图 4-95）（Zhang et al.，2018）。

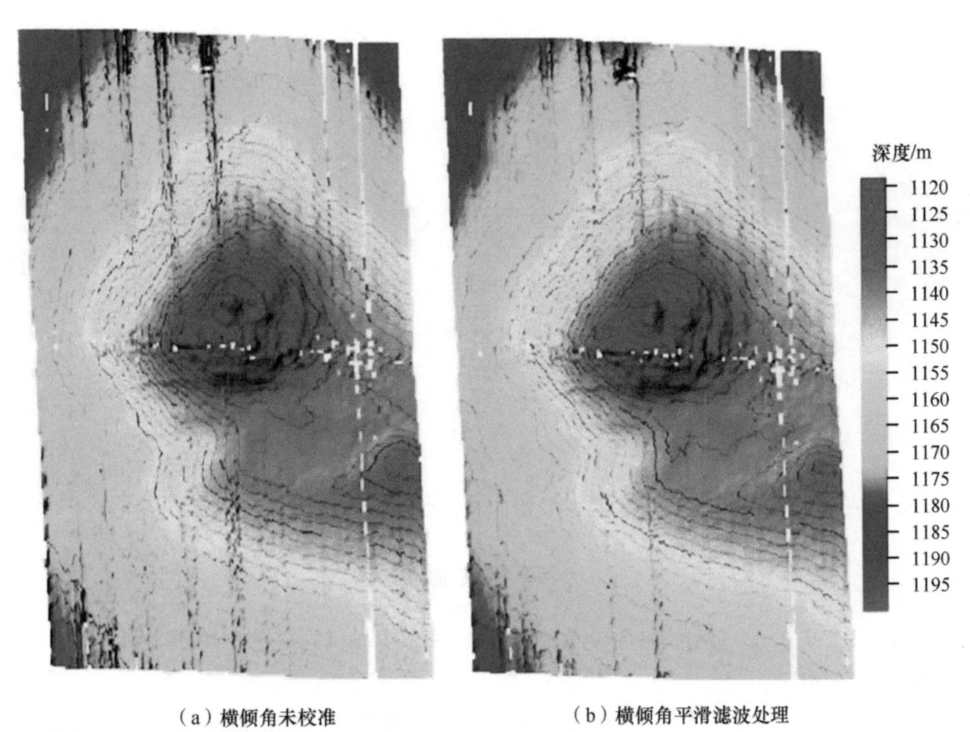

图 4-93　某潜次冷泉区山顶区域的海底微地形（张同伟等，2018）

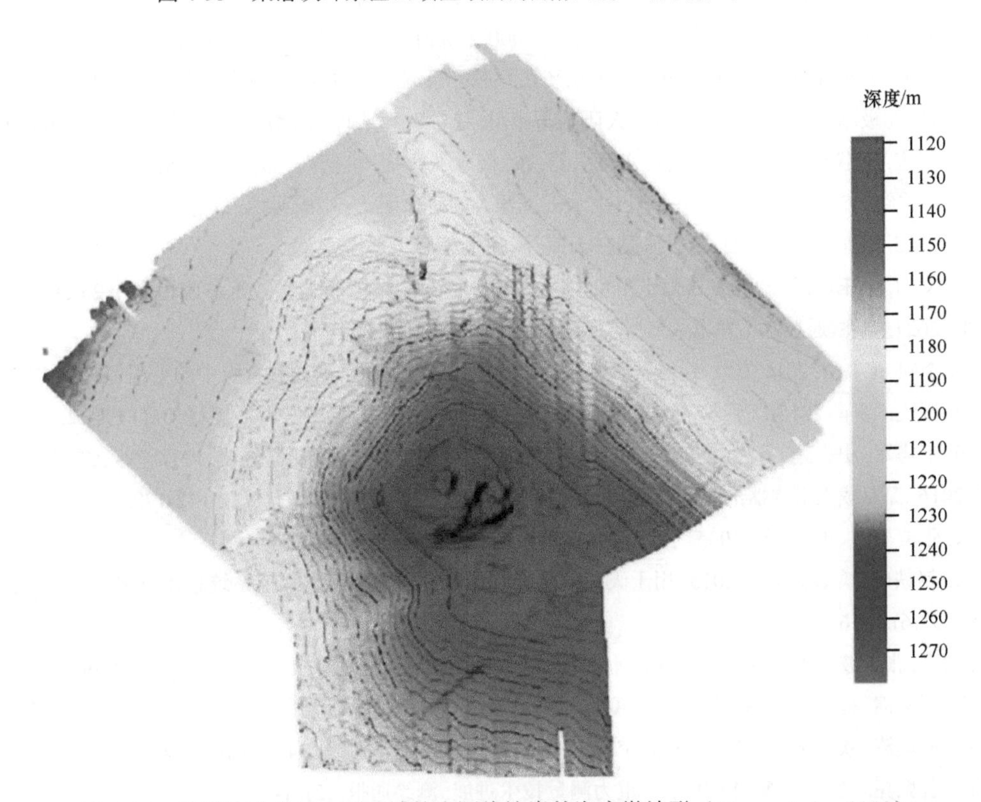

图 4-94　某潜次冷泉区山顶区域的多测线镶嵌的海底微地形（Zhang et al.，2018）

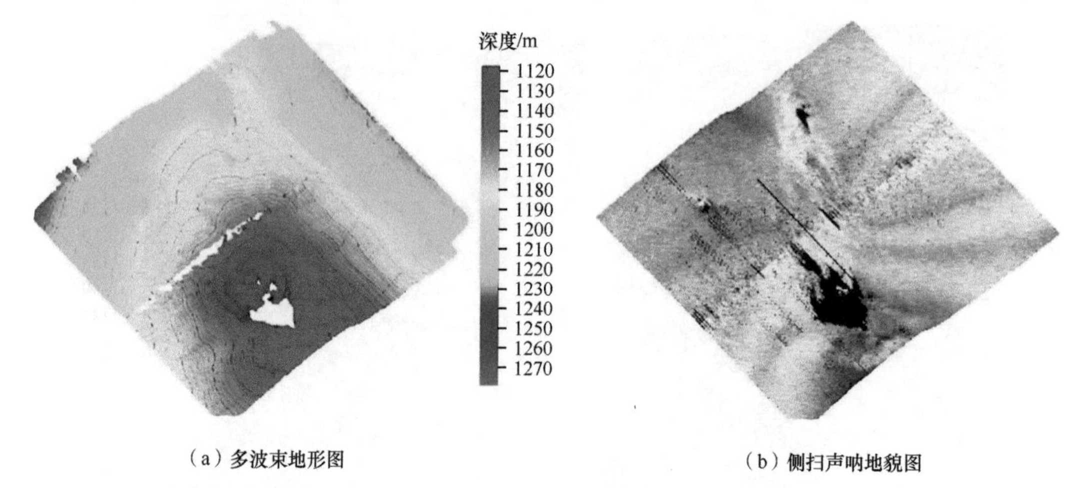

图 4-95　某潜次测深侧扫声呐获得的海底微地形地貌（Zhang et al.，2018）

参考文献

曹金亮, 刘晓东, 张方生, 等. 2016. DTA-6000 声学深拖系统在富钴结壳探测中的应用. 海洋地质与第四纪地质, 36(4): 173-181.

陈宗恒, 田烈余, 胡波, 等. 2018. "海马" 号 ROV 在天然气水合物勘查中的应用. 海洋技术学报, 37(2): 24-29.

崔维成, 刘峰, 胡震, 等. 2011. 蛟龙号载人潜水器 5000 米级海上试验. 中国造船, 52: 1-14.

崔维成, 刘峰, 胡震, 等. 2012. 蛟龙号载人潜水器 7000 米级海上试验. 船舶力学, 16: 1131-1143.

冯强强, 温明明, 牟泽霖, 等. 2018. 声学深拖系统在海底冷泉调查中的应用. 测绘工程, 27(8): 49-52, 59.

李硕. 2011. 北极冰下自主遥控水下机器人研制与应用. 辽宁省, 中国科学院沈阳自动化研究所, 2011-10-26.

李硕, 曾俊宝, 王越超. 2011. 自治/遥控水下机器人北极冰下导航 . 机器人, 33(4): 509-512.

李硕, 刘健, 徐会希, 等. 2018. 我国深海自主水下机器人的研究现状 . 中国科学: 信息科学, 48(9): 1152-1164.

李彦杰. 2015. 深海拖体纵垂面稳定性研究. 天津: 天津大学硕士学位论文.

李晔, 常文田, 孙玉山, 等. 2007. 自治水下机器人的研发现状与展望. 机器人技术与应用, (1): 25-30.

李一平. 2021. 自主/遥控水下机器人研究与应用 . 现代物理知识, 33(1): 19-23.

李一平, 李硕, 张艾群. 2016. 自主/遥控水下机器人研究现状. 工程研究–跨学科视野中的工程 , 8(2): 217-222.

连琏, 马厦飞, 陶军. 2015. "海马" 号 4500 米级 ROV 系统研发历程. 船舶与海洋工程, 31(1): 9-12.

刘保华, 丁忠军, 史先鹏, 等. 2015. 载人潜水器在深海科学考察中的应用研究进展. 海洋学报, 37: 1-10.

刘峰. 2016. 深海载人潜水器的现状与展望. 工程研究–跨学科视野中的工程, 8(2): 172-178.

刘晓东, 张方生, 朱维庆, 等. 2005. 深水声学拖曳系统 . 海洋测绘, 6: 37-40, 44.

刘晓东, 赵铁虎, 曹金亮, 等. 2015. 用于天然气水合物调查的轻便型声学深拖系统总体方案分析. 海洋地质前沿, 31(6): 8-16.

龙黎, 刘宾, 张振波. 2017. 深拖系统在深水井场调查中的应用. 工程地球物理学报, 14(6): 680-685.

罗壮伟, 刘文锦, 程振炎. 1995. 海底高精度重力测量系统及方法技术研究和应用. 海洋技术, (1): 38-51.

宁津生, 黄谟涛, 欧阳永忠, 等. 2014. 海空重力测量技术进展. 海洋测绘, 34(3): 67-72, 76.

潘国伟, 曹聚亮, 吴美平, 等. 2019. 水下重力测量技术进展. 测绘通报, (2): 1-5.

平伟, 马厦飞, 张金华, 等. 2017."海马”号无人遥控潜水器. 舰船科学技术, 39(15): 138-141, 145.
曲治国, 曹星慧, 沈斌坚, 等. 2020. 南海峡谷慕斯地层的近底声学探测. 声学学报, 46(2): 220-226.
单晨晨, 温明明, 刘斌, 等. 2020a. 基于合成孔径声学深拖调查的海底浅表层流体活动研究——以 SAMS DT6000 深拖在琼东南海域调查为例 . 地球物理学报, 63(12): 4451-4462.
单晨晨, 邓希光, 温明明, 等. 2020b. 参量阵浅地层剖面仪在海底羽状流探测中的应用——以 ATLAS P70 在马克兰海域调查为例. 地球物理学进展, 35(03): 1183-1190.
孙宇佳, 刘晓东, 张方生, 等. 2009. 浅水高分辨率测深侧扫声呐系统及其海上应用. 海洋工程, 27: 96-102.
唐嘉陵, 杨一帆, 刘晓辉, 等. 2018. 大深度载人潜水器搭载作业工具现状与展望. 中国水运 (下半月), 18(7): 96-99.
田春和, 王敏, 杨鲲. 2020. 深拖系统在深远海调查中的应用. 水道港口, 41(6): 737-743.
田烈余, 孙瑜霞, 陈宗恒, 等. 2017. 海马号 ROV 升沉补偿系统张力与压力特性研究. 中国水运 (下半月), 17(11): 5-7, 10.
魏峥嵘, 裴彦良, 刘保华. 2020. 深拖式多道高分辨率地震探测系统在南海首次应用. 石油地球物理勘探, 55(5): 965-972, 930.
吴涛, 陶春辉, 张金辉, 等. 2016. AUV 平台上的三分量磁力仪干扰校正研究与运用. 中国地球物理学会, 中国地震学会, 全国岩石学与地球动力学研讨会组委会, 等. 2016 中国地球科学联合学术年会论文集 (三十九)——专题 79: 中国古生物学和地层学最新进展, 专题 80: 地热理论与应用, 专题 81: 应用地球物理学前沿. 中国地球物理学会, 中国地震学会, 全国岩石学与地球动力学研讨会组委会, 等. 中国地球物理学会: 49-51.
吴涛. 2017. 西南印度洋脊热液硫化物区近底磁法研究. 长春: 吉林大学博士学位论文.
徐玉如, 肖坤. 2007. 智能海洋机器人技术进展. 自动化学报, (5): 818-512.
杨永, 姚会强, 邓希光. 2012. 浅谈磁化强度反演及其在海底热液硫化物勘探中的应用. 南海地质研究, (1): 101-107.
张健, 等. 2020. 海洋地球物理: 理论与方法. 北京: 科学出版社.
张同伟, 唐嘉陵, 李正光, 等. 2018. 蛟龙号载人潜水器在深海精细地形地貌探测中的应用. 中国科学: 地球科学, 48(7): 947-955.
周飞. 2019. 近海底磁数据处理解释方法研究及在玉皇热液区的应用. 长春: 吉林大学硕士学位论文.
朱大奇, 胡震. 2018. 深海潜水器研究现状与展望. 安徽师范大学学报 (自然科学版), 41(3): 205-216.
朱维庆, 朱敏, 刘晓东, 等. 2003. 海底微地貌测量系统. 海洋测绘, 23: 27-31.
朱维庆, 刘晓东, 张东升, 等. 2006. 高分 辨率测深侧扫声呐. 海洋技术, 24: 29-35.
Alevizos E, Schoening T, Koeser K, et al. 2018. Quantification of the fine-scale distribution of Mn-nodules: Insights from AUV multi-beam and optical imagery data fusion. Biogeosciences Discussions: 1-29.
Araya A, Kanazawa T, Shinohara M, et al. 2011. A gravity gradiometer to search for submarine ore deposits. Underwater Technology. IEEE.
Araya A, Kanazawa T, Shinohara M, et al. 2012. Gravity gradiometer implemented in AUV for detection of seafloor massive sulfides. Oceans, 2012. IEEE.
Araya A, Shinohara M, Kanazawa T, et al. 2015. Development and demonstration of a gravity gradiometer

onboard an autonomous underwater vehicle for detecting massive subseafloor deposits. Ocean Engineering, 105(SEP. 1): 64-71.

Becker J J, Sandwell D T, Smith W H F, et al. 2009. Global bathymetry and elevation data at 30 arc seconds resolution: SRTM30_PLUS. Mar. Geod., 32: 355-371.

Beyer L A, von Huene R E, McCulloh T H, et al. 1966. Measuring gravity on the sea floor in deep water. Journal of Geophysical Research, 71(8): 2091-2100.

Campbell K J, Kinnear S, Thame A. 2015. AUV technology for seabed characterization and geohazards assessment. The leading edge, 34(2): 170-178.

Cao X, Qu Z, Shen B, et al. 2020. Illuminating centimeter-level resolution stratum via developed high-frequency sub-bottom profiler mounted on Deep-Sea Warrior deep-submergence vehicle. Marine Georesources & Geotechnology, 39(3): 1-11.

Chapman N R, Gettrust J F, Walia R, et al. 2002. High-resolution, deep-towed, multichannel seismic survey of deep-sea gas hydrates off western Canada. Geophysics, 67(4): 1038-1047.

Cochran J R, Fornari D J, Coakley B J, et al. 1999. Continuous near-bottom gravity measurements made with a BGM-3 gravimeter in DSV Alvin on the East Pacific Rise crest near 9°31′N and 9°50′N. New York: John Wiley & Sons, Ltd, 104(B5): 10841-10861.

Correa T B S, Grasmueck M, Eberli G P, et al. 2007. Multiple factors influence deep-water coral mound morphology and distribution in the Straits of Florida: Insights from Autonomous Underwater Vehicle (AUV) surveys. 10th International Congress of the Brazilian Geophysical Society & EXPOGEF 2007, Rio de Janeiro, Brazil, 19-23 November 2007. Society of Exploration Geophysicists and Brazilian Geophysical Society: 2254-2259.

Dhanak M, An E, Couson R, et al. 2014. Magnetic field surveys of coastal waters using an AUV-towed magnetometer. Oceans. IEEE.

Dupré S, Mascle G, Mascle J, et al. 2008. High-resolution mapping of large gas emitting mud volcanoes on the Egyptian continental margin (Nile Deep Sea Fan) by AUV. Marine Geophysical Research, 29(4): 275-290.

Frowe W. 1947. A diving bell for underwater gravimeter operation. Geophysics, 12(1): 1-12.

Fujii M, Okino K, Honsho C, et al. 2015. High-resolution magnetic signature of active hydrothermal systems in the back-arc spreading region of the southern Mariana Trough. Journal of Geophysical Research: Solid Earth, 120(5): 2821-2837.

Fujimoto H, Koizumi K, Watanabe M, et al. 2000. Underwater gravimeter on board the R-One robot. Underwater Technology, 2000. UT 00. Proceedings of the 2000 International Symposium on. IEEE.

Fujimoto H, Nozaki K, Kawano Y, et al. 2009. Remodeling of an ocean bottom gravimeter and littoral seafloor gravimetry-Toward the seamless gravimetry on land and seafloor. Journal of the Geodetic Society of Japan, 55(3): 325-339.

Fujimoto H, Kanazawa T, Shinohara M, et al. 2011. Development of a hybrid gravimeter system onboard an underwater vehicle. IEEE Symposium on Underwater Technology & Workshop on Scientific Use of Submarine Cables & Related Technologies. IEEE.

Gazis I Z, Schoening T, Alevizos E, et al. 2018. Quantitative mapping and predictive modeling of Mn nodules' distribution from hydroacoustic and optical AUV data linked by random forests machine learning. Biogeosciences (BG), 15(23): 7347-7377.

Gee J, Cande S C, Hildebrand J A, et al. 2000. Geomagnetic intensity variations over the past 780 kyr obtained from near-seafloor magnetic anomalies. Nature, 408: 827-832.

Hansen R E, Kolev N Z. 2011. Introduction to synthetic aperture sonar. New York: InTech Open Access Publisher.

Hansen R E, Callow H J, Sabo T O, et al. 2011. Challenges in seafloor imaging and mapping with synthetic aperture sonar. IEEE Transactions on geoscience and Remote Sensing, 49(10): 3677-3687.

Harrison J C, Brown G L, Spiess F N. 1957. Gravity measurements in the northeastern pacific Ocean. Eos, Transactions American Geophysical Union, 38(6): 835.

Harrison J C, Von Huene R E, Corbató C E. 1966. Bouguer gravity anomalies and magnetic anomalies off the Coast of Southern California. Journal of Geophysical Research, 71(20): 4921-4941.

Honsho C, Dyment J, Tamaki K, et al. 2009. Magnetic structure of a slow spreading ridge segment: Insights from near-bottom magnetic measurements on board a submersible. Journal of Geophysical Research: Solid Earth, 114: B05101.

Hughes C J E. 2018. The impact of acoustic imaging geometry on the fidelity of seabed bathymetric models. Geosciences, 8(4): 109.

Hussenoeder S A, Tivey M A, Schouten H, et al. 1996. Near-bottom magnetic survey of the Mid-Atlantic Ridge axis, 24°-24° 40′ N: Implications for crustal accretion at slow spreading ridges. Journal of Geophysical Research: Solid Earth 101, B10: 22051-22069.

Kennish M J, Haag S M, Sakowicz G P, et al. 2004. Sidescan sonar imaging of subtidal benthic habitats in the Mullica River-Great Bay Estuarine System. Journal of Coastal Research, 45: 227-240.

Kumagai H, Tsukioka S, Yamamoto H, et al. 2010. Hydrothermal plumes imaged by high-resolution side-scan sonar on a cruising AUV, Urashima. Geochemistry, Geophysics, Geosystems, 11Q12013.

Li C F, Xu X, Lin J, et al. 2014. Ages and magnetic structures of the South China Sea constrained by deep tow magnetic surveys and IODP Expedition 349. Geochemistry, Geophysics, Geosystems, 15(12): 4958-4983.

Mallows C, Searle R C. 2012. A geophysical study of oceanic core complexes and surrounding terrain, Mid-Atlantic Ridge 13° N-14° N. Geochemistry, Geophysics, Geosystems, 13Q0AG08.

Marx D, Nelson M, Chang E, et al. 2000. An introduction to synthetic aperture sonar. Proceedings of the Tenth IEEE Workshop on Statistical Signal and Array Processing (Cat. No. 00TH8496). IEEE, 2000: 717-721.

Moline M A, Woodruff D L, Evans N R. 2007. Optical delineation of benthic habitat using an Autonomous Underwater Vehicle. Journal of Field Robotics, 24: 461-471.

Pepper T B. 1941. The Gulf Underwater Gravimeter. Geophysics, 6(1): 34.

Sæbø T O. 2010. Seafloor depth estimation by means of interferometric synthetic aperture sonar. University of TROMSØ UIT doctoral thesis.

Sager W W, Weiss C J, Tivey M A, et al. 1998. Geomagnetic polarity reversal model of deep-tow profiles from the Pacific Jurassic Quiet Zone. J. Geophys. Res, 103(B3): 5269-5286.

Sasagawa G S, Crawford W, Eiken O, et al. 2003. A new sea-floor gravimeter. Geophysics, 68(2): 544-553.

Schouten H, Tivey M A, Fornari D J, et al. 1999. Central anomaly magnetization high: constraints on the volcanic construction and architecture of seismic layer 2A at a fast-spreading mid-ocean ridge, the EPR at 9°30′-50′N. Earth & Planetary Science Letters, 169(1-2): 37-50.

Shinohara M. 2012. YK12-14 Shipboard scientific party, YOKOSUKA Cruise Report, YK12-14, Evaluation of hybrid submersible gravity observation system for exploration of seafloor hydrothermal deposits by using an underwater vehicle.http://www.godac.jamstec.go.jp/catalog/data/doc_catalog/media/YK12-14_all.pdf [2019-10-23].

Shinohara M. 2013a. Development of an underwater gravimeter and the first observation by using autonomous underwater vehicle. Underwater Technology Symposium. IEEE.

Shinohara M. 2013b. YK13-13 Shipboard scientific party, YOKOSUKA Cruise Report, YK13-13, Evaluation cruise for hybrid submersible gravity observation system for exploration Izena Caldera in the middle Okinawa trough. http: //www. godac. jamstec. go. jp/catalog/data/doc_catalog/media/YK13-13_all. pdf [2019-10-23].

Shinohara M. 2014. YK14-14 Shipboard scientific party, YOKOSUKA Cruise Report, YK14-14, Evaluation cruise for hybrid submersible gravity observation system for exploration by using the Urashima. http://www.godac.jamstec.go.jp/catalog/data/doc_catalog/media/YK14-14_all.pdf. [2019-10-25].

Shinohara M, Yamada T, Ishihara T, et al. 2015. Development of an underwater gravity measurement system using autonomous underwater vehicle for exploration of seafloor deposits. OCEANS 2015-Genova. IEEE.

Szitkar F, Dyment J, Fouquet Y, et al. 2014. The magnetic signature of ultramafic-hosted hydrothermal sites. Geology, 42(8): 715-718.

Szitkar F, Petersen S, Caratori Tontini F, et al. 2015. High-resolution magnetics reveal the deep structure of a volcanic-arc-related basalt-hosted hydrothermal site (Palinuro, Tyrrhenian Sea). Geochemistry, Geophysics, Geosystems, 16(6): 1950-1961.

Szitkar F, Tivey M A, Kelley D S, et al. 2017. Magnetic exploration of a low-temperature ultramafic-hosted hydrothermal site (Lost City, 30 N, MAR). Earth and Planetary Science Letters, 461: 40-45.

Thiago B S, Grasmueck M, Eberli G P, et al. 2007. Multiple factors influence deep-water coral mound morphology and distribution in the Straits of Florida: Insights from Autonomous Underwater Vehicle (AUV) surveys. 10th International Congress of the Brazilian Geophysical Society. European Association of Geoscientists & Engineers.

Tivey M A. 1996. Vertical magnetic structure of ocean crust determined from near-bottom magnetic field measurements. Journal of Geophysical Research Solid Earth, 101(B9): 20275-20296.

Tivey M A, Johnson H P. 1993. Variations in oceanic crustal structure and implications for the fine-scale magnetic anomaly signal. Geophys. Res. Lett., 20: 1879-1882.

Wagner J K S, Smart C, German C R. 2020. Discovery and Mapping of the Triton Seep Site, Redondo Knoll: Fluid Flow and Microbial Colonization Within an Oxygen Minimum Zone. Frontiers in Marine Science, 7: 108.

Weber T C, Jerram K, Mayer L. 2012. Acoustic sensing of gas seeps in the deep ocean with split-beam echo sounders. Proceedings of Meetings on Acoustics ECUA2012. Acoustical Society of America, 17(1): 070057.

White R S, Klitgord K. 1976. Sediment deformation and plate tectonics in the Gulf of Oman. Earth & Planetary Science Letters, 32(2): 199-209.

Wynn R B, Huvenne V A I, Le Bas T P, et al. 2014. Autonomous Underwater Vehicles (AUVs): Their past, present and future contributions to the advancement of marine geoscience. Marine Geology, 352: 451-468.

Zhang T, Tang J, Li Z, et al. 2018. Use of the Jiaolong manned submersible for accurate mapping of deep-sea topography and geomorphology. Science China Earth Sciences, 61(8): 1148-1156.

Zumberge M. 2008. Deep ocean measurements of gravity. Seg Technical Program Expanded Abstracts, 27(1): 3550.

Zumberge M A, Ridgway J R, Hildebrand J A. 1997. A towed marine gravity meter for near-bottom surveys. Geophysics, 62(5): 1386-1393.

第5章　海底地球物理探测技术与设备

5.1　海底地震探测技术

海底地震探测是利用与海底直接接触的地震传感器来进行地下结构成像的新技术。随着过去数十年的技术发展，多分量地震传感器已成为海底地震探测的主要设备。多分量采集的主要目的是通过记录声波和弹性波场分量，从而获得更详细和更准确的地下结构影像。常见的多分量海底地震传感器包括三个正交定向检波器/加速度计以及一个水听器。与传统的拖曳式多道反射地震勘探相比，海底地震探测的主要优势有4点：①将多分量地震传感器直接置于海底，不仅能够接收到穿透海底的纵波信号，还能通过水平分量接收到横波信号，克服横波不能在水中传播的技术限制（对于人工源地震探测，水面气枪震源激发的纵波信号通过地下介质转换为横波被海底地震计接收）；②海底地震探测能够实现船载气枪震源与信号接收器分离，摆脱电缆长度的限制，检波器能够接收到长偏移距的广角折射/反射信号，使得透视深部结构成为可能；③由于震源和接收器是分离的，可以记录全方位地震数据，射线路径的多样性为结构成像提供了更准确的目标照明；④由于传感器位于更安静的海底环境中，远离表面噪声，信噪比得到了提高。

目前海底地震探测技术主要有三种：①海底地震仪（OBS）探测技术；②海底电缆（OBC）探测技术；③海底节点式地震仪（OBN）探测技术（表5-1）。OBS探测技术主要通过主、被动源地震探测作业，获得岩石圈、地壳和沉积层的多尺度地质结构，目前被广泛用于科学研究。OBC和OBN技术主要通过主动源地震探测获得浅海油气储藏区的地质结构，被广泛用在石油工业领域，但目前学术界较少使用。OBC探测要求浅海海底地形平坦，以保证电缆与海底耦合良好，而OBN具有独立地震观测节点的优势，结合ROV辅助布设，可以在稍微崎岖的海底环境下保障传感器与海底耦合。OBC和OBN探测的极限深度已达到2000～3000m（Dondurur，2018）。

表5-1　OBS、OBC、OBN海底地震探测技术概况

海底地震探测技术	探测特点	采集节点间隔	工作环境	作业方式	应用领域
OBS	地震仪单体分离；主、被动源探测	100m～40km	0～12 000m；受地形限制较小	独立投放；独立导航	地壳结构研究、天然气水合物勘探等
OBC	传感器电缆连接；主动源探测	25～200m	0～2000m；适合平坦地形	连续电缆铺设；连续导航	浅海油气勘探

续表

海底地震探测技术	探测特点	采集节点间隔	工作环境	作业方式	应用领域
OBN	传感器软连接；主动源	50～400m	0～3000m；适用于平坦或稍崎岖的地形	单独或连续布放、可搭配 ROV；独立导航	浅海油气勘探

随着 OBS、OBC 和 OBN 技术的蓬勃发展，海底地震探测技术进入了高新技术主导的时代，多震源、宽频带、宽方位、高密度采集技术得以提出并实际生产应用。最新采用海底永久、半永久性布设的海底节点设备，实现高效快速多期次地震监测测量，使得海上时延地震技术（4D 地震勘探）发展迅速。在采集流程已经成熟的情况下，未来海底地震勘探采集会在采集仪器装备上进行升级，向着更高精度、大道数、智能化、轻便化、特色化、一体化的方向发展。

5.1.1 海底地震仪探测技术

OBS 是一种将地震检波器直接放置在海底的地震记录仪器，既可用于天然地震与海洋环境背景噪声观测（被动源 OBS），也可用于人工源地震探测（主动源）。OBS 具有四个检波器分量，包含三个正交的地震计和一个水听器。被动源 OBS 主要用于研究大洋岩石圈或深部地幔结构，主动源 OBS 主要用于刻画海底地壳结构和沉积盆地结构。近年来，OBS 记录的纵横波信息为揭示洋中脊、大陆边缘和俯冲带等海洋地质构造活动提供了重要的数据支撑，已逐渐成为认识地球内部物质组成、深部地质过程及壳幔结构演化的重要探测手段。

海底地震仪起源于 20 世纪 60～70 年代，美国、日本、英国等国相继研制出了 OBS（Kasahara and Harvey，1977；卢振恒，1999；阮爱国等，2004）。最初 OBS 是为了更好地监测海底核试验，随着技术的普及，OBS 也被逐渐用于监测地震和海啸，以期提高预报海啸到达时刻的精度。近年来，OBS 技术的发展、制造成本的降低和海洋科学发展的迫切需求，海底地震探测系统被广泛应用于天然地震观测及人工地震勘探中并发挥着重要作用（夏少红等，2016）。国际已有诸多国家对 OBS 研发和应用投入了大量的人力物力，并将其作为一种常规的海底勘探技术应用于海洋科学研究。目前，国际上拥有成熟 OBS 技术的主要有美国 OBSIC（前身为 OBSIP）、英国 OBIC 和 Guralp 公司、德国 GeoPro 公司和 GEOMAR、法国 Sercel 公司和 IFREMER、加拿大 Nanometrics 公司、日本东京大学等多个生产公司和学术机构（图 5-1）。

相较于国外，国内在海底地震仪探测方面的应用起步较晚。20 世纪 90 年代中国台湾海洋大学以得克萨斯仪器公司的仪器为原型研制了一套海底地震仪，目的是应用这种新探测技术来研究深层地壳结构和中国台湾近海地区地震活动性（Chen et al.，1994）。20 世纪 90 年代中期，中国科学院南海海洋研究所与日本东京大学地震研究所（Earthquake Research Institute，The University of Tokyo，ERI）、海洋研究所等单位合作，在南海北部东沙海域共

（a） （b） （c）

图 5-1 国际上部分 OBS 外观结构

（a）国产便携式 OBS；（b）国产宽频带 OBS；（c）"磐龟"短周期 OBS

同开展了综合地球物理探测实验，获取了地壳和莫霍面的纵横波震相（赵岩等，1996；阎贫，1998；王彦林和阎贫，2009）；之后与德国基尔大学海洋地学研究中心等单位合作，在南海西北部布设海底地震仪，获取了莺歌海盆地和西沙海槽地区的地震剖面记录（丘学林等，2000；孙金龙等，2010）。21 世纪初，中国科学院地质与地球物理研究所成功研制出 OBS，之后又研制成功了宽频的七通道 OBS（I-7C），在经历过上百次的海上试验与应用后，获得了良好效果（阮爱国等，2004；郝天珧和游庆瑜，2011；刘丽华等，2012）。国产 OBS 设备最终获得成功并定型于 2010 年前后，为我国海洋地质与地球物理的发展起到了重要的促进作用（表 5-2）。随着 OBS 探测技术日益成熟，我国在南海、西南印度洋、渤海及南极等海域获得了大量含深部信息的地震资料，为推进南海深部结构和构造性质的深入研究奠定了数据基础。

表 5-2 国内外部分厂家的 OBS 性能指标

生产单位	仪器型号	频带宽度	续航能力	其他
美国 OBSIC	BROADBAND	120s ～50Hz	15 个月（40Hz）	4 球组合； 传感器 Guralp CMG-3T
	ARRA	120s ～50Hz	12 个月（40Hz）	2 个方形铝压壳； 芯片级原子钟
	KECK	120s ～50Hz	12 个月（40Hz）	7 球组合； 配备强震加速度计
	D2	主频 4.5Hz	8 个月（100Hz）	上下双球组合； 传感器 GeoSpace GS-11D
英国 Guralp	AQUARIUS	120s ～100Hz	18 个月	圆盘单体； 工作水深 6 000m
	MARIS	120s ～200Hz		插入海底，增强耦合； 工作水深 3 000m
英国 OBIC	LC-LJ1	主频 4.5Hz	8 个月	工作水深 5 500m
德国 GeoPro	SEDIS Ⅵ	1Hz～300Hz 60s～30Hz 60s～50Hz 120s～100Hz	单球 30 天，双球半年，三球一年	工作水深 6 700m
法国 Sercel	MicrOBS	主频 4.5Hz	50 天	工作水深 6 000m
加拿大 Nanometrics	Trillium Compact	120s ～100Hz		工作水深 6 000m
中国 中国科学院地质与地球物理研究所	便携式	5s～150Hz、 2s～200Hz	2 个月	工作水深 6 000m
	短周期四通道海底地震仪	30s ～100Hz、 10s ～100Hz	10 个月	工作水深 9 000m
	宽频带长周期四通道海底地震仪	60s ～100Hz、 120s ～50Hz	12 个月	工作水深 12 000m
中国 南方科技大学	磐鲲	120s ～100Hz	20 个月	工作水深 6 000m
	磐龟	2Hz～300Hz	2 个月	工作水深 6 000m

“十二五”期间，我国又继续研发了万米级 OBS，并于 2015 年 1 月在西太平洋投放了 7 个万米级 OBS，这是中国首次在该海域投放这种仪器，所有 OBS 回馈显示状态正常。中国也成为继日本之后第二个具有自主研发万米级 OBS 能力的国家。2017 年 2～3 月，“探索一号”科学考察船在世界最深处马里亚纳海沟挑战者深渊成功投放了三种类型共 60 台 OBS，回收 56 台，完成了两条万米级人工地震剖面，最大回收深度分别为 10 027m 和 10 026m，剖面实际作业长度 669km。我国成为世界上首个成功获取万米级海洋人工地震剖面的国家。

2020～2021 年，自然资源部第二海洋研究所研制的“海豚”系列移动式海洋地震仪、南方科技大学研制的“磐鲲”和“磐龟”系列 OBS（图 5-2）、中国科学院南海海洋研究所研制的原子钟 OBS 等各类型设备不断涌现，为我国海洋科技事业的腾飞提供了基础装备保障。

（a）国产便携式OBS

（b）国产宽频带OBS

（c）“磐龟”短周期OBS

（d）“磐鲲”宽频带OBS

图 5-2　国产部分 OBS 外观结构

5.1.1.1　OBS 技术原理

目前大部分 OBS 是利用玻璃球制造压力舱，将地震检波器及其辅助模块封装密封，分别通过重力沉耦装置与声学释放装置实现 OBS 设备的下沉与上浮。近年来，为了满足不同探测需要，对仪器续航能力及仪器体积提出了新要求，长周期、小体积的便携式 OBS 正在逐步走上海洋地震探测的舞台。虽然不同厂家研制的 OBS 外观有所不同，但总体设计思路大致相近，其外部结构主要包括沉耦装置、释放装置和压力舱（图 5-3）。

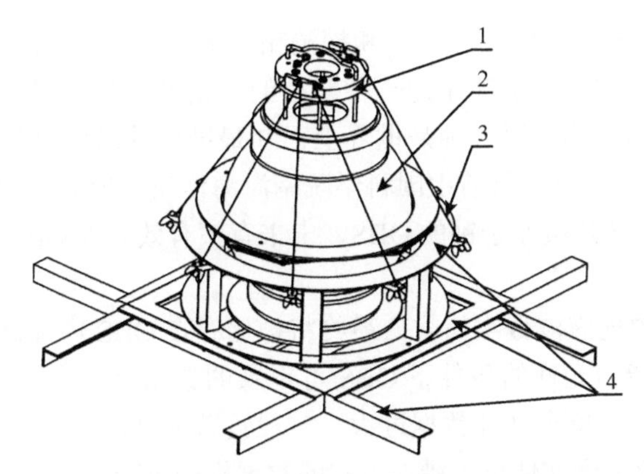

图 5-3 OBS 外部结构（郝天珧和游庆瑜，2011）

1.OBS 声学应答系统（释放装置）；2.OBS 压力舱；3. 钢丝绳；4. 沉耦架

OBS 沉耦装置一般为铁架或不锈钢架，通过钢丝绳与释放装置衔接。沉耦架的设计应综合考虑仪器整机重量与浮力，确保 OBS 沉稳地落入海底，过快的下沉速度可能损坏仪器机械结构和内部采集单元，过慢的下沉速度可能使仪器的横漂移过大。

OBS 释放装置一般采用声学应答系统，当应答系统接收到由船上发出的声学指令（特定的呼叫码）后，使得固定 OBS 与沉耦架的熔断丝发生电解反应断开，进而使 OBS 主体设备与其底部的沉耦装置分离，沉耦装置留置海底，OBS 主体设备依靠自身浮力上浮至水面。

OBS 压力舱一般是由两个对开的玻璃球密封而成，特殊工艺的玻璃球封装后可耐较大压强，目前已在马里亚纳海沟完成了万米级 OBS 实验，回收后的仪器压力舱未见漏水，数据良好。OBS 的功能性模块全部密封在压力舱内部，主要包括采集模块、时钟系统、储存模块、电源模块和交互系统。

（1）采集模块

采集模块是 OBS 的核心部件，包括传感器、信号调节与缓存、晶振时钟。传感器由 3 个正交的地震检波器和 1 个水中检波器（水听器）组成，3 个地震检波器中有 2 个为水平向分量，主要接收横波信号，1 个为垂直向分量，主要接收纵波信号。OBS 工作时，内部传感器记录的波形数据需要满足高信噪比、大动态范围和低失真度。地震检波器被安装在万向支架上，以便即使仪器的箱体在海底倾斜达 25° 时也能保持水平位置，高黏度硅油阻尼万向支架的机械装置可保证它的位置平衡。水中检波器外置于舱体，接收水体压力变化信号。为避免假频干扰，来自传感器的信号放大后需经低通滤波处理，然后由一个三级增益范围的放大器和一个 24 位模–数转换器将滤波后的模拟信号转换为数字信号，达到 126dB 的总动态范围。最大采样率是每通道每秒 1000 次，数字化的数据可暂时储存在存储板上的随机存储器里（阮爱国等，2004）。

（2）时钟系统

OBS 数据处理及后续结构模拟时，OBS 记录数据的时钟系统是至关重要的。目前 OBS 内部时钟通常采用温补或恒温晶振时钟，在仪器投放到海底后，因海水屏蔽 OBS 无法与卫星时钟同步，其内部时钟系统会依赖石英晶振的准确程度，其内部时钟漂移 1～5 ms/d（刘丹等，2022）。随着 OBS 布放时间、方式和探测精度的提高，对 OBS 的内部时钟系统的准确度也提出了更高的要求。原子钟作为一种新型的高精度计时装置，它以原子共振频率标准来计算及保持时间的准确。原子钟是世界上已知最准确的时间测量和频率标准，其精度可以达到每 2000 万年误差 1s。目前中国科学院南海海洋研究所联合中国科学院地质与地球物理研究所正研制基于芯片级原子钟的 OBS，未来有望有效减少 OBS 内部时钟误差。

（3）储存模块

经过缓存器记录的地震波数字信号，最终将被储存在 OBS 内部硬盘。随着计算机存储技术的突破，在续航能力允许的条件下 OBS 可记录的数据分辨率及数据量有了显著提高。需要注意的是，为了防止单个文件数据过大，一般设置文件超过一定大小（如 120MB）后进行换文件，也可避免单个文件记录错误引起的数据损失风险。

（4）电源模块

独立的锂电池组为 OBS 内部模块提供电源。锂电池的总数主要取决于数据采集的持续时间。在长周期 OBS 观测天然地震时，为了提高 OBS 的续航能力常常将更多的电源模块独立封装在一个玻璃球中。为了保证 OBS 沉底后的作业时长及 OBS 成功回收，需要设计低功耗的采集单元以及两套独立的电源系统。

（5）交互系统

OBS 交互是指设备调试时计算机与 OBS 的交互设置，包括采样率、最长采集时限、舱温/舱压检查、电量检查、数据传输等。OBS 采集、休眠、复位等操作也可通过交互系统进行。高效、直观的交互系统可以为海上施工作业提供便利。

5.1.1.2　OBS 作业方法

根据探测目标与研究对象的差异，OBS 海上作业可分为被动源探测和主动源探测。其中前者是将长周期宽频带 OBS 投放入海底一定时间后（目前一般 6～12 个月），再唤醒上浮回收。被动源 OBS 可以有效填补全球地震观测中海洋观测的空白，所记录的天然地震信号主要用于研究海洋地震活动性、深部岩石圈或地幔结构。

主动源 OBS 探测流程相对复杂，需要配合实时导航和人工地震激发（图 5-4）。主动源 OBS 探测目标一般为地壳结构或沉积盆地结构，主要用于地壳属性演变、海洋地质过程、油气资源储量等方面的科学研究。

主动源 OBS 探测的海上作业主要分为三大系统：导航系统、震源系统及采集系统（图 5-5）。其中，导航系统安装在船载实验舱内，主要功能是辅助科考船精确走航、控制震源激发、指导仪器回收；震源系统采用气枪作为能量释放装置，沉放入海面 10m，通过钢缆被拖曳在科考船尾部，可以根据勘探目标选择特定的震源系统，进而激发不同能量、不同频率的地震子波；采集系统分为拖曳式电缆单分量采集（单道电缆或多道电缆）与 OBS 多分量采集。

（1）导航系统

导航系统是控制海洋广角地震勘探的核心枢纽及控制中心。导航系统可以实现三个功能：①对船体及震源位置进行精确定位；②定时或定点输出震源控制信号；③记录有效震

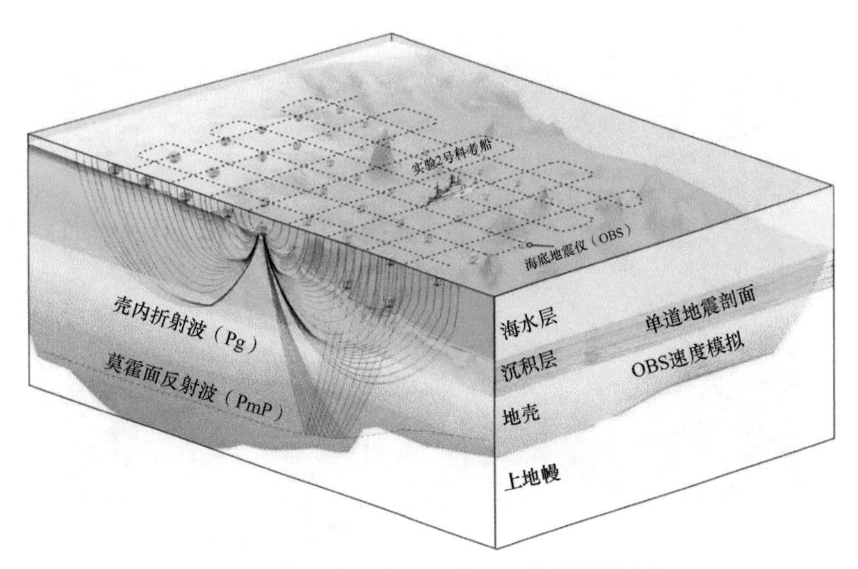

图 5-4　南海东北部主动源 OBS 地震探测示意

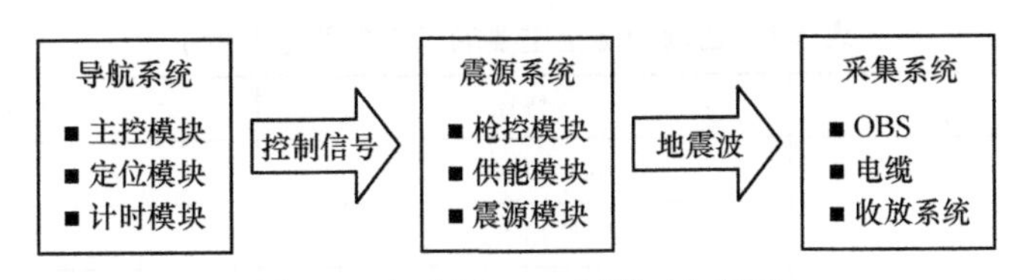

图 5-5　主动源 OBS 探测工作框架

源的时间和位置信息。因此，导航系统可以对震源系统及采集系统进行自动控制。实际作业过程中，科考人员 24h 轮流值班，监控导航系统是否正常运行，并对导航系统的异常事件进行班报记录，为后续 OBS 数据的精确预处理奠定基础。

（2）震源系统

在海底地震探测中，需要利用人工震源在水中激发地震波，地震波先经过水层再向地下介质传播并最终被 OBS 仪器接收。最早的海上人工震源是利用炸药震源，炸药震源使用后很快暴露出其致命缺点：其一，自动化程度差，人工操作危险性大；其二，质量难以保证，如激发点位的控制、激发深度的把握等都是瓶颈问题；其三，有悖于环保理念，炸药对水域的污染不言而喻，更为严重的是海洋、湖泊等水中生物将面临灭顶之灾（陈浩林等，2008）。鉴于此，空气枪、蒸气枪、烯气枪、水枪、电火花等非炸药震源应运而生。其中，空气枪以其性能稳定、自动化程度高、成本低等诸多优点逐渐占据主导地位。气枪在海上 OBS、OBC、OBN 以及拖缆地震探测中已成为主要人工震源类型（图 5-6）。目前气枪商业化市场主要由 BOLT 公司、Sercel 公司和 ION 公司主导，并研发了一系列不同规格的气枪产品（表 5-3）。

气枪震源的原理是把高压气体瞬间释放到海水中，产生类似于小当量炸药的地震波。早期的气枪震源都是使用单支气枪，能量输出较小，后来逐渐发展成由多支气枪组合而成的枪阵震源，大大提高了气枪主脉冲的能量输出，并有效地压制了气泡振荡。气枪震源系

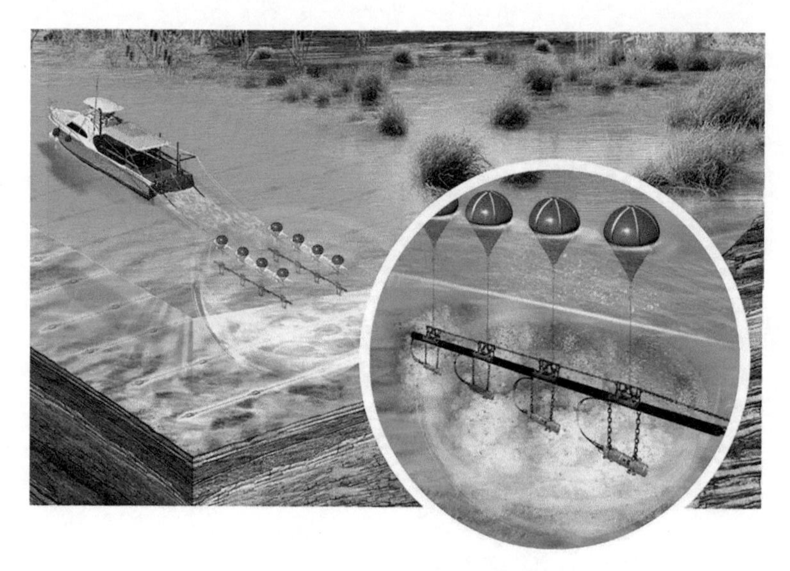

图 5-6　拖曳在勘探船船尾的气枪阵列组合

表 5-3　目前国际上主要的气枪类型（单枪）　（单位：c.i.）

气枪厂家	型号	容量（c.i.）
BOLT	2800-LLX	5～120
	1900-LLXT	10～250
	1500-LL	40～1500
Sercel	G.GUN150	45～150
	G.GUN250	180～250
	G.GUN380	320～380
	G.GUN520	520
	GI.GUN210	G=105 I=105
	GI.GUN255	G=150 I=105
	GI.GUN355	G=250 I=105
ION	Sleeve Gun-IB	10～40
	Sleeve Gun-IIB	70～300

统包含三个主要设备：气枪阵列、枪控设备和空压机设备。枪控设备接收到来自导航系统的激发信号，控制气枪阵列释放压缩空气；空压机设备负责将空气进行快速压缩，进而通过气管向气枪终端输出高能压缩气体产生震源破裂。气枪主要有三个组成部分，即电磁阀、检波器和枪体。电磁阀控制气枪激发，检波器可以实时监测子波振幅、气泡效应、子波延迟以及气枪的工作状态，并将接收到的电信号反馈给枪控设备，通过枪控设备的处理分析，

控制气枪的激发时间，使所有的气枪尽可能在同一时刻触发。海上作业时，压缩机将空气压缩到指定压力，通过气枪腔体瞬间释放喷入海水中，从而产生短促、高能的地震脉冲声波信号。多个气枪同时快速地激发，将产生巨大的能量以穿透海水与地层，甚至穿透地壳抵达上地幔顶部。正因为大容量气枪震源具有信号稳定且均一、能量强、可控制、定位精确、高信噪比、低成本、地震信号传播距离远等优点，在海洋地震勘探中得到广泛的应用。近年来，气枪震源在海陆联测和地震较少地区的大陆地壳探测研究中也得到了应用（丘学林等，2003；陈颙等，2017）。

为了获得不同深度的目标结构，需要利用不同的气枪进行组合形成气枪阵列。通常大容量气枪爆发能量大，穿透深度深，低频成分丰富，经常被用以揭示地壳深部结构；而低容量气枪可以穿透浅层海底构造，高频成分丰富，经常被用来刻画浅部沉积精细结构。气枪的气泡效应是影响海洋地震探测质量的重要因素，气泡比（第一个压力脉冲的振幅与第一个气泡脉冲的振幅之比）越大，气枪激发的信噪比越高，气枪的子波和频谱越好。Sercel 公司开发了 GI 枪，目的是减少或压制单个空气枪所产生的气泡振荡以简化操作。GI 枪采用与 G 枪相同的技术原理，不同点在于，前者在相同的套筒中有两个独立的气室，其中发生器用于生成主脉冲和主气泡，注入器用于将空气注入主气泡，使其能够快速爆裂（图 5-7）。

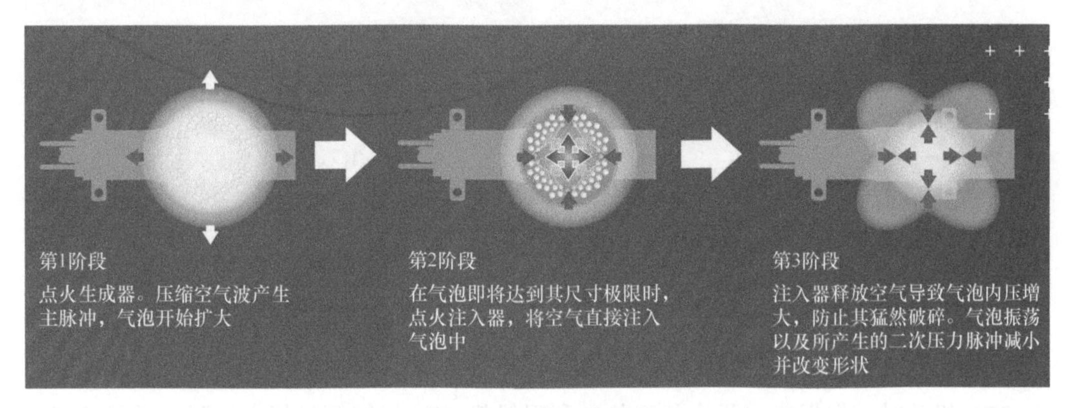

图 5-7 GI 枪工作原理

（3）采集系统

主动源短周期 OBS 是 OBS 探测技术的主要采集设备（图 5-8）。在进行 OBS 探测的同时，一般还会同步采集多道反射地震数据。OBS 设备平台由仪器舱、脱钩机构和沉耦架构成。仪器舱装有数字采集器、姿控宽带地震计、水声通信模块、无线信标机、GPS（含天线）、电子罗盘和组合电源。脱钩机构固定在仪器舱球的上部与沉耦架通过耐腐蚀拉紧钢丝连接。沉耦架为 OBS 的下沉提供重力，也为 OBS 工作时提供稳定的基座。

（4）主动源 OBS 探测海上作业流程

OBS 投放前要进行充电、参数设置、密封和上浮系统测试。实践中通常设置数据采样频率为 100～500Hz，其他参数包括开始记录时间、终止记录时间和自动上浮时间。自动上浮设置是在正常的声学释放系统由于各种原因失效时，采用的补救手段。另外，需要配置罗经用于确定 OBS 水平分量在海底的方位。配置闪光灯和旗子，以便在夜间和阳光强烈的条件下寻找在海面上漂浮的OBS。OBS参数设置完毕后，将OBS固定在沉耦架上，激活OBS进入采集状态（图5-9）。

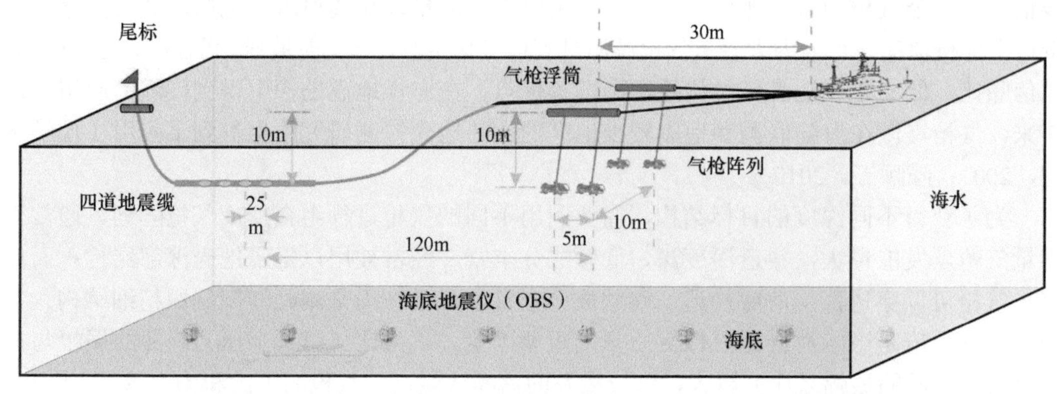

图5-8　主动源OBS探测的震源系统和采集系统（范朝焰，2019）

（a）自浮式OBS装载后的外观结构

（b）OBS沉底后水下姿态

图5-9　OBS海上作业（范朝焰，2019）

OBS投放时，根据事先设定的点位，利用船载GPS导航到目标点位附近后降低船速，投放时船速不得高于2kn，以使OBS以较小的水平速度平稳入水。同时，要及时记录实际投放点的坐标，该坐标常作为数据处理的初始坐标。

放炮作业时，依托枪控系统和气枪阵列进行走航式激发人工震源。对于地壳尺度的探测作业，要求采用低频大容量气枪阵列组合，工作压力2000psi[①]，炮间距较大（5kn航速下炮间距一般要求150～300m），以防止前炮的后续震相被后炮的浅层震相所覆盖。对于沉积结构研究或浅层水合物资源探测，要求使用高频GI枪阵列组合，炮间距一般为几十米，以提高浅层结构的探测精度。

OBS回收时，在靠近投放点位1～2km处，关闭船载螺旋桨，把甲板单元的换能器放入水中，利用甲板单元发送声学释放命令。若OBS释放成功，操作界面上会显示释放成功并反馈OBS与换能器之间的距离信息。OBS仪器回收原理是采用电腐蚀熔断钢丝，将沉耦

① psi，磅力每平方英寸，1psi=6.894 76×10^3Pa。

架抛弃在海底，OBS 仪器舱依靠自身浮力上浮至海面。一般 OBS 仪器上浮速度为 0.5～1m/s，因此可以根据距离预估仪器最终到达海面的时间。由于水下卫星通信技术尚未实现，OBS 沉入海底后无法与卫星进行交互，难以通过 GPS 获得其实际位置与方位。同时，其内部时钟将按照晶振频率连续工作，无法与 GPS 时钟同步，因此 OBS 仪器回收后，首先要利用 GPS 对 OBS 时间再校正从而记录 OBS 的时间漂移，然后才能进行数据拷贝。

5.1.1.3 OBS 数据处理

OBS 记录的气枪脉冲走时是海底地震探测的关键信息，因此，主动源 OBS 数据处理的核心问题就是如何获得准确可靠的走时数据，即如何获得准确清晰的 OBS 共接收点地震剖面。通常主动源 OBS 数据处理过程主要有三个部分：①震源信息整理；② OBS 位置–时钟校正；③信号增益与剖面绘制。震源信息整理是建立气枪信号激发时间与位置信息库，这个信息库决定了在连续记录海量波形数据中如何提取有效信息，是截取 OBS 数据的重要基础。OBS 位置–时钟校正是决定 OBS 走时精度的重要步骤。信号增益与剖面绘制实现走时数据清晰可视化呈现。OBS 数据处理是一项耗时但十分重要的工作，要求处理人员细致地检查每一炮是否正确、每一台 OBS 是否偏移、每一个剖面是否清晰，避免将任何不必要的误差引入走时模拟的过程中。

（1）震源信息库搭建

震源信息即海上作业时每一次大容量气枪阵列激发所包含的序号（炮号）、时间以及位置信息，通常表述为“一炮”。三维 OBS 与二维 OBS 探测不同的是，无论 OBS 是否落在测线路径上，都有可能记录周围的气枪信号。因此每一台 OBS 都需要对所有的震源信息进行读取，建立规范的震源信息库是高效数据处理的基础。震源信息库中的震源编号（炮号）和震源坐标由导航系统接口提供，震源时间由枪控计时系统提供。经典的震源信息库格式如下：炮号、天数、时、分、秒、纬度（°）、纬度（′）、纬度（″）、经度（°）、经度（′）、经度（″）、序号。需要特别注意的是，从导航系统中获取的坐标位置其实并不是气枪真实的激发位置。因为实际作业过程中，无法在气枪正上方布设卫星天线，只能在科考船上架设。因此，需要依据导航信息中航向、艏向和实际观测系统进行炮点位置校正，获得气枪实际放炮位置，以减小方法误差。

（2）OBS 位置–时钟校正

OBS 从甲板端投放后，开始自由下落，在此过程中由于受洋流影响，并不完全垂直沉入海底，会偏离设计的投放点（图 5-10）。此外，OBS 进入海底后与卫星失去交互，其内部时钟将按照晶振计时系统连续工作，不同的计时系统根据自身晶振频率的差异会产生时间误差，即为钟漂。近年来对大量 OBS 数据分析的结果表明，大部分 OBS 的时钟都存在一定误差；部分 OBS 甚至在甲板授时阶段就可能发生偏移，偏移量可达几十秒；进入海底后部分 OBS 时钟也可能发生突变跳跃，突变量也可达几十秒。OBS 位置与时钟的偏差将导致时距曲线不准确，从而影响速度结构模拟。因此，对 OBS 在海底精确位置及精确时钟的同步校正是获得可靠速度结构最重要的基础。

OBS 位置偏移量一般与水深、洋流强度有关，水深越大、洋流越强，偏移量越大。在

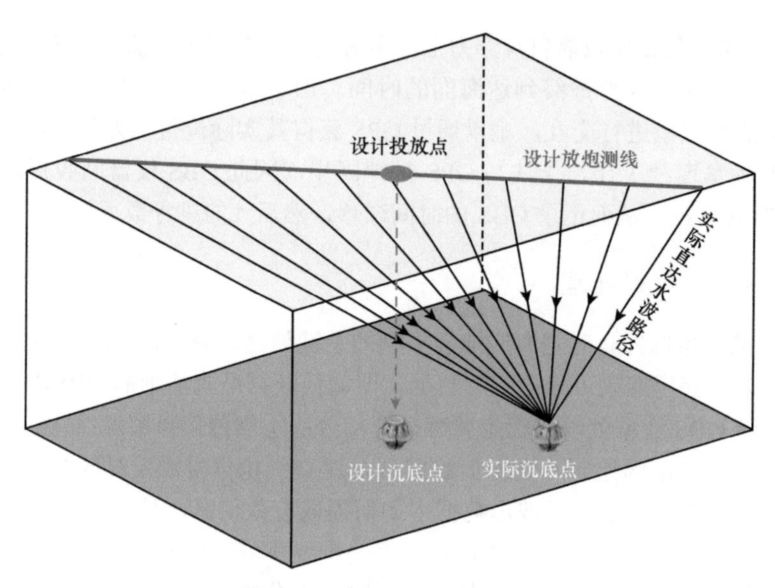

图 5-10　OBS 沉底偏移示意

实际作业中，无法直接获取该偏移量参数。理论上，若 OBS 上安装高精度声学应答器，在海面上通过超短基线对应答器发射特定频率的声波，基于多组（至少三组）“海面测距位置坐标”和“测距值”就可以通过最小二乘法对 OBS 进行定位（类似天然地震定位）。但是，目前 OBS 上装载的声学应答换能器主要目的是释放设备，并不具备测距的精度要求。此外，超短基线组成本昂贵，不适用于大批量的 OBS。因此，通常通过直达水波走时确定多组“测距值”，对应也会获得多组炮点信息，即“海面测距位置坐标”，从而实现空间位置校正。然而，当考虑 OBS 时钟误差时，通过直达水波走时确定多组“测距值”也存在误差。因此，需要基于海底水深数据，对位置和时钟同步校正。

OBS 位置时钟同步校正方法的核心思想是通过区域检索的方法，逐点假设 OBS 沉底位置，该位置计算的理论走时与实际观测的走时残差必须满足两个条件：残差趋近于零且残差稳定。考虑到 OBS 时钟误差的存在，实际上无法使走时残差总是满足第一个条件（残差总是趋于时钟偏差量），因此只需限制第二个条件，也就是保证其标准差趋近于零。具体方法如下。

1）假设 OBS 沉入海底真实位置为（X，Y，Z），时钟误差为 ΔT（钟漂误差通过线性校正），这四个参数为待解未知变量。

2）气枪在 OBS 投放点附近激发 n 炮，对应的炮点位置矩阵 $\boldsymbol{P}_n$，对应观测走时矩阵 $\boldsymbol{T}_n$，水体波速 V=1500m/s。

$$\boldsymbol{P}_n = \begin{bmatrix} x_1 & y_1 & z_1 \\ \vdots & \vdots & \vdots \\ x_n & y_n & z_n \end{bmatrix} \tag{5-1}$$

$$\boldsymbol{T}_n = \begin{bmatrix} T_1 \\ \vdots \\ T_n \end{bmatrix} \tag{5-2}$$

3）在一定范围矩阵 $\boldsymbol{R}$ 内，检索 m 个 OBS 可能的位置 R_m，m 可以通过等步长检索确定。检索范围以投放点为中心，边长 2000m 的正方形区域（根据具体研究区的水深和水动力条件，可以适当修改检索范围）。

$$R_m = \left(X_m,\ \ Y_m,\ \ Z_m\right) \tag{5-3}$$

4）通过已知的炮点位置矩阵 $\boldsymbol{P}_n$ 与检索位置 R_m，可以获得检索位置的理论走时矩阵 $\boldsymbol{t}_n$，统计 $\boldsymbol{t}_n$ 与 $\boldsymbol{T}_n$ 之间的走时残差均值 A_m 及残差标准差 S_m。

$$\boldsymbol{t}_n = \begin{bmatrix} V^{-1}\cdot\sqrt{\left(x_1 - X_m\right)^2 + \left(y_1 - Y_m\right)^2 + \left(z_1 - Z_m\right)^2} \\ \vdots \\ V^{-1}\cdot\sqrt{\left(x_n - X_m\right)^2 + \left(y_n - Y_m\right)^2 + \left(z_n - Z_m\right)^2} \end{bmatrix} \tag{5-4}$$

$$A_m = \frac{1}{n}\sum_{1}^{n}\left(\boldsymbol{t}_n - \boldsymbol{T}_n\right) \tag{5-5}$$

$$S_m = \sqrt{\frac{\sum_{i=1}^{n}\left(\boldsymbol{t}_n - \boldsymbol{T}_n - A_m\right)^2}{n}} \tag{5-6}$$

5）取最小标准差 $(S_m)_{\min}$ 对应的 R_m 作为 OBS 沉底位置，残差均值 A_m 作为 OBS 时钟整体偏差。

$$\begin{cases} \left(X,\ \ Y,\ \ Z\right) = R_m \\ \Delta T = A_m \end{cases}，当 S_m = \left(S_m\right)_{\min} \tag{5-7}$$

实际运用中，若海面放炮只沿一条测线的话（即传统二维 OBS 地震探测），由于炮点位置矩阵 $\boldsymbol{P}_n$ 的数据点在 R 范围内分布不均，无法对 OBS 实际沉底点产生良好的包络，计算出来的 OBS 沉底位置的集合相对发散，可能位于测线两侧［图 5-11（a）、（b）］。一般需要将走时残差最稳定的点投影到二维测线上，计算 OBS 在测线上的距离。三维 OBS 位置校

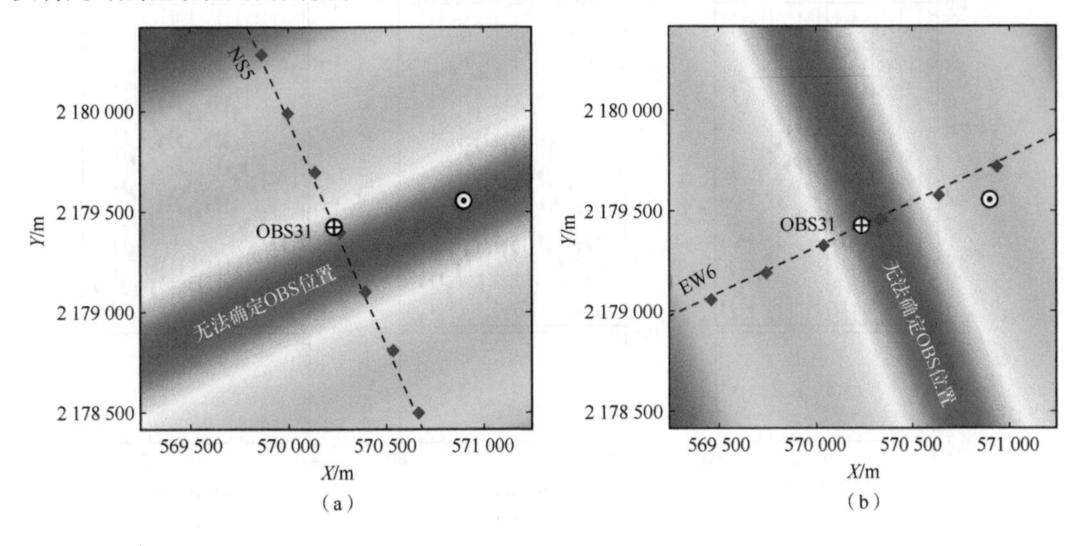

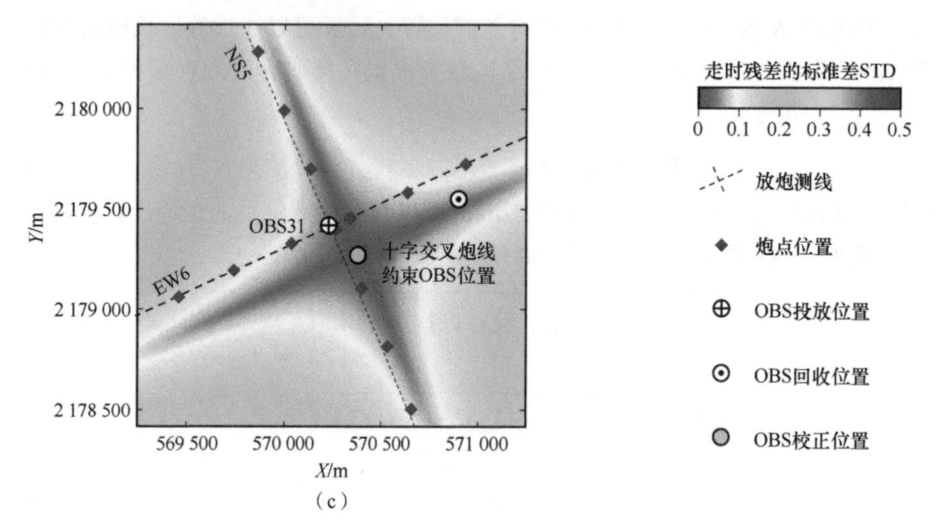

（c）

图 5-11　OBS 沉底位置检索及残差的标准偏差分布

（a）（b）仅用一条二维测线的炮点检索出的 OBS 可能位置较发散（暖色区域）；（c）利用十字交叉定位法更容易将可能的位置进行收敛。图中底图为直达水波残差的标准偏差，蓝色菱形为海面炮点位置，带十字线的圆圈代表 OBS 投放位置，带点圆圈代表 OBS 回收位置，灰色圆圈代表 OBS 检索后的校正位置

正相对二维 OBS 的优势在于，三维 OBS 探测一般在 OBS 正上方有交叉的放炮测线，保证校正时的炮点位置矩阵 $\boldsymbol{P}_n$ 的数据点在四个象限里分布均匀［图 5-11（c）］。该方法可以获得收敛的 R_m 解，进而确定 OBS 沉底的位置。通过位置校正后的直达水波呈对称的双曲线，但与理论双曲线可能还存在差别，通过时钟校正后将进一步使直达水波与理论双曲线重合（图 5-12）。由中国科学院南海海洋研究所开发的 OBSFinder 软件可以实现三维 OBS 位置校正的可视化（图 5-13）。

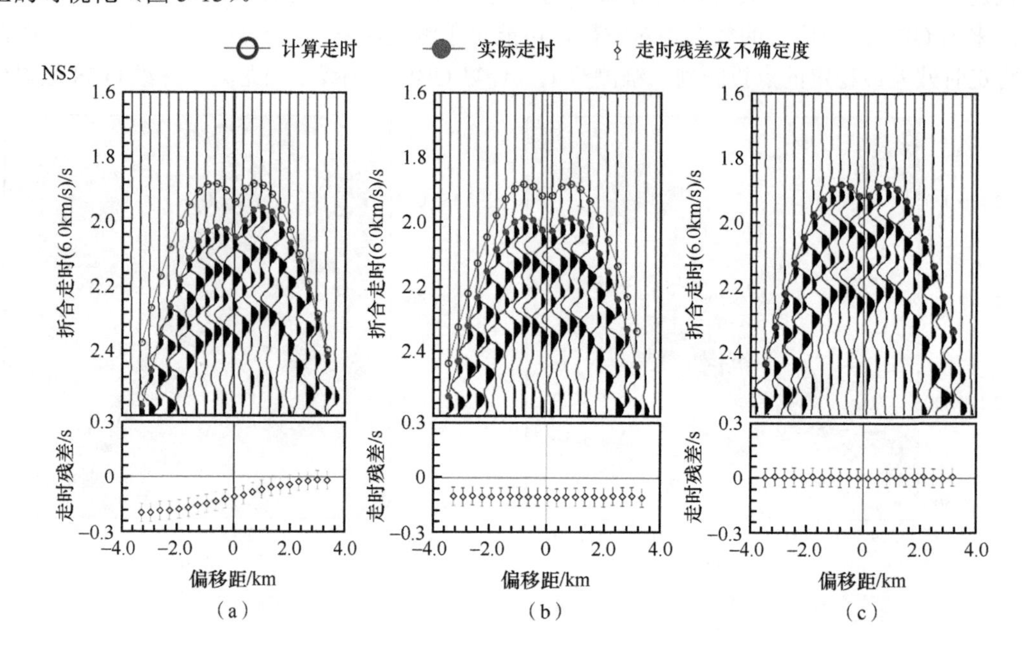

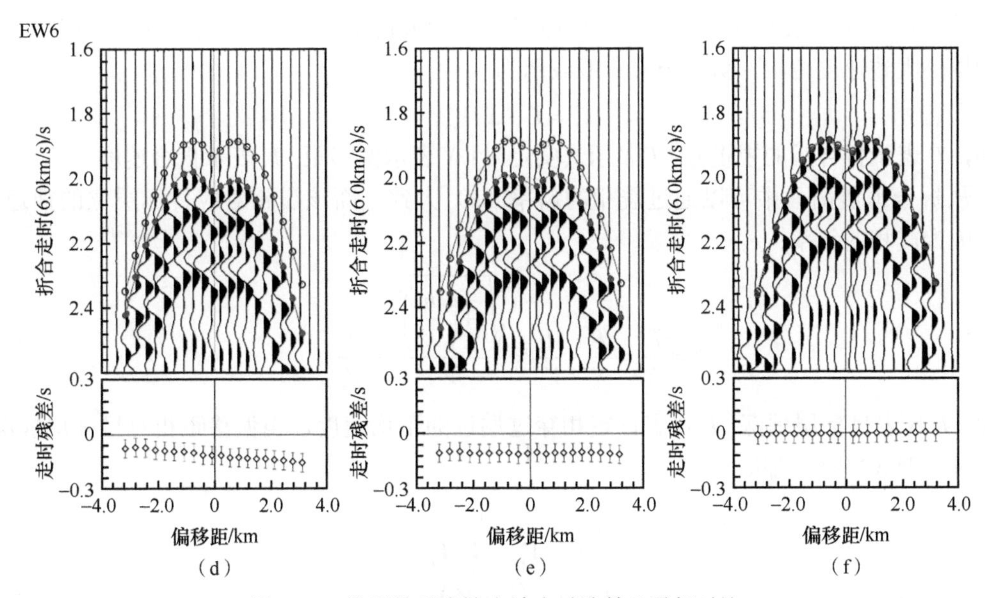

图 5-12 校正前后直达水波走时残差及震相对比

(a) 校正前实际震相、理论震相与走时残差，校正前震相不对称且走时残差分布不稳定；(b) 位置校正后实际震相、理论震相与走时残差，位置校正后震相对称且走时残差稳定，但残差不等于 0；(c) 时间校正后实际震相、理论震相与走时残差，通过位置与时间校正后震相对称且走时残差稳定趋于 0；(d)(e)(f) 为 OBS 在另外一条正交测线上的校正过程

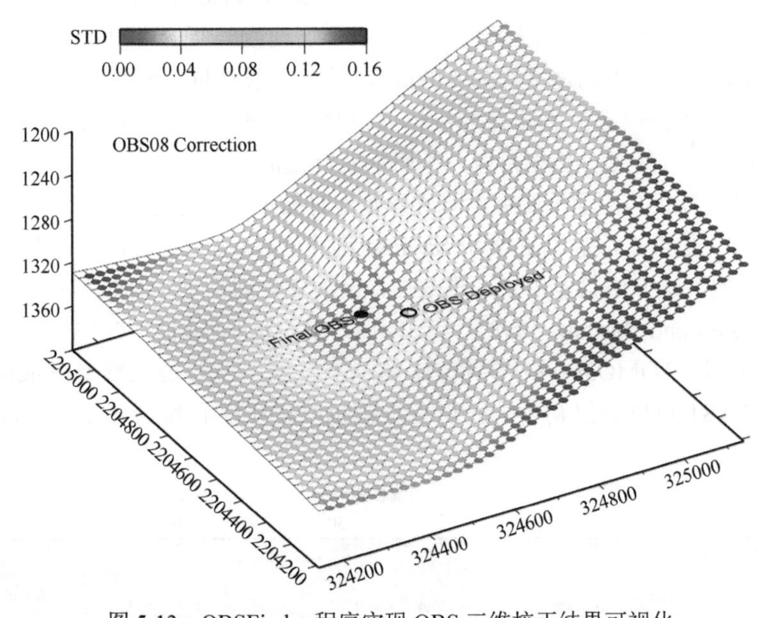

图 5-13 OBSFinder 程序实现 OBS 三维校正结果可视化

(3) 信号增益与剖面绘制

通过位置和时钟校正后的 OBS 数据可以用于绘制共接收点地震剖面。依据不同气枪的主频，通过带通滤波器对气枪信号进行滤波压制噪声，并进行自动增益处理获得清晰的 OBS 地震剖面。在 OBS 地震剖面绘制时，常常将纵轴（时间轴）相对偏移距进行“折合”，

其目的是：①在有限的剖面视域中尽可能多地展示来自不同目的层的震相；②直观地提供目的层的大致速度范围。折合公式一般表示为

$$T_r = T - X/V_r \tag{5-8}$$

式中，T_r表示折合后的视走时；T表示真实走时；X表示偏移距；V_r表示折合速度。

从折合地震剖面中可以通过震相的斜率（k）大致判断该震相对应目标层位的视速度，这是因为震相的斜率：

$$k = \frac{T_r}{X} = \frac{T}{X} - \frac{1}{V_r} \approx \frac{\sqrt{1+\left(\frac{h}{X}\right)^2}}{V} - \frac{1}{V_r} \tag{5-9}$$

式中，h代表目标层埋深；V代表该震相穿过层位的平均速度，当偏移距相对目标层埋深足够大时，即$X \gg h$，那么

$$k \approx \frac{1}{V} - \frac{1}{V_r} = \frac{V_r - V}{V \cdot V_r}$$

$$\begin{cases} k = 0, & (V = V_r) \\ k > 0, & (V < V_r) \\ k < 0, & (V > V_r) \end{cases} \tag{5-10}$$

综上，当震相显示水平时，即k=0，那么该震相穿过目标层的综合速度V大致等于折合速度V_r。同理，可以通过震相的斜率判断目标层平均速度与折合速度的大小关系。在进行地壳结构成像中，全地壳平均速度约为6.0km/s，故而一般将折合速度设为6.0km/s；为了清晰地区分地壳与上地幔顶部的震相差异，也可以将折合速度设为8.0km/s（图5-14）。折合速度的设置是为了方便震相分析与拾取，不影响实际走时。

OBS数据经过校正与剖面绘制后，即可开始走时拾取，再通过走时正反演软件，模拟地下速度结构。OBS数据正演软件通常用Rayinvr程序（Zelt and Smith，1992），通过试错法人为逐点调整模型，该方法只能用于二维数据；反演软件通常有TOMO2D（Korenaga et al.，2000）、FAST（Zelt and Barton，1998）和JIVED3D（Hobro et al.，2003），其中Tomo2D只能进行二维模拟，TOMO3D在TOMO2D基础上发展，可开展三维专时成像（Melendez et al.，2015），FAST可以通过初至波开展三维模拟，JIVED3D综合使用初至波和反射波开展二维、三维模拟。

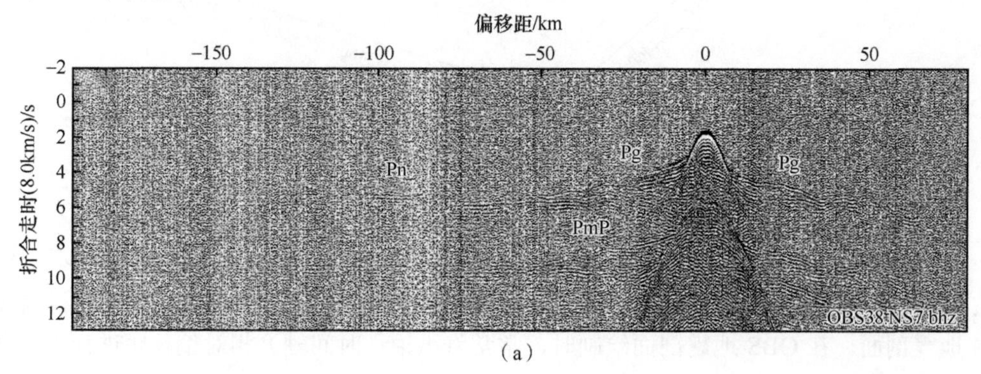

(a)

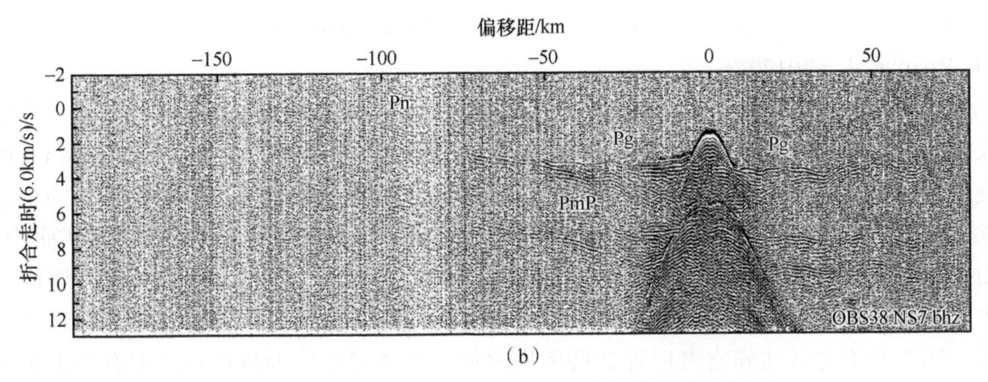

(b)

图5-14 不同折合速度显示的OBS共接收点地震剖面

5.1.1.4 OBS应用进展

主动源OBS探测技术被广泛应用于大陆边缘、洋中脊、海底高原与海山、俯冲带等构造单元的结构探测中（Czuba et al.，2004；Bohnhoff and Makris，2004；Minshull et al.，2006；Mjelde et al.，2008；Ito et al.，2009；丘学林等，2011；阮爱国等，2011；Zhao et al.，2013；Lester et al.，2014；Eakin et al.，2014；Wan et al.，2019），极大地提高了我们对张裂大陆边缘岩浆活动、海山形成机制、洋中脊及俯冲带深部构造特征等重要科学问题的认识和理解。OBS记录的转换横波在研究海底岩石物性、地壳性质、地幔蛇纹石化以及估算天然气水合物的饱和度和预测流体等方面具有广泛的应用（Bratt and Solomon，1984；Mjelde，1992；Mjelde et al.，1997；Zhao et al.，2010；Kandilarov et al.，2012；Wei et al.，2016；Satyavani et al.，2016）。被动源OBS因其在海底观测时间较长，可以记录到更丰富的天然地震信号及海洋背景环境噪声，因此可实现更多的地震学方法研究，如微震活动监测、地震接收函数、背景噪声成像、天然地震层析成像等（Sallares et al.，2011；Ruiz et al.，2013）。

（1）主动源OBS应用：西南印度洋OBS探测揭示超慢速扩张洋中脊三维构造特征

2010年2～3月，中国大洋第21航次第六航段重点对西南印度洋中脊进行了综合地球物理调查，由国家海洋局第二海洋研究所、中国科学院南海海洋研究所、北京大学及法国巴黎地球物理学院（IPGP）等多单位组成的科研队伍成功对2007年发现的龙旂热液区开展了三维OBS地震探测试验。此次试验通过船载GPS进行导航，围绕龙旂热液区布设了两个中国结式的探测网格，并设置两条东西向主测线贯穿左右两个网格，起到穿针引线的作用。此次实验共投放了40台OBS，包括国家海洋局第二海洋研究所提供的18台德国GeoPro公司制造的SEDIS-Ⅳ短周期OBS和5台国产Ⅰ-4C宽频带OBS以及法国IPGP提供的15台短周期OBS和2台宽频带OBS，OBS台站间距为5～10km。使用的人工震源是由中国科学院南海海洋研究所提供的4支BOLT1500LL型长寿命大容量气枪组成的气枪阵列（总容量达0.0983m^3），这种大容量气枪震源激发的低频信号（主频为4～8Hz）在传播过程中衰减慢、传播距离远，特别有利于深部地壳结构的研究。整个放炮过程船速保持在4～5kn，放炮时间间隔约为110s，炮间距约为250m。最后，此次实验共完成放炮测线52条，累计测线长达2650km，有效放炮时间长达310h，放炮数量达到10 832炮，成功回收了38台

OBS，回收率达到了 95%（Li and Chen，2010；阮爱国等，2010；张佳政等，2012；牛雄伟等，2014；Ruan et al.，2017）。

OBS 数据揭示的三维地壳结构显示，西南印度洋中脊地壳结构主要可分两层，上地洋壳及下洋壳，洋中脊整体地壳厚度大，8～10km，离轴两侧地壳逐渐变薄至 3～5km，地壳厚度变化主要集中在下洋壳层（图 5-15）。巨厚地壳的发现直接表明了地幔柱理论的全球适用性，该厚地壳的成因可能为热地幔（达 1420℃）和熔融物供给增多并且集中在扩张中心。西南印度洋中脊与典型超慢速扩张洋中脊的地壳结构有较大差异，表现在该洋中脊地壳厚度大、地幔未蛇纹石化和存在低速区，造成此差异的原因是研究区存在热地幔和较多岩浆供给。洋中脊下方低速异常表明存在残留岩浆房，其成因可能为热点对洋中脊的影响或洋中脊本身岩浆供给增多（Li et al.，2015；Niu et al.，2015）。在洋中脊发现的拆离断层和大洋核杂岩，表明即使在岩浆活跃的条件下，拆离作用也是超慢速扩张洋中脊重要的洋壳增生过程（Zhao et al.，2013）（图 5-16）。

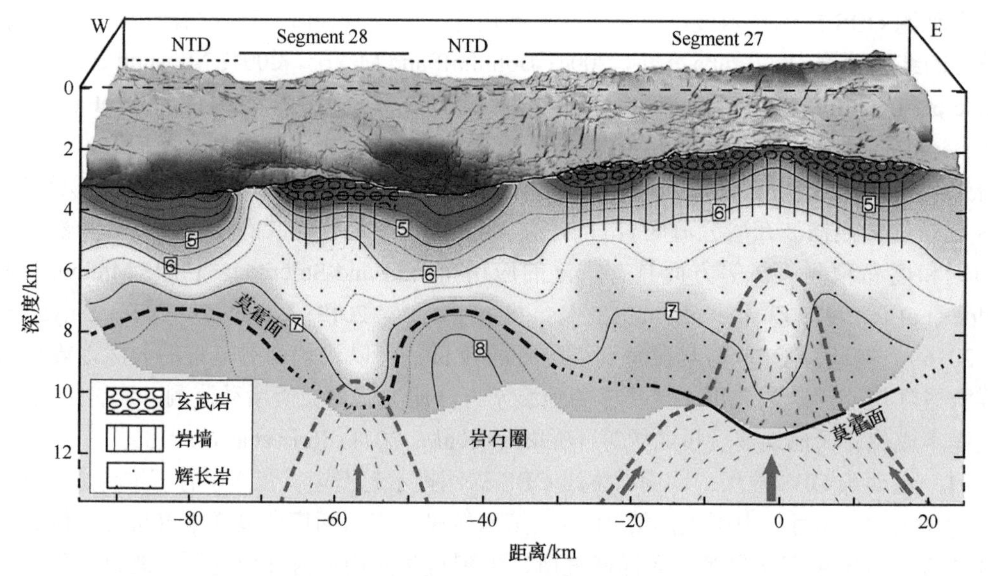

图 5-15　OBS 速度结构揭示西南印度洋洋中脊速度结构（Li et al.，2015）

（2）被动源 OBS 应用：马里亚纳海沟被动源 OBS 数据估计水进入地幔的规模

2012 年 1 月～2013 年 2 月，美国华盛顿大学在马里亚纳海沟俯冲板片外缘隆起区及弧前区域布设了 19 台宽频带 OBS，记录海底背景噪声与天然地震信号，并结合美国地质调查局 3 个岛屿地震台站同期的观测数据，对该区域进行了背景噪声和天然地震瑞利面波综合层析成像，获得了马里亚纳海沟中部周围的地壳和地幔最上层的速度结构和各向异性（图 5-17）。结果显示，马里亚纳海沟由于水化，地幔速度降低可达到莫霍面下方大约 24km 深度。结合对地壳含水量的估计指示俯冲近地下的水量至少是以往估算的 4.3 倍，每百万年每米的俯冲板片地幔水含量高达 79Mt。这项研究成果极大地修正了水圈与岩石圈水体运移交换的规模，对认识地球多圈层物质能量交换具有重要作用（Cai et al.，2018）。

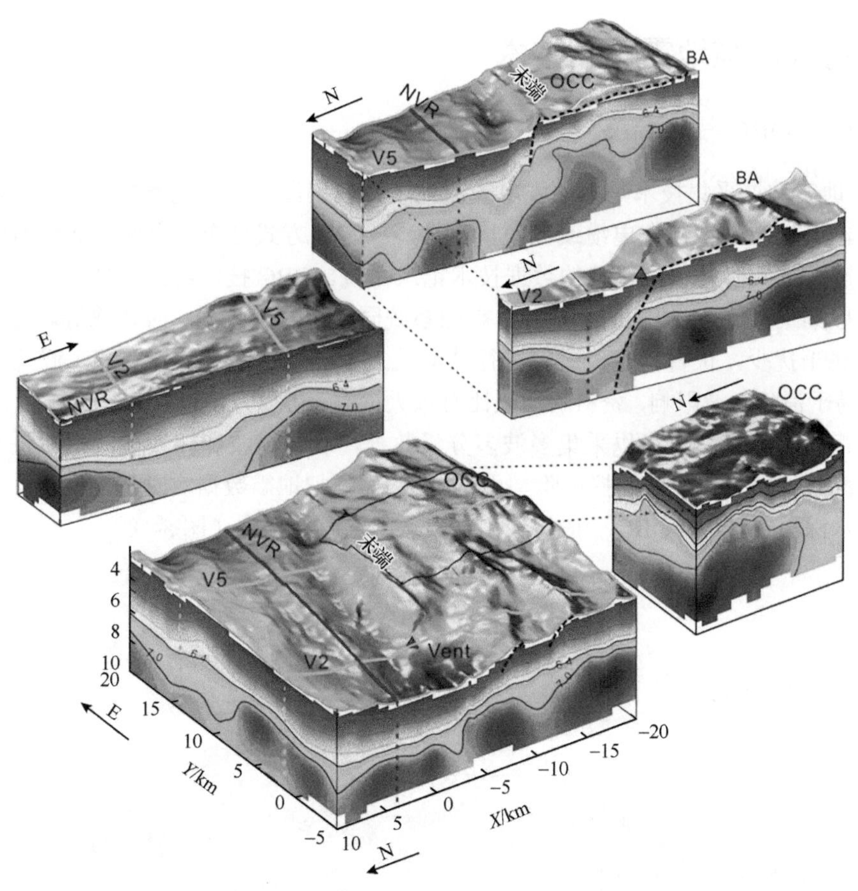

图 5-16　OBS 速度结构揭示西南印度洋中脊拆离断层（Zhao et al.，2013）

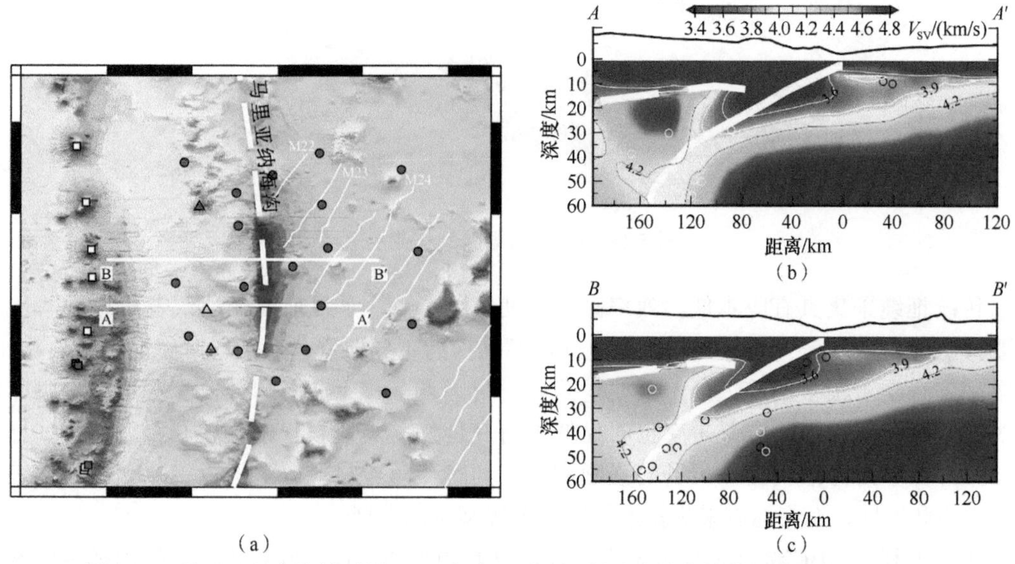

图 5-17　马里亚纳海沟被动源 OBS 台阵及对应层析成像速度结构（Cai et al.，2018）

（a）马里亚纳海沟被动源 OBS 台阵分布；（b）（c）速度切面显示低速流体进入地幔

5.1.2 海底电缆地震探测技术

5.1.2.1 OBC 技术简介

OBC 地震数据采集技术是把地震电缆或光缆铺设到海底进行地震数据采集的新型海洋探测技术，其检波器铠装在电缆或光缆里，按照一定的方式分布于海底，通过有线缆把接收到的地震数据实时传输到远端的数据技术记录系统。OBC 技术特点包括有线连接、外部供电（远程集式或分散式）、记录系统与震源系统同步，地震数据实时传输等。由于检波器放置在海底干扰少，位置稳定，适宜进行油藏地震监测。电缆沉放在海底，噪声小、频带宽，并且易于消除鬼波影响，资料的信噪比有很大提高，可以方便地实施长偏移距、宽方位、全方位地震数据采集，还可以采集多波多分量数据，联合纵波和转换横波信息进行油气检测，能提高解释精度，降低勘探风险。由于 OBC 需要把地震数据实时传输到集中记录系统中，铺设水深不宜过深，OBC 一般被应用在浅水的油气勘探中（图 5-18）。

图 5-18 OBC 数据采集作业示意

传统拖缆采集具有成本低、效率高、周期短的特点，是目前海洋油气普查勘探阶段的主要方法，长期以来一直占据着海洋油气资源勘探的主导地位。但是与海底地震采集相比，拖缆采集存在着很多不足之处，主要是外界干扰因素多、鬼波影响难以克服、采集脚印严重等，采集资料信噪比、分辨率也明显低于海底地震采集资料（余本善和孙乃达，2015）。近年来，由于海洋油气勘探市场的强烈需求，同时伴随着材料、电子电路、光纤通信等领域的进步和发展，海底地震采集技术取得了突飞猛进的发展。

在海上利用 OBC 进行多分量地震勘探最早起源于 20 世纪 80 年代，最初由挪威国家石油公司开发海底地震记录法技术专利，它利用置于海底的四分量检波器（压力检波器及三分量速度检波器)，通过数传电缆，将由海水中激发、海底接收的纵波和转换横波等信息传输到海面接收船的记录仪上。该方法可以有效填补海陆过渡带地震勘探技术和深海拖缆地震勘探技术在特定区域不能作业的空白。不同于陆地地震探测的是，OBC 观测系统设计理念是利用炮检点可互换的特点，多激发炮点，少布设检波器，获得尽可能多的射线覆盖来降低成本。同时该技术采用多分量接收的形式，可以获取地下转换横波信息。因此，在 20 世纪 90 年代，海底电缆地震勘探在障碍物众多的浅海区域得到推广，并于 1996 年前后商业化。21 世纪以来，Hydro 公司、壳牌公司、Fairfield 工业公司等国际石油公司已将 OBC 作为石油勘探、监测的主要手段。目前流行使用的 OBC 装备系统包括 408ULS 系统、GeoRes 系统、SeaRay 系统、VSO 系统和 OptoSeis 永久埋藏光纤采集系统（图 5-19）等。

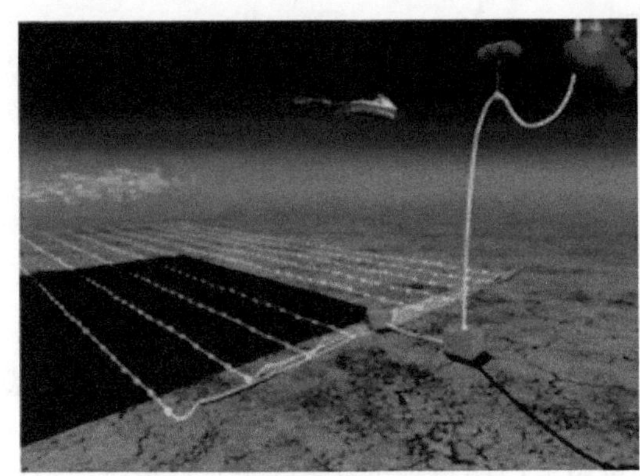

（a）海底光纤布设

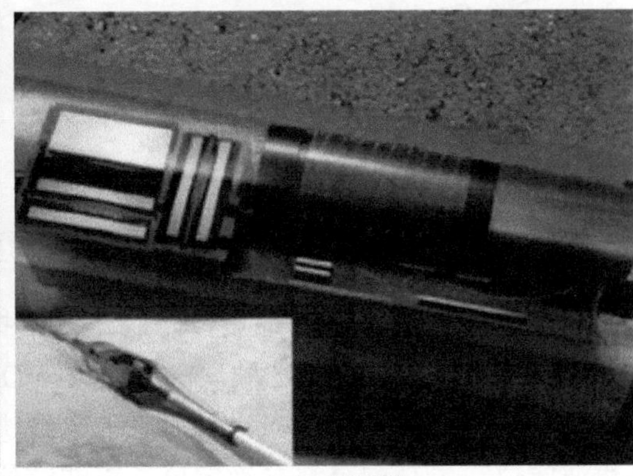

（b）光纤管线

图 5-19　OptoSeis 永久埋藏光纤采集系统示意（余本善和孙乃达，2015）

然而，OBC 地震探测技术也存在着检波器定位的问题，接收检波器位于海底后需要对其位置进行重新校正。另外，海底电缆集中式为水下设备供电的方法限制了记录系统的带道数，使得系统的带道能力有限。

5.1.2.2　OBC 作业方法

一个完整的 OBC 野外采集作业都包括放缆作业、电缆定位作业和野外地震资料数据采集三个主要流程。放缆作业是把安装有检波器的电缆或者节点按照设计的位置铺放到海底；电缆定位作业主要确认电缆上检波器或者单独节点具体的空间位置，一般采用声学定位或者初至波定位的方式；野外地震资料数据采集是在海洋中通过人为的方式产生地震波，从而进行地震波资料的采集工作。

OBC 地震数据采集技术在实施过程中需要先通过铺缆船将带有检波器的电缆放入海中，然后震源船进行两侧双向的定位作业，仪器母船进行定位综合处理，得到水下电缆的实际位置。如果电缆实际位置与前绘比较差别较大，则需要重新收放缆。如果实际位置满足要求，就可以开始震源船上线作业。当发现震源船上线作业期间电缆有较大的漂移时，还需要再次进行两侧双向定位（图 5-20）。在一束线全部作业完成后，进行面元 CDP 覆盖次数统计，检查是否需要补炮。

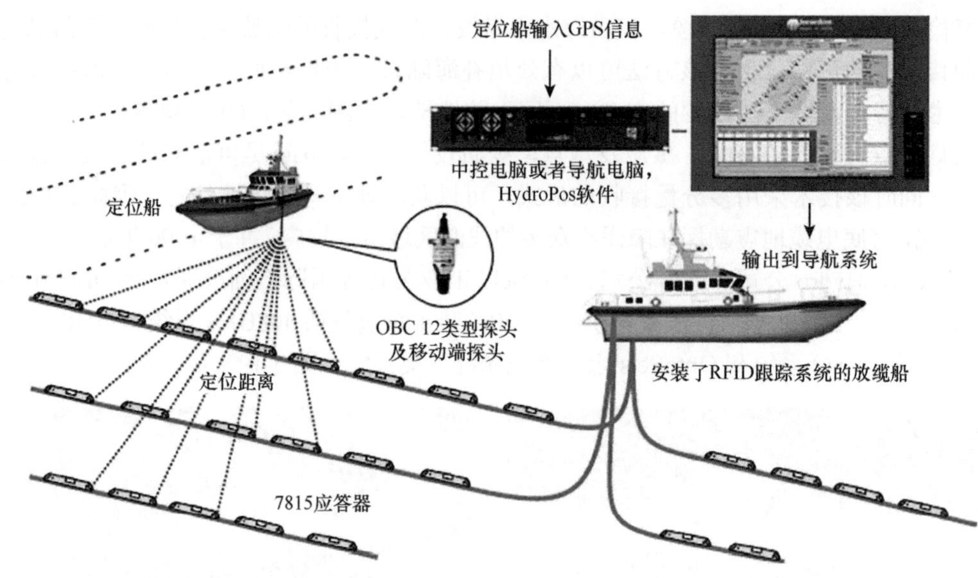

图 5-20　对海底电缆 OBC 进行定位示意（陈传庚等，2019）

相对于海上拖缆三维地震，海底地震数据处理还包括检波器二次定位、检波器定向、水陆检合并、转换波等特殊处理。海底电缆 OBC 地震数据采集过程中，需要利用海底地震勘探综合导航定位技术对布设到海底的电缆进行二次定位。定位的方法主要包括两种，一是声波定位，二是初至波二次定位。声波定位采用专门的声学设备，特点是精度高，但费用高，效率低，在浅水中数据采收率低。而初至波二次定位利用地震资料初值时间提取计算点位，精度相对较低，费用低，但不影响施工（图 5-21）。

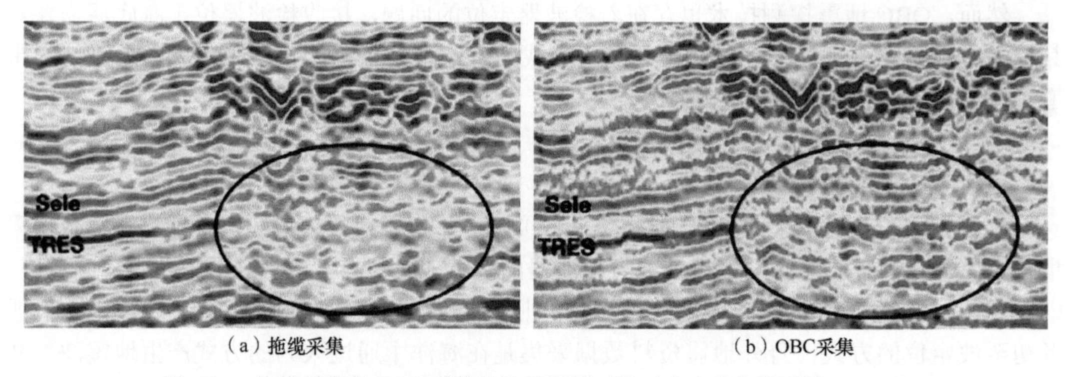

（a）拖缆采集　　（b）OBC采集

图 5-21　拖缆采集和 OBC 采集的地震剖面对比（余本善和孙乃达，2015）

在设计 OBC 地震数据采集观测系统时，由于需要考虑 OBC 数据采集作业系统的带道能力有限、接收点距固定、大部分采用集中式供电、倒排列整体搬家、数据实时质量控制、海洋动态环境多线连接仪器安全风险大等特点。因此，在设计 OBC 地震数据采集观测系统时，需要考虑一体化的设计方式。先进行理论设计，然后综合地理信息辅助设计，再踏勘优化设计，实测优化设计，形成最终的观测系统设计方案。

5.1.2.3 OBC 应用进展

海底地震技术的劣势主要是成本高、生产周期长，这也是目前海底地震技术商业应用市场规模不大的主要原因之一。相比陆地勘探来说，过渡带勘探采集主要面临着采集资料信噪比低、施工点位控制难、采集设备适应性要求高、现场质量控制点多等技术难题。近年来，滩浅海地震采集技术的进步和装备的发展，使得解决滩浅海过渡带地震采集技术难题的能力显著增强，尤其是海陆观测系统一体化设计、综合导航定位、海底检波器二次定位等关键技术的发展，有效地提高了地震资料的信噪比，改进了成像精度，取得了良好的地震勘探效果（张洪友等，2019）。由于 OBC 采集得到的资料包含更丰富的信息，其越来越占有优势。与此同时，油田区全面开发，海上平台为主要障碍物，导致拖缆地震资料采集方式不能采全地震资料的情况越来越多，海底电缆地震资料采集方式恰好能够利用其灵活的观测系统设计和灵活的作业方式等弥补拖缆这一缺点（胡兴豪，2017）。

1984～1998 年，国家加大了渤海油田地震采集投入，引进国外先进技术与装备，逐步实现了高质量、高效率、低成本的多源、多缆的二维、三维、高分辨率地震资料采集。1996 年首次进行海底电缆双检（1 个水检，1 个陆检）地震资料采集，2008 年引入 GeoRes 海底电缆多分量（1 个水检分量和 3 个相互正交的陆检分量）地震资料采集，2009 年开始，引入 408ULS 轻型海底电缆双检装备，进行 8 线 4 炮正交束线观测系统的采集。2010 年开始，引入基于微电子机械系统（micro-electromechanical system，MEMS）技术的 SeaRay 300 型全数字多分量海底电缆装备，进行片状与束线观测系统采集作业。2013 年，随着渤海油田一次三维全覆盖完成，渤海油田逐步开启基于地质目的为导向的目标采集处理工作（陈洋，2018）。

2009 年之前，海底电缆三维地震资料采集作业方式较为简单，主要采用双线 12 炮观测方式。自 2009 年开始，在渤海东部浅水区（水深小于 10m）引入 408ULS 轻型海底电缆（水陆双检）进行 OBC 采集作业，观测系统主要为 8 线 4 炮正交束线，与传统的双线 12 炮束线三维地震采集方式相比，采集方位相对较宽，具备 4～6 次横向覆盖，并且较好地解决了采集脚印问题。在深水平台区，采用美国 OYO 公司生产的 GeoRes Subsea 数字地震仪器开展片状海底电缆三维地震资料采集作业。该套海底电缆地震采集系统是一套可扩展的集成式系统，具有连续、实时管理来自大量采集站点的大带宽地震信号或声波信号的特点，检波器具有四个分量，俗称双检，一个压电检波器（水检）和三个分量（X、Y、Z）的速度检波器（陆检）。2010 年渤海开始采用 Sercel 公司的 SeaRay 300 地震数据采集系统进行地震资料采集作业，其检波器采用四分量全数字检波器，每个接收点包括 1 个压电检波器和 3 个基于 MEMS 技术的加速度陆地检波器，从检波器直接输出数字信号，与传统的模拟检波器相比，全数字检波器具有幅频响应特性好的特征，在 0～800Hz 范围内，输出相位为零相位，对低频信号没有衰减压制，低频反射信息也可以记录得较丰富，同时可以记录高频弱反射信号；四分量检波器接收到的地震信息通过双检合并技术，能衰减浅海地震资料中的虚反射（陈洋，2018）。

目前渤海的拖缆三维地震勘探一般采用双源三缆或者双源四缆的作业方式，横向没有覆盖次数，观测方位单一且较窄；海底电缆一般采用线束状观测系统，该观测系统具有比较均匀的炮检距分布，但是方位角较窄，获得的地下反射信息主要是沿测线方向，垂直方向信息缺失。另外，海底地震采集对天然气水合物探测也是至关重要的，在精确探测海底地质构造、检测海底工程灾害、帮助选取海底核武器实验的最佳位置等诸多方面也都能够发挥重要的作用。

用海底地震采集技术易于进行 4D 油藏监测，这也是推动海底地震采集技术快速发展的重要原因之一。通过 4D 地震监测油藏变化，识别泄油模式和死油区的位置，可以优化油田开发，延长油田寿命，在提高采收率的同时，也能大大降低勘探风险。据估算，海上 4D 地震技术至少可使油田剩余储量的 10% 变为可采储量，而由此增加的费用不到 1%。4D 地震技术可使发现石油的概率提高到 65%～75%。世界上已经有多个油田相继开展了 4D 地震研究工作（余本善和孙乃达，2015）。

5.1.3 海底节点地震探测技术

5.1.3.1 OBN 技术简介

海底节点地震数据采集技术方法是一种新型海洋地震勘探技术，通过布设在海底的节点地震仪，记录在海水中激发并由海底之下地层界面反射的地震信号，可以在海上钻井密集区得到多方位角、多偏移距地震数据集（吴志强等，2021）。该方法将接收检波器和记录单元构成独立的记录单元在海底进行数据采集和数据存储，节点之间没有电缆连接，节点收回后通过系统下载所接收到的数据。其特点包括无电缆连接、独立的数据和存储单元、内部时钟，地震数据无实时传输等（图 5-22）。

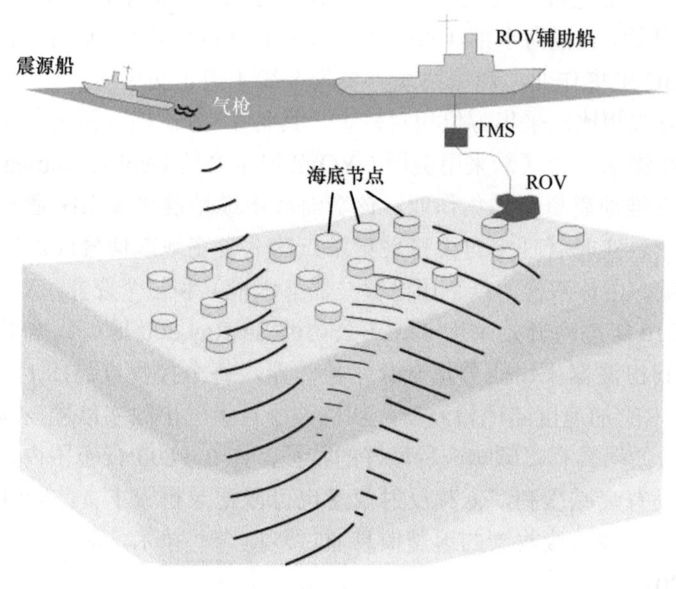

图 5-22　OBN 地震数据采集作业示意（吴志强等，2021）

针对复杂的地质条件和海洋油气勘探的需求，在 OBS 和 OBC 探测的基础上，又发展了一种新的海洋地震勘探技术 -OBN 地震勘探（Beaudoin and Michell，2006；Mitchell and Grisham，2006；Jean-Luc et al.，2010)。布放在海底采集网格节点处的地震仪被统称为节点地震仪，类似 OBS 的独立、自主接收和记录地震信号的四分量地震仪。常规的拖缆地震采集受限于相对固定的激发接收观测系统，而 OBN 勘探由于摆脱了电缆的束缚，地震观测系统设计灵活、多变，可以实现对常规地震勘探不能实施的勘探盲区的有效探测与成像，提供对复杂与高速屏蔽构造（如盐丘屏蔽）的有效地震成像所必不可少的宽方位角、多方位角、多偏移距地震数据集，也为油气藏识别提供高质量的多波数据。

相比于常规海洋地震勘探技术，OBN 勘探的优点有多方面（图 5-23）。OBN 相比于 OBS 接收点定位准确，采用遥控机器人 ROV 进行 OBN 的布设，可以将其精确地布放在设计点位，避免了接收点位置漂移带来的地震成像误差（刘浩等，2019）。OBN 接收点位置稳定，可以多次重复并准确地布设在同一观测位置，适宜进行油藏地震监测，使四维（时延）地震的精确测量成为可能。OBN 布设在海底，受海洋设施限制小，可在海上有密集生产平台和其他障碍物等海面拖缆无法实施的区域开展地震采集工作。OBN 地震资料品质高，接收点位于海底，具有较强的抓地能力、可与海床耦合良好，采集的地震信号噪声小、频带宽，呈现较高的矢量保真度。OBN 不受采集电缆和地震船连接的束缚，可以灵活地设计观测系统，能够实现大偏移距、宽方位（全方位）地震数据采集。OBN 与 OBC 和 OBS 一样均有四分量检波器接收地震信号，可利用横波信息提高特殊目标区（如裂缝区、气云带等）的勘探精度，同时纵横波联合反演还能进一步提高油气藏的识别精度，降低勘探风险。OBN

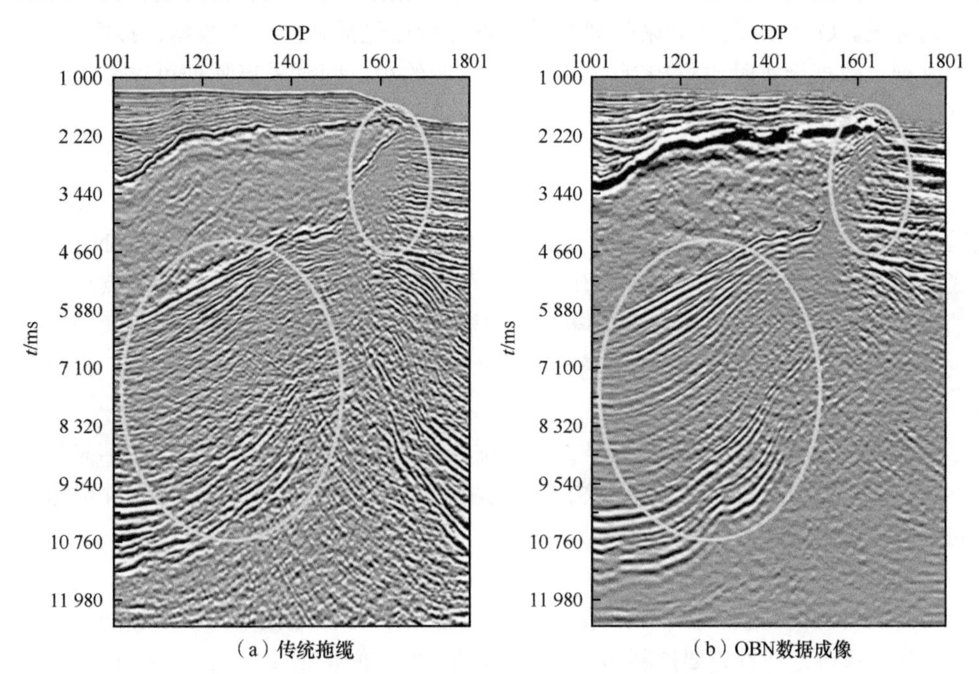

（a）传统拖缆　　（b）OBN数据成像

图 5-23　传统拖缆和 OBN 数据成像比较（李斌等，2019）

放置在海底，通过水听器和垂直分量检波器同时记录上行波和下行波，根据其在不同分量检波器的响应特征差异，在处理中可以有效分离上行波和下行波，对多次波压制和成像非常有效。

在拖缆地震、OBC 和 OBN 这三种主要的海洋多道地震勘探中，OBN 是数据质量最佳、波场属性最全和勘探效果最好的勘探方法，但也是单位勘探成本最高的。近年来，针对海洋油气地震勘探“提高勘探成效、降低勘探成本”的需求，OBN 技术创新研发更注重“采集自动化、处理全波场化、解释时空化”，即着力研究自动化采集技术方案，提高采集效率、降低采集成本；研究全波场成像处理技术方法，提高成像质量和油气藏识别精度，降低勘探风险；采用 4D 的时空一体的解释方法，充分挖掘数据潜能，为油气田勘探开发提供更有力的资料支撑，提高开发成效。OBN 地震采集的自动化是采集技术的发展趋势，未来还将继续延续下去。另外，采用最新发展起来的混合地震采集技术也是有效降低采集成本、提高勘探成效的有效途径（Johnathan et al.，2018）。目前主流的 OBN 产品有 Fairfield 公司设计并制造的 ZMarine 系统、GeoSpace 的 OBX 系列、法国 CGGVeritas 公司的 Trilobit（Beaudoin and Michell，2006）、挪威地质勘探公司（Magseis）的 MASS 系统等。

5.1.3.2 OBN 技术方法

OBN 地震资料采集与 OBC 和 OBS 相似，都是密集点激发、稀疏点接收，得到的是共接收点（节点）的地震记录。OBN 资料采集一般采用较大的网格间距布放，较小的网格间距进行气枪震源激发，OBN 接收点与激发点的布设范围以接收到目标层的全方位角地震反射信号为标准。OBN 地震数据采集观测系统设计特点包括独立采集数据、接收点距可变、可滚动排列、数据无实时质量控制，节点间相互制约少。同时采集阵列可以分为平行排列和正交排列两种方式。

安全和高效率工作是 OBN 地震勘探的主要目标，因此，对大数量的 OBN 有必要使用不同的布放与回收方法。在浅水区一般采用张力放缆方法，即节点之间用绳索（或钢丝绳）连接后，利用绳索产生的张力来控制节点的点位。由于绳索的张力有限、OBN 的质量小，在海底地形复杂的海域（如陡坡和悬崖地区）可能会存在部分节点悬空（节点与海底之间没有耦合）现象，严重地影响节点（陆检）的资料品质。深水区受潮流等因素的影响该方法投放节点的精度偏低，在这种作业条件下，均采用 ROV（遥控水下机器人）投放和回收 OBN。

三维 OBN 采集得到的地震数据是“全方位角、全波场”数据，所包含的信息量比拖缆数据丰富得多，使采用更多的技术方法进行更精确的成像处理成为可能。OBN 成像处理与解释的专用技术包括以下几个方面。

（1）位置校正与时间校正

由于 OBN 落底位置和计时时钟漂移等因素的影响，原始数据中潜在误差随记录时间的推移而增加。资料处理首先要控制和校正 OBN 的三维空间位置（X，Y，Z）、时钟漂移和垂直于水平分量的方位角。故可以利用直达波作为有效波利用，对其进行常规偏移成像，通过构建不同的偏移数据体，确认检波点和炮点的位置，从而实现对检波点和炮点位置的校正。

（2）波场分离

OBN 记录的 P、Z 分量在振幅、相位和频率的响应特征差异较大，简单的 P、Z 分量相加或相减不能取得上行波和下行波理想的分离效果（图 5-24）。为此，童思友等（2012）提出了基于维纳滤波算法的自适应时间–空间变化匹配滤波技术，对 P、Z 分量进行自适应匹配滤波，使其在振幅、频率、相位上完全匹配，再通过双分量合并处理有效地消除海底多次波。吴志强等（2021）对 OBN 数据的上行波、一阶多次波和高阶多次波的镜像偏移成像结果显示，由于上行波对海底及浅部的照明程度较低，其反射波没有成像，但在一阶多次波和高阶多次波的镜像偏移剖面中得到了较好成像（图 5-25）。

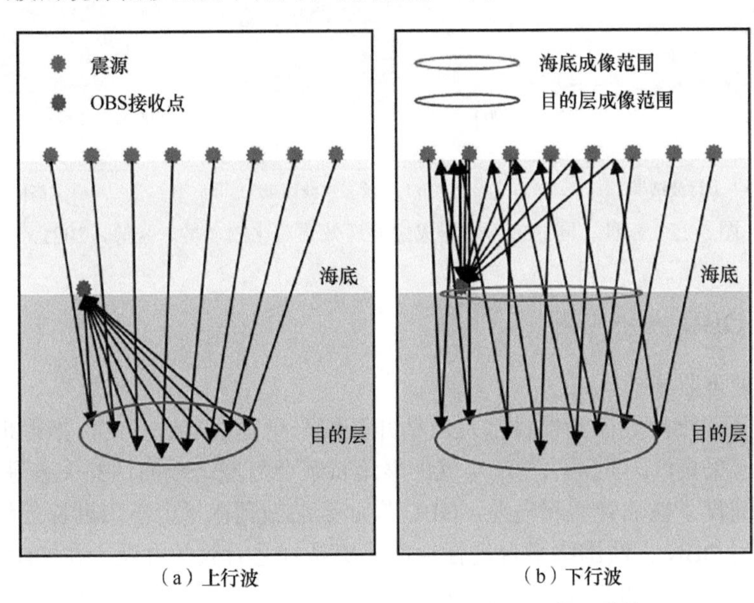

图 5-24　上（a）、下行波（b）成像范围示意图（徐云霞等，2018）

（3）镜像偏移成像处理

由于 OBN 的数量限制，一般采用密集激发和稀疏接收的采集方式，将道间距（节点间距）设置为炮间距的数倍。这种稀疏分布的接收点观测系统对浅、中部目标体的照明密度有限，影响了成像品质。为了有效解决该问题，Grion 等（2007）提出了利用分离出来的下行波进行镜像偏移成像的技术，实现了对浅、中部目标体的良好成像。

（4）PS 波成像

OBN 地震采集还记录 PS 波信息，数据处理目标不仅是改善纵波成像品质，也要提供同样高质量的与之相对应的 PS 波成像数据，以满足 PP-PS 弹性波联合反演的需要。PS 波成像处理主要由对包含 P 波和 S 波的各向异性速度–深度模型的建立，解决近海底沉积层纵、横波速度变化引起的异常，矢量保真度分析和 PS 波叠前深度偏移等关键技术组成。

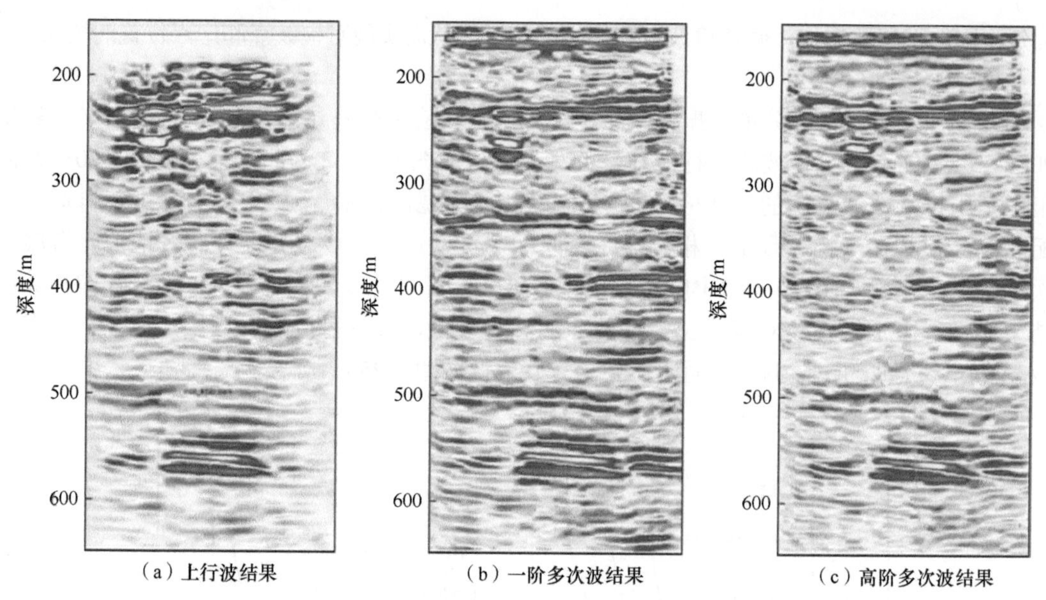

图 5-25 三种不同的节点数据成像处理效果对比图（吴志强等，2021）

5.1.3.3 OBN 方法应用

（1）钻井灾害监测

一般情况下三维地震监测项目都是在钻井开发平台建成后进行的，拖缆地震船必须绕开平台进行资料采集，因此无法对浅层气的聚集特征及可能造成的钻井灾害进行分析评估。鉴于平台附近铺设了输油管道和电缆，OBC 作业无法做到在平台下用勘探船均匀布放地震电缆，所以采用 OBN 方法围绕平台进行地震采集是行之有效的办法。在 OBN 资料采集作业中，使用 ROV，通过可视通信、精确的声波和惯性导航定位布设 OBN，将其准确地布设在平台之下的海底，还可以避开海底管线和电缆等障碍物，使噪声的干扰降到最低，获得高信噪比的原始记录。

OBN 勘探的地震照明可以覆盖包括采油平台的所有区域，而 1D 和 3D 拖缆只能覆盖远离平台的区域。虽然拖缆也可以获得亮点具有不同的照明度、频率范围和噪声的反射波，但只有 OBN 数据可以提供平台下方浅部沉积层的钻井灾害特征。另外，由钻井灾害引起的亮点反射在 OBN 和拖缆的剖面上具有不同的连续性，但是只有 OBN 剖面的解释结果最为可信。

（2）4D 地震勘探

4D 地震勘探是通过重复地震观测研究地层中流体的变化特点，指导油气藏开发的时移地震技术，也是目前油气藏开发动态监测的关键技术。成功的 4D 地震成像要求不可重复的噪声要比 4D 地震有效信号弱，每一次的地震观测都要具有非常高的精度。因此，采集参数和环境的可重复性对 4D 成像非常重要。然而，在利用时移地震（TS）采集技术进行 4D 地震勘探时，电缆姿态、定位的变化对于重复性的干扰缺乏有效的控制，通常会掩盖油藏开发过程中产生的变化（庄东海等，1999）。另外，4D 勘探中的重复地震观测均是在油气田开发阶段进行的，相对于油气田开发前的观测环境，最大的差异是在开发阶段海面上存在平台等采油设施，海底的管线和水下作业设施较多，使 TS 和 OBC 地震难以做到均匀照明和与开发前地震观测位置的完全重合，严重影响了 4D 地震观测的精度和效果。OBN 地震观测受海底和海面人工设施影响相对较小，进行 4D 地震勘探可以有效地保证采集参数、炮点与检波点位置的可重复性，提高了 4D 地震观测精度，成为海洋 4D 观测的主要工作手段。例如，Jean-Luc 等（2010）利用 OBN 技术对安哥拉海邦达深水油气田进行了 4D 地震监测的应用，并取得了良好的效果（图 5-26）。

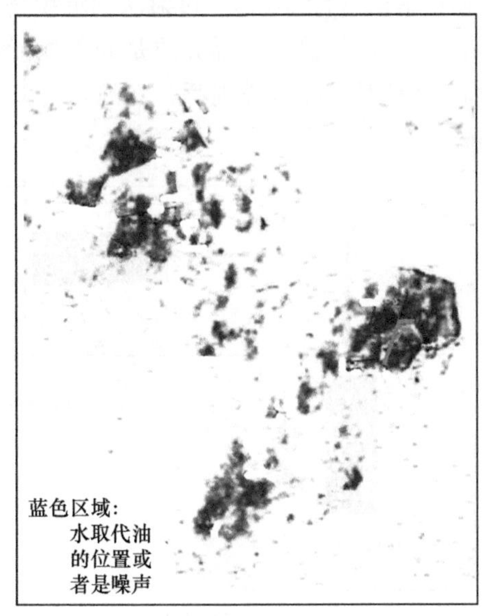

（a）OBN与TS数据体的层间振幅差平面图

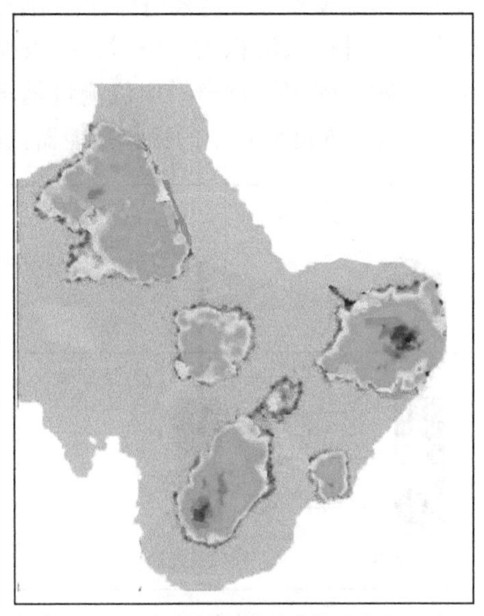

（b）在OBN采集时间中动态油藏模型对5年开采后含油饱和度变化的预测

图 5-26　4D 地震时延监测平面图（Detomo et al.，2012）

5.2　沉积声学探测

海底浅表层沉积物具有独特的声学特性，可以为海底声场研究、海底工程地质、海洋石油地质等提供所必需的基础数据，是决定海洋声场环境的关键因素，是海水中声波传播损失、海洋声场组成、水声学等研究的重要组成部分，是海洋底质调查、海洋声场研究和海洋地球科学研究不可缺少的研究内容，在海洋工程建设、军事海洋安全以及海洋环境监测等领域具有重要的研究价值（金翔龙，2007）。

海底沉积物的声学特性研究主要包括建立典型海域的海底地声模型、海底声波传播理论、声学性质与物理性质的相关关系、声速和声衰减系数等声学参数的分布规律、声学参数预测方程等，这些研究必须基于精确的测量数据。取样测量和原位测量是获取沉积物声学参数的两种主要方式。在海底取样和样品搬运过程中，沉积物的结构发生了扰动，温度和压力等环境因素发生了改变，从而测量得到的声学参数与实际值存在较大的偏差，因此基于取样测量方式的沉积物声学特性研究成果普遍具有局限性，只能定性描述物理性质对声学性质的影响变化特征，而声学预测方程和声波传播模型等定量研究的准确性有待验证。原位测量技术是将测量换能器插入海底沉积物，直接测量声波在沉积物中的传播特性，从而可以获取精确的声学参数。

5.2.1 海底沉积物原位测量方法与系统

声学原位测量设备主要是采用探针透射法和折射法（图 5-27）。透射法的沉积物原位声学测量是声波通过插入沉积物的发射、接收换能器进行传播，传播介质是介于换能器之间的沉积物。折射法的沉积物声学原位测量是声波经发射换能器发射后，在海水与沉积物界面发生折射，被插入沉积物中的接收换能器接收。

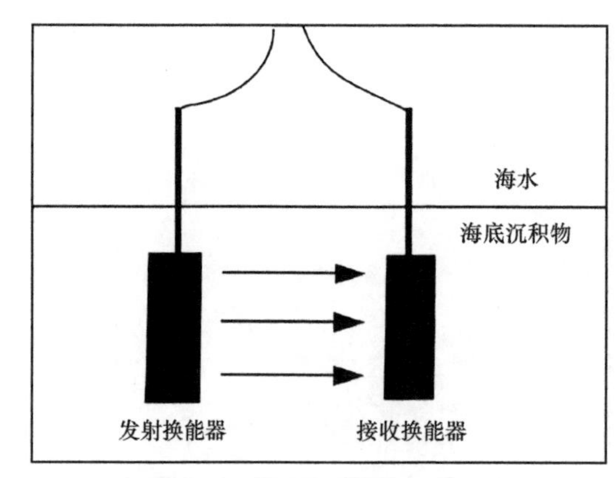

（a）透射法

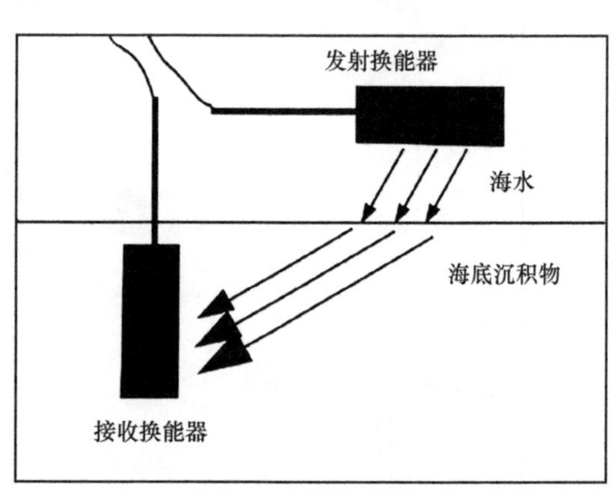

（b）折射法

图 5-27　两种声学原位测量方法（邹大鹏等，2014）

5.2.1.1　折射法测量系统

夏威夷大学地球物理学与行星学研究所（Hawaii Institute of Geophysics and Planetology，University of Hawaii）研制的声学长矛（Acoustic Lance）和原国家海洋局第二海洋研究所研制的多频声学系统属于此类。

Acoustic Lance 可以原位测量海底表面以下 10m 沉积层的单频纵波声速和声衰减的剖面。该系统主要包括机械部分和电子部分，其中机械部分可以是重力取样器，或是一个特殊设计的柱状取样装置，如图 5-28 所示。电子部分包括接收电路、发射电路和电源部分，分别装在 2 个压力罐中。发射换能器和压力罐放在顶端。10 个接收换能器按顺序等间距安装在重力取样管上。发射采用单频发射，中心频率为 16kHz，接收频率范围为 5～20kHz。该系统可以在深海、浅海和砂质沉积物中进行原位测量试验。

原国家海洋局第二海洋研究所对海底沉积物声学原位测试技术进行了研究，仿制声学长矛进行改进，研制出多频海底声学原位测试系统（in-situ marine sediment geo-acoustic measurement system with real-time and multi frequencies）（图 5-29）。该系统具有 8 个声学接

图 5-28　声学长矛（陶春辉等，2006）

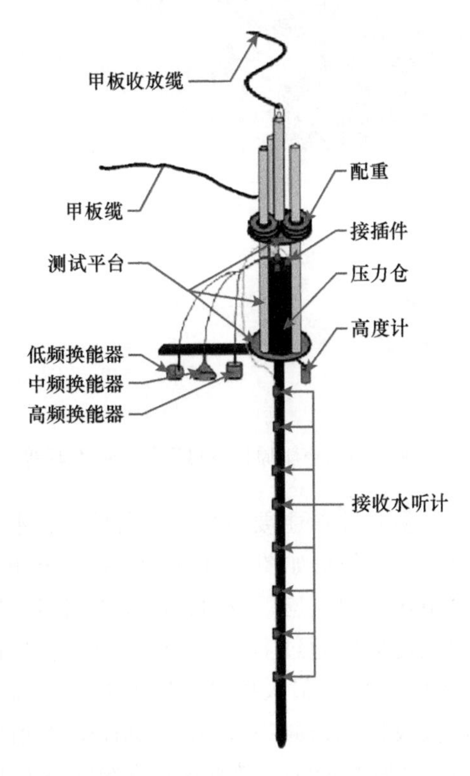

图 5-29　多频海底声学原位测试系统（李红星，2008）

收换能器（水听器），沿着重力管等距离分布。依靠自重插入沉积物中，可测量 4～8m 深度浅表层沉积物的纵波声速和声衰减系数，探测频率为 8～120kHz，可根据实际监控情况选择发射波形、接收增益和采样长度，采样率为 500kHz ～2MHz，工作水深为 300m。该系统具有倾斜传感器、八通道扩充等功能，发射角度和偏移距可调。陶春辉、李红星等用该系统在杭州湾进行了沉积物原位声速实验研究（李红星，2008）。

5.2.1.2 透射法测量系统

美国海军研制的沉积声学原位测量系统 ISSAMS（in situ sediment acoustic measurement system）系统和原国家海洋局第一海洋研究所牵头研制的液压式海底沉积声学原位测量系统属于此类。

ISSAMS 如图 5-30 所示，该系统包括 1～3 个纵波声学换能器和 3 个横波声换能器，均可作为发射换能器和接收换能器。利用液压驱动装置将换能器插入海底沉积物，插入深度为 30～100cm。该系统测量频率为 38kHz，不仅可以测量沉积物的波速和衰减系数，还可以测量沉积物和底层海水的电阻率、压力、温度、抗剪强度。ISSAMS 是比较实用和成熟的测量设备，可适用于不同海域多种沉积物的声学测量研究。系统的纵波换能器的发射频率范围在 5～150kHz，可以以 5kHz 或 10kHz 步长进行调节，以 1μs 采样间隔进行采样。

图 5-30 美国沉积物声学原位测量系统（陶春晖等，2006）

液压式海底沉积声学原位测量系统主要包括换能器单元、水下中央控制单元、液压驱动贯入单元和声学单元四个部分，外形如图 5-31 所示。换能器单元包括一个发射换能器和三个接收换能器。为了提高电压发射响应，发射换能器采用多个压电陶瓷管并联后并排套装在中心承载轴上，而接收换能器则通过多个陶瓷管串联以便提高其接收灵敏度。系统主要技术指标如下：工作水深为 500m，最大探测深度为 1m，发射波形为脉冲波或正弦波，发射换能器主频为 30kHz，接收换能器频率为 20～35kHz，发射电压为 10～1000V，脉冲宽度为 5 ～50μs，声波采样频率为 10MHz。该系统后升级到最大工作水深为 6000m。

图 5-31　液压式海底沉积声学原位测量系统（阚光明等，2010）

从近几年来的实验情况看，同时使用透射和折射测量系统，可以最大限度地获取可靠的声学特性数据。

5.2.2　沉积物声学探测流程

由于进行原位沉积物声学特别是海上沉积物声学原位探测比较费时费力，在正式进行探测之前，应进行周密的安排和规划。一般地，进行沉积物声学探测流程主要包括以下几个方面或需要考虑的因素。

明确测量目的，根据测量成果要服务于海洋声场环境研究、海底地声研究以及工程地质评价，是进行总体规划和技术设计，并明确相应的技术要求、技术指标的基础。在此基础上进行相关的测量前准备、现场测量和后期的资料处理与整理归档。

技术设计要考虑的因素和主要工作包括：测区的海底底质概况；历史调查研究状况及测区的底质地质特征、底质声学特征；调查项目的目的与任务要求；调查前桌面研究内容要求；测区、测站和测线的布设；调查方式、方法和质量控制要求；调查海区气象海况条件要求；调查仪器设备及器材要求；调查船的要求、航次及时间安排；调查人员的组织和专业配备；数据处理与分析要求；提交的资料、成果和对成果的要求以及经费概算。

原位测量现场测试主要流程有：同站位的海水声速与海水温度的剖面测量；声学原位测量系统布放；在离海底一定距离内进行一次海水中的声学原位测量；将测量系统的探测单元贯入沉积物中；进行沉积物中的原位测量及其他辅助参数测量，必要时开展沉积物取样；根据任务书要求完成沉积物中的原位测量后回收系统。

测量的参数分为主要参数与辅助参数。主要参数包括沉积物声速和沉积物声衰减系数。辅助参数包括近底层海水声速；水深；近底层海水温度；海底浅表层分层结构；沉积物湿密度；沉积物中值粒径；沉积物颗粒组分含量；沉积物孔隙度；沉积物温度。其中，水深、近底层海水声速和温度为必测辅助参数。建议利用相同站位的原状圆柱状样品，通过室内测试分析，获得沉积物的有关物理力学参数，获取的参数也可用于孔隙介质的建模。

5.2.3 Biot-Stoll 孔隙介质模型

早期，海底介质被视为流体介质、弹性介质或者黏弹性固体介质，实际上，海底介质是一种孔隙介质，主要由骨架和孔隙组成，孔隙被液态物质填充。Stoll 应用 Biot 理论研究了声波在这种孔隙海底介质中的传播，认为骨架耗散对声波传播影响很大，因此对 Biot 理论进行了改进，建立了 Biot-Stoll 模型，模型包含 13 个物理参数。Biot-Stoll 纵波波动方程为

$$\nabla^2(\bar{H}e-\bar{C}\zeta)=\frac{\partial^2}{\partial t^2}(\rho e-\rho_f\zeta) \tag{5-11}$$

$$\nabla^2(\bar{C}e-\bar{M}\zeta)=\frac{\partial^2}{\partial t^2}(\rho_f e-m\zeta)-\frac{F\eta\partial\zeta}{k\partial t} \tag{5-12}$$

Biot-Stoll 横波波动方程为

$$\bar{\mu}\nabla^2\boldsymbol{w}=\frac{\partial^2}{\partial t^2}(\rho\boldsymbol{w}-\rho_f\boldsymbol{\theta}) \tag{5-13}$$

$$\left(\frac{F\eta}{k}\right)\frac{\partial\boldsymbol{\theta}}{\partial t}=\frac{\partial^2}{\partial t^2}\left(\rho_f\boldsymbol{w}-m\boldsymbol{\theta}\right) \tag{5-14}$$

式中，$e=\nabla\cdot\boldsymbol{u}$；$\zeta=\phi\nabla\cdot(\boldsymbol{u}-\boldsymbol{U})$；$\boldsymbol{w}=\nabla\times\boldsymbol{u}$；$\boldsymbol{\theta}=\phi\nabla\times(\boldsymbol{u}-\boldsymbol{U})$，$\boldsymbol{u}$ 和 $\boldsymbol{U}$ 分别为骨架和孔隙流体位移矢量；ϕ、η、k 为孔隙度、黏滞系数和渗透率。Biot 弹性模量 $\bar{H}$、$\bar{C}$ 和 $\bar{M}$ 用骨架体积模量、孔隙流体体积模量和颗粒体积模量表示为

$$\bar{H}=\frac{\left(K_r-\bar{K}_b\right)^2}{D-\bar{K}_b}+\bar{K}_b+\frac{4}{3}\bar{\mu}$$

$$\bar{C}=\frac{K_r(K_r-\bar{K}_b)}{D-\bar{K}_b}$$

$$\bar{M}=\frac{K_r^2}{D-\bar{K}_b}$$

$$D=K_r\left[1+\phi\left(\frac{K_r}{K_f}-1\right)\right]$$

式中，K_r、K_f 分别是颗粒体积模量和孔隙流体体积模量，是实数；$\bar{K}_b$、$\bar{\mu}$ 分别是骨架体积模量和剪切模量，是复常数。

$$\bar{K}_b = K_0\left(1+\mathrm{i}\delta_k\right),\ \bar{\mu} = \mu_0\left(1+\mathrm{i}\delta_\mu\right)$$

式中，K_0、μ_0 分别是无耗散骨架体积模量和剪切模量；$\mathrm{i}=\sqrt{-1}$；δ_k 和 δ_μ 是耗散系数；沉积物密度 $\rho=(1-\phi)\rho_s+\phi\rho_f$，$\rho_s$、$\rho_f$ 分别为颗粒密度和流体密度；附加质量 $m=\alpha\rho_s/\phi$，α 为孔隙弯曲因子；F 为黏滞系数校正因子，与频率有关。

Biot-Stoll 模型和 Biot 理论的声波频散方程具有相似性，主要差别在于 Biot-Stoll 模型的弹性模量$\bar{H}$、$\bar{C}$ 和$\bar{M}$ 是复数，经过推导可得到纵波频散方程和横波频散方程分别为

$$\left(\bar{H}l^2-\rho\omega^2\right)\left(m\omega^2-\bar{M}l^2-\mathrm{i}\frac{F\eta\omega}{k}\right)-\left(\bar{C}l^2-\rho_f\omega^2\right)\left(\rho_f\omega^2-\bar{C}l^2\right)=0 \tag{5-15}$$

$$\left(\rho\omega^2-\bar{\mu}l^2\right)\left(m\omega^2-\mathrm{i}\frac{F\eta\omega}{k}\right)-\left(\rho_f\omega^2\right)^2=0 \tag{5-16}$$

令 $Y=(l/\omega)^2$，式（5-15）关于 Y 的两个根分别为 Y_1、Y_2，式（5-16）关于 Y 的解为 Y_3，则纵波速度 $V_{\mathrm{p}i}$ 和横波速度 V_{s} 的表达式为（i=1，2 分别表示快纵波和慢纵波）

$$V_{\mathrm{p}i}=1\Big/\mathrm{Re}\left(\sqrt{Y_i}\right) \tag{5-17}$$

$$V_{\mathrm{s}}=1\Big/\mathrm{Re}\left(\sqrt{Y_3}\right) \tag{5-18}$$

纵波和横波的衰减系数 $\alpha_{\mathrm{p}i}$、α_{s} 以及质量品质因子 $Q_{\mathrm{p}i}$、Q_{s} 的表达式为

$$\alpha_{\mathrm{p}i}=\omega\,\mathrm{Im}\left(\sqrt{Y_i}\right) \tag{5-19}$$

$$\alpha_{\mathrm{s}}=\omega\,\mathrm{Im}\left(\sqrt{Y_3}\right) \tag{5-20}$$

$$1/Q_{\mathrm{p}i}=-2\,\mathrm{Im}\left(\sqrt{Y_i}\right)\Big/\mathrm{Re}\left(\sqrt{Y_i}\right) \tag{5-21}$$

$$1/Q_{\mathrm{s}}=-2\,\mathrm{Im}\left(\sqrt{Y_3}\right)\Big/\mathrm{Re}\left(\sqrt{Y_3}\right) \tag{5-22}$$

由式（5-15）和式（5-16）分析可知，对于流体饱和孔隙海底介质，骨架耗散和流体黏滞耗散造成了声波总能量的减小。考察了介质在骨架耗散作用下、流体黏滞作用下以及两种耗散同时作用下的快纵波、慢纵波和横波的传播特性。当不考虑骨架耗散作用时，Biot-Stoll 模型退化为 Biot 模型，海底介质模型参数见表 5-4。

表 5-4　海底介质模型参数

参数	数值
K_r	36
K_f	2.14
ρ_s	2590
ρ_f	1000
ρ_a	100
ϕ	86%

续表

参数	数值
η	0.001
k	5×10^{-12}
α	1.25
K_0	3.01×10^{-4}
G_0	2.75×10^{-4}
δ_k	0.10
δ_μ	0.15

注：K_r、K_f、K_0、G_0 的单位为 GPa，ρ_s、ρ_f、ρ_a 的单位为 kg/m^3，η、κ 的单位为 Pa·s 和 m^2，其他量纲为 1。

图 5-32 给出了完全耗散情况下 Biot-Stoll 模型的声波速度和衰减，同时给出了流体耗散和骨架耗散分别对声波速度与衰减的影响。由图 5-32（a）可知，完全耗散和流体耗散情况下的快纵波速度基本一致，骨架耗散情况下的快纵波速度较高，图 5-32（c）和（e）表明，完全耗散和流体耗散情况下的慢纵波速度差别不大，骨架耗散情况下的慢纵波速度较高，横波速度也具有慢纵波相似的规律。

图 5-32（b）表明，在低频条件下，完全耗散情况下的快纵波衰减高于流体耗散情况下的快纵波衰减，在高频条件下，两种情况下的快纵波衰减基本一致；在低频条件下，骨架耗散情况下的快纵波衰减不小于流体耗散情况下的快纵波衰减，但是小于完全耗散情况下的快纵波衰减；在高频条件下，骨架耗散情况下的快纵波衰减要远远低于其他两种情况下的快纵波衰减；图 5-32（d）和（f）表明，在低频条件下，完全耗散和流体耗散情况下的慢纵波衰减基本一致，而在高频条件下，完全耗散的慢纵波衰减要高于流体耗散情况下的慢纵波衰减；骨架耗散情况下的慢纵波衰减要低于其他两种情况下的慢纵波衰减，但是在高频条件下，骨架耗散情况下的慢纵波衰减接近于其他两种情况下的慢纵波衰减；在低频条件下，横波衰减具有快纵波衰减的规律，但是在高频条件下，完全耗散情况下的横波衰减要高于流体耗散情况下的横波衰减，而骨架耗散情况下的横波衰减要高于流体耗散情况下的横波衰减，但又低于完全耗散情况下的横波衰减。

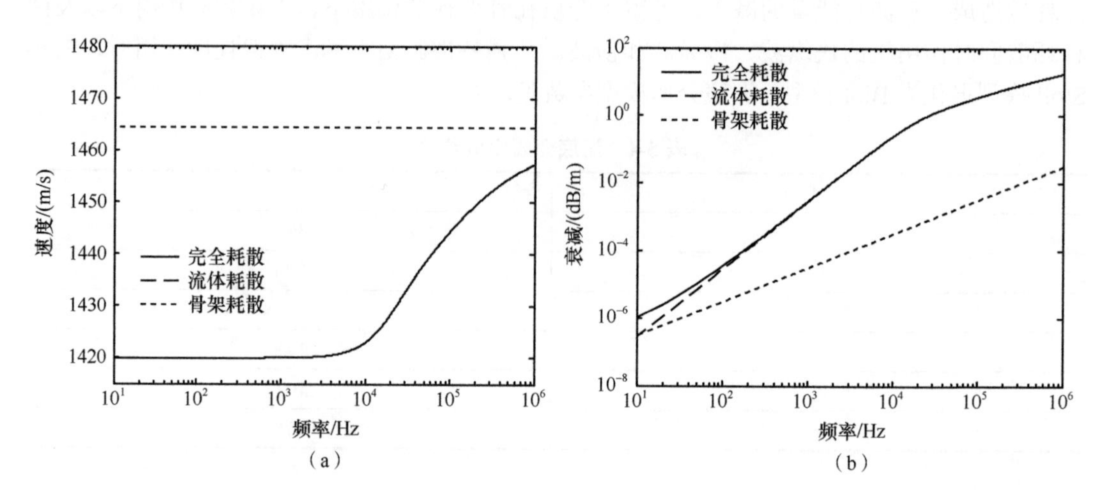

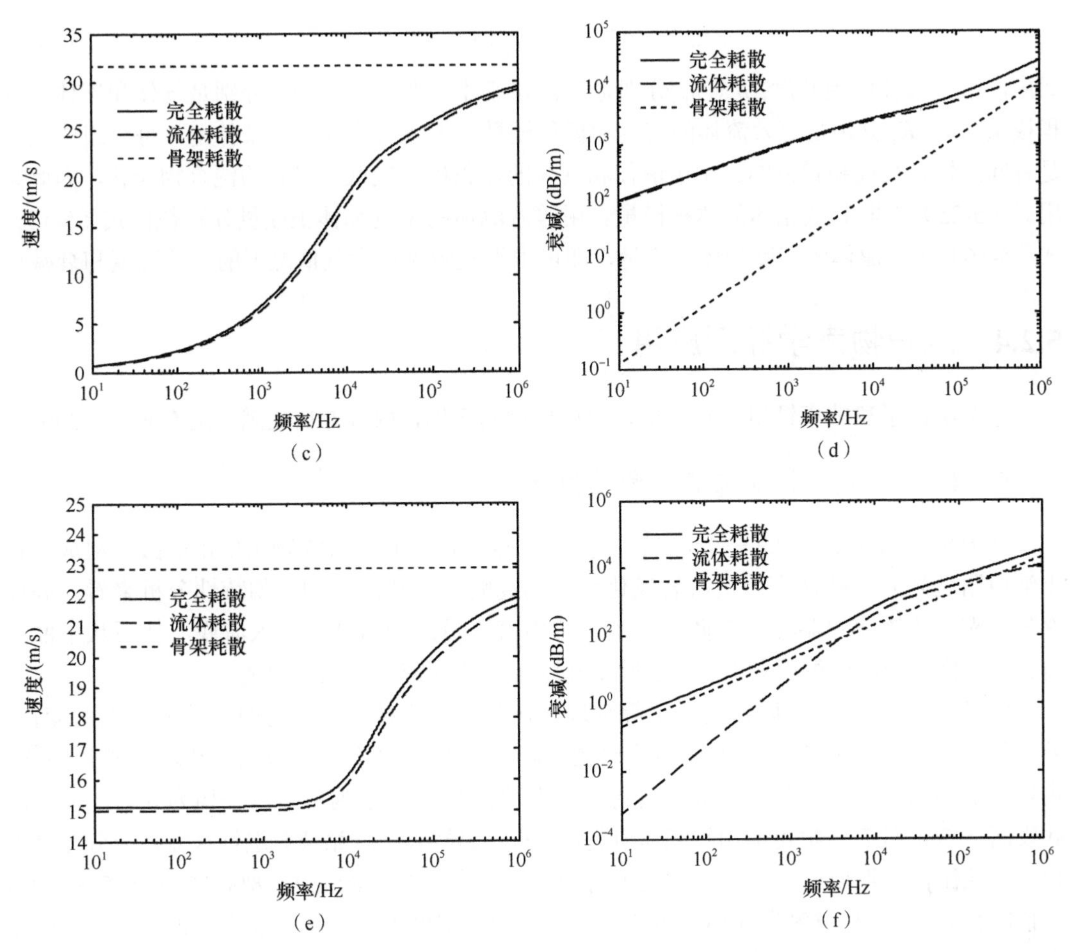

图 5-32　Biot-Stoll 模型声波速度频散（a）（c）（e）和衰减（b）（d）（f）

（a）（b）快纵波；（c）（d）慢纵波；（e）（f）横波

由图 5-32 还可以看出，慢纵波和横波速度均远远低于快纵波的速度，而慢纵波和横波的衰减又远远高于快纵波的衰减，因此海底介质中主要传播快纵波。由上述分析可知，当骨架耗散和流体耗散同时存在时，骨架耗散对声波速度的影响不大，但是对快纵波和横波衰减的影响较大，并且这种影响与频率有关，其物理意义是，骨架的变形或者由此引起的摩擦损耗会影响快纵波、慢纵波和横波的传播特性。

海底沉积物的孔隙流体中含有气体（如空气、天然气）时，有效孔隙流体更容易被压缩，从而影响沉积物的声波速度和衰减。基于等效介质理论，把孔隙中所含的液体和气体等效为一种流体，等效流体密度用线性平均公式计算

$$\rho_{\mathrm{f}}^{*}=\left(1-s_{\mathrm{w}}\right)\rho_{\mathrm{g}}+s_{\mathrm{w}}\rho_{\mathrm{w}} \tag{5-23}$$

在计算含有多种矿物颗粒和孔隙的混合物的等效弹性模量时，一般用到两种平均公式，即 Voigt 和 Reuss 公式，前者代表坚硬孔隙形状，后者代表柔韧孔隙形状，其表达式为

$$K_{\mathrm{f}}^{*}=\left(1-s_{\mathrm{w}}\right)K_{\mathrm{g}}+s_{\mathrm{w}}K_{\mathrm{w}} \tag{5-24}$$

$$1/K_{\mathrm{f}}^{*}=\left(1-s_{\mathrm{w}}\right)/K_{\mathrm{g}}+s_{\mathrm{w}}/K_{\mathrm{w}} \tag{5-25}$$

式中，s_{w} 是液体的饱和度；ρ_{g}、ρ_{w} 分别是气体和液体的密度；K_{g}、K_{w} 分别是气体和液体的体积模量；ρ_{f}^{*}、K_{f}^{*} 分别是等效流体的密度和体积模量。上述公式成立的条件是，每个组成成分是各向同性、线性和弹性的。由于液体和气体的体积模量较低，二者的混合物较软，因此采用式（5-25）求取等效流体的体积模量。用等效流体的密度和体积模量分别替代式（5-15）、式（5-16）中的流体的密度和体积模量，即可求得孔隙流体含气情况下的声波速度和衰减。

5.2.4 沉积物声学探测应用

本节给出了夏威夷钙质海底沉积物原位探测的实例，内容改自文献（陶春辉等，2006）。

5.2.4.1 夏威夷钙质海底沉积物概述

卡内奥赫湾（Kaneohe）位于美国檀香山的东北部，它的沉积物主要由碳酸钙组成，在小河口附近还有一些从火山玄武岩风化而成的高岭土。从沉积物矿物特性分析来看，高比率的潟湖沉积物来自暗礁。在两个实验站位由潜水员将塑料圆柱插入海底，然后从下面密封进行取样。样品取得后立即进行实验室孔隙率、体积密度和粒径测试。

H3 站位中发现的粉砂经过了中等筛选，在整个取样柱子上没有明显的分类上的变化。砂占了 80%，淤泥和黏土占了很小的比例。碎屑主要由软体动物的壳体和珊瑚碎片组成，占样品的 10%。中值粒径 750μm。孔隙率在整个深度上几乎为常数，平均为 0.45，但在海底表面下 5cm 处有一很可能由贝壳体引起的 0.63 的异常。H4 站位分选性很差，成分分类变化大，从淤泥到泥质砂，在某些深度上有粉砂。砂占 75%、淤泥占 18%、黏土占 5% 左右。中值粒径 69μm，孔隙率为 0.56。两站位沉积物颗粒密度可从已知的取样容积密度和孔隙率得到，为 2.75g/cm^3，标准方差 0.02。原位测量时的环境温度为 23°C。

5.2.4.2 数据采集方法和数据

采用缩小了的 ISSAMS 系统在 Kaneohe 湾的 H3 和 H4 两个站位进行海水和沉积物中声学波形的原位测量。测量频率 20～100kHz。该声学测量系统包括 2 个震源和 2 个相差 0.2891m 的接收器，接收器位于两个震源之间。在每个站位声速探头插到 6m 水深的海底表面下 10cm。图 5-33 是典型的远、近水听器接收到的波形图。

在测量时，50kHz 以下以 5kHz 步长进行测量，50kHz 以上以 10kHz 步长进行测量。采样率为1ms。纵波的群速度计算采用水平距离为0.2891m的两个水听器之间的初至时差得到。表 5-5 给出了两个站点不同频率下的原位纵波速度和衰减测量数据与频率的关系。H3 站位沉积物声速在 1691～1707.6m/s。H4 站位沉积物声速在 1578.8～1585.8m/s。图 5-34 绘制了两个站点的原位声速与频率的关系，图 5-34 中离散点是实际测量的值，实线和点线采用上一节的模型反演的结果。具体反演用到的参数参见文献（陶春辉等，2006）。从表 5-5 和图 5-34 中可以看出，两个站点的声速有轻微的频散，衰减随频率升高有不同程度的增加。

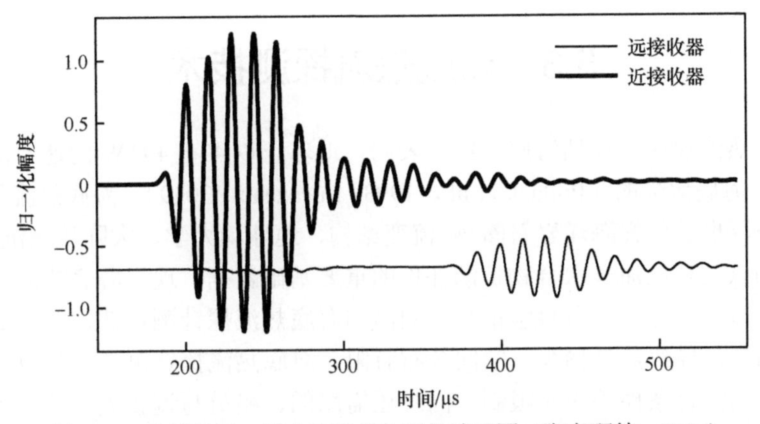

图 5-33　典型的远、近水听器接收到的波形图（陶春晖等，2006）

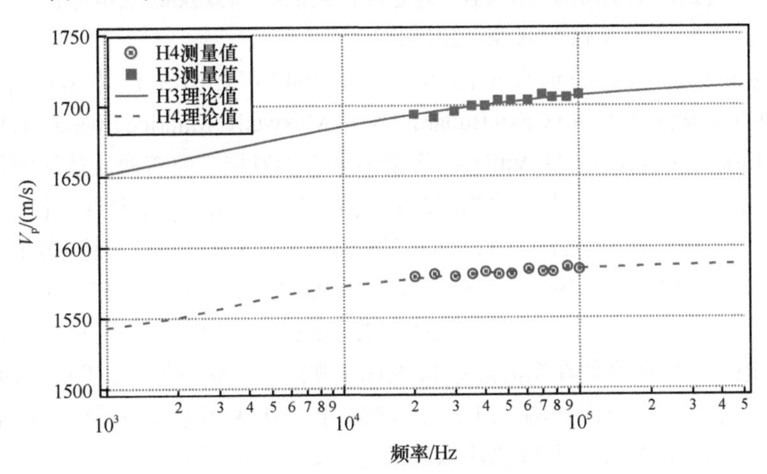

图 5-34　两个站点的原位声速（V_p）测量数据与频率的关系

表 5-5　原位实测纵波速度和衰减值

频率/kHz	H3 站位		H4 站位	
	声速/(m/s)	声衰减/(dB/m)	声速/(m/s)	声衰减/(dB/m)
20.1	1693.6	22.5	1578.8	28.0
24.4	1691.6	15.5	1580.6	23.4
29.9	1695.6	25.0	1578.8	23.9
35.4	1699.6	33.5	1580.6	24.0
40.3	1699.6	32.6	1582.3	23.6
45.8	1703.6	29.0	1580.6	22.3
51.9	1703.6	38.9	1580.6	29.1
61.0	1703.6	37.0	1584.0	33.3
70.2	1707.6	40.0	1582.3	33.5
77.5	1705.6	53.4	1582.3	46.2
89.1	1705.6	63.1	1585.8	55.2
100.1	1707.6	74.9	1584.0	62.3

5.3 海底热流探测技术

全球大地热流观测（包括海底）结果表明，地球正以 43～49TW 的速率散失热量，其中约 70% 是从海底散失的（Pollack et al.，1993；Lucazeau，2019）。海底热流是大地热流的重要组成部分，也是研究海洋岩石圈热–流变结构、地球动力学、大陆边缘沉积盆地演化、海底热液活动以及开展油气水合物资源评价的重要基础数据。现今海底热流数据主要通过海底钻孔（如石油钻井和深海科学钻孔）测温和海底热流探针测量获得。海底钻孔技术难度高、成本昂贵，导致数量稀少、空间分布有限。海底热流探针测量，虽也非易事（不仅受海况、科考船综合条件等因素限制，同时还需船舶、船员与调查人员的密切配合，具有一定的风险性），但相对海底钻孔测温，还是具有灵活、高效及低成本等优势，仍然是获取全球海洋热流的重要途径（施小斌等，2015）。

最早的海底热流调查是瑞典深海考察队于 1947 年在太平洋赤道附近海域实施的（Petterson，1949）。随后 Edward Crisp Bullard、A. E. Maxwell、Maurice Ewing、R.P. von Herzen、S. Uyeda、C. Lister、E. Davis、H. Villinger 等诸多学者为发展、完善海底热流测量设备和海底热流调查做出了卓越贡献，并为板块构造理论创立和海底热液循环发现等提供了重要证据。我国海底热流调查始于 20 世纪 80 年代，如广州海洋地质调查局与拉蒙特–多尔蒂地球观测所合作在南海北部（姚伯初等，1994；Nissen et al.，1995；Qian et al.，1995）、中国科学院南海海洋研究所在南沙地块（夏斯高等，1991，1993；Xia et al.，1995）及中国科学院海洋研究所与日本东京大学地震研究所合作在东海陆架和冲绳海槽北部（喻普之和李乃胜，1992；李乃胜，1995）开展了一系列海底热流探测。21 世纪以来，我们国家多家涉海单位在借鉴国际上相关技术与经验的基础上，开展了海底热流探针改造与研制，如广州海洋地质调查局（徐行等，2005，2012；罗贤虎等，2007）、台湾大学海洋研究所（Shyu et al.，2006；Chang and Shyu，2011）、原国家海洋局第一海洋研究所（李官保等，2010；李正光等，2011）、中国科学院南海海洋研究所（Qin et al.，2013；杨小秋等，2021），并在南海、东海、印度洋及西太平洋开展了大量的海底热流测量。20 世纪 80 年代至今积累的一批高质量海底热流数据，为我国南海、东海及周缘俯冲带构造演化研究和油气水合物资源评价提供了重要的基础数据。

本节我们主要介绍现今广泛使用的常规船载尤因型和李斯特型海底热流探针及其数据解算方法。这两类探针可在底水温度波动（bottom water temperature variations，BTV）微弱的绝大多数深海海域测得高质量热流数据。而浅海和俯冲海沟等 BTV 较大的海域，则需要使用海底热流长期观测系统，以便消除 BTV 的影响，从而获取可靠的海底热流数据（Hamamoto et al.，2005；杨小秋等，2021）。同时，为了适应不同海底环境以及实际研究需求，也逐渐出现不同类型的海底热流探测设备。例如，适用于水下机器人作业的小型热流探针（Morita et al.，2007；Johnson et al.，2006，2010；梁康康，2014；梁康康等，2014；施小斌等，2015；杨小秋等，2022）。

随着海底热流探测技术和数据处理方法的逐渐改进，常规海底热流探测过程中测量本身引起的误差已经很小，获得的海底热流数据是准确可靠的。当然，目前我们开展常规海底热流探测过程中测量的是海底表层几米范围内的地温梯度与热导率，进而获得海底热流，是多种因素共同作用的综合表征，不仅受控于构造背景热状态，还有基底与海底地形起伏导致热流重新分配、区域沉积（或剥蚀）作用导致的热披覆效应（von Herzen et al.，1970；Hutchison，1985；Lucazeau and Le Douaran，1985；Wang and Davis，1992）、孔隙流体运移（Fisher et al.，2003；Fisher and Harris，2010；Wu et al.，2019）及底水温度波动导致浅层沉积物温度剖面周期性变化（Davis et al.，2003；Hamamoto et al.，2005；杨小秋等，2022）等影响。

5.3.1 常规海底热流探针

大地热流密度是单位时间、单位面积内地球内部向外散失的热量，简称大地热流。因此，海底热流密度（简称海底热流）测量的基本方法，是将海底热流探针从科考船上下放并插入海底沉积物，测量不同海底表层沉积物不同深度处的温度获取地温梯度（dT/dZ），同时通过柱状取样后在室内测试沉积物热导率 λ（图 5-35），或通过热脉冲获取海底沉积物原位热导率 λ（如李斯特型探针），再基于傅里叶热传导定律计算海底热流，即 $q=-\lambda(dT/dZ)$（其中负号表示热流方向与地温梯度方向相反）。

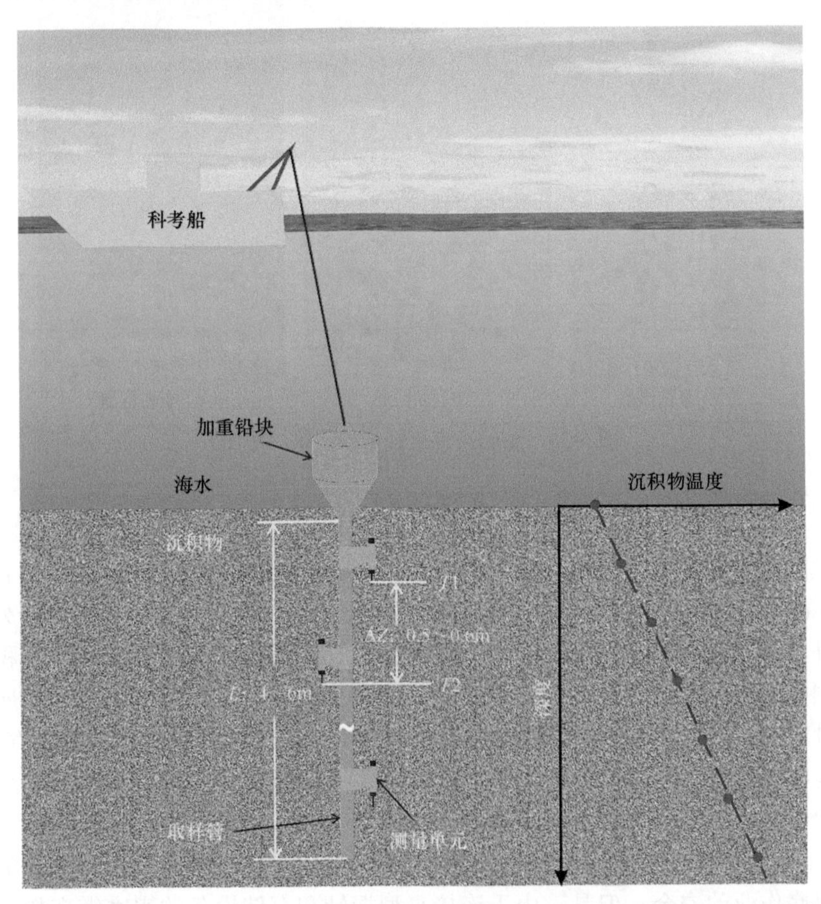

图 5-35　海底热流探测基本原理示意（以带柱状取样功能的尤因型热流探针为例）（杨小秋等，2022）

最早的海底热流探针是20世纪五六十年代布拉德型探针［图5-36（a)］。随着电路集成技术、数字存储技术以及计算机技术的进步，逐渐发展出现今广泛使用的常规船载尤因型［图5-36（b)］和李斯特型［图5-36（c)］探针。下面主要介绍这两类探针。

（a）布拉德型　（b）尤因型　（c）李斯特型

图5-36　海底热流探针（杨小秋，2010）

5.3.1.1　尤因型探针

早期尤因型探针是拉蒙特地学观测中心的R. Gerard、M. G. Langseth和M. Ewing制作的（Gerard et al.，1962)。该型探针把装有温度传感器（热敏元件）的小型探针外挂在取样管或钢矛外壁的不同位置［图5-36（b）和图5-37（a)］，可以实现海底表层沉积物的原位地温梯度测量。热导率通过室内测量采集的沉积物样品获得。早期尤因型探针所用的小型探针没有自容式存储功能，测量数据通过数据线保存在位于探针顶部耐压舱的存储设备中。探针的热响应时间与其尺寸大小有关，尤因型探针所安装的小型探针［图5-38（a）中安装有热敏元件部分，直径仅为几个毫米］比布拉德型探针［图5-36（a）直径约为2.7cm］小很多，大大降低了探针的热响应时间。尤因型探针在沉积物中测量时间只需约10min，极大地提高了海底作业的安全。但是，由于连接小型探针和存储设备的水密缆在探针作业时容易损坏，早期尤因型探针使用效率并不高。为了克服这个问题，Pfender 和 Villinger（2002）研制了自容式微型探针（miniaturized temperature data logger，MTL），促进了该类型探针的推广使用。为了增加尤因型探针原位热导率的测量功能，有些设备（如日本、法国）在微型探针内增加了加热丝，而数据记录单元和供电单元仍然位于探针顶部的耐压舱中，耐压舱与微型探针间仍然采用水密缆相连。中国科学院南海海洋研究所基于铂电阻测温技术，重新设计了一套微型测温单元［图 5-38（a）］，成功研发了改良的自容式微型测量单元［图 5-38（b）］，并已用于南海和印度洋开展海底热流探测（杨小秋等，2013; Qin et al.，2013）。

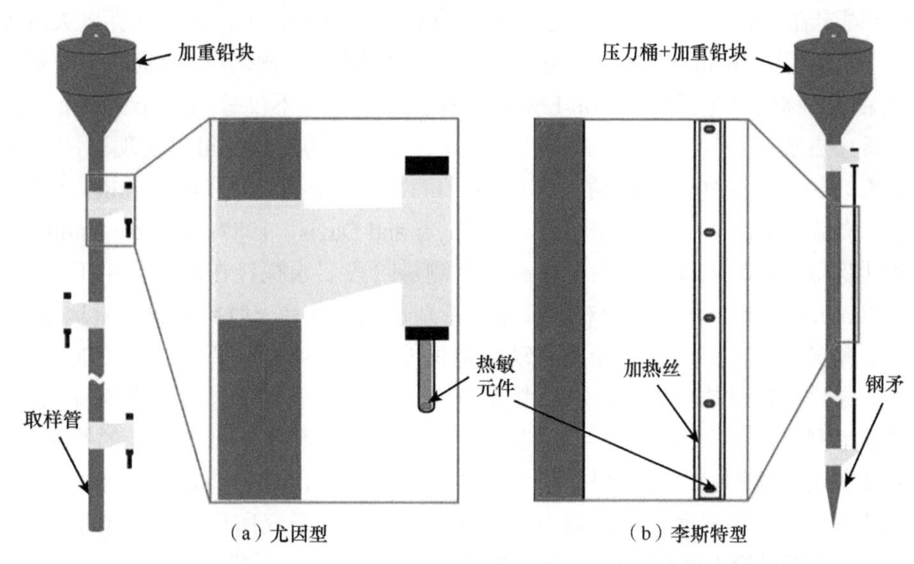

图 5-37　尤因型和李斯特型海底热流探针结构示意（杨小秋等，2009）

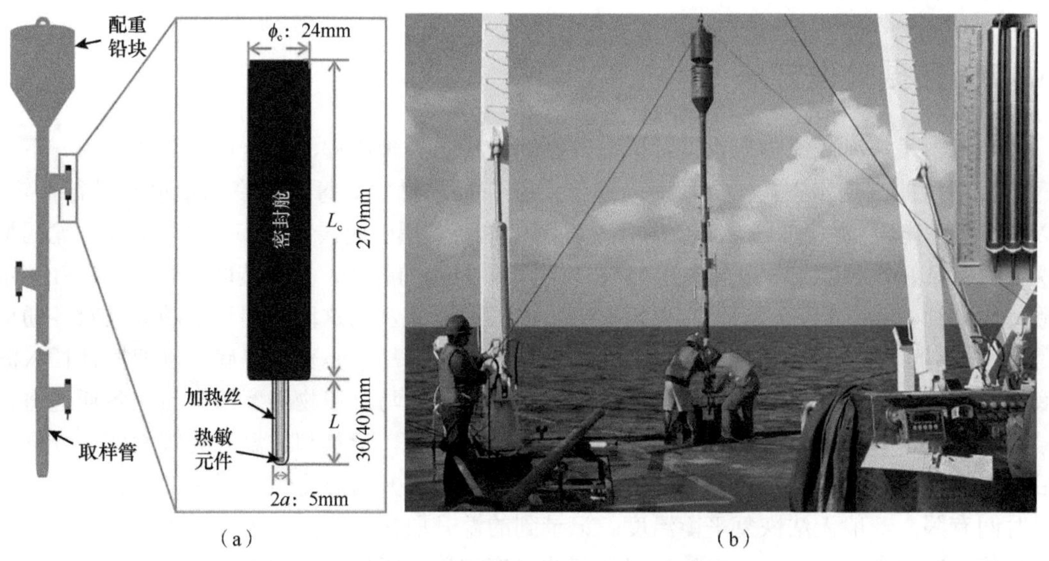

图 5-38　改良版尤因型海底热流探针（施小斌等，2015）

a 为探头半径，L 为探头长度，ϕ_c 为密封舱外径，L_c 为密封舱长度

5.3.1.2 李斯特型探针

1949 年，Bullard E.、Revelle R. 和 Maxwell A. E. 在 Scripps 海洋研究所成功制作了布拉德型地热探针。该型探针的测温传感器是安装在一根直径约为 2.7cm 的探针中。但是，海上作业时，这种尺寸的探针强度不足，在插入海底和起拔时容易弯曲。为了增强探针强度，以 Lister C. 为代表的学者对该型探针进行了改进，并逐渐发展为李斯特型探针。该型探针（Hyndman et al.，1979；Davis et al.，1984）在结构上，把装有温度传感器的细管（直径约为 1cm）平行固定在一根一头削尖的实心柱体（直径 5～10cm）上，两者相距 5.7cm（目前，两者间距一般都达到 10cm，以尽量避免受到实心柱体摩擦热的影响），形状如小提琴的琴弓，所以这类探针又称为“琴弓”（violin-bow）型探针。细管中不仅等间距安装多个（或多组）温度传感器（热敏元件），而且还安装了加热丝。细管中的加热丝可以实现脉冲（20s 左右的脉冲电流）加热。这样，探针插入沉积物后可以获得摩擦阶段（约 10min）和脉冲阶段（约 20min）的温度记录，通过数据解算（Villinger and Davis，1987；Hartmann and Villinger，2002）可以获得原位地温梯度和热导率。整个测量阶段要求探针在沉积物中不受扰动连续测量 25～30min，因此，作业期间对海况要求特别苛刻，并且一般要求调查船具有动力定位功能。如果海况较差，并且调查船没有动力定位能力，作业时，调查船很可能漂离探针插入点较远，导致起拔时拔弯探针，甚至拔断钢缆、丢失水下设备。由于李斯特型探针实现了原位热导率测量，不必采集热导率样品，在保证调查船和水下设备安全的情况下，每次下放都可以实现多次测量，大大提高了海底热流探测效率，有利于对局部区域进行详细热流调查。目前，我国广州海洋地质调查局和台湾大学海洋研究所已经掌握了李斯特型探针的制作技术，并都已投入海底热流探测（李亚敏等，2010；徐行等，2012；Wu et al.，2019；Chen et al.，2020）。

5.3.2 数据处理方法

为便于了解海底地热调查设备采集数据的构成与处理流程，这里首先简要介绍一下海底热流测量的常规步骤：①备航时，通常要求在恒温槽中对每个温度测量单元进行标定，以获得新的电阻–温度曲线，避免因各温度测量单元温漂引起误差。②仪器下放前，尤因型探针需要量好各温度测量记录单元 MTL 与同一参照点的距离，并安装取样管。③探针入水后离底高约 100m 处停止下放，并停留 5min 左右，一是利用这段时间记录的数据对各通道（温度传感器）进行偏移校正（图 5-39）；二是使得探针尽量竖直于海底，以便探针插入海底沉积物更深。④高速下放插入沉积物中。探针插入时与沉积物间摩擦生热，各通道将记录到温度快速升高现象，一般探针底部因摩擦路径较长，记录到的温升会较大些。⑤插入后需保持探针不受扰动，探针各通道将记录到因摩擦温升后温度恢复平衡的过程，但因测量时间有限，一般无法恢复平衡温度。记录到的温升取决于摩擦热大小，如果探针插入后获得的温度高于环境温度，则随后记录到的温度将逐渐降低，否则将逐渐增高逼近环境温度。⑥ 8～10min 后，尤因型探针测量完毕，拔出并收回探针到甲板上，再次测量各 MTL

与参照点的距离，取出探针内取样管和卸下 MTL，保存好样品并读取数据；如果是李斯特型探针，则通过内部姿态传感器自行判断探针触底后是否成功插入海底沉积物并处于静止状态，然后激发放电产生 20s 左右的热脉冲，各通道将记录到热脉冲阶段温度突然升高及随后热衰减恢复平衡的过程，一般需要记录 15～20min，然后再拔出探针，收回甲板或者收到离海底一定高度后，随调查船慢速移动到下个站位再按步骤③～⑥下放测量。收回甲板后可以读取各通道数据。需强调的是，探针测量过程中需保持静止不受扰动。

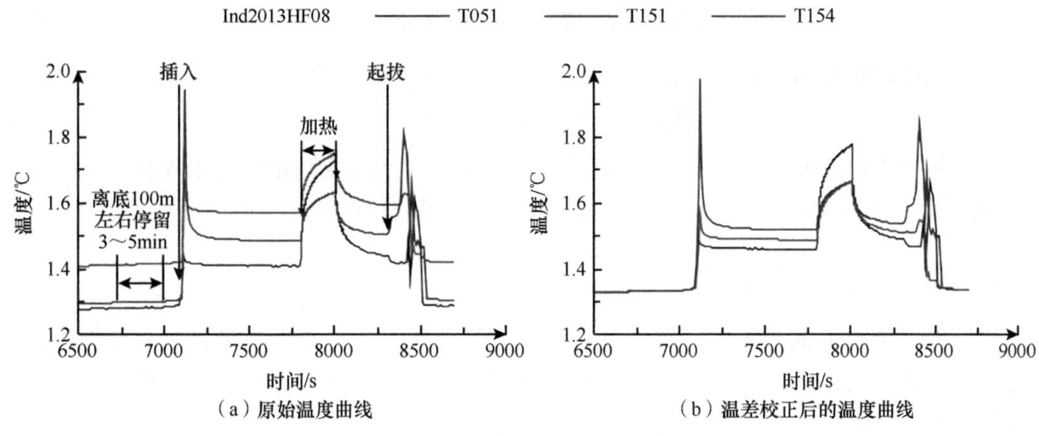

图 5-39 印度洋 Ind2013HF08 站位海底热流探测结果（施小斌等，2015）

海底热流探针插入沉积物以及热脉冲加热对原始沉积物温度都产生了热扰动。由于海上调查时间有限和调查安全的需要，探针在每个站位只测量约 10min（尤因型探针）或者 25～30min（李斯特型探针）。这期间记录到的不同深度处的沉积物温度，是受到热扰动的，并非沉积物未受扰动时的温度（称为平衡温度）。因此，为了计算海底热流，需要对记录到的温度数据进行解算，以获得该站位沉积物的平衡温度和热导率等参数。下面简单介绍尤因型和李斯特型海底热流探针记录数据的处理方法。

5.3.2.1 温度偏移校正

虽然备航时，测温单元都经过实验室标定，但是不同温度传感器对同一温度记录仍存在细微差别。因此，不管是尤因型探针还是李斯特型探针，各测温单元（或通道）记录的温度数据还需进行相对偏移量校正，以达到更高的地温梯度测量精度。海上作业时，下放设备一般会在离底 100m 左右高度停留 3～5min，然后再快速放缆使探针插入沉积物。插底前让探针停留一段时间，一方面是使探针保持竖直状态便于插入沉积物，另一方面是为求各温度传感器的相对偏移值。在深水站位（如水深大于 2500m），探针插底前停留处的海水温度梯度往往很小，相对几米长的海底热流探针和传感器的分辨率来说，探针顶底温差可以忽略，因此深水站位近海底可以视为恒温环境。利用深水环境的这种特点，可以对温度测量单元进行偏移量校正。具体过程如下。

选取探针在插底前停留时记录到的温度比较稳定的时间段，求该时间段通道 j（温度传感器）所记录温度的平均温度 $T_j = \frac{1}{n}\sum_{i=1}^{n} T_j(i)$，$i$=1, ⋯, n，其中 n 表示该时间段内该通道记录的数据数。再求探针各通道（温度传感器）平均温度的均值 T_{w}

$$T_{\mathrm{w}} = \frac{1}{m}\sum_{j=1}^{m} T_j \tag{5-26}$$

式中，m 为参与计算的通道数，则各通道 j 的相对偏移值为

$$\Delta T(j) = T_j - T_{\mathrm{w}}, \quad j = 1, \cdots, m \tag{5-27}$$

利用获得的相对偏移值，可以对各通道原始观测温度数据 $T_m(j, i)$ 进行偏移校正

$$T_m'(j,i) = T_m(j,i) - \Delta T(j) \tag{5-28}$$

通过相对偏移量校正，可以保证不同测温单元对同一温度测量的结果保持一致。对于水深较浅的站位，可以利用同一航次中的深水站位获得的相对偏移值进行校正。

5.3.2.2 数据解算方法

传统的尤因型海底热流探针仅有摩擦阶段的温度记录，而李斯特型探针有摩擦阶段和热脉冲阶段温度记录，因此各自的数据解算过程有所不同。下面分别就两类探针的数据解算进行简要介绍。

（1）尤因型探针

当利用没有热脉冲功能的传统尤因型探针测量时，探针在沉积物中仅需记录 8～10min 的温度数据。虽然这段时间可能还不足以使沉积物恢复到未受探针插入扰动时的温度（即平衡温度，也称为环境温度），但是由于内含温度传感器的探针直径仅 2mm 左右，其热平衡过程可近似为无限长线热源的热衰减过程。其平衡温度可以利用 Bullard（1954）方法外推获得。Bullard（1954）把探针理想化为半径为 a 的无限长柱体，给出初始温度为 T_0 的探针在温度为 T_{a} 的沉积物中的热衰减公式。当记录时间足够长时，温度 $T(t)$ 与时间 t 的倒数满足线性关系

$$T(t) = \frac{Q_f}{4\pi\lambda t} + T_{\mathrm{a}} \tag{5-29}$$

式中，Q_f 是摩擦生热强度，J/m; λ 是热导率，W/(m·K); T_{a} 是平衡温度，℃；t 为时间，s，从有效插入时刻开始计时。依据这一关系，Pfender 和 Villinger（2002）建议利用拔出前的 100s 温度数据进行 $T(t)$–$1/t$ 线性回归，外推到 t 无穷大时对应的温度即为所求的平衡温度。经偏移量校正后的各 MTL 数据，经上述处理后，可以获得各 MTL 所在深度处沉积物的平衡温度。

没有热脉冲功能的尤因型地热探针只能获得海底表层沉积物的地温梯度。调查站位的热导率只能利用热导率仪在室内测量沉积物样品获得。实验室热导率测量原理将在 5.3.3 节介绍。

（2）李斯特型探针

李斯特型海底热流探针可以记录到摩擦阶段和热脉冲阶段两个阶段的数据。图 5-40 是

广州海洋地质调查局研制的李斯特型探针在南海北部陆坡区连续两次插入获得的温度–时间曲线（李亚敏等，2010），可以看出每次插入都记录到完整的摩擦阶段和热脉冲阶段的温度数据。摩擦阶段数据可以用来外推沉积物的平衡温度，而热脉冲阶段数据因为已知脉冲热量，可用来解算热导率。前人（Hyndman et al.，1979；Villinger and Davis，1987；Hartmann and Villinger，2002）给出了该类型探针的数据解算方法。这些方法都是利用两阶段的数据来共同约束相应通道处的平衡温度和热导率。这里简要介绍一下这类探针的数据解算方法。该方法把探针视为半径为 a 的无限长柱体，柱体具有无限大的热导率和有限的体热容（密度与比热乘积 ρc），周围为各向同性、具有限热导率 λ 和热扩散率 κ 的介质（海底沉积物）。在时刻 t=0（即探针插入前，沉积物未受扰动时），柱体温度为 T_0，周围介质环境温度为 T_a。柱体中心温度变化可近似为无限长柱体热源的热衰减公式

$$T(\tau)=(T_0-T_a)F(\alpha,\tau)+T_a \tag{5-30}$$

其中，$F(\alpha,\tau)=\dfrac{4\alpha}{\pi^2}\displaystyle\int_0^{\infty}\dfrac{e^{-\tau u^2}}{u\phi(u,\alpha)}du$，而 $\phi(u, \alpha)=[uJ_0(u)-\alpha J_1(u)]^2+[uY_0(u)-\alpha Y_1(u)]^2$，$\alpha=2(\rho c)_s/(\rho c)_c$ 是沉积物热容（下标为 s）与探针热容（下标为 c）比值的两倍。$\tau=\kappa t/a^2$，是无量纲时间。J_0，J_1，Y_0，Y_1 分别是一类零阶和一阶的贝塞尔（Bessel）函数和二类零阶和一阶的贝塞尔（Bessel）函数。u 是积分变量。初始 t=0 时刻，已知探针单位长度的加热强度 Q_p，则探针温度增量为

$$T_0-T_a=\frac{Q_p}{\pi a^2(\rho c)_c} \tag{5-31}$$

当 $\tau>10$ 时，式（5-30）趋近于

$$T(t)=\frac{Q_p}{4\pi\lambda t}+T_a \tag{5-32}$$

脉冲加热阶段，加热强度 Q_p 是已知的，根据式（5-32），可以通过线性回归求得热导率

$$\lambda_{slope}=\frac{Q_p}{4\pi}\left[\frac{dT(t)}{d(1/t)}\right]^{-1} \tag{5-33}$$

也可以求得各时刻点的热导率

$$\lambda_{point}=\frac{Q_p}{4\pi t\left[T(t)-T_a\right]} \tag{5-34}$$

因为式（5-34）仅对 $\tau>10$ 的时间段成立，如果引入 $C(\alpha, \tau)$，使得

$$T_c(t)=\left[T(t)-T_a\right]C(\alpha,\tau) \tag{5-35}$$

其中，$C(\alpha,\tau)=\dfrac{1}{2\alpha\tau F(\alpha,\tau)}$，那么

$$T_c(t)=\frac{Q_p}{4\pi\lambda t} \tag{5-36}$$

要获得 $C(\alpha,\tau)$，则需要知道 κ 和 α。对于典型的探针结构，α 接近 2，热扩散率 κ 则可以由深海沉积物的热导率和扩散率间的经验关系式获得

$$\kappa=\lambda\times10^{-6}/\left(5.79-3.67\lambda+1.016\lambda^{2}\right) \tag{5-37}$$

这样，假定 α=2，根据式（5-36）可以计算出热导率。但是，上述公式都是在一系列理想假设下推导的。事实上，探针的热导率是有限的，各通道处温度传感器在探针管内的具体位置各不相同（而且也无法具体知晓），探针插入沉积物时周围积物会发生变形或者在探针周围形成一薄层的孔隙水层，这些因素都可能导致有效加热开始时间的不确定性。Villinger 和 Davis（1987）给出的算法即依据上述公式，具体步骤如下：①假定初始热导率 λ_{ass}，初始摩擦阶段有效起始时间 t_p 和脉冲阶段有效起始时间 t_s。②利用摩擦阶段数据，通过调整 t_p，计算平衡温度，并除去脉冲阶段摩擦热的残余效应。③通过调整 t_s，使得 $\lambda_{slope}=\lambda_{ass}$。$\lambda_{slope}$ 可以通过式（5-32）和式（5-29）线性回归获得。同时计算 λ_{point} 及平均值。④如果 λ_{point} 平均值与 λ_{ass} 不同，那么 λ_{ass} 取 λ_{point} 平均值，t_s 不变，并回到步骤②。如果 λ_{point} 平均值与 λ_{ass} 差在误差可接受范围内，则取 λ_{ass} 为该通道所处沉积物的热导率。

通过上述计算，可获得具有有效温度记录的各个通道（温度传感器）所处的平衡温度和热导率，随后可根据布拉德法（热阻法）计算热流。事实上，也可以利用探针实际估算的比热容和式（5-33）来计算参数 α，而不必如上述算法直接假定 α=2。

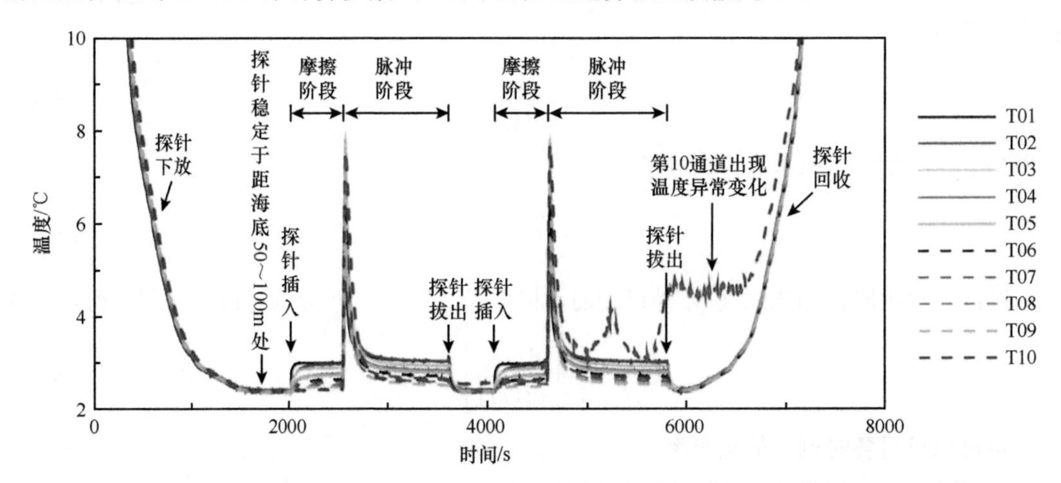

图 5-40　李斯特型地热探针记录到的南海北部陆坡区某站位温度–时间数据 (共 10 通道)

Hartmann 和 Villinger（2002）对上述方法进行了改进。他们利用参量的具体形式对式（5-30）进行了改写

$$T=\frac{8\lambda Q}{\pi^{3}a^{2}\kappa(\rho c)_{c}^{2}}\int_{0}^{\infty}\frac{\mathrm{e}^{-u\frac{\kappa}{a^{2}}(t-t_{s})}}{u\phi(u)}\mathrm{d}u+T_{a} \tag{5-38}$$

$$\phi(u,\alpha)=\left[uJ_{0}(u)-\frac{2\lambda}{\kappa(\rho c)_{c}}J_{1}(u)\right]^{2}+\left[uY_{0}(u)-\frac{2\lambda}{\kappa(\rho c)_{c}}Y_{1}(u)\right]^{2} \tag{5-39}$$

式中，Q 可以由摩擦生热或热脉冲产生。根据式（5-38），探针中部的温度衰减可以表示为时间 t 和 6 个参数的函数，该 6 个参数分别是探针摩擦生热或脉冲生热强度 Q（J/m），沉积物热导率 λ［W/(m·K)］，沉积物热扩散率 κ（m^2/s），探针体积热容 $(\rho c)_c$［$J/(m^3 \cdot K)$］，等效起始时间 t_s（s）和环境温度 T_a（K），即

$$T = T(m,t), \quad m = [\lambda, \kappa, T_a, Q, (\rho c)_c, t_s] \tag{5-40}$$

式（5-38）表示的衰减函数是非线性的，可通过泰勒级数展开。温度 T 在假定的参数解向量 $\boldsymbol{e}$ 处展开

$$T(r,t) = T(\boldsymbol{e},t) + \sum_{i=1}^{6} \left.\frac{\partial T}{\partial m_i}\right|_{m_i=e_i} (r_i - e_i) \tag{5-41}$$

式（5-41）可通过迭代求解。根据第 l 步迭代结果，调整参数向量 $\boldsymbol{e}$，求得第 l+1 步迭代所用的参数值

$$e^{(l+1)} = e^{(l)} + \Delta^{(l)} \tag{5-42}$$

由于各参数量级上差别很大，需要归一化处理

$$\Delta_i' = \frac{\Delta_i}{e_i}, \qquad i=1, \cdots, 6 \tag{5-43}$$

这样可以得到对应 n 个数据点的方程，这些方程可以表示为矩阵形式

$$G\Delta' = d \tag{5-44}$$

$$G_{j,i} = e_i \left.\frac{\partial T(m,t_j)}{\partial m_i}\right|_{m=e} \tag{5-45}$$

$$d_j = T(r,t_j) - T(\boldsymbol{e},t_j) \tag{5-46}$$

通过求解上述方程，可以得到下一步参数向量 $\boldsymbol{e}$ 的调整步长 Δ。通过迭代直到调整步长小于可接受的小量时，计算终止。由于上述 6 个参数并非相互独立的，因此计算时首先固定其中的几个参数，再求解其他参数。该方法的具体步骤如下：①摩擦阶段，首先给定 λ、κ、$(\rho c)_c$，求 Q、T_a、t_s。②热脉冲阶段，把摩擦残余热从热脉冲中扣除，把环境温度 T_a 降为 0。这样给定 Q、T_a、$(\rho c)_c$，求 λ、κ、t_s。③重复前面两步，重复步骤①时，用步骤②获得的 λ、κ。

通过上述计算，可以获得各通道所处沉积物的平衡温度和原位热导率，根据布拉德方法可以获得热流。该方法的一个优点是不需假定热导率和热扩散率间满足关系式（5-37）。

5.3.2.3 地温梯度和热流计算

通过对各深度点的环境温度进行线性拟合，可得到视地温梯度。视地温梯度还需进行探针倾斜校正。虽然探针插入前，在距离海底约 100m 处停留几分钟，可以保证较为竖直插入沉积物中，但是因海流、底质强度、探针尾端钢缆受力情况等原因，探针插入后通常不能保证完全竖直，而是与竖直线有一定的偏角。因此海底热流探针上通常安装有倾角传感器，以记录探针偏角 θ。当 θ＜10° 时，对地温梯度测量影响不大，其相对误差只在 2% 以

内，而当 θ 增大到 15°～20° 时，地温梯度相对误差则增大到 5.0% 左右，且随着 θ 逐渐增大，引起的相对误差呈非线性迅速增大（徐子英等，2016）。因此，通常都会依据探针插入海底沉积物后记录到的 θ，进行偏角校正后获得该站位海底浅层沉积物的平均地温梯度。

热流计算方法主要有两种。一种方法比较简单，直接计算该站位热导率的平均值，然后根据傅里叶定律［$q=-\lambda(dT/dZ)$］计算热流值。另外一种是根据布拉德法（热阻法）计算获得，该方法假设不同深度处沉积物温度 T 和热阻 Ω 满足线性关系

$$T(z)=T_0+q\cdot\Omega(z) \tag{5-47}$$

式中，z 是深度（m）；T_0 是深度为 z_0 处的温度（若 z_0 为 0，T_0 为海底温度）（K）；q 是热流（mW/m^2）；而热阻 Ω（$K\cdot m^2/W$）可以表示为

$$\Omega(z)=\int_{z_0}^{z}\frac{1}{\lambda(z)}dz\approx\sum_{i=1}^{I}(z_i-z_{i-1})/\lambda_i \tag{5-48}$$

式中，z_{i-1} 和 z_i 分别代表热导率为 λ_i 的深度段的顶底深度（经偏角校正）；I 是深度 z_0 到深度 z 间的深度段数目。对不同深度处的 $T(z)$ 和 $\Omega(z)$ 进行线性回归，其斜率即为原位热流。图 5-41 是南海北部某站位的数据处理结果，地温梯度为 105℃/km，原位热流值为 89±1mW/m²。

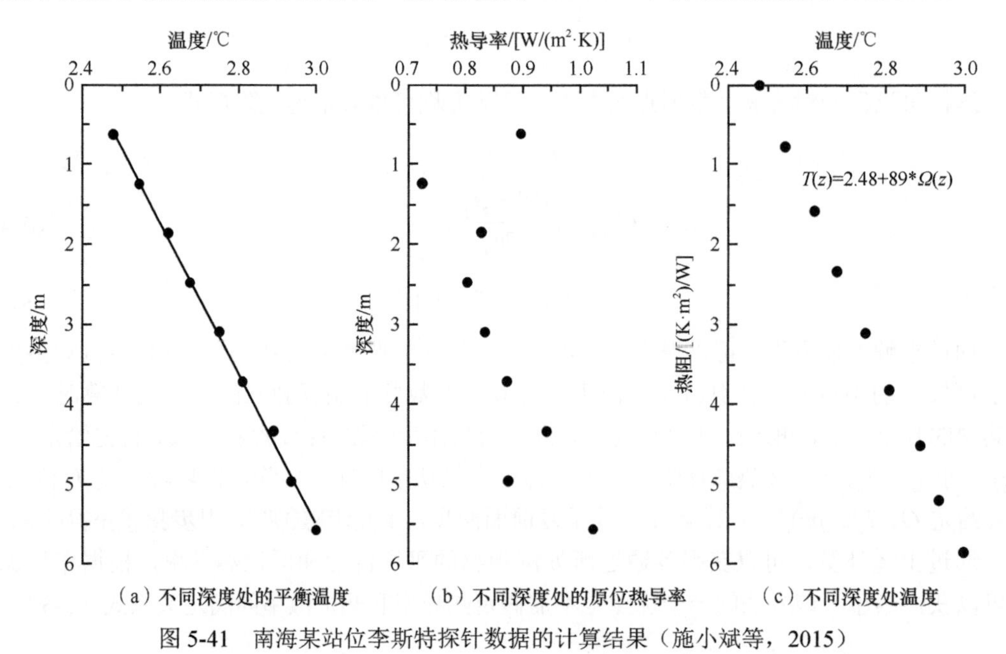

（a）不同深度处的平衡温度　（b）不同深度处的原位热导率　（c）不同深度处温度

图 5-41　南海某站位李斯特探针数据的计算结果（施小斌等，2015）

5.3.3　海底沉积物热导率

海底沉积物热导率与孔隙度、物质组成关系密切。海底表层沉积物热导率范围一般为 0.7～1.3mW/m²。随着埋深增加和孔隙度降低，热导率也会相应提高。海底沉积物热导率可以利用具有热脉冲功能的李斯特型探针进行原位测量，也可以柱状取样后在实验室利用热导率仪测量，但实验室条件下获得的热导率需要进行温压校正。下面简单介绍目前常用的

实验室热导率测量原理及温压校正方法。室内热导率测量的理论基础是在 20 世纪 50 年代由 Blackwell（1954）、Carslaw 和 Jaeger（1959）、von Herzen 和 Maxwell（1959）等建立的。

5.3.3.1　实验室热导率测量

海底表层沉积物通常都未固结，针状探头比较容易插入，故在实验室一般采用探针法测量海底沉积物的热导率。目前，使用比较广泛的探针法为单针法（Jaeger，1956；von Herzen and Maxwell，1959；Carslaw and Jaeger，1959；Goto and Matsubayashi，2008）。

单针法的测量单元如图 5-42 所示。探针内部同时安装有加热丝和温度传感器。温度传感器位于探针中部，用于测量所处位置的温度变化。

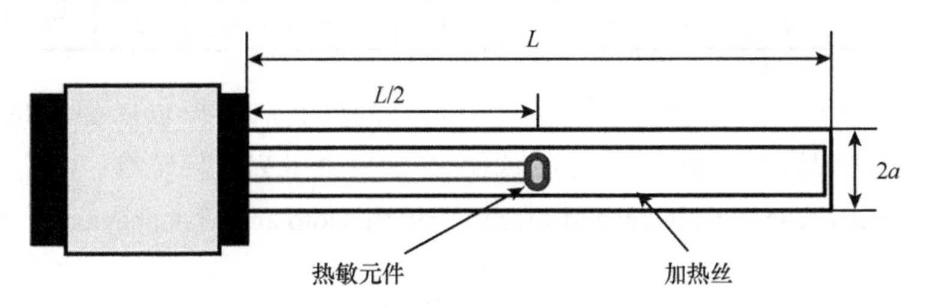

图 5-42　单针测量单元结构示意（杨小秋，2010）

a 表示探针半径，L 表示探针长度

室内热导率测量时，热导率仪与待测量样品一起置于恒温实验室内，待其温度与室温平衡后才开始热导率测量。海底沉积物样品采集时一般经过密封处理，样品是饱水的，插入样品的探针与周围沉积物接触良好。基于这些特点，可作如下假设：①探针插入处待测沉积物为各向同性；②探针与待测沉积物间无接触热阻；③探针与待测沉积物的初始温差为 0 K；④探针具有较大的（L/a）值，可视为无限长的线热源。实际测量时一般选用恒定功率持续加热方式，称为持续加热无限长线热源（CILS）模型。该方法要求探针长度（L）与半径（a）比值（L/a）足够大。为此，德国 TeKa 公司生产的 TK04 热导仪（图 5-43）其前端探头长度（L）和外径（$2a$）分别是 70.0mm 和 2.0mm，内部安装有热电阻丝，热敏电阻安装在探针中间位置，实际测量时恒功率持续加热 80～150s（表 5-6）。

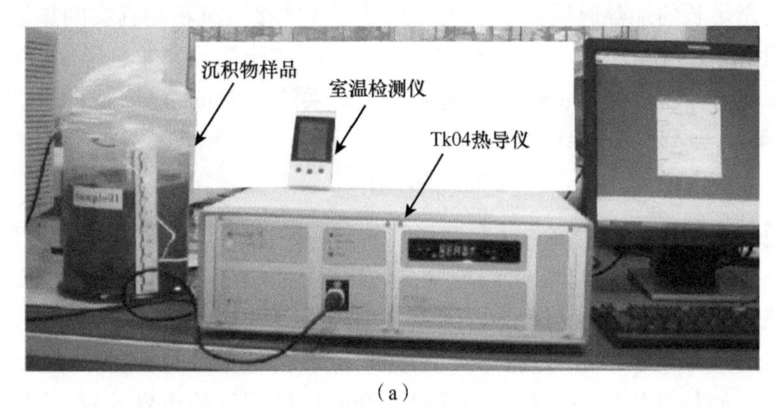

（a）

（b）

图 5-43　TK04 热导仪（a）及其探头（b）

表 5-6　TK04 热导仪基本参数

测量			预热时间/min	加热时间/s	温度		工作温度/℃	探针		样品尺寸要求/mm
范围/W/(m·K)	精度/%	原理			分辨率/mK	采样率/Hz		外径/mm	长度/mm	
0.1～12.0	＜5	CILS	30	80～150	1.0	1.0	0～45	2	70	$r>30$；$L>80$

当前端探针进行恒功率持续加热，且加热时间较长时，根据持续加热无限长线热源（CILS）模型的解析解，细针中间点的温度变化可由下列方程获得（Jaeger，1956；von Herzen and Maxwell，1959；Carslaw and Jaeger，1959；Goto and Matsubayashi，2008）

$$T(r,t)=\frac{q'}{4\pi\lambda}\ln t+\beta \tag{5-49}$$

式中，$\beta=\frac{q'}{4\pi\lambda}\left[\ln\left(\frac{4\kappa}{a^2}\right)-\gamma\right]$，$\gamma$=0.5772…（欧拉常数），$q'$ 为加热探针线生热率，a 探针半径，κ、λ 分别为沉积物热扩散率和热导率，则时刻 t_1 和 t_2 对应的温度分别为 $T(r, t_1)$ 和 $T(r,t_2)$

$$\begin{cases} T(r,t_1)\approx\frac{q'}{4\pi\lambda}\ln t_1+\beta \\ T(r,t_2)\approx\frac{q'}{4\pi\lambda}\ln t_2+\beta \end{cases} \tag{5-50}$$

待测沉积物的视热导率为

$$\lambda=\frac{q'}{4\pi}\frac{\ln(t_2/t_1)}{(T_2-T_1)} \tag{5-51}$$

只有经过充足长的加热时间后，上述视热导率才能接近沉积物真实的热导率。测量时，可以计算多组 $[(t_i, T_i), (t_j, T_j)]$，当 $\ln(t_j/t_i)/(T_j-T_i)\rightarrow C$，则计算得到的热导率值可视为待测沉积物的热导率，也可以基于式（5-49），利用最小二乘法对（$\ln t_i$, T_i）进行线性拟合，假设斜率为 K（图 5-44），那么热导率可取值为

$$\lambda=q'/(4\pi K) \tag{5-52}$$

选取合适的数据段是上述方法获取沉积物热导率的关键。如图 5-44（b）所示，加热初期，探针中心处的温度 T_i 并非随 $\ln t_i$ 线性升高，这是因为加热早期，受探针非理想和接触热阻的影响，热量主要在探针内部传导，其温升曲线主要受探针本身热物性的影响。沉积物样品具有一定的尺寸大小，当加热时间过长时，探针自身有限的长度和样品边界等都会影响热传导过程，如热量传导到沉积物边界时，会有比较明显的边界效应。因此，在处理持

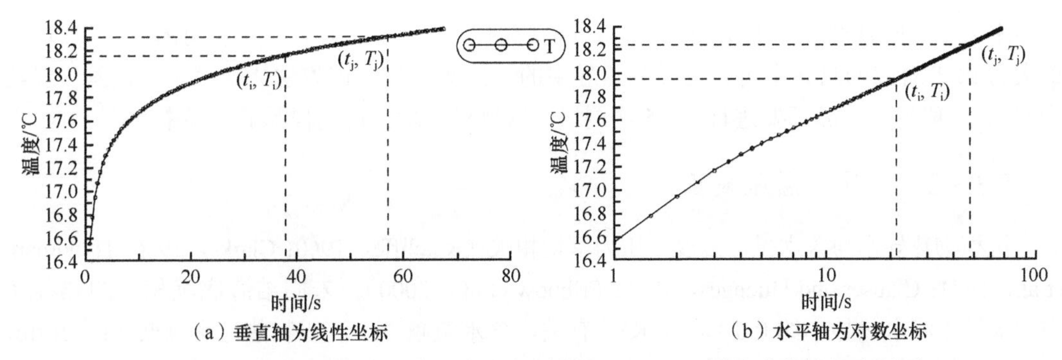

图 5-44 持续加热温升曲线（由 TK04 热导率仪测量 ZSQD154 样品时获得）（杨小秋，2010）

t 表示时间；T 表示探针中心处温升

续加热所获得的 T–t 数据时，需要选取能真正反映沉积物热物性的温升数据段。

下面简要介绍一下广泛使用的热导率仪 TK04 的热导率算法（SAM）。该方法可以自动优选计算热导率的数据段。首先选择时间段，通过拟合下列恒功率连续加热线源的温度方程（Kristansen，1982）

$$T(t) = A_1 + A_2 \ln(t) + A_3 [\ln(t)/t] + A_4 (1/t) \tag{5-53}$$

获取式（5-53）中的系数 A_1、A_2、A_3、A_4，其中，系数 A_1、A_3、A_4 与探针的几何结构和热物性有关，A_2 与热导率有关

$$A_2 = q/4\pi\lambda \tag{5-54}$$

式（5-53）对 $\ln(t)$ 求导数，得到视热导率

$$\lambda_a(t) = q/4\pi[\mathrm{d}T/\mathrm{d}\ln(t)]^{-1} = q/4\pi\{A_2 + A_3[1/t - \ln(t)/t] - A_4/t\}^{-1} \tag{5-55}$$

如果式（5-55）视热导率 $\lambda_a(t)$ 存在极值，那么极值对应的时间为

$$t_{\max} = \mathrm{e}^{(2A_3 - A_4)/A_3}，\ A_3 > 0 \tag{5-56}$$

定义 LET 为 $t_{\max}$ 的对数

$$\mathrm{LET} = \ln(t_{\max}) = (2A_3 - A_4)/A_3 \tag{5-57}$$

为了避免边界效应以及探针自身结构与热性质的非理想化，SAM 算法选取的时间段一般介于 20～80s：

[20,45][20,46][20,47]⋯[20,78][20,79][20,80]

[21,46][21,47]⋯[21,78][21,79][21,80]

[22,47]⋯[22,78][22,79][22,80]

⋯⋯⋯⋯⋯⋯⋯⋯⋯⋯

[53,78][53,79][53,80]

[54,79][54,80]

[55,80]

根据式（5-53）～式（5-57），由这些时间段数据可以计算得到相应时间段的 LET 与视

热导率 λ_a。这些视热导率与 LET 对应的点构成的曲线越接近渐进线，表明测量质量越好。最大的 LET 对应的热导率可作为样品热导率的一次测量值。该方法热导率测量误差一般约为 5%。一般每块样品都要进行 3～5 次测量，取测量平均值作为样品的热导率。

5.3.3.2 热导率温压校正

沉积物热导率与含水量、温度、压力密切相关（Ratcliffe，1960；Clarks，1966；Hyndmanr et al.，1974；Clauser and Huenges，1995；Pribnow et al.，2000）。未固结海底沉积物的热导率与含水量［海水热导率约 0.6 W/(m·K)］有关，含水量越高，沉积物热导率越低（Ratcliffe，1960）。采集样品到甲板后要立即进行密封等处理，以防止样品失水和搬运过程对样品产生扰动。样品运回实验室后应尽快完成热导率测量，以避免水分丢失等影响测量结果。

实验室测量条件与海底温压环境明显不同，因此，实验室测量得到的样品热导率还需进行温度和压力校正。海底表层沉积物热导率的温压校正通常可采用以下经验公式（Hyndmanr et al.，1974）

$$\lambda_{P,T}(z)=\lambda_{lab}\left(1+\frac{z_w+\rho\cdot z}{1829\times 100}+\frac{T(z)-T_{lab}}{4\times 100}\right) \tag{5-58}$$

式中，$\lambda_{P,T}(z)$ 为海底以下 z 深度处原位热导率［W/(m·K)］；λ_{lab} 为实验室测得的热导率［W/(m·K)］；z_w 为水深（m）；ρ 为沉积物平均密度（g/cm^3），一般取 1.8g/cm^3；$T(z)$ 和 T_{lab} 分别为原位温度和实验室环境温度（℃）。该公式是根据 Ratcliffe（1960）研究结果建立的，适用于温度范围 5～25℃。由于海底表层沉积物温度一般约 3℃，与上述公式测温范围接近，热导率校正时仍沿用这个公式。根据南海热流调查经验，温压校正后热导率比校正前一般低 5%。

5.4 海洋电磁法（OBEM）

5.4.1 海洋电磁法探测技术的原理与方法

5.4.1.1 海洋电磁

20 世纪 50 年代，Tikhonov（1950）、Cagniard（1953）首先提出大地电磁法，通过在地表测量正交的电场和磁场分量，计算大地介质的电性阻抗，进一步转化为视电阻率与相位曲线，反演后得到地下电阻率的结构分布。海洋大地电磁探测与陆地上的大地电磁探测在原理上比较接近。近几十年，海洋大地电磁探测在观测仪器、数据采集（观测）、数据处理和反演等方面都取得巨大进展。这种方法在海洋区域的应用能够揭示海洋区域几百公里深的上地幔在不同地质和构造环境下的电学特征，如洋中脊、俯冲带、热点火山、深海盆地等区域（Utada，2015）。海洋大地电磁探测可以估计大洋地幔的电导率分布，这对于了解地球的动力学和演化至关重要。

海洋电磁法采取频率域测深的方式，由于海水对电磁能量的衰减吸收作用，周期低于

10^3s 的电磁场信号在传播过程中能量因被海水吸收而衰减，海洋大地电磁测量所使用的频段受到了限制，因此所采用的电磁信号周期范围通常选在 10^3～10^5s，由趋肤深度公式可知，这个频段内的电磁信号的探测深度对应于海洋深部地幔结构的位置（Constable et al., 1998）。电导率是与地下介质物理化学状态紧密联系的重要参数，依据地下电性结构可以推断出关于温度、含水量、氧逸度、含碳量以及熔体是否存在等方面的重要信息。

在大地电磁法中，采用随时间变化的谐波电磁场，即随时间变化的谐变因子 $e^{i\omega t}$，麦克斯韦方程组可以表示为如下形式（Zhdanov，2012）

$$\begin{aligned} &\nabla \times E = \mathrm{i}\omega\varepsilon H \\ &\nabla \times H = \sigma E - \mathrm{i}\omega\varepsilon E \\ &\nabla \cdot (\mu H) = 0 \\ &\nabla \cdot (\varepsilon E) = q \end{aligned} \tag{5-59}$$

在 N 层一维层状模型中，第一层（表面层）的电场与感应磁场的比值形式可以写成

$$\frac{E}{H} = \frac{\mathrm{i}\omega}{k_1 G_1} \tag{5-60}$$

式中，i 为虚数单位；ω 为角频率；k_1 为第一层的波数，第 j 层的波数可以表示为

$$k_j = \sqrt{\omega\mu_0 i\sigma_j} = \sqrt{2\pi f \mu_0 \mathrm{i}\sigma_j} \tag{5-61}$$

式中，f 为频率；σ_j 为 N 层模型中第 j 层的电导率。

每一层的层参数 G 存在递推关系，第 N 层的 G 被设置为 1，即 G_N=1。

$$G_j = \frac{k_{j+1}G_{j+1} + k_j \tanh\left(k_j h_j\right)}{k_j + k_{j+1}G_{j+1}\tanh\left(k_j h_j\right)} \tag{5-62}$$

层状介质电场与磁场的比值可以写成

$$\begin{aligned} &\frac{E_{j+1}}{E_j} = \cos h\left(k_j h_j\right) - G_i \sin h\left(k_j h_j\right) \\ &\frac{H_{j+1}}{H_j} = \frac{k_{k+1}G_{j+1}}{k_k G_j}\left[\cos h\left(k_j h_j\right) - G_i \sin h\left(k_j h_j\right)\right] \end{aligned} \tag{5-63}$$

则大地电磁在这种表达形式下的视电阻率 ρ_a 及相位 ϕ 可以表示为

$$\begin{aligned} &\rho_\mathrm{a} = \frac{\omega\mu_0}{\left|k_1 G_1\right|^2} = \frac{1}{\omega\mu_0}\left|\frac{E}{H}\right|^2 \\ &\phi = \mathrm{acrtan}\frac{\mathrm{Im}\left(k_1 G_1\right)}{\mathrm{Re}\left(k_1 G_1\right)} = \mathrm{acrtan}\frac{\mathrm{Im}\left(\frac{E}{H}\right)}{\mathrm{Re}\left(\frac{E}{H}\right)} \end{aligned} \tag{5-64}$$

由此可知，只需要获得一定频率下海底电场和磁场强度的值，即可求得地下视电阻率以及相位随频率的关系，开展后续反演工作。

5.4.1.2 海洋可控源电磁

由于海水的屏蔽作用，在 0.06～24Hz 范围的天然电磁场会被海水严重衰减，MMT 的适用范围为 1～0.001Hz，为了确定浅层结构以及资源勘查，需要采用人工源的方法。可控源声频大地电磁法（controlled source audio-frequency magnetotelluric method，CSAMT）是一种以电偶极子或磁偶极子作为发射源，观测方式与大地电磁测深法相同的频率范围为音频的频率域电磁探测方法，其原理是场源（电性源或磁性源）在导电的地球内部产生感应电流，测量感应电流的电磁特征，从而得到地下电导率的分布信息。场源强度、发送的频率以及波形均可控，避免了天然场源微弱以及随机性强的缺点，其原理如图 5-45 所示。

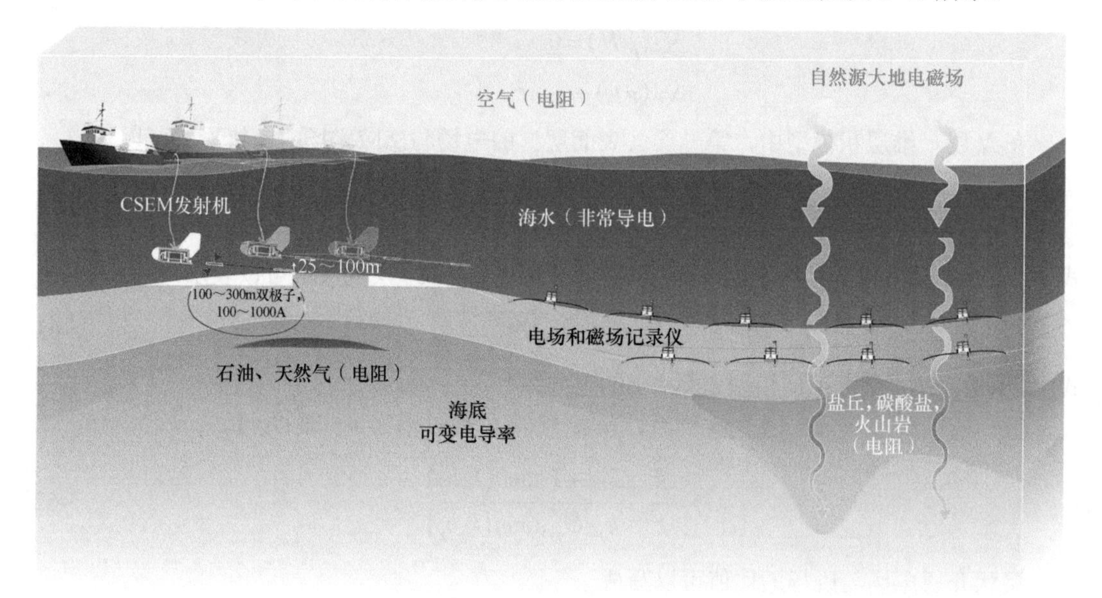

图 5-45　海洋可控源电磁法工作原理图（Constable，2010）

作业过程中，首先将多分量接收机按照一定规律摆放在海底，通常设定的路线垂直目标地层构造。之后作业船只按照预定的路线拖曳发射系统在离海底 25～100m 的范围内发射低频电磁波。勘探任务结束后，在甲板发射声学信号，释放器完成接收机与底部水泥块的分离，接收机上浮至海面。回收接收机，获取记录的海洋可控源电磁法数据。接收机接收到的信号主要分为四类：①直达波，由偶极子天线经海水传播直接到达接收机的电磁波。②反射–折射波，发射天线产生的电磁波，向地下传播，经与围岩存在明显电阻率差异的地质体反射后被接收天线捕获的电磁波。③空气波，一部分电磁波向上传播，经空气–海水界面的反射到达接收机。④海底大地电磁，接收机工作过程中一直受到海底大地电磁的影响。海洋可控源电磁法勘探中需要选取合适的观测参数，增强有效的反射–折射波信号，从而达到探测海底高阻油气层或天然气水合物的目的。

5.4.1.3　近海底瞬变电磁

瞬变电磁法（transient electromagnetic method）是利用不接地回线或接地线源向地下发送一次脉冲磁场，在一次脉冲磁场的间歇期间，利用线圈或接地电极观测二次涡流场的方法。瞬变电磁法测量装置由发射回线和接收回线两部分组成，工作过程分为发射、电磁感应和接收三部分。海洋瞬变电磁法与陆地 TEM 的基本原理相同，但是由于高导海水的上覆及海洋特殊试验环境，在海底理论响应、天线装置和仪器方面需要进行适当的技术改进。

5.4.2　海底大地电磁探测设备

将陆上的大地电磁法与可控源电磁法运用到海洋中，需要解决一系列的工程技术问题，如深水环境下的密封与承压问题、有效电磁场信号提取、非实时监控过程中的同步问题等。目前，国内外都在海洋电磁测量装置的研发上取得了一系列的进展。在传统的海洋电磁探测中，一般采用磁通门或者光纤传感器测量磁场分量，DC 耦合电场传感器来测量电场分量。在实际应用中，需要仪器具备以下功能：①能够在水下环境测量电场与磁场分量的时间序列数据；②长周期长时间的数据记录与存储功能；③水下抗干扰能力，由于海底电场强度非常微弱，Ag-AgCl 的电极工艺（Webb et al.，1985）被用于海底电场测量，可以最大限度地保证传感器的电场测量能力。

国外开展海洋电磁探测装备研发的机构有美国加州大学圣迭戈分校斯克利普斯海洋研究所、美国伍兹霍尔海洋研究所、日本东京大学地震研究所、法国欧洲海洋大学研究所、德国的亥姆霍兹基尔海洋研究中心等。国内的相关研究机构包括中国地质大学（北京）、中国科学院地质与地球物理研究所、同济大学、中国海洋大学、南方科技大学等。图 5-46 为部分机构的 OBEM 设备实物照片。表 5-7 为各机构所研制的 OBEM 设备的电磁场测量传感器类型。

现以 SIO 研制的海底大地电磁测量仪器为例进行具体介绍。进行作业时，测量船会将仪器放入海中，随后位于仪器底部的配重锚借助重力作用将仪器沉入海底，在完成测量工作以后，可以使用声波传递命令释放底部的配重锚，借助玻璃浮球将仪器浮出海面。SIO 的 OBEM 仪器电场电极长约 5m，直径约为 5cm，电极为 Ag-AgCl 材料，套管为聚丙烯材料，

（a）美国（WHOI）

（b）法国（IUEM）

（c）日本

（d）中国（CUGB）

（e）中国（IGGCAS）

图 5-46　国内外研究机构 OBEM 设备照片

表 5-7　各机构 OBEM 的电磁场传感器类型

国家（机构）	磁传感器	电传感器
美国斯克利普斯海洋研究所	感应线圈	Ag-AgCl
美国伍兹霍尔研究所	扭矩型，磁通门磁力计	Ag-AgCl
日本东京大学地震研究所	磁通门磁力计	Ag-AgCl
法国欧洲海洋大学研究所	磁通门磁力计	Ag-AgCl
德国亥姆霍兹基尔海洋研究中心	磁通门磁力计	Ag-AgCl
中国地质大学（北京）	感应线圈	Ag-AgCl
中国科学院地质与地球物理研究所	磁通门磁力计	Ag-AgCl

保护内部线缆。数据记录系统被保护在压力仓中，避免受到海水侵入与压力破坏。

我国的海洋大地电磁研究始于 20 世纪 90 年代，在国家 863 计划的大力支持下，成功设计并研制了国产海洋电磁测量仪（邓明等，2003）。仪器测量六个分量，除了五个电磁分量以外，另外一个通道来监控海洋环境；采用了 Ag-AgCl 混合电极，配合自主研发的电场传感器，同时仪器的海底承压密封能力与抗环境干扰能力也表现出众，提供了稳定的水下工作环境。仪器研制成功后，进行了多次测试试验，2003 年的台湾海峡测试试验，2010 年的南海测试试验（邓明等，2013），其结果表明国产大地电磁仪器表现稳定，可以胜任实际海底电磁数据采集的工作。另外，包括中国科学院地质与地球物理研究所、同济大学、中国海洋大学、南方科技大学等在内的众多研究机构也相继开展了海底电磁探测仪器的研制工作，取得了一系列进展。

5.4.3　海底大地电磁探测技术的应用

电导率是与地下介质的物理化学状态紧密联系，依据地下电性结构可以推断出关于温度、含水量、氧逸度、含碳量以及熔体是否存在等方面的重要信息。海洋电磁测深方法在地球动力学、油气资源探测等方面有很多经典的应用实例。

美国哥伦比亚大学的 Chesley 等（2021）基于横跨希库朗伊山（Hikurangi）陆缘北段的海底电磁探测剖面，开展了关于富水海山俯冲与弧前慢地震之间的关联的研究。

研究团队采用被动源与可控源电磁数据联合反演构建了研究区深部高分辨率电阻率图像［图 5-47（a）］，并利用洋壳电阻率对孔隙度敏感的特性，进一步估算了沿剖面孔隙度（含水量）分布［图 5-47（b）］。通过剖面上未俯冲、已俯冲海山之间的电性结构特征对比，为揭示海山的俯冲效应提供了全新的研究思路与可靠约束。对结果进行分析，研究者认为：①位于剖面东南段，尚未进入俯冲带的图兰加努伊（Tūranganui）海山的结构特征为：深部存在一个显著的锥形高阻异常体（R1p），被解释为源于深部、已冷却的辉长岩侵入体，代表海山的核心；在侵入体上方，是由富含流体的火山碎屑、海洋沉积物等构成的低阻区（C1p），且该低阻区被顶部高阻玄武岩薄层（R2p）所覆盖。作者推测该致密、坚硬盖层（R2p）对海山的内部流体起到了封闭作用；经估算，由于富水区域 C1p 的存在，图兰加努伊海山的含水量是典型大洋地壳的 3～5 倍。②位于剖面西北段（已俯冲部分），在距希

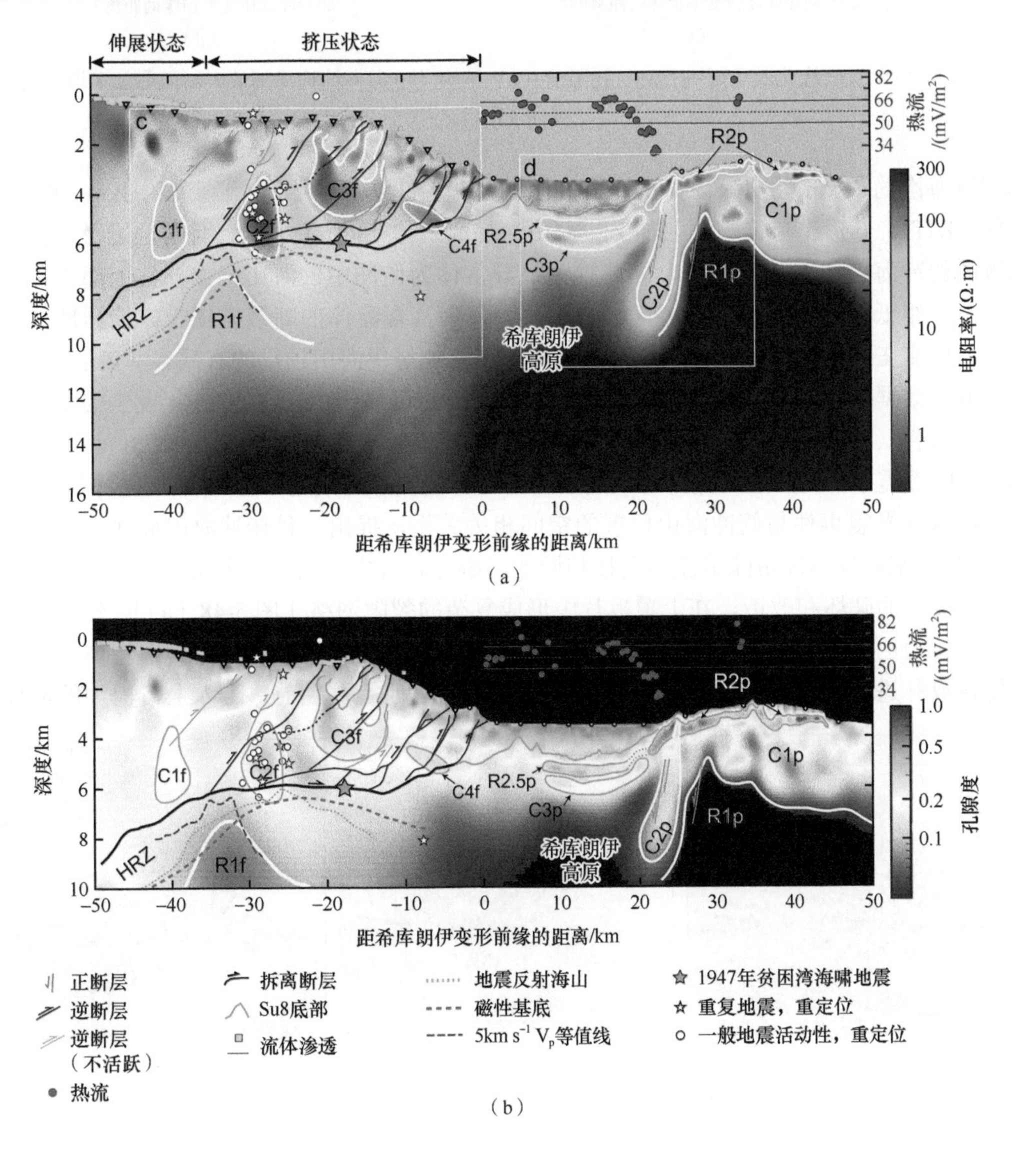

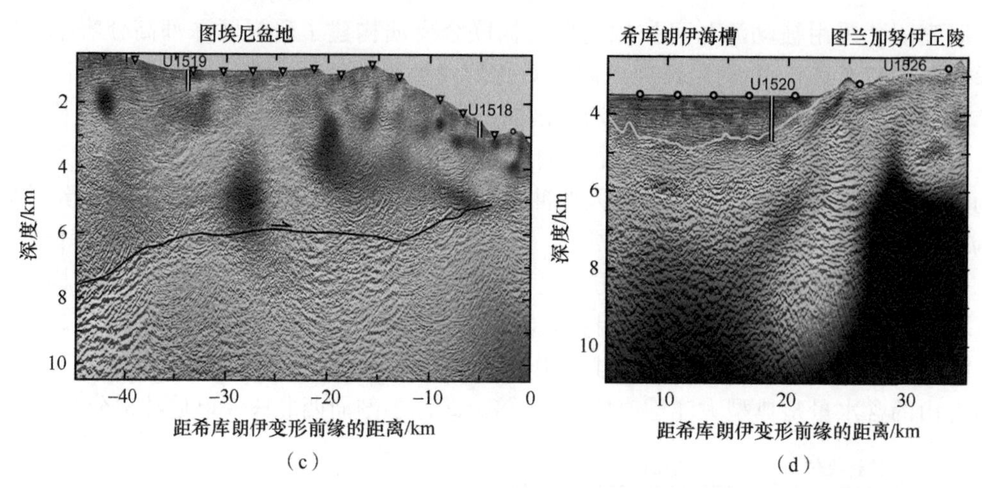

图 5-47 希库朗伊陆缘北段电阻率（a）、孔隙度（b）结构及电阻率结构局部放大剖面叠加多道反射地震剖面（c）（d）

库朗伊海沟约 33km 处的弧前深部，在高阻俯冲板片上方观测到一个高度约 3km 的突起异常体（R1f），其形态特征与图兰加努伊海山深部高阻体（R1p）类似，且与地震及地磁观测推测的俯冲海山位置基本重合，因此推测该异常体为俯冲中的海山。该异常上部上覆板片内存在三组低阻异常区域（C1f ～ C3f），被解释为富含流体的断裂破损带。依据地磁观测结果，推测在该俯冲海山顶部，应存在类似于图兰加努伊海山顶部的玄武岩薄盖层（R2p），但受限于数据分辨能力，该异常在本研究中无法得到可靠辨识。③ 2014 年发生的重复地震和微震事件（Shaddox and Schwartz，2019）与俯冲海山正上方低阻异常（C2f）位置吻合，暗示这些慢震事件的产生与俯冲海山脱水及其对上覆板片的改造–破坏作用直接相关。为了进一步探究慢震事件与俯冲海山位置的空间相关关系，提出一种俯冲海山周期性脱水机制（图 5-48）来解释俯冲带弧前流体迁移和慢地震事件。首先，俯冲海山将水带入俯冲带并造成上覆板片的破坏和改造，在上覆板片中形成复杂的裂隙网络［图 5-48（a)］。然后，俯冲过程中应力的持续积累造成海山（尤其是顶部盖层）变形和破裂，海山内部流体通过脱水作用释放并进入上覆板片内已形成的裂隙网络。在慢地震发生前，进入上覆板片的流体会

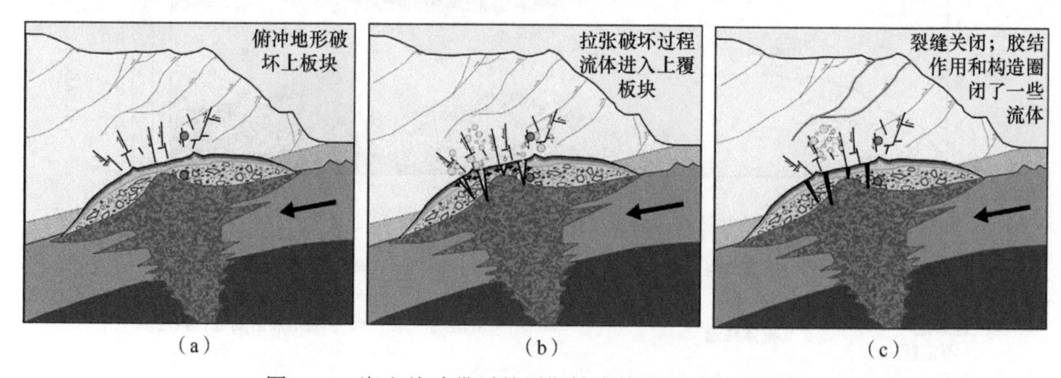

图 5-48 海山俯冲带弧前周期性流体迁移过程示意图

造成孔隙压力提升，引起水压致裂［图 5-48（b）］。在慢地震发生后，大部分流体逃逸，上覆板片孔隙流体压力降低，仅有少量流体因阻挡和胶结作用而残留。随着静岩压力增大，俯冲海山顶部盖层内的裂隙逐渐闭合，海山内部的流体停止流出。随后海山内部压力开始积累升高，进入新一轮流体迁移和慢地震周期［图 5-48（c）］。Chesley 等（2021）的研究结果表明，海山俯冲不仅可以对上覆板片造成显著的改造和破坏，还可以将大量的水输送至弧前和地幔深部。

参考文献

陈传庚, 刘颖, 王雪玲, 等. 2019. OBC 与 OBN 地震勘探差异性浅析. 物探装备, 29(3): 180-183.

陈浩林, 全海燕, 於国平, 等. 2008. 气枪震源理论与技术综述 (上). 物探装备, 18: 211-217.

陈洋. 2018. 海底电缆宽方位地震采集技术研究. 北京: 中国石油大学硕士学位论文.

陈颙, 王宝善, 姚华建. 2017. 大陆地壳结构的气枪震源探测及其应用. 中国科学: 地球科学, 47(10): 1153-1165.

邓明, 魏文博, 谭捍东, 等. 2003. 海底大地电磁数据采集器. 地球物理学报, 46(2): 217-223.

邓明, 魏文博, 盛堰, 等. 2013. 深水大地电磁数据采集的若干理论要点与仪器技术. 地球物理学报, 56(11): 3610-3618.

郝天珧, 游庆瑜. 2011. 国产海底地震仪研制现状及其在海底结构探测中的应用. 地球物理学报, 54(12): 3352-3361.

胡兴豪. 2017. 渤海海底电缆地震采集施工难点分析及对策. 中国石油勘探, 22(6): 112-117.

金翔龙. 2007. 海洋地球物理研究与海底探测声学技术的发展. 地球物理学进展, 22(4): 1243-1249.

阚光明, 刘保华, 韩国忠, 等. 2010. 原位测量技术在黄海沉积声学调查中的应用, 海洋学报, 32(3): 88-94.

李斌, 冯奇坤, 张异彪, 等. 2019. 海上 OBC-OBN 技术发展与关键问题. 物探与化探, 43(6): 1277-1284.

李官保, 刘保华, 丁忠军. 2010. 基于 DPHP 测量数据提取热导率参数的方法研究. 地球物理学进展, 25(4): 1406-1412.

李红星. 2008. 杭州湾沉积物原位声学特性分析及浅表低速层研究. 长春: 吉林大学博士学位论文.

李乃胜. 1995. 冲绳海槽地热. 青岛: 青岛出版社.

李倩宇. 2018. 海底含气沉积物原位声学测量方法与声学特性研究. 南昌: 东华理工大学硕士学位论文.

李维新, 崔炯成, 武文来, 等. 2018. 中海油多分量地震处理技术的发展与应用实例. 地球物理学报, 61(3): 1136-1149.

李亚敏, 罗贤虎, 徐行, 等. 2010. 南海北部陆坡深水区的海底原位热流测量. 地球物理学报, 53(9): 2160-2170.

李正光, 刘保华, 李官保, 等. 2011. 海洋沉积物热导率的微型原位探测器. 海洋科学进展, 29(3): 404-410.

梁康康. 2014. 深海机器人专用热流探针的设计与研究. 广州: 广东工业大学硕士学位论文.

梁康康, 童怀, 徐鸣亚, 等. 2014. 深海机器人专用热流探针设计. 传感器与微系统, 33(9): 62-64, 67.

刘丹 , 杨挺 , 黎伯孟 , 等 . 2022. 分体式宽频带海底地震仪的研制、测试和数据质量分析 . 地球物理学报 , 65(7): 2560-2572.

刘浩, 祝杨, 余淼, 等. 2019. 水下机器人 ROV 在复杂海域海底节点收放中的应用. 物探装备, 29(2): 76-79, 83.

刘丽华, 吕川川, 郝天珧, 等. 2012. 海底地震仪数据处理方法及其在海洋油气资源探测中的发展趋势. 地球物理学进展, 27(6): 2673-2684.

卢振恒. 1999. 日本海底地震观测现状与进展. 地震学刊, (4): 54-63.
罗贤虎, 徐行, 张志刚, 等. 2007. XXG-T 型海底地温梯度探测系统的研发及技术特点. 南海地质研究, (0): 102-110.
马继涛, Sen K Mrinal, 陈小宏, 等. 2011. 海底电缆多次波压制方法研究. 地球物理学报, 54(11): 2960-2966.
牛雄伟, 阮爱国, 吴振利, 等. 2014. 海底地震仪实用技术探讨. 地球物理学进展, (3): 1418-1425.
丘学林, 周蒂, 夏戡原, 等. 2000. 南海西沙海槽地壳结构的海底地震仪探测与研究. 热带海洋学报, 19(2): 9-18.
丘学林, 赵明辉, 叶春明, 等. 2003. 南海东北部海陆联测与海底地震仪探测. 大地构造与成矿学, 4: 3-8.
丘学林, 赵明辉, 敖威, 等. 2011. 南海西南次海盆与南沙地块的 OBS 探测和地壳结构. 地球物理学报, 54(12): 3017-3128.
阮爱国, 李家彪, 冯占英, 等. 2004. 海底地震仪及其国内外发展现状. 东海海洋, (2): 19-27.
阮爱国, 李家彪, 陈永顺, 等. 2010. 国产 i-4c 型 obs 在西南印度洋中脊的试验. 地球物理学报, 53(4): 1015-1018.
阮爱国, 牛雄伟, 丘学林, 等. 2011. 穿越南沙礼乐滩的海底地震仪广角地震试验. 地球物理学报, 54(12): 3139-3149.
施小斌, 杨小秋, 石红才, 等. 2015. 中国海域大地热流//汪集暘. 地热学及其应用. 北京: 科学出版社, 123-159.
孙金龙, 夏少红, 徐辉龙, 等. 2010. 2010 年南海北部海陆联测项目简介及初步成果. 华南地震, 30(s1): 45-52.
陶春辉, 王东, 金翔龙. 2006. 海底沉积物声学特性和原位测试技术. 北京: 海洋出版社.
童思友, 向飞, 王东凯, 等. 2012. 基于维纳滤波的双检合成鸣震压制技术. 海洋地质前沿, 28(10): 46-52.
王彦林, 阎贫. 2009. 深地震探测的分辨率分析——以南海北 OBS 数据为例. 地球物理学报, 52(9): 2282-2290.
吴志强, 张训华, 赵维娜, 等. 2021. 海底节点 (OBN) 地震勘探: 进展与成果. 地球物理学进展, 36(1): 412-424.
夏少红, 曹敬贺, 万奎元, 等. 2016. OBS 广角地震探测在海洋沉积盆地研究中的作用. 地球科学进展, (11): 1111-1124.
夏斯高, 陈忠荣, 夏戡原. 1991. 南沙群岛曾母盆地北部热流测量//中国科学院南沙综合科学考察队. 南沙群岛及其邻近海区地质地球物理及岛礁研究论文集 (一). 北京: 海洋出版社, 115-120.
夏斯高, 夏戡原, 陈忠荣. 1993. 南海热流分布特征. 热带海洋, 12(1): 24-31.
徐行, 罗贤虎, 肖波. 2005. 海洋地热流测量技术及其方法研究, 海洋技术, (1): 77-81.
徐行, 李亚敏, 罗贤虎, 等. 2012. 南海北部陆坡水合物勘探区典型站位不同类型热流对比, 地球物理学报, 55(3): 998-1006.
徐云霞, 文鹏飞, 张宝金, 等. 2018. 琼东南海域 OBS 纵波资料成像处理关键技术. 海洋地质与第四纪地质, 38: 185-192.
徐子英, 杨小秋, 施小斌, 等. 2016. 探针偏角对海底热流测量结果的影响. 热带海洋学报, 35(4): 95-101.
阎贫. 1998. 海底地震仪记录中的横波. 海洋地质与第四纪地质, (1): 116-119.
杨小秋. 2010. 海底沉积物原位热导率测量探头结构设计与数据处理方法. 广州: 中国科学院南海海洋研究所博士学位论文.
杨小秋, 施小斌, 许鹤华, 等. 2009. 双探针型海底热流计数据解算模型选取. 热带海洋学报, 28(4): 28-34.
杨小秋, 施小斌, 张志刚, 等. 2013. 海底原位热流探测技术的改进. 中国地球物理学会第二十九届年会, 昆明.
杨小秋, 曾信, 石红才, 等. 2022. 海底热流长期观测系统研制进展. 地球物理学报, 65(2): 427-447.
姚伯初, 曾维军, Hayes D E, 等. 1994. 中美合作调研南海地质专报. 武汉: 中国地质大学出版社, 34-140.

余本善, 孙乃达. 2015. 海底地震采集技术发展现状及建议. 海洋石油, 35(2): 1-5.

喻普之, 李乃胜. 1992. 东海地壳热流. 北京: 海洋出版社.

张洪友, 梁宝军, 崔攀峰, 等. 2019. 渤海湾过渡带 OBC 地震勘探采集技术应用. 中国石油学会 2019 年物探技术研讨会, 成都.

张佳政, 赵明辉, 丘学林, 等. 2012. 西南印度洋洋中脊热液 a 区海底地震仪数据处理初步成果. 热带海洋学报, 31: 79-89.

张选民, 倪光健. 2006. 4COBC 深海地震采集系统技术发展. 物探装备, 16(1): 19-24.

赵明辉, 杜峰, 王强, 等. 2018. 南海海底地震仪三维深地震探测的进展及挑战. 地球科学, 43: 3749-3761.

赵岩, 张毅祥, 姜绍仁, 等. 1996. 南海北部地球物理特征及地壳结构. 热带海洋学报, (2): 37-44.

朱江梅, 方中于, 张兴岩, 等. 2014. OBC 与拖缆数据的子波域匹配滤波方法研究. 地球物理学报, 57(1): 280-286.

庄东海, 肖春燕, 许云, 等. 1999. 四维地震资料处理及其关键. 地球物理学进展, 14(2): 33-43.

邹大鹏, 阚光明, 龙建军. 2014. 海底浅表层沉积物原位声学测量方法探讨. 海洋学报, 36(11): 111-119.

George Coates, 肖立志, Manfred Prammer. 2007. 孟繁莹. 核磁共振测井原理与应用. 北京: 石油工业出版社.

Beaudoin G, Michell S. 2006. The Atlantis OBS project: OBS nodes defining the need, Selecting the technology, and demonstrating the solution. Offshore Technology Conference, paper OTC 17977.

Blackwell J H. 1954. A transient-flow method for determination of thermal constants of insulating materials in bulk. J. Appl. Phys., 25: 137-144.

Bohnhoff M, Makris J. 2004. Crustal structure of the southeastern Iceland-Faeroe Ridge (IFR) from wide aperture seismic data. Journal of Geodynamics, 37(2): 233-252.

Bratt S R, Solomon S C. 1984. Compressional and shear wave structure of the East Pacific Rise at 11°20′N: Constraints from Three-Component Ocean Bottom Seismometer data. Journal of Geophysical Research: Solid Earth, 89 (B7): 6095-6110.

Bullard E C. 1954. The flow of heat through the floor of the Atlantic Ocean. Proc. Roy. Soc. London Ser, A., 222: 408-429.

Cagniard L. 1953. Basic theory of the magneto-telluric method of geophysical prospecting. Geophysics, 18: 605-635.

Cai C, Wiens D A, Shen W, et al. 2018. Water input into the Mariana subduction zone estimated from ocean-bottom seismic data. Nature, 563: 389-392.

Carslaw H S, Jaeger J C. 1959. Coduction of heat in solids. Oxford: Oxford University Press.

Chang H I, Shyu C T. 2011. Compact high-resolution temperature loggers for measuring the thermal gradients of marine sediments. Marine Geophysical Research, 32: 465-479.

Chen A T, Nakamura Y, Wu L W. 1994. Ocean bottom seismograph: Instrumentation and experimental technique. Terrestrial Atmospheric & Oceanic Sciences, 5(1): 109-119.

Chen L, Chiang H T, Wu J N, et al. 2020. The focus thermal study around the spreading center of southwestern Okinawa trough. Tectonophysics, 796: 228649.

Chesley C, Naif S, Key K, et al. 2021. Fluid-rich subducting topography generates anomalous forearc porosity. Nature, 595(7866): 255-260.

Clarks P. 1966. Thermal conductivity//Clark P. Handbook of physical constants. Geol. Soc. Am. Mem, 97: 459-482.

Clauser C, Huenges E. 1995. Thermal conductivity of rocks and minerals//Ahrens T J. Rock physics and phase relations-A handbook of physical constants. Washington: American Geophysical Union, 3: 105-126.

Constable S. 2010. Ten years of marine CSEM for hydrocarbon exploration. Geophysics, 75(5): 67-81.

Constable S C, Orange A S, Hoversten G M. 1998. Marine magnetotellurics for petroleum exploration Part I: A sea-floor equipment system. Geophysics, 63: 816-825.

Czuba W, Ritzmann O, Nishimura Y, et al. 2004. Crustal structure of the continent-ocean transition zone along two deep seismic transects in north-western Spitsbergen. Polish Polar Res, 25(3-4): 205-221.

Davis E E, Lister C R B, Sclater J G. 1984. Towards determining the thermal state of old ocean lithosphere: Heat-flow measurements from the Blake-Bahama outer ridge, north-western Atlantic. Geophys. J. R. Astron. Soc., 78: 507-545.

Davis E E, Wang K K, Becker R E, et al. 2003. Deep-ocean temperature variations and implications for errors in seafloor heat-flow determinations. J. Geophys. Res., 108B1.

Detomo R, Quadt E, Pirmez C, et al. 2012. Ocean Bottom Node Seismic: Learnings from Bonga, Deepwater Offshore Nigeria. 82th Annual International Meeting, SEG Expanded Abstracts, 1-4.

Dondurur D. 2018. Chapter 2-Marine Seismic Data Acquisition, in Acquisition and Processing of Marine Seismic Data. Amsterdam: Elsevier, 37-169.

Eakin D H, Mcintosh K D, Avendonk H J A V, et al. 2014. Crustal-scale seismic profiles across the Manila subduction zone: The transition from intraoceanic subduction to incipient collision. Journal of Geophysical Research Solid Earth, 119(1): 1-17.

Fisher A, Harris R. 2010. Using seafloor heat flow as a tracer to map subseafloor fluid flow in the ocean crust, Geofluids, 10(1-2): 142-160.

Fisher A, Davis E, Hutnak M, et al. 2003. Hydrothermal recharge and discharge across 50km guided by seamounts on a young ridge flank. Nature, 421(6923): 618-621.

Gerard R, Langseth M G, Ewing M. 1962. Thermal gradient measurements in the water and bottom sediment of western Atlantic. J. Geophys. Res, 67: 785-803.

Goto S, Matsubayashi O. 2008. Inversion of needle-probe data for sediment thermal properties of the eastern flank of the Juan De Fuca Riddge. Journal of geophysical research, 113: B08105.

Grion S, Exley R, Manin M, et al. 2007. Mirror imaging of OBS data. First Break, 25(11): 37-42.

Hamamoto H, Yamano M, Goto S, et al. 2005. Heat flow measurement in shallow seas through long-term temperature monitoring. Geophysical Research Letters, 32(21): L213.

Hartmann A, Villinger H. 2002. Inversion of marine heat flow measurements by expansion of the temperature decay function. Geophys. J. Int., 148: 628-636.

Hobro J W D, Singh S C, Minshull T A. 2003. Three-dimensional tomographic inversion of combined reflection and refraction seismic traveltime data. Geophys. J. Int., 152: 79-93.

Hutchison I. 1985. The effects of sedimentation and compaction on oceanic heat flow. Geophys. J. R. Astr. Soc., 82: 439-459.

Hyndman R D, Davis E E, Wright J A. 1979. The measurement of marine geothermal heat flow by a multipenetration probe digital acoustic telemetry an in-situ thermal conductivity. Mar. Geophys. Res, 4: 181-205.

Hyndman R D, Ericksona J, Von Herzenr P. 1974. Geothermal measurements on DSDP leg 26//Initial Reports of the Deep Sea Drilling Project, 26. (T. A. Davis, B. P. Luyendyk, et al.) Washington US Gov. Print. Off.: 451-463.

Ito T, Iwasaki T, Thybo H. 2009. Deep seismic profiling of the continents and their margins. Tectonophysics, 472(1): 1-5.

Jaeger J C. 1956. Conduction of heat in an infinite region bounded internally by a circular cylinder of a perfect conductor. Australian J. Physics, 9: 167-179.

Jean-Luc B, Didier L, Abderrahim L, et al. 2010. Ocean Bottom Node processing in deep offshore environment for reservoir monitoring. 80th Annual International Meeting, SEG Expanded Abstracts: 4190-4194.

Johnathan S, Simon W, Hery P, et al. 2018. Tangguh ISS Ocean Bottom Node Program: A step change in data density, cost efficiency, and image quality. 88th Annual International Meeting, SEG Expanded Abstracts: 146-150.

Johnson H P, Baross J A, Bjorklund T A. 2006. On sampling the upper crustal reservoir of the NE Pacific Ocean. Geofluids, 6(3): 251-271.

Johnson H P, Tivey M A, Bjorklund T A, et al. 2010. Hydrothermal circulation within the Endeavour segment, Juan de Fuca Ridge. Geochemistry, Geophysics, Geosystems, 11(5), doi:10.1029/2009GC002957.

Kandilarov A, Mjelde R, Pedersen R B, et al. 2012. The Northern Boundary of the Jan Mayen Microcontinent, North Atlantic Determined from Ocean Bottom Seismic, Multichannel Seismic, and Gravity Data. Marine Geophysical Research, 33(1): 55-76.

Kasahara J, Harvey R R. 1977. Seismological evidence for the high-velocity zone in the Kuril Trench area from ocean bottom seismometer observations. Journal of Geophysical Research, 82(26): 3805-3814.

Korenaga J, Holbrook W S, Kent G M, et al. 2000. Crustal structure of the southeast Greenland margin from joint refraction and reflection seismic tomography. Journal of Geophysical Research: Solid Earth, 105: 21591-21614.

Kristiansen J I. 1982. The transient cylindrical probe method for determination of thermal parameters of earth materials. Aarhus: Aarhus Univ. Ph. D. dissert.

Lester R, van Avendonk H J, McIntosh K, et al. 2014. Rifting and magmatism in the northeastern South China Sea from wide-angle tomography and seismic reflection imaging. Journal of Geophysical Research: Solid Earth, 119(3): 2305-2323.

Li J, Jian H, Chen Y J, et al. 2015. Seismic observation of an extremely magmatic accretion at the ultraslow spreading Southwest Indian Ridge. Geophys Res Lett, 42: 2656-2663.

Li J B, Chen Y J. 2010. First Chinese OBS experiment at Southwest Indian Ridge. InterRidge News, 19: 16-28.

Lucazeau F. 2019. Analysis and Mapping of an Updated Terrestrial Heat Flow Data Set. Geochemistry, Geophysics, Geosystems, 20(8): 4001-4024.

Lucazeau F, Le Douaran S. 1985. The blanketing effect of sediments in basins formed by extension: A numerical model. Applications to the Gulf of Lion and Viking graben. Earth Planetary Science Letters, 74: 92-102.

Melendez A, Korenaga J, Sallares V, et al. 2015. TOMO3D：3-D joint refraction and reflection traveltime tomography parallel code for active-source seismic data—synthetic test. Geophysical Journal International，203(1): 158-174.

Minshull T, Muller M, White R. 2006. Crustal structure of the Southwest Indian Ridge at 66 E: Seismic constraints. Geophysical Journal In-ternational, 166(1): 135-147.

Mitchell S W, Grisham T. 2006. The Atlantis OBS Project: Developing and Building the OBS Node Technology. Offshore Technology Conference, paper OTC 17978.

Mjelde R. 1992. Shear Waves from Three-Component Ocean Bottom Seismographs off Lofoten, Norway, Indicative of Anisotropy in the Lower Crust. Geophysical Journal International, 110(2): 283-296.

Mjelde R, Kodaira S, Digranes P, et al. 1997. Comparison between a Regional and Semi-Regional Crustal OBS Model in the Vøring Basin, Mid-Norway Margin. Pure and applied Geophysics, 149(4): 641-665.

Mjelde R, Breivik A, Raum T, et al. 2008. Magmatic and tectonic evolution of the North Atlantic. Journal of the Geological Society, 165(1): 31-42.

Morita S, Goto S, et al. 2007. Nankai Trough NT07-E01 Cruise Onboard Report. JEMSTEC.

Nissen S S, Hayes D E, Yao B C, et al. 1995. Gravity, heat flow, and seismic constraints on the processes of crustal extension: Northern margin of the South China Sea. J. Geophys. Res., 100(B11): 22447-22483.

Niu X, Ruan A, Li J, et al. 2015. Along-axis variation in crustal thickness at the ultraslow spreading Southwest Indian Ridge (50°E) from a wide-angle seismic experiment. Geochemistry, Geophysics, Geosystems, 16: 468-485.

Pettersson H. 1949. Exploring the bed of the ocean. Nature, 164: 468-470.

Pfender H, Villinger H. 2002. Miniaturized data loggers for deep sea sediment temperature gradient measurements. Marine Geology, 186(3-4): 557-570.

Pollack H N, Hurterl S J, Johnson J R, et al. 1993. Heat flow from the earth's interior: analysis of the global data set. Reviews of Geophysics, 31: 267-280.

Pribnow D, Kinoshita M, Stein C. 2000. Thermal data collection and heat flow recalculations for ODP Legs: 101-180. ODP Publications Online Report, http: //www.odp.tamu.edu/publications/heatflow/ODPReport.pdf [2019-10-23].

Qian Y, Niu X, Yao B, et al. 1995. Geothermal Pattern Beneath the continental margin in the northern part of the South China Sea. CCOP/TB, 25: 89-104.

Qin Y, Yang X, Wu B, et al. 2013. High resolution temperature measurement technique for measuring marine heat flow. Sci. China Technol. Sci., 56(7): 1773-1778.

Ratcliffe E H. 1960. The thermal conductivities of ocean sediments. J. Geophys. Res, 65(5): 1535-1541.

Ruan A, Hu H, Li J, et al. 2017. Crustal structure and mantle transition zone thickness beneath a hydrothermal vent at the ultra-slow spreading Southwest Indian Ridge (49°39′E): A supplementary study based on passive seismic receiver functions. Mar. Geophys. Res., 38: 39-46.

Ruiz M, Galve A, Monfret T, et al. 2013. Seismic activity offshore Martinique and Dominica islands (Central Lesser Antilles subduction zone) from temporary onshore and offshore seismic networks. Tectonophysics, 603: 68-78.

Sallares V, Gailler A, Gutscher M A, et al. 2011. Seismic evidence for the presence of Jurassic oceanic crust in the central Gulf of Cadiz (SW Iberian margin). Earth and Planetary Science Letters, 311(1): 112-123.

Satyavani N, Sain K, Gupta H K. 2016. Ocean Bottom Seismometer Data Modeling to Infer Gas Hydrate Saturation in Krishna-Godavari (KG) Basin. Journal of Natural Gas Science and Engineering, 33: 908-917.

Shaddox H R, Schwartz S Y. 2019. Subducted seamount diverts shallow slow slip to the forearc of the northern Hikurangi subduction zone, New Zealand. Geology, 47(5): 415-418.

Shyu C, Chen Y, Chiang S, et al. 2006. Heat flow measurements over bottom simulating reflenctors offshore southwestern Taiwan. Terr. Atmos. Ocean Sci., 17(4): 845-869.

Tikhonov A N. 1950. On determination of electric characteristics of deep layers of the earth's crust. Dokl. Acad. Nauk SSSR, 151: 295-297.

Utada H. 2015. Electromagnetic exploration of the oceanic mantle. Proc. Jpn. Acad. Ser. B. Phys. Biol. Sci., 91: 203-222.

Villinger H, Davis E E. 1987. A new reduction algorithm for marine heat flow measurements. Journal Geophysical Research, 92: 12846-12856.

von Herzen R P, Maxwell A E. 1959. The measurement of thermal conductivity of deep-sea sediments by a needle probe method. J. Geophys. Res., 64: 1557-1563.

von Herzen R P, Simmons G, Folinsbee A. 1970. Heat flow between the Caribbean Sea and the Mid-Atlantic Ridge. Journal of Geophysical Research (1896-1977), 75(11): 1973-1984.

Wan K, Lin J, Xia S, et al. 2019. Deep seismic structure across the southernmost Mariana Trench: Implications for arc rifting and plate hydration. Journal of Geophysical Research: Solid Earth, 124: 4710-4727.

Wang K, Davis E E. 1992. Thermal effects of marine sedimentation in hydrothermal active areas. Geophys. J. Int., 110: 70-78.

Webb S C, Constable S C, Cox C S, et al. 1985. A seafloor electric field instrument. Journal of Geomagnetism and Geoelectricity, 37(12): 1115-1129.

Wei X D, Ruan A G, Li J B, et al. 2016. S-Wave Velocity Structure and Tectonic Implications of the Northwestern Sub-Basin and Macclesfield of the South China Sea. Marine Geophysical Research, 38: 125-136.

Wu J N, Chiang H T, Chiao L Y, et al. 2019. Revisiting the data reduction of seafloor heat-flow measurement: The example of mapping hydrothermal venting site around Yonaguni Knoll IV in the South Okinawa Trough. Tectonophysics, 767: 228159.

Xia K, Xia S, Chen Z, et al. 1995. Geothermal characteristics of the South China Sea//Gupta M L, Yamano M. Terrestrial Heat Flow and Geothermal Energy in Asia. New Delhi: Oxford & IBH Publishing Co. Pvt. Ltd., 113-128.

Zelt C A, Barton P J. 1998. Three-dimensional seismic refraction tomography: A comparison of two methods applied to data from the Faeroe Basin. J Geophys Res-Solid Earth, 103: 7187-7210.

Zelt C A, Smith R B. 1992. Seismic traveltime inversion for 2-D crustal velocity structure. Geophys. J. Int., 108: 16-34.

Zhao M H, Qiu X L, Xia S H, et al. 2010. Seismic structure in the Northeastern South China Sea: S-Wave velocity and Vp/Vs ratios derived from Three-Component OBS data. Tectonophysics, 480: 183-197.

Zhao M, Qiu X, Li J, et al. 2013. Three-dimensional seismic structure of the Dragon Flag oceanic core complex at the ultraslow spreading Southwest Indian Ridge (49°39′E). Geochemistry, Geophysics, Geosystems, 14(10): 4544-4563.

Zhdanov M S. 1988. Integral Transforms in Geophysics. Dordrecht: Springer Science & Business Media.

第 6 章 海洋地球物理测井

海洋地球物理测井是海洋资源和能源探测与评价、地质考察的重要方法之一。与陆地地球物理测井相比，除了施工作业流程存在差异外，其方法原理、仪器装备、资料处理解释方法等基本相同，都是利用各种专门的仪器在钻孔内测量井下岩层剖面的各种地球物理参数随井深的变化曲线，并根据测量结果进行综合解释，进而判断地层岩性、了解地质结构、确定油气资源和其他矿产资源、开展油藏动态监测等，在海洋资源、能源勘探和开发、海洋地质科考、工程物探等许多领域有广泛的应用，被誉为地质学家的“眼睛”。

1927 年 9 月，法国人斯伦贝谢（Schlumberger）兄弟采用梯度电极系在法国 Pechelbronn 油田的一口 488m 深的井中记录了第一条电阻率测井曲线，标志着现代测井技术的诞生；G. E. Archie 在开展大量岩石物理实验的基础上，于 1942 年建立起 Archie 公式，从而奠定了测井定量解释的基础。在国内，翁文波和赵仁寿等于 1939 年 12 月在四川石油沟以点测方式测出了第一条电阻率曲线和自然电位曲线，并成功划分了气层。这些早期的工作开启了我国现代测井技术的发展脚步。

地球物理测井是一门涉及物理、地质、电子及通信、信号处理、精密机械等专业的交叉学科。近几十年来，随着电子学、计算机技术和信号处理的飞速发展，测井技术水平得到了极大的发展，由最初比较单一的电法测井，扩展到声波测井、核测井、核磁共振测井、磁测井以及各类生产动态监测及油管状态检测等工程应用的技术方法。总的来说，测井技术发展共经历了模拟测井、数字测井、数控测井以及成像测井等几个发展阶段。目前，我国正处在数控测井技术和成像测井技术都大面积应用的阶段。应该说，正是由于计算机技术的出现和应用使得测井（包括数据采集、控制、存储以及资料处理和解释等）的效率得到极大的提高，特别是近二三十年，随着海洋油气资源以及非常规油气资源（如致密油气、页岩油）勘探开发的深入，开钻水平井、斜井、分支井的比例越来越高，为提高效率、节省成本并适应这类复杂井况的钻测要求，与钻井和测井的一体化、智能化融合相适应的智能导钻和随钻测井技术得到了快速发展。相比于电缆测井，随钻测井的方法和原理本质上没有太大的改变，但其作业环境更恶劣（如钻井噪声、仪器偏芯），因而对测井仪器的制造工艺以及测量信号的处理技术都提出了更高的要求。限于篇幅，本章只介绍几种比较新型的成像测井技术和仪器，常规仪器不加涉及。

6.1 电缆测井技术

6.1.1 电法测井

作为三大类（电法、声法、核物理）测井技术之一，电法测井是最早发展起来的地球物理测井技术。它主要用于测量井孔周围岩石的电学性质（侧向、感应等电阻率测井技术）以及电化学性质（自然电位测井），从而进行岩性识别、地层对比和划分油气层，是目前地层流体饱和度定量评价的主要依据。自然电位测井原理简单，无需人工供电，测量曲线变化与岩性关系密切，在渗透性层段存在明显的幅度异常，该特征非常有利于划分岩性和评价储层，是常用的测井技术之一。绝大多数电法测井技术需要在井眼附近人工产生电磁场，根据电磁场的传播特征，这类测井技术主要分为两类：直流传导类测井技术（普通电阻率测井、侧向测井等）以及交变电磁场类测井技术（感应测井、电磁波传播测井等）。本节介绍侧向测井和感应测井两种具有代表性的电法测井技术。

6.1.1.1 侧向测井

在高矿化度泥浆（低电阻率）和高阻薄层的井中，由于泥浆的分流作用和低阻围岩的影响，普通电阻率测井曲线变得平缓，难以进行分层和确定地层真电阻率。在海洋测井环境下，井中泥浆往往矿化度比较高，正好是这种情况。侧向测井又叫聚焦测井，可以很好地解决这一问题。它的电极系中除了主电极之外，上下还装有屏蔽电极。主电流受到上、下屏蔽电极流出的电流的排斥作用，形成聚焦效应，成为水平层状电流流入地层，这就大大降低了井和围岩对视电阻率测量结果的影响。目前，侧向测井的种类较多，有三侧向、七侧向、双侧向以及微侧向、邻近侧向、微球形聚焦测井等。其中，后三种侧向测井方法主要用于冲洗带电阻率的测量。受篇幅影响，这里只介绍双侧向测井技术。

（1）双侧向测井工作原理

双侧向测井是在三、七侧向的基础上发展起来的，其电极系由七个环状电极和两个柱状电极组成，其中 A_0 是主电极，M_1、M_1' 和 M_2、M_2' 是两对监督电极，A_1、A_1' 和 A_2、A_2' 是两对屏蔽电极，每对电极之间短路连接，具体结构如图 6-1（a）所示。为了增加探测深度，屏蔽电极 A_2 和 A_2' 不是环状而是柱状电极，其他所有电极为环状电极。

对深双侧向测井来说，A_2 和 A_2' 是屏蔽电极，由于屏蔽电极长，聚焦效果好，电流能流进地层更深处，探测深度较深。其工作原理如图 6-1（b）所示。对浅双侧向测井来说，A_2 和 A_2' 是回路电极，由于回路电极离主电极近，主电流更容易发生回流，进入地层相对较浅，因而探测深度也浅一些，其工作原理如图 6-1（c）所示。

双侧向测井在工作时必须对主电极 A_0 发出恒定的电流 I_0 进行聚焦，并通过两对屏蔽电极 A_1、A_1' 和 A_2、$A_2'A_1'A_2'$ 发出与 I_0 极性相同的屏蔽电流 I_1 和 I_2。通过自动调节使得屏蔽电极 A_1 与 A_2（或 A_1' 与 A_2'）的电位比值为一常数，即 $U_{A_2}/U_{A_1}=aU_{A_2}/U_{A_1}=a$（常数 a 在测井时给定），监督电极 M_1 与 M_2（或 M_1' 与 $M_2'M_1'M_2'$）之间的电位差为零。然后，测量任一监督电极（如 M_1）和无穷远电极 N 之间的电位差。在主电流 I_0 恒定不变的条件下，测得的电位差是与介质的视电阻率成正比。它们之间的关系为

$$R_a = K\frac{U_{M_1}}{I_0} \tag{6-1}$$

式中，R_a 为视电阻率；K 为双侧向的电极系系数；U_{M_1} 为监督电极 M_1 的电位。

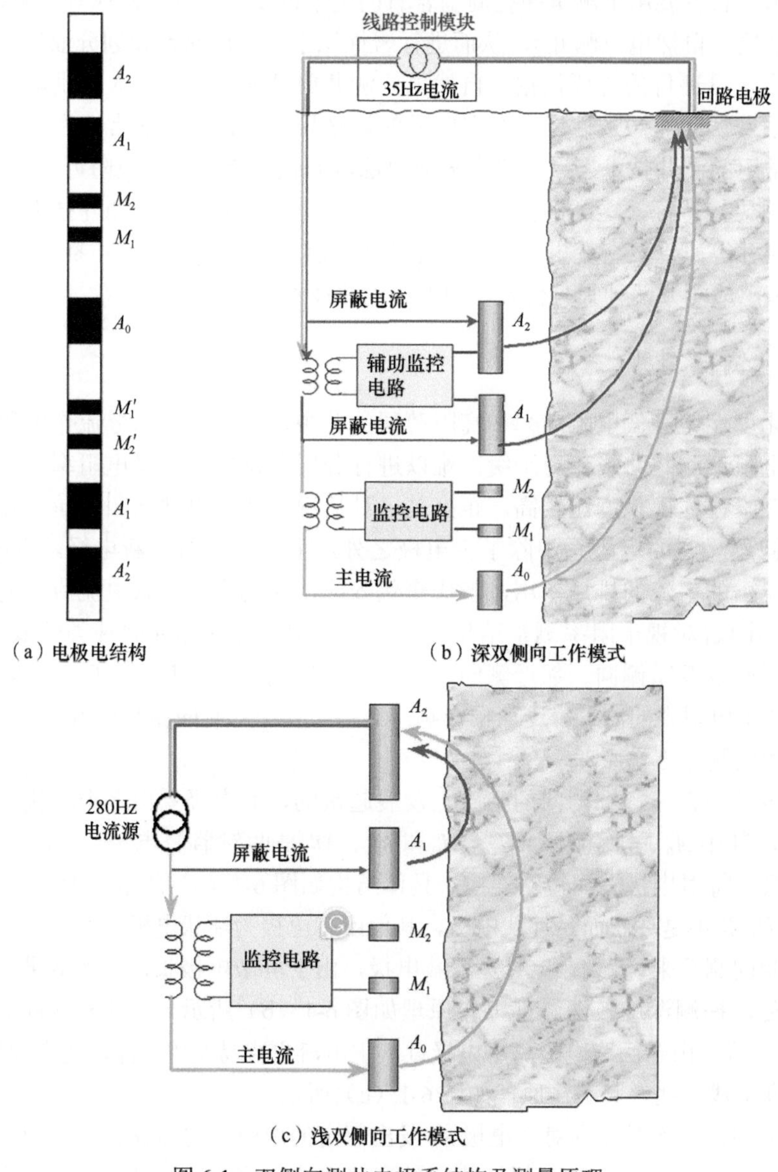

（a）电极电结构

（b）深双侧向工作模式

（c）浅双侧向工作模式

图 6-1　双侧向测井电极系结构及测量原理

同样，确定 K 可以通过实验和理论计算实现。深、浅双侧向一般采用分频测量方式，不同服务公司的仪器所采用的频率略有差异。例如，斯伦贝谢公司的 DLT 仪器，其深侧向电流频率为 35Hz，浅侧向的电流频率为 280Hz，而贝克休斯的 DLL 仪器深侧向电流频率为 32Hz，浅侧向的电流频率为 128Hz。

深双侧向测井测出的视电阻率主要反映原状地层的电阻率，而浅双侧向测井主要反映侵入带电阻率。

通常确定电极系的原则是：①层厚影响小，分层能力强，即薄层电阻率曲线显示清晰；②深浅侧向的探测深度差别要大，有利于判断侵入特征；③井眼影响小，在同样井眼条件下，要求对深浅测井影响相同。

影响双侧向电极系特性的主要参数是屏蔽电极长度、O_1O_2 之间的距离（O_1、O_2 分别为 M_1、M_2 和 M_1'、$M_2'M_1'M_2'$ 的中点）等。增加屏蔽电极 A_1 和 A_2 的长度可以增加双侧向仪器的径向探测深度。$\overline{O_1O_2}$ 的长度主要决定双侧向的纵向分层能力。

另外，双侧向测出的视电阻率（深、浅侧向的视电阻率分别用 R_{LLd}、R_{LLs} 表示）与普通电阻率测井相同，受到井眼、围岩及泥浆侵入的影响，因此要对测量的视电阻率曲线进行相应的校正。

（2）双侧向测井资料的主要应用

双侧向相比于三侧向、七侧向，既有合适的探测深度，深、浅侧向的电极距又相同，使得深、浅侧向受围岩影响一致，纵向分辨能力相同，在解决地质问题方面具有独特的优势，因而在油田得到了广泛的应用。

A. 划分地质剖面

双侧向的分层能力较强，视电阻率曲线在不同岩性的地层剖面上显示清楚。一般厚度在 0.4m 以上的低阻泥岩、高阻致密层在曲线上都有明显的显示。

B. 判断油（气）、水层

由于深侧向探测深度较深，而且深、浅侧向受井眼影响程度比较接近，这就有利于用深、浅侧向测出的视电阻率曲线的幅度差直观判断油（气）、水层。同样，油（气）层双侧向视电阻率曲线出现正幅度差（或叫正差异），水层的视电阻率曲线出现负幅度差（或叫负差异）。需要指出的是，深、浅侧向在渗透层产生的幅度差与泥浆滤液侵入深度以及 $R_{\mathrm{mf}}/R_{\mathrm{w}}$（泥浆电阻率与地层水电阻率的比值）大小有关。当泥浆滤液侵入深度超过深侧向探测范围时，深、浅侧向的视电阻率读数几乎相同，此时，油（气）层不会出现正差异，水层不会出现负差异，从而给油（气）、水层解释造成困难。因此，在钻到油（气）层时，应及时进行测井，以减小泥浆滤液侵入深度，增加双侧向测井曲线的差异，这也是提高油（气）、水层测井解释精度的一条重要措施。另外，在水层中，如果 $R_{\mathrm{mf}}/R_{\mathrm{w}}$ 增大，则水层处曲线的负幅度差也增大。总的来说，在应用双侧向测井资料时，不能单凭正负幅度差的大小来划分油（气）、水层，要结合其他测井资料，进行综合分析判断，才能得出正确结论。图 6-2 给出了一个碳酸盐岩裂缝性储层中的双侧向实测曲线（第二道），在深、浅双侧向曲线发生分离的层段，都是正差异。

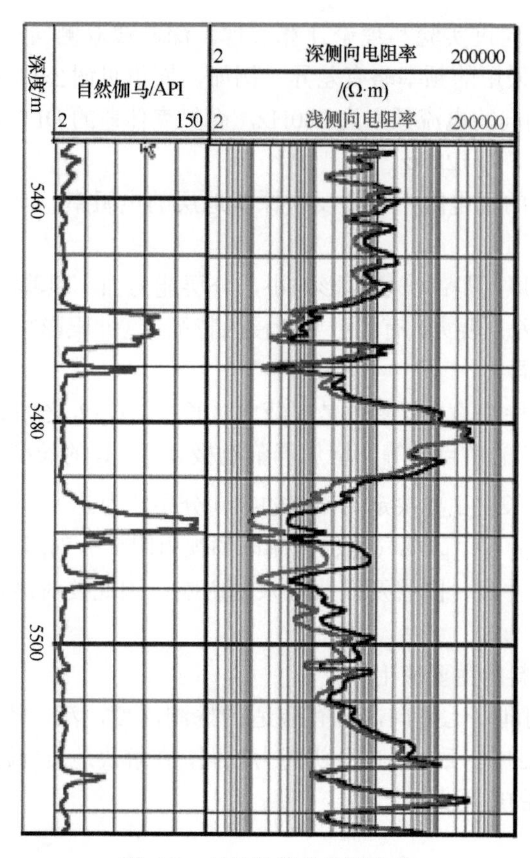

图 6-2 双侧向测井实测曲线

C. 确定地层电阻率

可以根据深、浅双侧向测得的视电阻率值，利用校正图版求出地层真电阻率和侵入带直径。

6.1.1.2 感应测井

侧向测井属于直流电测井方法，井内需要有导电介质才能使供电电流通过它进入地层，形成探测地层真电阻率所需的直流电场。因此，该方法只能用于导电性能较好的泥浆中。然而，有时为了获得地层的原始含油饱和度，需要使用油基泥浆钻井，在这样的条件下，井内无导电性介质，直流电测井方法则不能使用。

为了解决在油基泥浆中测量地层的电阻率而提出的感应测井，在生产实践中不断改进完善，也能应用于淡水泥浆的井中，具有较强的泥浆适应能力。而且在一定条件下，它比普通电阻率测井法优越，例如受高阻邻层影响小，对低电阻率地层反应灵敏，因此目前感应测井已被广泛应用。

感应测井最初是由 Doll 根据电磁感应原理提出的，最早的感应测井仪器采用了双线圈系，后来为了提高信噪比，发展了具有聚焦功能的复合线圈系，如斯伦贝斯公司的 6FF40

双感应测井仪器。双感应测井可提供深、中两条电阻率曲线，但在实际应用过程中，双感应测井的薄层分辨率较低，且受井眼、侵入、围岩等环境影响严重，不能提供准确的地层真实电阻率，所以双感应测井逐渐不能满足测井发展的需要。为了精确刻画复杂储层的油气分布，不同油田技术服务公司都推出了相应的阵列感应测井仪器，如斯伦贝谢公司 1990 年推出的 AIT-B。这些阵列感应测井仪器将多个频率的实部信号和虚部信号通过软件聚焦方式进行处理合成多个径向电阻率曲线，不但能够对地层侵入剖面进行精确的描述，而且能够在各种泥浆的条件下，确定地层真实电阻率。

（1）感应测井基本原理

假设在地层中切出一个半径为 r、截面积为 $\mathrm{d}A$（$\mathrm{d}r \cdot \mathrm{d}z$）的圆环，井轴通过圆环中心并且垂直于圆环所形成的平面，这样的圆环称为单元环，如图 6-3 所示。地层可以看成是由无数个这样的单元环组成的大线圈。

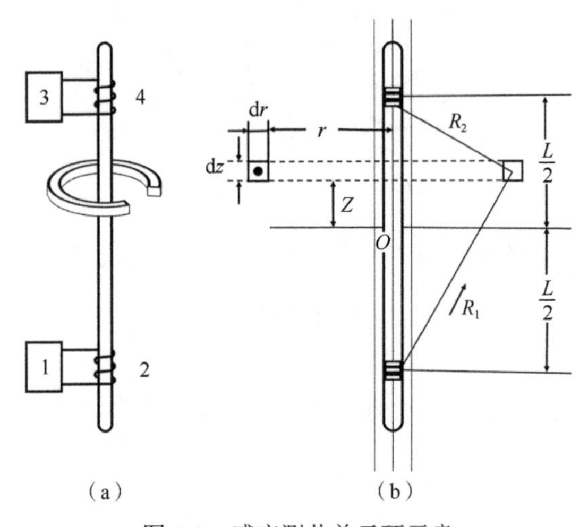

图 6-3 感应测井单元环示意

1- 振荡器；2- 发射线圈；3- 放大检波器；4- 接收线圈

把装有发射线圈 T 和接收线圈 R 的井下仪器放入井中，如图 6-4，对发射线圈通以交变电流 I，在发射线圈周围地层中产生了一次交变磁场 Φ_1，该交变磁场会在地层中感应出环绕井轴流动的交变电流 I_1，称为涡流。涡流在地层中流动又产生二次磁场 Φ_2，二次磁场 Φ_2 穿过接收线圈 R，并在 R 中感应出电流，从而被记录仪记录。很明显，接收线圈 R 中感应产生的电动势大小与地层中产生的涡流大小有关，而涡流大小又与岩石的导电性有关，地层电导率大，则涡流大，电导率小，则涡流小，涡流与电导率成正比，因而接收线圈中的电动势也与电导率成正比。根据记录仪记录到的感应电动势的大小，就可知地层的电导率。

从图 6-4 中可以看出，接收线圈 R 不仅被二次磁场 Φ_2 穿过，而且被一次磁场 Φ_1 穿过。因而接收线圈 R 中产生的信号有两种：一种是由地层产生的，与地层导电性有关的信号，称为有用信号，用 V_R 表示；另一种是由仪器的发射线圈直接感应产生的，这是一种干扰因素，称为无用信号，用 V_X 表示。二者在相位上相差 90°。

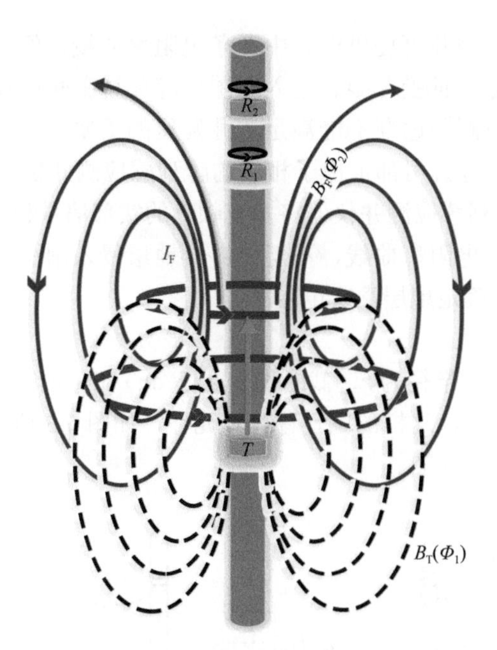

图 6-4　感应测井基本原理

根据电磁感应原理，所有单元环在接收线圈中产生的二次感应电动势为

$$V_R = K\int_{-\infty}^{\infty}\int_{0}^{\infty} g\sigma \mathrm{d}r\mathrm{d}z \tag{6-2}$$

式中，$g=\dfrac{L}{2}\dfrac{r^3}{\rho_T^3\rho_R^3}$，为单元环微分几何因子；$K=\dfrac{\omega^2\mu^2 n_T n_R S_T S_R I_T}{4\pi L}$，称为仪器常数；$\omega$ 为交变电流的角频率；n_T、n_R 为发射线圈、接收线圈的匝数；S_T、S_R 为发射线圈、接收线圈的面积；I_T 发射线圈中的电流强度；L 为线圈距（发射线圈与接收线圈之间的距离）；r 为单元环的半径；ρ_T、ρ_R 为单元环到接收线圈、接收线圈之间的距离；σ 为地层单元环电导率。

该感应电动势就是地层中涡流所形成的二次感应电动势，也称为有用信号。

微分几何因子 g 满足归一化条件，即 $\int_{-\infty}^{\infty}\int_{0}^{\infty} g\mathrm{d}r\mathrm{d}z=1$ 。在均匀介质中，式（6-2）可简化为

$$V_R = K\sigma \tag{6-3}$$

同样，可得到发射线圈在接收线圈中直接产生的一次感应电动势为

$$V_X = -\frac{\mathrm{i}\omega\mu n_T n_R S_T S_R}{2\pi L} I_T \tag{6-4}$$

可以看出，V_X 和 I_T 的相位相差 90°。由于 V_X 的表达式中不包含任何与地层性质有关的参数，只与仪器结构和发射电流的强度及频率有关，为无用信号，在测量中将采取措施把它压制掉。通常采用补偿线圈的方法，使发射和接收线圈之间的互感信号降到最小。另外，利用有用信号和无用信号相位相差 90°，采用相敏检波电路即可把无用信号消除。

σ 根据上面的讨论，发射线圈的交变电流会在单元环中产生交变电流，该交变电流在接收线圈中产生的信号 V_{i} 可用式（6-5）表示

$$V_{\mathrm{i}} = Kg\sigma \tag{6-5}$$

式中单元环的几何因子 g 的由单元环的几何位置所决定的，地层中不同大小、不同位置的单元环，有不同的几何因子数值。由（6-5）式可得

$$g = \frac{V_{\mathrm{i}}}{K\sigma} = \frac{V_{\mathrm{i}}}{V_{\mathrm{R}}} \tag{6-6}$$

式（6-6）说明单元环几何因子的物理意义是：在均匀无限厚的地层中，单元环在接收线圈中产生的信号占全部地层在接收线圈中产生总信号的百分数。当线圈距 L 选定后，g 与单元环和线圈的相对位置有关，所以称 g 为单元环的几何因子，它表示处在不同位置的单元环对总信号贡献的大小不同。

在测井条件下，实际地层通常是非均匀的，图 6-5 给出了一个常见的分区均匀地层模型，包括井眼、侵入带、原状地层和围岩。此时，接收线圈中的有用信号由各分区均匀介质在接收线圈中产生的感应电动势总和组成，测量的地层电导率为视电导率，其结果如下

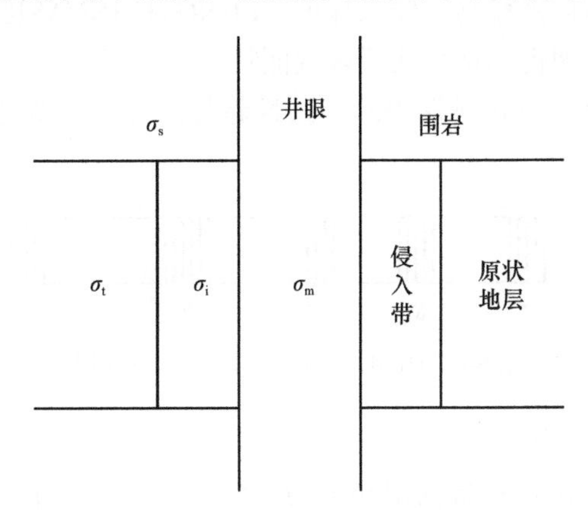

图 6-5　分区均匀地层模型

$$\begin{aligned}\sigma_{\mathrm{a}} &= \frac{V_{\mathrm{R}}}{K} = \int_{-\infty}^{\infty}\int_{0}^{\infty} g\sigma \mathrm{d}r\mathrm{d}z \\ &= \int_{\mathrm{m}} g\sigma_{\mathrm{m}}\mathrm{d}r\mathrm{d}z + \int_{\mathrm{i}} g\sigma_{\mathrm{i}}\mathrm{d}r\mathrm{d}z + \int_{\mathrm{t}} g\sigma_{\mathrm{t}}\mathrm{d}r\mathrm{d}z + \int_{\mathrm{s}} g\sigma_{\mathrm{s}}\mathrm{d}r\mathrm{d}z \\ &= \sigma_{\mathrm{m}}\int_{\mathrm{m}} g\mathrm{d}r\mathrm{d}z + \sigma_{\mathrm{i}}\int_{\mathrm{i}} g\mathrm{d}r\mathrm{d}z + \sigma_{\mathrm{t}}\int_{\mathrm{t}} g\mathrm{d}r\mathrm{d}z + \sigma_{\mathrm{s}}\int_{\mathrm{s}} g\mathrm{d}r\mathrm{d}z \\ &= \sigma_{\mathrm{m}}G_{\mathrm{m}} + \sigma_{\mathrm{i}}G_{\mathrm{i}} + \sigma_{\mathrm{t}}G_{\mathrm{t}} + \sigma_{\mathrm{s}}G_{\mathrm{s}}\end{aligned} \tag{6-7}$$

式中，G_{m}、G_{i}、G_{t}、G_{s} 分别是井眼、侵入带、原状地层和围岩的积分几何因子。

式（6-7）表明，地层视电导率是各分区介质电导率的加权值，其权系数是各分区介质的积分几何因子。也就是说，各分区介质对测量的总信号贡献的大小由各分区介质的电导率与其积分几何因子所决定。

（2）阵列感应测井仪器结构

为了提高仪器的探测性能，实际应用中通常采用复合线圈系，而且形成了阵列化，也就是阵列感应测井。它是在普通感应测井的基础上发展起来的具有径向探测能力的一种交流电测井仪器。其代表性仪器有斯伦贝谢公司的 AIT、贝克休斯公司的 HDIL 和哈里伯顿公司的 HRAI。

图 6-6 是贝克休斯公司阵列感应测井仪器 HDIL 的线圈系结构，T 为发射线圈，R 为接收线圈。另外，在每个接收线圈的左侧还设计了一个去直耦线圈，相当于在发射线圈的单侧共布置 7 个三线圈系子阵列，主接收线圈间距从 6～94in 按对数等间距布放。它采用一系列不同线圈距的线圈系对同一地层进行测量，然后通过硬件或软件聚焦处理获得不同径向探测深度的地层电导率。HDIL 仪器所有子阵列同时接收包含 8 种频率（10kHz、30kHz、50kHz、70kHz、90kHz、110kHz、130kHz 和 150kHz）的时间序列波形，通过 FFT 变换将波形分解为实部和虚部信号，共得到 112 个信号。对这些信号进行软件聚焦合成处理，可得到三种纵向分辨率（1ft、2ft 和 4ft）和六种探测深度（10in、20in、30in、60in、90in 和 120in）的测井曲线。图 6-7 的第二道给出了某海域油井阵列感应测井不同探测深度下的电导率合成曲线，第一道为自然伽马、侵入深度（LENGTH INVASION）、自然电位（SP）测量结果；同时还能通过处理得到钻井液侵入剖面特征的良好显示（见第三道），其纵向上颜色的变化表示岩性的变化，颜色越深表示渗透性越好；径向上颜色的深浅变化表示地层的钻井液侵入特性。

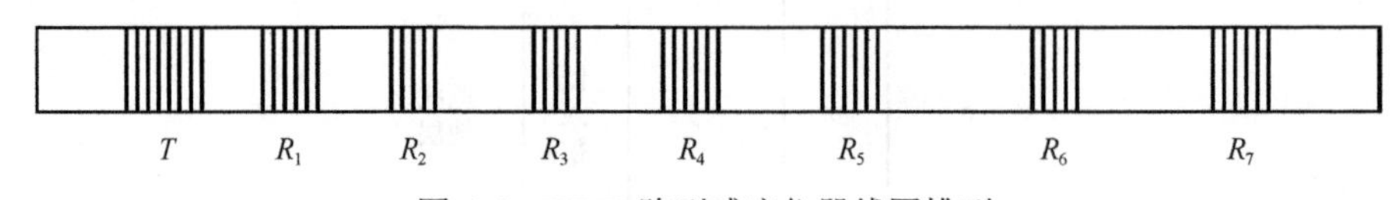

图 6-6　HDIL 阵列感应仪器线圈排列

（3）感应测井曲线的应用

由于地层电阻率是确定地层含油饱和度的重要参数，必须采取各种方法求准它。感应测井是求准地层电阻率的重要测井方法。对于普通感应测井，其主要应用如下。

A. 分层

对 0.8m 六线圈系来说，层厚大于 3m 时，可根据曲线半幅点划分地层界面；层厚小于 3m 时，地层界面不在半幅点处，而是向峰值方向移动。取准地层厚度对于求准地层电导率非常重要。一般情况下不单独用感应测井曲线来划分地层界面，而应当同时参考微电极曲线、微侧向曲线和短梯度电极曲线。

B. 读取目的层视电导率值

对于感应测井曲线来说，不论高电导率地层还是低电导率地层，其地层中点都对应曲线的极值（极大值或极小值）。读取的视电导率值就是这个极值。如果地层较厚，而由于岩性不均匀或含油不均匀在中部有微小的起伏，则取中部的面积平均值。如果地层中含有薄的泥质或钙质夹层，则将夹层去掉而取余下部分的平均值。

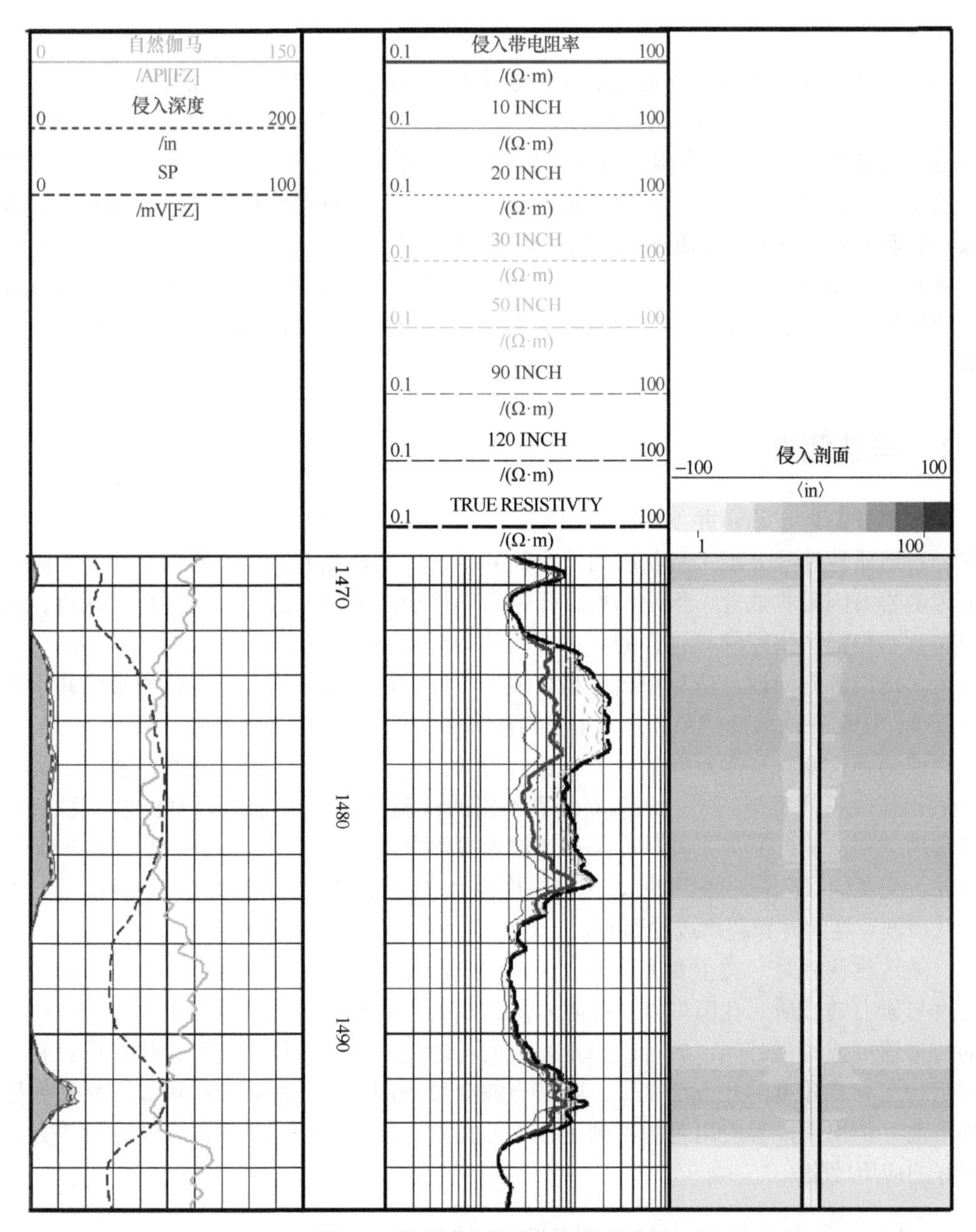

图 6-7　阵列感应仪器实测处理结果

C. 读取围岩视电导率值

如果围岩是均匀的，可直接读出视电导率值；如果围岩不均匀，应在靠近界面处读取视电导率值。因为这部分围岩的影响最大。根据感应测井的纵向探测特性，最好在距地层中点 5m 范围内取围岩的视电导率值（如果地层厚度接近或超过 10m，则围岩的贡献可以忽略，此时围岩视电导率是否取准就无关紧要了）。另外，当地层上、下围岩电导率不同时，可分别读取上、下围岩的视电导率，然后取二者的平均值作为选取图版所用的 σ_s。

D. 确定地层电导率

感应测井曲线解释的任务是确定岩石电导率。感应测井的线圈虽然有纵向和径向的聚焦作用，受围岩、泥浆和侵入带的影响较小，但是这些影响并未完全消除。为了求得较准确的地层电导率，需要对感应测井的视电导率进行一系列校正，即井眼校正、传播效应校正、围岩校正和侵入带校正。在感应测井资料解释过程中，针对这些校正，早期需要用到多种图版，后期很多参数都可以通过感应测井曲线反演来获得。

阵列感应测井应用范围更广，不仅可实现普通感应的测井的功能，还可用于划分薄层和渗透性储层，求取地层真电阻率和冲洗带电阻率，确定泥浆侵入深度，并定性识别储层流体性质。

6.1.2 声波测井

声波测井是通过测量井下地层剖面的岩石声学性质（如声波速度、频率、衰减等）来研究岩石地质特性及井眼工程状况的一类测井方法。声波测井的物理基础是依据不同种类或成因的岩石因矿物成分、组织结构、弹性力学性质的差异，致使其声波传播速度、衰减规律和频率特征产生差异来进行的。声波测井资料可用于识别岩性、探测地层裂缝、分析地应力和地层各向异性、估算渗透率和孔隙度、评价地层破裂压力以及检测套管井水泥胶结质量等，因而在油气勘探和开采、工程物探等许多领域有广泛的应用。

声波测井仪器有许多不同的种类，它们的共同特点是能够发射和接收声波。不同的仪器发射和接收不同类型的声波，从而达到不同的检测目的。近代声波测井技术发展很快，目前常用的声波测井有如下几种方法：声波速度测井（如常规声速测井、长源距声波全波列测井、交叉偶极阵列声波测井）、声波幅度测井（CBL、VDL）以及超声成像测井。本节只涉及声波速度测井和超声成像测井。

声波速度测井是一类主要测量声波在地层中的传播速度的测井方法。声波在岩石中传播速度与岩石的性质、孔隙度以及孔隙中所充填的流体性质有关，因此，根据声波在岩石中的传播速度或传播时间，就可以确定岩石的孔隙度，判断岩性和孔隙流体性质。它是目前常用的三种孔隙度测井方法之一。随着声波全波列测井（包括长源距声波、交叉偶极子阵列声波）的出现，其应用范围得到了很大的拓展，在裂缝探测、各向异性分析等方面都有很好的应用效果。

6.1.2.1 井中声传播的射线理论和波动理论

（1）射线声学理论

射线声学主要研究声波的波前或者波阵面的空间位置与其传播时间的关系，又被称为几何声学。与几何光学相似，它们都是利用波前、射线等几何图形来描述波的运动过程和规律。一般在进行声波测井的定性分析时，大多采用射线声学理论或几何声学理论。

射线声学对于了解声波在井内传播的路径和走时是非常有用的。但是，由于射线理论是波动理论的一种近似，因此它有特定的使用范围，即声波的波长与模型的几何尺寸相比非常小时才适用。实际声波测井中，当声源的发射主频为 20kHz 或甚至更低频率的声波时，如果假定井内流体的波速为 1500m/s，那么此时声波的最小波长为 0.075m，而井直径一般为 0.1m，二者的几何尺寸接近。由此可见，射线理论并不完全适用声波测井，因而也不能完全解释井内所传播的所有波型。

A. 流体直达波

所谓流体直达波，即由声源出发，经过井内流体而直接到达接收器的波，它也是声源的入射波。直达波直接从声源出发到达接收器或观测点，它不受井周地层性质的影响。

B. 滑行纵波和滑行横波

图 6-8 是声波在流–固界面处倾斜入射时的反射和折射示意图。介质Ⅰ为流体，其纵波声速和密度分别为 V_f、ρ_f，介质Ⅱ为固体，其纵波、横波速度和密度分别为 V_c、V_s、ρ_2。纵波从介质Ⅰ倾斜入射到介质Ⅱ中时，介质Ⅰ中会产生反射纵波；但在介质Ⅱ中，由于界面处会产生波型转换，会出现折射纵波和折射横波。

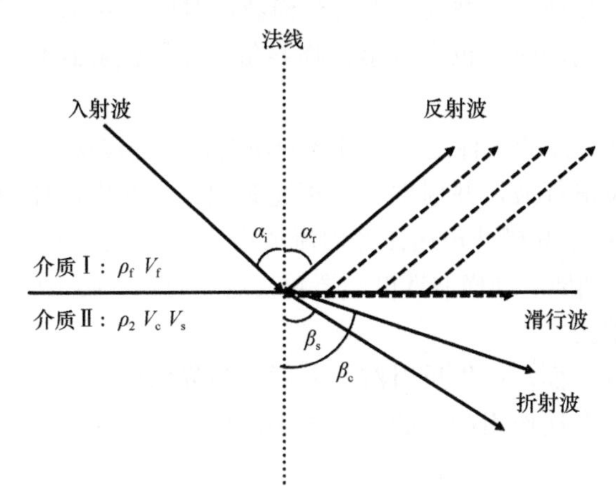

图 6-8　声波在流–固界面处的反射和折射

由射线声学理论可知，声波从介质Ⅰ倾斜入射到介质Ⅱ中时，声波入射角和反射角相等，即 $\alpha_i=\alpha_r=\alpha$。根据 Snell 定律，可得到

$$\frac{\sin\alpha}{\sin\beta_c}=\frac{V_f}{V_c} \tag{6-8}$$

$$\frac{\sin\alpha}{\sin\beta_s}=\frac{V_f}{V_s} \tag{6-9}$$

式中，β_c、β_s 分别为折射纵波和折射横波的折射角。

由式（6-8）和式（6-9）可知，当固体介质的声速（纵波、横波）比流体介质的声速要大时，折射角也会大于入射角。此时，当入射角增大到某一定值时，折射角 β_c（或 β_s）可以达到 90°，对应的入射角满足

$$\sin\alpha_c=\frac{V_f}{V_c} \tag{6-10}$$

$$\sin\alpha_{\mathrm{s}}=\frac{V_{\mathrm{f}}}{V_{\mathrm{s}}} \tag{6-11}$$

或者

$$\alpha_{\mathrm{c}}=\arcsin\frac{V_{\mathrm{f}}}{V_{\mathrm{c}}} \tag{6-12}$$

$$\alpha_{\mathrm{s}}=\arcsin\frac{V_{\mathrm{f}}}{V_{\mathrm{s}}} \tag{6-13}$$

当入射角为 α_{c} 时，介质Ⅱ中的纵波折射角为90°，此时折射纵波以介质Ⅱ的纵波速度沿界面向前滑行传播，这种波称为滑行纵波，对应的 α_{c} 称为第一临界角。滑行纵波在介质Ⅱ中沿界面传播的同时，它会以第一临界角将能量辐射到介质Ⅰ中，并在介质Ⅰ中传播。

同样，当入射角为 α_{s} 时，介质Ⅱ中的横波折射角为90°，此时折射横波以介质Ⅱ的横波速度沿界面向前滑行传播，这种波称为滑行横波，对应的 α_{s} 称为第二临界角。滑行横波在介质Ⅱ中沿界面传播的同时，也会以第二临界角将能量辐射到介质Ⅰ中，并在介质Ⅰ中传播。

由此可见，产生滑行波的条件是，折射区介质的声波速度必须大于入射区介质的声速。在井孔情况下，要产生滑行波，井周地层的声速必须大于井内流体的声速；对于一些软地层（又称慢速地层），由于其横波声速比井内流体声速要小，此时无法产生滑行横波，因此采用常规的方法无法测到地层的横波速度。要解决这一问题，必须应用偶极横波测井。

C. 一次和多次反射波

入射波遇到井壁或界面，产生反射波；入射波与界面或者井壁在第一次作用时产生的波称为一次反射波，由多次作用产生的波称为多次反射波。这时入射波和反射波符合反射定律。

在实际声波测井中，难以清楚地观测到以上几种波。所记录的波，是各种波的叠加效应，而且会表现出一些用射线声学不能完全解释的现象，如实际测井中的伪瑞利波和斯通利波等，都无法直接用射线理论来解释。正如文前所述，射线理论是严格的波动理论的一种近似，要透彻地了解井中激发的全波列波形成分，就必须利用波动理论来研究这一问题。

（2）波动声学理论

波动声学理论一般是指从弹性波动力学出发，通过求解介质中满足一定边界条件和初始条件的波动方程，得到特定区域内的声场解（包括时间域、频率域），从而分析声场在介质中的传播特性。

下面以居中单极子声源在井孔内激发的声场求解为例来说明这一过程。

考虑设一半径为 a 的无限长无黏滞性流体柱（井眼）垂直贯穿一均匀各向同性、完全弹性的地层；井内流体的密度为 ρ_{f}，流体中的纵波声速为 v_{f}，井外地层的密度为 ρ，纵、横波在其中的传播速度分别为 v_{c} 和 v_{s}。建立柱坐标系，z 轴与井轴重合，则该问题的边界条件为，在流体和固体的交界面（即 $r=\alpha$）处，径向位移和应力是连续的，切向应力为零。

如图 6-9 所示，点声源位于坐标原点 o 处。在井内流体中，用 ϕ_{f} 表示其位移势函数，则除点源外，井内任一点 $P(\mathrm{r}, \theta, z)$ 处的位移势函数应满足波动方程，即

$$\nabla^2\phi_{\mathrm{f}} = \frac{1}{v_{\mathrm{f}}^2}\frac{\partial^2\phi_{\mathrm{f}}}{\partial t^2} \tag{6-14}$$

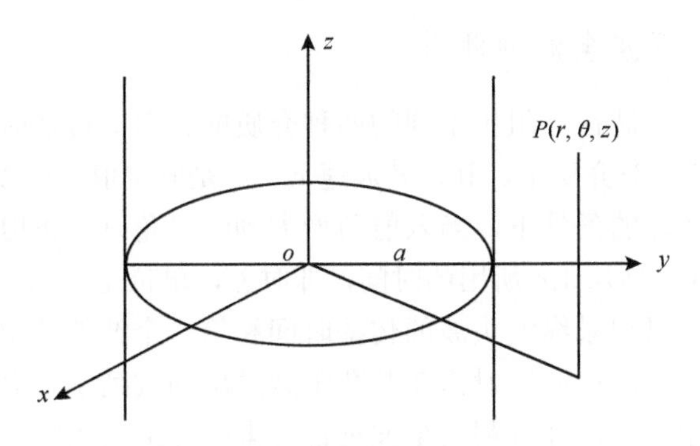

图 6-9　居中点声源激发时的井孔模型

由于所研究的对象具有轴对称性，即 ϕ_{f} 与 θ 无关，用分离变量法可求得井内声场势函数的通解为

$$\phi_{\mathrm{f}} = \int_{-\infty}^{+\infty}\left[C_1K_0\left(\mu_{\mathrm{f}}r\right)+C_2I_0\left(\mu_{\mathrm{f}}r\right)\right]\mathrm{e}^{j(\omega t-kz)}\mathrm{d}k \tag{6-15}$$

式中，C_1 和 C_2 为待定系数；k 为任意数；$\mu_{\mathrm{f}}=\sqrt{k^2-K_{\mathrm{f}}^2}$；$K_{\mathrm{f}}=\dfrac{\omega}{v_{\mathrm{f}}}$；$K_0$、$I_0$ 为零阶虚宗量 Bessel 函数。显然，通解的前一项为声源发射出来的声波项，后一项为界面所产生的广义反射声波。

同理，用分离变量法可求得井外地层中位移势场的纵波势函数和横波势函数的通解为

$$\phi_{\mathrm{c}} = \int_{-\infty}^{+\infty}\left[C_3K_0\left(\mu_{\mathrm{c}}r\right)+C_4I_0\left(\mu_{\mathrm{c}}r\right)\right]\mathrm{e}^{j(\omega t-kz)}\mathrm{d}k \tag{6-16}$$

$$\psi_{\theta} = \int_{-\infty}^{+\infty}\left[C_5K_1\left(\mu_{\mathrm{s}}r\right)+C_6I_1\left(\mu_{\mathrm{s}}r\right)\right]\mathrm{e}^{j(\omega t-kz)}\mathrm{d}k \tag{6-17}$$

式中，C_3、C_4、C_5 为待定系数；$\mu_{\mathrm{c}}=\sqrt{k^2-K_{\mathrm{c}}^2}$；$K_{\mathrm{c}}=\dfrac{\omega}{v_{\mathrm{c}}}$；$\mu_{\mathrm{s}}=\sqrt{k^2-K_{\mathrm{s}}^2}$；$K_{\mathrm{s}}=\dfrac{\omega}{v_{\mathrm{s}}}$，$K_1$、$I_1$ 为第一阶虚宗量 Bessel 函数。当 $r\to\infty$ 时，I_0、I_1 为无穷大，为保证 ϕ_{c} 与 ψ_{θ} 为有限大，只能取 C_4=C_6=0；在 r=a 处，利用边界条件（即径向位移和应力是连续的，切向应力为零），即可求得通解中的其他待定系数，也就是整个声场解的解析式。

对待定系数确定后的（6-15）式作二维傅里叶变换，可得到井孔声场在时间-空间域的声场

$$\phi_{\mathrm{f}}\left(r,z,t\right) = \int_{-\infty}^{+\infty}s\left(\omega\right)\left[K_0\left(\mu_{\mathrm{f}}r\right)+A_n\left(k\right)I_0\left(\mu_{\mathrm{f}}r\right)\right]\mathrm{e}^{j(\omega t-kz)}\mathrm{d}k\mathrm{d}\omega \tag{6-18}$$

由于式（6-18）是沿实轴对 k 作积分，数值计算时常对离散的 k 求和，因此常称为实轴积分法，或离散波数法。

当然，上述方法只能得到井孔声场包含各波型成分的全波列，如果想得到滑行波、伪瑞利波或斯通利波等各波型成分，还需进行分波计算，涉及专业知识比较多，在此不再赘述。

6.1.2.2 长源距声波全波列测井

根据前面的讨论，声波在声阻抗不同的两种介质的界面上传播时发生的折射和反射符合波的折射和反射定律。对介质Ⅰ、Ⅱ，其波速 v_1、v_2 是固定值，所以随着入射角增大，折射角也要增大，在 $v_2>v_1$ 的条件下，当入射角增大到临界角时，折射角为直角。常规声速测井就是测量滑行波穿越地层 1m 所用的时间，即时差，单位是 μs/m。

早期的声速测井，只记录纵波头波的传播时间和第一个波的波幅，这只利用了井孔中很少的声波信息。实际上，声波发射器在井孔中激发出的波列携带着很多地层的信息，如果把声波全波列都记录下来，并且利用全波列信息来研究地层的特性，则会大大提升声波测井的实际应用价值。

（1）井孔中声波的波型成分

在裸眼井中，由对称轴上的点声源激发的全波列是由多种波列成分组成的，在实际声波测井中，只是对其中的某些分波感兴趣，如纵波头波、横波头波、斯通利波等。

A. 滑行纵波

从射线声学的角度来看，滑行纵波（又称纵波头波）是由声源发出的以第一临界角入射到井壁后，在井外地层并靠近井壁，且以地层中的纵波速度沿井壁滑行的波。这种波在沿井壁传播的同时，又会以第一临界角为折射角折回井中，被接收器接收到。这时，可以认为井壁是一个圆形声源，随时向井内辐射能量。由于辐射到井中的波还会遇到井壁，并产生折射横波折射到地层中，因此滑行纵波在传播过程中具有几何衰减特性。

B. 滑行横波

滑行横波又称为横波头波，它类似于滑行纵波，从射线声学的角度来看，滑行横波是由声源发出且以第二临界角入射到井壁后，在井外地层并靠近井壁，以地层中的横波速度传播的波。这种波在沿井壁传播时又会以第二临界角为折射角折回井中，被接收器接收到。同样，可以认为井壁是一个圆形声源，随时向井内辐射能量。与滑行纵波不同，辐射到井中的波遇到井壁（包括以第二临界角入射到井壁）时产生全反射，即不再向地层辐射声能，但滑行横波仍存在几何衰减特性。

C. 伪瑞利波

伪瑞利波是以相速度介于井内流体中的纵波速度和地层中的横波速度之间传播的无几何衰减的高频散波。它有多个模式，并且有截止频率，在截止频率处其相速度等于群速度。伪瑞利波的群速度一般小于相速度，当频率从截止频率开始增大时，相速度和群速度都逐渐减小，当频率趋于无穷大时，相速度趋于井内流体中的纵波速度，而群速度减小到最小值后又逐渐增大，最后也趋于井内流体中的纵波速度。群速度的最小值处对应伪瑞利波的爱瑞相。在这一点处伪瑞利波的幅度最大，或者说，伪瑞利波传播的能量主要集中在爱瑞相处。

D. 斯通利波

斯通利波是以小于且近似等于井内流体中的纵波速度传播的无几何衰减的微频散波。这种波与伪瑞利波的不同之处是它在硬地层中无截止频率，在某些软地层存在截止频率，此时截止频率处的相速度等于群速度，且等于地层中的横波速度。斯通利波只有一个模式。一般在硬地层中，当频率从零趋于无穷大时，斯通利波的相速度趋于井内流体中的纵波速度，而群速度大于相速度，且也趋于井内流体中的纵波速度。一般地，斯通利波只是在低频处容易激发。

（2）长源距声波全波列测井的工作模式

A. 声系及记录方式

目前常用的长源距声波全波列测井仪器的声系由两个发射探头 T_1、T_2 和两个接收探头 R_1、R_2 组成，如图 6-10 所示。该声系的发射探头在声系的一端，两个探头之间的距离为 0.6096m（2ft），T_1、R_2 之间的距离（近源距）为 2.44m（8ft），两个接收探头之间的距离为 0.6096m（2ft），与发射探头相同。所以 T_2、R_1 之间的距离为 3.66m（12ft）。表 6-1 描述了长源距声波测井仪器声系的各种工作状态。

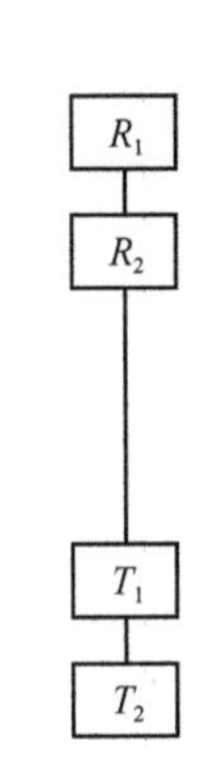

图 6-10　长源距声波测井仪声系示意图

由表 6-1 可以看出，长源距声波测井仪器的声系处于不同的工作状态时，可以组合成四种单发单收声系，记录四条相应的时差曲线。

表 6-1　长源距声波测井仪声系的工作模式

发射接收				记录结果	记录的时差
T_1	T_2	R_1	R_2		
1	0	1	0	TT_1	T_1-R_1 间距 10ft
1	0	0	1	TT_2	T_1-R_2 间距 10ft
0	1	1	0	TT_3	T_2-R_1 间距 10ft
0	1	0	1	TT_4	T_2-R_1 间距 10ft

注：1 表示工作，0 表示不工作。

B. 长源距声波全波列测井的补偿原理

在实际测井时，为了消除井眼扩大或缩小的影响，长源距声波测井也是采用双发双收补偿声速测井方法，因而记录的时差基本上能够消除井径变化的影响。图 6-11 给出了井眼补偿的基本原理。当接收器 R_1 和 R_2 正对某一井段目的层时，R_1 和 R_2 接收的由 T_1 发射产生的纵波波至（或横波波至）分别记为 T_{11} 和 T_{12}，它们之间的时间差为 T_d=T_{12}–T_{11}，T_d 相当于由 T_1 发射与 R_1 和 R_2 接收组成的单发双收声系测量到的时间差。经过一段时间，由于声系提升，当 T_1 和 T_2 正对着原目的层时，此时 R_2 先后接收到 T_1 和 T_2 发射出的声波，如果将这两波列的纵波（或横波）的波至分别记为 T_{21} 和 T_{22}，它们的时间差为 T_u=T_{22}–T_{21}，这相当于发射探头为 R_2、接收探头为 T_1 和 T_2 组成的上发下收单发双收声系记录的纵波（或横波）的时间差，因此，测量的地层的纵波（或横波）时间差的补偿时差为 $\Delta T=(T_d+T_u)/2$，这一结果显然相当于双发双收声系利用补偿声速测量原理记录的声波时差。由图 6-11 可见，当考虑 T_2 发射、R_1 和 R_2 接收及 T_1 和 T_2 发射、R_1 接收时，也有类似的情况，这时记录到的时差是源距为 3.048m（10ft）和间距为 0.6096m（2ft）时的双发双收补偿声速测量结果。一般认为，采用长源距的优点在于利用纵波和横波等各个波群的传播速度不同的特点，使得各种波群在时间上能够比较容易区分，这样有利于分析每种波群的传播速度。

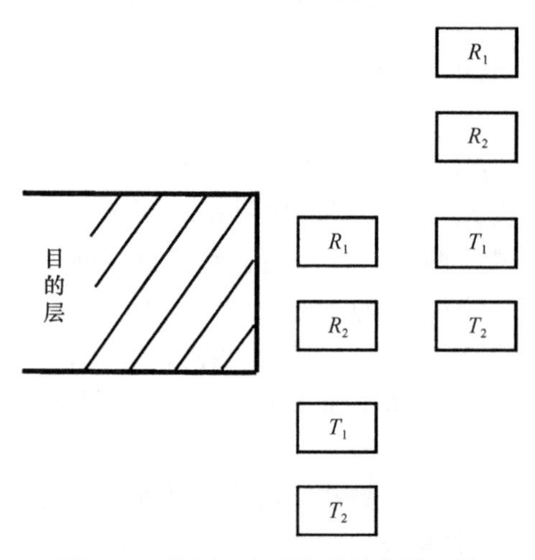

图 6-11　长源距声系井眼补偿原理图

C. 全波列测井中的纵横波提取

由以上分析可知，在测井时可用门槛鉴别的方法来检测纵波的波至，而且还可以利用补偿声速测量法来记录纵波时差。由于纵波后续波的干扰，一般很难利用类似的方法来获得地层的横波速度。但是，长源距声波全波列测井记录了整个波列，即在某个测量点上记录了远近两道波形，因此可以利用这些全波列通过一系列信号处理分析，从全波列资料中提取纵波、横波（含伪瑞利波）和斯通利波等。这样不仅可以得到各种波的波速，而且在一定条件下可以得到某一种波群幅度和频率谱等，从而可以充分利用这些测井信息研究地层的特性等。目前常用的方法是相关对比法。

（3）长源距声波全波列测井资料的应用

由于声波全波列测井能够提供地层的纵波和横波以及斯通利波的速度和幅度信息，因此，可以有效地利用这些信息解决勘探与开发中的更多问题。

A. 估算孔隙度

多年来，一直根据怀利时间平均值公式利用地层的纵波速度来计算孔隙度。这是一个经验关系式，其物理依据可用分区均匀的地层模型中的射线声学来解释，而且它将地层模型也等价为分区均匀模型。但是，这一局限在未胶结的地层表现突出，由此计算的孔隙度误差较大。尽管可以采用引入压实校正系数的方法对怀利公式进行修正，但是该公式还是无法考虑颗粒排列方式和有效压力等因素的影响，一般认为横波时差对孔隙度的反应更灵敏，且横波时差与岩性和孔隙度的关系与纵波时差相似，故可用横波时差求孔隙度，

其公式为

$$\Delta t_s/\Delta t_p=\frac{\Delta t_s}{(1-\phi)^2 v_{ma}+\phi v_f} \tag{6-19}$$

式中，Δt_s 为横波时差；Δt_p 为横波时差； ϕ 为孔隙度；v_{ma} 为骨架的纵波速度；v_f 为孔隙流体速度。

B. 确定岩性

不同岩性的岩石，其时差比 DTR（$\Delta t_s/\Delta t_p$）不同，因此，可用 DTR 确定岩性。根据实验分析，在饱和水的岩石中，石灰岩的 DTR 约为 1.9，白云岩约为 1.8，低孔隙的砂岩约为 1.6，较纯净的高孔隙砂岩约为 1.8。砂岩的泥质含量增多，则 DTR 增大。石灰岩的白云化程度增大，则 DTR 下降。常见岩石的造岩矿物和岩石的时差比见表 6-2。

表 6-2　常见岩石的造岩矿物和岩石的时差比

矿物及岩石	DTR	矿物及岩石	DTR
石英	1.49	黏土	1.94
方解石	1.93	石英岩	1.67～1.78
白云石	1.80	砂岩	1.58～2.05
石灰岩	1.67～2.08	石膏	2.49
白云岩	1.77～2.15		

C. 判断气层

实验表明，岩石孔隙中含有天然气时，其纵波速度明显减小，而横波速度几乎不变。因此，可以根据纵波时差增大和 DTR 减小来识别气层。

D. 估算岩石力学参数

利用全波列测井提取的纵波时差和横波时差可以估算岩石力学参数。

计算等效泊松比 σ 和杨氏模量 E

$$\sigma=\frac{0.5(\mathrm{DTR})^2-1}{(\mathrm{DTR})^2-1} \tag{6-20}$$

$$E=\left(\frac{1}{\Delta t_P}\right)^2\cdot\rho\cdot\frac{(1+\sigma)(1-2\sigma)}{1-\sigma} \tag{6-21}$$

式中，ρ 为岩石密度。

计算岩石等效切变模量 μ 和体积压缩系数 β

$$\mu=\frac{E}{2(1+\sigma)} \tag{6-22}$$

$$\beta=\frac{3(1-2\sigma)}{E} \tag{6-23}$$

6.1.2.3 偶极子横波测井

长源距声波全波列测井在适当条件下可以提取到横波信息。在实际应用中，发现根据地层纵波速度 v_p 与横波速度 v_s 的比值可以获取井壁地层的弹性力学参数（如泊松比、剪切模量及体积压缩模量等），据此估算井壁地层的破裂压力、评价储层的含气饱和度等参数。然而，长源距声波全波列测井所测量的波列中并不是在任何情况下都能获取横波信息，例如，在井壁地层的横波速度 v_s 低于井内流体（钻井液）的声波速度 v_f（$v_s<v_f$）时，由于不存在第二临界角，因此不可能产生滑行横波，此时就无法得到地层横波信息。

自从 1967 年 White 提出利用偶极子源激发弯曲波直接测量横波速度以来，非对称的多极子源研究取得了很大的进展，理论日趋完善，许多实际应用的测井仪器都配备了偶极子声源。对于慢速地层（$v_s<v_f$，又称软地层），常规的单极子声源（如长源距声波全波列）难以测量到地层横波的速度。而偶极子声源在这方面显示了独特的优点，不需要经过复杂的信号处理手段就能很方便地直接得到地层横波信息。另外，偶极子声波测井还在反演地层各向异性、探测地层裂缝走向及检测异常地应力等方面具有广阔的应用前景。

（1）偶极子声源及弯曲模式波

偶极子横波测井利用偶极子声源在井壁上直接激发接近于横波的弯曲波来间接测量地层横波速度。最简单的偶极子声源是一个振动片（图 6-12），在激发电压作用下向左右两侧振动，相当于一个活塞在井内流体中运动，使井内流体的一侧增压（流体的体积缩小），另外一侧减压（流体的体积增大）。对称的井内流体体积变化对井壁形成“冲击”，使井壁上发生弯曲振动，在这样的作用过程中，井内流体的体积变化的总量仍然保持为零，其激发的声场是非轴对称的。

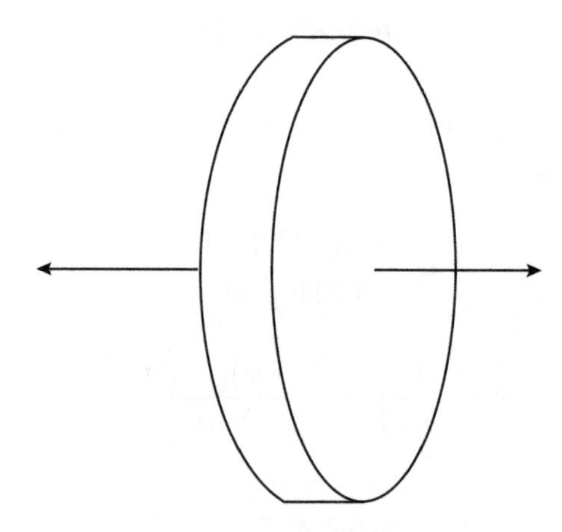

图 6-12 振动片偶极声源

长源距声波测井采用的声源是圆管状的探头，在其受到激发电压激励时产生均匀的膨胀和收缩，使钻井液的体积发生变化井产生纵波，这样的声源称为单极子声源，在钻井液中产生的声场轴对称的。在理论上，可将单极子声源视为点状的小球在井内流体中产生均匀的膨胀和收缩；两个相距很近、但振动相位相反的单极子声源组合而成的声源为偶极子声源；如果在与井轴垂直的横截面（Z=0）上有四个单极子声源，任意相邻的两个单极子声源的振动相位是相反的，这样组合成的声源就是四极子声源。一般来说，在平面上由 $2n$ 个单极子声源按上述规则组合成的声源就是多极子声源。特别是：n=0 是单极子声源；n=1 是偶极子声源；n=2 是四极子声源。不同类型声源的示意图如图 6-13 所示。

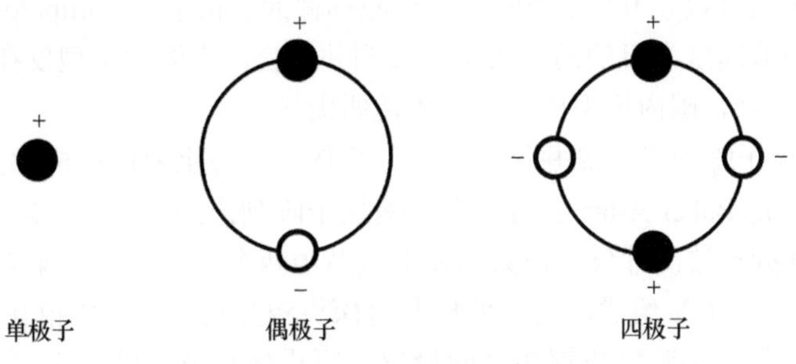

图 6-13　不同类型声源示意

偶极子声源在井壁上激发的波称为弯曲波，这种波在井壁地层中传播时，质点振动方向为井的半径方向，产生与井轴垂直的位移，从而使井壁产生弯曲变形。弯曲波是有频散的，可以采用理论方法计算其频散曲线。图 6-14 给出了快地层井孔中偶极子声源激发弯曲波相速度、群速度及激发强度曲线。弯曲波频散曲线存在截止频率（低于该频率弯曲波不能激发），在截止频率处弯曲波的相速度和群速度相等，且等于地层横波速度；频率大于截止频率时，其相速度随着频率的增大而减小，直到接近井孔流体声速，其群速度随频率的增大先减小后增大，直到逼近井孔流体声速。弯曲波存在艾里相，对应群速度最低的频率位置，在艾里相附近，弯曲波激发强度最大，在其两侧逐渐降为零。偶极子声源还能激发出许多高阶的模式波，它们与单极子源激发的伪瑞利波相似，存在截止频率和艾里相。它们都分布在高频范围，对实际问题影响较小。

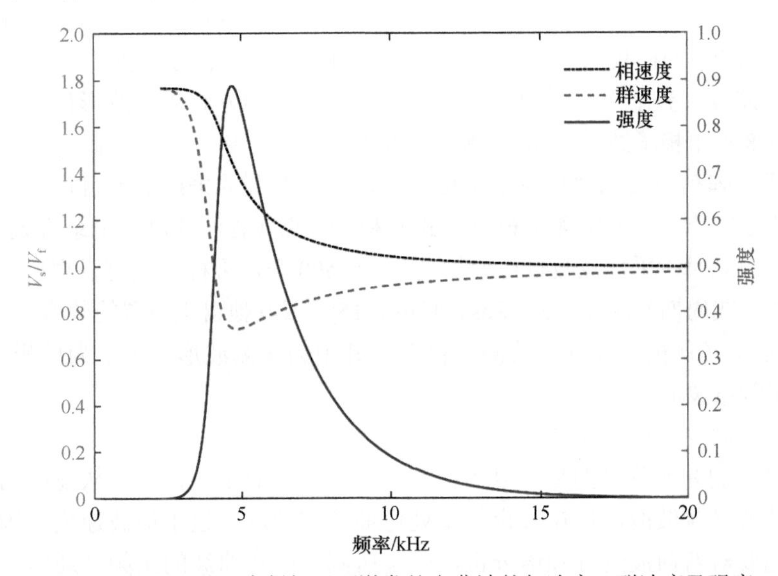

图 6-14　快地层井孔中偶极子源激发的弯曲波的相速度、群速度及强度

（2）偶极子横波测井仪器

偶极子横波测井已经是比较成熟的技术，而且已经有相当份额的市场服务。目前在中国使用的既有国外测井公司的产品，也有国内油气服务公司自主研制的产品。以下对其声系和功能作简要介绍。

通常将单极子（阶数 n=0）以外的各种声源都称为多极子（multipole）声源，就以测量记录井壁地层的横波速度为目的的多极子声波测井而言，声源的类型仅在偶极子（n=1）和四极子（n=2）间选择，国内用得比较多的还是偶极子。

图 6-15 是偶极子阵列声波测井仪的典型结构图，其最重要的组成部分是声系。在中国各油田使用较多的是 Baker Atlas 公司的交叉偶极子阵列声波测井仪（XMAC）以及国内自主研发的偶极子阵列声波测井仪。声系的发射短节由两个单极子发射探头（T_1、T_2）和两个偶极子发射探头（T_3、T_4）组成，两个偶极发射探头相互正交，形成相互垂直的 X 方向和 Y 方向发射。而在发射探头和接收探头之间设置一隔声体短节，以消除仪器直达波对测量信号的影响。

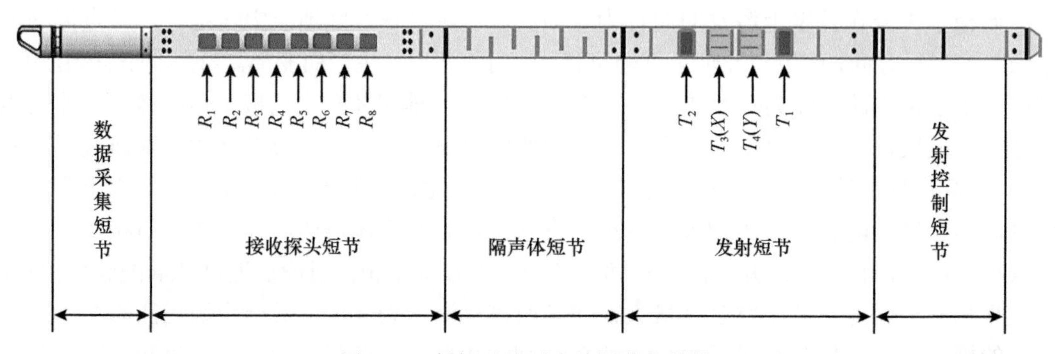

图 6-15　偶极子阵列声波测井仪结构

接收短节拥有 8 组接收探头组成的接收阵列，每组接收探头间距为 0.15m（0.5ft），并由 4 个周向间隔 90° 的接收探头组成。单极子和偶极子声源共用接收阵列，只是合成测量波形的方式存在差异。整个声系采用交替发射、交替接收的方式采集波形信号，一个测量点处至少可得到 8 道单极子波形和 32 道偶极子波形。

交叉偶极子阵列声波测井仪在采集信号时，每个波列的采样点数目可以进行选择，有的仪器设置为 250 点（一般的测量记录方式）和 450 点（管波的测量记录方式），在进行偶极子横波测量记录时，采样点数目可增加到 360～500 个，采样间隔可以根据所测量记录的模式波的频率（或周期）选择 5μs、8μs、12μs、15μs 或其他自主设置的数值。

图 6-16 是交叉偶极子阵列声波测井仪在某井中的实测波形，上部为单极子测量波形，下部为偶极子测量波形。

（3）偶极子横波测井资料的应用

偶极子横波测井所测量的是类以于横波的弯曲波，而不是横波。从前面的理论考察可以知道，弯曲波是频散波，仅在截止频率处弯曲波相速度趋近于横波速度。因此，在资料处理时，首先要对弯曲波进行频谱分析，确定所测量的弯曲波的主频（通常并不等于截止

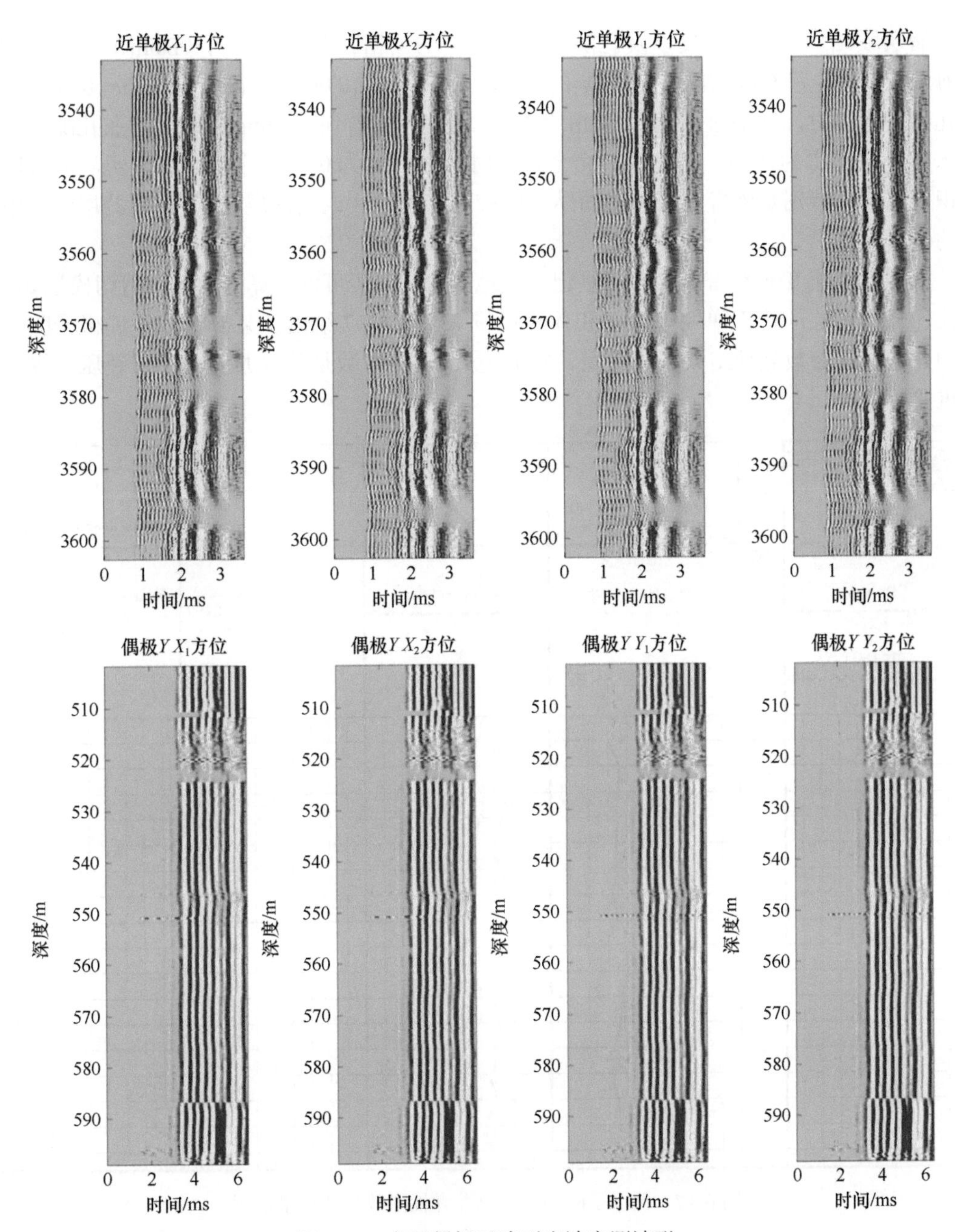

图 6-16　交叉偶极子阵列声波实测波形

频率)。另外弯曲波的激发条件（尤其所激发出的弯曲波频率）还和井径有关，因此要根据实际测量的弯曲波的频率和所对应井段的井径进行校正，即将实际测量到的弯曲波的频率下的速度校正到在截止频率下的横波速度。偶极子横波测井资料的主要应用如下。

A. 评价井壁地层弹性力学性质

根据纵、横波速度计算泊松比，所计算出的泊松比除了可以识别地层的岩性外，还是识别储层胶结程度、孔隙度以及孔隙中流体性质的判据。有研究表明（Domenico，1977），深海沉积的完全没有固结的软泥，其泊松比为0.49；固结的砂岩泊松比为0.20～0.30；砂岩的孔隙度增加时，其泊松比随之增加；对于在北美分布普遍的Ottawa砂岩，在孔隙中完全含水时，泊松比为0.40，在孔隙中完全含气时，泊松比为0.10。这些数据表明，泊松比可以识别储层（特别是砂岩储层）的固结（或胶结）程度（或出砂层段），识别储层孔隙中流体的性质。

根据横波速度 v_s 和密度测井测量记录的地层密度 ρ 还可以计算出地层的剪切模量 μ，并由此计算出地层的杨氏弹性模量 E 和体积模量 K。图6-17给出了某海域油井偶极子阵列声波测井的弹性参数处理结果（第四道、第五道）。这些参数是估算井壁地层破裂压力等参数的重要数据。

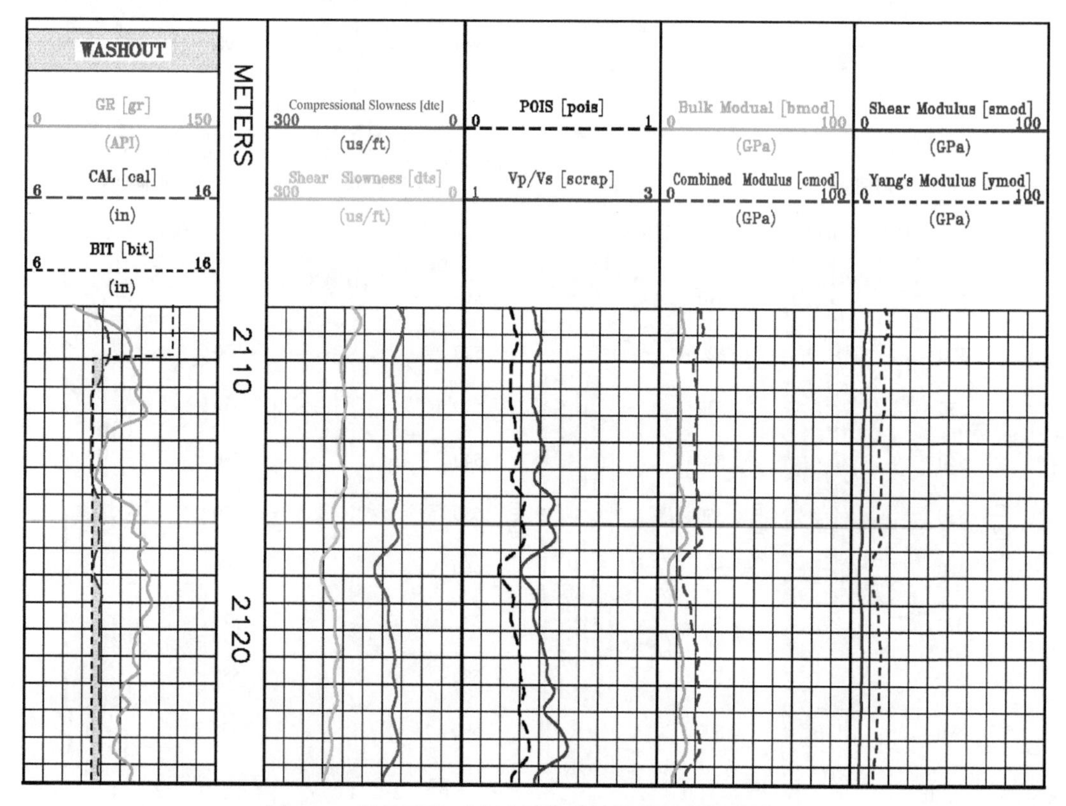

图6-17　偶极子阵列声波测井弹性参数处理结果示例

B. 估算储层孔隙度和识别孔隙类型

储层的孔隙度评价实际上包括两个方面的问题：孔隙度数值的估算和孔隙类型的识别。横波速度 v_s 和纵波速度 v_p 一样，也可以作为计算储层孔隙度的依据，另外横波速度在识别储层的孔隙类型方面还有其独特的效果（特别是在碳酸盐岩储层的孔隙度评价中效果明显）。储层的孔隙有三种类型：洞穴型孔隙、粒间孔隙和裂缝孔隙。一般认为，横波速度 v_s 对裂缝孔隙最敏感，储层不论是何种类型的孔隙，随其孔隙度增加，其横波速度 v_s 都是下降的，但在储层的总孔隙度相同时，若裂缝孔隙的比例增加，则横波速度 v_s 下降最明显。

C. 估算储层渗透率

估算储层的渗透率是地球物理测井资料解释和地质评价中最困难的问题，其原因至少包括以下几方面：第一，储层渗透率数值分布的概型并非单一，而孔隙度、泥质含量等参数的数值分布通常都是正态分布的；第二，目前还很难建立一种储层渗透率和地球物理测井参数的本构方程；第三，岩芯分析所得的渗透率和采油工程中所考察的储层渗透率在几何尺度、流体类型等方面都有差别，地球物理测井资料解释给出的渗透率难以得到其他方法的验证。

用声波测井资料估算地层渗透率过程中，储层的渗透率取决于储层的孔隙，即孔隙度的大小和孔障类型是影响渗透率的主要因素，而储层孔隙度的数值已经可以根据其纵波速度（或时差）相当准确地估算。如果能够确定储层的孔隙类型，则能确定其渗透率。

经验表明，储层的孔隙类型（或孔隙形态）对其渗透率有明显影响，例如孔隙度为20%、孔隙形态为粒间孔隙的砂岩渗透率可能比孔隙度仅为3%～4%、孔隙形态为裂缝孔隙的碳酸盐岩（石灰岩或白云岩）渗透率还低。因此，查明储层的孔隙类型是解释评价其渗透率的关键。

D. 评价地层各向异性

从本质上说，地壳中的岩石都呈现各向异性，前面将井壁岩石作为各向同性介质处理，仅是一种近似。在各向异性的孔隙岩石中，声波传播问题变得极为复杂。大体上说，岩石的各向异性可以分成两类：一种是岩石骨架本身呈现的各向异性，例如页岩；另一种是岩石骨架本身的各向异性可以忽略，但岩石的孔隙和裂缝的分布使其所含的流体呈现明显的各向异性，例如裂缝按一定方向排列的碳酸盐岩。就地球物理测井所遇到的地层介质或井壁岩石而言，其各向异性多数可以用较简单的横向各向异性（transverse isotropy，简称 TI）描述；介质中有一个对称轴（如垂直于地面的井轴），在沿该轴方向上和与该轴垂直的方向（水平方向）上，介质的声波速度、弹性力学性质有差异，但在与该轴垂直的平面（水平面）上，各个方向介质的声波速度、弹性力学性质则可认为是相同的。这类介质通常简称为横向各向异性介质（TI 介质），这种岩层各向异性的产生往往和沉积年代或沉积历史有关。

沿地层的层理或裂缝方向的横波速度 v_{sx} 将是最快的，通常称为“快横波”（fast shear wave），而在与层理或裂缝垂直的方向上的横波速度 v_{sw} 则是最慢的，通常称为“慢横波”（slow shear wave），显然，在井下测量记录到不同速度的横波是识别井壁岩层存在各向异性的标志。

图 6-18 是某海域油井正交偶极子声波测井的实际成果图。在图 6-18 中从左往右第三道是交叉偶极子声波测井测量记录的波形，在波列上用线条表明的范围是处理时间窗的跨度；从左往右第二道表示资料处理得到的井壁岩层的各向异性和平均各向异性，其中，标注为“各向异性”的是分辨率较高的第一到第八个接收探头间（约 1.06m，即 3.5ft）井壁岩层的各向异性；标注为“平均各向异性”的是分辨率较低的、从正交偶极子发射探头到第一个接收探头间（约 3.66m，即 12ft）井壁岩层的各向异性。最右侧第五道是快横波的方位角，第一道给出了自然伽马、井斜角以及各向异性方位角的测井曲线。

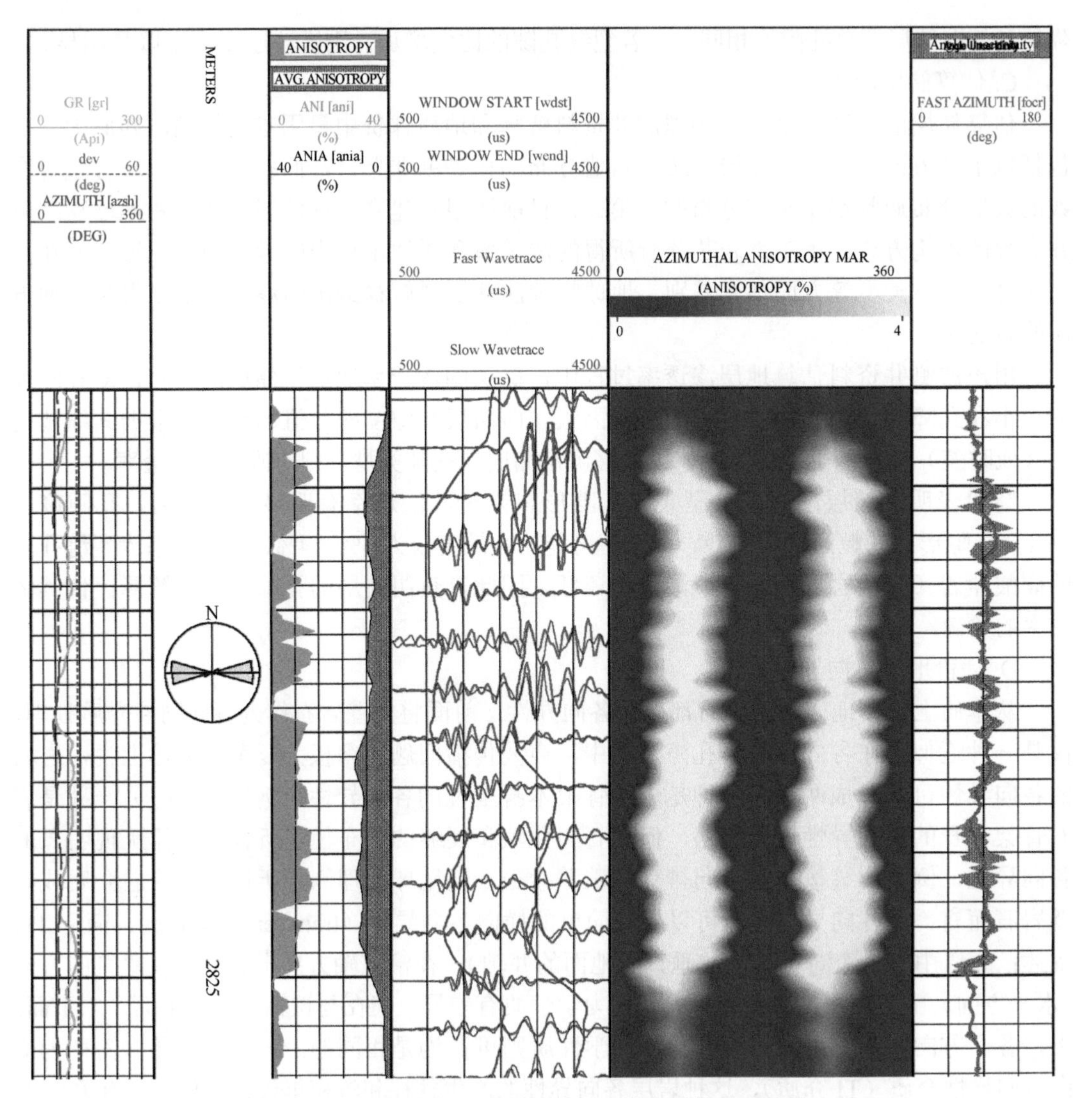

图 6-18　正交偶极子声波测井地层各向异性处理结果

成果图中的各向异性没有量纲，单位是小数或百分数，其计算方法是

$$各向异性=(v_{sx}-v_{sw})/v_{sx}\times100\%$$

从图 6-18 中还可以看出，在快横波和慢横波慢度差异明显的层段，快横波和慢横波波列的差异也明显，而且显示出明显的各向异性，而分辨率较高的“各向异性”曲线则可以划分出井壁岩层中发生横波分裂的层段，这往往是裂缝发育段。

除了裂缝系统能使井壁岩层呈现各向异性以外，井壁岩层中的地应力不均衡也会使岩层呈现各向异性，而且可以通过正交偶极子横波测井予以查明。

需要特别说明的是，正交偶极子横波测井仪器声系的发射部分是沿 X 和 Y 方向（相互垂直）发射声波信号的一对发射探头，而每一组接收探头也都有沿 X 和 Y 方向的一对接收探头。因此，每一组接收探头接收到的声波信号是 4 组，即 $XX(t)$、$XY(t)$、$YY(t)$ 和 $YX(t)$。如果井壁岩层是各向同性的，则每一对接收探头接收到的波列应该是相同的，计算出的横波速度没有差异，即没有快横波和慢横波的区分；如果井壁岩层是各向异性的，则 $XX(t)$ 和 $YY(t)$ 所测量记录的波列应该有明显差异，而且计算出的横波速度也有明显差异（快横波和慢横波）。

E. 评价储层剩余油饱和度

利用声波测井资料确定储层在开发过程中含油饱和度（剩余油饱和度）的理论依据是：储层中所含的造岩矿物（固相部分）和所含流体（水、沥青、石油、天然气）的可压缩性有明显差异。具体地说，储层的固相可认为是“不可压缩”的，沥青和水则可认为是“略微可压缩”的，而石油、天然气则是“可压缩”的。因此，含不同流体（石油、天然气、水）的储层的体积弹性模量将有差异，而这种差异将会使其纵、横波速度及密度有所改变。这样，作为反演问题，可以根据储层纵、横波速度以及纵横波速度比计算其体积弹性模量的数值，并据此估算储层的含油气饱和度。

6.1.3 核测井

放射性测井（也被称作核测井）在测井技术领域中起到了关键作用，具有显著的发展空间和经济优势。该技术利用岩石中矿物元素的核物理属性，以研究和分析钻井地质断面，并进行岩性判别和储层评价。其主要优点如下：首先，核测井能够深入揭示岩石的核物理特性，从而反映岩石的基本属性；其次，它对于测量条件具有极高的适应性，可以在存在各类井内流体的裸井和套管井中，对各种不同的储层进行有效测量；最后，核测井可以产生大量具有不同物理特性的参数，其中部分参数难以通过其他方法获取，显示出其无可替代的特性。

核物理的不断进步带动了核射线探测技术的发展，这构建了核测井技术的产生和发展的基础。早在 1896 年，Becquerel 就探索出了物质的自然放射性，这推动了伽马射线的探测设备和技术的发展。1935～1939 年，自然伽马测井已经赢得了市场的信任。1932 年，Chadwick 发现了中子，随后科学界提出了利用中子与地层相互作用的中子测井技术，并在 1941 年左右将其发展为核测井技术的主流方法。1945 年，核磁共振现象被发现。因特别适用于地层测量，核磁共振于 1949 年被首次引入核磁测井技术，在 1990～1995 年，核磁测井基本上已被国际接受。核磁测井是自 20 世纪 90 年代以来最具代表性的核测井成果。

对于油气领域的探索和开发，核测井技术的需求量非常大。此外，在海底探查领域，由于核测井的稳定性、可靠性及其独特的功能，它正逐步成为海洋地球物理研究中的必备技术。

6.1.3.1 自然伽马测井

自然伽马测井技术是一种在井身之间测量地层自然放射性强度的手段，可以此对地层进行区别，并评估储层的性质。根据核稳定性，同位素可以划分为稳定与不稳定两类。不稳定同位素具有自发发射射线的特性，称之为放射性，因此也被命名为放射性同位素。这种现象称为核衰变，放射性的产生与核衰变有密切关系。值得注意的是，由于放射性现象源于原子核的改变，与其电子态变化的关联微乎其微，故元素的放射性基本上与其所处的物理状态和化学状态无关。

岩石中，放射性同位素 ^{40}K、^{238}U 和 ^{232}Th 是主要的放射性源，且其放射强度足以被现代测井技术所探测。其中，^{40}K 衰变生成稳定的 ^{40}Ar，期间放射出单一能量（1.46MeV）的伽马射线。^{238}U 和 ^{232}Th 则经过一系列复杂的衰变步骤，最终转变为稳定的 ^{206}Pb，其放射的伽马射线能谱因此也相对复杂，主要包括铋（1.76MeV）和铊（2.62MeV）。

地壳中，钾、钍和铀的相对丰度分别为 2.35%、12×10^{-6} 和 3×10^{-6}，且其单位重量相对伽马射线活度为 1、1300 和 3600。多种沉积岩矿物含有钾，如蒸发岩中的钾盐、钾芒硝、无水钾镁矾和钾盐镁矾等。在砂岩中，长石是次于石英的主要矿物，其中一部分富含钾。黏土矿物如伊利石、云母、海绿石等含有钾。

含铀和钍的矿物稀少。铀化合物易溶于水，因此可被水流搬运并吸附在有机质上，因而在泥岩中富集。钍则不溶于水，常存在于重矿物如独居石、锆石中，这些矿物也常作为残留物质存在。

不同地区、不同时期、不同岩性和成分的岩石中，其放射性核素含量常有显著差异。一般而言，岩浆岩中的放射性核素含量较沉积岩高，其中，酸性岩浆岩的放射性核素含量最高。然而，随着岩石酸性的降低，放射性核素含量也有规律地减少。基性岩的放射性核素含量为酸性岩的四分之一至五分之一，而超基性岩石的含量最低。

沉积岩中的放射性核素含量与其沉积来源、沉积环境和后生效应有关。由于黏土矿物具有较强的吸附能力，黏土岩的放射性核素含量较高。砂岩的放射性核素含量取决于其矿物成分和黏土含量。含有长石、云母和黏土矿物的砂岩的放射性会随着这些矿物含量的增加而提高。

变质岩类岩石的放射性核素含量取决于变质前的放射性核素含量和之后的变质过程，以及具体的地质条件。

（1）基本原理

自然伽马射线强度的测量方法大致可以分为两大类。其一，可以记录在特定地点接收到的自然伽马射线的总强度；其二，可以记录在特定地点不同能量范围的射线强度，以获得该地点的能谱分布。射线在探测器中产生的电脉冲数量反映了射线的强度。因此，放射性测井设备本质上是一个计数器电路。考虑到测井是一个连续的过程，为了能够生成反映不同深度的放射强度的记录，脉冲信号必须进入一个称为计数率器的电路，使得输出信号与单位时间内的脉冲数成正比。之后，使用记录设备来绘制自然伽马测井曲线。自然伽马测井是最易于实施且成本最低的测井方法。

除了传统的自然伽马测井方法，目前多家测井公司也已经开发出了自然伽马能谱测井技术。这是一种根据不同能量范围记录自然伽马射线的技术，通过细粒度的剥谱操作，可以确定地层中钾、钍、铀的含量。这些含量的确定不仅有助于泥质含量的计算和泥质成分的揭示，对于沉积环境分析、烃源岩性质研究以及岩性划分也具有重要意义。

（2）自然伽马测井仪器结构

自然伽马测井的井下仪器主要包括以下三种类型：①伽马射线探测器，负责将接收到的伽马射线转换为电脉冲；②供给探测器所需的高压电源；③放大器，用于放大探测器输出的电脉冲。地面设备主要包括将来自井下的电脉冲序列转换为连续电流的电路组件，以及记录设备和电源等（图 6-19）。

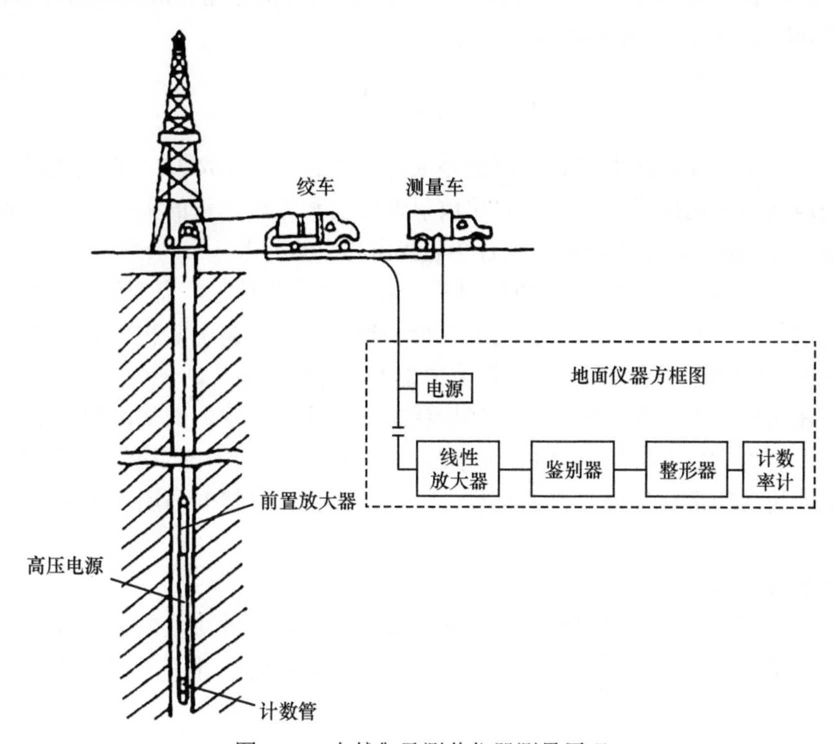

图 6-19　自然伽马测井仪器测量原理

具有相同目的的其他仪器可能采用不同的设计和操作原理，但其基本目标和任务一致，即测量并记录地层中的自然放射性强度，以便对地层进行评估和区分。

（3）自然伽马测井的应用

自然伽马测井曲线主要用来划分岩性、判断储层、估计储层的泥质含量和进行井间地层剖面对比，此外还有校正钻井与测井深度的功能。

A. 确定储层的泥质含量

沉积岩的放射性特性一般与其微粒含泥量有着显著的关联性。一些黏土矿物，如高岭石、蒙脱石、伊利石以及绿泥石，其放射性强度显著高于那些具有粗颗粒的石英或碳酸盐矿物。因此，自然伽马测井曲线在实际应用中常被用于估算沉积岩层中泥质矿物的含量。此外，这种估算方法在各种地质勘探和开采活动中，如油田和矿山勘探，有广泛的应用。精准评估泥质矿物含量，不仅有助于理解地层物质组成，同时也对指导油田的勘探和开采活动有重要的实际意义。

泥质含量的公式如下

$$I_{\mathrm{sh}}=\frac{\mathrm{GR}-\mathrm{GR}_{\min}}{\mathrm{GR}_{\max}-\mathrm{GR}_{\min}} \tag{6-24}$$

式中，GR 指的是自然伽马测井曲线在当前地层的响应值；$\mathrm{GR}_{\max}$ 指的是整口井或整个研究区目的层的自然伽马测井曲线响应最大值；$\mathrm{GR}_{\min}$ 则指的是整口井或整个研究区目的层的自然伽马测井曲线响应最小值。严格地讲，地层黏土体积含量与测井值的关系并不是线性的，通常使用下列经验公式进行最终的非线性校正

$$V_{\mathrm{sh}}=\frac{2^{\mathrm{CGUR}*I_{\mathrm{sh}}}-1}{2^{\mathrm{CGUR}}-1} \tag{6-25}$$

式中，CGUR 被称作 Hilchie 指数，在新近系或者更新的地层可取 3.7，而老地层可取 2。

在不同地区和不同层系地层中，岩层放射性强度和泥质含量的关系并不完全相同，所以也可以基于统计模型，在不同地区结合实验找出相应的关系。

必须要强调的是，在利用自然伽马测井来确定泥质含量时，需要满足一些前提条件：一是各个地层中黏土矿物的放射性强度应保持一致；二是除黏土矿物以外，岩石中不应含有如钾长石等其他放射性矿物，同时，泥浆中也不应含有重晶石。

然而，在实际的地质条件中，这些理想状态往往难以实现。例如，地层中常存在钾长石、云母等含有放射性钾元素的矿物，特别是在一些地层中，这些矿物的含量可能相对较高。此外，地下水的活动常导致铀元素的富集，这也是在进行自然伽马测井时需要考虑的重要因素。

B. 判断岩性和划分渗透性岩层

确定岩性和划分地层是自然伽马测井的主要应用。这个方法依赖于岩石中放射性物质的含量，该含量反映了岩性的特性。然而，每种岩石的放射性并不是恒定的，而是在一定的范围内变动，受到许多因素的影响。因此，在开始进行自然伽马测井之前，应与钻井剖面上的各种岩石进行对比，如果需要，可以在实验室中测定一些岩样的放射性，以确定本地区岩性与放射性强度之间的关系。这些关系将帮助我们利用自然伽马测井曲线来划分岩性。这种基于自然伽马测井的岩性判断和渗透性岩层划分的方法在砂质泥岩和碳酸盐岩地层中得到了广泛的应用。

同样地，在利用自然伽马测井曲线划分渗透性岩层时，也需要注意总结地区性的规律。因为利用自然伽马测井曲线区分渗透性与非渗透性岩层主要依赖于泥质含量的多少，所以这个方法也必须满足一定的条件。例如，渗透性地层中除黏土矿物之外，不应该含有其他放射性矿物，或者由于其他原因造成的放射性核素的富集。

（4）地层对比

使用自然伽马测井曲线进行地层对比具有以下明显的优势。

自然伽马测井曲线的读数通常与岩石孔隙中的流体性质（如油或水，以及地层水的矿化度）无关，这使得它在各种情况下都保持相对稳定；自然伽马测井曲线的形状和泥浆的性质基本无关，因此不会受到泥浆变化的影响；在自然伽马测井曲线上，可以容易地识别并定位标准层，有利于地层的对比和识别。

因此，在油气水边界区进行地层对比时，自然伽马测井曲线的应用显得尤为重要。在这些区域，不同井中的岩层孔隙流体性质变化较大，从而可能引起电阻率、自然电位等曲线形状的变化，导致地层对比困难。然而，自然伽马测井曲线并不受这些因素的影响。此外，在膏盐岩区，由于视电阻率曲线和自然电位曲线的显示效果较差，因此更加需要依赖自然伽马测井来进行地层对比。

6.1.3.2 核磁共振测井

核磁共振是磁矩不为零的原子核，在外磁场作用下自旋能级发生塞曼分裂，共振吸收某一定频率的射频辐射的物理过程。

核磁共振（NMR）是一个描述带电粒子在外部磁场下进行自旋并吸收特定频率射频辐射的物理过程。

核磁共振测井，是一种创新的测井技术，特别适用于裸眼井，而且它是唯一可以直接测量各种岩性储层中自由流体（如油、气、水）渗流体积特性的方法，这一点具有显著的优势。核磁共振测井技术利用了原子核的顺磁性质以及它们与外部磁场的相互作用。作为带电并具有自旋属性的系统，原子核的旋转会产生磁场。该磁场的强度和方向可以通过核磁矩（$\boldsymbol{M}$）的矢量参数进行描述。

（1）基本原理

在没有外部磁场作用的情况下，核磁矩（$\boldsymbol{M}$）是无序的。然而，在一个固定的、均匀强的磁场 σ_0 下，这个自旋系统被极化，意味着 $\boldsymbol{M}$ 会重新排序并沿着磁场方向排列。同时，原子核也具有轨道角动量，就像陀螺一样，它会以 ω_0 的频率围绕磁场方向旋转。ω_0 与磁场强度 σ_0 成正比，也被称为拉莫尔频率。

在极化磁场中，如果再加入一个交流磁场，其频率与质子（氢核）的进动频率相同，就会发生共振吸收现象。在这个现象中，低能态的核磁矩通过吸收交流磁场提供的能量，转变为高能态，这被称为核磁共振。

研究表明，构成岩石的各种原子核对核磁共振的响应不同，这主要取决于原子核的旋磁比、岩石中元素的自然含量，以及这些元素所在物质的存在状态。

核磁共振测井基于氢核与外磁场的相互作用，可以直接测量孔隙流体的特性，不受岩石骨架矿物的影响，能提供丰富的地层信息，如有效孔隙度、自由流体孔隙度、束缚水孔隙度、孔径分布以及渗透率等参数。

氢核在地磁场中有最大的旋磁比和最高的共振频率，因此，考虑到含氢物质的旋磁比、天然含量和存在状态，氢在钻井条件下是最容易研究的元素。因此，流体（水、油或天然气）中的氢原子核是核磁共振测井的主要研究对象。

对于静磁场，在热平衡时，处于地磁场的氢核自旋系统的磁化向量与静磁场方向一致。当加上极化磁场后，磁化向量会偏离静磁场方向，并通过核磁共振达到高能级的非平衡状态。当停止交流极化磁场后，磁化向量将通过自由进动恢复到静磁场方向，使得自旋系统从高能级的非平衡状态恢复到低能级的平衡状态。这个恢复过程被称为弛豫时间。

（2）核磁共振测井仪器结构

在实际的测井操作中，地磁场被视为静态磁场。通过下井仪，向地层施加强大的极化磁场，以便让氢核完全极化。极化磁场撤离后，氢核的磁化向量就会围绕地磁场自由进动。在这个过程中，可以在接收线圈中测量到感应电动势。由于束缚水和可移动流体的弛豫时间不同，所以它们在接收线圈中产生的感应电动势的强度和持续时间也会有所不同。通过对束缚水和可移动流体的弛豫时间进行预先标定，可以直接在测井曲线上显示出束缚水和可移动流体的信息，从而直接计算出自由水和束缚水的饱和度。核磁共振测井测量原理和仪器组成示意如图 6-20 所示。

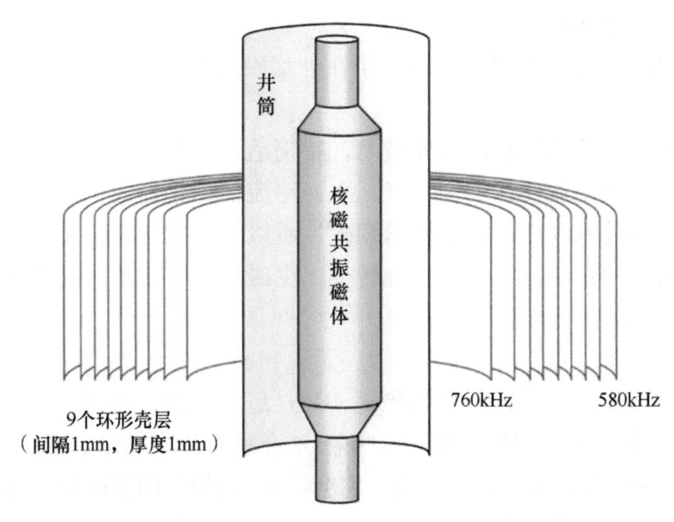

图 6-20　核磁共振测井测量原理和仪器组成示意

核磁共振测井数据中包含了丰富的储层孔隙流体和孔隙结构信息，这为油气储层评价，特别是复杂油气储层评价提供了重要依据。因此，随着核磁共振测井仪器的不断进步，核磁共振测井已经逐渐成为综合测井的基本组成部分。目前，已经研发出了具有不同回波串、不同回波间隔和等待时间的一维、二维和多维高分辨率核磁共振测井仪器，使得核磁共振测井技术正在蓬勃发展。

现代核磁共振测井的基本原始数据大多使用 CPMG 多脉冲序列自旋回波技术获得的回波串。处理和解释核磁共振测井数据时，首先要根据回波串幅度的变化反演横向弛豫时间谱。弛豫时间谱是孔隙尺寸、孔隙度和流体性质的综合反映。通过分析弛豫时间谱，可以获取孔隙度、束缚水饱和度、饱和度、孔隙结构参数、相对渗透率和绝对渗透率等信息。最后，根据这些数据与电阻率测井和其他测井数据的综合，可以对储层进行评估。

（3）应用

A. 孔隙度模型

核磁共振测井通常能够得到岩石中拥有的氢核流体在岩石中的占比，而通常孔隙中的油、气、水的分子中均具有氢核。这是核磁共振测井能够测量出准确的地层孔隙度的原因。孔隙度的计算方法需要通过核磁共振弛豫特征推导得到。核磁共振测井测量岩石中的流体

的横向弛豫时间测量值 T_2 可以表示为

$$\frac{1}{T_2}=\frac{1}{T_{2b}}+\frac{1}{T_{2s}}+\frac{1}{T_{2D}} \tag{6-26}$$

式中，T_{2b} 被称作体积弛豫；T_{2s} 被称作表面弛豫；T_{2D} 被称作扩散弛豫。当外磁场并不强且核磁共振测井的提供的回波间隔足够短时，对不含有大体积的孔洞的水湿岩石，可以将式（6-26）进行转换

$$\frac{1}{T_2}=\frac{1}{T_{2s}}=\rho_2\left(\frac{S}{V}\right) \tag{6-27}$$

式中，$\frac{S}{V}$ 为岩石的比表面积；ρ_2 为岩石的弛豫率。那么，对具有单一 T_2 值的地层，磁化矢量的横向分量按单指数规律衰减，核磁共振信号的初始幅度 E 可由下式确定

$$E=K_0 N\phi V \tag{6-28}$$

式中，K_0 为常数；N 指的是孔隙流体的 ^{1}H 核数密度；ϕ 为孔隙度；V 为探测体积。将核磁共振测井使用的核磁型号在纯水中进行刻度，得到

$$E_e=K_0 NV \tag{6-29}$$

所以，最终的核磁孔隙度表达式为

$$\phi=\frac{E}{E_e} \tag{6-30}$$

实际上，核磁孔隙度精度很高，且具有高分辨率的特性，应用广泛。除此之外，固体中的氢核的持续现象难以被观测，在水合物储层中，可以利用核磁共振对储层的含水孔隙度进行测量。

B. 复杂孔隙度系统及束缚水饱和度评价

在处理核磁共振测井数据中，我们通常会得到一系列指数型的曲线。通过对这些曲线进行拟合，我们可以得到孔隙度的横向弛豫时间谱数据，也就是 ϕ_i-T_{2i} 分布曲线。在纯砂岩岩石中，黏土和毛管束缚水中的氢的弛豫时间通常在 0.1～33ms，而孔隙中可移动流体的氢弛豫时间则在几十到几百毫秒之间。

为了区分束缚水和可移动水，我们设定一个分界点，称之为 T_2 截止值。这个截止值会随着岩性、表面特性、孔隙类型和流体特性的变化而变化，通常由实验统计来确定。如果没有实验数据，我们可以使用 33ms 作为近似值。而对于石灰岩储层，T_2 截止值通常约为 100ms。

另外，为了区分黏土束缚水和有效孔隙水，通常会设定一个 T_2 截止值，这个值通常为 3ms。对应的有效孔隙度、可移动孔隙度以及束缚水饱和度的计算公式如下

$$\begin{cases}\phi_e=\int_3^{T_{max}}\phi(t_i)\mathrm{d}t\\ \phi_F=\int_{33}^{T_{max}}\phi(t_i)\mathrm{d}t\\ S_{wi}=\dfrac{\int_{33}^{T_{max}}\phi(t_i)\mathrm{d}t}{\phi}\end{cases} \tag{6-31}$$

式中，ϕ_e 为有效孔隙度；ϕ_F 为可动孔隙度；S_{wi} 为束缚水饱和度。

C. 渗透率计算

由于核磁共振测井能够测量出储层的比表面积信息，所以利用核磁共振测井可以对储层的绝对渗透率、相对渗透率等进行计算。绝对渗透率是指当只有单一流体（气体或液体）在岩石孔隙中流动而与岩石没有物理化学作用时所求得的渗透率。通常则以气体渗透率为代表，又简称渗透率。它反映的是孔隙介质（岩石）允许流体通过能力的参数。渗透率与孔隙度及岩石比表面积有关，可用 Kozeny 方程来描述

$$K = \frac{0.101\phi^3}{\gamma(1-\phi)^2}\left(\frac{S}{V}\right)^2 \tag{6-32}$$

式中，K 为渗透率；γ 为结构因子；决定于孔隙的形状以及单位长度内多孔固体中流体流过的路径。通过岩石核磁共振弛豫时间与岩石孔隙比表面积的相关性，可以建立估算岩石渗透率的方法。目前最经典的渗透率模型有 SDR 模型、Timur-Coates 模型。对应的表达式为

$$K = C_1\phi^{a_1}T_{2LM}^{a_2} \tag{6-33}$$

$$K = C_2\phi^{b_1}\left(\frac{\mathrm{FFI}}{\mathrm{BVI}}\right)^{b_2} \tag{6-34}$$

式中，C_1、C_2、a_1、a_2、b_1、b_2 分别为模型的参数；T_{2LM} 为 T_2 几何平均值；FFI 为可动水孔隙度；BVI 为束缚水孔隙度。

6.2 随钻测井技术

随钻测量（measurement while drilling，MWD）系统是在钻井过程中进行井下信息实时测量和上传的技术的简称，其测量对象包括井斜、井斜方位、井下扭矩、钻头承重、自然伽马、电阻率等参数。20 世纪 80 年代，在原 MWD 的基础上，又增加了对密度、中子等参数的测量，有这种仪器组成系统常被称之为随钻测井系统（logging while drilling，LWD），它能够在钻开地层的同时实时测量钻头附近的地层信息。随钻测井由于其“边钻边测”的特点，在海洋油气资源勘探过程中，可以提高测井效率，减少钻井平台的占用时间，从而降低成本，特别是可以在泥浆侵入现象发生前，就可测量得到原始地层的物性、岩性参数，有利于提高储层评价的准确性。

自 2000 年以来，随钻测量与随钻测井技术逐渐进入中国市场，胜利油田、大港油田、塔里木油田以及长庆油田等国内主要油田都引进了此项技术，为油田的高效勘探与开发提供了技术保障。特别是 2007 年以后，针对页岩气、煤层气等非常规油气田，随钻导向与随钻测井技术成为各油田提高开发效益的必然选择，随钻技术得以在中国迅速发展。中海油田服务股份有限公司、中国科学院、中石化经纬公司、中国石油集团测井有限公司、大庆钻探工程公司等国内多家企业和研究院所陆续研发出不同类型的随钻测井仪器样机，部分已经投入生产。

6.2.1 随钻电法测井

世界上第一支随钻电阻率测井仪器是由斯伦贝谢公司在 1988 年正式推出的，称为补偿电阻率伽马仪（CDR）。到 1990 年，通过 MWD 工具实现了 CDR 仪器的随钻实时测量，标志着随钻测井进入了真正的实时随钻测井时代。1993 年，第一支随钻侧向电阻率仪器 ABR 及第一支随钻地质导向工具 GST 投入商业化市场，可以提供侧向电阻率测井和伽马测井。

目前世界上有多家公司能够提供随钻电阻率测井服务，其最新的代表性产品有斯伦贝谢公司的 geoVision、arcVision、PeriScope 和 EcoScope，哈里伯顿公司的 EWR-M5，探路者公司（PathFinder）公司的 AWR（array wave resistivity），贝克休斯公司 MPR（multiple propagation resistivity）。经过多年的发展，随钻电阻率测井已发展出传播型、感应型、方位型、井眼补偿型等多种测量方式。

6.2.1.1 随钻电阻率测井仪器概况

斯伦贝谢早期的研发工作，使得随钻测井技术的地质导向技术逐渐发展起来，而实时随钻测井技术和实时地质导向技术的发展，给随钻测井技术带来了更广阔的应用空间，也使随钻测井技术得到了更多、更大的关注。斯伦贝谢公司先后开发出了 CDR、arcVision、geoVision、PeriScope 和 EcoScope 随钻电阻率测井仪器。

除了 arcVision 随钻电阻率测井系列之外，斯伦贝谢也研制出了侧向类型的 geoVision 电阻率仪器（GVR）。由于操作物理参数间的差异，GVR 仪器与传播仪器有所不同。GVR 仪器可给出 5 个聚焦侧向型电阻率（其中有 3 个是方位电阻率），并作为 1 个电极的下部传输器下的底部钻具组合（BHA），可获得近钻头处的电阻率。图 6-21 展示了具有代表性的斯伦贝谢 ARC475 型随钻电阻率测井仪，图中可以看出随钻电阻率多采用多个发射器和多个接收器，组成 4 个或 5 个不同的采样间距，仪器采样 2 个或 3 个工作频率进行测量，地层电阻率则通过到达接收器的电磁波幅度和相位移的变化求得。

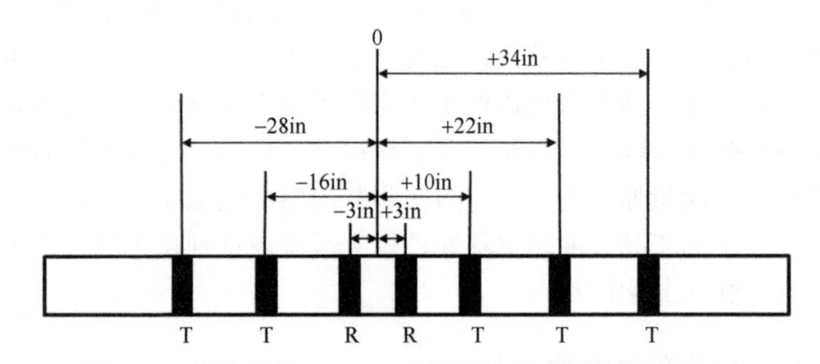

图 6-21 斯伦贝谢 ARC475 型随钻电阻率测井仪结构示意

6.2.1.2 随钻电阻率测井仪器主要参数

随钻电阻率测井仪器的主要参数包括发射频率、源距及间距。这些参数决定了仪器的探测特性，如探测深度、垂直分辨率等。

（1）发射频率

常见的随钻测井仪器都具有多种发射频率，其中最典型的发射频率为2MHz，选择该频率主要基于以下两个方面的原因。

1）无磁钻铤的电导率为107S/m。相对磁导率为200，在2MHz的频率下，电磁场在钻铤中的屈服效应只有8mm，因而钻铤中感应的电磁场和涡电流均很小，可忽略钻铤的影响。

2）由电磁场理论可知，地层中的电磁场分布主要受介电常数、地层电阻率以及发射源的频率的影响。当频率低于100kHz时，传导电流起主要作用，相位系数和衰减系数均不受介电常数的影响，测量值主要反映地层的电阻率信息；当选择的频率高于10MHz时，位移电流起主要作用，相位系数与地层的电阻率无关，衰减系数与外加场源的频率无关，此时不能忽略地层介电常数的影响。

当地层电阻率较高或需要获得更大的探测深度时，为了降低地层介电常数的影响、提高测量精度，需要降低发射频率。例如，哈里伯顿公司的EWR-M5测井仪器采用250kHz、500kHz和2MHz的发射频率；斯伦贝谢公司的ARC测井系列采用400kHz和2MHz的发射频率。虽然降低发射频率可以适应高阻地层并获得较深的探测深度，但同时也降低了仪器的垂直分辨率。

（2）源距

源距是指发射线圈到测量点的距离。源距的选择取决于仪器的设计探测深度和接收器的灵敏度。源距太大，电磁信号将损耗太大，导致远端接收线圈无法接收到信号；源距太小，则不能到达设计的探测深度。源距通常选取6in（152.4mm）或其倍数。

（3）间距

间距是指两接收线圈间的距离。间距直接决定了仪器的最小垂直分辨率，当然，仪器的垂向分辨率也与接收器的灵敏度有关。间距的确定原则有两个，一是能区分地层引起的最小相位差和振幅比；二是地层引起的最大相位差不能超过2π。间距太大，则仪器的垂直分辨率不够，不利于分辨薄层，且远端接收线圈信号强度太小易使测量误差增大；间距太小，由于电磁波在地层中的传播距离太短使得幅度比和相位差很小，导致测量误差增大。

尽管现代随钻电磁波电阻率测井仪器结构复杂，采用多发多收可获得更丰富、更准确的地层电阻率信息，但是其基本原理仍然是建立在单发双收仪器结构的基础上的，即通过测量接收线圈之间电势的振幅衰减和相位差来获得地层信息。电缆测井的感应电阻率与随钻电磁波传播电阻率的测量原理不一样，随钻测井的感应电阻率是通过比较两个接收器所接收到的电压振荡产生的正弦波的相位移和振幅衰减来表征地层电阻率大小，而电缆测井的感应电阻率运用的则是欧姆定律。

6.2.1.3 随钻电阻率测井的应用

与电缆电阻率测井类似，随钻电阻率测井也分感应电阻率测井和侧向电阻率测井，分别对应不同的钻井液类型及地层电阻率储层类型。

目前，在随钻测井领域，感应电阻率（ARC）的应用相对比较广泛，几乎各个服务商都能提供类似的测量，而在高阻储层中，迫切需要随钻侧向电阻率测量。

（1）随钻感应电阻率测井的主要应用

在地质导向中，常规的随钻测量电磁波传播电阻率不具方向性，无法识别是由下到上接近围岩，还是由上到下接近围岩。这种随钻测量的模糊性给地质导向带来巨大的风险，尤其是在目的层为薄层（或底水型）油藏及其他复杂油藏的开发过程中的地质导向作业，风险更大。而对于具有方向性测量能力的井眼成像工具来说，虽然可以消除对地层上下围岩方向性判断的模糊性，但是由于探测深度较小，当井眼成像显示钻遇储层边界时，实际钻头早已钻出目的层。

斯伦贝谢公司的 PeriScope 仪器通过随钻定向电磁测量的进行，仪器可以探测距离井眼边界 6.4m（21ft）远区域的地层位置并对地层成像，大大降低了构造和地层性质的不确定性，从而可以建立更精确的地层和储层模型，提高储量计算精度，提供更完善的钻井设计。PeriScope 仪器具备倾斜的和横向的传感器，因此具有指示距离电阻率界面远近以及相对方向的能力。地层边界在钻井作业期间，它通过对储层边界反演成像（图 6-22），其反演结果呈现在可视化界面上，不仅可以显示出距离电阻率界面的远近，还可以显示电阻率界面在井眼轨迹的哪个方向，这种实时显示的地层结构和构造模型，可以很好地用来实时监控钻遇地层的构造变化情况，做出导向决策。

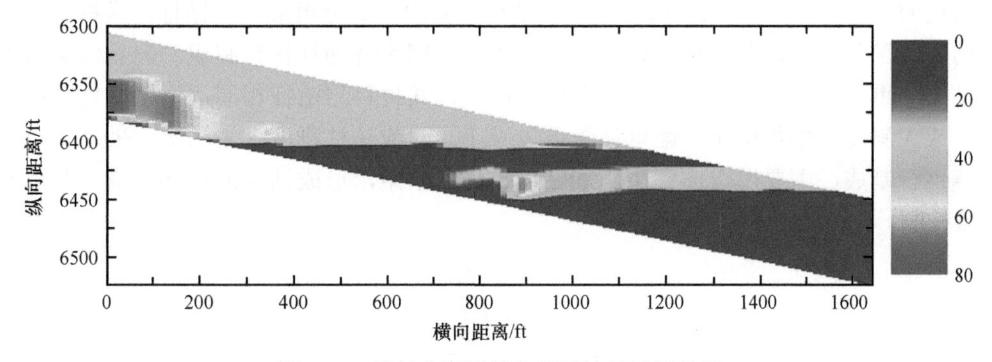

图 6-22　随钻电磁波导向储层边界反演结果

目前，PeriScope 已经广泛应用于油田开发中，我国很多油田都应用此仪器进行导向作业，通过实时监控储层顶界面距离井眼轨迹的远近，微调轨迹，实现钻井过程中的精确地质导向，控制含水率。

（2）随钻侧向电阻率测井的应用

在钻井过程中，需要在钻开砂岩层的时候及时停钻，下套管固井后，再继续下一开的钻井作业。停钻位置确定非常关键，由于钻井液密度较低，过早停钻可能会带来下一开钻井作业出现井涌甚至井喷；停钻太晚，钻入低压砂岩层后，又可能导致大型井漏甚至卡钻。这时，参考 GVR 钻头电阻率的变化，确保第一时间确定钻遇砂岩层，及时、精确地停钻，可以很好地解决地质停钻问题。

与感应型工具相比，GVR 具有更高的垂向分辨率，能更有效地消除围岩以及薄层等对电阻率测量的影响，获取地层真电阻率。在层边界附近，电磁波传播电阻率的极化角现象不会出现在 GVR 中。通过进一步的基于 GVR 的测井高分辨率处理、GVR 高分辨率侧向电阻率测量及电阻率成像识别薄互层，可以判断储层的含油气性。因此，测井、地质和钻井技术人员就可以实时、直观地看到地层电阻率的变化，实时调整技术方案和措施，这一应用在当前页岩气的勘探开发中具有重要意义。

6.2.2 随钻声波测井

在随钻测井仪器研发的过程中，随钻声波测井仪器出现最晚，其主要的原因就在于随钻过程中钻柱系统运动的复杂性和随钻噪声的复杂性导致在随钻过程中声波的接收非常困难。自 1990 年以来，斯伦贝谢、哈里伯顿以及贝克休斯等少数几家公司在测量地层的纵波速度方面相继取得了成功，但是由于随钻声波测井仪器只能装在特殊钻铤上，在横波速度测量方面，受井内空间限制，直到 2002 年贝克休斯公司首次将四极子声源测量技术应用于随钻测井并开发出 APX 随钻声波测井仪，才有了实质进展。

6.2.2.1 随钻测井中的机械运动与噪声

（1）钻柱的构成

钻柱的主要构成如图 6-23 所示，井下钻柱主要由三部分组成：①钻杆。又称钻管，是钻柱的主体部分，通常在方钻杆以下，用高级合金钢无缝钢管材料制成，起着传输动力和起下钻头的重要作用。②配重钻管。在钻杆以下，其材料与钻杆相同，但比钻杆壁厚。在水平井或大斜度中增加钻压，配重钻管可以减小摩阻或钻柱刚度。③钻铤。采用高级合金钢无缝钢管制成，主要用于向钻头施加钻压、传递扭矩，形成钻井液循环通道，并帮助进行井眼控制。

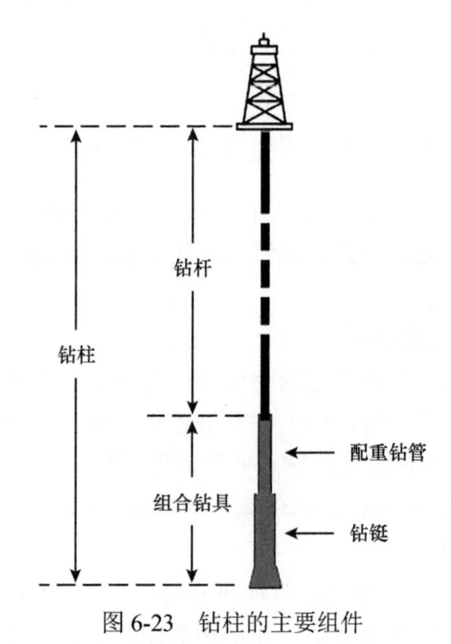

图 6-23 钻柱的主要组件

通常配重钻管和钻铤被称为底部组合钻具。有些情况下，还会在钻柱上安装稳定器和减振器，可以改变钻柱的纵向和扭转振动特性。

（2）钻柱的机械运动

在随钻过程中，由于钻头承受较大的附加冲击载荷和频繁的交变应力，带动钻柱产生纵向振动、扭转振动以及横向振动，这三种振动方式相互依存和制约，使钻柱振动的动态行为表现得十分复杂。早期随钻声波测井的出发点是利用钻头在破碎岩石时产生的声场作为声源，在井口附近接收声波信号，由于没有在井下使用专门的发射探头，这种方法可以称为是“被动”式的。早期的实验研究表明，钻头在钻进过程中破碎岩石所产生的声场经过地层传播，在井口附近（地面）可以接收到相应的声波信号，而且根据所接收到的声波信号所计算出的地层的声波速度与电缆测井所得结果基本一致，同时还发现不同的岩层在其被钻头破碎时所产生的声波信号的频谱有所不同。这种方法的局限是钻柱和地面设备所产生的噪声严重干扰测量记录结果且测量记录的效果随井深增加而变差。

直到 1994 年，国际市场上才出现随钻声波测井商业服务，其井下设备是在钻柱的末端装有专门的发射探头和接收探头（称为“主动”式），所测量记录的仅是地层的纵波时差。在钻进过程中钻柱是旋转的，因此井下的声系所测量记录的是沿某个方位的井壁地层的纵波时差。由于测量记录的是发射探头发出的、经过井壁地层转换的非均匀波（滑行纵波和滑行横波），在井壁地层的横波速度低于钻井液声速时不产生滑行横波。在钻井过程中遇到泥岩的机会是相当多的，而且这些泥岩层段的声学性质往往能够为预测其下面储层的参数提供参考（例如，泥岩层的纵波速度和横波速度的比值 V_p/V_s 的变化可以作为判断其所含流体性质变化的依据）。因此，近年已经出现了采用多极子声学探头的随钻声波测井，这使得在钻进过程中测量记录井壁地层的横波成为可能。

（3）随钻过程中的噪声

随钻声波测井是在钻进过程中进行的，因此一个重要问题是分析钻进过程中的噪声并消除这些噪声。在钻进过程中，稳态的噪声主要包括以下三种。

1）“钻杆波”噪声。“钻杆波”（又称“钻铤波”）噪声是钻柱受力变形（拉伸和压缩）而产生的沿钻柱轴向传播的导波，有研究认为这种波的频率范围为 10～20kHz，其幅度远大于沿井壁的各种模式波，但是这种波在沿钻柱传播时，会因为类似于共振的效应而存在一个幅度急剧衰减的频带，其带宽为 2～3kHz。可以通过类似在电缆测井中的声波测井仪器外壳上刻槽的方法使这种波衰减，优化设计后钻杆波衰减可以达到 40dB。

2）钻井液噪声。钻井液噪声是钻井液循环时所产生的噪声，其频率范围为 1～2.3kHz。为了避开钻井液噪声，需要选择合适的声源频率。

3）钻进噪声。钻进噪声通常是钻头破碎岩石所产生的噪声，因此会随岩性变化而变化，其频率和幅度也都在改变，有研究认为这种噪声的频率范围是 0～3.5kHz。避开钻进噪声的办法也是合理选择随钻声波测井的工作频率。非稳态的噪声则是由于钻具在井下的随机碰撞（例如，钻柱与井壁的碰撞、钻头与岩石的撞击）所引起，这类噪声出现的时间不具备统计学上的规律，而且其幅度很大，因此很难消除。所幸这种噪声的频率一般都在几十到几百赫兹，只要选择合适的随钻声波测井的工作频率，就可以避开这种噪声。

6.2.2.2 随钻声波测井仪器的结构

贝克休斯公司推出了一种随钻声波测井仪（APX），其井下仪器的整体结构如图 6-24 所示，从右至左由上部短节、发射电子线路、声源、隔声体、接收器阵列、接收电子线路、下部短节等组成，全长 9.82m（32.3ft），其中声波测量点距底部短节的距离为 2.83m（9.3ft），最大源距为 3.26m（10.7ft）。

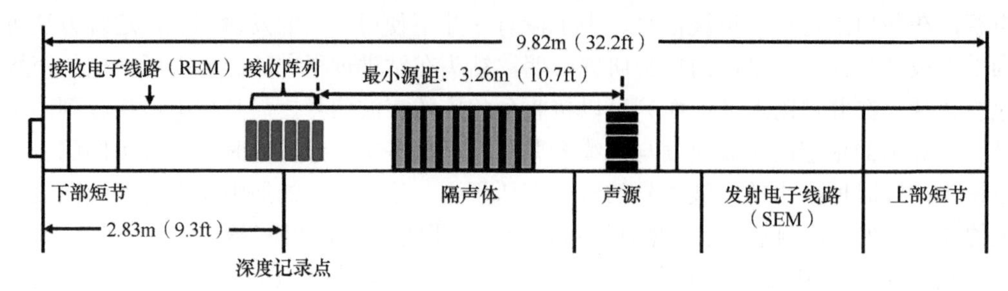

图 6-24 APX 仪器结构示意图

声波测井仪器的核心部件为声波发射换能器，它由 3 组压电陶瓷薄片组成（每组 8 片，共 24 片）。24 片压电陶瓷薄片依次贴在内承压筒外壁，3 组压电陶瓷环纵向叠压在一起，用来提高声波的输出功率。

声波发射器采用一组圆柱形压电晶体，对井眼和周围地层的覆盖范围理论上达到了 360°，发射器的结构及截面图如图 6-25 所示，这种声源称为全向声源。钻铤壁厚 35～63mm，其上均匀开了 8 个浅槽，每个浅槽内镶嵌了 1 个单片天线发射体。天线发射体由发射天线线圈、弹性隔声材料、隔声器内腔等构成。发射天线线圈为一圆弧状结构，其外附着一层弹性隔声材料，弹性隔声材料的作用是消除钻铤感应，发射天线线圈连同弹性隔声材料装在隔声器内腔，腔内注满油。也可以将发射天线线圈连同弹性隔声材料直接安装在钻铤表面的浅槽内，槽内注满油，外表面密封。钻铤外壁覆盖一层外护套，可避免粗糙井壁对发射天线的磨损，发射天线驱动电路与天线发射体相连，为其提供足够强的激励

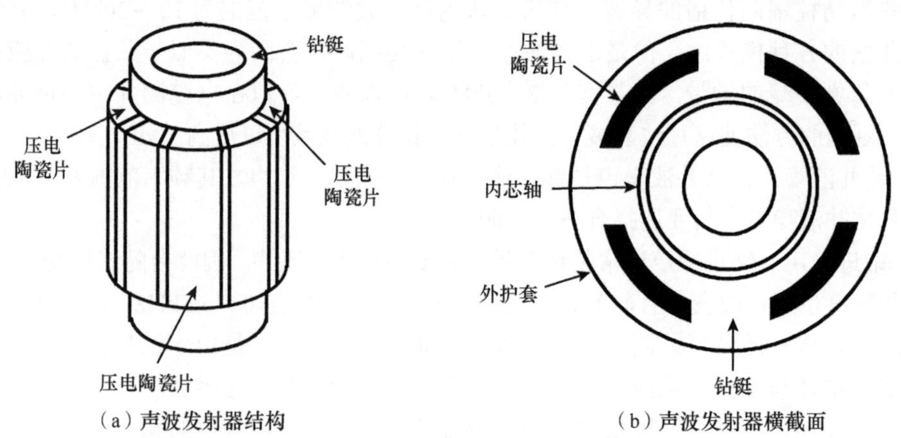

（a）声波发射器结构　（b）声波发射器横截面

图 6-25 随钻声波发射器结构及其横截面图

电流，装在内芯轴上。

接收器阵列结构类似于电缆测井系统的交叉偶极阵列声波测井仪，采用四极子全向接收技术，共有 24 个接收器，按 4×6 阵列排列，即在钻铤的外表面凹槽内沿仪器圆周方向均匀排列 4 组，每组沿轴向均匀排列 6 个。每组内接收器之间的轴向空间即间距均为 0.2286m，合计轴向间距为 1.143m。声源到接收器的距离即源距为 2～3.26m，根据发射器至接收器的距离计算的声波阵列，每道波形之间的距离是 0.1524m。接收器分为 4 组（A、B、C、D），两两正交（图 6-26），每个接收器对应着两个声源发射天线，接收器与声源同步收发信号。这种设计可以实现径向多极子声源激发，从而达到频率、信号幅度和相位匹配等多方面的响应，保证仪器在钻井噪声环境下进行高质量的声波时差测量。

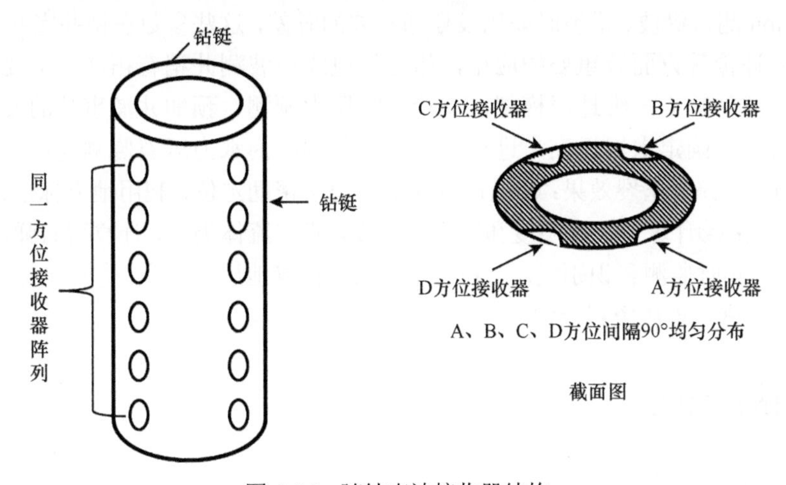

图 6-26　随钻声波接收器结构

6.2.2.3　随钻声波测井工作原理

发射声源安装在钻铤的外边缘上（图 6-25）。在钻铤的外壁，均匀镶嵌了 8 块压电陶瓷薄片，在单一电脉冲的激励下，每块压电陶瓷薄片都可以向外伸张或向内压缩，可以根据需要定义这些压电薄片的工作时序。四极子声波的典型设置是对每相邻 2 块压电陶瓷薄片以及与之相对的 2 块压电陶瓷薄片分别通正电压，使之向外伸张，同时对另外的 4 块压电陶瓷薄片分别通负电压，使之向内压缩。相应地，偶极子声波的工作时序是相邻的 4 片压电陶瓷薄片通正电压脉冲激励，使之向外伸张，同时另外 4 片压电陶瓷薄片通负电压脉冲激励，使之向内压缩。单极子声波的工作情况是：在前半个工作时序，全部 8 片压电陶瓷薄片同时通正电压脉冲激励，使之向外伸张；在后半个工作时序，全部 8 片压电陶瓷薄片同时通负电压脉冲激励，使之向内压缩。

发射探头和接收探头都是四瓣圆柱状的，其工作模式有单极子、偶极子和四极子共 3 种模式，在作为单极子声学探头时，其工作频率可以在 10～18kHz 范围内调节。声波的工作频率范围很宽（2～18kHz），其发射频率为 2kHz，源信号的振幅谱在大约 5kHz 处变为零。声系的最短源距是 3.35m（11ft），间距是 23cm（9in），这样的声系可以测量、记录到井壁地层的纵波速度和横波速度，测量记录结果储存在特制的存储器中。

6.2.2.4 sonicVision 随钻声波测井应用

斯伦贝谢公司的 sonicVision 仪器主要用于测量地层的纵波、横波时差，它由一个发射器和 4 个接收器组成。其发射器采用的是单极子声源，使用的频率较宽，它可以很好地保证各种类型地层的声波耦合，提高纵波声波时差测井信噪比及数据可靠性。

sonicVision 可连接在随钻测量工具的上方或下方，进行实时测井模式作业，也可以连接在钻具组合中的任意位置进行内存测井模式作业。两种模式都需要控制 sonicVision 与钻头之间为 40ft 或更远的距离，以确保钻头噪声的影响被控制在最低程度。在特殊情况下，该仪器可以直接连接在钻头后面进行测量，并在很多实际作业中取得了较好的应用效果。

sonicVision 测得纵波、横波时差以及斯通利波的时差，这些参数在钻井完井、地质导向、地震以及测井评价等方面有重要的应用，相对于电缆声波测井稍有拓展，主要有以下几方面的应用：①帮助建立一维地层模型，进行孔隙压力预测、预知井涌事故的发生、进行井眼稳定性评价；②确定水泥返高，进行固井质量监测，为水力压裂监测提供输入参数，优化压裂设计方案、评价压裂效果；③通过合成地震记录帮助定位，利用地震标定钻头的位置，从而确定着陆点；④计算储层孔隙度和次生孔隙度，确定流体类型，计算岩石弹性力学参数，进行裂缝分析，实时监测和识别气层，利用斯通利波估算地层渗透率；⑤标定地震合成记录，建立速度模型，进行地质资料反演。

6.2.3 随钻核测井

6.2.3.1 随钻自然伽马测井

在与电缆测井类似的方式中，随钻自然伽马测井已经被广泛接纳。随钻伽马测量仪器的发展主要在三个方向上进行：增进钻头近场测量、对同一地质参数进行多维度测量（这将带来更准确的地质信息，特别是在薄的油气层开发中非常有用），以及采纳新的技术以提升数据传输速度。

（1）随钻自然伽马测量原理

严格来说，随钻自然伽马测井和传统的自然伽马测井原理并无显著差异。它以地层的自然放射性为基础，测井仪器的实质是一个伽马射线计数器，连续地沿井眼进行测量并记录伽马射线的强度。在整个随钻测井过程中，伽马探头一般安装在随钻测量仪器的测量探头下方，并且和随钻测量井下设备一起装置在无磁钻铤内。在测量过程中，自然伽马探测器将检测到的地层伽马射线强度转换为电脉冲信号，并通过钻井液向地面传输。影响随钻自然伽马测井测量的因素主要包括信号传输过程中的干扰、井眼条件以及测井速度。

（2）随钻自然伽马测井的应用

在常规的钻井速度下，随钻自然伽马测井相比电缆的自然伽马测井具有更高的数据密度，因此对薄储层的探索能力更强。由于随钻测量模式的特性，其测量结果较少受到泥饼和侵入带的影响，能提供更精确、更高质量的测井资料，同时也能节省钻探井的总时间和成本。

在处理薄储层和水平井等情况时，随钻自然伽马测井明显优于电缆的自然伽马测井。随钻自然伽马测井曲线的应用与电缆自然伽马测井相类似，可以用于比较地层、计算黏土含量、判断沉积环境和岩性等。此外，随钻自然伽马测井的重要应用在于辅助地质导向。由于优质的油气储层或水合物储层通常是含有较多砂石的储层，利用随钻自然伽马测井可以实时分析钻头与上下围岩地层的关系，并根据分析结果调整钻头的位置，以提高找到油气的概率。

6.2.3.2 随钻核磁共振测井

随钻核磁共振测井是在钻井过程中执行的一种核磁共振测量技术。由于钻井过程中地层尚未受到强烈的侵入，该技术可以获取丰富的地层原始信息。许多重要的公司，例如斯伦贝谢、哈里伯顿以及贝克休斯，已经设计并成功部署了各式随钻核磁共振测井仪器。斯伦贝谢公司最早于 1997 年就开始开发随钻核磁共振设备，并在 2000 年引进了该设备的第二代版本。该设备在深海、大陆架、近海以及陆地上已进行了大量的试验。2001 年，斯伦贝谢公司推出了名为 proVision 的商业设备，并在同年成功地在大洋钻探计划 204 航次的天然气水合物钻探中实施了随钻测量。

尽管在恶劣的钻井条件下，proVision 设备仍能进行精准的高分辨率核磁共振测量。该设备外径为 19.7cm，应用时，会将其安置在长度为 11.3m、直径为 35.6cm 的钻铤内。设备能承受的极限参数为：150℃的温度以及 138MPa 的压力。

proVision 设备在循环模式下操作，其工作周期包括发射高频射频脉冲后的初始极化等待时间以及相应的回波信号接收时间。脉冲发射和回波接收会交替进行，直到完成所需的回波数采集。该设备通常采集的数据是由 CPMG 序列确定的，回波间隔通常设置为几百毫秒。

proVision 设备设计灵活，现场工程师可以根据需要调整测量序列，并可依据钻井模式调整设备的运作特性。其钻井模式可以分为旋转、滑动和静止。现场操作员可以根据需要设置设备的测量模式，包括纵向弛豫特征的测量、横向弛豫特征的测量，或是同时测量这两种弛豫特征。设备测量的原始数据在井下通过优化的信号处理算法进行处理，并完成了 T_2 谱反演。反演后，可以实时获取孔隙度、T_2 谱分布、束缚流体体积、渗透率等关键信息。

参考文献

楚泽涵, 等. 2007. 地球物理测井方法与原理. 北京: 石油工业出版社.

刘红岐, 等. 2018. 随钻测井原理与应用. 北京: 石油工业出版社.

肖立志, 等. 2007. 核磁共振测井原理与应用. 北京: 石油工业出版社.

张海澜, 等. 2004. 井孔的声场和波. 北京: 科学出版社.

Barber T D, Rosthal R A. 1991. Using a multiarray induction tool to achieve logs with minimum environmental effects. SPE Annual Technical Conference and Exhibition, 22725.

Doll H G. 1949. Introduction to induction logging and application to logging of wells drilled with oil base mud. Journal of Petroleum Technology, 1(6): 148-162.

第 7 章 海洋地球物理探测展望

7.1 需求分析

海洋地球物理探测是针对有关深海资源、构成物、现象与特征等信息的采集、分析和显示的技术。它是深海利用前期和开发阶段的重要技术手段，包括船载地球物理探测技术、水中浮标技术与智能探测技术，以及海底观测监测技术等。随着深海资源开发、海洋科学探索、海洋环境保护和国防安全需求的发展，海洋地球物理探测技术发展迅速。

美国、日本、俄罗斯、法国和英国等许多世界发达国家都在积极发展海洋探测技术，尤其是深海探测技术。近年来，全球深海探测技术呈现出飞速发展的特点和趋势，主要表现在如下几个方面：①正在向海面、水下和空中发展，出现立体化探测的发展趋势。海面上有调查船和浮标技术，空中有飞机和卫星遥感技术，水下有潜航器和水声技术等。目前美国正在计划发展的“综合海洋观测系统”（Integrated Ocean Observing System，IOOS）就是一种先进的海洋立体探测系统。②基于智能平台的地球物理探测技术。随着微电子技术、信息技术、遥感技术、水声技术、可视化技术和计算机网络技术在海洋探测领域的广泛应用，世界深海探测技术取得了飞速发展，相继出现了多波束声呐、旁侧声呐和干涉仪、非线性差频探测与信号处理技术、水下声控和定位技术等多种探测技术手段，形成了以载人深潜器、遥控式无人潜航器、自主式无人潜航器等水下探测平台，搭乘声学、光学、弱磁和放射性等传感器对海底地质、地形地貌和矿产资源进行高分辨率数字化探测系统，其分辨率可达厘米级，海底穿透深度可达数十米。③海底观测监测技术。随着海底供电、信息传输、运载技术和传感器技术的进步，发展了海底原位实验站海底地球物理探测系统，实现了海底数据采集、信息实时传输，避免了水中噪声的影响，进而实现了海底地球物理数据采集、数据处理和成像。

近年来，深海探测技术领域的国际合作愈加紧密，加快了海洋探测技术的发展，一方面是通过政府间的国际合作，另一方面是科学界与企业界的合作。美国的 WHOI、Scripps，法国的 IFREMER 等世界著名的海洋研究所周围聚集了一大批国际知名的海洋仪器设备公司，如美国的 RDI 公司、Benthos 公司、SAIC 公司、海洋数据（Ocean Data）公司，法国的汤姆逊（Thomson）公司、欧森诺（Oceano）公司等。海洋研究机构与企业密切合作，共同开展技术研究和市场开发，确保了美国在海洋探测、水下声通信和深海矿产资源勘探开发方面始终保持世界领先地位。欧盟国家则组成区域集团，进行优势互补、联合开发。近年来，在深海技术方面，已形成了一整套的技术体系（表 7-1）。然而，在核心技术方面，发达国家只卖服务，不卖技术。

表 7-1　主要深海探测技术体系

体系	技术	
船载探测系统	水声探测技术	声呐技术、动态定位和井口重入技术、水声通信技术、海洋声层析技术、单波束测深、多波束测深、侧扫声呐、水下定位等
	海洋遥感技术	地面遥感技术、航空遥感技术、卫星遥感技术等
	多道地震探测技术	水听器技术、动态定位、采集监控技术、水声通信技术、震源技术、地震处理解释系统等，震源系统，电缆接收系统，采集、监控和记录系统
	重力测量技术	重力相对测量，重力绝对测量，重力梯度测量
	磁力测量技术	地磁场总场测量，磁梯度测量，地磁日变观测
	海洋电磁测量技术	海洋大地电磁测量（MMT），可控源电磁测量（CSEM）
	深拖探测技术	光学探测、声学探测、地磁测量、重力测量
智能探测系统	无人船/无人机/AUV 的立体探测技术	深海温盐深测量、海流与生物多样性、深远海渔场技术、深海溢油等
	搭乘 AUV/HOV/ROV 的智能化小型化传感器	重磁测量、单道/多道地震测量、水声测量、地形地貌、侧扫声呐等
海底探测监测	海洋运输空间利用	海底隧道探测技术、海上机场技术、海底通信、海洋运输、空间利用技术等
	深海油气资源开发	深海油气 OBS/OBC/OBN 探测技术、深海油气钻井测井技术、深海底光纤地震技术、深海油气输运管线检测技术等
	储藏和倾废空间利用	海洋储藏基地技术、海洋倾废场技术等
	深海国防安全	军用浮岛技术、水中目标探测、海底军事基地技术、岛礁稳态监测技术等
深海探测平台	科学考察船	深远海调查船、深海资源开发船、深海能源开发船技术、深海生物资源开发船技术、深海工作艇技术等
	智能探测平台	载人深潜器技术、无人潜航器技术、深海救捞技术等
	深海油气钻采平台	座底式钻井平台技术、自升式钻井平台技术、半潜式钻井平台技术、钻井船技术、重力式采油平台技术、桩式平台技术、张力腿平台技术、牵索塔式平台技术等
	深海浮标	锚泊浮标技术、漂流浮标技术、潜标技术、实时潜标技术、ARGO 浮标技术等
	海底原位实验站	深海运载技术、水中定位技术、信息传输技术、供电技术、材料科学等

深海资源开发技术是针对深海大洋中资源和能源的开发技术，包括以石油、天然气、煤为主的碳氢化合物的油气资源开发技术；从海底开采或从海水中提炼固体矿物的矿产资源开发技术；以鱼类和其他海洋生物为主的生物资源开发技术；利用海流、波浪、温差、盐度差、太阳能和风能的能源开发技术等；海底石油钻采技术，深海矿物采掘技术，海水淡化、提炼技术，深海发电技术，深海捕捞技术等。全球深海资源开发技术的发展特点和趋势主要表现在如下几个方面：①天然气开发技术为重点。天然气的勘探、钻采技术以及处理、压缩和液化技术、储存和运输技术成为当前与今后的发展重点。②“可燃冰”开发技术为研发热点。③钻井装备的自动化和智能控制技术将更加完善，并向浮动化、大型化方向发展。

④定向钻井（特别是水平钻井）技术、极地海域钻井技术以及钻井的自动化和标准化将有新的突破；激光钻井技术前景广阔并将得到应用。⑤钻井技术趋向更小、更有效的井眼设计；能适应特殊问题的生产技术不断发展，以开采特定的油气藏，利用干式采油树从深水中采油将成为可能；流体运输技术更加安全可靠，能够通过不断加长采油管线来进一步开发深水油气田。

海洋空间的利用，包括海上、海中和海底三部分。目前海洋空间的利用已从传统的交通运输，扩大到通信和电力输送、储藏和军事等各个方面。在交通运输方面包括各类远洋运输船舶、海底隧道、海底管道等；通信和电力输送空间主要是指海底电缆；在储藏空间方面有海底货物、海底油库和海上油库等；在军事利用方面主要是深海军事基地。

深海装备技术是指为深海开发提供保障和装备的技术，既包括用于深海作战的各类远洋作战舰艇，也包括用于深海探测与资源开发的民用装备技术，如造船、造舰技术、载人和无人潜航器技术、深海钻采平台技术、海洋调查船技术以及各类资源开发船舶技术等。在深海探测装备发展方面，主要集中在深海作业型水下机器人、仿生水下机器人的研发、工程化应用和深海探测支撑装备/系统等方面，深海探测的精度、稳定性得到不断提升，一些突破性水下探测新技术从研究走向应用，具体包括如下几个方面：一是高性能、多功能的深海探测装备不断涌现。在国内，各类深海探测装备层出不穷。中车株洲电力机车有限公司研发了国内最大马力的3000米级重型工作级无人遥控潜水器，可轻松提起4t的重物，具有自动定深定高功能，主要用于对沉船沉物等进行应急救险、搜寻和打捞等作业。博雅工道（北京）机器人科技有限公司研发的无缆仿生水下机器人，配备了高精度GPS、远距离射频通信、超短基线定位等模块、具有高航速、大载荷、低噪声的特点，可实现海洋科考、地貌测绘、海底管道检测、水下打捞等各种无人化深海探测作业。约肯机器人（上海）有限公司研发了一种智能追踪水下机器人，该水下机器人提供了一种全新探索海洋的方式，首次应用图像识别和智能追踪技术，可在水底对目标进行跟踪拍摄。在国外，小型的水下探测装备已经应用到海底生态保护方面，如昆士兰科技大学研发的水下机器人，能监控海星的数量、监测珊瑚礁健康状态、绘制海底地图等。这款机器人重15kg、长75cm，相对于人员作业具有成本更低、效率更高等优点，并且不会受到白天或黑夜的限制。二是仿生水下机器人为研发热点。美国加利福尼亚大学圣迭戈分校研发了一种透明的类似食蚊鱼的水下机器人，借助人造肌肉在水下前行，可大幅减轻对水下结构或生物的碰撞，该水下机器人下一步的研发重点是潜入深海。哈佛大学以折纸为灵感开发了一款机器人抓手，该抓手是通过3D打印的聚合物，材料质地柔软，能够成功捕获并释放柔软的水母等水下生物，可解决水下软体动物完好抓取的问题，当前这款机器人抓手已被安装在水下机器人机体上成功潜入700m海底。这类仿生机器人将有助于人类对深海生物的探测与研究。三是深海探测装备作业支持系统的研发得到重视。随着我国近年来深海潜水器的大放异彩，越来越多的深海领域专家开始将目光聚焦在深海探测装备作业支持装备/系统上。武昌船舶重工集团有限公司开始建造新型深潜水工作母船，将在饱和潜水深度、水下起吊作业能力、控制系统等方面实现突破，为深海探测装备水下作业提供有力保障。四是水下探测相关新技术获得突破。国外在激光通信和水下装备隐身技术（反探测）等方面取得了突破。美国麻省理工学院开发了一套适用于水下的窄束激光系统，能够改善水下潜艇无法与飞机直接进行通信的问题，为海、陆、空、天的全面信息互通提供了必要的技术基础，为深水跨空间的探测与通信提供了有利条件；瑞士洛桑联邦理工大学开发出一种使声波无失真地穿过无序媒介的系统，可用于消除从水下装备等物体上弹回的声波，从而让水下装备实现“隐身”。

随着人类活动走向深远海，深海探测装备作为重要工具已成为各国研发重点。结合近期深海探测装备发展动态，可以预测未来一段时期深海探测装备发展重点主要包括如下五个方面。一是重点开展谱系化深海探测装备、水面支持装备/系统的研发及其工程应用研究。开展不同水深作业型谱系化载人潜水器研发及其工程应用研究；开展不同水深谱系化深海无人潜水器研发及其工程应用研究，包括遥控型无人潜水器、自主航行无人潜水器、水下滑翔机、自主/遥控式复合型无人潜水器等；开展不同潜水深度用的潜水工作母船，以及船载深潜器运载、就位、布放、回收、通信、数据调查分析系统等水面保障支持系统的研发。此外，群体式有/无人深海探测装备协同探测与自主作业也是重要发展方向。二是重点开展水下仿生机器人的研发。基于鱼类或者是其他水生生物特性的模仿，研发新型高速、低噪声、机动灵活的柔体水下仿生机器人，采用柔软质地材料开发仿生水下机械手。同时，由于单个水下仿生机器人的活动范围和能力有限，研发具有高机动性、高灵活性、高效率、高协作性的仿生水下机器人集群是潜在发展趋势。三是重点研发面向个性化需求的小型水下机器人。水下机器人的用途已由最初军事、科考等领域向更多领域拓展，以用户个性化使用需求为导向的水下机器人成为发展热点。用于海洋环境监测、海洋救援、深海沉船发掘、水产养殖观光、水下及管道清洁等方面的工业应用小型水下机器人，以及用于潜水运动（监控水域环境）、水下摄影等方面的消费级小型水下机器人将是水下机器人的重要发展方向。四是重点研发面向深海和极地的体系化海洋调查船。当前，人类对海洋的研究向深远海和极地拓展，全球海洋调查向常态化、业务化和国际化合作的方向发展，但我国海洋调查船队的规模还不能满足发展需求，近年来我国逐渐加大了对海洋调查船的投入。未来，新一代海洋调查船将向着平台通用化、系统智能化、装备专业化发展。国外船厂、设计公司已经着手设计系列化的海洋调查船，我国也应加强研究，在对船体基本性能和技术研究的基础上，构建完整的科考船平台、设备和系统体系，助力深海和极地探测与科考。五是重点开展高可靠性、高精度深海探测仪器设备的研发。我国深海进入与勘探技术正在向着高精度、高可靠度的方向发展，但在关键核心技术方面自主化程度不高、深海技术不深的问题仍然存在，深海探测仪器设备和装备技术的高精度问题依然是我国深海地质科学发展的短板。未来，应重点开展先进深海探查仪器、设备的自主研发，加强试验与研发力度，提高仪器设备测量精度和可靠性，增强环境适应性并延长使用寿命。

深海广阔的空间是未来的重要战场，了解深海作战环境十分重要。按照在海底的位置，海底军事基地一般有四种类型：第一类是海底山脉型海底基地。海底像陆地一样有起伏不平的各种地形，因此建立在海底山脉上的基地具有很强的隐蔽性。第二类是海底地下型军事基地，也就是在海底下面开凿的隧道或岩洞，基地内的气压为标准大气压，这种海底基地也称“岩石基地”。海底上有厚厚的海水阻隔已相当隐蔽了，再深入到海底之下的地层，那就更难以被敌发现。第三类是海底悬浮基地。这种基地采用现场安装金属构造物，或者把建好的金属构造物放到预定的地点的方法，又称“水下居住站”，其室内的压力有两种，一种为高压型，相当于海底处所受的压力；另一种为标准型，相当于海面的压力。这种武器装备大都是利用锚索固定在海底，使武器装备悬浮于海底之上。这种基地要考虑海底底质和海流等因素对武器装备冲移的影响。第四类是活动的海底基地。这种基地的好处是，根据形势的变化和作战需要，能随时移动位置，机动性强，有利于隐蔽、安全地作战。这种基地可以坐落于海底，但要注意坐落稳定，起浮迅速。此外，海底军事基地也各有差异，就其造型而言，有圆球形、圆柱形和椭圆形等，其中最多的是圆柱形。由于海底，特别是深海海底的压力大，圆柱形海底基地采用耐高压的耐压钢球，有的是把许多耐高压的钢球连接起来，球壳与球壳之间有通道相通。通道口上装有水密门，可根据需要随时打开和关闭。球壳上安全观察窗，可随时向外观察。还安装有水下照明灯和水下电视机，水下机械手可以灵活地操作。水面和海底之间有专用的潜航器往复运输，帮助海底军事基地人员回到海面，以及进行食品、器材的补给或输送新的设备和装备。为使水面上的设施和基地之间经常保持联系，海底基地上装有通信声呐。

按照不同的军事用途，建立在海底的军事基地具有如下四种功能：一是进行海底武器、燃料和食品补给。由于海底基地不受海面状况影响，能方便地向潜艇提供补给品，这样就能大大提高潜艇的作战能力，延长水下航行时间。二是进行海底侦听。当前主要是利用水声设备，探测和跟踪敌方潜艇特别是核动力潜艇的活动情况，并向指挥部门发出警报。三是用作兵工厂。把陆地上的武器、装备制造厂这些比较受敌方重视的战略攻击目标建在海底，远比陆地上的兵工厂隐蔽、安全和保密得多。四是可以直接作为海底鱼雷、水雷和导弹发射基地。目前，美国和英国都正在建立这样的海底导弹基地。海底军事基地具有得天独厚的隐蔽性。由于现代卫星遥感技术的发展，陆地上的军事基地很难逃脱卫星的“眼睛”。但是，电磁波在水下的传播衰减，使得卫星遥感很难到达海底，特别是深达数百米或数千米的深海海底。因此，世界上一些军事强国都在不断地探索、研究和建造各种深海军事基地，在深海海域建立有人控制的反潜基地和作战指挥中心等军事设施。有的海底基地可以设置在 2000m 深的深海海底，从而可以使沿海边防线向前推进 200n mile。

7.2 海洋地球物理发展态势

近年来，为满足新型能源和矿物资源开发，以及国防安全地球物理发展需求，海洋地球物理探测逐渐走向智能无人化、原位连续性和立体探测。大力开发智能化、微小型化、高精度、超深水工作的新型地球物理传感器及装备技术，如光纤震磁传感器、MEMS 电化学传感器、弱磁传感器、光纤水听器，实现深海近底综合地球物理探测，使打破菲涅耳半径和传输衰减因素限制，提升地球物理资料信噪比、分辨率、穿透深度成为可能。根据 7.1 节对国际未来科技发展态势和人类认识海洋、开发海洋和保护海洋需求的分析，我们认为未来的海洋地球物理探测主要集中在以下几个方面。

7.2.1 智能地球物理探测技术

近海底智能探测技术将打破传统菲涅耳半径和深水信号传输衰减因素限制，获取的地球物理数据信噪比、分辨率、穿透深度将大幅提高，是国际海洋地球物理探测技术发展前沿。目前国内外水下智能地球物理作业平台主要基于 AUV 技术，其中能适应深海近底作业的 AUV 主要有美国 Remus、挪威 Hugin、加拿大 Explorer、法国 Alistar 、日本 Urashima 等，但大部分 AUV 主要挂载声学探测装备，包括多波束、浅地层剖面、侧扫声呐等，而受限于平台功率、航程因素具备搭载重力、磁力和多道地震装备的重型 AUV 屈指可数。当前欧盟 WiMUST 计划通过船载拖曳高频大功耗电火花震源、AUV 搭载小多道地震缆已实现深海多道地震资料智能采集；法国 IFREMER 海洋研究所在西南太平洋利用“鹦鹉螺”号深潜器和 Idef-X AUV 已实现高分辨率近底矢量磁力测量并揭示了玄武岩型热液区绝对磁化强度和围区熔岩流极性倒转现象；日本 JAMSTEC 利用 Urashima AUV 在冲绳海槽和小笠原岛弧海山区已实现深海近底重磁测量并获得高精度海底沉积物结构与厚度分布。

我国针对近海底地球物理探测研制水下智能作业平台的研究刚刚起步，值得欣慰的是，目前科学院内单位已在该领域获得一批科学技术突破，已具备装备研制基础。深海所拥有载人潜水器、深渊着陆器等装备研制、规范化海试及科学应用经验；中国科学院沈阳自动化研究所已从事水下机器人研发 30 余年，研制了“潜龙”和“探索”系列 AUV；中国科学院半导体研究所在研制光纤磁震传感器、光纤水听器、光纤地震拖缆方面获得进展；中国科学院上海硅酸盐研究所等其他单位在弱磁、放射性、电磁传感器及装备技术方面取得进展。因此，结合中国科学院优势单位和国内相关科技力量，有望在未来 5～10 年内自主研发一套应用型近海底智能作业的深海地球物理探测系统（图 7-1）。

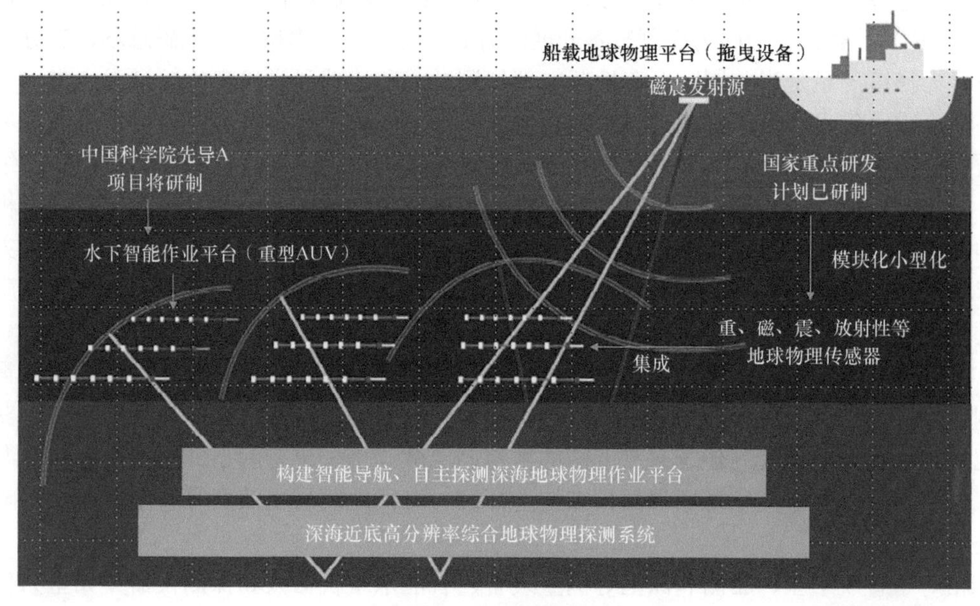

图 7-1 技术路线

面向深海资源勘探开发、考古救捞等科学与工程应用的高精度探测需求，我们主要面临的挑战和需解决的关键问题包括：①水下智能作业平台：在现有的AUV技术基础上，须紧密结合国产化新型的地球物理传感器及装备技术特征研制适用于地球物理水下智能作业的深海重型AUV平台，须解决水下机器人能量供给问题，具备浮力可调、重心可调功能，实现小多道地震缆智能拖曳和收放，并达到兼顾航程、运载力和探测装备工作要求。②挂载传感器及装备，如重、磁、震等传感器，采集控制及探测装备需突破模块化、小型化、智能化、低耗能、简易更换设计。

目前，国内最前沿的自主研发地球物理传感器及装备技术将为我国提供第一个深海近底的综合地球物理探测平台，未来将切实应用于我国南海资源勘探开发、深海海洋环境探测、深海考古及国防安全保障当中，也将引领我国海洋地球物理技术走向深海近底的高精度智能探测之路。

构建基于水下智能作业平台的深海地球物理探测系统，是海洋地球物理和AUV智能制造领域的里程碑事件，将填补我国深海近底综合地球物理探测的空白。水下智能地球物理作业平台将促进我国深海智能制造向更全面、更深入方向发展，引领我国海洋地球物理技术走向深海近底的高精度智能探测之路，并将提升我国在海洋科学领域的国际影响力。在不远的未来，这一平台也将切实应用于我国南海海底资源勘探开发、深海海洋环境探测、深海考古及国防安全保障当中。

7.2.1.1 搭乘AUV/HOV/ROV的智能化小型化传感器

AUV集成了水声、通信、导航、控制等领域高新技术，能以自主方式完成目标海区高精度海洋地质、地球物理、物理海洋等领域多目标探测，目前已应用于海底微地貌探测、冰下科学考察、海洋工程和军事应用等领域。重、磁方法是海洋地球物理研究的重要方法，通过AUV和挂载式重力磁力探测装备开展深海底重力场、重力梯度、地磁总场、三分量磁场及磁力梯度测量是当前国际深海地球物理探测技术和地球科学研究的前沿重点方向。海底高精度重力磁力测量可探测地层断裂构造分布，油气矿区采空区等容易引发海底滑坡的地质构造，也可用以获取洋壳磁性层和磁条带的精细结构、反演海盆基底和莫霍面精细结构、确定海山属性，并可用于研究米级物体的重磁场变化特征。因此，基于智能水下机器人的深海底高精度重力磁力测量对推动我国海底矿藏资源的勘探开发、预防海底地质灾害和保障国防安全等方面具有不可替代的现实意义，对确定海盆扩张历史、揭示海盆地质演变过程具有重大科学研究意义。

基于智能水下机器人为平台的新型地球物理数据采集方法，通过搭载整合高精度重磁探测仪，实现深海近底大面积高精度重力、磁力探测能力。因其近海底探测的特点，获取的地球物理数据的精度为传统探测方法的数倍乃至数十倍，更有利于开展资源勘探、海底灾害预测等应用性研究和海底深部精细构造探测、海洋地质历史演变等科学研究，保障海防安全。

相对于传统卫星、船测和深拖等测量装备，智能水下机器人和探测仪器（如重力仪和磁力仪）需要面临深海恶劣的极端环境（如超压、海（洋）流等）。针对应用目标而对探测仪器及其与智能水下机器人的互联问题提出的更高要求，如数据存储、功耗、工作模式及其集成应用等。

其中，深海近底高精度重磁数据处理技术通过数据预处理、重磁异常弱信号提取、不同深度重磁异常划分、低纬度变倾角化极以及位场曲面延拓等方法，解决因深海底地形起伏大导致的不同深度范围的异常信息，以及海洋地形造成的镜像问题。

三维位场反演计算技术可以获取高精度位场物性参数，如磁化率、磁化强度和岩石密度等，有利于确定各深度层源位场在地面引起的异常。然而大部分反演算法由于数据量大、计算效率低、多解性强而不具备实用性。通过分布式遗传–有限单元算法中加入频率物性反演和三维调和反演技术，提高反演计算速度、降低反演多解性对解释的干扰，能够解决大数据量的三维并行反演算法的技术难题。

7.2.1.2 无人船/无人机/AUV 的立体探测技术

“深空”与“深海”是人类目前“不可观测”的区域，利用卫星、深潜器、海底观测潜标和网络等不同观测平台，使“深海”的地球物理探测能力大为增强。我国的张衡电磁卫星，“潜龙”号 AUV 和“蛟龙”号 HOV 等载体、东海与南海海域的海底观测网络等观测平台的投入使用，标志着在“天空海潜”不同观测平台建设已取得突破性的进展，如图 7-2 所示。因此，开展海洋地球物理探测，构建海洋地球物理探测技术的“天空海潜”立体探测体系是技术发展的必然趋势，也是我国海洋科技工作者在科技创新中的历史使命。

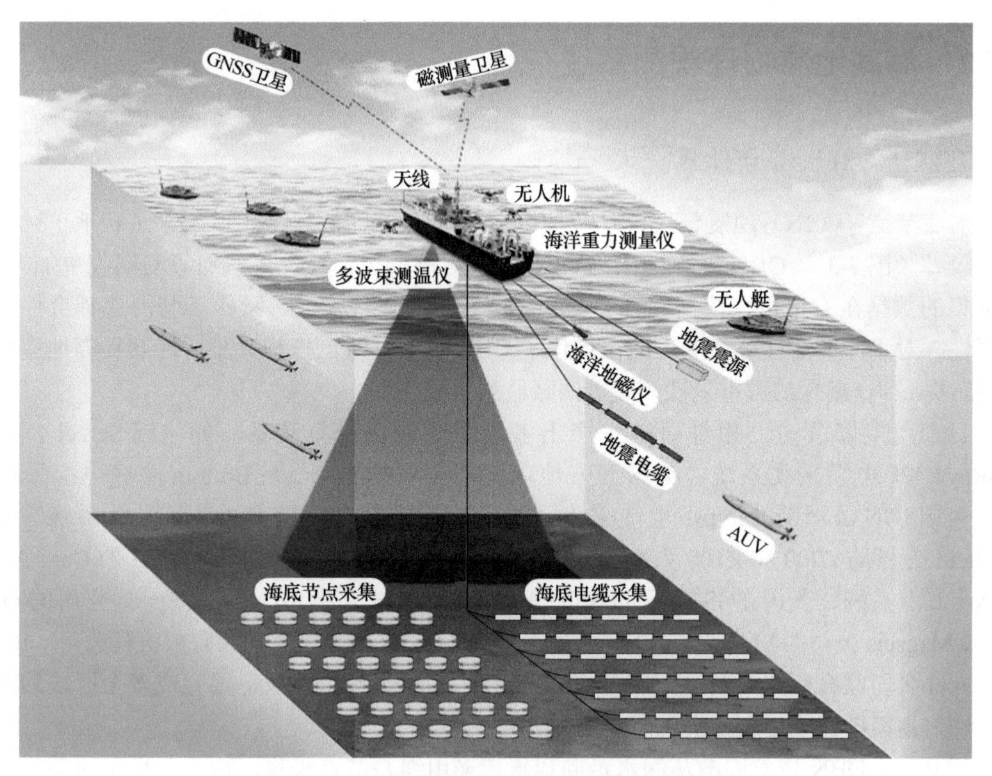

图 7-2 海洋地球物理立体探测体系示意图

由于不同观测平台的工作环境与技术资源受限，相应的科学载荷研发和应用研究存在着一定的局限性。例如，在航天和航空观测平台上，用于地球物理探测的科学载荷主要由“卫星测高”和“地磁测量”等仪器组成，其技术要求是高精度、精细、小巧和低功耗等。而在深海观测平台上，相应的科学载荷技术要求是具备较好的耐压防腐能力、高灵敏度、低功耗和高钟控精度等。其中，作为AUV和深拖上的有效载荷主要是“高分辨的地形地貌测量”、“浅地层剖面探测”和“地磁探测”等；作为海底观测平台上的有效科学载荷，除“地震观测”设备之外，又添加了“海底地磁场观测”、“海底大地电磁探测”和“海底热流观测技术”等。在科学载荷技术方法和应用研究领域中，由于我国相关研发工作起步稍晚，与国外同类技术还存在一定差距。针对深海探测技术发展现状，开展探测平台及其科学载荷技术的科技创新、提高技术性能，并且要以适应科学前沿和时代发展的需求，充分利用“物联网”和“区块链”等信息技术，开展新技术、新方法的研究。海洋地球物理探测的技术进步也促进了海上导航定位技术发展。传统的海洋地球物理探测以调查船作为科考平台，相应的科学载荷主要是为母船配备的。水面的全球导航定位系统、水下导航定位技术和惯导技术协同作业，加快了海洋地球物理探测的平台多样化建设发展步伐。船用直升机飞行平台、万米铠装光电复合电缆、船用绞车和多功能的甲板收放支撑装置装备成为先进海洋地质–地球物理科考船的标配，卫星、航空、船载、深潜器、深拖和海底观测系统等多样式调查平台及科学载荷技术取得了新突破，从“深空–深海–深地”构建立体探测系统的条件已经成熟（图7-2）。

7.2.2 海底地球物理观测系统

7.2.2.1 海底节点地震技术

海底节点（OBN）地震记录仪是一种将OBS布放在海底，并串联起来进行地下结构探测的设备（图7-3）。OBN地震勘探比OBC具有更高的灵活性，系统布设与回收更加方便，所采集的数据在方位角、数据保真、宽频、广角反射、转换波、噪声、与海底耦合性、可重复性、对水深灵活性等许多方面，均优于OBC观测及海上拖缆采集，能够提高地震成像质量，提高4D勘探的可重复性，改善油藏监测结果。

目前，多家公司已相继研制生产出多款海底地震采集装备，如法国Sercel公司的SeaRay®428电缆采集系统、美国西方地球物理公司的Q-Ocean Bottom海底电缆采集系统、美国ION公司的Calypso电缆采集系统、挪威PGS公司的OptoSeis光纤系统、美国Fairfield公司的Z700和Z100系列节点采集系统、法国地球物理公司CGG的Case Abyss Nodes节点系统、美国TGS公司的Stingray多分量光纤采集系统、GeoSpace公司的OBX节点、Magseis公司的MASS节点以及中国石油集团东方地球物理勘探有限责任公司（BGP）与Sercel公司联合研发的新型海底节点GPR等，在全球多个海域，已完成多个区块的海底节点油气地震勘探项目，并实现商业应用。

近几年，OBN技术逐渐从深水走向浅水，采用绳系节点采集，由于实现了船舶后甲板

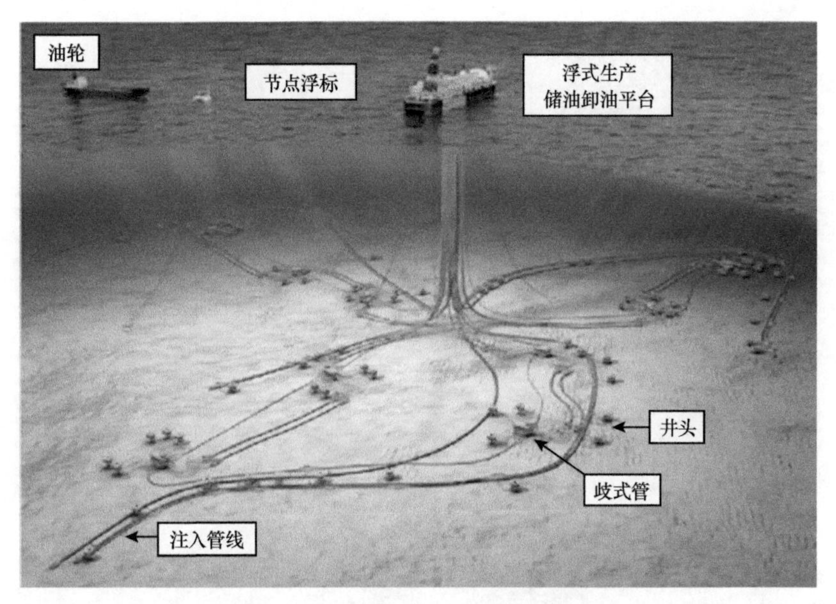

图 7-3　动态海底 OBN 油气储层监测

节点收放的自动化、流水线作业，绳系 OBN 施工效率得到大幅提高，OBN 技术有了质的飞跃。OBN 采集在国际海洋勘探中得到迅速发展，正在不断挤占拖缆市场，已成为未来海洋地震的技术发展方向。

中国的节点地震探测主要集中在浅水。在中国东海、黄渤海及南海等多个海域，利用 OBN 技术实施油气勘探有着巨大的潜力和需求，OBN 在中国海上油气勘探的实践刚刚开始，在浅海有障碍物的海域以及深海油气勘探中具有广阔的应用前景。但由于 OBN 观测方式的特殊性、海底地质条件及地下构造的复杂性，在国内，尤其是在浅水区域实施海底节点油气地震勘探，在 OBN 数据采集质量控制、波场数值模拟、节点资料叠前偏移成像、各向异性反演与深层油藏评价等方面，还有许多问题亟待解决。

7.2.2.2　OBC 技术

OBC 技术是一种将电缆检波器置于海底的采集方法（图 7-4）。需要满足以下四个条件：①需要至少一艘仪器船；②需要至少一艘震源船；③可根据海底电缆布设方式或震源布设方式改变地震波激发接收路径，从而实现不同方位采集的目的；④检波器通常为四分量检波器，可使用诸如 PZ 合并等方法进行鬼波压制，达到拓宽频带的目的。

国外率先研究并掌握海上多分量地震技术的公司主要有美国 PGS、美国 Western、法国 CGG 以及挪威 GECO 等大型公司，这些机构可自行生产采集设备，并在世界各地（如北海、中东、库克湾、挪威海岸、印度尼西亚海岸、墨西哥湾、西非海岸、波斯湾、中国南海等）开展了大量海上多波地震的研究和实际生产工作，取得了良好的地质效果。

中国在这一领域起步较晚，硬件技术和软件水平均落后于西方。OBC 和 OBN 地震采集接收仪器对比见表 7-2。

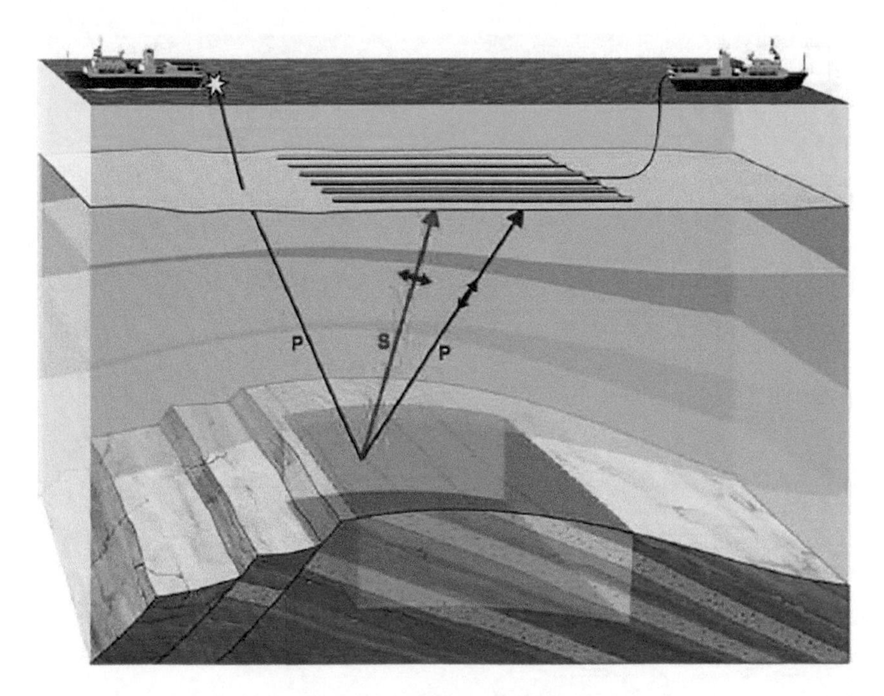

图 7-4　海底 OBC 采集技术

表 7-2　OBC 和 OBN 地震采集接收仪器对比

电缆型号	Sentinel RD	searay300	Z100
电缆长度/m	150	275	—
续航能力	—	—	30 天 @2ms
检波器类型	压力检波器	压力检波器×1 加速度型检波器×3	压力检波器×1 速度型检波器×3
道间距/m	12.5	25	—
电缆道数	12	10	—
每道检波器个数	12	DSU3+1Hydrophone	3Geophone+1Hydrophone
检波器灵敏度	19.7 V/bar	水检：5.96V/bar 陆检：0.298V/(μm·s^2)	水检：8.9V/bar 陆检：22.4V/(m·s^2)
A/D	Δ−Σ,24bit	Δ−Σ,24bit	Δ−Σ,24bit
动态范围/dB	115	120	127

7.2.3　海底光纤地震系统

分布式声传感技术是一种近年兴起的长距离、大剖面、动态测量的地震监测技术，有望将应用在天然气水合物区、峡谷滑坡带等海洋关键区域，以解决天然气水合物资源分布、海洋牧场、海底滑坡等关键区域的海底环境监测，港口、海岸带基建工程海底稳定性评估，以及未来水合物开采进程中时移动态监测、海底活动断层动态监测等问题。

但现阶段国内外研究机构主要利用现成的海底通信缆和海底观测网光电复合缆开展研究，对于无现存光缆的海域无法实现 DAS 观测。为了探索无海底通信缆和海底观测网络的前提条件下，能否通过布设常规细小缆达到 DAS 观测要求，中国科学院深海科学与工程研究所研究团队开展了短排列细小光纤海底耦合及信号接收试验，结果表明，细小光缆通过泥土简单覆盖就可以满足 DAS 耦合要求，并且在安静的深海海底能接收天然地震波的同时，还可观测到人工激发的高频地震波，尤其是横波分量，是一种极有潜力在深海实现时移地震、天然地震及海底环境感知的全新观测手段。但对于近 10km 传输距离、万道同步测量、海底长时连续采集作业的新 DAS 观测方法，在如下三个方面将对现存技术提出重大挑战：①分布式光纤须具有长距离传感能力且具备高准确性、高信噪比、宽频带的信号特征；②能实现 1～2cm 直径细小光缆在海底长距离布设及耦合；③采集系统具备百兆赫兹采样速率及万道数据同步采集的处理能力。因此，如何在光信息长距离传输背景下实现地震信号的高准确性提取及系统准静态相位漂移的补偿与反馈，如何在海底布设数十公里数万节点（地震道）的海底光缆并实现海底耦合，如何突破大容量光纤数据同步采集及高速存储是亟待解决的重大科学工程技术问题。

如果突破传统多道地震海表大尺度观测的限制，在深海海底完成上万个光纤节点的 2D 地震观测，将填补我国深海海底高精度多道地震观测技术的空白，实现高密度地震数据的光信息传输，具有时代性；有利于促进新型海洋地震探测技术研发与应用平台建设，形成上下游研发和应用集群，培养深海仪器研发科技人才，带动相关产业链发展，推动我国海洋探测技术向更全面、更深入方向发展，促进我国海洋地震技术走向深海近底高精度探测之路，提升我国海洋探测技术的国际影响力。这一研究将推动天然气水合物的识别与分布，开发过程中储层动态监测、资源开发区的海底环境监测。在不远的将来，将这一技术应用到海洋工程、海底稳定性评估、海底活动断层动态监测、天然地震预测和水中目标监测等领域，具有重大应用推广、产业发展意义。

7.2.4 海底原位监测

海底原位监测也是非常重要的对海底长时间实时观测的手段，能够对海底滑坡、海啸、水合物分解、水下气体溢出等难以预估准确发生时间的多种海底地质特征进行长时间的监测以获取所需资料，评估其发生过程与触发因素。建设海底原位科学实验站势在必行。美国、加拿大、日本、中国等已经完成或正在建立海底观测网络。海底观测网将根据不同的观测需求来配合相应的固定海底观测平台。通过对海底进行电缆或者光纤的布置，可为用于观测的设备或者平台提供长期的能源以及信息传输通道，从而实现海底不同尺度下的系统观测。未来的原位监测将呈现以下的发展趋势。

建立分布式、网络化、互动式、综合性智能立体观测网是海洋科学观测的发展趋势。随着物联网技术在海洋领域的应用，通过统一、通用的数据标准整合分散在各处的观测站、观测节点、卫星遥感、无人水面艇等观测手段进行协同工作，形成覆盖近岸、区域及全球海域的层次化、综合化与智能化的空–天–海洋一体化立体观测网络（图 7-5）。

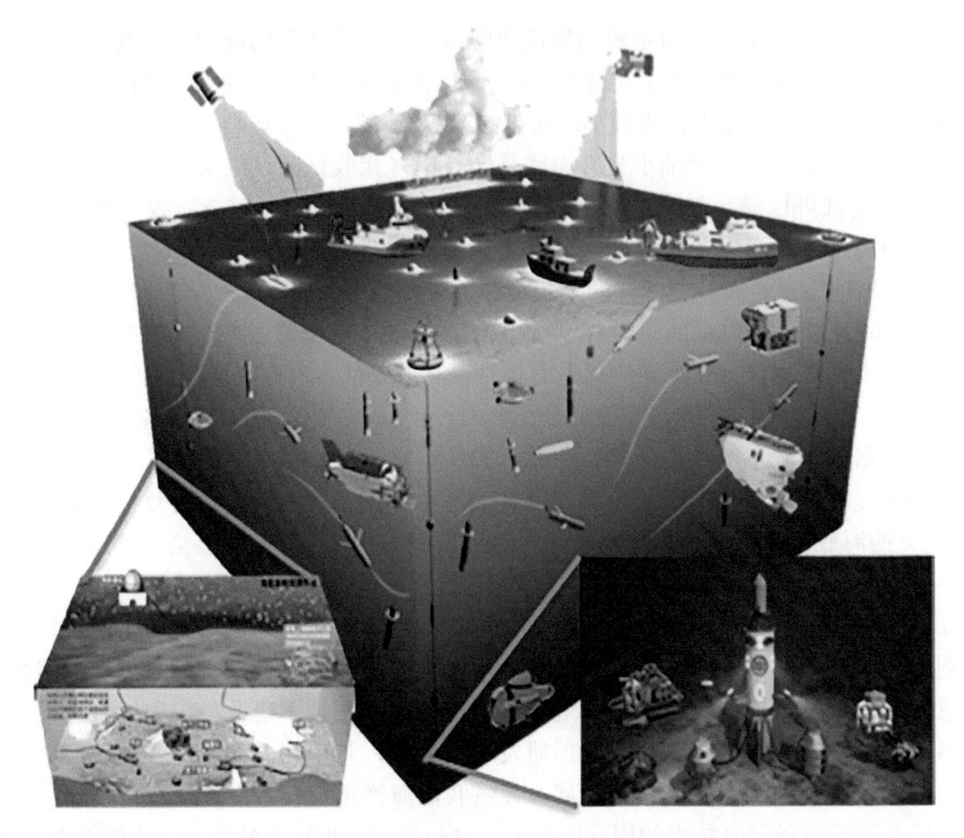

图 7-5　海底原位观测系统

人工智能技术在海底观测网中的应用，将突破传统海洋观测中人与机器的交互方式，实现观测平台间的自动组网、自主观测，对观测数据进行科学、系统、可持续的处理，海底观测网将网络化、可视化和智能化。

数据中心是海底观测网的神经中枢，汇集海底视频、地球物理、海底动力及海洋化学等多学科海洋观测数据，可实现在时间、区域和空间等尺度的交互融合与地理关联。数据本身的时间属性、空间属性、传感器的多通道特征以及科学数据分析伴随原理模型导致观测数据处理分析异常复杂，其内在机理和新的发现需要深入研究。多元、立体、实时观测数据以每年拍字节级增长。为实现海洋数据从“数据大”到“大数据”的转变，需开展海洋观测、机理、预测三位一体的研究。充分利用大数据、“互联网+”、人工智能、交互可视等多学科高新技术对海洋数据进行深度发掘，揭示海洋现象后面的运行机理；利用真实数据建立海洋系统的各类模型，模拟预测海洋空间发展变化情况，对人类活动和决策进行指导。同时，利用观测数据提升模型的准确程度和预测能力，可为海洋认知、防灾预警、资源利用、仪器研发提供支撑服务。

为满足在海洋科学研究、灾害研究与预报、环境监测和生态保护、能源资源开发利用及海洋安全的需求，近年来世界许多国家和地区纷纷加强了对深海技术的研发，先后有针对性地推出和实施了热带海洋全球大气计划（Tropical Oceans Global Atmosphere Program,

TOGA）、IODP、国际洋中脊研究计划（InterRidge Project）、Argo 计划（Array for Real-time Geostrophic Oceanography）等一系列的深海、远洋探测和考察计划，新的综合性研究计划还将不断涌现。

学科间的交叉融合往往导致重大科学发现和新兴学科的产生，也是科学研究中最活跃的部分之一。海底观测网观测计划与国际综合性研究计划相融合，对于整个国际深海技术的发展也起到了至关重要的推动作用。IODP 的海底钻孔观测点以有线方式接入日本的 DONET 观测网，实时获取太平洋板块俯冲地震带数据，对地震预警及揭示地震机理具有重要的意义。

GOOS 由联合国政府间海洋学委员会（Intergovernmental Oceanographic Commission，IOC）、世界气象组织、联合国环境规划署等联合发起建立，是当前全球最大、综合性最强的海洋观测系统。该系统集成观测卫星、浮标等多种传感器并实现全球业务化运营。各海洋强国或组织基于 GOOS 积极发展和建设海洋观测系统，如欧洲已成立了欧洲海洋观测系统（EUROGOOS），美国和加拿大联合建立了美加 GOOS。

由中国科学院深海科学与工程研究所牵头的中国科学院 A 类先导专项“深海/深渊智能技术及海底原位科学实验站”正在尝试建立中国南海海底原位监测站。专项开展：①适用于全海深的定制化芯片。②针对海底原位监测需要的智能传感器的研究。③深海传感数据采集传输的研究。对上述深海原位探测的瓶颈问题进行进一步的突破任务艰巨，突破后可增强海底原位探测的实际能力，适应我国在深海探测与开发战略能力的迫切需求。

7.2.5 井筒地球物理测井技术

随着海洋地球物理学科的不断发展，除地震等主要海洋地球物理研究手段之外，基于测井资料的井筒地球物理研究重要性也逐步提高。井筒地球物理不仅有高分辨率、高精度等其他地球物理探测手段所不具备的特点，也是关联地震等多种地球物理探测手段的技术，在海洋的地球物理探测中具有较大发展潜力。井筒地球物理从早期的主要解决油气储层评价问题，到目前已经逐步发展成为可用于解决古气候、古环境、沉积成岩作用识别、水合物评价、煤层评价、储气库评价、地热评价、固体矿产评价等多种地学问题的综合性地球物理研究方向，是海洋地球物理的重要组成部分。

目前，测井仪器研发是井筒地球物理研究的关键。获得测量精准、受环境影响小的测井资料一直是我们所期望的。仪器是否耐高温高压、测井仪器（如远探测声波测井仪）的探测深度、仪器测量时受泥浆或套管的影响程度、随钻仪器的测量质量、仪器如何测量地层的各向异性数据、仪器如何直接测量渗透率等储层参数信息，这些有关于测井仪器的研究均具有十分现实的意义。

针对非常规储层测井解释模型研究仍需突破。现有的经典解释模型多针对砂泥岩储层所建立。但随着所面对的研究对象更加复杂，现有的简单解释模型已不适合于对复杂地层进行解释，急需结合地球物理测井原理、地球物理测井响应机理、数字岩芯、岩芯实验等手段，针对不同类型储层建立更加可靠的解释模型，提高地层的评价精度。

智能化测井评价体系急需建立。地层参数与测井响应之间的关系愈加复杂，非线性程度明显增加，基于常规模型的部分储层参数计算与甜点层预测难度加大。随着测井数据与其他相关数据的不断获取，大量的数据已能够支持进行智能化测井评价模型的建立。智能测井评价可提供高精度、快速、无人工干预的结果，可极大地推动井筒地球物理测井学科发展，是未来的重大发展方向之一。

测井资料的更多用途仍需进行探索。随着测井专业的不断发展，相关学者发现了测井在古环境古气候、层序地层等多方面地学特征研究中的重要作用。目前在该研究方向上的突破还有所不足，还未形成完整的理论。在取芯率不高的情况下，基于测井的地学特征研究很有意义，急需形成对应理论。此外，测井评价在碳中和、碳达峰国家任务中的二氧化碳封存效果、二氧化碳驱油效果、地热层评价、储气库与储氢库的评估研究中也不可或缺，相应的评价理论还需进一步发展，以满足国家的碳中和、碳达峰需求。